STUDENT SOLUTIONS MANUAL

Laurel Technical Services

COLLEGE
ALGEBRA

ROBERT BLITZER

PRENTICE HALL, Upper Saddle River, NJ 07458

Acquisitions Editor: Sally Denlow
Production Editor: Bob Walters
Supplement Cover Designer: PM Workshop Inc.
Special Projects Manager: Barbara A. Murray
Supplement Cover Manager: Paul Gourhan
Manufacturing Buyer: Alan Fischer
Assistant Editor: April Thrower

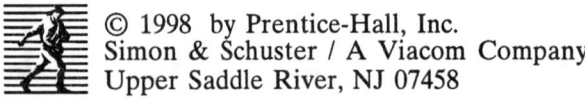
© 1998 by Prentice-Hall, Inc.
Simon & Schuster / A Viacom Company
Upper Saddle River, NJ 07458

All rights reserved. No part of this book may be reproduced, in any form or by any means, without permission in writing from the publisher

Printed in the United States of America

10 9 8 7 6 5 4 3 2

ISBN 0-13-746869-5

Prentice-Hall International (UK) Limited, *London*
Prentice-Hall of Australia Pty. Limited, *Sydney*
Prentice-Hall Canada, Inc., *London*
Prentice-Hall Hispanoamericana, S.A., *Mexico*
Prentice-Hall of India Private Limited, *New Delhi*
Prentice-Hall of Japan, Inc., *Tokyo*
Simon & Schuster Asia Pte. Ltd., *Singapore*
Editora Prentice-Hall do Brazil, Ltda., *Rio de Janeiro*

TABLE OF CONTENTS

Prerequisites	1
Chapter One	45
Chapter Two	96
Chapter Three	154
Chapter Four	214
Chapter Five	252
Chapter Six	348
Chapter Seven	392
Appendix	443

Prerequisites

Problem Set P.1

1. a. The natural numbers are
   $\sqrt{4} = 2$, 7, $\frac{18}{2} = 9$, and 100. The natural numbers in the given set are
   $\sqrt{4}$, 7, $\frac{18}{2}$, 100.

   b. The whole numbers are the natural numbers and 0. The whole numbers in the given set are 0, $\sqrt{4}$, 7, $\frac{18}{2}$, 100.

   c. The integers are the natural numbers, 0, and the negatives of the natural numbers. The integers in the given set are -10, 0, $\sqrt{4}$, 7, $\frac{18}{2}$, 100.

   d. The rational numbers are the set that can be expressed as the quotient of two integers. The rational numbers in the given set are
   -10, $-\frac{3}{4}$, 0, $\frac{4}{5}$, $\sqrt{4}$, 7, $\frac{18}{2}$, 100.

   e. $-\sqrt{2}$ and π neither terminate nor have repeating patterns. The irrational numbers in the given set are $-\sqrt{2}$, π.

3. a. None of the numbers in the set is a natural number.

   b. The whole number in the set is $\frac{0}{3}$.

   c. The only integers in the set are $-\sqrt[3]{8}$, $\frac{0}{3}$.

   d. The rational numbers are
   $-\sqrt[3]{8}$, $\frac{0}{3}$, $\sqrt{\frac{4}{9}}$, $1.\overline{126}$.

   e. The irrational number in the set is $\sqrt[3]{7}$.

5. $1 < x \leq 6$

7. $-5 \leq x < 2$

9. $-3 \leq x \leq 1$

11. $2 < x < \infty$

13. $-3 \leq x < \infty$

15. $-\infty < x < 3$

17. $-\infty < x < 5.5$

19. $\{x | x < 6\}$; $(-\infty, 6)$

21. $\{x | x \geq -1\}$; $[-1, \infty)$

23. $\{x | 5 < x < 12\}$; $(5, 12)$

25. $\{x | 2 < x \leq 13\}$; $(2, 13]$

27. $\{x | x \leq 6\}$; $(-\infty, 6]$

29. $\{x | 2 \leq x \leq 5\}$; $[2, 5]$

31. $\{x | x \leq 60\}$; $(-\infty, 60]$

33. $\{x | -2 \leq x < 0\}$; $[-2, 0)$

35.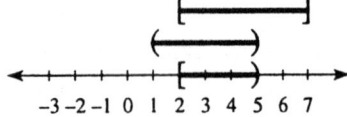

(1, 5) ∩ [2, 7] = [2, 5)

37.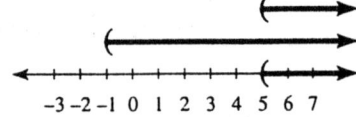

(−1, ∞) ∩ (5, ∞) = (5, ∞)

39.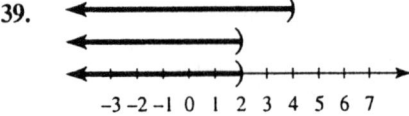

(−∞, 2) ∩ (−∞, 4) = (−∞, 2)

41.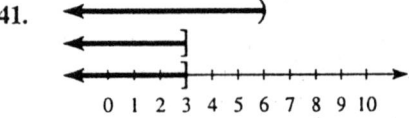

(−∞, 3] ∩ (−∞, 6) = (−∞, 3]

43.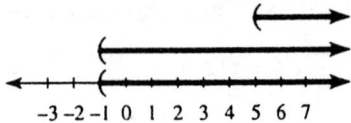

(−3, −1) ∩ [2, 4] = ∅.

45.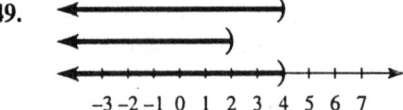

(1, 5) ∪ (2, 7) = (1, 7)

47.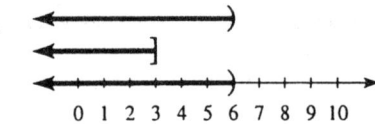

(−1, ∞) ∪ (5, ∞) = (−1, ∞)

49.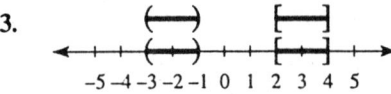

(−∞, 2) ∪ (−∞, 4) = (−∞, 4)

51.

(−∞, 3] ∪ (−∞, 6) = (−∞, 6)

53.

(−3, −1) ∪ [2, 4]

55. $|300| = 300$

57. $|-203| = 203$

59. Since $\pi \approx 3.14$, the number inside the absolute value bars is positive. The absolute value of x when $x > 0$ is x. Thus, $|12 - \pi| = 12 - \pi$.

61. Since $\pi \approx 3.14$, the number inside the absolute value bars is negative. The absolute value of x when $x < 0$ is $-x$. Thus, $|\pi - 12| = -(\pi - 12) = 12 - \pi$.

63. Since $\sqrt{2} \approx 1.4$, the number inside the absolute value bars is negative. Thus, $|\sqrt{2} - 5| = -(\sqrt{2} - 5) = 5 - \sqrt{2}$.

65. $\dfrac{-3}{|-3|} = \dfrac{-3}{3} = -1$

67. $||-3|-|-7|| = |3 - 7| = |-4| = 4$

69. The distance between 2 and 17 is $|2 - 17| = |17 - 2| = 15$.

71. The distance between −2 and 5 is $|-2 - 5| = |5 - (-2)| = 7$.

73. The distance between −19 and −4 is
$|-19-(-4)| = |-4-(-19)| = 15$.

75. The distance between −3.6 and −1.4 is
$|-3.6-(-1.4)| = |-1.4-(-3.6)| = 2.2$.

77. The distance between $-\frac{3}{10}$ and $\frac{2}{5}$ is
$\left|-\frac{3}{10}-\frac{2}{5}\right| = \left|-\frac{3}{10}-\frac{4}{10}\right| = \left|-\frac{7}{10}\right| = \frac{7}{10}$.

79. The distance between $-9\frac{1}{4}$ and $-6\frac{1}{2}$ is
$\left|-9\frac{1}{4}-\left(-6\frac{1}{2}\right)\right| = \left|-\frac{37}{4}-\left(-\frac{13}{2}\right)\right|$
$= \left|-\frac{37}{4}+\frac{26}{4}\right| = \left|-\frac{11}{4}\right| = \frac{11}{4}$ or $2\frac{3}{4}$.

81. $|x-0| = 7$ or $|x| = 7$

83. $|x-0| \geq 6$ or $|x| \geq 6$

85. $|72-99| = 27$ miles

87. $|y-7| \leq 3$

89. The average person ages 18–29 reports to have sex 80 times per year.
A particular person reported having sex 180 times.
$|x-y| = |80-180| = 100$ times per year

91. The average person ages 40–49 reports to have sex 65 times per year.
A particular person reported having sex 30 times.
$|x-y| = |65-30| = 35$ times per year

93. The average person ages 60–69 reports to have sex 27 times per year.
A particular person reported having sex 2 times.
$|x-y| = |27-2| = 25$ times per year

95. General medical examination, cough, routine prenatal examination and progress visit all have more than 25 million visits per year.

97. Ear ache or infection, back symptoms, vision dysfunctions and skin rash each have at least 10 million and less than 20 million visits per year.

99. General medical examination, cough, routine prenatal examination, progress visit, throat, and postoperative visit each have at least 20 million visits per year.

101. Routine prenatal examination, progress visit, throat, postoperative visit, and ear ache or infection each have at least 15 million but less than 30 million visits per year.

103. d is true.
a is not true since 0 is the only whole number that is not a natural number.
b is not true since $\{x|x < 6\}$ is expressed as $(-\infty, 6)$.
c is not true since $|-3+4| = 1 \neq |-3|+|4| = 7$. There are many other counterexamples.
d is true since $\left|\frac{27-5}{5-27}\right| = 1$.

105. $\frac{4243}{3000} = 1.4143333\cdots$, $\frac{873}{618} = 1.41262\cdots$,
$\frac{55}{37} = 1.48648\cdots$, $\sqrt{2} = 1.4142135\cdots$,
$\frac{112}{80} = 1.4$ order from largest to smallest is
1.4, 1.41262..., 1.4142135...., 1.4143333..., , 1.48648... or, in the original form,
$\frac{112}{80}, \frac{873}{618}, \sqrt{2}, \frac{4243}{3000}, \frac{55}{37}$.

107. Answers may vary; $\frac{a}{b}$ gets close to zero as a stays constant and b gets large.

109. Answers may vary. One example is
$a = \sqrt{3}$, $b = \sqrt{27}$
$\sqrt{3} \cdot \sqrt{27} = \sqrt{81} = 9$

Problem Set P.2

1. $x^2 + 5x + 9 = (4)^2 + 5(4) + 9$
$= 16 + 20 + 9 = 45$

3. $x^2 - 7x + 5 = (-3)^2 - 7(-3) + 5$
   $= 9 + 21 + 5 = 35$

5. $3x^3 - 5x^2 - x + 6 = 3(-2)^3 - 5(-2)^2 - (-2) + 6$
   $= 3(-8) - 5(4) + 2 + 6$
   $= -24 - 20 + 8 = -36$

7. $\dfrac{x+1}{x-1} = \dfrac{(-1)+1}{(-1)-1} = 0$

9. $\dfrac{2x^2 - 1}{2x^3 + 1} = \dfrac{2\left(-\frac{1}{2}\right)^2 - 1}{2\left(-\frac{1}{2}\right)^3 + 1}$
   $= \dfrac{2\left(\frac{1}{4}\right) - 1}{2\left(-\frac{1}{8}\right) + 1}$
   $= \dfrac{\frac{1}{2} - 1}{-\frac{1}{4} + 1}$
   $= \dfrac{-\frac{1}{2}}{\frac{3}{4}} = -\dfrac{1}{2} \cdot \dfrac{4}{3} = -\dfrac{2}{3}$

11. $\dfrac{-b + \sqrt{b^2 - 4ac}}{2a} = \dfrac{-(-20) + \sqrt{(-20)^2 - 4(4)(25)}}{2(4)}$
    $= \dfrac{20 + \sqrt{400 - 400}}{8}$
    $= \dfrac{20}{8} = \dfrac{5}{2}$

13. Commutative Property of Multiplication

15. Commutative Property of Multiplication

17. Distributive Property

19. Distributive Property

21. Additive Identity Property

23. Multiplicative Identity Property

25. $7(x + 3y) = 7x + 21y$

27. $\frac{1}{3}(-12x) = -4x$

29. $4x^2(3x^3 - 2x) = 4x^2(3x^3) + 4x^2(-2x)$
    $= 12x^5 - 8x^3$

SSM: College Algebra **Chapter P:** Prerequisites: Fundamental Concepts of Algebra

31. $-(-13x) = 13x$

33. $(-5a)(-4b) = 20ab$

35. $-(2x^2 - 5x - 6) = -2x^2 + 5x + 6$

37. $\frac{1}{3}(3x) + [(4y) + (-4y)] = x + 0 = x$

39. $5^2 \cdot 2 = 25 \cdot 2 = 50$

41. $(-2)^5 = (-2)(-2)(-2)(-2)(-2) = -32$

43. $-2^4 = -(2)(2)(2)(2) = -16$

45. $2^2 \cdot 2^3 = 2^{2+3} = 2^5 = 32$

47. $\frac{4^8}{4^5} = 4^{8-5} = 4^3 = 64$

49. $(2^3)^2 = 2^{3 \cdot 2} = 2^6 = 64$

51. $\frac{2}{2^{-4}} = 2^{1-(-4)} = 2^5 = 32$

53. $\frac{3^{-2}}{3^{-1}} = 3^{-2-(-1)} = 3^{-1} = \frac{1}{3}$

55. $(3^{19} \cdot 3^{25})^0 = 1$

57. $(4x^2)^3 = 4^3 \cdot x^6 = 64x^6$

59. $(-3x^4)(-2x^7) = (-3)(-2)(x^4)(x^7) = 6x^{11}$

61. $\frac{25a^{12}}{5a^6} = 5a^{12-6} = 5a^6$

63. $\frac{14b^7}{7b^{14}} = 2b^{7-14} = 2b^{-7} = \frac{2}{b^7}$

65. $(2x^2)^3(4x^3)^{-1} = \frac{(2x^2)^3}{4x^3} = \frac{8x^6}{4x^3} = 2x^3$

67. $(-9x^{-2})^{-3} = \frac{1}{(-9x^{-2})^3}$
$= \frac{1}{(-9)^3 x^{-6}} = -\frac{x^6}{729}$

69. $(-2x^3y^4)^5 = (-2)^5 x^{15} y^{20} = -32x^{15}y^{20}$

71. $(-6x^2y^3)(-4xy^5) = 24x^3y^8$

73. $\frac{25a^{13}b^4}{-5a^2b^3} = -5a^{11}b$

75. $(-4x^2)^3(2x^3)^{-1} = \frac{(-4x^2)^3}{2x^3}$
$= -\frac{64x^6}{2x^3}$
$= -32x^3$

77. $\left(\frac{5x^3}{y^2}\right)^{-2} = \left(\frac{y^2}{5x^3}\right)^2 = \frac{y^4}{25x^6}$

79. $(-3x^2y^{-5})^{-2} = \frac{1}{(-3x^2y^{-5})^2}$
$= \frac{1}{9x^4y^{-10}}$
$= \frac{y^{10}}{9x^4}$

81. $(5x^3y^4)^2(-3x^7y^{11}) = (25x^6y^8)(-3x^7y^{11})$
$= -75x^{13}y^{19}$

83. $(4ab^3)^3(-3a^{-5}b^8) = (64a^3b^9)(-3a^{-5}b^8)$
$= -192a^{-2}b^{17}$
$= -\frac{192b^{17}}{a^2}$

85. $(54r^3s^9)(-3r^2s^{-4})^{-3} = \frac{54r^3s^9}{(-3r^2s^{-4})^3}$
$= \frac{54r^3s^9}{-27r^6s^{-12}}$
$= -2r^{-3}s^{21} = -\frac{2s^{21}}{r^3}$

87. $(-a^{-2}b^3c)(ab^{-1}c^{-4})^{-3} = \dfrac{-a^{-2}b^3c}{(ab^{-1}c^{-4})^3}$

$= -\dfrac{a^{-2}b^3c}{a^3b^{-3}c^{-12}}$

$= -\dfrac{b^6c^{13}}{a^5}$

89. $(3x^{-3}y^{-4}z)^3(3xy^{-5}z)^2(-3x^{-4}z^{12}) = (27x^{-9}y^{-12}z^3)(9x^2y^{-10}z^2)(-3x^{-4}z^{12})$

$= -729x^{-11}y^{-22}z^{17}$

$= -\dfrac{729z^{17}}{x^{11}y^{22}}$

91. $\dfrac{-27x^{-8}y^4z}{15x^4y^4z^{-4}} = -\dfrac{9z^5}{5x^{12}}$

93. $\dfrac{(-4x^4yz^3)^3}{-4x^2y^{-3}z^9} = \dfrac{-64x^{12}y^3z^9}{-4x^2y^{-3}z^9}$

$= 16x^{10}y^6$

95. $7.13 \times 10^5 = 7.13 \times 100,000 = 713,000$

97. $3.07 \times 10^{-8} = 3.07 \times 0.00000001$
$= 0.0000000307$

99. $96,500,000 = 9.65 \times 10,000,000$
$= 9.65 \times 10^7$

101. $7,361,000,000,000 = 7.361 \times 1,000,000,000,000$
$= 7.361 \times 10^{12}$

103. $7.53 = 7.53 \times 1 = 7.53 \times 10^0$

105. $0.00016 = 1.6 \times 10^{-4}$

107. $0.007253 = 7.253 \times 10^{-3}$

109. $(0.00037)(8,300,000) = (3.7 \times 10^{-4})(8.3 \times 10^6)$
$= 30.71 \times 10^2$
$= 3.071 \times 10^3$

111. $\dfrac{4,200,000,000,000}{14,000} = \dfrac{4.2 \times 10^{12}}{1.4 \times 10^4} = 3 \times 10^8$

SSM: College Algebra **Chapter P: Prerequisites: Fundamental Concepts of Algebra**

113. $0.0014x^2 - 0.1529x + 5.855 = 0.0014(10)^2 - 0.1529(10) + 5.855$
$= 0.14 - 1.529 + 5.855 = 4.466$
A person who earns $10,000 annually contributes 4.466% to charity.

115. $2\pi r^2 + 2\pi rh = 2\pi(6)^2 + 2\pi(6)(10)$
$= 72\pi + 120\pi$
$= 192\pi \text{ in.}^2$

117. $5,880,000,000,000 = 5.88 \times 10^{12}$

119. $0.0000001016 = 1.016 \times 10^{-7}$

121. Rewrite each of the numbers using scientific notation.
$5,976,000,000,000,000,000,000,000,000 = 5.976 \times 10^{27}$
$0.000\ 000\ 000\ 000\ 000\ 000\ 000\ 001\ 66 = 1.66 \times 10^{-24}$
$\dfrac{5.976 \times 10^{27}}{1.66 \times 10^{-24}} = 3.6 \times 10^{27-(-24)}$
$= 3.6 \times 10^{51}$ hydrogen atoms

123. Rewrite each of the numbers is scientific notation.
$100,000 = 1 \times 10^5$
$150,000,000,000,000 = 1.5 \times 10^{14}$
$\dfrac{1.5 \times 10^{14}}{1 \times 10^5} = 1.5 \times 10^9$ trees

125. Since $d = rt$, $t = \dfrac{d}{r}$.
$\dfrac{d}{r} = \dfrac{1.2 \times 10^{17} \text{ km}}{1.5 \times 10^5 \text{ km/s}} = 0.8 \times 10^{12}$ seconds
Now convert seconds to years:
There are 3600 seconds in an hour, 24 hours in a day, and 365.25 days in a year.
Therefore, the number of years in 0.8×10^{12} seconds is
$0.8 \times 10^{12} \text{ sec} \cdot \dfrac{1 \text{ hr}}{3600 \text{ sec}} \cdot \dfrac{1 \text{ day}}{24 \text{ hr}} \cdot \dfrac{1 \text{ yr}}{365.25 \text{ days}} \approx 25,350$ years

127. c is not true.
$2x(y^4 + z^3) = 2xy^4 + 2xz^3$ which is not equal to $2x(y^3 + z^4) = 2xy^3 + 2xz^4$.

129. c is not true. $9^7 \cdot 9^7 = (3^2)^7 \cdot (3^2)^7 = 3^{14} \cdot 3^{14} = 3^{28}$
$81^{14} = (3^4)^{14} = 3^{56}$

131. Answers may vary.

133. Answers may vary. One advantage to scientific notation is that it allows easy computations of very large or very small numbers.

135. The pair 10^7 and 10^{43} is closer together. Observe that
$10^{201} - 10^{200} = 10^{200}(10-1) = 9 \times 10^{200}$ is much greater than $10^{43} - 10^7$ since $10^{200} > 10^{43}$.

Problem Set P.3

1. a.

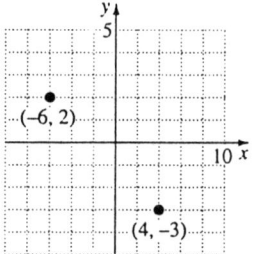

b. $d = \sqrt{(4-(-6))^2 + (-3,-2)^2}$
$d = \sqrt{100 + 25}$
$d = \sqrt{125}$
$d \approx 11.18$

c. $\left(\dfrac{4+(-6)}{2}, \dfrac{-3+2}{2}\right) = \left(-1, -\dfrac{1}{2}\right)$

3. a.

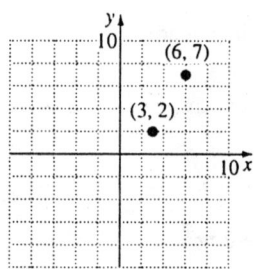

b. $d = \sqrt{(3-6)^2 + (2-7)^2}$
$d = \sqrt{9 + 25}$
$d = \sqrt{34}$
$d \approx 5.83$

c. $\left(\dfrac{3+6}{2}, \dfrac{2+7}{2}\right) = \left(\dfrac{9}{2}, \dfrac{9}{2}\right)$

5. a.

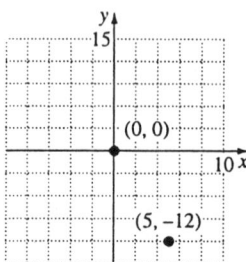

b. $d = \sqrt{(0-5)^2 + [0-12]^2}$
$d = \sqrt{25 + 144}$
$d = \sqrt{169}$
$d = 13$

c. $\left(\dfrac{0+5}{2}, \dfrac{0+(-12)}{2}\right) = \left(\dfrac{5}{2}, -6\right)$

7. a.

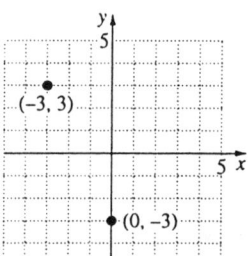

b. $d = \sqrt{[0-(-3)]^2 + (-3-3)^2}$
$d = \sqrt{9 + 36}$
$d = \sqrt{45}$
$d \approx 6.71$

c. $\left(\dfrac{0+(-3)}{2}, \dfrac{-3+3}{2}\right) = \left(-\dfrac{3}{2}, 0\right)$

9. a.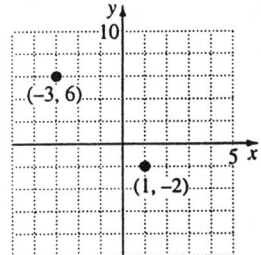

b. $d = \sqrt{[1-(-3)]^2 + [-2-6]^2}$
$d = \sqrt{16+64}$
$d = \sqrt{80}$
$d \approx 8.94$

c. $\left(\dfrac{1+(-3)}{2}, \dfrac{-2+6}{2}\right) = (-1, 2)$

11.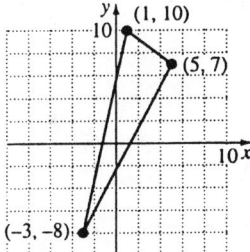

$d_1 = \sqrt{(1-5)^2 + (10-7)^2} = \sqrt{16+9}$
$= \sqrt{25} = 5$
$d_2 = \sqrt{[5-(-3)]^2 + [7-(-8)]^2}$
$= \sqrt{64+225} = \sqrt{289} = 17$
$d_3 = \sqrt{(-3-2)^2 + (-8-10)^2}$
$= \sqrt{16+324} = \sqrt{340} \approx 18.44$
Perimeter =
$5 + 17 + \sqrt{840} = 22 + \sqrt{340} \approx 40.44$

13. Midpoint $= \left(\dfrac{-3+1}{2}, \dfrac{10-8}{2}\right) = (-1, 1)$
$d = \sqrt{(5+1)^2 + (7-1)^2}$
$d = \sqrt{36+36}$
$d = \sqrt{72}$
$d \approx 8.49$

15.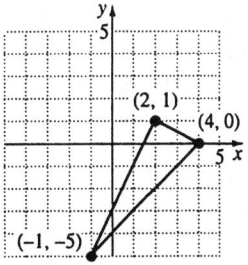

$d_1 = \sqrt{(2+1)^2 + (1+5)^2}$
$d_1 = \sqrt{45}$
$d_1 \approx 6.71$
$d_2 = \sqrt{(2-4)^2 + (1-0)^2}$
$d_2 = \sqrt{4+1} = \sqrt{5}$
$d_2 \approx 2.24$
$d_3 = \sqrt{(4+1)^2 + (0+5)^2}$
$d_3 = \sqrt{25+25}$
$d_3 = \sqrt{50}$
$d_3 \approx 7.07$
$d_1^2 + d_2^2 = \left(\sqrt{45}\right)^2 + \left(\sqrt{5}\right)^2 = 45 + 5 = 50$
$d_3^2 = 50$
Thus, $d_1^2 + d_2^2 = d_3^2$.
Area $= \dfrac{\sqrt{5}}{2}\left(\sqrt{45}\right) = \dfrac{15}{2}$ sq. units

17. $AB = \sqrt{(-4-1)^2 + (-6-0)^2}$
$= \sqrt{25+36} = \sqrt{61}$
$BC = \sqrt{(11-1)^2 + (12-0)^2}$
$= \sqrt{100+144} = \sqrt{244} = \sqrt{4 \cdot 61} = 2\sqrt{61}$
$AC = \sqrt{(11+4)^2 + (12+6)^2}$
$= \sqrt{225+324} = \sqrt{549} = \sqrt{9 \cdot 61} = 3\sqrt{61}$
$AB + BC = AC$

19.

x	y = 3x − 6
−1	−9
0	−6
2	0

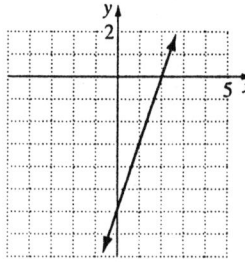

x-intercept: (2, 0)
y-intercept: (0, −6)

21.

x	y = −2x + 4
−2	8
0	4
2	0

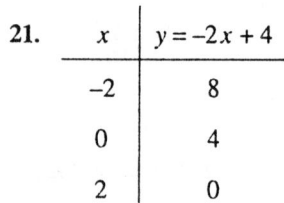

x-intercept: (2, 0)
y-intercept: (0, 4)

23.

x	y = x² − 1
−2	3
−1	0
0	−1
1	0
2	3

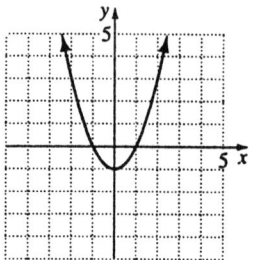

x-intercepts: (1, 0) and (−1, 0)
y-intercept: (0, −1)

25.

x	y = 9 − x²
−2	5
−1	8
0	9
1	8
2	5

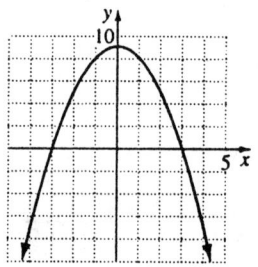

x-intercepts: (−3, 0) and (3, 0)
y-intercept: (0, 9)

27.

x	y = x² + x − 6
−3	0
0	−6
2	0

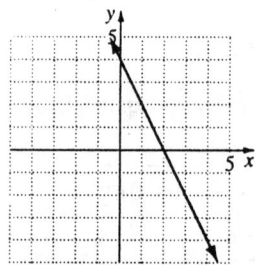

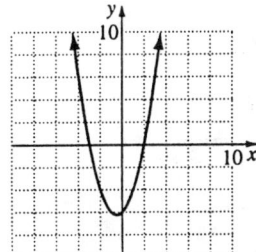

x-intercepts: $(-3, 0)$ and $(2, 0)$
y-intercept: $(0, -6)$

29.

x	$y = x^2 - 2x$
-1	3
0	0
1	-1
2	0
3	3

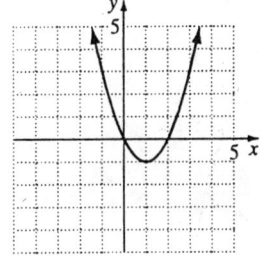

x-intercepts: $(0, 0)$ and $(2, 0)$
y-intercept: $(0, 0)$

31.

x	$y = -x^2 + x + 1$
-2	-5
-1	-1
0	1
1	1
2	-1

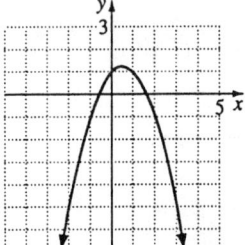

x-intercepts: $\left(\dfrac{1-\sqrt{5}}{2}, 0\right)$ and $\left(\dfrac{1+\sqrt{5}}{2}, 0\right)$
y-intercept: $(0, 1)$

33.

x	$y = x^3 + 2x$
-2	-12
-1	-3
0	0
1	3
2	12

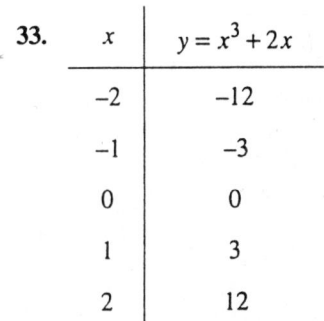

x-intercept: $(0, 0)$
y-intercept: $(0, 0)$

35.

x	$y = \sqrt{x}$
0	0
1	1
4	2
9	3

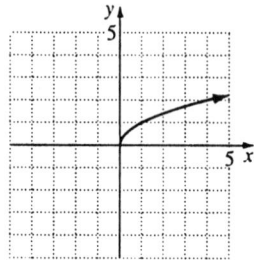

x-intercept: (0, 0)
y-intercept: (0, 0)

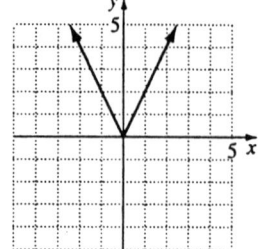

x-intercept: (0, 0)
y-intercept: (0, 0)

37.

x	$y = \sqrt{x-2}$
2	0
3	1
6	2
11	3

41.

x	$y = \lvert x+1 \rvert$
−2	1
−1	0
0	1
2	3

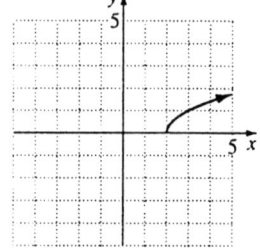

x-intercept: (2, 0)
y-intercept: none

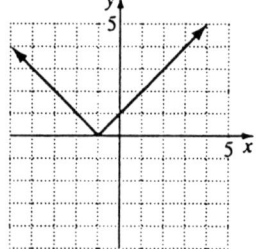

x-intercept: (−1, 0)
y-intercept: (0, 1)

39.

x	$y = \lvert 2x \rvert$
−2	4
−1	2
0	0
1	2
2	4

43.

x	$y = \sqrt[3]{x+1}$
−9	−2
−1	0
0	1
7	2

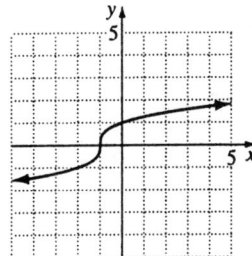

x-intercept: (−1, 0)
y-intercept: (0, 1)

45.

x	$y = \|x-1\|$
−2	3
−1	2
0	1
1	0
2	1

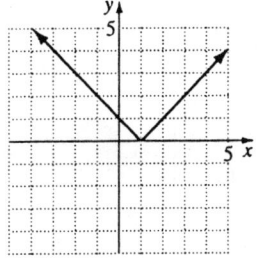

x-intercept: (1, 0)
y-intercept: (0, 1)

47.

x	$y = \sqrt[3]{x-1}$
−7	−2
0	−1
1	0
9	2
28	3

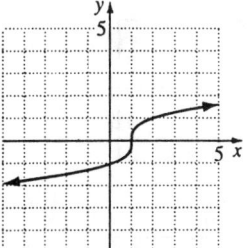

x-intercept: (1, 0)
y-intercept: (0, −1)

49. (1977, 2000)
In 1977 about 2,000,000 women participated in high-school athletics.

51. 33,000; 1945

53. A decreasing trend

55. Approximately 4.1; the ball hits the ground after approximately 4.1 seconds.

57. Suppose x changes to $2x$. Then y changes from $\frac{1}{x^2}$ to $\frac{1}{(2x)^2} = \frac{1}{4x^2}$. Thus the light intensity decreases by $\frac{1}{4}$.

59. Only c is true.

61. Answers may vary. Possible answer:
The graphs of $y = 4x + 1$ and $y = -4x + 1$ are reflections of each other across the y-axis with $y = 4x + 1$ increasing and $y = -4x + 1$ decreasing.

The graphs of $y = 2x + 1$ and $y = -2x + 1$ are reflections of each other across the y-axis with $y = 2x + 1$ increasing and $y = -2x + 1$ decreasing.

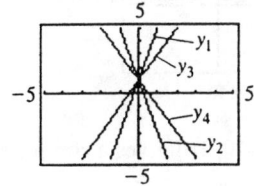

63. a.
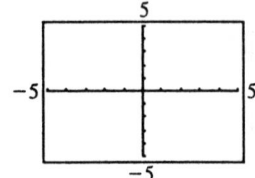

b.
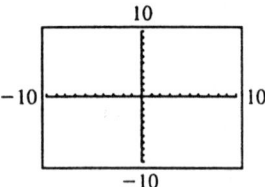

c.
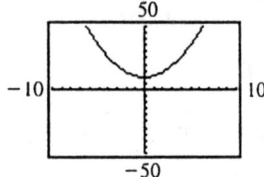

[−10, 10] by [−50, 50] gives a complete graph.

65. a.
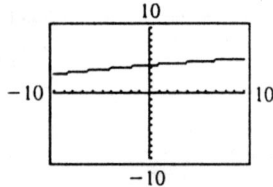

b.
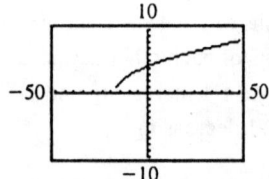

c.
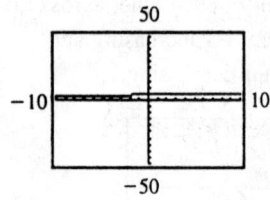

[−50, 50] by [−10, 10] gives a complete graph.

67.
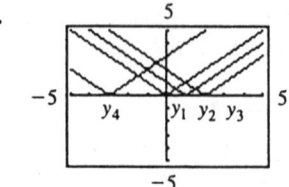

69.
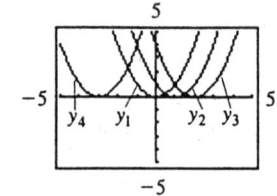

71.
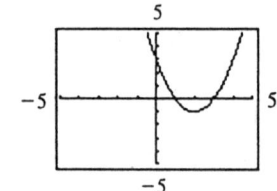

  a. $y = 5.25$

  b. $x = 0$, $x = 4$

73.
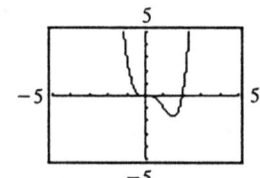

  a. $y \approx 7.81$

  b. $x \approx -1.13$, $x \approx 2.35$

75. a.
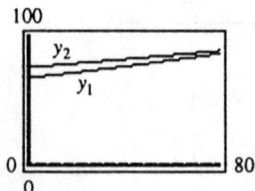

  b. $y_1 \approx 75.79$; $y_2 \approx 81.24$; a 40-year-old white male can expect to live about 76 years; a 40-year-old white female can expect to live about 81 years.

SSM: College Algebra   **Chapter P:** *Prerequisites: Fundamental Concepts of Algebra*

c. The corresponding value for y increases in each graph as the value for x increases.

77. Answers may vary. Possible answer: As the number of years of schooling completed increases, the percentage of white Americans who favor segregated housing decreases. The scale on the horizontal axis is misleading because each interval does not represent the same amount of time.

79. a. $AB = \sqrt{(1-3)^2 + (1+d-3-d)^2}$
$= \sqrt{4 + (-2)^2} = \sqrt{8} = 2\sqrt{2}$

b. $BC = \sqrt{(3-6)^2 + (3+d-6-d)^2}$
$= \sqrt{9 + (-3)^2} = \sqrt{18} = 3\sqrt{2}$

c. $AC = \sqrt{(1-6)^2 + (1+d-6-d)^2}$
$= \sqrt{25+25} = \sqrt{50} = 5\sqrt{2}$

Thus, $AB + BC = AC$.

Problem Set P.4

1. $\sqrt{49} = 7$

3. $\sqrt[3]{27} = 3$

5. $\sqrt[3]{-8} = -2$

7. $\sqrt{-4}$ is not a real number.

9. $\sqrt[3]{\frac{8}{125}} = \frac{2}{5}$

11. $\sqrt[5]{-1} = -1$

13. $-\sqrt{\frac{4}{9}} = -\frac{2}{3}$

15. $\sqrt[5]{-\frac{1}{32}} = -\frac{1}{2}$

17. $\left(\sqrt[3]{-8}\right)^3 = -8$

19. $\sqrt[3]{16} = \sqrt[3]{8 \cdot 2}$
$= 2\sqrt[3]{2}$

21. $\sqrt[5]{64} = \sqrt[5]{32 \cdot 2}$
$= 2\sqrt[5]{2}$

23. $\sqrt{200y^3} = \sqrt{100y^2 \cdot 2y}$
$= 10|y|\sqrt{2y}$

25. $\sqrt{20xy^3} = \sqrt{4y^2 \cdot 5xy}$
$= 2|y|\sqrt{5xy}$

27. $\sqrt{75xy^2z^5} = \sqrt{25y^2z^4 \cdot 3xz}$
$= 5|y|z^2\sqrt{3xz}$

29. $\sqrt[3]{32x^3} = \sqrt[3]{8x^3(4)}$
$= 2x\sqrt[3]{4}$

31. $\sqrt[3]{-32xy^5z^6} = \sqrt[3]{-8y^3z^6(4xy^2)}$
$= -2yz^2\sqrt[3]{4xy^2}$

33. $\sqrt[4]{48y^7} = \sqrt[4]{16y^4 \cdot 3y^3}$
$= 2|y|\sqrt[4]{3y^3}$

35. $\frac{1}{\sqrt{7}} \cdot \frac{\sqrt{7}}{\sqrt{7}} = \frac{\sqrt{7}}{7}$

37. $\sqrt{\frac{3}{5}} = \frac{\sqrt{3}}{\sqrt{5}} \cdot \frac{\sqrt{5}}{\sqrt{5}} = \frac{\sqrt{15}}{5}$

39. $\sqrt[3]{\frac{7}{2}} = \frac{\sqrt[3]{7}}{\sqrt[3]{2}} \cdot \frac{\sqrt[3]{2^2}}{\sqrt[3]{2^2}} = \frac{\sqrt[3]{28}}{2}$

41. $\frac{6}{\sqrt[3]{2}} \cdot \frac{\sqrt[3]{4}}{\sqrt[3]{4}} = \frac{6\sqrt[3]{4}}{\sqrt[3]{8}} = \frac{6\sqrt[3]{4}}{2} = 3\sqrt[3]{4}$

43. $-\dfrac{6}{\sqrt[5]{8}} \cdot \dfrac{\sqrt[5]{4}}{\sqrt[5]{4}} = -\dfrac{6\sqrt[5]{4}}{\sqrt[5]{32}} = -\dfrac{6\sqrt[5]{4}}{2} = -3\sqrt[5]{4}$

45. $\dfrac{20}{5-\sqrt{3}} \cdot \dfrac{5+\sqrt{3}}{5+\sqrt{3}} = \dfrac{20(5+\sqrt{3})}{25-3} = \dfrac{20(5+\sqrt{3})}{22}$
$= \dfrac{10(5+\sqrt{3})}{11} = \dfrac{50+10\sqrt{3}}{11}$

47. $\dfrac{13}{\sqrt{11}+3} \cdot \dfrac{\sqrt{11}-3}{\sqrt{11}-3} = \dfrac{13(\sqrt{11}-3)}{11-9}$
$= \dfrac{13\sqrt{11}-39}{2}$

49. $\dfrac{6}{\sqrt{5}+\sqrt{3}} \cdot \dfrac{\sqrt{5}-\sqrt{3}}{\sqrt{5}-\sqrt{3}} = \dfrac{6\sqrt{5}-6\sqrt{3}}{5-3}$
$= \dfrac{6\sqrt{5}-6\sqrt{3}}{2} = 3\sqrt{5}-3\sqrt{3}$

51. $\dfrac{11}{\sqrt{7}-\sqrt{3}} \cdot \dfrac{\sqrt{7}+\sqrt{3}}{\sqrt{7}+\sqrt{3}} = \dfrac{11(\sqrt{7}+\sqrt{3})}{7-3}$
$= \dfrac{11(\sqrt{7}+\sqrt{3})}{4} = \dfrac{11\sqrt{7}+11\sqrt{3}}{4}$

53. $\sqrt{50}+\sqrt{18} = \sqrt{25 \cdot 2}+\sqrt{9 \cdot 2}$
$= 5\sqrt{2}+3\sqrt{2} = 8\sqrt{2}$

55. $3\sqrt{18}-5\sqrt{50} = 3\sqrt{9 \cdot 2}-5\sqrt{25 \cdot 2}$
$= 9\sqrt{2}-25\sqrt{2} = -16\sqrt{2}$

57. $3\sqrt{8}-\sqrt{32}+3\sqrt{72}-\sqrt{75}$
$= 3\sqrt{4 \cdot 2}-\sqrt{16 \cdot 2}+3\sqrt{36 \cdot 2}-\sqrt{25 \cdot 3}$
$= 6\sqrt{2}-4\sqrt{2}+18\sqrt{2}-5\sqrt{3}$
$= 20\sqrt{2}-5\sqrt{3}$

59. $8\sqrt{\dfrac{1}{2}}+\dfrac{1}{2}\sqrt{8} = 8\sqrt{2 \cdot \dfrac{1}{4}}-\dfrac{1}{2}\sqrt{4 \cdot 2}$
$= 4\sqrt{2}-\sqrt{2}$
$= 3\sqrt{2}$

61. $16\sqrt{\dfrac{5}{8}}+6\sqrt{\dfrac{5}{2}} = 16\sqrt{\dfrac{1}{8}(5)}+6\sqrt{\dfrac{5}{2}}$
$= 16\sqrt{\dfrac{1}{4}\left(\dfrac{5}{2}\right)}+6\sqrt{\dfrac{5}{2}}$
$8\sqrt{\dfrac{5}{2}}+6\sqrt{\dfrac{5}{2}} = 14\sqrt{\dfrac{5}{2}} = 14\dfrac{\sqrt{10}}{2} = 7\sqrt{10}$

63. $36^{1/2} = \sqrt{36} = 6$

65. $8^{1/3} = \sqrt[3]{8} = 2$

67. $125^{2/3} = \left(\sqrt[3]{125}\right)^2 = 5^2 = 25$

69. $(-27)^{4/3} = \left(\sqrt[3]{-27}\right)^4 = (-3)^4 = 81$

71. $(32)^{-4/5} = \dfrac{1}{\left(\sqrt[5]{32}\right)^4} = \dfrac{1}{2^4} = \dfrac{1}{16}$

73. $\left(7y^{1/3}\right)\left(2y^{1/4}\right) = 14y^{1/3+1/4} = 14y^{7/12}$

75. $\left(3x^{3/4}\right)\left(-5x^{-1/2}\right) = -15x^{3/4-1/2} = -15x^{1/4}$

77. $\dfrac{20x^{1/2}}{5x^{1/4}} = 4x^{1/2-1/4} = 4x^{1/4}$

79. $\dfrac{80y^{1/6}}{10y^{1/4}} = 8y^{1/6-1/4} = 8y^{-1/12} = \dfrac{8}{y^{1/12}}$

81. $\left(2x^{1/5}y^2z^{2/5}\right)^5 = 32xy^{10}z^2$

83. $\left(25x^4y^6\right)^{1/2} = 5x^2y^3$

85. $\left(16xy^{1/4}z^{2/3}\right)^{1/4} = 2x^{1/4}y^{1/16}z^{1/6}$

87. $\left(\dfrac{2x^{1/4}}{5y^{1/3}}\right)^3 = \dfrac{8x^{3/4}}{125y}$

89. $\left(\dfrac{x^3}{y^5}\right)^{-1/2} = \dfrac{1}{\left(\dfrac{x^3}{y^5}\right)^{1/2}} = \dfrac{1}{\dfrac{x^{3/2}}{y^{5/2}}} = \dfrac{y^{5/2}}{x^{3/2}}$

91. $\left(\dfrac{27a^{-3}}{64b^{-3}}\right)^{-1/3} = \dfrac{27^{-1/3}a}{64^{-1/3}b} = \dfrac{4a}{3b}$

93. $\sqrt[4]{b^2} = b^{2/4} = b^{1/2} = \sqrt{b}$

95. $\sqrt[9]{(x-1)^6} = (x-1)^{6/9} = (x-1)^{2/3}$
$= \sqrt[3]{(x-1)^2}$

97. $\sqrt[4]{x^2 y^2} = (xy)^{2/4} = (xy)^{1/2} = \sqrt{xy}$

99. $\sqrt[9]{2^3 x^3 y^6} = (2xy^2)^{3/9} = (2xy^2)^{1/3} = \sqrt[3]{2xy^2}$

101. $\sqrt[9]{27x^3 y^6} = \sqrt[9]{3^3 x^3 y^6}$
$= (3xy^2)^{3/9} = (3xy^2)^{1/3} = \sqrt[3]{3xy^2}$

103. $5\sqrt[3]{16} + \sqrt[9]{8} = 5\sqrt[3]{8 \cdot 2} + \sqrt[9]{2^3}$
$= 10\sqrt[3]{2} + \sqrt[3]{2} = 11\sqrt[3]{2}$

105. $\sqrt[3]{\sqrt{125}} = \sqrt[3]{5^{3/2}} = (5^{3/2})^{1/3} = 5^{1/2} = \sqrt{5}$

107. $f = (2L)^{-1} P^{1/2} m^{-1/2}$
$f = \dfrac{\sqrt{P}}{2L\sqrt{m}}$
$f = \dfrac{\sqrt{Pm}}{2Lm}$

109. $A = 500(2.7)^{-3/5}$
$A = \dfrac{500}{2.7^{3/5}}$
$A \approx 275.52$ mg

111. $r = \left(\dfrac{80,000}{60,000}\right)^{1/5} - 1 = \left(\dfrac{4}{3}\right)^{1/5} - 1$
$r \approx 0.059 = 5.9\%$

113. a. False; Suppose $x = 2$ and $y = 2$.

b. False; $\sqrt[4]{16} = \sqrt[4]{2^4} = 2$

c. True;
$\left(\dfrac{9}{16}\right)^{-5/2} - \left(\dfrac{1000}{27}\right)^{4/3} = \left(\dfrac{4}{3}\right)^5 - \left(\dfrac{10}{3}\right)^4$
$= \dfrac{1024}{243} - \dfrac{10,000}{81} = -\dfrac{28,976}{243}$

d. False; $b^{-1/n} = \dfrac{1}{\sqrt[n]{b}}$

115.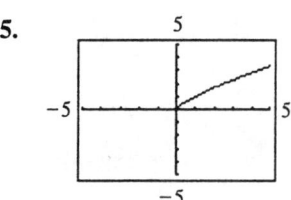

117. $\dfrac{2}{\sqrt{x}+1} \cdot \dfrac{\sqrt{x}-1}{\sqrt{x}-1} = \dfrac{2(\sqrt{x}-1)}{x-1}$

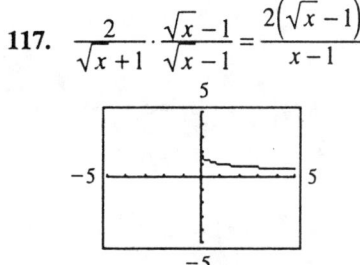

119. Numbers are decreasing and approaching 1.

121. $\dfrac{1}{(1+\sqrt{3})+\sqrt{5}} \cdot \dfrac{(1+\sqrt{3})-\sqrt{5}}{(1+\sqrt{3})-\sqrt{5}} = \dfrac{1+\sqrt{3}-\sqrt{5}}{(1+\sqrt{3})^2-5} = \dfrac{1+\sqrt{3}-\sqrt{5}}{1+2\sqrt{3}+3-5} = \dfrac{1+\sqrt{3}-\sqrt{5}}{2\sqrt{3}-1}$

$= \dfrac{(1+\sqrt{3}-\sqrt{5})}{(2\sqrt{3}-1)} \cdot \dfrac{(2\sqrt{3}+1)}{(2\sqrt{3}+1)}$

$= \dfrac{2\sqrt{3}+1+6+\sqrt{3}-2\sqrt{15}-\sqrt{5}}{12-1}$

$= \dfrac{7+3\sqrt{3}-\sqrt{5}-2\sqrt{15}}{11}$

Problem Set P.5

1. $-6x^3 + 5x^2 - 8x + 9 + 17x^3 + 2x^2 - 4x - 13 = 11x^3 + 7x^2 - 12x - 4$ (degree 3)

3. $17x^3 - 5x^2 + 4x - 3 - 5x^3 + 9x^2 + 8x - 11 = 12x^3 + 4x^2 + 12x - 14$ (degree 3)

5. $5x^2 - 7x - 8 + 2x^2 - 3x + 7 - x^2 + 4x + 3 = 6x^2 - 6x + 2$ (degree 2)

7. $(4x^2 - 5xy + 6y^2) + (7x^2 + 2xy - 4y^2) - (8x^2 - xy - 3y^2)$
   $= 4x^2 - 5xy + 6y^2 + 7x^2 + 2xy - 4y^2 - 8x^2 + xy + 3y^2 = 3x^2 - 2xy + 5y^2$ (degree 2)

9. $(x+1)(x^2 - x + 1) = x^3 - x^2 + x + x^2 - x + 1$
   $= x^3 + 1$

11. $(y^2 + 7y - 3)(3y^2 - y + 2) = 3y^4 - y^3 + 2y^2 + 21y^3 - 7y^2 + 14y - 9y^2 + 3y - 6$
    $= 3y^4 + 20y^3 - 14y^2 + 17y - 6$

13. $(z^2 + 2)(2z^3 + z^2 - 4z) = 2z^5 + z^4 - 4z^3 + 4z^3 + 2z^2 - 8z$
    $= 2z^5 + z^4 + 2z^2 - 8z$

15. $(xy + 2)(x^2y^2 - 2xy + 4) = x^3y^3 - 2x^2y^2 + 4xy + 2x^2y^2 - 4xy + 8$
    $= x^3y^3 + 8$

17. $(5x + 3)(7x + 1) = 35x^2 + 5x + 21x + 3$
    $= 35x^2 + 26x + 3$

19. $(9y^3 - 5)(2y^3 + 7) = 18y^6 + 63y^3 - 10y^3 - 35$
    $= 18y^6 + 53y^3 - 35$

SSM: College Algebra ***Chapter P:*** *Prerequisites: Fundamental Concepts of Algebra*

21. $(3x^2y + 4xy)(2x^2y - 5xy) = 6x^4y^2 - 15x^3y^2 + 8x^3y^2 - 20x^2y^2$
    $= 6x^4y^2 - 7x^3y^2 - 20x^2y^2$

23. $(9x^2 + 4)(9x^3 - 4) = 81x^5 - 36x^2 + 36x^3 - 16$
    $= 81x^5 + 36x^3 - 36x^2 - 16$

25. $(2x+1)(x-2)(1-x) = (2x^2 - 4x + x - 2)(1-x) = (2x^2 - 3x - 2)(1-x)$
    $= 2x^2 - 3x - 2 - 2x^3 + 3x^2 + 2x$
    $= -2x^3 + 5x^2 - x - 2$

27. $(5y+3)(5y-3) = 25y^2 - 9$

29. $(4x^2y + 5x)(4x^2y - 5x) = 16x^4y^2 - 25x^2$

31. $(-2x+y)(y+2x) = (y-2x)(y+2x)$
    $= y^2 - 4x^2$

33. $(x+6)^2 = x^2 + 12x + 36$

35. $(x-6)^3 = x^3 - 3x^2(6) + 3x(6)^2 - 6^3$
    $= x^3 - 18x^2 + 108x - 216$

37. $(3x^2y + 2xy)^2 = 9x^4y^2 + 12x^3y^2 + 4x^2y^2$

39. $(3x+2y)^3 = (3x)^3 + 3(3x)^2(2y) + 3(3x)(2y)^2 + (2y)^3$
    $= 27x^3 + 54x^2y + 36xy^2 + 8y^3$

41. $(2x^2y - xy)^3 = 8x^6y^3 - 3(2x^2y)^2(xy) + 3(2x^2y)(xy)^2 - x^3y^3$
    $= 8x^6y^3 - 12x^5y^3 + 6x^4y^3 - x^3y^3$

43. $(x^4 + 2x^5)^3 = x^{12} + 3x^8(2x^5) + 3x^4(4x^{10}) + 8x^{15}$
    $= x^{12} + 6x^{13} + 12x^{14} + 8x^{15}$
    $= 8x^{15} + 12x^{14} + 6x^{13} + x^{12}$

45. $(3x + 7 + 5y)(3x + 7 - 5y) = [(3x+7) + 5y][(3x+7) - 5y]$
    $= (3x+7)^2 - 25y^2$
    $= 9x^2 + 42x + 49 - 25y^2 = 9x^2 - 25y^2 + 42x + 49$

47. $[5y-(2x+3)][5y+(2x+3)] = 25y^2 - (2x+3)^2$
$= 25y^2 - (4x^2 + 12x + 9)$
$= 25y^2 - 4x^2 - 12x - 9 = -4x^2 + 25y^2 - 12x - 9$

49. $(2x+y+1)^2 = [(2x+y)+1]^2$
$= (2x+y)^2 + 2(2x+y) + 1^2$
$= 4x^2 + 4xy + y^2 + 4x + 2y + 1$

51. $[(3x-1)+y]^2 = (3x-1)^2 + 2(3x-1)y + y^2 = 9x^2 - 6x + 1 + 6xy - 2y + y^2$
$= 9x^2 + 6xy + y^2 - 6x - 2y + 1$

53. $[(3x-1)+y][(3x-1)-y] = (3x-1)^2 - y^2$
$= 9x^2 - 6x + 1 - y^2$
$= 9x^2 - y^2 - 6x + 1$

55. $(x+y-3)(x-y+3) = [x+(y-3)][x-(y-3)]$
$= x^2 - (y-3)^2 = x^2 - (y^2 - 6y + 9)$
$= x^2 - y^2 + 6y - 9$

57. $A = 3x(3x+5) - 2x(2x+3)$
$A = 9x^2 + 15x - 4x^2 - 6x$
$A = 5x^2 + 9x$

59. $A = \frac{1}{2}(8x)(6x+4) - 4x^2$
$A = 4x(6x+4) - 4x^2$
$A = 24x^2 + 16x - 4x^2$
$A = 20x^2 + 16x$

61. $A = [(x+3)+2][x+2] - 4$
$A = (x+5)(x+2) - 4$
$A = x^2 + 7x + 10 - 4$
$A = x^2 + 7x + 6$

63. $A = \frac{1}{2}(2x)(x+2) + \frac{1}{2}(2x)(x) + 2x(x+10) + 2x(x+2)$
$A = x(x+2) + x^2 + 2x^2 + 20x + 2x^2 + 4x$
$A = x^2 + 2x + x^2 + 2x^2 + 20x + 2x^2 + 4x$
$A = 6x^2 + 26x$

65. Volume $= x(10-2x)(8-2x) = x(80-36x+4x^2) = 4x^3 - 36x^2 + 80x$

Surface area $= (10-2x)(8-2x) + 2x(10-2x) + 2x(8-2x)$
$= 80 - 36x + 4x^2 + 20x - 4x^2 + 16x - 4x^2 = -4x^2 + 80$

Volume $-$ Surface area $= (4x^3 - 36x^2 + 80x) - (-4x^2 + 80) = 4x^3 - 32x^2 + 80x - 80$

67. $-2.7t^2 + 48t + 6 - (-16t^2 + 48t + 6) = -2.7t^2 + 48t + 6 + 16t^2 - 48t - 6 = 13.3t^2$

69. a. False; for example, $\frac{1}{x}$.

b. True; it results in 0 when simplified.

c. False; $(x^2 + 8 - 4x)(x^2 + 8 + 4x) = x^4 + 64$

d. False; let $A = \sqrt{a+b}$ and $B = \sqrt{a-b}$.

71. $(x+2)^2$ and $x^2 + 4x + 4$ are equivalent expressions.

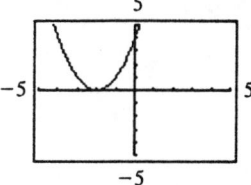

73. Let $y_1 = (x-1)^3$ and $y_2 = x^3 - 1$.

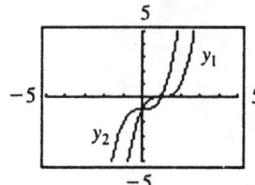

75. $V = x(x+3)(2x-1) - x^2(2x-1-x-1)$
$V = x(2x^2 + 5x - 3) - x^2(x-2)$
$V = 2x^3 + 5x^2 - 3x - x^3 + 2x^2$
$= x^3 + 7x^2 - 3x$

77. a. The position number squared minus one gives the value in each position, so the polynomial is $x^2 - 1$ and the last three numbers in the sequence are 24, 35 and 48.

b. The position number cubed plus the position number gives the value in each position, so the polynomial is $x^3 + x$, and the last three numbers in the sequence are 130, 222 and 350.

Problem Set P.6

1. $18x + 27 = 9(2x + 3)$

3. $3x^2 + 6x = 3x(x + 2)$

5. $9x^4 - 18x^3 + 27x^2 = 9x^2(x^2 - 2x + 3)$

7. $12x^2y - 8xy^2 = 4xy(3x - 2y)$

9. $7x^3y^2 + 14x^2y - 42x^5y^3 + 21xy^4 = 7xy(x^2y + 2x - 6x^4y^2 + 3y^3)$

11. $x^2(x - 3) + 12(x - 3) = (x - 3)(x^2 + 12)$

13. $2x(x - 5)^2 - 3y(x - 5) = (x - 5)[2x(x - 5) - 3y]$

15. $x^3 - 2x^2 + 5x - 10 = x^2(x - 2) + 5(x - 2)$
    $= (x^2 + 5)(x - 2)$

17. $x^3 - x^2 + 2x - 2 = x^2(x - 1) + 2(x - 1)$
    $= (x - 1)(x^2 + 2)$

19. $3x^3 - 2x^2 - 6x + 4 = x^2(3x - 2) - 2(3x - 2)$
    $= (3x - 2)(x^2 - 2)$

21. $a^2c + 5ac + 2a + 10 = ac(a + 5) + 2(a + 5)$
    $= (a + 5)(ac + 2)$

23. $4x^2y + 16xy - x - 4 = 4xy(x + 4) - 1(x + 4)$
    $= (x + 4)(4xy - 1)$

25. $x^2 - 100 = (x - 10)(x + 10)$

27. $36x^2 - 49 = (6x - 7)(6x + 7)$

29. $9x^2 - 25y^2 = (3x - 5y)(3x + 5y)$

31. $9y^2 - (2x + 1)^2 = [3y - (2x + 1)][3y + (2x + 1)]$
    $= (3y - 2x - 1)(3y + 2x + 1)$

33. $x^4 - 81 = (x^2 + 9)(x^2 - 9)$
$= (x^2 + 9)(x + 3)(x - 3)$

35. $9x^4 - y^6 = (3x^2 - y^3)(3x^2 + y^3)$

37. $x^3 - 8 = (x - 2)(x^2 + 2x + 4)$

39. $y^3 + 27 = (y + 3)(y^2 - 3y + 9)$

41. $64d^3 + 125 = (4d + 5)(16d^2 - 20d + 25)$

43. $125 - 8p^3 d^3 = (5 - 2pd)(25 + 10pd + 4p^2 d^2)$

45. $x^2 + 8x + 15 = (x + 5)(x + 3)$

47. $x^2 - 8x + 15 = (x - 5)(x - 3)$

49. $x^2 + x - 30 = (x + 6)(x - 5)$

51. $x^2 - 3x - 28 = (x - 7)(x + 4)$

53. $x^2 + 4x + 4 = (x + 2)(x + 2) = (x + 2)^2$

55. $x^2 - 8x + 16 = (x - 4)(x - 4) = (x - 4)^2$

57. $25x^2 - 20x + 4 = (5x - 2)(5x - 2)$
$= (5x - 2)^2$

59. $2x^2 + 9x + 7 = (2x + 7)(x + 1)$

61. $4y^2 + 9y + 2 = (4y + 1)(y + 2)$

63. $10x^2 + 19x + 6 = (5x + 2)(2x + 3)$

65. $8y^2 - 18y + 9 = (4y - 3)(2y - 3)$

67. $4y^2 - 27y + 18 = (4y - 3)(y - 6)$

69. $12y^2 - 19y - 21 = (4y + 3)(3y - 7)$

71. $x^2 + 13x + 9$
Prime

73. $2y^3 + 8y^2 + 8y = 2y(y^2 + 4y + 4)$
$= 2y(y+2)^2$

75. $4x^2 - 16x - 20 = 4(x^2 - 4x - 5)$
$= 4(x-5)(x+1)$

77. $3x^4 + 24x = 3x(x^3 + 8)$
$= 3x(x+2)(x^2 - 2x + 4)$

79. $x^2(x-5) - 4(x-5) = (x-5)(x^2 - 4)$
$= (x-5)(x-2)(x+2)$

81. $x^2 + 10x + 25 - 36a^2$
$= (x^2 + 10x + 25) - 36a^2$
$= (x+5)^2 - 36a^2$
$= (x + 5 - 6a)(x + 5 + 6a)$

83. $c^3 - 16c = c(c^2 - 16)$
$= c(c-4)(c+4)$

85. $9b^2 x - 16y - 16x + 9b^2 y = 9b^2 x + 9b^2 y - 16x - 16y$
$= 9b^2(x+y) - 16(x+y)$
$= (9b^2 - 16)(x+y)$
$= (3b-4)(3b+4)(x+y)$

87. $x^2 + 25$
Prime

89. $y^3 - 2y^2 - 4y + 8 = y^2(y-2) - 4(y-2)$
$= (y-2)(y^2 - 4)$
$= (y-2)(y-2)(y+2) = (y-2)^2(y+2)$

91. $16x - 2x^4 = 2x(8 - x^3)$
$= 2x(2-x)(4+2x+x^2)$
$= -2x(x-2)(x^2+2x+4)$

93. $8x^2 + 40x + 50 = 2(4x^2 + 20x + 25)$
$= 2(2x+5)^2$

95. $x^2(x^3+y^3) - z^2(x^3+y^3) = (x^3+y^3)(x^2-z^2)$
$= (x+y)(x^2-xy+y^2)(x-z)(x+z)$

97. $3ax + 4bx - 15a - 2ab = x(3a+4b) - 5(3a+4b)$
$= (3a+4b)(x-5)$

99. $r^3 - s^3 + r - s = (r^3 - s^3) + (r-s)$
$= (r-s)(r^2+rs+s^2) + (r-s)$
$= (r-s)(r^2+rs+s^2+1)$

101. $a^6b^6 - a^3b^3 = a^3b^3(a^3b^3 - 1)$
$= a^3b^3(ab-1)(a^2b^2+ab+1)$

103. $x^{3/2} - x^{1/2} = x^{1/2}(x-1)$

105. $4x^{-2/3} + 8x^{1/3} = 4x^{-2/3}(1+2x) = \dfrac{4(2x+1)}{x^{2/3}}$

107. $3x^{3/2} - 9x^{1/2} + 6x^{-1/2} = 3x^{-1/2}(x^2 - 3x + 2)$
$= \dfrac{3(x-2)(x-1)}{x^{1/2}}$

109. $(x+3)^{1/2} - (x+3)^{3/2} = (x+3)^{1/2}[1 - (x+3)]$
$= (x+3)^{1/2}(1-x-3)$
$= (x+3)^{1/2}(-x-2) = -(x+3)^{1/2}(x+2)$

111. $(x+5)^{-1/2} - (x+5)^{-3/2} = (x+5)^{-3/2}[(x+5) - 1]$
$= \dfrac{x+4}{(x+5)^{3/2}}$

113. $(4x-1)^{1/2} - \frac{1}{3}(4x-1)^{3/2} = (4x-1)^{1/2}\left[1 - \frac{1}{3}(4x-1)\right]$

$= (4x-1)^{1/2}\left[1 - \frac{4}{3}x + \frac{1}{3}\right]$

$= (4x-1)^{1/2}\left[\frac{4}{3} - \frac{4}{3}x\right]$

$= -\frac{4}{3}(4x-1)^{1/2}(x-1)$

115. $2x(x^2+3)^{-1/2} - x^3(x^2+3)^{-3/2} = x(x^2+3)^{-3/2}\left[2(x^2+3) - x^2\right]$

$= x(x^2+3)^{-3/2}\left[2x^2 + 6 - x^2\right]$

$= x(x^2+3)^{-3/2}(x^2+6)$

$= \dfrac{x(x^2+6)}{(x^2+3)^{3/2}}$

117. a. False; $x^3 + 1 = (x+1)(x^2 - x + 1)$

  b. False; this is not a product.

  c. False; $(x-4)^3 = x^3 - 12x^2 + 48x - 64$

  d. True

119.

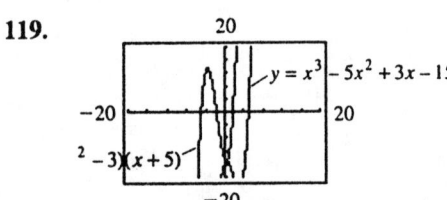

$x^3 - 5x^2 + 3x - 15 \neq (x^2 - 3)(x + 5)$

Not correct

121.

$8 + (x-2)^3 = x(x^2 - 6x + 12)$

Correct

123. $x^2 - 6x + 9 = (x-3)^2$

125. $x^3 + 1 = (x+1)(x^2 - x + 1)$

Let $y_1 = x^3 + 1$ and $y_2 = (x+1)(x^2 - x + 1)$.

127. Answers may vary.

129. Answers may vary.

131. a. $x^4 + 2x^2y^2 + y^4 = (x^2 + y^2)^2$

b. $x^4 + x^2y^2 + y^4 = \left[(x^2 + y^2)^2 - x^2y^2\right]$
$= \left[(x^2 + y^2) - xy\right]\left[(x^2 + y^2) + xy\right]$
$= (x^2 - xy + y^2)(x^2 + xy + y^2)$

133. $x^4 - y^4 - 2x^3y + 2xy^3 = (x^2 - y^2)(x^2 + y^2) - 2xy(x^2 - y^2)$
$= (x^2 - y^2)\left[(x^2 + y^2) - 2xy\right]$
$= (x-y)(x+y)\left[x^2 - 2xy + y^2\right]$
$= (x-y)(x+y)(x-y)(x-y)$
$= (x+y)(x-y)^3$

135. $(2x^4 + 4x^2 + 2) + (x^3 + x) = 2(x^4 + 2x^2 + 1) + x(x^2 + 1)$
$= 2(x^2 + 1)^2 + x(x^2 + 1)$
$= (x^2 + 1)\left[2(x^2 + 1) + x\right]$
$= (x^2 + 1)(2x^2 + x + 2)$

Problem Set P.7

1. $\dfrac{3x-9}{x^2-6x+9} = \dfrac{3(x-3)}{(x-3)(x-3)}$
   $= \dfrac{3}{x-3} \quad (x \neq 3)$

3. $\dfrac{x^2-12x+36}{4x-24} = \dfrac{(x-6)(x-6)}{4(x-6)} = \dfrac{x-6}{4}$
   $(x \neq 6)$

5. $\dfrac{y^2+7y-18}{y^2-3y+2} = \dfrac{(y+9)(y-2)}{(y-2)(y-1)} = \dfrac{y+9}{y-1}$
   $(y \neq 1, 2)$

7. $\dfrac{y^2-9y+18}{y^3-27} = \dfrac{(y-6)(y-3)}{(y-3)(y^2+3y+9)}$
   $= \dfrac{y-6}{y^2+3y+9} \quad (y \neq 3)$

9. $\dfrac{x^3+x^2-20x}{x^3+2x^2-15x} = \dfrac{x(x^2+x-20)}{x(x^2+2x-15)}$
   $= \dfrac{x(x+5)(x-4)}{x(x+5)(x-3)} = \dfrac{x-4}{x-3} \quad (x \neq -5, 0, 3)$

11. $\dfrac{x^2-5x+6}{x^2-2x-3} \cdot \dfrac{x^2-1}{x^2-4}$
    $= \dfrac{(x-3)(x-2)}{(x-3)(x+1)} \cdot \dfrac{(x+1)(x-1)}{(x-2)(x+2)}$
    $= \dfrac{x-1}{x+2} \quad (x \neq -2, -1, 2, 3)$

13. $\dfrac{x^2-8}{x^2-4} \cdot \dfrac{x+2}{3x} = \dfrac{(x-2)(x^2+2x+4)}{(x-2)(x+2)} \cdot \dfrac{x+2}{3x}$
    $= \dfrac{x^2+2x+4}{3x} \quad (x \neq -2, 0, 2)$

15. $\dfrac{x^2-1}{(x-1)^2} \cdot \dfrac{x^3-1}{x+1}$
    $= \dfrac{(x-1)(x+1)}{(x-1)(x-1)} \cdot \dfrac{(x-1)(x^2+x+1)}{x+1}$
    $= x^2+x+1 \quad (x \neq -1, 1)$

17. $\dfrac{2x^2+9x-35}{6x^2-13x-5} \cdot \dfrac{3x^2+10x+3}{x^2+10x+21}$
    $= \dfrac{(2x-5)(x+7)}{(3x+1)(2x-5)} \cdot \dfrac{(3x+1)(x+3)}{(x+7)(x+3)} = 1$
    $\left(x \neq -7, -3, -\dfrac{1}{3}, \dfrac{5}{2}\right)$

19. $\dfrac{x^2-25}{2x-2} \div \dfrac{x^2+10x+25}{x^2+4x-5}$
    $= \dfrac{(x-5)(x+5)}{2(x-1)} \cdot \dfrac{(x+5)(x-1)}{(x+5)(x+5)} = \dfrac{x-5}{2}$
    $(x \neq -5, 1)$

21. $\dfrac{x^2+5x}{x+5} \div \dfrac{1}{x^3-25x}$
    $= \dfrac{x(x+5)}{x+5} \cdot \dfrac{x(x-5)(x+5)}{1}$
    $= x^2(x+5)(x-5) \quad (x \neq -5, 0, 5)$

23. $\dfrac{x^4-1}{2x} \div \dfrac{x^3+x}{x^2}$
    $= \dfrac{(x^2+1)(x-1)(x+1)}{2x} \cdot \dfrac{x^2}{x(x^2+1)}$
    $= \dfrac{(x-1)(x+1)}{2} \quad (x \neq 0)$

25. $\dfrac{4x-10}{x-2} - \dfrac{x-4}{x-2} = \dfrac{4x-10-x+4}{x-2}$
    $= \dfrac{3x-6}{x-2} = \dfrac{3(x-2)}{x-2} = 3$

27. $\dfrac{3}{x+4} + \dfrac{6}{x+5} = \dfrac{3(x+5)+6(x+4)}{(x+4)(x+5)}$
    $= \dfrac{3x+15+6x+24}{(x+4)(x+5)}$
    $= \dfrac{9x+39}{(x+4)(x+5)}$

29. $\dfrac{3}{x+1} - \dfrac{3}{x} = \dfrac{3x-3(x+1)}{x(x+1)}$
    $= \dfrac{3x-3x-3}{x(x+1)} = -\dfrac{3}{x(x+1)}$

31. $\dfrac{2x}{x+2} + \dfrac{x+2}{x-2} = \dfrac{2x(x-2)+(x+2)(x+2)}{(x+2)(x-2)}$

$= \dfrac{2x^2 - 4x + x^2 + 4x + 4}{(x+2)(x-2)}$

$= \dfrac{3x^2 + 4}{(x+2)(x-2)}$

33. $\dfrac{x+5}{x-5} + \dfrac{x-5}{x+5}$

$= \dfrac{(x+5)(x+5)+(x-5)(x-5)}{(x-5)(x+5)}$

$= \dfrac{x^2 + 10x + 25 + x^2 - 10x + 25}{(x-5)(x+5)}$

$= \dfrac{2x^2 + 50}{(x-5)(x+5)}$

35. $\dfrac{4}{x^2+6x+9} + \dfrac{4}{x+3} = \dfrac{4}{(x+3)^2} + \dfrac{4}{(x+3)}$

$= \dfrac{4+4(x+3)}{(x+3)^2} = \dfrac{4+4x+12}{(x+3)^2} = \dfrac{4x+16}{(x+3)^2}$

37. $\dfrac{3x}{x^2+3x-10} - \dfrac{2x}{x^2+x-6}$

$= \dfrac{3x}{(x+5)(x-2)} - \dfrac{2x}{(x+3)(x-2)}$

$= \dfrac{3x(x+3)-2x(x+5)}{(x+5)(x-2)(x+3)}$

$= \dfrac{3x^2+9x-2x^2-10x}{(x+5)(x-2)(x+3)}$

$= \dfrac{x^2-x}{(x+5)(x-2)(x+3)}$

39. $\dfrac{y+3}{y^2-y-2} - \dfrac{y-1}{y^2+2y+1} = \dfrac{y+3}{(y-2)(y+1)} - \dfrac{y-1}{(y+1)(y+1)}$

$= \dfrac{(y+3)(y+1)-(y-1)(y-2)}{(y-2)(y+1)^2}$

$= \dfrac{y^2+4y+3-\left(y^2-3y+2\right)}{(y-2)(y+1)^2}$

$= \dfrac{y^2+4y+3-y^2+3y-2}{(y-2)(y+1)^2} = \dfrac{7y+1}{(y-2)(y+1)^2}$

41. $\dfrac{2}{y^2-4} - \dfrac{3}{y^2-4y+4} + \dfrac{4}{y^2+y-2} = \dfrac{2}{(y-2)(y+2)} - \dfrac{3}{(y-2)(y-2)} + \dfrac{4}{(y+2)(y-1)}$

$= \dfrac{2(y-2)(y-1) - 3(y+2)(y-1) + 4(y-2)^2}{(y+2)(y-1)(y-2)^2}$

$= \dfrac{2(y^2-3y+2) - 3(y^2+y-2) + 4(y^2-4y+4)}{(y+2)(y-1)(y-2)^2}$

$= \dfrac{2y^2 - 6y + 4 - 3y^2 - 3y + 6 + 4y^2 - 16y + 16}{(y+2)(y-1)(y-2)^2}$

$= \dfrac{3y^2 - 25y + 26}{(y+2)(y-1)(y-2)^2}$

43. $\dfrac{4x^2+x-6}{x^2+3x+2} - \dfrac{3x}{x+1} + \dfrac{5}{x+2} = \dfrac{4x^2+x-6}{(x+2)(x+1)} - \dfrac{3x}{x+1} + \dfrac{5}{x+2}$

$= \dfrac{4x^2 + x - 6 - 3x(x+2) + 5(x+1)}{(x+2)(x+1)}$

$= \dfrac{4x^2 + x - 6 - 3x^2 - 6x + 5x + 5}{(x+2)(x+1)}$

$= \dfrac{x^2-1}{(x+2)(x+1)} = \dfrac{(x-1)(x+1)}{(x+2)(x+1)} = \dfrac{x-1}{x+2} \ (x \ne -1)$

45. $\dfrac{\frac{x}{3}-1}{x-3} = \dfrac{3\left[\frac{x}{3}-1\right]}{3[x-3]} = \dfrac{x-3}{3(x-3)} = \dfrac{1}{3} \ (x \ne 3)$

47. $\dfrac{1+\frac{1}{x}}{3-\frac{1}{x}} = \dfrac{x\left[1+\frac{1}{x}\right]}{x\left[3-\frac{1}{x}\right]} = \dfrac{x+1}{3x-1} \ (x \ne 0)$

49. $\dfrac{\frac{1}{x}+\frac{1}{y}}{x+y} = \dfrac{xy\left[\frac{1}{x}+\frac{1}{y}\right]}{xy[x+y]} = \dfrac{y+x}{xy(x+y)} = \dfrac{1}{xy}$

$(x \ne 0, y \ne 0, x \ne y)$

51. $\dfrac{c-\frac{c}{c+3}}{c+2} = \dfrac{(c+3)\left[c-\frac{c}{c+3}\right]}{(c+3)(c+2)} = \dfrac{c(c+3)-c}{(c+3)(c+2)}$

$= \dfrac{c^2+3c-c}{(c+3)(c+2)} = \dfrac{c^2+2c}{(c+3)(c+2)}$

$= \dfrac{c(c+2)}{(c+3)(c+2)} = \dfrac{c}{c+3} \ (c \ne -2)$

53. $\dfrac{\frac{3}{y-2}-\frac{4}{y+2}}{\frac{7}{y^2-4}} = \dfrac{\frac{3}{y-2}-\frac{4}{y+2}}{\frac{7}{(y-2)(y+2)}}$

$= \dfrac{\left[\frac{3}{y-2}-\frac{4}{y+2}\right](y-2)(y+2)}{\left[\frac{7}{(y-2)(y+2)}\right](y-2)(y+2)}$

$= \dfrac{3(y+2)-4(y-2)}{7}$

$= \dfrac{3y+6-4y+8}{7} = \dfrac{-y+14}{7}$

$= \dfrac{y-14}{7}$ $(y \ne -2, 2)$

55. $\dfrac{\frac{1}{x+1}}{\frac{1}{x^2-2x-3}+\frac{1}{x-3}} = \dfrac{\frac{1}{x+1}}{\frac{1}{(x-3)(x+1)}+\frac{1}{x-3}}$

$= \dfrac{\left[\frac{1}{x+1}\right](x-3)(x+1)}{\left[\frac{1}{(x-3)(x+1)}+\frac{1}{(x-3)}\right](x-3)(x+1)} = \dfrac{x-3}{1+x+1}$

$= \dfrac{x-3}{x+2}$ $(x \ne -1, 3)$

57. $\dfrac{\frac{1}{x^3-y^3}}{\frac{1}{x-y}-\frac{1}{x^2+xy+y^2}} = \dfrac{\frac{1}{(x-y)(x^2+xy+y^2)}}{\frac{1}{(x-y)}-\frac{1}{(x^2+xy+y^2)}}$

$= \dfrac{(x-y)(x^2+xy+y^2)\left[\frac{1}{(x-y)(x^2+xy+y^2)}\right]}{(x-y)(x^2+xy+y^2)\left[\frac{1}{x-y}-\frac{1}{x^2+xy+y^2}\right]}$

$= \dfrac{1}{x^2+xy+y^2-x+y}$ $(x \ne y)$

59. $\dfrac{\left[\frac{1}{(x+h)^2}-\frac{1}{x^2}\right]\left[x^2(x+h)^2\right]}{(h)\left[x^2(x+h)^2\right]} = \dfrac{x^2-(x+h)^2}{x^2h(x+h)^2}$

$\dfrac{x^2-x^2-2xh-h^2}{x^2h(x+h)^2} = \dfrac{-2xh-h^2}{x^2h(x+h)^2}$

$= \dfrac{-h(2x+h)}{x^2h(x+h)^2} = -\dfrac{2x+h}{x^2(x+h)^2}$ $(h \ne 0)$

61. $\dfrac{2x^{-1}+y^{-1}}{xy} = \dfrac{\left[\frac{2}{x}+\frac{1}{y}\right]xy}{[xy]xy} = \dfrac{2y+x}{x^2y^2}$

$= \dfrac{x+2y}{x^2y^2}$

63. $\dfrac{\frac{1}{\sqrt{x+h}}-\frac{1}{\sqrt{x}}}{h} = \dfrac{\left[\frac{1}{\sqrt{x+h}}-\frac{1}{\sqrt{x}}\right]\sqrt{x}\left(\sqrt{x+h}\right)}{[h]\sqrt{x}\left(\sqrt{x+h}\right)}$

$= \dfrac{\sqrt{x}-\sqrt{x+h}}{h\sqrt{x}\sqrt{x+h}}$

65. $\dfrac{\left[\frac{y^2}{\sqrt{y^2+2}}-\sqrt{y^2+2}\right]\left(\sqrt{y^2+2}\right)}{y^2\left(\sqrt{y^2+2}\right)}$

$= \dfrac{y^2-\left(y^2+2\right)}{y^2\sqrt{y^2+2}}$

$= \dfrac{y^2-y^2-2}{y^2\sqrt{y^2+2}} = -\dfrac{2}{y^2\sqrt{y^2+2}}$

67. $\dfrac{4y\left(y^2-9\right)y^{2/3}-2y^{-1/3}\left(y^2-9\right)^2}{\left(y^{2/3}\right)^2}$

$= \dfrac{\left[4y\left(y^2-9\right)y^{2/3}-\frac{2\left(y^2-9\right)^2}{y^{1/3}}\right]y^{1/3}}{\left[y^{4/3}\right]y^{1/3}}$

$= \dfrac{4y^2\left(y^2-9\right)-2\left(y^2-9\right)^2}{y^{5/3}}$

$= \dfrac{2\left(y^2-9\right)\left(2y^2-y^2+9\right)}{y^{5/3}}$

$= \dfrac{2\left(y^2-9\right)\left(y^2+9\right)}{y^{5/3}}$

69. Adjust the polynomial that describes the total yearly cost to millions of dollars by multiplying the polynomial by 1000:
$540t^2 + 12,640t + 107,100$.

The average cost per person (in dollars) is
$$\frac{540t^2 + 12,640t + 107,100}{-0.14t^2 + 0.51t + 31.6}.$$
For $t = 5$ (1995): ≈ $5997 per person.
For $t = 6$ (1996): ≈ $6833 per person.
For $t = 7$ (1997): ≈ $7843 per person.
For $t = 8$ (1998): ≈ $9086 per person.

71. $R = \dfrac{1}{\frac{1}{R_1} + \frac{1}{R_2} + \frac{1}{R_3}}$

$= \dfrac{(1)R_1 R_2 R_3}{\left(\frac{1}{R_1} + \frac{1}{R_2} + \frac{1}{R_3}\right) R_1 R_2 R_3}$

$= \dfrac{R_1 R_2 R_3}{R_2 R_3 + R_1 R_3 + R_1 R_2}$

Let $R_1 = 4$, $R_2 = 8$, and $R_3 = 12$.

$R = \dfrac{(4)(8)(12)}{(8)(12) + (4)(12) + (4)(8)}$

$= \dfrac{384}{96 + 48 + 32} = \dfrac{24}{11} = 2.\overline{18} \approx 2.18$

73. Area of rectangle $= 2y^2 + y$

Area of circle $= \dfrac{\pi y^2}{4}$

$\dfrac{2y^2 + y}{\frac{\pi y^2}{4}} = \dfrac{8y^2 + 4y}{\pi y^2} = \dfrac{8y + 4}{\pi y}$

75. a. False; $\dfrac{1}{a} + \dfrac{1}{b} = \dfrac{a+b}{ab}$

b. False; $\dfrac{a+b}{a} = 1 + \dfrac{b}{a}$

c. False; $\dfrac{a}{b} + \dfrac{a}{c} = \dfrac{a(b+c)}{bc}$

d. True; $\dfrac{x^2 - 16}{x - 4} = \dfrac{(x-4)(x+4)}{x-4} = x + 4$, so when x gets closer to 4, the expression gets closer to $4 + 4 = 8$.

77. Graph $y_1 = \dfrac{x}{3} + \dfrac{1}{6}$, $y_2 = \dfrac{2x+1}{6}$, and $y_3 = \dfrac{x+2}{6}$. $\dfrac{x}{3} + \dfrac{1}{6}$ is equivalent to $\dfrac{2x+1}{6}$.

79. $\dfrac{x^2 - 4}{2 - x}$

$\dfrac{(x-2)(x+2)}{-(x-2)} = -x - 2$

Graph $y_1 = \dfrac{x^2 - 4}{2 - x}$ and $y_2 = -x - 2$.
They are the same.

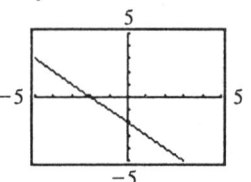

81. $\dfrac{x}{2} + \dfrac{x}{5} = \dfrac{5x + 2x}{10} = \dfrac{7x}{10}$

Graph $y_1 = \dfrac{x}{2} + \dfrac{x}{5}$ and $y_2 = \dfrac{7x}{10}$.
They are the same.

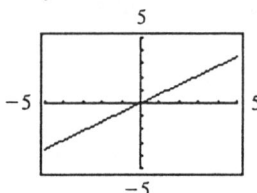

83. $\dfrac{x}{x-5} - \dfrac{5}{5-x} = \dfrac{x}{x-5} - \dfrac{5}{-(x-5)}$

$= \dfrac{-x-5}{-(x-5)} = \dfrac{-(x+5)}{-(x-5)}$

$= \dfrac{x+5}{x-5}$

Graph $y_1 = \dfrac{x}{x-5} - \dfrac{5}{5-x}$ and $y_2 = \dfrac{x+5}{x-5}$.
They are the same.

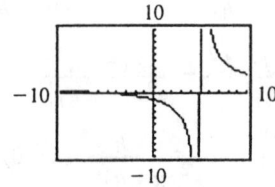

SSM: College Algebra   **Chapter P:** Prerequisites: Fundamental Concepts of Algebra

85. First simplify $\left(\dfrac{a^{-2}+b^{-2}}{a^{-2}-b^{-2}} - \dfrac{a^{-2}-b^{-2}}{a^{-2}+b^{-2}}\right)$

$\left(\dfrac{a^{-2}+b^{-2}}{a^{-2}-b^{-2}} - \dfrac{a^{-2}-b^{-2}}{a^{-2}+b^{-2}}\right)\dfrac{a^2b^2}{a^2b^2} = \dfrac{b^2+a^2}{b^2-a^2} - \dfrac{b^2-a^2}{b^2+a^2}$

$= \dfrac{(b^2+a^2)(b^2+a^2)-(b^2-a^2)(b^2-a^2)}{(b^2-a^2)(b^2+a^2)}$

$= \dfrac{b^4+2a^2b^2+a^4-(b^4-2a^2b^2+a^4)}{(b^2-a^2)(b^2+a^2)} = \dfrac{4a^2b^2}{(b^2-a^2)(b^2+a^2)} = -\dfrac{4a^2b^2}{(a^2-b^2)(a^2+b^2)}$

Next simplify $\left(\dfrac{a+b}{a-b}+\dfrac{a-b}{a+b}\right)\left(\dfrac{a^2}{b^2}+\dfrac{b^2}{a^2}-2\right)$.

$\left[\dfrac{(a+b)(a+b)+(a-b)(a-b)}{(a-b)(a+b)}\right]\left(\dfrac{a^4+b^4-2a^2b^2}{a^2b^2}\right) = \left(\dfrac{a^2+2ab+b^2+a^2-2ab+b^2}{(a-b)(a+b)}\right)\dfrac{(a^2-b^2)^2}{a^2b^2}$

$= \left(\dfrac{2a^2+2b^2}{a^2-b^2}\right)\dfrac{(a^2-b^2)^2}{a^2b^2} = \dfrac{2(a^2+b^2)(a^2-b^2)}{a^2b^2}$

Thus $\left(\dfrac{a^{-2}+b^{-2}}{a^{-2}-b^{-2}}-\dfrac{a^{-2}-b^{-2}}{a^{-2}+b^{-2}}\right) \div \left[\left(\dfrac{a+b}{a-b}+\dfrac{a-b}{a+b}\right)\left(\dfrac{a^2}{b^2}+\dfrac{b^2}{a^2}-2\right)\right]^{-1}$

$= -\dfrac{4a^2b^2}{(a^2-b^2)(a^2+b^2)} \div \dfrac{a^2b^2}{2(a^2+b^2)(a^2-b^2)} = -\dfrac{4a^2b^2}{(a^2-b^2)(a^2+b^2)} \cdot \dfrac{2(a^2+b^2)(a^2-b^2)}{a^2b^2} = -8$

87. $(1+b^{x-y})^{-1}+(1+b^{y-x})^{-1} = \dfrac{1}{(1+b^{x-y})}+\dfrac{1}{(1+b^{y-x})}$

$= \dfrac{1+b^{y-x}+1+b^{x-y}}{(1+b^{x-y})(1+b^{y-x})} = \dfrac{2+b^{y-x}+b^{x-y}}{1+b^{x-y}+b^{y-x}+b^0}$

$= \dfrac{2+b^{y-x}+b^{x-y}}{2+b^{x-y}+b^{y-x}} = 1$

Problem Set P.8

1. $i^{24} = (i^4)^6 = (1)^6 = 1$

3. $i^{75} = (i^{74})(i) = (i^2)^{37}(i) = (-1)^{37}i = -i$

5. $i^{49} = (i^{48})(i) = (i^4)^{12}(i) = (1)^{12}(i) = i$

7. $(7+2i)+(1-4i) = 8-2i$

33

9. $(3+2i)-(5-7i) = 3+2i-5+7i$
   $= -2+9i$

11. $6-(-5+4i)-(-13-11i)$
    $= 6+5-4i+13+11i$
    $= 24+7i$

13. $6-\left(5-2i\sqrt{32}\right)-\left(11-5i\sqrt{8}\right)$
    $= 6-5+2i\sqrt{32}-11+5i\sqrt{8}$
    $= 6-5+2i(4)\sqrt{2}-11+5i(2)\sqrt{2}$
    $= -10+8i\sqrt{2}+10i\sqrt{2}$
    $= -10+18i\sqrt{2}$

15. $-3i(7i-5) = -21i^2+15i$
    $= 21+15i$

17. $(-5+4i)(3+7i) = -15+12i-35i+28i^2$
    $= -43-23i$

19. $(7-5i)(-2-3i) = -14-21i+10i+15i^2$
    $= -14-15-11i$
    $= -29-11i$

21. $(3+5i)(3-5i) = 9-25i^2 = 9+25 = 34$

23. $(-5+3i)(-5-3i) = 25-9i^2 = 25+9 = 34$

25. $(2+3i)^2 = 4+12i+9i^2 = -5+12i$

27. $\left(\frac{1}{2}+\frac{\sqrt{3}}{2}i\right)^2 = \frac{1}{4}+2\left(\frac{\sqrt{3}}{4}\right)i+\frac{3}{4}i^2$
    $= -\frac{1}{2}+\frac{\sqrt{3}}{2}i$

29. $\frac{2}{3-i} \cdot \frac{3+i}{3+i} = \frac{2(3+i)}{9-i^2} = \frac{2(3+i)}{10} = \frac{3+i}{5}$
    $= \frac{3}{5}+\frac{1}{5}i$

31. $\frac{2i}{1+i} \cdot \frac{1-i}{1-i} = \frac{2i-2i^2}{1-i^2} = \frac{2+2i}{2} = 1+i$

33. $\frac{8i}{4-3i} \cdot \frac{4+3i}{4+3i} = \frac{32i+24i^2}{16-9i^2} = \frac{-24+32i}{25}$
    $= -\frac{24}{25}+\frac{32}{25}i$

35. $\frac{2+3i}{2+i} \cdot \frac{2-i}{2-i} = \frac{4+4i-3i^2}{4-i^2} = \frac{7+4i}{5}$
    $= \frac{7}{5}+\frac{4}{5}i$

37. $\frac{-4+7i}{-2-5i} \cdot \frac{-2+5i}{-2+5i} = \frac{8-34i+35i^2}{4-25i^2}$
    $= \frac{-27-34i}{29} = -\frac{27}{29}-\frac{34}{29}i$

39. $\frac{3-i}{2i} \cdot \frac{-2i}{-2i} = \frac{-6i+2i^2}{-4i^2} = \frac{-2-6i}{4}$
    $= -\frac{1}{2}-\frac{3}{2}i$

41. $\frac{-4+7i}{-5i} \cdot \frac{5i}{5i} = \frac{-20i+35i^2}{-25i^2} = \frac{-35-20i}{25}$
    $= \frac{-7-4i}{5} = -\frac{7}{5}-\frac{4}{5}i$

43. $(8+9i)(2-i)-(1-i)(1+i)$
    $= 16+10i-9i^2-1+i^2$
    $= 15+10i-8i^2$
    $= 23+10i$

45. $\frac{4}{(2+i)(3-i)} = \frac{4}{6+i-i^2}$
    $= \frac{4}{7+i} \cdot \frac{7-i}{7-i} = \frac{4(7-i)}{49-i^2}$
    $= \frac{28-4i}{50} = \frac{28}{50}-\frac{4}{50}i = \frac{14}{25}-\frac{2}{25}i$

47. $(1-3i)^3 = (1)^3-3(1)^2(3i)+3(1)(3i)^2-(3i)^3$
    $= 1-9i-27+27i$
    $= -26+18i$

49. $i^4\left(1+i^3\right) = (1)\left(1+i^3\right)$
    $= 1+(i)^2(i)$
    $= 1-i$

51. $i^{-17} = \frac{1}{i^{17}} = \frac{1}{\left(i^4\right)^4(i)} = \frac{1}{i} \cdot \frac{-i}{-i} = \frac{-i}{1} = -i$

SSM: College Algebra **Chapter P: Prerequisites: Fundamental Concepts of Algebra**

53. $\sqrt{-64} - \sqrt{-25} = \sqrt{64 \cdot -1} - \sqrt{25 \cdot -1}$
    $= 8i - 5i = 3i$

55. $5\sqrt{-16} + 3\sqrt{-81} = 5(4i) + 3(9i)$
    $= 20i + 27i = 47i$

57. $\left(-2 + \sqrt{-4}\right)^2 = (-2 + 2i)^2$
    $= 4 - 8i + 4i^2$
    $= -8i$

59. $\left(-3 - \sqrt{-7}\right)^2 = \left(-3 - i\sqrt{7}\right)^2$
    $= 9 + 6i\sqrt{7} + i^2(7) = 9 - 7 + 6i\sqrt{7}$
    $= 2 + 6i\sqrt{7}$

61. $\dfrac{-8 + \sqrt{-32}}{24} = \dfrac{-8 + \sqrt{16 \cdot 2 \cdot -1}}{24} = \dfrac{-8 + 4i\sqrt{2}}{24}$
    $= -\dfrac{1}{3} + \dfrac{\sqrt{2}}{6} i$

63. $\dfrac{-6 - \sqrt{-12}}{48} = \dfrac{-6 - \sqrt{4 \cdot 3 \cdot -1}}{48} = \dfrac{-6 - 2i\sqrt{3}}{48}$
    $= -\dfrac{1}{8} - \dfrac{\sqrt{3}}{24} i$

65. $\sqrt{-8}\left(\sqrt{-3} - \sqrt{5}\right) = \sqrt{4 \cdot 2 \cdot -1}\left(\sqrt{-1 \cdot 3} - \sqrt{5}\right)$
    $= 2i\sqrt{2}\left(i\sqrt{3} - \sqrt{5}\right) = -2\sqrt{6} - 2i\sqrt{10}$

67. $\left(3\sqrt{-5}\right)\left(-4\sqrt{-12}\right) = \left(3i\sqrt{5}\right)\left(-8i\sqrt{3}\right)$
    $= -24i^2\sqrt{15} = 24\sqrt{15}$

69.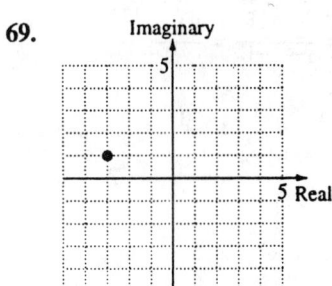

71.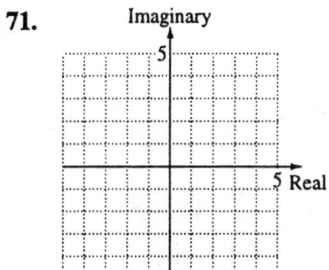

73.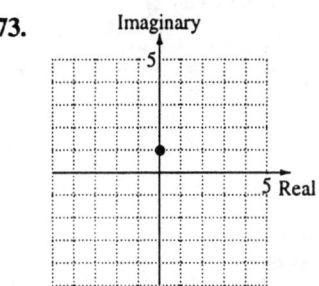

75.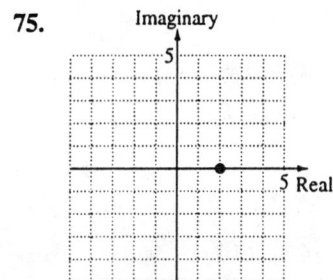

77. a. False; all irrational numbers are complex numbers.

    b. False; $i^{-1} = \dfrac{1}{i} = \dfrac{1}{i} \cdot \dfrac{-i}{-i} = \dfrac{-i}{1} = -i$

    c. False; $\dfrac{7 + 3i}{5 + 3i} = \dfrac{7 + 3i}{5 + 3i} \cdot \dfrac{5 - 3i}{5 - 3i}$
       $= \dfrac{44 - 6i}{34} = \dfrac{22}{17} - \dfrac{3}{17}i$

    d. True;
       $(x + yi)(x - yi) = x^2 - (yi)^2 = x^2 + y^2$

79. $\sqrt{-100} = 10i$; $\sqrt{-100} \neq -\sqrt{100}$

81. $\sqrt{-9} + \sqrt{-16} = 3i + 4i = 7i$;
    $\sqrt{-9} + \sqrt{-16} \neq \sqrt{-25}$

83. $\left(-\frac{1}{2}+\frac{\sqrt{3}}{2}i\right)^3$

$=\left(-\frac{1}{2}+\frac{\sqrt{3}}{2}i\right)\left(-\frac{1}{2}+\frac{\sqrt{3}}{2}i\right)\left(-\frac{1}{2}+\frac{\sqrt{3}}{2}i\right)$

$=\left(\frac{1}{4}-\frac{\sqrt{3}}{2}i+\frac{3}{4}i^2\right)\left(-\frac{1}{2}+\frac{\sqrt{3}}{2}i\right)$

$=\left(-\frac{1}{2}-\frac{\sqrt{3}}{2}i\right)\left(-\frac{1}{2}+\frac{\sqrt{3}}{2}i\right)$

$\frac{1}{4}-\frac{3}{4}i^2 = \frac{1}{4}+\frac{3}{4} = 1$

85. $i^{2n+1} = \left(i^2\right)^n(i)$

$= (-1)^n(i)$

$= \begin{cases} -i \text{ when } n \text{ is odd} \\ i \text{ when } n \text{ is even} \end{cases}$

87. Group activity

Chapter P Review Problems

1. a. $\sqrt[4]{16}$

b. $0, \sqrt[4]{16}$

c. $-13, -\sqrt{16}, 0, \sqrt[4]{16}$

d. $-13, -\sqrt{16}, -\frac{2}{3}, 0, 1.\overline{27}, \sqrt[4]{16}$

e. $-\sqrt{5}, \frac{\pi}{3}$

2. $-2 < x \le 3$

<------(------]------>
      -2   3

3. $-1.5 \le x \le 2$

<------[------]------>
    -1.5   2

4. $x > -1$

<------(------>
      -1

5. $(1,3) \cap [2,7] \Rightarrow [2,3)$

6. $(-1,\infty) \cap (5,\infty) \Rightarrow (5,\infty)$

7. $(1,3) \cup [2,7] \Rightarrow (1,7]$

8. $(-1,\infty) \cup (5,\infty) \Rightarrow (-1,\infty)$

9. a. $\sqrt{2} > -1$, so $\sqrt{2}-1$ is positive.
$\left|\sqrt{2}-1\right| = \sqrt{2}-1$

b. $\sqrt{17} > 3$, so $3-\sqrt{17}$ is negative.
$\left|3-\sqrt{17}\right| = -\left(3-\sqrt{17}\right) = -3+\sqrt{17}$

10. $|-17-4| = |-21| = 21$

11. $6x^3 - 5x^2 - 7x + 9$
$= 6(-2)^3 - 5(-2)^2 - 7(-2) + 9$
$= -48 - 20 + 14 + 9$
$= -45$

12. $\frac{1}{x-3}(x-3) = 1 \quad (x \ne 3)$
Multiplicative inverse

13. $3 + (9 + 6) = (3 + 9) + 6$
Associative property of addition

14. $(-2)^4 - 3^2 = 16 - 9 = 7$

15. $\left(-2x^4y^3\right)^3 = -8x^{12}y^9$

16. $\left(-5x^3y^2\right)^3\left(-2x^{-11}y^{-3}\right) = 250x^{-2}y^3$
$= \frac{250y^3}{x^2}$

17. $\left(\frac{2x^{-2}}{3y^3}\right)^{-4} = \frac{2^{-4}x^8}{3^{-4}y^{-12}} = \frac{81x^8y^{12}}{16}$

18. $\left(\frac{-10x^2y}{20xy^{-2}}\right)^{-3} = \left(\frac{-xy^3}{2}\right)^{-3} = \frac{-x^{-3}y^{-9}}{2^{-3}}$

$= -\frac{2^3}{x^3y^9} = -\frac{8}{x^3y^9}$

19. $98{,}000{,}000{,}000{,}000 = 9.8 \times 10^{13}$

20. $0.000362 = 3.62 \times 10^{-4}$

21. a. (1985, 50,000)
50,000 juveniles were arrested for marajuana possession in 1985.

b. 1990; 18,000

22.

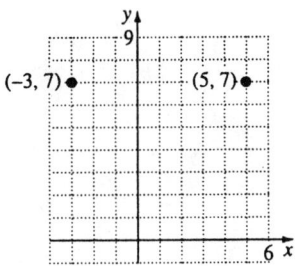

$d = \sqrt{(-3-5)^2 + (7-7)^2} = 8$

$M = \left(\dfrac{-3+5}{2}, \dfrac{7+7}{2}\right) = (1, 7)$

23.

x	$y = -3x + 6$
-1	9
0	6
1	3
2	0

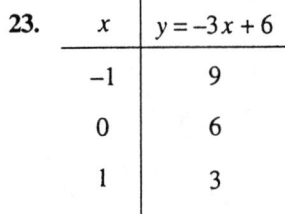

24.

x	$y = x^2 - 1$
-2	3
-1	0
0	-1
1	0
2	3

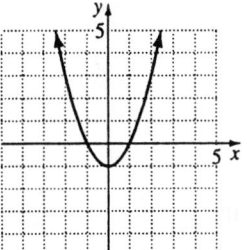

25.

x	$y = x^3 - x$
-2	-6
-1	0
0	0
1	0
2	6

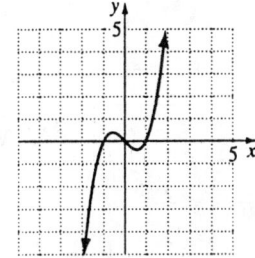

26.

x	$y = \sqrt[3]{x+1}$
-9	-2
-1	0
0	1
7	2

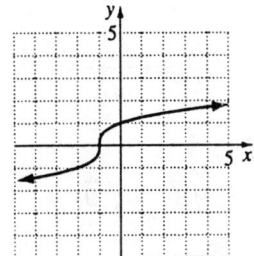

27.

x	$y = -|x|$
-3	-3
-2	-2
-1	-1
0	0
1	-1
2	-2
3	-3

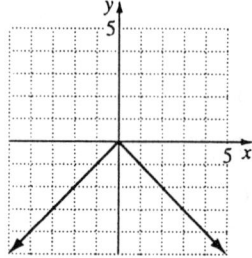

28. $\sqrt[3]{-27} + \sqrt[5]{32} = -3 + 2 = -1$

29. $\sqrt[3]{16x^3y^8} = \sqrt[3]{8 \cdot 2 \cdot x^3 \cdot y^6 \cdot y^2} = 2xy^2\sqrt[3]{2y^2}$

30. $\dfrac{15}{2\sqrt{5}} \cdot \dfrac{\sqrt{5}}{\sqrt{5}} = \dfrac{15\sqrt{5}}{10} = \dfrac{3\sqrt{5}}{2}$

31. $\sqrt[3]{\dfrac{1}{3}} = \dfrac{1}{\sqrt[3]{3}} \cdot \dfrac{\sqrt[3]{9}}{\sqrt[3]{9}} = \dfrac{\sqrt[3]{9}}{3}$

32. $\dfrac{14}{\sqrt{7}-\sqrt{5}} \cdot \dfrac{\sqrt{7}+\sqrt{5}}{\sqrt{7}+\sqrt{5}} = \dfrac{14(\sqrt{7}+\sqrt{5})}{2}$
    $= 7(\sqrt{7}+\sqrt{5}) = 7\sqrt{7}+7\sqrt{5}$

33. $5\sqrt{18} + 3\sqrt{8} - \sqrt{2} = 5\sqrt{9 \cdot 2} + 3\sqrt{4 \cdot 2} - \sqrt{2}$
    $15\sqrt{2} + 6\sqrt{2} - \sqrt{2} = 20\sqrt{2}$

34. $16\sqrt{\dfrac{5}{8}} + 6\sqrt{\dfrac{5}{2}} = \dfrac{16\sqrt{5}}{\sqrt{4 \cdot 2}} + \dfrac{6\sqrt{5}}{\sqrt{2}}$
    $= \dfrac{16\sqrt{5}}{2\sqrt{2}} + \dfrac{6\sqrt{5}}{\sqrt{2}}$
    $= \dfrac{8\sqrt{5} + 6\sqrt{5}}{\sqrt{2}} = \dfrac{8\sqrt{10} + 6\sqrt{10}}{2}$
    $= \dfrac{14\sqrt{10}}{2} = 7\sqrt{10}$

SSM: College Algebra   **Chapter P:** Prerequisites: Fundamental Concepts of Algebra

35. $8^{2/3} - 32^{-4/5} = \left(\sqrt[3]{8}\right)^2 - \dfrac{1}{\left(\sqrt[5]{32}\right)^4}$

$= 4 - \dfrac{1}{16}$

$= \dfrac{64}{16} - \dfrac{1}{16} = \dfrac{63}{16}$

36. $\left(7x^{1/3}\right)\left(4x^{1/4}\right) = 28x^{1/3 + 1/4}$

$= 28x^{7/12}$

37. $\dfrac{80y^{3/4}}{-20y^{1/5}} = -4y^{3/4 - 1/5} = -4y^{11/20}$

38. $\sqrt[8]{16x^6 y^2} = \sqrt[8]{2^4 x^6 y^2} = 2^{4/8} x^{6/8} y^{2/8}$

$= 2^{2/4} x^{3/4} y^{1/4} = \sqrt[4]{4x^3 y}$

39. $8\sqrt[4]{2} + 2\sqrt[8]{2^{10}} = 8\sqrt[4]{2} + 2\sqrt[4]{2^5}$

$= 8\left(2^{1/4}\right) + 2(2)\left(2^{1/4}\right)$

$= 8\left(2^{1/4}\right) + 4\left(2^{1/4}\right)$

$= (8+4)2^{1/4} = 12\sqrt[4]{2}$

40. $\left(16x^3 - 2x^2 - 5x + 3\right) - \left(-2x^3 - x^2 + 4x - 1\right) + \left(3x^3 - 7x^2 - x + 1\right)$

$= 16x^3 - 2x^2 - 5x + 3 + 2x^3 + x^2 - 4x + 1 + 3x^3 - 7x^2 - x + 1$

$= 21x^3 - 8x^2 - 10x + 5$

degree 3

41. $\left(x^2 + 3x - 5\right)\left(2x^2 - x + 4\right)$

$= 2x^4 - x^3 + 4x^2 + 6x^3 - 3x^2 + 12x - 10x^2 + 5x - 20$

$= 2x^4 + 5x^3 - 9x^2 + 17x - 20$

42. $(9x - 7)(4x + 3) = 36x^2 - x - 21$

43. $(4x - 3y)^3 = (4x)^3 - 3(4x)^2(3y) + 3(4x)(3y)^2 - (3y)^3$

$= 64x^3 - 144x^2 y + 108xy^2 - 27y^3$

44. $[5y - (2x + 1)][5y + (2x + 1)] = 25y^2 - (2x + 1)^2$

$= 25y^2 - \left(4x^2 + 4x + 1\right)$

$= -4x^2 + 25y^2 - 4x - 1$

45. $60x^6 y^3 - 20x^4 y^2 + 10xy^5 = 10xy^2\left(6x^5 y - 2x^3 + y^3\right)$

46. $x^3 - 7x^2 + 9x - 63 = x^2(x-7) + 9(x-7)$
    $= (x-7)(x^2 + 9)$

47. $x^4 - 81y^4 = (x^2 + 9y^2)(x^2 - 9y^2) = (x^2 + 9y^2)(x+3y)(x-3y)$

48. $x^3 - 1000 = x^3 - 10^3 = (x-10)(x^2 + 10x + 100)$

49. $4x^2 - 20x + 25 = (2x-5)^2$

50. $x^2 + 6x + 9 - 4a^2 = (x^2 + 6x + 9) - 4a^2$
    $= (x+3)^2 - 4a^2$
    $= (x+3-2a)(x+3+2a)$

51. $8x^2 + 2x - 15 = (4x-5)(2x+3)$

52. $4a^3 + 32 = 4(a^3 + 8)$
    $= 4(a+2)(a^2 - 2a + 4)$

53. $x^2(x-3) - 9(x-3) = (x-3)(x^2 - 9)$
    $= (x-3)(x-3)(x+3) = (x+3)(x-3)^2$

54. $2xy - 2x^{10}y = 2xy(1 - x^9) = 2xy\left[1^3 - (x^3)^3\right]$
    $= 2xy(1-x^3)(1+x^3+x^6)$
    $= 2xy(1-x)(1+x+x^2)(1+x^3+x^6)$
    $= -2xy(x-1)(x^2+x+1)(x^6+x^3+1)$

55. $x^4 - x^3 - x + 1 = x^3(x-1) - (x-1)$
    $= (x-1)(x^3 - 1)$
    $= (x-1)(x-1)(x^2 + x + 1)$
    $= (x-1)^2(x^2 + x + 1)$

56. $16x^{-3/4} + 32x^{1/4}$
    $16x^{-3/4}(1 + 2x) = \dfrac{16(1+2x)}{x^{3/4}}$

SSM: College Algebra   **Chapter P:** *Prerequisites: Fundamental Concepts of Algebra*

57. $(x^2-4)(x^2+3)^{-1/2} - (x^2-4)^2(x^2+3)^{-3/2} = (x^2-4)(x^2+3)^{-3/2}\left[(x^2+3)-(x^2-4)\right]$

$= (x^2-4)(x^2+3)^{-3/2}\left[x^2+3-x^2+4\right]$

$= 7(x-2)(x+2)(x^2+3)^{-3/2}$

$= \dfrac{7(x-2)(x+2)}{(x^2+3)^{3/2}}$

58. $\dfrac{6x^2+7x+2}{2x^2-9x-5} = \dfrac{(3x+2)(2x+1)}{(2x+1)(x-5)} = \dfrac{3x+2}{x-5} \quad \left(x \ne -\dfrac{1}{2}\right)$

59. $\dfrac{y^4-81}{y^2+9} \cdot \dfrac{4y-20}{y^2-8y+15} = \dfrac{(y^2+9)(y-3)(y+3)}{(y^2+9)} \cdot \dfrac{4(y-5)}{(y-5)(y-3)}$

$= 4(y+3)$

$(y \ne 3, 5)$

60. $\dfrac{x^2+9x+20}{x^2-16} \div \dfrac{x^2+5x}{4x-16} = \dfrac{(x+5)(x+4)}{(x-4)(x+4)} \cdot \dfrac{4(x-4)}{x(x+5)} = \dfrac{4}{x}$

$(x \ne -5, -4, 4)$

61. $\dfrac{3x}{x+2} + \dfrac{x}{x-2} = \dfrac{3x(x-2)+x(x+2)}{(x+2)(x-2)} = \dfrac{3x^2-6x+x^2+2x}{(x+2)(x-2)}$

$= \dfrac{4x^2-4x}{(x+2)(x-2)}$

62. $\dfrac{x}{x^2-9} + \dfrac{x-1}{x^2-5x+6} = \dfrac{x}{(x-3)(x+3)} + \dfrac{x-1}{(x-3)(x-2)}$

$= \dfrac{x(x-2)+(x-1)(x+3)}{(x-3)(x+3)(x-2)}$

$= \dfrac{x^2-2x+x^2+2x-3}{(x-3)(x+3)(x-2)}$

$= \dfrac{2x^2-3}{(x-3)(x+3)(x-2)}$

63. $\dfrac{4}{a^2+a-2} - \dfrac{2}{a^2-4} + \dfrac{3}{a^2-4a+4} = \dfrac{4}{(a+2)(a-1)} - \dfrac{2}{(a-2)(a+2)} + \dfrac{3}{(a-2)(a-2)}$

$= \dfrac{4(a-2)^2-2(a-1)(a-2)+3(a+2)(a-1)}{(a+2)(a-1)(a-2)(a-2)} = \dfrac{4a^2-16a+16-2(a^2-3a+2)+3(a^2+a-2)}{(a+2)(a-1)(a-2)(a-2)}$

$= \dfrac{5a^2-7a+6}{(a+2)(a-1)(a-2)^2}$

41

64. $\dfrac{\frac{1}{y+5}+1}{\frac{6}{y^2+2y-15}-\frac{1}{y-3}} = \dfrac{\left[\frac{1}{y+5}+1\right](y+5)(y-3)}{\left[\frac{6}{(y+5)(y-3)}-\frac{1}{y-3}\right](y+5)(y-3)}$

$= \dfrac{y-3+(y+5)(y-3)}{6-(y+5)} = \dfrac{y-3+y^2+2y-15}{-y+1} = \dfrac{y^2+3y-18}{-y+1} = -\dfrac{y^2+3y-18}{y-1}$

65. $\dfrac{\left[\sqrt{25-x^2}+\frac{x^2}{\sqrt{25-x^2}}\right]\left(\sqrt{25-x^2}\right)}{\left[(25-x^2)\right]\left(\sqrt{25-x^2}\right)} = \dfrac{25-x^2+x^2}{(25-x^2)\sqrt{25-x^2}} = \dfrac{25}{\sqrt{(25-x^2)^3}}$

66. $i^{23} = \left(i^2\right)^{11}(i) = -i$

67. $3-(-5+11i)+(-17+4i) = 3+5-11i-17+4i$
$= -9-7i$

68. $(7-5i)(2+3i) = 14+11i-15i^2$
$= 29+11i$

69. $\dfrac{3-4i}{4+2i} \cdot \dfrac{4-2i}{4-2i} = \dfrac{12-22i+8i^2}{16-4i^2} = \dfrac{4-22i}{20}$
$= \dfrac{4}{20}-\dfrac{22}{20}i = \dfrac{1}{5}-\dfrac{11}{10}i$

70. $\dfrac{5+i}{3i} \cdot \dfrac{-3i}{-3i} = \dfrac{-15i-3i^2}{-9i^2} = \dfrac{3-15i}{9}$
$= \dfrac{1}{3}-\dfrac{5}{3}i$

71. $\sqrt{-32}-\sqrt{-18} = \sqrt{16 \cdot 2 \cdot -1}-\sqrt{9 \cdot 2 \cdot -1}$
$4i\sqrt{2}-3i\sqrt{2} = i\sqrt{2}$

72. $\left(-2+\sqrt{-11}\right)^2 = \left(-2+i\sqrt{11}\right)^2$
$= 4-4i\sqrt{11}+i^2(11)$
$= -7-4i\sqrt{11}$

73. $\dfrac{-18-\sqrt{-43}}{30} = \dfrac{-18-i\sqrt{43}}{30}$
$= -\dfrac{3}{5}-\dfrac{\sqrt{43}}{30}i$

74.

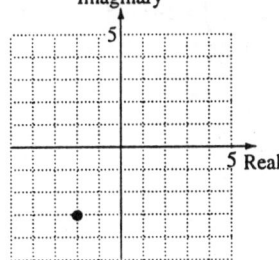

Chapter P Test

1.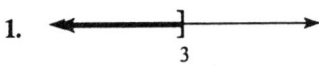

$x \leq 3$

2. $(2,5) \cap [3,6] \Rightarrow [3,5)$

3. $d = \sqrt{(2-6)^2 + (9-3)^2} = \sqrt{16+36}$
$= \sqrt{52} = \sqrt{4 \cdot 13} = 2\sqrt{13}$

4.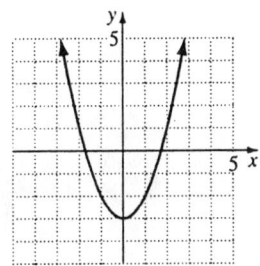

5. $3 + (7 + 4) = 3 + (4 + 7)$
Commutative Property of Addition

6. $\left(\dfrac{x^2 y^{-2}}{3}\right)^{-3} = \dfrac{x^{-6} y^6}{3^{-3}} = \dfrac{27 y^6}{x^6}$

7. $\dfrac{1}{\sqrt{2}+1} \cdot \dfrac{\sqrt{2}-1}{\sqrt{2}-1} = \dfrac{\sqrt{2}-1}{2-1} = \sqrt{2} - 1$

8. $\dfrac{8}{\sqrt[3]{16}} \cdot \dfrac{\sqrt[3]{4}}{\sqrt[3]{4}} = \dfrac{8\sqrt[3]{4}}{\sqrt[3]{64}} = \dfrac{8\sqrt[3]{4}}{4} = 2\sqrt[3]{4}$

9. $4\sqrt{50} - 3\sqrt{18} = 4\sqrt{25 \cdot 2} - 3\sqrt{9 \cdot 2}$
$= 20\sqrt{2} - 9\sqrt{2} = 11\sqrt{2}$

10. $\sqrt{3} + \sqrt{\dfrac{1}{3}} = \sqrt{3} + \dfrac{1}{\sqrt{3}}$
$= \sqrt{3} + \dfrac{\sqrt{3}}{3} = \dfrac{3\sqrt{3} + \sqrt{3}}{3} = \dfrac{4\sqrt{3}}{3}$

11. $\sqrt[6]{16 x^4 y^2} = \sqrt[6]{2^4 x^4 y^2}$
$= 2^{4/6} x^{4/6} y^{2/6} = 2^{2/3} x^{2/3} y^{1/3} = \sqrt[3]{4 x^2 y}$

12. $(x+5y)^2 - (x+2y)(x-7y)$
$= x^2 + 10xy + 25y^2 - (x^2 - 5xy - 14y^2)$
$= x^2 + 10xy + 25y^2 - x^2 + 5xy + 14y^2$
$= 15xy + 39y^2$

13. $[7y - (4x+1)][7y + (4x+1)]$
$= 49y^2 - (4x+1)^2$
$= 49y^2 - 16x^2 - 8x - 1$

14. $\dfrac{4x - x^2}{3x^2 - 7x - 20} = \dfrac{x(4-x)}{(3x+5)(x-4)}$
$= \dfrac{-x(x-4)}{(3x+5)(x-4)} = -\dfrac{x}{3x+5}$
$(x \neq 4)$

15. $x^4 - 16 = (x^2 - 4)(x^2 + 4)$
$= (x-2)(x+2)(x^2 + 4)$

16. $2x^3 + 128y^3 = 2(x^3 + 64y^3)$
$= 2(x + 4y)(x^2 - 4xy + 16y^2)$

17. $x^3 - 4x^2 - x + 4 = x^2(x-4) - (x-4)$
$= (x-4)(x^2 - 1)$
$= (x-4)(x-1)(x+1)$

18. $(x^2 - 9)(x^2 + 1)^{-1/2} - (x^2 - 9)(x^2 + 1)^{-3/2}$
$= (x^2 - 9)(x^2 + 1)^{-3/2}\left[(x^2 + 1) - 1\right]$
$= \dfrac{(x-3)(x+3)x^2}{(x^2 + 1)^{3/2}}$

19. $\dfrac{y^3-8}{1} \div \dfrac{3y^2+6y+12}{3y-7}$

$= \dfrac{(y-2)(y^2+2y+4)}{1} \cdot \dfrac{3y-7}{3(y^2+2y+4)}$

$= \dfrac{(3y-7)(y-2)}{3}$

20. $\dfrac{x+3}{x^2-1} + \dfrac{2}{x} - \dfrac{3}{x-1}$

$= \dfrac{x+3}{(x-1)(x+1)} + \dfrac{2}{x} - \dfrac{3}{x-1}$

$= \dfrac{x(x+3)+2(x-1)(x+1)-3x(x+1)}{x(x-1)(x+1)}$

$= \dfrac{x^2+3x+2x^2-2-3x^2-3x}{x(x-1)(x+1)}$

$= -\dfrac{2}{x(x-1)(x+1)}$

21. $\dfrac{\left[1-\frac{x}{x+2}\right]x(x+2)}{\left[1+\frac{1}{x}\right]x(x+2)} = \dfrac{x(x+2)-x^2}{x(x+2)+x+2}$

$= \dfrac{x^2+2x-x^2}{x^2+2x+x+2} = \dfrac{2x}{x^2+3x+2}$

$= \dfrac{2x}{(x+1)(x+2)}$

22. $\dfrac{\left[2x\sqrt{x^2+5}-\frac{2x^3}{\sqrt{x^2+5}}\right]\sqrt{x^2+5}}{(x^2+5)\sqrt{x^2+5}}$

$= \dfrac{2x(x^2+5)-2x^3}{(x^2+5)\sqrt{x^2+5}} = \dfrac{2x^3+10x-2x^3}{(x^2+5)\sqrt{x^2+5}}$

$= \dfrac{10x}{\sqrt{(x^2+5)^3}}$

23. $(6-7i)(2+5i) = 12-14i+30i-25i^2$
$= 47+16i$

24. $\dfrac{5}{2-i} \cdot \dfrac{2+i}{2+i} = \dfrac{5(2+i)}{4-i^2} = \dfrac{5(2+i)}{5} = 2+i$

25. $14i-(3+2\sqrt{-49}) = 14i-3-2\sqrt{-49}$

$= 14i-3-2\sqrt{49 \cdot -1}$
$= 14i-3-14i$
$= -3$

Chapter 1

Problem Set 1.1

1–51. Check is left for the student.

1. $5x - 8 = 72$
   $5x = 80$
   $x = 16$
   $\{16\}$

3. $11x - (6x - 5) = 40$
   $11x - 6x + 5 = 40$
   $5x + 5 = 40$
   $5x = 35$
   $x = 7$
   $\{7\}$

5. $2x - 7 = 6 + x$
   $x - 7 = 6$
   $x = 13$
   $\{13\}$

7. $7x + 4 = x + 16$
   $6x + 4 = 16$
   $6x = 12$
   $x = 2$
   $\{2\}$

9. $3(x - 2) + 7 = 2(x + 5)$
   $3x - 6 + 7 = 2x + 10$
   $3x + 1 = 2x + 10$
   $x + 1 = 10$
   $x = 9$
   $\{9\}$

11. $3(x - 4) - 4(x - 3) = x + 3 - (x - 2)$
    $3x - 12 - 4x + 12 = x + 3 - x + 2$
    $-x = 5$
    $x = -5$
    $\{-5\}$

13. $16 = 3(x - 1) - (x - 7)$
    $16 = 3x - 3 - x + 7$
    $16 = 2x + 4$
    $12 = 2x$
    $6 = x$
    $x = 6$
    $\{6\}$

15. $25 - [2 + 5y - 3(y + 2)]$
    $= -3(2y - 5) - [5(y - 1) - 3y + 3]$
    $25 - [2 + 5y - 3y - 6]$
    $= -6y + 15 - [5y - 5 - 3y + 3]$
    $25 - [2y - 4] = -6y + 15 - [2y - 2]$
    $25 - 2y + 4 = -6y + 15 - 2y + 2$
    $-2y + 29 = -8y + 17$
    $6y = -12$
    $y = -2$
    $\{-2\}$

17. $\frac{3x}{5} = \frac{2x}{3} + 1$
    $15\left(\frac{3x}{5}\right) = 15\left(\frac{2x}{3} + 1\right)$
    $3(3x) = 5(2x) + 15(1)$
    $9x = 10x + 15$
    $-x = 15$
    $x = -15$
    $\{-15\}$

19. $\frac{x}{4} = 2 + \frac{x-3}{3}$
    $12\left(\frac{x}{4}\right) = 12\left(2 + \frac{x-3}{3}\right)$
    $3x = 24 + 4(x - 3)$
    $3x = 24 + 4x - 12$
    $-x = 12$
    $x = -12$
    $\{-12\}$

21. $\frac{x+1}{3} = 5 - \frac{x+2}{7}$
    $21\left(\frac{x+1}{3}\right) = 21\left(5 - \frac{x+2}{7}\right)$
    $7(x + 1) = 105 - 3(x + 2)$
    $7x + 7 = 105 - 3x - 6$

$10x + 7 = 99$
$10x = 92$
$x = \dfrac{46}{5}$
$\left\{\dfrac{46}{5}\right\}$

23. $\dfrac{4}{y} - 3 = \dfrac{5}{2y}$ $(y \neq 0)$
$8 - 6y = 5$
$-6y = -3$
$y = \dfrac{1}{2}$
$\left\{\dfrac{1}{2}\right\}$

25. $\dfrac{2}{x} - \dfrac{3}{5} = -\dfrac{1}{2}$ $(x \neq 0)$
$20 - 6x = -5x$
$-x = -20$
$x = 20$
$\{20\}$

27. $\dfrac{x-2}{2x} + 1 = \dfrac{x+1}{x}$ $(x \neq 0)$
$x - 2 + 2x = 2x + 2$
$x - 2 = 2$
$x = 4$
$\{4\}$

29. $\dfrac{x}{x+1} + \dfrac{2}{x} = 1$ $(x \neq -1, x \neq 0)$
$x^2 + 2x + 2 = x^2 + x$
$2x + 2 = x$
$x = -2$
$\{-2\}$

31. $\dfrac{3}{x-2} + \dfrac{2}{x+3} = \dfrac{5}{x^2 + x - 6}$
$\dfrac{3}{x-2} + \dfrac{2}{x+3} = \dfrac{5}{(x-2)(x+3)}$
$(x \neq 2, x \neq -3)$
$3(x+3) + 2(x-2) = 5$
$3x + 9 + 2x - 4 = 5$
$5x = 0$
$x = 0$
$\{0\}$

33. $\dfrac{6}{y} - \dfrac{3}{y^2 - y} = \dfrac{7}{y-1}$
$\dfrac{6}{y} - \dfrac{3}{y(y-1)} = \dfrac{7}{y-1}$ $(y \neq 0, y \neq 1)$
$6(y-1) - 3 = 7y$
$6y - 6 - 3 = 7y$
$-y = 9$
$y = -9$
$\{-9\}$

35. $\dfrac{x-3}{x-2} + \dfrac{x+1}{x+3} = \dfrac{2x^2 - 15}{x^2 + x - 6}$
$\dfrac{x-3}{x-2} + \dfrac{x+1}{x+3} = \dfrac{2x^2 - 15}{(x-2)(x+3)}$
$(y \neq -3, y \neq 2)$
$(x-3)(x+3) + (x+1)(x-2) = 2x^2 - 15$
$x^2 - 9 + x^2 - x - 2 = 2x^2 - 15$
$2x^2 - x - 11 = 2x^2 - 15$
$-x = -4$
$x = 4$
$\{4\}$

37. $\dfrac{7}{y+5} + 2 = \dfrac{2-y}{y+5}$ $(y \neq -5)$
$7 + 2(y+5) = 2 - y$
$7 + 2y + 10 = 2 - y$
$3y = -15$
$y = -5 \Rightarrow$ no solution
$\varnothing$

39. $\dfrac{1}{x+5} - \dfrac{2}{x-3} = \dfrac{2x+2}{x^2 + 2x - 15}$
$\dfrac{1}{x+5} - \dfrac{2}{x-3} = \dfrac{2x+2}{(x+5)(x-3)}$
$(x \neq -5, x \neq 3)$
$1(x-3) - 2(x+5) = 2x + 2$
$x - 3 - 2x - 10 = 2x + 2$
$-3x = 15$
$x = -5 \Rightarrow$ no solution
$\varnothing$

41. $|2x-5|=13$
$2x-5=13$ or $2x-5=-13$
$2x=18$ $\quad\quad\quad 2x=-8$
$x=9$ or $x=-4$
$\{-4, 9\}$

43. $|2y+3|+3=20$
$|2y+3|=17$
$2y+3=17$ or $2y+3=-17$
$2y=14$ $\quad\quad\quad 2y=-20$
$y=7$ or $y=-10$
$\{-10, 7\}$

45. $\left|-\dfrac{5}{2}y+4\right|+3=15$
$\left|-\dfrac{5}{2}y+4\right|=12$
$-\dfrac{5}{2}y+4=12$ or $-\dfrac{5}{2}y+4=-12$
$-\dfrac{5}{2}y=8$ $\quad\quad -\dfrac{5}{2}y=-16$
$-5y=16$ $\quad\quad -5y=-32$
$y=-\dfrac{16}{5}$ or $y=\dfrac{32}{5}$
$\left\{-\dfrac{16}{5}, \dfrac{32}{5}\right\}$

47. $|2x-3|=|x+6|$
$2x-3=x+6$ or $2x-3=-(x+6)$
$x=9$ $\quad\quad\quad\quad 2x-3=-x-6$
$\quad\quad\quad\quad\quad\quad\quad 3x=-3$
$\quad\quad\quad\quad\quad\quad\quad x=-1$
$\{-1, 9\}$

49. $|5x+2|=|4x+7|$
$5x+2=4x+7$ or $5x+2=-(4x+7)$
$x=5$ $\quad\quad\quad\quad 5x+2=-4x-7$
$\quad\quad\quad\quad\quad\quad\quad 9x=-9$
$\quad\quad\quad\quad\quad\quad\quad x=-1$
$\{-1, 5\}$

51. $|18x-16|=|26-10x|$
$18x-16=26-10x$ or $18x-16=-(26-10x)$
$28x=42$ $\quad\quad\quad\quad\quad 18x-16=-26+10x$
$x=\dfrac{42}{28}=\dfrac{3}{2}$ $\quad\quad 8x=-10$
$\quad\quad\quad\quad\quad\quad\quad x=-\dfrac{10}{8}=-\dfrac{5}{4}$
$\left\{-\dfrac{5}{4}, \dfrac{3}{2}\right\}$

53. $S=P+Prt$
$S=P(1+rt)$
$\dfrac{S}{(1+rt)}=P$
$P=\dfrac{S}{1+rt}$

55. $I=\dfrac{nE}{R+nr}$
$I(R+nr)=nE$
$IR+Inr=nE$
$IR=nE-Inr$
$IR=n(E-Ir)$
$\dfrac{IR}{(E-Ir)}=n$
$n=\dfrac{IR}{E-Ir}$

57. $\dfrac{1}{cy}=\dfrac{1}{dy}-\dfrac{1}{e}$
$cdey\left(\dfrac{1}{cy}\right)=cdey\left(\dfrac{1}{dy}-\dfrac{1}{e}\right)$
$de=ce-cdy$
$cdy=ce-de$
$y=\dfrac{ce-de}{cd}=\dfrac{e(c-d)}{cd}$

59. $\dfrac{1}{s}=f+\dfrac{1-f}{p}$
$sp\left(\dfrac{1}{s}\right)=sp\left(f+\dfrac{1-f}{p}\right)$
$p=spf+s(1-f)$
$p=spf+s-sf$
$p-s=f(sp-s)$
$\dfrac{p-s}{sp-s}=f$
$f=\dfrac{p-s}{s(p-1)}$

Chapter 1: *Equations, Inequalities, and Mathematical Models*   **SSM:** College Algebra

61. 50% greater than 280
    $= 280 + 0.5(280) = 420$
    The concentration will be 50% greater than 280 ppm when $C = 420$ ppm.
    $C = 1.44t + 280$
    $420 = 1.44t + 280$
    $140 = 1.44t$
    $t \approx 97$
    The concentration will be 50% greater than 280 ppm approximately $t = 97$ years after 1939 or about 2036.

63. Let $f = 16$ inches.
    $f = 0.432h - 10.44$
    $16 = 0.432h - 10.44$
    $26.44 = 0.432h$
    $h \approx 61.2$
    61.2 inches = 5.1 feet
    The partial skeleton could be that of the missing woman.
    Yes

65. Let $d = 500,000$.
    $d = 5000c - 525,000$
    $500,000 = 5000c - 525,000$
    $1,025,000 = 5000c$
    $205 = c$
    In 1990, the average cholesterol level was 205.
    Let $c = 180$.
    $d = 5000c - 525,000$
    $d = 5000(180) - 525,000$
    $d = 375,000$
    $500,000 - 375,000 = 125,000$
    125,000 lives could be saved.

67. a. False; $-7x = x$
       $-8x = 0$
       $x = 0$
       The equation $-7x = x$ has the solution $x = 0$.

    b. False; $\dfrac{x}{x-4} = \dfrac{4}{x-4}$ $(x \neq 4)$
       $x = 4 \Rightarrow$ no solution
       $\varnothing$
       The equations $\dfrac{x}{x-4} = \dfrac{4}{x-4}$ and $x = 4$ are <u>not</u> equivalent.

    c. True;
       $3y - 1 = 11$ $3y - 7 = 5$
       $3y = 12$ $3y = 12$
       $y = 4$ $y = 4$
       The equations $3y - 1 = 11$ and $3y - 7 = 5$ are equivalent since they are both equivalent to the equation $y = 4$.

    d. False; if $a = 0$, then $ax + b = 0$ is equivalent to $b = 0$, which either has no solution ($b \neq 0$) or infinitely many solutions ($b = 0$).

69. $18 - 45x - 4 = 13x + 24 - 56x$
    $y_1 = 18 - 45x - 4$
    $y_2 = 13x + 24 - 56x$
    Graph $y_3 = y_1 - y_2$.

    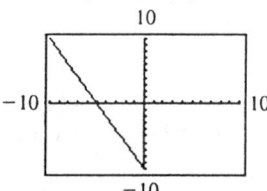

    From the graph, $x = -5$
    $\{-5\}$

71. $0.2x + 4.5 = 1.2x$
    $y_1 = 0.2x + 4.5$
    $y_2 = 1.2x$
    Graph $y_3 = y_1 - y_2$.

    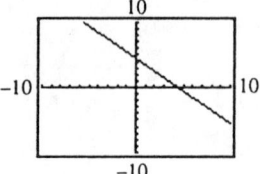

    From the graph, $v = 4.5$
    $\{4.5\}$

73. $|2x - 3| = 7$
$y_1 = |2x - 3|$
$y_2 = 7$
Graph $y_3 = y_1 - y_2$.

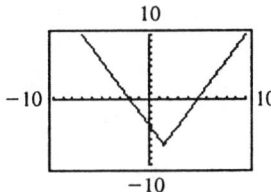

From the graph, $x = -2$ and $x = 5$.
$\{-2, 5\}$

75. $\dfrac{x+6}{x+3} - 2 = \dfrac{3}{x+3}$
$y_1 = \dfrac{x+6}{x+3} - 2$
$y_2 = \dfrac{3}{x+3}$
Graph $y_3 = y_1 - y_2$

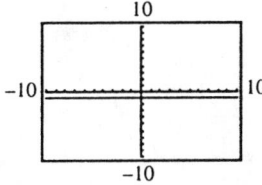

$y \neq 0$, therefore the solution set is $\varnothing$.

77. a.

x	equation
-3	$1 = 1$
0	$\frac{5}{6} = \frac{5}{6}$
3	$\frac{2}{3} = \frac{2}{3}$
9	$\frac{1}{3} = \frac{1}{3}$

The linear equation seems to have infinitely many solutions.

b. $\dfrac{x+3}{6} - \dfrac{2x-3}{9} = \dfrac{5}{6} - \dfrac{x}{18}$

$18\left(\dfrac{x+3}{6} - \dfrac{2x-3}{9}\right) = 18\left(\dfrac{5}{6} - \dfrac{x}{18}\right)$

$3(x+3) - 2(2x-3) = 15 - x$

$3x + 9 - 4x + 6 = 15 - x$
$15 - x = 15 - x$
$0 = 0$
The equation has infinitely many solutions.

c.

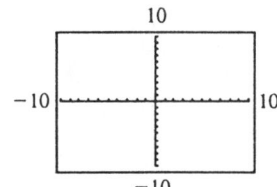

Only the axes appear on the screen.

d.

This is the graph of the x-axis. The equation is true for all values of x.

79. Answers may vary.

81. Answers may vary.

83. $6 + |2 - 4x| = 3$
$|2 - 4x| = -3$
The absolute value of an expression must be nonnegative. Therefore there is no solution.
$\varnothing$

85. Find $J = A + 652$ where $J = 30x + 100$ and $A = 4x + 20$.
$J = A + 652$
$30x + 100 = 4x + 20 + 652$
$26x = 572$
$x = 22$
The number of industrial robots in Japan will exceed the number of robots in the United States by 652,000 robots 22 years after 1985 or in 2007.

Chapter 1: Equations, Inequalities, and Mathematical Models   **SSM:** College Algebra

87. $V = C - \dfrac{C-S}{L} N$

$V \stackrel{?}{=} \dfrac{LV - SN}{L - N} - \dfrac{\frac{LV - SN}{L - N} - S}{L} N$

$V \stackrel{?}{=} \dfrac{LV - SN}{L - N} - \dfrac{\frac{LV - SN - SL + SN}{L - N}}{L} N$

$V \stackrel{?}{=} \dfrac{LV - SN}{L - N} - \dfrac{\frac{LV - SL}{L - N}}{L} \cdot \dfrac{(L - N)}{(L - N)} \cdot N$

$V \stackrel{?}{=} \dfrac{LV - SN}{L - N} - \dfrac{(LV - SL)N}{L(L - N)}$

$V \stackrel{?}{=} \dfrac{L^2 V - LSN}{L(L - N)} - \dfrac{LVN - SLN}{L(L - N)}$

$V \stackrel{?}{=} \dfrac{L^2 V - LVN}{L(L - N)}$

$V \stackrel{?}{=} \dfrac{LV(L - N)}{L(L - N)}$

$V = V$

Thus $C = \dfrac{LV - SN}{L - N}$ is the solution.

Problem Set 1.2

1. $x^2 - 3x - 10 = 0$
$(x + 2)(x - 5) = 0$
$x + 2 = 0$ or $x - 5 = 0$
$x = -2$ or $x = 5$
$\{-2, 5\}$

3. $x^2 = 8x - 15$
$x^2 - 8x + 15 = 0$
$(x - 3)(x - 5) = 0$
$x - 3 = 0$ or $x - 5 = 0$
$x = 3$ or $x = 5$
$\{3, 5\}$

5. $6x^2 + 11x - 10 = 0$
$(2x + 5)(3x - 2) = 0$
$2x + 5 = 0$ or $3x - 2 = 0$
$2x = -5$ $3x = 2$
$x = -\dfrac{5}{2}$ or $x = \dfrac{2}{3}$
$\left\{-\dfrac{5}{2}, \dfrac{2}{3}\right\}$

7. $3x^2 - 2x = 8$
$3x^2 - 2x - 8 = 0$
$(3x + 4)(x - 2) = 0$
$3x + 4 = 0$ or $x - 2 = 0$
$3x = -4$
$x = -\dfrac{4}{3}$ or $x = 2$
$\left\{-\dfrac{4}{3}, 2\right\}$

9. $3x^2 + 7x = 0$
$x(3x + 7) = 0$
$x = 0$ or $3x + 7 = 0$
$3x = -7$
$x = -\dfrac{7}{3}$
$\left\{-\dfrac{7}{3}, 0\right\}$

11. $2x(x - 3) = 5x^2 - 7x$
$2x^2 - 6x - 5x^2 + 7x = 0$
$-3x^2 + x = 0$
$x(-3x + 1) = 0$
$x = 0$ or $-3x + 1 = 0$
$-3x = -1$
$x = \dfrac{1}{3}$
$\left\{0, \dfrac{1}{3}\right\}$

13. $7 - 7x = (3x + 2)(x - 1)$
$7 - 7x = 3x^2 - x - 2$
$7 - 7x - 3x^2 + x + 2 = 0$
$-3x^2 - 6x + 9 = 0$
$-3(x + 3)(x - 1) = 0$
$x + 3 = 0$ or $x - 1 = 0$
$x = -3$ or $x = 1$
$\{-3, 1\}$

15. $3x^2 = 27$
$x^2 = 9$
$x = \pm\sqrt{9} = \pm 3$
$\{-3, 3\}$

17. $5x^2 + 1 = 51$
$5x^2 = 50$

$x^2 = 10$
$x = \pm\sqrt{10}$
$\{-\sqrt{10}, \sqrt{10}\}$

19. $(x+2)^2 = 25$
$x+2 = \pm\sqrt{25} = \pm 5$
$x = -2 \pm 5$
$\{-7, 3\}$

21. $(3x+2)^2 = 9$
$3x+2 = \pm\sqrt{9} = \pm 3$
$3x+2 = -3$ or $3x+2 = 3$
$3x = -5$ $\quad$ $3x = 1$
$x = -\frac{5}{3}$ or $x = \frac{1}{3}$
$\{-\frac{5}{3}, \frac{1}{3}\}$

23. $(5x-1)^2 = 7$
$5x-1 = \pm\sqrt{7}$
$5x = 1 \pm \sqrt{7}$
$x = \frac{1 \pm \sqrt{7}}{5}$
$\{\frac{1-\sqrt{7}}{5}, \frac{1+\sqrt{7}}{5}\}$

25. $(3x-4)^2 = 8$
$3x-4 = \pm\sqrt{8} = \pm 2\sqrt{2}$
$3x = 4 \pm 2\sqrt{2}$
$x = \frac{4 \pm 2\sqrt{2}}{3}$
$\{\frac{4-2\sqrt{2}}{3}, \frac{4+2\sqrt{2}}{3}\}$

27. $(x+3)^2 = -16$
$x+3 = \pm\sqrt{-16} = \pm 4i$
$x = -3 \pm 4i$
$\{-3-4i, -3+4i\}$

29. $x^2 - 4x - 11 = 0$
$x^2 - 4x + 4 = 11 + 4$

$(x-2)^2 = 15$
$x-2 = \pm\sqrt{15}$
$x = 2 \pm \sqrt{15}$
$\{2-\sqrt{15}, 2+\sqrt{15}\}$

31. $2x^2 - 7x + 4 = 0$
$x^2 - \frac{7}{2}x + 2 = 0$
$x^2 - \frac{7}{2}x + \frac{49}{16} = -2 + \frac{49}{16}$
$\left(x - \frac{7}{4}\right)^2 = \frac{17}{16}$
$x - \frac{7}{4} = \pm\sqrt{\frac{17}{16}} = \pm\frac{\sqrt{17}}{4}$
$x = \frac{7 \pm \sqrt{17}}{4}$
$\{\frac{7-\sqrt{17}}{4}, \frac{7+\sqrt{17}}{4}\}$

33. $4x^2 - 4x - 3 = 0$
$x^2 - x - \frac{3}{4} = 0$
$x^2 - x + \frac{1}{4} = \frac{3}{4} + \frac{1}{4}$
$\left(x - \frac{1}{2}\right)^2 = 1$
$x - \frac{1}{2} = \pm\sqrt{1} = \pm 1$
$x = \frac{1}{2} \pm 1$
$\{-\frac{1}{2}, \frac{3}{2}\}$

35. $2x^2 - 6x + 5 = 0$
$x^2 - 3x + \frac{5}{2} = 0$
$x^2 - 3x + \frac{9}{4} = -\frac{5}{2} + \frac{9}{4}$
$\left(x - \frac{3}{2}\right)^2 = -\frac{1}{4}$
$x - \frac{3}{2} = \pm\sqrt{-\frac{1}{4}} = \pm\frac{i}{2}$
$x = \frac{3}{2} \pm \frac{i}{2}$
$\{\frac{3-i}{2}, \frac{3+i}{2}\}$

37. $3x^2 - 3x - 4 = 0$

$x = \dfrac{-(-3) \pm \sqrt{(-3)^2 - 4 \cdot 3 \cdot (-4)}}{2 \cdot 3}$

$= \dfrac{3 \pm \sqrt{9 + 48}}{6}$

$= \dfrac{3 \pm \sqrt{57}}{6}$

$\left\{ \dfrac{3 - \sqrt{57}}{6}, \dfrac{3 + \sqrt{57}}{6} \right\}$

39. $4y^2 = 2y + 7$

$4y^2 - 2y - 7 = 0$

$y = \dfrac{2 \pm \sqrt{4 + 112}}{8}$

$= \dfrac{2 \pm 2\sqrt{29}}{8} = \dfrac{1 \pm \sqrt{29}}{4}$

$\left\{ \dfrac{1 - \sqrt{29}}{4}, \dfrac{1 + \sqrt{29}}{4} \right\}$

41. $x^2 - 6x + 10 = 0$

$x = \dfrac{6 \pm \sqrt{36 - 40}}{2} = \dfrac{6 \pm 2i}{2} = 3 \pm i$

$\{3 - i, 3 + i\}$

43. $(w + 2)^2 = 2(5w - 2)$

$w^2 + 4w + 4 = 10w - 4$

$w^2 - 6w + 8 = 0$

$w = \dfrac{6 \pm \sqrt{36 - 32}}{2} = \dfrac{6 \pm 2}{2} = 3 \pm 1$

$\{2, 4\}$

45. $y^2 - 5 = 2(y + 3) - 4$

$y^2 - 5 = 2y + 2$

$y^2 - 2y - 7 = 0$

$y = \dfrac{2 \pm \sqrt{4 + 28}}{2} = \dfrac{2 \pm 4\sqrt{2}}{2} = 1 \pm 2\sqrt{2}$

$\left\{ 1 - 2\sqrt{2}, 1 + 2\sqrt{2} \right\}$

47. $1.5x^2 - 7.3 = 10.2$

$1.5x^2 - 17.5 = 0$

$x = \dfrac{\pm\sqrt{0 + 105}}{3} = \dfrac{\pm\sqrt{105}}{3}$

$\left\{ -\dfrac{\sqrt{105}}{3}, \dfrac{\sqrt{105}}{3} \right\}$

49. $(x - 3)(x + 3) = 12$

$x^2 - 9 = 12$

$x^2 = 21$

$x = \pm\sqrt{21}$

$\left\{ -\sqrt{21}, \sqrt{21} \right\}$

51. $8y^2 - 3 = 0$

$8y^2 = 3$

$y^2 = \dfrac{3}{8}$

$y = \pm\sqrt{\dfrac{3}{8}} = \pm\dfrac{\sqrt{3}}{2\sqrt{2}} = \pm\dfrac{\sqrt{3}\sqrt{2}}{4} = \pm\dfrac{\sqrt{6}}{4}$

$\left\{ -\dfrac{\sqrt{6}}{4}, \dfrac{\sqrt{6}}{4} \right\}$

53. $(5z - 1)(2z + 3) = 3z - 3$

$10z^2 + 13z - 3 = 3z - 3$

$10z^2 + 10z = 0$

$10z(z + 1) = 0$

$10z = 0$ or $z + 1 = 0$

$z = 0$ or $z = -1$

$\{-1, 0\}$

55. $2x^2 - 5x - 12 = -5x$

$2x^2 = 12$

$x^2 = 6$

$x = \pm\sqrt{6}$

$\left\{ -\sqrt{6}, \sqrt{6} \right\}$

57. $(3x - 4)^2 = 81$

$3x - 4 = \pm 9$

$3x = 4 \pm 9$

$x = \dfrac{4 \pm 9}{3}$

$\left\{ -\dfrac{5}{3}, \dfrac{13}{3} \right\}$

59. $2.4y^2 - 12.72y + 3.6 = 0$
$y = \dfrac{12.72 \pm \sqrt{161.7984 - 34.56}}{4.8}$
$= \dfrac{12.72 \pm 11.28}{4.8}$
$\{0.3, 5\}$

61. $3w^2 - 4w + 2 = 0$
$w = \dfrac{4 \pm \sqrt{16 - 24}}{6}$
$= \dfrac{4 \pm 2i\sqrt{2}}{6} = \dfrac{2 \pm i\sqrt{2}}{3}$
$\left\{\dfrac{2 - i\sqrt{2}}{3}, \dfrac{2 \pm i\sqrt{2}}{3}\right\}$

63. $(y-3)(y+4) + 2 = y - 3$
$y^2 + y - 12 + 2 = y - 3$
$y^2 = 7$
$y \pm \sqrt{7}$
$\{-\sqrt{7}, \sqrt{7}\}$

65. $\dfrac{2}{y+1} + \dfrac{3y}{2} = 4$
$2(y+1)\left[\dfrac{2}{y+1} + \dfrac{3y}{2}\right] = 2(y+1)[4]$
$4 + 3y(y+1) = 8(y+1)$
$4 + 3y^2 + 3y = 8y + 8$
$3y^2 - 5y - 4 = 0$
$y = \dfrac{5 \pm \sqrt{25 + 48}}{6} = \dfrac{5 \pm \sqrt{73}}{6}$
$\left\{\dfrac{5 - \sqrt{73}}{6}, \dfrac{5 + \sqrt{73}}{6}\right\}$

67. $\dfrac{2}{z+4} - \dfrac{3}{z+1} = 4$
$(z+4)(z+1)\left[\dfrac{2}{z+4} - \dfrac{3}{z+1}\right]$
$= (z+4)(z+1)[4]$
$2(z+1) - 3(z+4) = 4(z^2 + 5z + 4)$
$2z + 2 - 3z - 12 = 4z^2 + 20z + 16$
$4z^2 + 21z + 26 = 0$
$(4z + 13)(z + 2) = 0$

$4z + 13 = 0$ or $z + 2 = 0$
$z = -\dfrac{13}{4}$ or $z = -2$
$\left\{-\dfrac{13}{4}, -2\right\}$

69. $10^{-4}x^2 + 2(10^{-3})x + 10^{-2} = 0$
$\dfrac{x^2}{10{,}000} + \dfrac{2x}{1000} + \dfrac{1}{100} = 0$
$10{,}000\left[\dfrac{x^2}{10{,}000} + \dfrac{2x}{1000} + \dfrac{1}{100}\right] = 0$
$x^2 + 20x + 100 = 0$
$(x+10)^2 = 0$
$x + 10 = 0$
$x = -10$
$\{-10\}$

71. $\sqrt{2}x^2 + x - 10\sqrt{2} = 0$
$x = \dfrac{-1 \pm \sqrt{1 + 80}}{2\sqrt{2}} = \dfrac{-1 \pm 9}{2\sqrt{2}}$
$x = \dfrac{-10}{2\sqrt{2}} = \dfrac{-5}{\sqrt{2}} = \dfrac{-5\sqrt{2}}{2}$ or
$x = \dfrac{8}{2\sqrt{2}} = \dfrac{4}{\sqrt{2}} = \dfrac{4\sqrt{2}}{2} = 2\sqrt{2}$
$\left\{\dfrac{-5\sqrt{2}}{2}, 2\sqrt{2}\right\}$

73. $(x+3)^2 = (x-5)^2$
$x^2 + 6x + 9 = x^2 - 10x + 25$
$16x = 16$
$x = 1$
$\{1\}$

75. $(x+1)^2 = 9x^2$
$x^2 + 2x + 1 = 9x^2$
$8x^2 - 2x - 1 = 0$
$(4x+1)(2x-1) = 0$
$4x + 1 = 0$ or $2x - 1 = 0$
$x = -\dfrac{1}{4}$ or $x = \dfrac{1}{2}$
$\left\{-\dfrac{1}{4}, \dfrac{1}{2}\right\}$

77. $(2x+3)^2 - 9 = 0$
$(2x+3)^2 = 9$
$2x+3 = \pm 3$
$2x = -3 \pm 3$
$x = \dfrac{-3 \pm 3}{2}$
$\{-3, 0\}$

79. $(3x-1)^2 = (x+5)^2$
$3x-1 = \pm(x+5)$
$3x-1 = x+5$ or $3x-1 = -x-5$
$2x = 6$ $\qquad\qquad 4x = -4$
$x = 3$ $\qquad\qquad x = -1$
$\{-1, 3\}$

81. $|x^2 + 2x - 36| = 12$
$x^2 + 2x - 36 = \pm 12$
$x^2 + 2x - 48 = 0$ or $x^2 + 2x - 24 = 0$
$(x+8)(x-6) = 0$ $\qquad (x+6)(x-4) = 0$
$x = -8$ or $x = 6$ $\qquad x = -6$ or $x = 4$
$\{-8, -6, 4, 6\}$

83. Let $I = 1560$.
$I = 2x^2 + 22x + 320$
$1560 = 2x^2 + 22x + 320$
$0 = 2x^2 + 22x - 1240$
$0 = 2(x^2 + 11x - 620)$
$0 = 2(x+31)(x-20)$
$x+31 = 0$ or $x - 20 = 0$
$x = -31$ $\qquad x = 20$
In this problem, x is positive, so the year wil be $1980 + 20$ or 2000.

85. a. Let $n = 8$
$D = \dfrac{8(8-3)}{2} = 20$
Draw all possible diagonals to verify there are in fact 20.

b. Let $D = 10$.
$10 = \dfrac{n(n-3)}{2}$
$20 = n^2 - 3n$
$n^2 - 3n - 20 = 0$
$n = \dfrac{3 \pm \sqrt{89}}{2}$
Since n is not an integer, 10 diagonals is not possible.

87. Let $M = 45$.
$M = 0.0075t^2 - 0.2676t + 14.8$
$45 = 0.0075t^2 - 0.2676t + 14.8$
$0.0075t^2 - 0.2676t - 30.2 = 0$
$t = \dfrac{0.2676 \pm \sqrt{(-0.2676)^2 - 4(0.0075)(-30.2)}}{2(.0075)}$
$t \approx -48.1$ or $t \approx 83.8$
In this problem, t must be positive so the model predicts a 45 mi/gal fuel efficiency about 84 years after 1940 or the year 2024.

89. a. Let $s = 240$.
$240 = -16t^2 + 40t + 200$
$16t^2 - 40t + 40 = 0$
$D = (-40)^2 - 4(16)(40) = -960$
Since $D < 0$, there are no real solutions. The ball will not reach 240 feet.

b. Let $s = 220$.
$220 = -16t^2 + 40t + 200$
$16^2 - 40t + 20 = 0$
$D = (-40)^2 - 4(16)(20) = 320$
Since $D > 0$, there are two real solutions. The ball will reach 220 feet twice, once on the way up and again on the way down.

c. Let $s = 225$
$225 = -16t^2 + 40t + 200$
$16t^2 - 40t + 25 = 0$
$D = (-40)^2 - 4(16)(25) = 0$
Since $D = 0$, there is only one (repeated) real solution. The ball will reach 225 feet at the peak height (once).

91. Let $P = 340$.
$$340 = -5I^2 + 80I$$
$$5I^2 - 80I + 340 = 0$$
$$D = (-80)^2 - 4(5)(340)$$
$$= -400$$
No; since the discriminant is negative, there are no real value solutions. There can never be enough current to generate 340 volts of power.

93. a. False; the quadratic formula can be used to solve any quadratic equation in standard form.

b. True; consider
$$x^2 - 9 = (x+3)(x-3) = 0.$$

c. False
$$(x-5)(2x+3) = 0$$
$$x - 5 = 0 \quad \text{or} \quad 2x + 3 = 0$$
$$x = 5 \quad \text{or} \quad x = -\frac{3}{2}$$

d. False; since the solution set consists of two real numbers, the discriminant must be positive.

95.

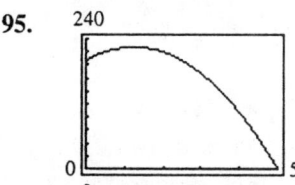

a. Since the graph does not reach $y = 240$, the ball will not reach 240 feet.

b. Since the line drawn from $y = 220$ will intersect the graph twice, the ball is at 220 feet once on the way up and again as it comes down.

c. Using the trace and zoom feature, the ball reaches 225 feet once at the highest point.

97. Answers may vary. For each of the problems, $x \geq 0$ and $y \geq 0$. Next, determine physical or practical restrictions on the range of values. Look for minimum and maximum points.

99. Answers may vary.

101. Answers may vary.

103. Answers may vary.

105. a. Verify
$$\left(\frac{-b+\sqrt{b^2-4ac}}{2a}\right)\left(\frac{-b-\sqrt{b^2-4ac}}{2a}\right)$$
$$= \frac{(-b)^2 - \left(\sqrt{b^2-4ac}\right)^2}{(2a)^2}$$
$$= \frac{b^2 - \left(b^2 - 4ac\right)}{4a^2}$$
$$= \frac{b^2 - b^2 + 4ac}{4a^2}$$
$$= \frac{4ac}{4a^2}$$
$$= \frac{c}{a}$$

$$\frac{-b+\sqrt{b^2-4ac}}{2a} + \frac{-b-\sqrt{b^2-4ac}}{2a}$$
$$= \frac{-b+\sqrt{b^2-4ac}-b-\sqrt{b^2-4ac}}{2a}$$
$$= \frac{-2b}{2a}$$
$$= -\frac{b}{a}$$

b. The product of the solutions is $\frac{c}{a}$.
The sum of the solutions is $-\frac{b}{a}$.

c. Check that the product is $\frac{c}{a} = 4$
and the sum is $-\frac{b}{a} = 7$.

$$\left(\frac{7+\sqrt{33}}{2}\right)\left(\frac{7-\sqrt{33}}{2}\right) = 4$$

$$\frac{7+\sqrt{33}}{2} + \frac{7-\sqrt{33}}{2} = 7$$

Yes, the solution is correct.

107. $3x^2 + \left(5\sqrt{k}\right)x + 6 = 0$

$D = \left(5\sqrt{k}\right)^2 - 4(3)(6) = 0$

$25k - 72 = 0$

$25k = 72$

$k = \frac{72}{25}$

$\left\{\frac{72}{25}\right\}$

109. $a\left(\frac{-b+\sqrt{b^2-4ac}}{2a}\right)^2 + b\left(\frac{-b+\sqrt{b^2-4ac}}{2a}\right) + c = 0$

$\frac{b^2 - b\sqrt{b^2-4ac} - 2ac}{2a} + \frac{b\sqrt{b^2-4ac} - b^2}{2a} + c = 0$

$\frac{-2ac}{2a} + c = 0$

$-c + c = 0$

$0 = 0$

111. $x^2 - \left(\sqrt{\frac{d}{e}} + \sqrt{\frac{e}{d}}\right)x + 1 = 0$

$\left(x - \sqrt{\frac{d}{e}}\right)\left(x - \sqrt{\frac{e}{d}}\right) = 0$

$x - \sqrt{\frac{d}{e}} = 0$ or $x - \sqrt{\frac{e}{d}} = 0$

$x = \sqrt{\frac{d}{e}}$ or $x = \sqrt{\frac{e}{d}}$

$\left\{\sqrt{\frac{d}{e}}, \sqrt{\frac{e}{d}}\right\}$

113. a. $\{a, 4a\}$
$(x-a)(x-4a) = 0$
$x^2 - 5ax + 4a^2 = 0$
$b = -5a$ and $c = 4a^2$
Therefore, $\dfrac{b^2}{c} = \dfrac{(-5a)^2}{4a^2} = \dfrac{25a^2}{4a^2} = \dfrac{25}{4}$

b. $\{a, ka\}$
$(x-a)(x-ka) = 0$
$x^2 - ax - akx + ka^2 = 0$
$x^2 - a(1+k)x + ka^2 = 0$
$b = -a(1+k)$ and $c = ka^2$
Therefore, $\dfrac{b^2}{c} = \dfrac{[-a(1+k)]^2}{ka^2}$
$= \dfrac{a^2(1+k)^2}{ka^2} = \dfrac{(1+k)^2}{k}$

Problem Set 1.3

1. Let x = the number of years after 1990.
$700{,}000 + 60{,}000x = 1{,}480{,}000$
$60{,}000x = 780{,}000$
$x = 13$
$1990 + 13 = 2003$
In year 2003 the cost will be $1,480,000.

3. Let x = number of months for total cost to be equal
Cost for Option 1: $7(50)x = 350x$
Cost for Option 2: $(0.03)(50{,}000) + 6.74(50)x = 1500 + 337x$
$350x = 1500 + 337x$
$13x = 1500$
$x \approx 115.4$
After approximately 115.4 months the total cost will be the same.
20 years = 240 months
When $x = 240$,
$350x - (1500 + 337x) = 350x - [1500 + 337(240)] = 1620$
$1620 would be saved.

5. Let x = starting weekly salary
$x + 50 = (x + 0.07x) + 0.03(x + 0.07x)$
$0.1021x = 50$
$x \approx 489.72$
Starting salary is about $489.72.

7. a. x = number of trees per acre − 16
number of grapefruit per tree = 200 − 10x
number of grapefruit per year = number of trees · number of grapefruit per tree
$= (16 + x)(200 - 10x)$
$= -10x^2 + 40x + 3200$

b. $3230 = -10x^2 + 40x + 3200$
$-10x^2 + 40x - 30 = 0$
$-10(x-1)(x-3) = 0$
$x = 1$ or $x = 3$
Plant either 17 or 19 trees per acre for 3230 grapefruit.

9. Let x = gross amount for each paycheck
$x = \dfrac{33{,}150 - 750}{2(12)} = 1350$
The gross amount for each paycheck is $1412.50.

11. Let x = average annual income for black males and let $x + 9350$ = average annual income for white males.
$\dfrac{x + x + 9350}{2} = 39{,}015$
$2x + 9350 = 78{,}030$
$2x = 68{,}680$
$x = 34{,}340$
$x + 9350 = 43{,}690$
The average annual incomes for college graduates are as follows:
black male: $34,340
white male: $43,690

Chapter 1: Equations, Inequalities, and Mathematical Models   **SSM:** College Algebra

13. Let x = cost of ad on *Coach*.
    Then $x + 5000$ = cost of ad on *Seinfeld* and
    $x + 35{,}000$ = cost of ad on *Home Improvement*.
    $x + x + 5000 + x + 35{,}000 = 3.5\,(260{,}000)$
    $3x + 40{,}000 = 910{,}000$
    $3x = 870{,}000$
    $x = 290{,}000$
    $x + 5000 = 295{,}000$
    $x + 35{,}000 = 325{,}000$
    The costs for running a 30 second ad on each program are as follows:
    Coach: $290,000
    Seinfeld: $295,000
    Home Improvement: $325,000

15. $s = -16t^2 + v_0 t + s_0$

    a. $200 = -16t^2 + 40t + 200$
       $0 = -16t^2 + 40t$
       $0 = -8t(2t - 5)$
       $t = 0$ or $t = \dfrac{5}{2}$
       It will take $\dfrac{5}{2} = 2\dfrac{1}{2}$ seconds.

    b. $0 = -16t^2 + 40t + 200$
       $0 = -8\left(2t^2 - 5t - 25\right)$
       $= -8(2t + 5)(t - 5)$
       $t = -\dfrac{5}{2}$ or $t = 5$
       Since time is positive, it will take 5 seconds.

    c. Points $\left(\dfrac{5}{2}, 200\right)$ and $(5, 0)$

17. $R = x(400 - 25x)$
    $C = 5x^2 + 40x + 600$
    $P = R - C = 450$
    $x(400 - 25x) - \left(5x^2 + 40x + 600\right) = 450$
    $360x - 30x^2 - 1050 = 0$
    $-30(x - 5)(x - 7) = 0$

    $x = 5$ or $x = 7$
    The company can produce and sell either 5 or 7 ovens to generate a $450 profit per hour.

19. Let x = width, then
    $3 + x$ = length
    $x(3 + x) = 54$
    $3x + x^2 = 54$
    $x^2 + 3x - 54 = 0$
    $(x + 9)(x - 6) = 0$
    $x = -9$ or $x = 6$
    Disregard a negative measure.
    $3 + x = 3 + 6 = 9$
    The dimensions are
    width, 6 feet
    length, 9 feet

21. Let x = width of path
    Total area − garden area = path area
    $(6 + 2x)(10 + 2x) - 6(10) = 132$
    $60 + 12x + 20x + 4x^2 - 60 = 132$
    $4x^2 + 32x - 132 = 0$
    $4\left(x^2 + 8x - 33\right) = 0$
    $4(x + 11)(x - 3) = 0$
    $x = -11$ or $x = 3$
    Disregard a negative measure. The width of the path is 3 yards.

23. Area $= 2x(5x + 1) - x(4x - 1) = 30$
    $6x^2 + 3x - 30 = 0$
    $3(2x + 5)(x - 2) = 0$
    $x = -\dfrac{5}{2}$ or $x = 2$
    Length is positive so $x = 2$ yards.

25. Area $= \left(\dfrac{1}{2}\right)(8x)(6x + 4) - (2x)(2x) = 228$
    $20x^2 + 16x - 228 = 0$
    $4(5x + 19)(x - 3) = 0$
    $x = -\dfrac{19}{5}$ or $x = 3$
    Length is positive so $x = 3$ yards.

SSM: College Algebra **Chapter 1: Equations, Inequalities, and Mathematical Models**

27. Let x = width of mat.
Perimeter of mat = 114
$114 = 2(20 + 2x) + 2(25 + 2x)$
$114 = 40 + 4x + 50 + 4x$
$24 = 8x$
$3 = x$
The width of the mat is 3 inches.

29. Area of bottom = $(25 - 2x)(15 - 2x) = 231$
$4x^2 - 80x + 144 = 0$
$4(x - 2)(x - 18) = 0$
$x = 2$ or $x = 18$
since $x < 15$, the corner measures 2 cm.

31. Use similar triangles with proportional sides:
$\dfrac{5 \text{ feet}}{16 \text{ feet}} = \dfrac{x}{(18 + x)\text{feet}}$
$5(18 + x) = 16x$
$90 = 11x$
$x = \dfrac{90}{11} \approx 8.18$
The shadow is about 8.18 feet long.

33. Find r: $\dfrac{5}{20} = \dfrac{r}{8} \Rightarrow r = 2$
Volume: $V = \dfrac{1}{3}\pi(2)^2(8) = \dfrac{32\pi}{3} \approx 33.51$
There is approximately 33.51 cubic feet of water.

35. Partition into two rectangles
top rectangle: $[(x + 3) - x] \cdot [x - (x - 1)] = 3$
bottom rectangle:
$(x + 3)(x - 1) = x^2 + 2x - 3$
area = $3 + x^2 + 2x - 3 = 48$
$x^2 + 2x - 48 = 0$
$(x + 8)(x - 6) = 0$
$x = -8$ or $x = 6$
Length is positive so $x = 6$ meters

37. Area = $\dfrac{1}{2}x(x - 5) + \dfrac{1}{2}x(x + 3) + (x + 2)(2x - 2)$
$= 76$
$\dfrac{1}{2}x^2 - \dfrac{5}{2}x + \dfrac{1}{2}x^2 + \dfrac{3}{2}x + 2x^2 + 2x - 4 = 76$

$3x^2 + x - 4 = 76$
$3x^2 + x - 80 = 0$
$(3x + 16)(x - 5) = 0$
$x = -\dfrac{16}{3}$ or $x = 5$
Length is positive so $x = 5$ m.

39. Area of semicircle
$= \dfrac{1}{2}(\pi r^2) = \dfrac{1}{2}(\pi)\left(\dfrac{x}{2}\right)^2 = \dfrac{\pi x^2}{8}$
Area of 4 rectangles $= x(2x) = 2x^2$
Area of window $\dfrac{\pi x^2}{8} + 2x^2 = 2500$
$x = \pm\sqrt{\dfrac{20,000}{\pi + 16}}$
Length is positive so $x \approx 32.324$
Area of smaller rectangle $= \dfrac{1}{4}(2x^2)$
≈ 522 cm

41. Volume of cylinder + volume of cone
$= 11,200\pi$
$\pi(20)^2 h + \dfrac{1}{3}\pi(20)^2\left(\dfrac{1}{2}h\right) = 11,200\pi$
$400\pi h + \dfrac{200}{3}\pi h = 11,200\pi$
$\pi h\left(400 + \dfrac{200}{3}\right) = 11,200\pi$
$h = \dfrac{11,200}{400 + \dfrac{200}{3}}$
$h = 24$
The height of the cylinder is 24 feet.

43. a. $\dfrac{1}{x} = \dfrac{x - 1}{1}$
$1 = x^2 - x$
$x^2 - x - 1 = 0$
$x = \dfrac{1 \pm \sqrt{(-1)^2 - 4(-1)(1)}}{2}$
$x = \dfrac{1 \pm \sqrt{5}}{2}$
Let x be positive.
$x = \dfrac{1 + \sqrt{5}}{2}$

b. (d); It appears to use the golden ratio.

45. a. $y = x(1000 - 2x)$
$y = 1000x - 2x^2$
$120,000 = 1000x - 2x^2$
$2x^2 - 1000x + 120,000 = 0$
$2(x^2 - 500x + 60,000) = 0$
$2(x - 300)(x - 200) = 0$
$x = 300$ or $x = 200$
$1000 - 2x = 400$ $\quad 1000 - 2x = 600$
The dimensions are 300 m by 400 m or 200 m by 600 m.

b.

c. Maximum area is 125,000 m^2.
dimensions: $x = 250$
$y = 1000 - 2(250) = 500$
250 meters by 500 meters

d. No; only 120,000 m^2 are enclosed.

47 a.

b. The moon graph shows a larger parabola due to the lower gravity.

c. moon: $s = -2.7(3)^2 + 48(3) + 6 = 125.7$
earth: $s = -16(3)^2 + 48(3) + 6 = 6$
difference: $125.7 - 6 = 119.7$
The rock on the moon is 119.7 feet higher after 3 seconds than the rock on earth.

49. $y = 12x - 2x^2$

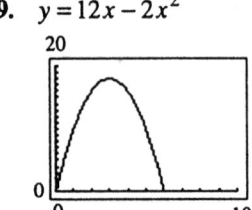

No; the peak of the graph is at (3, 18). The maximum capcity is 18 cm^3.

51. Answers may vary.

53. Answers may vary.

55. a. Let x = length of a side of the square.
$4 - x$ = circumference of the circle.
$\dfrac{4-x}{2\pi}$ = radius of the circle.
Area of square + Area of circle
$= \left(\dfrac{x}{4}\right)^2 + \pi\left(\dfrac{4-x}{2\pi}\right)^2$
$= \dfrac{x^2}{16} + \dfrac{16 - 8x + x^2}{4\pi}$
$= \dfrac{\pi x^2 + 64 - 32x + 4x^2}{16\pi}$
$= \dfrac{(4 + \pi)x^2 - 32x + 64}{16\pi}$

b. $1.273 = \dfrac{(4 + \pi)x^2 - 32x + 64}{16\pi}$
$64 \approx 7.14159x^2 - 32x + 64$
$0 = 7.14159x^2 - 32x$
$0 = x(7.14159x - 32)$
$x = 0$ or $x \approx 4.5$
x must be less than 4, so $x = 0$.
The side of the square is 0 m or there is no square, and the radius is $\dfrac{2}{\pi}$ m.

57. Find t for the dropped ball.
$0 = 16t^2 + (0)t + 576$
$t^2 = \dfrac{576}{16} = 36, t = 6$ seconds

SSM: College Algebra   ***Chapter 1:*** *Equations, Inequalities, and Mathematical Models*

Find v_0 for second ball
$0 = -16(6-3)^2 + v_0(6-3) + 576$
$-432 = 3v_0, v_0 = -144$
The second ball should be thrown down with velocity 144 ft/sec.

Problem Set 1.4

1. $3x^4 = 48x^2$
$3x^4 - 48x^2 = 0$
$3x^2(x-4)(x+4) = 0$
$x = 0$ or $x = 4$ or $x = -4$
$\{-4, 0, 4\}$

3. $3x^3 + 2x^2 - 12x - 8 = 0$
$x^2(3x+2) - 4(3x+2) = 0$
$(3x+2)(x^2-4) = 0$
$(3x+2)(x-2)(x+2) = 0$
$x = -\frac{2}{3}$ or $x = 2$ or $x = -2$
$\left\{-2, -\frac{2}{3}, 2\right\}$

5. $2x - 3 = 8x^3 - 12x^2$
$8x^3 - 12x^2 - 2x + 3 = 0$
$4x^2(2x-3) - (2x-3) = 0$
$(4x^2-1)(2x-3) = 0$
$(2x+1)(2x-1)(2x-3) = 0$
$x = -\frac{1}{2}$ or $x = \frac{1}{2}$ or $x = \frac{3}{2}$
$\left\{-\frac{1}{2}, \frac{1}{2}, \frac{3}{2}\right\}$

7. $4y^3 - 2 = y - 8y^2$
$4y^3 + 8y^2 - y - 2 = 0$
$4y^2(y+2) - (y+2) = 0$
$(4y^2-1)(y+2) = 0$
$(2y+1)(2y-1)(y+2) = 0$
$y = -\frac{1}{2}$ or $y = \frac{1}{2}$ or $y = -2$
$\left\{-2, -\frac{1}{2}, \frac{1}{2}\right\}$

9. $x^4 - 10x^2 + 9 = 0$
$(x^2-1)(x^2-9) = 0$
$(x-1)(x+1)(x+3)(x-3) = 0$
$x = 1$ or $x = -1$ or $x = -3$ or $x = 3$
$\{-3, -1, 1, 3\}$

11. $6x^4 - 7x^2 + 2 = 0$
Let $t = x^2$.
$6t^2 - 7t + 2 = 0$
$(2t-1)(3t-2) = 0$
$t = \frac{1}{2}$ or $t = \frac{2}{3}$
$x^2 = \frac{1}{2}$ or $x^2 = \frac{2}{3}$
$x = \pm\sqrt{\frac{1}{2}}$ or $x = \pm\sqrt{\frac{2}{3}}$
$\left\{-\frac{\sqrt{6}}{3}, -\frac{\sqrt{2}}{2}, \frac{\sqrt{2}}{2}, \frac{\sqrt{6}}{3}\right\}$

13. $3x^3 - 12x^2 - 15x = 0$
$3x(x^2 - 4x - 5) = 0$
$3x(x+1)(x-5) = 0$
$x = 0$ or $x = -1$ or $x = 5$
$\{-1, 0, 5\}$

15. $(x^2 - x)^2 - 14(x^2 - x) + 24 = 0$
Let $t = x^2 - x$.
$t^2 - 14t + 24 = 0$
$(t-2)(t-12) = 0$
$t = 2$ or $t = 12$
$x^2 - x = 2$ or $x^2 - x = 12$
$x^2 - x - 2 = 0$ $x^2 - x - 12 = 0$
$(x-2)(x+1) = 0$ $(x-4)(x+3) = 0$
$\{-3, -1, 2, 4\}$

17. $\left(y - \frac{8}{y}\right)^2 + 5\left(y - \frac{8}{y}\right) - 14 = 0$
Let $t = y - \frac{8}{y}$.
$t^2 + 5t - 14 = 0$
$(t+7)(t-2) = 0$
$t = -7$ or $t = 2$

$y - \dfrac{8}{y} = -7$ or $y - \dfrac{8}{y} = 2$

$y^2 + 7y - 8 = 0$ $y^2 - 2y - 8 = 0$

$(y+8)(y-1) = 0$ $(y-4)(y+2) = 0$

$\{-8, -2, 1, 4\}$

19. $6\left(\dfrac{2w}{w-3}\right)^2 = 5\left(\dfrac{2w}{w-3}\right) + 6$

Let $t = \dfrac{2w}{w-3}$.

$6t^2 - 5t - 6 = 0$

$(3t+2)(2t-3) = 0$

$t = \dfrac{-2}{3}$ or $t = \dfrac{3}{2}$

$\dfrac{2w}{w-3} = \dfrac{-2}{3}$ or $\dfrac{2w}{w-3} = \dfrac{3}{2}$

$3(2w) = -2(w-3)$ $2(2w) = 3(w-3)$

$8w = 6$ $w = -9$

$w = \dfrac{6}{8} = \dfrac{3}{4}$

$\left\{-9, \dfrac{3}{4}\right\}$

21. $\sqrt{3x+18} = x$

$3x + 18 = x^2$

$x^2 - 3x - 18 = 0$

$(x+3)(x-6) = 0$

$x = -3$ or $x = 6$

Check proposed solutions.

$\{6\}$

23. $x - \sqrt{2x+5} = 5$

$x - 5 = \sqrt{2x+5}$

$(x-5)^2 = 2x+5$

$x^2 - 10x + 25 = 2x + 5$

$x^2 - 12x + 20 = 0$

$(x-2)(x-10) = 0$

$x = 2$ or $x = 10$

Check proposed solutions.

$\{10\}$

25. $\sqrt{2y-3} - \sqrt{y-2} = 1$

$\sqrt{2y-3} = \sqrt{y-2} + 1$

$\left(\sqrt{2y-3}\right)^2 = \left(\sqrt{y-2} + 1\right)^2$

$2y - 3 = y - 2 + 2\sqrt{y-2} + 1$

$y - 2 = 2\sqrt{y-2}$

$(y-2)^2 = \left(2\sqrt{y-2}\right)^2$

$y^2 - 4y + 4 = 4(y-2)$

$y^2 - 8y + 12 = 0$

$(y-2)(y-6) = 0$

$y = 2$ or $y = 6$

Check proposed solutions.

$\{2, 6\}$

27. $\sqrt{3\sqrt{x+1}} = \sqrt{3x-5}$

$3\sqrt{x+1} = 3x - 5$

$9(x+1) = 9x^2 - 30x + 25$

$9x^2 - 39x + 16 = 0$

$x = \dfrac{39 \pm \sqrt{945}}{18} = \dfrac{13 \pm \sqrt{105}}{6}$

Check proposed solutions.

$\left\{\dfrac{13 + \sqrt{105}}{6}\right\}$

29. $\sqrt{6x-2} = \sqrt{2x+3} - \sqrt{4x-1}$

$6x - 2 = 2x + 3 - 2\sqrt{2x+3}\sqrt{4x-1} + 4x - 1$

$-4 = -2\sqrt{2x+3}\sqrt{4x-1}$

$(2)^2 = \left(\sqrt{2x+3}\sqrt{4x-1}\right)^2$

$4 = (2x+3)(4x-1)$

$8x^2 + 10x - 7 = 0$

$(4x+7)(2x-1) = 0$

$x = -\dfrac{7}{4}$ or $x = \dfrac{1}{2}$

Check proposed solutions.

$\left\{\dfrac{1}{2}\right\}$

31. $\sqrt{5x+1} = \sqrt{3x+4} + \sqrt{x-6}$

$5x + 1 = 3x + 4 + 2\sqrt{3x+4}\sqrt{x-6} + x - 6$

$x + 3 = 2\sqrt{3x+4}\sqrt{x-6}$

$x^2 + 6x + 9 = 4(3x+4)(x-6)$

$11x^2 - 62x - 105 = 0$

$(11x+15)(x-7) = 0$

$x = -\frac{15}{11}$ or $x = 7$
Check proposed solutions.
$\{7\}$

33. $(x-4)^{3/2} = 8$
    $x - 4 = 8^{2/3}$
    $x - 4 = 4$
    $x = 8$
    $\{8\}$

35. $(x-4)^{2/3} = 16$
    $x - 4 = \pm 16^{3/2}$
    $x - 4 = \pm 64$
    $x = 4 \pm 64$
    $x = -60$ or $x = 68$
    $\{-60, 68\}$

37. $(y^2 - y - 4)^{3/4} - 2 = 6$
    $y^2 - y - 4 = 8^{4/3}$
    $y^2 - y - 20 = 0$
    $(y+4)(y-5) = 0$
    $y = -4$ or $y = 5$
    $\{-4, 5\}$

39. $(11y^2 - 18)^{1/4} = 14$
    $11y^2 - 18 = 14^4$
    $11y^2 = 38,434$
    $y^2 = 3494$
    $y = \pm\sqrt{3494}$
    $\{-\sqrt{3494}, \sqrt{3494}\}$

41. $(-2x+1)^{-5/3} = -\frac{1}{32}$
    $\frac{1}{(-2x+1)^{5/3}} = -\frac{1}{32}$
    $32 = -(-2x+1)^{5/3}$
    $32^{3/5} = -(-2x+1)$
    $8 = 2x - 1$
    $2x = 9$
    $x = \frac{9}{2}$
    $\left\{\frac{9}{2}\right\}$

43. $2x^{2/3} + 3x^{1/3} - 2 = 0$
    Let $t = x^{1/3}$.
    $2t^2 + 3t - 2 = 0$
    $(t+2)(2t-1) = 0$
    $t = -2$ or $t = \frac{1}{2}$
    $x^{1/3} = -2$ or $x^{1/3} = \frac{1}{2}$
    $x = -8$ or $x = \frac{1}{8}$
    $\left\{-8, \frac{1}{8}\right\}$

45. $2x - 3x^{1/2} + 1 = 0$
    Let $t = x^{1/2}$.
    $2t^2 - 3t + 1 = 0$
    $(2t-1)(t-1) = 0$
    $t = \frac{1}{2}$ or $t = 1$
    $x^{1/2} = \frac{1}{2}$ or $x^{1/2} = 1$
    $x = \frac{1}{4}$ or $x = 1$
    $\left\{\frac{1}{4}, 1\right\}$

47. $(z-2)^{1/2} = 11(z-2)^{1/4} - 18$
    Let $t = (z-2)^{1/4}$.
    $t^2 - 11t + 18 = 0$
    $(t-2)(t-9) = 0$
    $t = 2$ or $t = 9$
    $(z-2)^{1/4} = 2$ or $(z-2)^{1/4} = 9$
    $z - 2 = 16$ $z - 2 = 6561$
    $z = 18$ $z = 6563$
    $\{18, 6563\}$

49. $50 = 2\sqrt{3m}$
    $(25)^2 = 3m$
    $m = \frac{625}{3} \approx 208.33$ feet

51. $300 = 600\sqrt{1 - \dfrac{v^2}{c^2}}$

$\left(\dfrac{1}{2}\right)^2 = \left(\sqrt{1 - \dfrac{v^2}{c^2}}\right)^2$

$\dfrac{1}{4} = 1 - \dfrac{v^2}{(186,000)^2}$

$v^2 = (186,000)^2 - \dfrac{(186,000)^2}{4}$

$v^2 = \dfrac{3}{4}(186,000)^2$

$v \approx 161,081$ miles/second

53. $240 = \dfrac{120}{\sqrt{1 - \dfrac{v^2}{c^2}}}$

$\left(\sqrt{1 - \dfrac{v^2}{c^2}}\right)^2 = \left(\dfrac{120}{240}\right)^2$

$1 - \dfrac{v^2}{(186,000)^2} = \dfrac{1}{4}$

$v^2 = \dfrac{3}{4}(186,000)^2$

$v \approx 161,081$ miles/second

55. a. $p = 30 - \sqrt{0.01(0) + 1}$
$p = 29$
$29

b. $27.76 = 30 - \sqrt{0.01x + 1}$
$\left(\sqrt{0.01x + 1}\right)^2 = (2.24)^2$
$0.01x = 4.0176$
$x = 401.76 \approx 402$
402 CD sets

57. $A = P\left(1 + \dfrac{r}{n}\right)^{nt}$

$8155.09 = 2500\left(1 + \dfrac{r}{4}\right)^{4(10)}$

$\dfrac{8155.09}{2500} = \left(1 + \dfrac{r}{4}\right)^{40}$

SSM: College Algebra **Chapter 1:** Equations, Inequalities, and Mathematical Models

$$\sqrt[40]{\frac{8155.09}{2500}} = 1 + \frac{r}{4}$$

$$4\left(\sqrt[40]{\frac{8155.09}{2500}} - 1\right) = r$$

$0.12 \approx r$

The interest rate was 12%.

59. a. $\sqrt{x^2 + 5^2} + \sqrt{(12-x)^2 + 3^2} = 16$

$\sqrt{x^2 + 25} = 16 - \sqrt{x^2 - 24x + 153}$

$x^2 + 25 = 256 - 32\sqrt{x^2 - 24x + 153} + x^2 - 24x + 153$

$32\sqrt{x^2 - 24x + 153} = 384 - 24x$

$8\sqrt{x^2 - 24x + 153} = 96 - 6x$

$64(x^2 - 24x + 153) = 36x^2 - 1152x + 9216$

$28x^2 - 384x + 576 = 0$

$7x^2 - 96x + 144 = 0$

$(7x - 12)(x - 12) = 0$

$x = \dfrac{12}{7}$ or $x = 12$

$\dfrac{12}{7}$ miles or 12 miles

b. Answers may vary.

61. Let x = height.

$x(x+3)(x-1) = 6$

$x(x^2 + 2x - 3) = 6$

$x^3 + 2x^2 - 3x - 6 = 0$

$x^2(x+2) - 3(x+2) = 0$

$(x^2 - 3)(x+2) = 0$

$x^2 = 3$ or $x = -2$

$x = \sqrt{3}$, or $x = -\sqrt{3}$, or $x = -2$

Disregard a negative length.
The dimensions are
$\sqrt{3}$ ft by $\left(\sqrt{3} + 3\right)$ ft by $\left(\sqrt{3} - 1\right)$ ft.

63. Let x = amount of increase

Volume of sphere $= \frac{4}{3}\pi r^3$

$\frac{4}{3}\pi 6^3 + 288\pi = \frac{4}{3}\pi(6+x)^3$

$\frac{4}{3}\pi(6^3 + 216) = \frac{4}{3}\pi(6+x)^3$

$216 + 216 = (6+x)^3$

$\sqrt[3]{432} = 6 + x$

$\sqrt[3]{432} - 6 = x$

$6\sqrt[3]{2} - 6 = x$

$6(\sqrt[3]{2} - 1) = x$

The radius should be increased by $6(\sqrt[3]{2} - 1)$ in.

65. Distance across river $= \sqrt{6^2 + x^2}$

$130\sqrt{36+x^2} + 80(12-x) = 1575$

$130\sqrt{36+x^2} = 1575 - 960 + 80x$

$130\sqrt{36+x^2} = 615 + 80x$

$26\sqrt{36+x^2} = 123 + 16x$

$676(36+x^2) = 15,129 + 3936x + 256x^2$

$24,336 + 676x^2 = 15,129 + 3936x + 256x^2$

$420x^2 - 3936x + 9207 = 0$

$3(140x^2 - 1312x + 3069) = 0$

$3(2x-9)(70x-341) = 0$

$x = \frac{9}{2}$ or $x = \frac{341}{70}$

$12 - \frac{9}{2} = 7.5$

$12 - \frac{341}{70} \approx 7.13$

The power line should come ashore either 7.5 miles or about 7.13 miles from the factory.

67. a. True

    b. False; $x^3 - 6x^2 = 5x$ or $x^3 - 6x^2 = -5x$.

    c. False; if $t = x^{1/2}$ then $t^2 = x$.

    d. False

69. $x^3 + x^2 - 4x - 4 = 0$

    $\{-2, -1, 2\}$

71. $3x^3 + 7x^2 - 22x - 8 = 0$

    $\{-4, -0.33, 2\}$

73. $2x^{2/3} + 4x^{1/3} + 1.8 = 0$

    $\{-2.28, -0.32\}$

75. a.

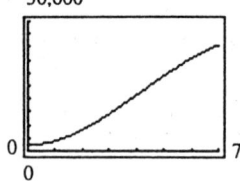

   b. The number of new AIDS cases in the U.S. has increased each year after 1983 to 1990.

   c. 1990

   d.

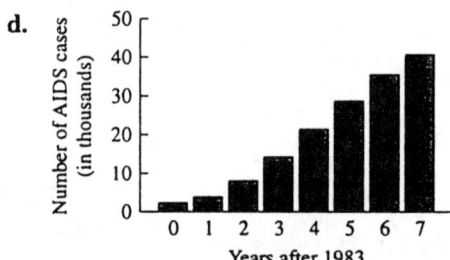

   e. Answers may vary.

77. Let $y = \sqrt{x^2 + 5^2} + \sqrt{(12-x)^2 + 3^2}$

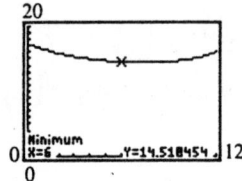

The shortest road is about 14.42 miles long.

79. a. Distance from A to D is $\sqrt{2^2+(6-x)^2}$. Time spent rowing is $\dfrac{\sqrt{4+(6-x)^2}}{3}$. Distance from D to C is x. Time spent walking is $\dfrac{x}{5}$. Thus total time spent is $y=\dfrac{\sqrt{4+(6-x)^2}}{3}+\dfrac{x}{5}$.

b.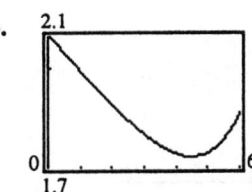

When $y=\dfrac{26}{15}$, $x=4.5$. The person should come ashore 4.5 miles from the house. This path gives the minimum amount of time.

c.
$$\dfrac{\sqrt{4+(6-x)^2}}{3}+\dfrac{x}{5}=\dfrac{26}{15}$$
$$5\sqrt{4+(6-x)^2}+3x=26$$
$$5\sqrt{4+(6-x)^2}=26-3x$$
$$25\left[4+(6-x)^2\right]=(26-3x)^2$$
$$100+25(36-12x+x^2)=676-156x+9x^2$$
$$1000-300x+25x^2=676-156x+9x^2$$
$$16x^2-144x+324=0$$
$$4x^2-36x+81=0$$
$$(2x-9)^2=0$$
$$x=\dfrac{9}{2}$$

81. Answers may vary.

83. Answers may vary.

85. $\dfrac{(x-3)^{1/2}(x-4)^{1/5}}{(x-7)^{1/3}}=0$

$(x-3)^{1/2}(x-4)^{1/5}=0$

$(x-3)^{1/2}=0$ or $(x-4)^{1/5}=0$

$x=3$ or $x=4$

$\{3,4\}$

Chapter 1: *Equations, Inequalities, and Mathematical Models*   **SSM:** College Algebra

87. $y^{1/3} + 4^{1/4} = \dfrac{2}{2-\sqrt{2}}$

$y^{1/3} = \dfrac{2}{2-\sqrt{2}} \cdot \dfrac{2+\sqrt{2}}{2+\sqrt{2}} - 4^{1/4}$

$y^{1/3} = 2 + \sqrt{2} - 4^{1/4}$

$y^{1/3} = 2 + \sqrt{2} - \sqrt{2}$

$y^{1/3} = 2$

$\left(y^{1/3}\right)^3 = 2^3 = 8$

$\{8\}$

89. $\sqrt{\sqrt{y}+\sqrt{c}} + \sqrt{\sqrt{y}-\sqrt{c}} = \sqrt{2\sqrt{y}+2\sqrt{d}}$

$\left(\sqrt{\sqrt{y}+\sqrt{c}} + \sqrt{\sqrt{y}-\sqrt{c}}\right)^2 = 2\sqrt{y}+2\sqrt{d}$

$2\sqrt{y} + 2\sqrt{y-c} = 2\sqrt{y} + 2\sqrt{d}$

$\left(\sqrt{y-c}\right)^2 = \left(\sqrt{d}\right)^2$

$y - c = d$

$y = c + d$

$\{c + d\}$

Problem Set 1.5

1. $5x + 11 < 26$
$5x < 15$
$x < 3$
$(-\infty, 3)$

3. $3x - 7 \geq 13$
$3x \geq 20$
$x \geq \dfrac{20}{3}$
$\left[\dfrac{20}{3}, \infty\right)$

5. $-9x \geq 36$
$x \leq -4$

$(-\infty, -4]$

7. $8x - 11 \leq 3x - 13$
$8x - 3x \leq -13 + 11$
$5x \leq -2$
$x \leq -\dfrac{2}{5}$
$\left(-\infty, -\dfrac{2}{5}\right]$

9. $4(x + 1) + 2 \geq 3x + 6$
$4x + 4 + 2 \geq 3x + 6$
$4x + 6 \geq 3x + 6$
$4x - 3x \geq 6 - 6$
$x \geq 0$
$[0, \infty)$

11. $2x - 11 < -3(x + 2)$
$2x - 11 < -3x - 6$
$5x < 5$
$x < 1$
$(-\infty, 1)$

13. $1 - (x + 3) \geq 4 - 2x$
$1 - x - 3 \geq 4 - 2x$
$-x - 2 \geq 4 - 2x$
$x \geq 6$
$[6, \infty)$

15. $\dfrac{x}{4} - \dfrac{3}{5} \leq \dfrac{x}{2} + 1$

$-\dfrac{8}{5} \leq \dfrac{x}{4}$

$x \geq -\dfrac{32}{5}$

$\left[-\frac{32}{5}, \infty\right)$

17. $1 - \frac{x}{2} > 4$
$-\frac{x}{2} > 3$
$x < -6$
$(-\infty, -6)$

19. $4(3y - 2) - 3y < 3(1 + 3y) - 7$
$12y - 8 - 3y < 3 + 9y - 7$
$9y - 8 < -4 + 9y$
$-8 < -4$
True for all y
$\{y | \text{all } y\}, (-\infty, \infty)$

21. $6 < x + 3 < 8$
$6 - 3 < x + 3 - 3 < 8 - 3$
$3 < x < 5$
$(3, 5)$

23. $-3 \le x - 2 < 1$
$-1 \le x < 3$
$\{x | -1 \le x < 3\}, [-1, 3)$

25. $-9 < 3x \le -6$
$-3 < x \le -2$
$(-3, -2]$

27. $-9 \le -3x \le -6$
$3 \ge x \ge 2$
$[2, 3]$

29. $-11 < 2x - 1 \le -5$
$-10 < 2x \le -4$
$-5 < x \le -2$
$(-5, -2]$

31. $-3 \le \frac{2}{3}x - 5 < -1$
$2 \le \frac{2}{3}x < 4$
$3 \le x < 6$
$[3, 6)$

33. $-8 < 2 - 3x < 10$
$-10 < -3x < 8$
$\frac{10}{3} > x > -\frac{8}{3}$
$\left(-\frac{8}{3}, \frac{10}{3}\right)$

35. $-5 \le 3 - 2x < 18$
$-8 \le -2x < 15$
$4 \ge x > -\frac{15}{2}$
$\left(-\frac{15}{2}, 4\right]$

37. $-1 < \frac{1 - 4y}{3} \le 1$
$-3 < 1 - 4y \le 3$
$-4 < -4y \le 2$
$1 > y \ge -\frac{1}{2}$
$\left[-\frac{1}{2}, 1\right)$

39. $|x| < 3$
$-3 < x < 3$

(–3, 3)

41. $|x-1| \le 2$
$-2 \le x-1 \le 2$
$-1 \le x \le 3$
$[-1, 3]$

43. $|2x-6| < 8$
$-8 < 2x-6 < 8$
$-2 < 2x < 14$
$-1 < x < 7$
$(-1, 7)$

45. $|2(x-1)+4| \le 8$
$-8 \le 2(x-1)+4 \le 8$
$-8 \le 2x-2+4 \le 8$
$-8 \le 2x+2 \le 8$
$-10 \le 2x \le 6$
$-5 \le x \le 3$
$[-5, 3]$

47. $\left|\dfrac{2y+6}{3}\right| < 2$
$-2 < \dfrac{2y+6}{3} < 2$
$-6 < 2y+6 < 6$
$-12 < 2y < 0$
$-6 < y < 0$
$(-6, 0)$

49. $|x| > 3$
$x > 3$ or $x < -3$
$(-\infty, -3) \cup (3, \infty)$

51. $|x-1| \ge 2$
$x-1 \ge 2$ or $x-1 \le -2$
$x \ge 3$ $\qquad x \le -1$
$(-\infty, -1] \cup [3, \infty)$

53. $|3x-8| > 7$
$3x-8 > 7$ or $3x-8 < -7$
$3x > 15$ $\qquad 3x < 1$
$x > 5$ $\qquad x < \dfrac{1}{3}$
$\left(-\infty, \dfrac{1}{3}\right) \cup (5, \infty)$

55. $\left|\dfrac{2x+2}{4}\right| \ge 2$
$\dfrac{2x+2}{4} \ge 2$ or $\dfrac{2x+2}{4} \le -2$
$2x+2 \ge 8$ $\qquad 2x+2 \le -8$
$2x \ge 6$ $\qquad 2x \le -10$
$x \ge 3$ $\qquad x \le -5$
$(-\infty, -5] \cup [3, \infty)$

57. $\left|3-\dfrac{2y}{3}\right| > 5$
$3-\dfrac{2y}{3} > 5$ or $3-\dfrac{2y}{3} < -5$
$-\dfrac{2y}{3} > 2$ $\qquad -\dfrac{2y}{3} < -8$
$y < -3$ $\qquad y > 12$
$(-\infty, -3) \cup (12, \infty)$

59. $3|y-1|+2 \ge 8$
$3|y-1| \ge 6$
$|y-1| \ge 2$
$y-1 \ge 2$ or $y-1 \le -2$
$y \ge 3$ $\qquad y \le -1$
$(-\infty, -1] \cup [3, \infty)$

SSM: College Algebra   *Chapter 1: Equations, Inequalities, and Mathematical Models*

61. $3 < |2y-1|$
$2y - 1 > 3$ or $2y - 1 < -3$
$2y > 4$ $2y < -2$
$y > 2$ $y < -1$
$(-\infty, -1) \cup (2, \infty)$

63. $12 < \left|-2x + \frac{6}{7}\right| + \frac{3}{7}$
$\frac{81}{7} < \left|-2x + \frac{6}{7}\right|$
$-2x + \frac{6}{7} > \frac{81}{7}$ or $-2x + \frac{6}{7} < -\frac{81}{7}$
$-2x > \frac{75}{7}$ $-2x < -\frac{87}{7}$
$x < -\frac{75}{14}$ $x > \frac{87}{14}$
$\left(-\infty, -\frac{75}{14}\right) \cup \left(\frac{87}{14}, \infty\right)$

65. $4 + \left|3 - \frac{y}{3}\right| \geq 9$
$\left|3 - \frac{y}{3}\right| \geq 5$
$3 - \frac{y}{3} \geq 5$ or $3 - \frac{y}{3} \leq -5$
$-\frac{y}{3} \geq 2$ $-\frac{y}{3} \leq -8$
$y \leq -6$ $y \geq 24$
$(-\infty, -6] \cup [24, \infty)$

67. $\left|\frac{y+1}{2} - \frac{y-1}{3}\right| \leq 1$
$-1 \leq \frac{y+1}{2} - \frac{y-1}{3} \leq 1$
$-6 \leq 3(y+1) - 2(y-1) \leq 6$
$-6 \leq 3y + 3 - 2y + 2 \leq 6$
$-6 \leq y + 5 \leq 6$
$-11 \leq y \leq 1$
$[-11, 1]$

69. Let x = amount invested at 9%, then
$25{,}000 - x$ = amount invested at 12%.
$0.09x + 0.12(25{,}000 - x) \geq 2250$
$0.09x + 3000 - 0.12x \geq 2250$
$-0.03x \geq -750$
$x \leq 25{,}000$
The greatest amount that can be invested at 9% is $25,000.

71. Let x = cost of car.
$x + 0.065x \leq 17{,}466$
$1.065x \leq 17{,}466$
$x \leq 16{,}400$
The most expensive car that can be purchased is $16,400.

73. $R - C > 0$
$1850x - [600(2x + 4) + 600 + 600x] > 0$
$1850x - (1200x + 2400 + 600 + 600x) > 0$
$1850x - (1800x + 3000) > 0$
$50x - 3000 > 0$
$50x > 3000$
$x > 60$
The number of units that must be sold in order to achieve a profit is 61 or more.

75. Let x = number of hours a person works out.
$500 + x < 440 + 1.74x$
$60 < 0.74x$
$81.\overline{081} < x$
The person must work out 82 hours or more.

77. Cost $= 75{,}000 + 3x$
Revenue $= 18x$
$18x - (75{,}000 + 3x) > 0$
$18x - 75{,}000 - 3x > 0$
$15x > 75{,}000$
$x > 5000$
The company should manufacture and sell 5001 or more clocks.

79. Perimeter of the figure is $4(2k + k) = 12k$.
$24 \leq 12k \leq 36$

$\dfrac{24}{12} \le k \le \dfrac{36}{12}$
$2 \le k \le 3$
$2 \le k \le 3$

81. $|x - 2,560,000| \le 135,000$
    $-135,000 \le x - 2,560,000 \le 135,000$
    $2,425,000 \le x \le 2,695,000$
    High production: 2,695,000 barrels
    Low production: 2,425,000 barrels

83. Let x = width of the path.
    $76 \le 2(10 + 2x + 20 + 2x) \le 100$
    $76 \le 60 + 8x \le 100$
    $16 \le 8x \le 40$
    $2 \le x \le 5$

85. $11 \le 3x - 4 \le 56$
    $15 \le 3x \le 60$
    $5 \le x \le 20$
    This inequality includes 5.0 m, 17.5 m, and 17.6 m. The disorders are severe cognitive impairment, substance abuse disorders, and depressive: manic, major depression.

87. $|p - 0.3| \le 0.2$
    $-0.2 \le p - 0.3 \le 0.2$
    $0.1 \le p \le 0.5$
    $\$5(100,000)(0.001) \le$ Cost
    $\le \$5(100,000)(0.005)$
    $\$500 \le$ Cost $\le \$2500$

89. a. False. $|2x - 3| > -7$ is true for any x because the absolute value is 0 or positive.

    b. False. $2x > 6, x > 3$
       3.1 is a real number that satisfies the inequality.

    c. True; $|x - 4| > 0$ is not satisfied only when $x = 4$. Since 4 is rational, all irrational numbers satisfy the inequality.

    d. False

91. $-5(x - 1) > 4x - 13$
    Graph $y = -5(x - 1) - (4x - 13)$
    The graph is above the x-axis for $x < 2$.

93. $|3 - 4x| \ge 13$
    Graph $y = |3 - 4x| - 13$.
    The graph is above the x-axis for $x < -\dfrac{5}{2}$ and $x > 4$.

95. $3x - [2 - 2(x - 1)] \le 5 - 2[3x - 2(2x - 3)]$
    Graph
    $y = 3x - [2 - 2(x - 1)]$
    $\quad - (5 - 2[3x - 2(2x - 3)])$.
    The graph is below the x-axis for $x < -1$.

97. $(3x + 8)(9 - 2x) > 1 - 2(x - 8)(3x - 4)$
    Graph
    $y = (3x + 8)(9 - 2x) - [1 - 2(x - 8)(3x - 4)]$.
    The graph is above the x-axis for $x < 3$.

99. Graph $2(x + 1) - (3 + 2x)$. The graph is the horizontal line $y = -1$ and is never above the x-axis.
    $2(x + 1) \ge 3 + 2x$
    $2x + 2 \ge 3 + 2x$
    $2 \ge 3$ False
    $\varnothing$
    There is no solution as can be seen on a graphing utility.

101. $F = \dfrac{9}{5}C + 32$
     $\dfrac{9}{5}C + 32 > 77$
     $C > 25$
     The graph of $y = \dfrac{9}{5}x + 32$ shows that y-coordinates are greater than 77 for $x > 25$. Temperature is greater than 25° Celsius.

103. Answers may vary.

105. Answers may vary.

107. Answers may vary.

SSM: College Algebra *Chapter 1: Equations, Inequalities, and Mathematical Models*

Problem Set 1.6

1. $x^2 - 8x > -15$
   $x^2 - 8x + 15 > 0$
   $x^2 - 8x + 15 = 0$
   $(x-5)(x-3) = 0$
   $x = 5$ or $x = 3$

   ```
        T   |   F   |   T
   ─────────┼───────┼─────────
            3       5
   ```

   Test 0: $0^2 - 8(0) > -15$
   $\qquad\qquad 0 > -15$ True
   Test 4: $4^2 - 8(4) > -15$
   $\qquad\qquad -16 > -15$ False
   Test 6: $6^2 - 8(6) > -15$
   $\qquad\qquad -12 > -15$ True
   $(-\infty, 3) \cup (5, \infty)$

   ```
   ←────)───────(────→
        3       5
   ```

3. $2x^2 + 5x \le 3$
   $2x^2 + 5x - 3 \le 0$
   $(2x - 1)(x + 3) = 0$
   $x = \frac{1}{2}$ or $x = -3$

   ```
        F   |   T   |   F
   ─────────┼───────┼─────────
           -3      1/2
   ```

   Test –4: $2(-4)^2 + 5(-4) \le 3$
   $\qquad\qquad 12 \le 3$ False
   Test 0: $2(0)^2 + 5(0) \le 3$
   $\qquad\qquad 0 \le 3$ True
   Test 1: $2(1)^2 + 5(1) \le 3$
   $\qquad\qquad 7 \le 3$ False
   $\left[-3, \frac{1}{2}\right]$

   ```
   ←────[───────]────→
       -3      1/2
   ```

5. $x^2 + 8x + 13 \ge 0$
   $x = \dfrac{-8 \pm \sqrt{8^2 - 4(1)(13)}}{2}$
   $x = \dfrac{-8 \pm \sqrt{12}}{2}$
   $x = \dfrac{-8 \pm 2\sqrt{3}}{2}$
   $x = -4 \pm \sqrt{3}$

   ```
        T       |    F    |    T
   ─────────────┼─────────┼─────────────
           -4-√3        -4+√3
   ```

   Test –6: $(-6)^2 + 8(-6) + 13 \ge 0$
   $\qquad\qquad 1 \ge 0$ True
   Test –3: $(-3)^2 + 8(-3) + 13 \ge 0$
   $\qquad\qquad -2 \ge 0$ False
   Test 0: $0^2 + 8(0) + 13 \ge 0$
   $\qquad\qquad 13 \ge 0$ True
   $\left(-\infty, -4 - \sqrt{3}\right] \cup \left[-4 + \sqrt{3}, \infty\right)$

   ```
   ←────]───────[────→
    -4-√3       -4+√3
   ```

7. $2x^2 - 7x + 4 < x - 1$
   $2x^2 - 8x + 5 < 0$
   $x = \dfrac{8 \pm \sqrt{(-8)^2 - 4(2)(5)}}{2(2)}$
   $x = \dfrac{8 \pm \sqrt{24}}{4}$
   $x = \dfrac{8 \pm 2\sqrt{6}}{4}$
   $x = \dfrac{4 \pm \sqrt{6}}{2}$

   ```
        F       |    T    |    F
   ─────────────┼─────────┼─────────────
          (4-√6)/2      (4+√6)/2
   ```

   Test 0: $2(0)^2 - 7(0) + 4 < 0 - 1$
   $\qquad\qquad 4 < -1$ False

Test 1: $2(1)^2 - 7(1) + 4 < 1 - 1$
$-1 < 0$ True
Test 4: $2(4)^2 - 7(4) + 4 < 4 - 1$
$8 < 3$ False

$\left(\dfrac{4-\sqrt{6}}{2}, \dfrac{4+\sqrt{6}}{2}\right)$

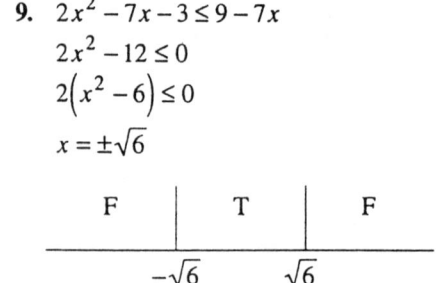

9. $2x^2 - 7x - 3 \le 9 - 7x$
$2x^2 - 12 \le 0$
$2(x^2 - 6) \le 0$
$x = \pm\sqrt{6}$

F	T	F
$-\sqrt{6}$		$\sqrt{6}$

Test -3: $2(-3)^2 - 7(-3) - 3 \le 9 - 7(-3)$
$36 \le 30$ False
Test 0: $2(0)^2 - 7(0) - 3 \le 9 - 7(0)$
$-3 \le 9$ True
Test 3: $2(3)^2 - 7(3) - 3 \le 9 - 7(3)$
$-6 \le -12$ False

$[-\sqrt{6}, \sqrt{6}]$

11. $x^2 + 2x + 5 > 0$
$x = \dfrac{-2 \pm \sqrt{2^2 - 4(1)(5)}}{2}$
$x = \dfrac{-2 \pm \sqrt{-16}}{2}$
One interval, all reals.
Test 0: $0^2 + 2(0) + 5 > 0$
$5 > 0$ True
$(-\infty, \infty)$

13. $2x^2 + 3x + 4 \le 0$
$x = \dfrac{-3 \pm \sqrt{(3)^2 - 4(2)(4)}}{2(2)}$
$x = \dfrac{-3 \pm \sqrt{-23}}{4}$
One interval, all reals.
Test 0: $2(0)^2 + 3(0) + 4 \le 0$
$4 \le 0$ False
$\varnothing$

15. $2(x - 1) + 8 < 2(x + 3)(x - 5)$
$2x - 2 + 8 < 2(x^2 - 2x - 15)$
$2x + 6 < 2x^2 - 4x - 30$
$0 < 2x^2 - 6x - 36$
$0 < 2(x - 6)(x + 3)$
$x = 6$ or $x = -3$

T	F	T
-3		6

Test -4: $2(-4-1) + 8 < 2(-4+3)(-4-5)$
$-2 < 18$ True
Test 0: $2(0-1) + 8 < 2(0+3)(0-5)$
$6 < -30$ False
Test 7: $2(7-1) + 8 < 2(7+3)(7-5)$
$20 < 40$ True

$(-\infty, -3) \cup (6, \infty)$

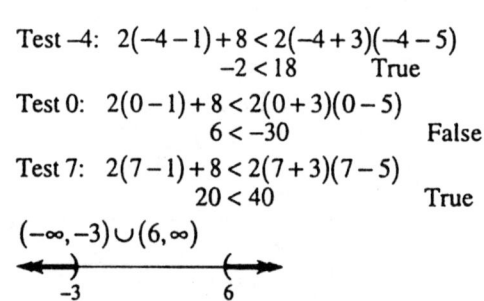

17. $x^2 - 4x + 4 \ge 0$
$(x - 2)^2 \ge 0$
$x = 2$

T	T
	2

Test 0: $0^2 - 4(0) + 4 \ge 0$
$4 \ge 0$ True

SSM: College Algebra **Chapter 1: Equations, Inequalities, and Mathematical Models**

Test 3: $3^2 - 4(3) + 4 \geq 0$
$1 \geq 0$ True

$(-\infty, \infty)$

19. $x^3 + 2x^2 - x - 2 \geq 0$
$x^2(x+2) - 1(x+2) \geq 0$
$(x^2 - 1)(x+2) \geq 0$
$(x-1)(x+1)(x+2) \geq 0$

F	T	F	T
-2	-1	1	

Test −3: $(-3)^3 + 2(-3)^2 - (-3) - 2 \geq 0$ False
$-8 \geq 0$

Test −1.5:
$(-1.5)^3 + 2(-1.5)^2 - (-1.5) - 2 \geq 0$ False
$0.625 \geq 0$

Test 0: $0^3 + 2(0)^2 - 0 - 2 \geq 0$ False
$-2 \geq 0$

Test 2: $2^3 + 2(2)^2 - 2 - 2 \geq 0$ True
$12 \geq 0$

$[-2, -1] \cup [1, \infty)$

21. $x^3 - 3x^2 - 9x + 27 < 0$
$x^2(x-3) - 9(x-3) < 0$
$(x+3)(x-3)(x-3) < 0$

T	F	F
-3	3	

$(-\infty, -3)$

23. $9x^3 + 8 > 4x + 18x^2$
$9x^3 - 18x^2 - 4x + 8 > 0$

$9x^2(x-2) - 4(x-2) > 0$
$(3x-2)(3x+2)(x-2) > 0$

F	T	F	T
$-\frac{2}{3}$	$\frac{2}{3}$	2	

$\left(-\frac{2}{3}, \frac{2}{3}\right) \cup (2, \infty)$

25. $x^3 + x^2 + 4x + 4 > 0$
$x^2(x+1) + 4(x+1) > 0$
$(x^2 + 4)(x+1) > 0$

F	T
-1	

$(-1, \infty)$

27. $(x-2)^3 > 0$

F	T
2	

$(2, \infty)$

29. $\frac{x+3}{x-7} > 0$

T	F	T
-3	7	

75

$(-\infty, -3) \cup (7, \infty)$

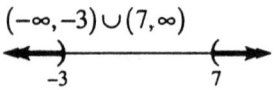

31. $\dfrac{x+3}{x+4} < 0$

   F | T | F
   ———————————
      -4   -3

   $(-4, -3)$

   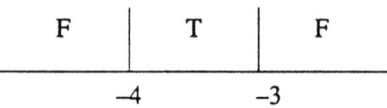

33. $\dfrac{x+3}{x-2} \leq 2$

   $\dfrac{x+3}{x-2} - 2 \leq 0$

   $\dfrac{x+3-2(x-2)}{x-2} \leq 0$

   $\dfrac{x+3-2x+4}{x-2} \leq 0$

   $\dfrac{-x+7}{x-2} \leq 0$

   T | F | T
   ———————————
      2   7

   $(-\infty, 2) \cup [7, \infty)$

   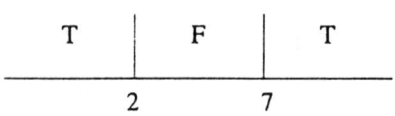

35. $\dfrac{x+4}{2x-1} \geq 3$

   $\dfrac{x+4}{2x-1} - 3 \geq 0$

   $\dfrac{x+4-3(2x-1)}{2x-1} \geq 0$

   $\dfrac{x+4-6x+3}{2x-1} \geq 0$

   $\dfrac{-5x+7}{2x-1} \geq 0$

   F | T | F
   ———————————
      $\tfrac{1}{2}$ $\tfrac{7}{5}$

   $\left(\dfrac{1}{2}, \dfrac{7}{5}\right]$

   ———(———]———
      $\tfrac{1}{2}$ $\tfrac{7}{5}$

37. $\dfrac{3}{x+3} > \dfrac{3}{x-2}$

   $\dfrac{3}{x+3} - \dfrac{3}{x-2} > 0$

   $\dfrac{3(x-2) - 3(x+3)}{(x+3)(x-2)} > 0$

   $\dfrac{3x-6-3x-9}{(x+3)(x-2)} > 0$

   $\dfrac{-15}{(x+3)(x-2)} > 0$

   F | T | F
   ———————————
      -3   2

   $(-3, 2)$

   ———(———)———
      -3   2

39. $\dfrac{3}{x-1} - \dfrac{x}{x+1} > 1$

   $\dfrac{3(x+1) - x(x-1) - (x-1)(x+1)}{(x-1)(x+1)} > 0$

   $\dfrac{3x+3-x^2+x-x^2+1}{(x-1)(x+1)} > 0$

   $\dfrac{-2x^2+4x+4}{(x-1)(x+1)} > 0$

   $\dfrac{-2(x^2-2x-2)}{(x-1)(x+1)} > 0$

   $x = \dfrac{2 \pm \sqrt{(-2)^2 - 4(1)(-2)}}{2}$

$$x = \frac{2 \pm 2\sqrt{3}}{2}$$
$$x = 1 \pm \sqrt{3}$$

```
     F  |  T  |  F  |  T  |  F
    ---------------------------
       -1  1-√3   1   1+√3
```

$\left(-1, 1-\sqrt{3}\right) \cup \left(1, 1+\sqrt{3}\right)$

41. $\dfrac{2x+1}{x-1} < 1 + \dfrac{2}{x-3}$

$$\frac{(2x+1)(x-3) - (x-1)(x-3) - 2(x-1)}{(x-1)(x-3)} < 0$$

$$\frac{2x^2 - 5x - 3 - x^2 + 4x - 3 - 2x + 2}{(x-1)(x-3)} < 0$$

$$\frac{x^2 - 3x - 4}{(x-1)(x-3)} < 0$$

$$\frac{(x-4)(x+1)}{(x-1)(x-3)} < 0$$

```
   F  |  T  |  F  |  T  |  F
  --------------------------
     -1    1    3    4
```

$(-1, 1) \cup (3, 4)$

43. $\dfrac{x}{x-2} \geq 2 + \dfrac{3}{x+1}$

$$\frac{x(x+1) - 2(x-2)(x+1) - 3(x-2)}{(x-2)(x+1)} \geq 0$$

$$\frac{x^2 + x - 2x^2 + 2x + 4 - 3x + 6}{(x-2)(x+1)} \geq 0$$

$$\frac{-x^2 + 10}{(x-2)(x+1)} \geq 0$$

```
   F  |  T  |  F  |  T  |  F
  ---------------------------
    -√10  -1    2   √10
```

$\left[-\sqrt{10}, -1\right) \cup \left(2, \sqrt{10}\right]$

45. $\dfrac{x^2 - x - 2}{x^2 - 4x + 3} > 0$

$$\frac{(x-2)(x+1)}{(x-3)(x-1)} > 0$$

```
   T  |  F  |  T  |  F  |  T
  ---------------------------
      -1    1    2    3
```

$(-\infty, -1) \cup (1, 2) \cup (3, \infty)$

47. $|x^2 + 2x - 36| > 12$

$x^2 + 2x - 36 > 12$ or $x^2 + 2x - 36 < -12$
$x^2 + 2x - 48 > 0$ $x^2 + 2x - 24 < 0$
$(x+8)(x-6) > 0$ $(x+6)(x-4) < 0$

```
     T   |   F   |   T
    ------------------
        -8       6
```

```
     F   |   T   |   F
    ------------------
        -6       4
```

$(-\infty, -8) \cup (-6, 4) \cup (6, \infty)$

49. $5 = -16t^2 + v_0 t + s_0$
$96 < -16t^2 + 80t + 0$

$0 < -16t^2 + 80t - 96$
$0 < -16(t^2 - 5t + 6)$
$0 < -16(t-3)(t-2)$

```
   F  |  T  |  F
------+-----+------
      2     3
```

$2 < t < 3$
The projectiles height will exceed 96 feet between 2 and 3 seconds exclusive.

51. $5 = -16t^2 + v_0 t + s_0$
$96 < -16t^2 + 64t + 80$
$0 < -16t^2 + 64t - 16$
$0 < -16(t^2 - 4t + 1)$
$t = \dfrac{4 \pm \sqrt{(-4)^2 - 4(1)(1)}}{2}$
$t = \dfrac{4 \pm 2\sqrt{3}}{2}$
$t = 2 \pm \sqrt{3}$

```
    F    |   T   |    F
---------+-------+---------
       2-√3    2+√3
```

$2 + \sqrt{3} - (2 - \sqrt{3}) = 2\sqrt{3}$
The ball is higher than 96 feet for $2\sqrt{3}$ seconds.

53. $\dfrac{n^2 + n}{2} < 66$
$n^2 + n - 132 < 0$
$(n + 12)(n - 11) < 0$

```
    F    |   T   |    F
---------+-------+---------
       -12     11
```

n represents natural numbers, so $n = 1, 2, ..., 10$.

55. $C = \dfrac{4p}{100 - p}$
$6 > \dfrac{4p}{100 - p}$
$600 - 6p > 4p$
$600 > 10p$
$60 > p$
Less than 60% can be removed.

57. Let x = width of the path.
$336 \geq (30 + 2x)(20 + 2x) - 30(20)$
$336 \geq 600 + 100x + 4x^2 - 600$
$0 \geq 4x^2 + 100x - 336$
$0 \geq 4(x^2 + 25x - 84)$
$0 \geq 4(x + 28)(x - 3)$

```
    F    |   T   |    F
---------+-------+---------
       -28      3
```

Since x represents a positive number, $x = (0, 3]$.
The path's width must be no more than 3 feet.

59. a. False
$x^2 > 25$
Solution: $(-\infty, -5) \cup (5, \infty)$

b. False
Subtract 2 from both sides and solve.
$\dfrac{x - 2 - 2(x + 3)}{x + 3} < 0$
Note that when multiplying by $x + 3$, $x + 3$ may be negative.

c. True
The solution set is $(-\infty, -3) \cup (1, \infty)$

d. False

SSM: College Algebra **Chapter 1:** Equations, Inequalities, and Mathematical Models

61. $12x^3 - 6x^2 - 24x + 18 > 0$
Graph $y = 12x^3 - 6x^2 - 24x + 18$.
The graph is above the x-axis for
$-1.5 < x < 1$ and $x > 1$.
$(-1.5, 1) \cup (1, \infty)$

63. $\dfrac{x}{x+3} > 4$
Graph $y = \dfrac{x}{x+3} - 4$. The graph is above the x-axis for $-4 < x < -3$.
$(-4, -3)$

65. $\dfrac{x^2 - 1}{x^2 + 1} \geq 0$
Graph $y = \dfrac{x^2 - 1}{x^2 + 1}$. The graph is above the x-axis for $x < -1$ and $x > 1$.
$(-\infty, -1] \cup [1, \infty)$

67. $y = \dfrac{80,000x}{100 - x}$

a. $320,000 > \dfrac{80,000x}{100 - x}$

$0 > \dfrac{80,000x - 320,000(100 - x)}{100 - x}$

$0 > \dfrac{80,000x - 32,000,000 + 320,000x}{100 - x}$

$0 > \dfrac{400,000x - 32,000,000}{100 - x}$

$0 > \dfrac{400,000(x - 80)}{100 - x}$

```
    T   |   F   |   F
--------+-------+--------
        80      100
```

Less than 80%

b.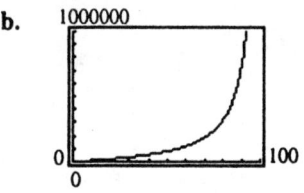

From the graph, observe that
$y < 320,000$ for $x < 80$.

c. It is impossible to remove 100%.

69. a. $C = \dfrac{3t}{t^2 + t + 1}$

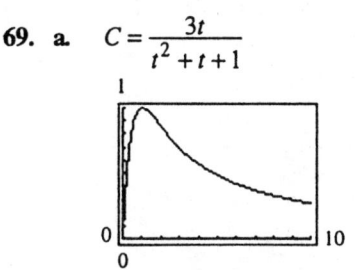

b. $0.6 > \dfrac{3t}{t^2 + t + 1}$
Approximately (0.27, 3.73)

c. The concentration decreases over time. The concentration approaches, but never reaches zero.

71. $y = \sqrt{x^2 - 7x + 10}$
$x^2 - 7x + 10 \geq 0$
$(x - 5)(x - 2) \geq 0$

```
    T   |   F   |   T
--------+-------+--------
        2       5
```

$(-\infty, 2] \cup [5, \infty)$

73. $y = \dfrac{1}{\sqrt{x^2 - 7x + 10}}$
$x^2 - 7x + 10 > 0$
$(x - 5)(x - 2) > 0$

79

Chapter 1: Equations, Inequalities, and Mathematical Models

```
    T   |   F   |   T
   ─────┼───────┼─────
        2       5
```

$(-\infty, 2) \cup (5, \infty)$

75. $y = \sqrt[3]{x^2 - 7x + 10}$
    $(-\infty, \infty)$

77. $y = \sqrt{\dfrac{x+2}{x-5}}$
    $\dfrac{x+2}{x-5} \geq 0$, $x \neq 5$

```
    T   |   F   |   T
   ─────┼───────┼─────
       -2       5
```

$(-\infty, -2] \cup (5, \infty)$

79. $y = \dfrac{1}{\sqrt{2x^4 + 6x^3}}$
    $2x^4 + 6x^3 > 0$
    $2x^3(x+3) > 0$

```
    T   |   F   |   T
   ─────┼───────┼─────
       -3       0
```

$(-\infty, -3) \cup (0, \infty)$

81. $y = \dfrac{1}{\sqrt{16x^2 + 24x + 9}}$
    $16x^2 + 24x + 9 > 0$
    $(4x+3)^2 > 0$

```
    T   |   T
   ─────┼─────
       -3/4
```

$\left(-\infty, -\dfrac{3}{4}\right) \cup \left(-\dfrac{3}{4}, \infty\right)$

83. Descriptions may vary. $(-\infty, 2) \cup (2, \infty)$

85. Descriptions may vary. $(-\infty, \infty)$

87. $\dfrac{c + 2x}{c + 5x} \leq 1$
    $\dfrac{c+2}{c+5} \leq 1$
    $\dfrac{c + 2 - (c+5)}{c+5} \leq 0$
    $\dfrac{-3}{c+5} \leq 0$

```
       F   |   T
      ─────┼─────
          -5
```

$(-5, \infty)$

89. Answers may vary.

91. $(x-1)^{-2} + 2(x-1)^{-1} + 3 \geq 0$
    Let $t = (x-1)^{-1}$
    $t^2 + 2t + 3 \geq 0$
    Calculate the determinant D.
    $D = 2^2 - 4(1)(3) = -8$
    Testing $t = 0$ shows that
    $t^2 + 2t + 3 \geq 0$ for all t.
    $(x-1)^{-1}$ is not defined for $x = 1$, so the solution set is $(-\infty, 1) \cup (1, \infty)$.

Chapter 1 Review Problems

1–47. The check is left to the student.

1. $x - 4(2x - 7) = 3(x + 6)$
   $x - 8x + 28 = 3x + 18$
   $-7x + 28 = 3x + 18$
   $-10x = -10$
   $x = 1$
   $\{1\}$

SSM: College Algebra **Chapter 1:** Equations, Inequalities and Mathematical Models

2. $\frac{1}{2}(3x+1) = \frac{1}{3}(3-x) + \frac{1}{6}(7x+3)$
$6\left[\frac{1}{2}(3x+1)\right] = 6\left[\frac{1}{3}(3-x) + \frac{1}{6}(7x+3)\right]$
$3(3x+1) = 2(3-x) + (7x+3)$
$9x+3 = 6-2x+7x+3$
$9x+3 = 9+5x$
$4x = 6$
$x = \frac{6}{4}$
$\left\{\frac{3}{2}\right\}$

3. $3 - [2x - (2x-1)] = 5x - [6x + 4(5-x)]$
$3 - (2x - 2x + 1) = 5x - (6x + 20 - 4x)$
$3 - 1 = 5x - 2x - 20$
$22 = 3x$
$\frac{22}{3} = x$
$\left\{\frac{22}{3}\right\}$

4. $\frac{9}{4} - \frac{1}{2x} = \frac{4}{x}$
$4x\left(\frac{9}{4} - \frac{1}{2x}\right) = 4x\left(\frac{4}{x}\right)$
$9x - 2 = 16$
$9x = 18$
$x = 2$
$\{2\}$

5. $\frac{7}{x-5} + 2 = \frac{x+2}{x-5}$ $(x \neq 5)$
$7 + 2(x-5) = x+2$
$7 + 2x - 10 = x + 2$
$x = 5$ (no solution)
$\emptyset$

6. $\frac{1}{x-1} - \frac{1}{x+1} = \frac{2}{x^2-1}$ $(x \neq 1, x \neq -1)$
$x + 1 - (x-1) = 2$
$2 = 2$
True for all real numbers, except -1 and 1.
$(-\infty, -1) \cup (-1, 1) \cup (1, \infty)$

7. $\frac{1}{x^2-x-2} = \frac{1}{x^2-3x+2} - \frac{2}{x^2-1}$
$\frac{1}{(x-2)(x+1)}$
$= \frac{1}{(x-2)(x-1)} - \frac{2}{(x-1)(x+1)}$
$x - 1 = x + 1 - 2(x-2)$
$x - 1 = -x + 5$
$2x = 6$
$x = 3$
$\{3\}$

8. $|3x - 2| = 4$
$3x - 2 = 4$ or $3x - 2 = -4$
$3x = 6$ $3x - 2$
$x = 2$ $x = -\frac{2}{3}$
$\left\{-\frac{2}{3}, 2\right\}$

9. $\left|1 - \frac{3}{4}x\right| + 4 = 7$
$\left|1 - \frac{3}{4}x\right| = 3$
$1 - \frac{3}{4}x = 3$ or $1 - \frac{3}{4}x = -3$
$-\frac{3}{4}x = 2$ $-\frac{3}{4}x = -4$
$x = -\frac{8}{3}$ $x = \frac{16}{3}$
$\left\{-\frac{8}{3}, \frac{16}{3}\right\}$

10. $|3x - 5| = |5x + 3|$
$3x - 5 = 5x + 3$ or $3x - 5 = -5x - 3$
$-2x = 8$ $8x = 2$
$x = -4$ $x = \frac{1}{4}$
$\left\{-4, \frac{1}{4}\right\}$

11. $x(x-3) - 12 = 2x(x+2)$
$x^2 - 3x - 12 = 2x^2 + 4x$
$0 = x^2 + 7x + 12$
$0 = (x+4)(x+3)$
$x = -4$ or $x = -3$
$\{-4, -3\}$

81

12. $\dfrac{12}{x} + 1 = \dfrac{12}{x-1}$
    $12(x-1) + x(x-1) = 12x$
    $12x - 12 + x^2 - x = 12x$
    $x^2 - x - 12 = 0$
    $(x-4)(x+3) = 0$
    $x = 4 \text{ or } x = -3$
    $\{-3, 4\}$

13. $3x^2 - 6x = 0$
    $3x(x-2) = 0$
    $x = 0 \text{ or } x = 2$
    $\{0, 2\}$

14. $6x^2 - 5 = 0$
    $6x^2 = 5$
    $x^2 = \dfrac{5}{6}$
    $x = \pm\sqrt{\dfrac{5}{6}} = \pm\dfrac{\sqrt{30}}{6}$
    $\left\{-\dfrac{\sqrt{30}}{6}, \dfrac{\sqrt{30}}{6}\right\}$

15. $(3x-6)^2 = 27$
    $3x - 6 = \pm 3\sqrt{3}$
    $x - 2 = \pm\sqrt{3}$
    $x = 2 \pm \sqrt{3}$
    $\{2 - \sqrt{3}, 2 + \sqrt{3}\}$

16. $2x^2 - 2x + 2 = 7$
    $2x^2 - 2x - 5 = 0$
    $x = \dfrac{2 \pm \sqrt{(-2)^2 - 4(2)(-5)}}{2(2)}$
    $x = \dfrac{2 \pm 2\sqrt{11}}{4}$
    $x = \dfrac{1 \pm \sqrt{11}}{2}$
    $\left\{\dfrac{1-\sqrt{11}}{2}, \dfrac{1+\sqrt{11}}{2}\right\}$

17. $\dfrac{2x}{x+2} = 1 - \dfrac{3}{x+4}$
    $2x(x+4) = (x+2)(x+4) - 3(x+2)$
    $2x^2 + 8x = x^2 + 6x + 8 - 3x - 6$
    $x^2 + 5x - 2 = 0$
    $x = \dfrac{-5 \pm \sqrt{5^2 - 4(1)(-2)}}{2(1)}$
    $x = \dfrac{-5 \pm \sqrt{33}}{2}$
    $\left\{\dfrac{-5-\sqrt{33}}{2}, \dfrac{-5+\sqrt{33}}{2}\right\}$

18. $\dfrac{x}{2} + \dfrac{x^2}{2} = \dfrac{-3}{4}$
    $2x + 2x^2 = -3$
    $2x^2 + 2x + 3 = 0$
    $x = \dfrac{-2 \pm \sqrt{2^2 - 4(2)(3)}}{2(2)}$
    $x = \dfrac{-2 \pm 2i\sqrt{5}}{4}$
    $x = \dfrac{-1 \pm i\sqrt{5}}{2}$
    $\left\{\dfrac{-1-i\sqrt{5}}{2}, \dfrac{-1+i\sqrt{5}}{2}\right\}$

19. $2x^4 = 50x^2$
    $2x^4 - 50x^2 = 0$
    $2x^2(x^2 - 25) = 0$
    $x = 0$
    $x = \pm 5$
    $\{-5, 0, 5\}$

20. $2x^3 - x^2 - 18x + 9 = 0$
    $x^2(2x - 1) - 9(2x - 1) = 0$
    $(x^2 - 9)(2x - 1) = 0$
    $x = \pm 3, \ x = \dfrac{1}{2}$
    $\left\{-3, \dfrac{1}{2}, 3\right\}$

21. $x^4 - 5x^2 + 4 = 0$
Let $t = x^2$
$t^2 - 5t + 4 = 0$
$(t-4)(t-1) = 0$
$t = 4$ or $t = 1$
$x^2 = 4$ $\quad$ $x^2 = 1$
$x = \pm 2$ $\quad$ $x = \pm 1$
$\{-2, -1, 1, 2\}$

22. $\left(x^2 + 2x\right)^2 = 5\left(x^2 + 2x\right) - 6$
$\left(x^2 + 2x\right)^2 - 5\left(x^2 + 2x\right) + 6 = 0$
Let $t = x^2 + 2x$
$t^2 - 5t + 6 = 0$
$(t-3)(t-2) = 0$
$t = 3$ $\qquad$ or $\quad t = 2$
$x^2 + 2x = 3$ $\qquad x^2 + 2x = 2$
$x^2 + 2x - 3 = 0$ $\qquad x^2 + 2x - 2 = 0$
$(x+3)(x-1) = 0$ $\qquad x = \dfrac{-2 \pm \sqrt{2^2 - 4(1)(-2)}}{2(1)}$
$x = -3$ or $x = 1$ $\qquad x = \dfrac{-2 \pm \sqrt{12}}{2}$
$\qquad\qquad\qquad\qquad x = \dfrac{-2 \pm 2\sqrt{3}}{2}$
$\qquad\qquad\qquad\qquad x = -1 \pm \sqrt{3}$
$\left\{-3, -1-\sqrt{3}, -1+\sqrt{3}, 1\right\}$

23. $5 + \sqrt{5x-1} = x$
$\sqrt{5x-1} = x - 5$
$\left(\sqrt{5x-1}\right)^2 = (x-5)^2$
$5x - 1 = x^2 - 10x + 25$
$0 = x^2 - 15x + 26$
$0 = (x-13)(x-2)$
$x = 13, x = 2$
Substituting $x = 2$ into the original equation shows that it is not a solution.
$\{13\}$

24. $\sqrt{5x} - \sqrt{2x-1} = 2$
$\sqrt{5x} = 2 + \sqrt{2x-1}$
$5x = 4 + 4\sqrt{2x-1} + 2x - 1$
$3x - 3 = 4\sqrt{2x-1}$
$9x^2 - 18x + 9 = 16(2x-1)$
$9x^2 - 50x + 25 = 0$
$(9x - 5)(x - 5) = 0$
$x = \frac{5}{9}$ or $x = 5$
Substituting $x = \frac{5}{9}$ into the original equation shows that it is not a solution.
$\{5\}$

25. $\sqrt{x+9} - \sqrt{x+16} + \sqrt{x+1} = 0$
$\sqrt{x+9} + \sqrt{x+1} = \sqrt{x+16}$
$x + 9 + 2\sqrt{x+9}\sqrt{x+1} + x + 1 = x + 16$
$2\sqrt{x+9}\sqrt{x+1} = -x + 6$
$4(x+9)(x+1) = x^2 - 12x + 36$
$4x^2 + 40x + 36 = x^2 - 12x + 36$
$3x^2 + 52x = 0$
$x(3x + 52) = 0$
$x = 0$
Substituting $x = -\frac{52}{3}$ into the original equation shows that it is not a solution.
$\{0\}$

26. $x^{2/3} - 1 = 8$
$x^{2/3} = 9$
$\left(x^{2/3}\right)^3 = 9^3$
$x^2 = 729$
$x = \pm\sqrt{729}$
$x = \pm 27$
$\{-27, 27\}$

27. $3x^{3/4} - 24 = 0$
$3x^{3/4} = 24$
$x^{3/4} = 8$
$x = 8^{4/3}$
$x = 16$
$\{16\}$

28. $\left(x^2 - x - 4\right)^{3/4} - 2 = 6$
$\left(x^2 - x - 4\right)^{3/4} = 8$
$x^2 - x - 4 = 8^{4/3}$
$x^2 - x - 4 = 16$
$x^2 - x - 20 = 0$
$(x - 5)(x + 4) = 0$
$x = 5$ or $x = -4$
$\{-4, 5\}$

29. $x^{1/2} + 3x^{1/4} - 10 = 0$
Let $t = x^{1/4}$.
$t^2 + 3t - 10 = 0$
$(t + 5)(t - 2) = 0$
$t = -5$ or $t = 2$
$x^{1/4} = -5$ or $x^{1/4} = 2$
$\varnothing$ $\quad x = 16$
$\{16\}$

30. $3x^{4/3} - 5x^{2/3} + 2 = 0$
Let $t = x^{2/3}$
$3t^2 - 5t + 2 = 0$
$(3t - 2)(t - 1) = 0$
$t = \frac{2}{3}$ or $t = 1$
$x^{2/3} = \frac{2}{3}$ $\quad x^{2/3} = 1$
$x = \pm\left(\frac{2}{3}\right)^{3/2}$ $\quad x = \pm 1^{3/2}$
$x = \pm\frac{2\sqrt{6}}{9}$ $\quad x = \pm 1$
$\left\{-1, -\frac{2\sqrt{6}}{9}, \frac{2\sqrt{6}}{9}, 1\right\}$

31. $\left(x + \frac{12}{x}\right)^2 - 15\left(x + \frac{12}{x}\right) + 56 = 0$
Let $t = x + \frac{12}{x}$
$t^2 - 15t + 56 = 0$

$(t-7)(t-8) = 0$
$t = 7$ or $t = 8$

$t = 7$ or $t = 8$
$x + \frac{12}{x} = 7$ $x + \frac{12}{x} = 8$
$x^2 + 12 = 7x$ $x^2 + 12 = 8x$
$x^2 - 7x + 12 = 0$ $x^2 - 8x + 12 = 0$
$(x-4)(x-3) = 0$ $(x-6)(x-2) = 0$
$x = 4$ or $x = 3$ $x = 6$ or $x = 2$
$\{2, 3, 4, 6\}$

32. $3 - (4 - x) \geq 3x - (x + 5)$
$3 - 4 + x \geq 3x - x - 5$
$x - 1 \geq 2x - 5$
$4 \geq x$
$(-\infty, 4]$

33. $4(x-2)(x+3) < (2x+3)(2x-3)$
$4x^2 + 4x - 24 < 4x^2 - 9$
$4x < 15$
$x < \frac{15}{4}$
$\left(-\infty, \frac{15}{4}\right)$

34. $\frac{x}{3} - \frac{3}{4} - 1 > \frac{x}{2}$
$12\left(\frac{x}{3} - \frac{3}{4} - 1\right) > 12\left(\frac{x}{2}\right)$
$4x - 9 - 12 > 6x$
$-21 > 2x$
$-\frac{21}{2} > x$
$\left(-\infty, -\frac{21}{2}\right)$

35. $7 < 2x + 3 \leq 9$
$4 < 2x \leq 6$
$2 < x \leq 3$

$(2, 3]$

36. $1 \leq 1 - (5x - 2) < 11$
$0 \leq -(5x - 2) < 10$
$0 \geq 5x - 2 > -10$
$2 \geq 5x > -8$
$\frac{2}{5} \geq x > -\frac{8}{5}$
$\left(-\frac{8}{5}, \frac{2}{5}\right]$

37. $|3(x-1) + 2| < 20$
$-20 < 3(x-1) + 2 < 20$
$-22 < 3(x-1) < 18$
$-\frac{22}{3} < x - 1 < 6$
$-\frac{22}{3} + 1 < x < 7$
$-\frac{19}{3} < x < 7$
$\left(-\frac{19}{3}, 7\right)$

38. $\left|1 - \frac{4x}{3}\right| \geq 5$
$1 - \frac{4x}{3} \geq 5$ or $1 - \frac{4x}{3} \leq -5$
$-\frac{4x}{3} \geq 4$ $-\frac{4x}{3} \leq -6$
$x \leq -3$ $x \geq \frac{9}{2}$
$(-\infty, -3] \cup \left[\frac{9}{2}, \infty\right)$

39. $|3 - 2x| - 8 < 4$
$|3 - 2x| < 12$
$-12 < 3 - 2x < 12$
$-15 < -2x < 9$
$\frac{15}{2} > x > -\frac{9}{2}$

$\left(-\frac{9}{2}, \frac{15}{2}\right)$

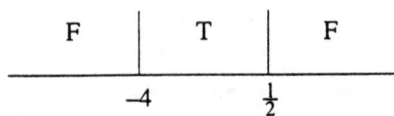

40. $2x^2 + 7x \le 4$
    $2x^2 + 7x - 4 \le 0$
    $(2x - 1)(x + 4) \le 0$

    F | T | F
    -4 $\frac{1}{2}$

    $\left[-4, \frac{1}{2}\right]$

41. $2x^2 > 6x - 3$
    $2x^2 - 6x + 3 > 0$
    $x = \frac{6 \pm \sqrt{(-6)^2 - 4(2)(3)}}{2(2)}$
    $x = \frac{6 \pm 2\sqrt{3}}{4}$
    $x = \frac{3 \pm \sqrt{3}}{2}$

    T | F | T
    $\frac{3-\sqrt{3}}{2}$ $\frac{3+\sqrt{3}}{2}$

    $\left(-\infty, \frac{3-\sqrt{3}}{2}\right) \cup \left(\frac{3+\sqrt{3}}{2}, \infty\right)$

42. $x^2 + 3x + 8 \le 0$
    $x = \frac{-3 \pm \sqrt{3^2 - 4(1)(8)}}{2(1)}$
    $x = \frac{-3 \pm \sqrt{-23}}{2}$
    One interval, all R

Test 0: $0^2 + 3(0) + 8 \le 0$
    $8 \le 0$ False

$\emptyset$

43. $x^2 + 2x > -6$
    $x^2 + 2x + 6 > 0$
    $x = \frac{-2 \pm \sqrt{2^2 - 4(1)(6)}}{2(1)}$
    $x = \frac{-2 \pm \sqrt{-20}}{2}$
    One interval, all R
    Test 0: $0^2 + 2(0) + 6 > 0$
    $6 > 0$ True

    $(-\infty, \infty)$

44. $x^3 + 2x^2 - 9x - 18 > 0$
    $x^2(x + 2) - 9(x + 2) > 0$
    $(x - 3)(x + 3)(x + 2) > 0$

    F | T | F | T
    -3   -2   3

    $(-3, -2) \cup (3, \infty)$

45. $x^4 + 4x^3 + 3x^2 < 0$
    $x^2(x^2 + 4x + 3) < 0$
    $x^2(x + 3)(x + 1) < 0$

    F | T | F | F
    -3   -1   0

    $(-3, -1)$

SSM: College Algebra   *Chapter 1: Equations, Inequalities and Mathematical Models*

46. $\dfrac{x+3}{x-4} < 5$

$\dfrac{x+3-5(x-4)}{x-4} < 0$

$\dfrac{x+3-5x+20}{x-4} < 0$

$\dfrac{23-4x}{x-4} < 0$

```
       T  |  F  |  T
      ────┼─────┼────
          4    23/4
```

$(-\infty, 4) \cup \left(\dfrac{23}{4}, \infty\right)$

```
←──────)        (──────→
       4       23/4
```

47. $\dfrac{x}{x+1} - \dfrac{2}{x+3} \le 1$

$\dfrac{x(x+3) - 2(x+1) - (x+1)(x+3)}{(x+1)(x+3)} \le 0$

$\dfrac{x^2 + 3x - 2x - 2 - x^2 - 4x - 3}{(x+1)(x+3)} \le 0$

$\dfrac{-3x - 5}{(x+1)(x+3)} \le 0$

```
    F  |  T  |  F  |  T
   ────┼─────┼─────┼────
      -3   -5/3   -1
```

$\left(-3, -\dfrac{5}{3}\right] \cup (-1, \infty)$

```
←────(───]  (──────→
    -3  -5/3 -1  0
```

48. $A = 2LW + 2WH + 2LH$, for H

$A - 2LW = 2WH + 2LH$

$A - 2LW = H(2W + 2L)$

$\dfrac{A - 2LW}{2W + 2L} = H$

$H = \dfrac{A - 2LW}{2(W + L)}$

49. $R_T = \dfrac{R_1 R_2}{R_1 + R_2}$, or R_1

$R_T(R_1 + R_2) = R_1 R_2$

$R_1 R_T + R_2 R_T = R_1 R_2$

$R_2 R_T = R_1 R_2 - R_1 R_T$

$R_2 R_T = R_1(R_2 - R_T)$

$\dfrac{R_2 R_T}{R_2 - R_T} = R_1$

$R_1 = \dfrac{R_2 R_T}{R_2 - R_T}$

50. a. $N = \dfrac{GMC}{(G-M)DP}$

$NDP(G - M) = GMC$

$NDPG - NDPM = GMC$

$NDPG - GMC = NDPM$

$G(NDP - MC) = NDPM$

$G = \dfrac{NDPM}{NDP - MC}$

b. Answers may vary.

51. $C = 1.24t + 313.6$

$400 = 1.24t + 313.6$

$86.4 = 1.24t$

$69.7 \approx t$

$C = 0.018t^2 + 0.70t + 316.2$

$400 = 0.018t^2 + 0.70t + 316.2$

$0 = 0.018t^2 + 0.70t - 83.8$

$t = \dfrac{-0.70 \pm \sqrt{(0.70)^2 - 4(0.018)(-83.8)}}{2(0.018)}$

$t \approx -90.4$ or $t \approx 51.5$

Disregard a negative time period.

$1960 + 69.7 = 2029.7$

$1960 + 51.5 = 2011.5$

The years are 2012 and 2030.

52. $d = x + \dfrac{x^2}{20}$

$175 = x + \dfrac{x^2}{20}$

$3500 = 20x + x^2$

$0 = x^2 + 20x - 3500$

$0 = (x + 70)(x - 50)$

$x = -70$ or $x = 50$

Disregard a negative speed.

The car was traveling at 50 mph.

53. $s = -16t^2 + v_0 t + s_0$
$0 = -16t^2 + 16t + 32$
$0 = -16(t^2 - t - 2)$
$0 = -16(t-2)(t+1)$
$t = 2$ or $t = -1$
Disregard a negative time.
It will take 2 seconds.

54. $s = -16t^2 + v_0 t + s_0$

   a. $s = -16t^2 + 64t + 80$

   b. $150 = -16t^2 + 64t + 80$
   $0 = -16t^2 + 64t - 70$
   $D = (64)^2 - 4(-16)(-70) = -384$
   Since the discriminant is negative, there are no real solutions. No, the rock will not reach a height of 150 feet.

   c.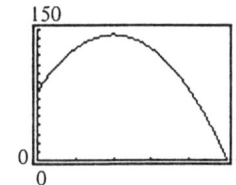

55. Let x = number of years.
Electric: $5000 + 1100x$
Gas: $12{,}000 + 700x$
$5000 + 1100x = 12{,}000 + 700x$
$400x = 7000$
$x = \frac{35}{2} = 17.5$
$5000 + 1100(17.5) = 24{,}250$
After 17.5 years, the costs will be the same at \$24,250.

56. Let x = number of months
Option 1: $7.69(40)x = 307.6x$
Option 2: $7.34(40)x + 0.03(40{,}000)$
$= 293.6x + 1200$
$307.6x = 293.6x + 1200$
$14x = 1200$

$x \approx 85.7$
$\frac{85.7}{12} \approx 7.1$
It will take 7.1 years.

57. Let x = starting salary.
$1.07(1.04x) = 45.12 + x$
$1.1128x = 45.12 + x$
$0.1128x = 45.12$
$x = 400$
The starting salary was \$400.00.

58. Let x = number of divers over 10.
Number of people = $10 + x$
Fee per passenger = $8 - 0.2x$
$(10 + x)(8 - 0.2x) = 117.80$
$80 + 6x - 0.20x^2 = 117.80$
$0.2x^2 - 6x + 37.8 = 0$
$x^2 - 30x + 189 = 0$
$(x - 9)(x - 21) = 0$
$x = 9$ or $x = 21$
There must be 19 or 31 people to generate an income of \$117.80.

59. a. Let x = number never married in 1970.
   $1.98x = 42.3$
   $x \approx 21.4$
   About 21.4 million

   b. Let x = number married in 1993.
   $x = 2.7(42.3)$
   $x = 114.21$
   About 114.2 million

60. Cost = $10{,}000 + 8x$
Revenue = $20 - \frac{x}{1000}$
$x\left(20 - \frac{x}{1000}\right) - (10{,}000 + 8x) = 26{,}000$
$20x - \frac{x^2}{1000} - 10{,}000 - 8x = 26{,}000$
$20{,}000x - x^2 - 10{,}000{,}000 - 8000x$
$= 26{,}000{,}000$
$x^2 - 12{,}000x + 36{,}000{,}000 = 0$

SSM: College Algebra   Chapter 1: Equations, Inequalities and Mathematical Models

$(x - 6000)(x - 6000) = 0$
$x = 6000$
The company should print and sell 6000 books.

61. Let x = height.
$x(15 + x) = 324$
$15x + x^2 = 324$
$x^2 + 15x - 324 = 0$
$(x + 27)(x - 12) = 0$
$x = -27$ or $x = 12$
$x + 15 = 27$
Disregard a negative length. The dimensions are 12 ft by 27 ft.

62. Let x = width, so length = $2.5x$.
Total area – brick area = pool area
$(x + 10)(2.5x + 10) - 1150 = x(2.5x)$
$2.5x^2 + 35x + 100 - 1150 = 2.5x^2$
$35x = 1050$
$x = 30$
$2.5x = 75$
The pool is 30 ft by 75 ft.

63. a. $x(2400 - 2x) = 720,000$
$2400x - 2x^2 = 720,000$
$2x^2 - 2400x + 720,000 = 0$
$2(x^2 - 1200x + 360,000) = 0$
$2(x - 600)^2 = 0$
$x = 600$
$2400 - 2x = 1200$
The field is 600 ft by 1200 ft.

   b. Yes; $x = 600$ is the vertex.

64. $3x^2 = 108$
$x^2 = 36$
$x = \pm 6$
Disregard a negative length.
$x + 6 = 12$
The original cardboard is 12 in. by 12 in.

65. $(3x+1)^2 - \frac{1}{2}(2x+1)(2x-1) = 368.5$
$9x^2 + 6x + 1 - \frac{1}{2}(4x^2 - 1) = 368.5$
$7x^2 + 6x + 1.5 = 368.5$
$7x^2 + 6x - 367 = 0$
$x = \frac{-6 \pm \sqrt{6^2 - 4(7)(-367)}}{14}$
$= \frac{6 \pm \sqrt{10,312}}{14}$
$x \approx 6.82$ or $x \approx -7.68$
Disregard the negative value.
The dimensions of the square are approximately 21.5 cm by 21.5 cm.

66. $x(x + 3) = 40$
$x^2 + 3x - 40 = 0$
$(x + 8)(x - 5) = 0$
$x = -8$ or $x = 5$
Disregard a negative length.
Volume = $40(2x - 1) - x^2(x - 2)$
$= 40(2 \cdot 5 - 1) - 5^2(5 - 2)$
$= 40(9) - 25(3)$
$= 285$
The volume is 285 in^3.

67. $V = \frac{1}{3}\pi r^2 h$
$\frac{r}{4} = \frac{6}{8}$
$r = 3$
$V = \frac{1}{3}\pi(3)^2(6)$
$V = 18\pi \approx 56.5$
The volume is about 56.5 ft^3.

68. $L = L_0\sqrt{1 - \frac{v^2}{c^2}}$
$0.2L_0 = L_0\sqrt{1 - \frac{v^2}{(186,000)^2}}$
$(0.2)^2 = 1 - \frac{v^2}{(186,000)^2}$

Chapter 1: Equations, Inequalities and Mathematical Models SSM: College Algebra

$$\frac{v^2}{(186,000)^2} = 0.96$$
$$v^2 = (0.96)(186,000)^2$$
$$v \approx 182,242$$
Disregard a negative speed.
The velocity would be approximately 182,242 miles/second.

69. $T = \dfrac{T_0}{\sqrt{1 - \dfrac{v^2}{c^2}}}$

$T = \dfrac{20}{\sqrt{1 - \dfrac{[(0.8)(186,000)]^2}{(186,000)^2}}}$

$T = 33\dfrac{1}{3}$

The time is $33\dfrac{1}{3}$ seconds.

70. $p = 60 - \sqrt{0.01x + 1}$
$57 = 60 - \sqrt{0.01x + 1}$
$\sqrt{0.01x + 1} = 3$
$0.01x + 1 = 9$
$0.01x = 8$
$x = 800$
The demand is 800 units.

71. a. Total time $= \dfrac{\sqrt{5^2 + x^2}}{2} + \dfrac{6-x}{6}$

$= \dfrac{\sqrt{25 + x^2}}{2} + \dfrac{6-x}{6}$

b. $\dfrac{11}{3} = \dfrac{\sqrt{25 + x^2}}{2} + \dfrac{6-x}{6}$

$\left(\dfrac{11}{3}\right) = 6\left(\dfrac{\sqrt{25 + x^2}}{2} + \dfrac{6-x}{6}\right)$

$22 = 3\sqrt{25 + x^2} + 6 - x$
$16 + x = 3\sqrt{25 + x^2}$
$256 + 32x + x^2 = 9(25 + x^2)$
$0 = 8x^2 - 32x - 31$

$x = \dfrac{32 \pm \sqrt{(-32)^2 - 4(8)(-31)}}{2(8)}$

$x = \dfrac{32 \pm \sqrt{2016}}{16}$

$x \approx -0.8$ or $x \approx 4.8$
Disregard a negative length.
$6 - 4.8 = 1.2$
It is 1.2 miles from point B.

72. $E = \sqrt{0.66A^2 - 110.55A + 4680.24}$

a.

A	E
0	68.4
30	44.2
40	36.3
50	28.3
60	20.6
70	13.3

b. $10 = \sqrt{0.66A^2 - 110.55A + 4680.24}$
$100 = 0.66A^2 - 110.55A + 4680.24$
$0 = 0.66A^2 - 110.55A + 4580.24$
$A = \dfrac{110.55 \pm \sqrt{(-110.55)^2 - 4(0.66)(4580.24)}}{2(0.66)}$
$A \approx 75.1$ or $A \approx 92.4$
A person who has 10 years remaining to live in 1993 is about 75 years old.

73. Let $x =$ amount invested at 8%.
$0.08x + 0.12(10{,}000 - x) \geq 950$
$0.08x + 1200 - 0.12x \geq 950$
$-0.04x \geq -250$
$x \leq 6250$
The greatest amount that can be invested at 8% is $6250.

74. Let $x =$ number of years since 1984.
turntables: $1{,}644 - 82x$
CD players: $284 + 496x$
$284 + 496x > 1644 - 82x$
$578x > 1360$
$x > 2.3529$
$1984 + 2.35 = 1986.35$
The first year was 1987.

75. $s = -16t^2 + v_0 t + s_0$
$32 < -16t^2 + 48t + 0$
$0 < -16t^2 + 48t - 32$
$0 < -16(t^2 - 3t + 2)$
$0 < -16(t-2)(t-1)$

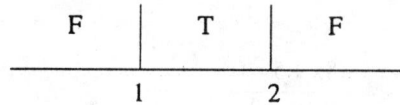

During the time period from 1 to 2 seconds.

76. $y = \sqrt{x^2 + 7x + 10}$
$x^2 + 7x + 10 \geq 0$
$(x+5)(x+2) \geq 0$

T	F	T
-5	-2	

$(-\infty, -5] \cup [-2, \infty)$

77. $437 \leq 4x - 7 < 1229$
$444 \leq 4x \leq 1236$
$111 \leq x \leq 309$
Canada, Former Soviet Union

78. $|x - 320| > 80$
$x - 320 > 80$ or $x - 320 < -80$
$x > 400$ or $x < 240$
Australia, Canada, U.S.

Chapter 1 Test

1. $7(x-2) = 4(x+1) - 21$
$7x - 14 = 4x + 4 - 21$
$7x - 14 = 4x - 17$
$3x = -3$
$x = -1$
$\{-1\}$

2. $|2x+1| = |x+3|$
$2x + 1 = x + 3$ or $2x + 1 = -x - 3$
$x = 2$ $\quad\quad\quad 3x = -4$
$\quad\quad\quad\quad\quad\quad x = -\dfrac{4}{3}$
$\left\{-\dfrac{4}{3}, 2\right\}$

3. $2x^2 - 3x - 2 = 0$
$(2x+1)(x-2) = 0$
$2x + 1 = 0$ or $x - 2 = 0$
$x = -\dfrac{1}{2}$ or $x = 2$
$\left\{-\dfrac{1}{2}, 2\right\}$

4. $(3x-1)^2 = 75$
$3x - 1 = \pm\sqrt{75}$
$3x = 1 \pm 5\sqrt{3}$
$x = \dfrac{1 \pm 5\sqrt{3}}{3}$
$\left\{\dfrac{1 - 5\sqrt{3}}{3}, \dfrac{1 + 5\sqrt{3}}{3}\right\}$

5. $x(x-2) = 4$
$x^2 - 2x - 4 = 0$
$x = \dfrac{2 \pm \sqrt{(-2)^2 - 4(1)(-4)}}{2}$
$x = \dfrac{2 \pm 2\sqrt{5}}{2}$
$x = 1 \pm \sqrt{5}$
$\{1 - \sqrt{5}, 1 + \sqrt{5}\}$

6. $\dfrac{x-1}{2} + \dfrac{2x}{x+1} = 0$
$2(x+1)\left(\dfrac{x-1}{2} + \dfrac{2x}{x+1}\right) = 0(2x+2)$
$(x+1)(x-1) + 2(2x) = 0$
$x^2 + 4x - 1 = 0$
$x = \dfrac{-4 \pm \sqrt{4^2 - 4(1)(-1)}}{2}$
$x = \dfrac{-4 \pm 2\sqrt{5}}{2}$
$x = -2 \pm \sqrt{5}$
$\{-2 - \sqrt{5}, -2 + \sqrt{5}\}$

7. $4x^2 = 8x - 5$
$4x^2 - 8x + 5 = 0$
$x = \dfrac{8 \pm \sqrt{(-8)^2 - 4(4)(5)}}{2(4)}$
$x = \dfrac{8 \pm \sqrt{-16}}{8}$
$x = \dfrac{8 \pm 4i}{8}$
$x = \dfrac{2 \pm i}{2}$
$\left\{\dfrac{2-i}{2}, \dfrac{2+i}{2}\right\}$

8. $x^3 - 4x^2 - x + 4 = 0$
$x^2(x-4) - 1(x-4) = 0$
$(x^2 - 1)(x-4) = 0$
$(x-1)(x+1)(x-4) = 0$
$x = 1$ or $x = -1$ or $x = 4$
$\{-1, 1, 4\}$

9. $(x^2 - 3x)^2 - 2(x^2 - 3x) - 8 = 0$
Let $t = x^2 - 3x$.
$t^2 - 2t - 8 = 0$
$(t-4)(t+2) = 0$
$t = 4$ or $t = -2$
$x^2 - 3x = 4$ $\quad x^2 - 3x = -2$
$x^2 - 3x - 4 = 0$ $\quad x^2 - 3x + 2 = 0$
$(x-4)(x+1) = 0$ $\quad (x-2)(x-1) = 0$
$x = 4$ or $x = -1$ $\quad x = 2$ or $x = 1$
$\{-1, 1, 2, 4\}$

10. $2\sqrt{x+2} - \sqrt{2x+3} = 3$
$2\sqrt{x+2} = 3 + \sqrt{2x+3}$
$(2\sqrt{x+2})^2 = (3 + \sqrt{2x+3})^2$
$4(x+2) = 9 + 6\sqrt{2x+3} + 2x + 3$
$2x - 4 = 6\sqrt{2x+3}$
$(2x-4)^2 = (6\sqrt{2x+3})^2$
$4x^2 - 16x + 16 = 36(2x+3)$
$4x^2 - 88x - 92 = 0$
$4(x^2 - 22x - 23) = 0$
$4(x-23)(x+1) = 0$
$x = 23$ or $x = -1$
Substituting $x = -1$ into the original equation shows that it is not a solution.
$\{23\}$

11. $x^{1/3} - 9x^{1/6} + 8 = 0$
Let $t = x^{1/6}$
$t^2 - 9t + 8 = 0$
$(t-8)(t-1) = 0$
$t = 8$ or $t = 1$
$x^{1/6} = 8$ $\quad x^{1/6} = 1$
$x = 8^6$ $\quad x = 1^6$
$x = 262{,}144$ or $x = 1$
$\{1, 262{,}144\}$

12. $5x^{3/2} - 10 = 0$
$5x^{3/2} = 10$
$x^{3/2} = 2$
$x = 2^{2/3}$
$x = \sqrt[3]{4}$
$\{\sqrt[3]{4}\}$

13. $x - 4[1 - (2x+1)] \leq 3x - 2$
$x - 4(1 - 2x - 1) \leq 3x - 2$
$x - 4(-2x) \leq 3x - 2$
$x + 8x \leq 3x - 2$
$9x \leq 3x - 2$
$6x \leq -2$
$x \leq -\frac{1}{3}$
$\left(-\infty, -\frac{1}{3}\right]$

14. $-3 \leq \frac{2x+5}{3} < 6$
$-9 \leq 2x + 5 < 18$
$-14 \leq 2x < 13$
$-7 \leq x < \frac{13}{2}$
$\left[-7, \frac{13}{2}\right)$

15. $|3x+2| \geq 3$
    $3x+2 \geq 3$ or $3x+2 \leq -3$
    $3x \geq 1$ $3x \leq -5$
    $x \geq \frac{1}{3}$ $x \leq -\frac{5}{3}$
    $\left(-\infty, -\frac{5}{3}\right] \cup \left[\frac{1}{3}, \infty\right)$

16. $x^2 < x+12$
    $x^2 - x - 12 < 0$
    $(x-4)(x+3) < 0$

F	T	F
-3   4

    $(-3, 4)$

17. $\frac{2x+1}{x-3} > 3$
    $\frac{2x+1-3(x-3)}{x-3} > 0$
    $\frac{2x+1-3x+9}{x-3} > 0$
    $\frac{10-x}{x-3} > 0$

F	T	F
3   10

    $(3, 10)$

18. a. $B = \frac{2}{5}w + \frac{1}{125}n$
    $125B = 125\left(\frac{2}{5}w + \frac{1}{125}n\right)$
    $125B = 50w + n$
    $125B - 50w = n$
    $n = 125B - 50w$

    b. $n = 125(512) - 50(800)$
    $n = 24,000$
    24,000 years!

19. Let x = number of years since 1950
    men: $65 + 0.16x$
    women: $71 + 0.2x$
    $(71 + 0.2x) - (65 + 0.16x) = 10$
    $71 + 0.2x - 65 - 0.16x = 10$
    $0.04x = 4$
    $x = 100$
    $1950 + 100 = 2050$
    In year 2050

20. Let x = number of hours.
    $25 = 10 + 0.25x$
    $15 = 0.25x$
    $60 = x$
    60 hours

21. Let x = original salary
    $1.09x = 34,880$
    $x = 32,000$
    $32,000

22. Let x = side length of square for bottom of box.
    $3x^2 = 243$
    $x^2 = 81$
    $x = \pm 9$
    Disregard a negative length.
    $x = 9$
    $x + 6 = 15$
    The cardboard should be 15 in. by 15 in.

23. $x^2 + (340-x)^2 = (260)^2$
    $x^2 + 115,600 - 680x + x^2 = 67,600$
    $2x^2 - 680x + 48,000 = 0$
    $2(x^2 - 340x + 24,000) = 0$
    $2(x-100)(x-240) = 0$
    $x = 100$ or $x = 240$
    The legs are 100 m and 240 m.

SSM: College Algebra **Chapter 1:** Equations, Inequalities and Mathematical Models

24. Let r = radius at 3 feet.
    $$\frac{r}{3} = \frac{4}{8}$$
    $$r = \frac{3}{2}$$
    $$V = \frac{1}{3}\pi r^2 h$$
    $$V = \frac{1}{3}\pi \left(\frac{3}{2}\right)^2 (3)$$
    $$V = \frac{9\pi}{4}$$
    The volume is about $\frac{9\pi}{4}$ ft^3.

25. $1000 \leq 20(12 + 2x) \leq 1160$
    $50 \leq 12+2x \leq 58$
    $38 \leq 2x \leq 46$
    $19 \leq x \leq 23$
    The length for x must be between 19 ft and 23 ft, inclusive.

Chapter 2

Section 2.1

1. The relation is a function. The domain is $\{1, 3, 5\}$ and the range is $\{2, 4, 5\}$.

3. The relation is not a function. The domain is $\{3, 4\}$ and the range is $\{4, 5\}$.

5. The relation is a function. The domain is $\{-3, -2, -1, 0\}$ and the range is $\{-3, -2, -1, 0\}$.

7. The relation is not a function. The domain is $\{1\}$ and the range is $\{4, 5, 6]\}$.

9. a. $f(0) = 4(0) - 6 = 0 - 6 = -6$

   b. $f(-2) = 4(-2) - 6 = -8 - 6 = -14$

   c. $f\left(\dfrac{1}{2}\right) = 4\left(\dfrac{1}{2}\right) - 6 = 2 - 6 = -4$

   d. $f(a) = 4(a) - 6 = 4a - 6$

   e. $f(-a) = 4(-a) - 6 = -4a - 6$

   f. $f(2a) = 4(2a) - 6 = 8a - 6$

11. a. $f(0) = 0^2 - 3(0) + 7 = 0 - 0 + 7 = 7$

    b. $f(4) = 4^2 - 3(4) + 7 = 16 - 12 + 7 = 11$

    c. $f(-4) = (-4)^2 - 3(-4) + 7 = 16 + 12 + 7 = 35$

    d. $f(-x) = (-x)^2 - 3(-x) + 7 = x^2 + 3x + 7$

    e. $f(a+h) = (a+h)^2 - 3(a+h) + 7$
       $= a^2 + 2ah + h^2 - 3a - 3h + 7$

13. a. $g(1) = 1^2 + \dfrac{1}{1^2} = 1 + 1 = 2$

    b. $g\left(-\dfrac{1}{2}\right) = \left(-\dfrac{1}{2}\right)^2 + \dfrac{1}{\left(-\dfrac{1}{2}\right)^2} = \dfrac{1}{4} + 4 = \dfrac{17}{4}$

SSM: College Algebra **Chapter 2:** Functions and Graphs

    c. $g(a) = a^2 + \dfrac{1}{a^2}$

    d. $g(-a) = (-a)^2 + \dfrac{1}{(-a)^2} = a^2 + \dfrac{1}{a^2}$

15. a. $f(a) = 4a + 2$

    b. $f(a+h) = 4(a+h) + 2 = 4a + 4h + 2$

    c. $\dfrac{f(a+h)-f(a)}{h} = \dfrac{(4a+4h+2)-(4a+2)}{h}$
$= \dfrac{4h}{h} = 4, h \neq 0$

    d. $f(a) + f(h) = (4a+2) + (4h+2) = 4a + 4h + 4$

17. a. $f(a) = 2a^2 - 3a + 5$

    b. $f(a+h) = 2(a+h)^2 - 3(a+h) + 5$
$= 2(a^2 + 2ah + h^2) - 3a - 3h + 5$
$= 2a^2 + 4ah + 2h^2 - 3a - 3h + 5$

    c. $\dfrac{f(a+h)-f(a)}{h} = \dfrac{(2a^2 + 4ah + 2h^2 - 3a - 3h + 5) - (2a^2 - 3a + 5)}{h}$
$= \dfrac{4ah + 2h^2 - 3h}{h} = \dfrac{h(4a + 2h - 3)}{h}$
$= 4a + 2h - 3, h \neq 0$

    d. $f(a) + f(h) = (2a^2 - 3a + 5) + (2h^2 - 3h + 5)$
$= 2a^2 + 2h^2 - 3a - 3h + 10$

19. a. $f(a) = 6$

    b. $f(a+h) = 6$

    c. $\dfrac{f(a+h)-f(a)}{h} = \dfrac{6-6}{h} = \dfrac{0}{h} = 0, h \neq 0$

    d. $f(a) + f(h) = 6 + 6 = 12$

21. a. $f(a) = \dfrac{1}{a}$

    b. $f(a+h) = \dfrac{1}{a+h}$

Chapter 2: Functions and Graphs   SSM: College Algebra

c. $\dfrac{f(a+h)-f(a)}{h} = \dfrac{\frac{1}{a+h}-\frac{1}{a}}{h}$

$= \dfrac{\frac{1}{a+h}-\frac{1}{a}}{h} \cdot \dfrac{a(a+h)}{a(a+h)}$

$= \dfrac{a-(a+h)}{ah(a+h)} = \dfrac{-h}{ah(a+h)}$

$= -\dfrac{1}{a(a+h)}, h \neq 0$

d. $f(a)+f(h) = \dfrac{1}{a}+\dfrac{1}{h} = \dfrac{h}{ah}+\dfrac{a}{ah} = \dfrac{a+h}{ah}$

23. a. $f(-x) = 6(-x) - 5 = -6x - 5$

b. $f(x+h) = 6(x+h) - 5 = 6x + 6h - 5$

c. $\dfrac{f(x+h)-f(x)}{h} = \dfrac{(6x+6h-5)-(6x-5)}{h}$

$= \dfrac{6h}{h} = 6, h \neq 0$

25. a. $f(-x) = 2(-x)^2 - 4(-x) - 1 = 2x^2 + 4x - 1$

b. $f(x+h) = 2(x+h)^2 - 4(x+h) - 1$
$= 2(x^2 + 2xh + h^2) - 4x - 4h - 1$
$= 2x^2 + 4xh + 2h^2 - 4x - 4h - 1$

c. $\dfrac{f(x+h)-f(x)}{h} = \dfrac{(2x^2+4xh+2h^2-4x-4h-1)-(2x^2-4x-1)}{h}$

$= \dfrac{4xh+2h^2-4h}{h} = \dfrac{h(4x+2h-4)}{h}$

$= 4x + 2h - 4, h \neq 0$

27. a. $0 \geq -3$; $f(0) = 0 + 3 = 3$

b. $-6 < -3$; $f(-6) = -(-6+3) = 3$

c. $-3 \geq -3$; $f(-3) = -3 + 3 = 0$

d. $-\pi < -3$; $f(-\pi) = -(-\pi+3) = \pi - 3$

29. Since the function is defined and equal to a real number for all real numbers, the domain is $(-\infty, \infty)$.

31. The denominator equals zero when $x = 4$. The domain is $(-\infty, 4) \cup (4, \infty)$.

33. Factor the denominator. $h(x) = \dfrac{4}{(x+8)(x+3)}$

    The denominator equals zero when $x = -8$ and $x = -3$. The domain is $(-\infty, -8) \cup (-8, -3) \cup (-3, \infty)$.

35. The denominator is never equal to zero. Since the function is defined and equals to a real number for all real numbers, the domain is $(-\infty, \infty)$.

37. We want $\sqrt{x-3}$ to equal a real number.
    $x - 3 \geq 0$
    $x \geq 3$
    The domain is $[3, \infty)$.

39. Since the function is defined and equal to a real number for all real numbers, the domain is $(-\infty, \infty)$.

41. We want $\sqrt[4]{t-3}$ to equal a positive real number.
    $t - 3 > 0$
    $t > 3$
    The domain is $(3, \infty)$.

43. We want $\sqrt{x^2 + 2x - 8}$ to equal a real number.
    $x^2 + 2x - 8 \geq 0$
    Solve $x^2 + 2x - 8 = 0$.
    $(x + 4)(x - 2) = 0$
    $x = -4$ or $x = 2$
    The test intervals are $(-\infty, -4)$, $(-4, 2)$, and $(2, \infty)$. Using a representative number from each test interval, the solution is $(-\infty, -4] \cup [2, \infty)$. The domain is $(-\infty, -4] \cup [2, \infty)$.

45. The denominator is zero when $r = 3$. The set in which the denominator is nonzero is $(-\infty, 3) \cup (3, \infty)$.
    We want $\sqrt{r-1}$ to equal a real number.
    $r - 1 \geq 0$
    $r \geq 1$
    The set in which $\sqrt{r-1}$ equals a real number is $[1, \infty)$. The intersection of the two sets is $[1, 3) \cup (3, \infty)$.
    The domain is $[1, 3) \cup (3, \infty)$.

47. We want $\sqrt{3x^2 - 7x + 2}$ to equal a positive real number.
    $3x^2 - 7x + 2 > 0$
    Solve $3x^2 - 7x + 2 = 0$.
    $(3x - 1)(x - 2) = 0$
    $x = \dfrac{1}{3}$ or $x = 2$

Chapter 2: Functions and Graphs SSM: College Algebra

The test intervals are $\left(-\infty, \frac{1}{3}\right), \left(\frac{1}{3}, 2\right)$, and $(2, \infty)$. Using a representative number from each test interval, the solution is $\left(-\infty, \frac{1}{3}\right) \cup (2, \infty)$. The domain is $\left(-\infty, \frac{1}{3}\right) \cup (2, \infty)$.

49. We want $\sqrt[4]{1-v^2}$ to equal a real number.
    $1-v^2 \geq 0$
    Solve $1-v^2 = 0$
    $(1+v)(1-v) = 0$
    $v = -1$ or $v = 1$
    The test intervals are $(-\infty, -1), (-1, 1)$, and $(1, \infty)$. Using a representative number from each test interval, the solution is $[-1, 1]$. The domain is $[-1, 1]$.

51. $N(5) = -143(5)^3 + 1810(5)^2 - 187(5) + 2331$
    $= 28,771$
    The number of new AIDS cases in the United States in 1988 was 28,771.

53. $I(20) - I(10) = (30 + 20)[20 - 0.05(20)] - (30 + 10)[20 - 0.05(10)] = 170$
    The difference in income for a diving boat with 40 and 50 passengers is $170.

55. $L(148,800) = 400\sqrt{1 - \frac{(148,800)^2}{(186,000)^2}} = 240$
    The length of a 400-meter tall starship moving at 148,800 miles/second from the perspective of an observer is 240 meters.

57. $\dfrac{s(4) - s(2)}{4-2} = \dfrac{(4)^3 + (4)^2 - 4 - 1 - \left[(2)^3 + (2)^2 - 2 - 1\right]}{4-2} = 33$
    The average velocity between 2 and 4 seconds is 33 units/second.

59. $p(12) - p(2) = 81.11(12)^2 + 19,838.8 - [1753.6(2) + 19,503.6] = 8507.84$
    The difference in the average price of a mobile home in the United States between 1986 and 1996 is $8507.84.

61. a. False; for example, consider the relation $\{(1, 1), (1, 2)\}$.

    b. False; 6 is not in the domain of f.

    c. False; $f(x+h) = (x+h)^2$
       $= x^2 + 2xh + h^2 \neq x^2 + h$

    d. True

63. a. False; $f(0) = \frac{0-3}{0+3} = -1$.

   b. False; $f(1+3) = f(4) = 2(4) + 1 = 9$, but
   $f(1) + f(3) = 2(1) + 1 + [2(3) + 1]$
   $= 3 + 7 = 10$.

   c. True; $f(2x) = 4(2x)^2 = 16x^2$, $2f(x) = 2(4x^2) = 8x^2$, $f(x^2) = 4(x^2)^2 = 4x^4$, and
   $[f(x)]^2 = (4x^2)^2 = 16x^4$.

   d. False; $f(5b) = \frac{5b-b}{5b+b} = \frac{4b}{6b} = \frac{2}{3}(b \neq 0)$ and $2f(2b) = 2\left(\frac{2b-b}{2b+b}\right) = 2\left(\frac{b}{3b}\right) = \frac{2}{3}(b \neq 0)$

65. a. False; for example, if $m = 1$, then $y = x^n$ defines y as a function of x.

   b. False; observe that if n is odd, $f(n)$ is positive and if n is even, $f(n)$ is negative, so $f(20) + f(40) - f(65)$ must be negative.

   c. False; $\frac{18}{19} \approx 0.94737$ and $\sqrt{17} \approx 4.12311$, so $f\left(\frac{18}{19}\right) = 3$ and $f(\sqrt{17}) = 1$.

   d. True.

67. Graph the denominator $y = x^2 + 8x + 12$.

   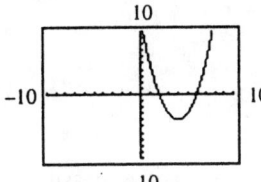

   The denominator is zero at $x = 2$ and $x = 6$. The domain is $(-\infty, 2) \cup (2, 6) \cup (6, \infty)$.

69. Graph the function.

   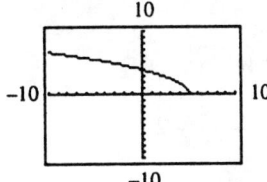

   The graph exists for $x \leq 5$. The domain is $(-\infty, 5]$.

71. Graph $y = x^2 + 5x + 4$.

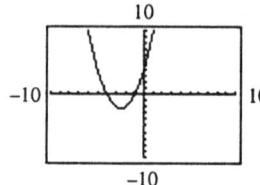

The graph is above the x-axis for $x < -4$ or $x > -1$. The domain is $(-\infty, -4) \cup (-1, \infty)$.

73. Graph $y = x^2 - 4x + 4$.

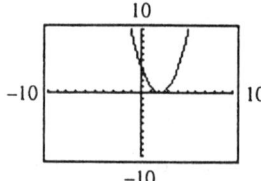

The graph is above the x-axis for $x < 2$ or $x > 2$. The domain is $(-\infty, 2) \cup (2, \infty)$.

75. a. The other number is represented by $6 - x$.
$P(x) = x(6 - x)$

b.

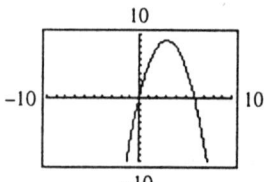

c. Answers may vary. For example, the graph shows that the maximum product is 9 when $x = 3$.

77. The correspondence is not a function. The number of people at the beach may be different for the same temperature.

79. The correspondence is a function. Each real number has exactly one square.

81. a. No; select any natural number halfway between two consecutive prime numbers greater than two. For example, both 3 and 5 are the nearest prime numbers to 4.

b. Answers may vary. For example, let the relation assign to every natural number the nearest prime number on a number line that is greater than or equal to the natural number.

83. a. Answers may vary. For example, $f(x) = \sqrt{x+3}$

b. Answers may vary. For example, $f(x) = \dfrac{1}{(x+3)(x-5)}$.

c. Answers may vary.

85. $f\left(\dfrac{cx+d}{ax-c}\right) = \dfrac{c\left(\frac{cx+d}{ax-c}\right) + d}{a\left(\frac{cx+d}{ax-c}\right) - c}$

$= \dfrac{c\left(\frac{cx+d}{ax-c}\right) + d}{a\left(\frac{cx+d}{ax-c}\right) - c} \cdot \dfrac{ax-c}{ax-c}$

$= \dfrac{c(cx+d) + d(ax-c)}{a(cx+d) - c(ax-c)}$

$= \dfrac{(ad+c^2)x}{ad+c^2} = x$

$(ad + c^2 \neq 0)$

87. $g(t) = t + 1$
(Note that there are no other possible functions.)

Problem Set 2.2

1. $m = \dfrac{9-3}{6-7} = \dfrac{6}{-1} = -6$

3. $m = \dfrac{-6-2}{-7-(-3)} = \dfrac{-8}{-4} = 2$

5. $m = \dfrac{-2-(-2)}{7-(-12)} = \dfrac{0}{19} = 0$

7. L_1: Line L_1 passes through $(0, -1)$ and $(3, 1)$.
$m = \dfrac{1-(-1)}{3-0} = \dfrac{2}{3}$
L_2: Line L_2 passes through $(-1, 1)$ and $(3, -2)$.
$M = \dfrac{-2-1}{3-(-1)} = \dfrac{-3}{4} = -\dfrac{3}{4}$
L_3: Line L_3 passes through $(-2, 2)$ and $(2, 2)$.
$m = \dfrac{2-2}{2-(-2)} = \dfrac{0}{4} = 0$

9. a. m_1, m_2, m_4, m_3

   b. b_3, b_2, b_4, b_1

11. Point-slope form: $y - 6 = 5(x + 5)$
Slope-intercept form: $y - 6 = 5x + 25$
$y = 5x + 31$
General form: $5x - y + 31 = 0$

13. $m = \dfrac{2-(-1)}{3-6} = \dfrac{3}{-3} = -1$
Point-slope form: $y + 1 = -(x - 6)$ or
$y - 3 = -(x - 2)$
Slope-intercept form: $y + 1 = -x + 6$
$y = -x + 5$
General form: $x + y - 5 = 0$

15. $m = \dfrac{-2-(-3)}{7-(-1)} = \dfrac{1}{8}$
Point-slope form: $y + 3 = \dfrac{1}{8}(x + 1)$ or
$y + 2 = \dfrac{1}{8}(x - 7)$
Slope-intercept form: $y + 3 = \dfrac{1}{8}x + \dfrac{1}{8}$
$y = \dfrac{1}{8}x - \dfrac{23}{8}$
General form: $8y = x - 23$
$x - 8y - 23 = 0$

17. $m = -4$
Point-slope form: $y + 10 = -4(x + 8)$
Slope-intercept form: $y + 10 = -4x - 32$
$y = -4x - 42$
General form: $4x + y + 42 = 0$

19. The slope of the given line is $\dfrac{1}{2}$.
$m = -2$
Point-slope form: $y + 7 = -2(x - 4)$
Slope-intercept form: $y + 7 = -2x + 8$
$y = -2x + 1$
General form: $2x + y - 1 = 0$

21. The slope of the given line is
$\dfrac{-2-0}{6-0} = \dfrac{-2}{6} = -\dfrac{1}{3}$.
$m = 3$
Point-slope form: $y - 0 = 3(x + 3)$
Slope-intercept form: $y = 3x + 9$
General form: $3x - y + 9 = 0$

23. $m = 2$; $b = 1$
The line passes through $(0, 1)$ and $(1, 3)$.

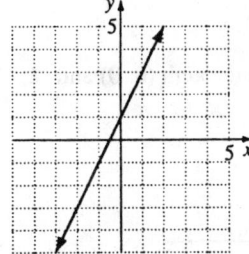

25. $m = -2$; $b = 1$
The line passes through $(0, 1)$ and $(1, -1)$.

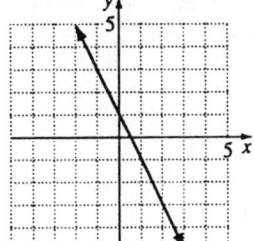

27. $m = \dfrac{3}{4}$; $b = -2$

The line passes through $(0, -2)$, $(4, 1)$.

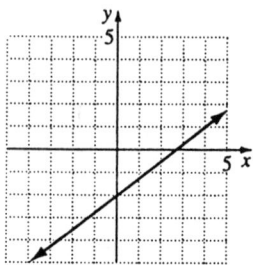

29. $y = -3x + 2$

$m = -3$; $b = 2$

The line passes through $(0, 2)$ and $(1, -1)$.

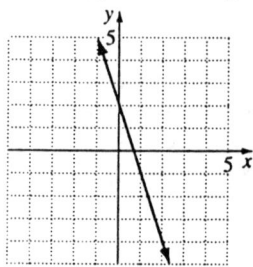

31. $m = -\dfrac{3}{2}$; $b = 0$

The line passes through $(0, 0)$ and $(2, -3)$.

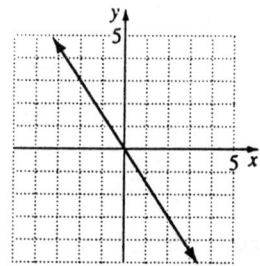

33. $y = 3x + 2$

$m = 3$; $b = 2$

The line passes through $(0, 2)$ and $(1, 5)$.

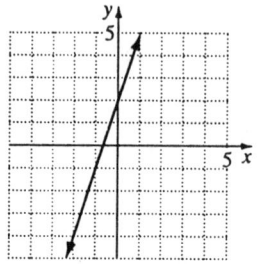

35. Vertical line $x = 3$.

Slope is undefined; no y-intercept.

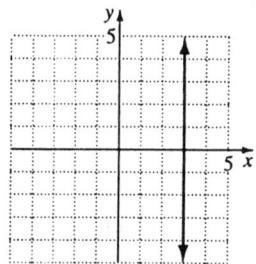

37. Horizontal line $y = -2$.

$m = 0$; $b = -2$

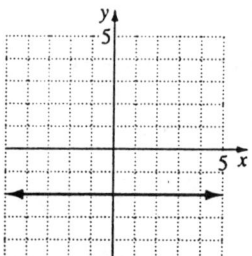

39. Horizontal line $y = 0$ (x-axis).

$m = 0$; $b = 0$

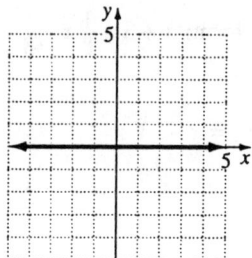

41. a. $m = \dfrac{249-132}{1980-1975} = \dfrac{117}{5} = 23.4$

U.S. health-care costs between 1975 and 1980 increased at a rate of $23.4 billion per year.

b. $m = \dfrac{671-420}{1990-1985} = \dfrac{251}{5} = 50.2$

U.S. health-care costs between 1985 and 1990 increased at a rate of $50.2 billion per year.

43. a. Possible answer: Since the years are not evenly spaced, first estimate the slopes between the years 1975 and 1980, 1985 and 1987, and 1987 and 1988.

1975 and 1980:
$\dfrac{53,300-45,900}{1980-1975} = \dfrac{7,400}{5} = 1480$

1985 and 1987:
$\dfrac{48,800-45,800}{1987-1985} = \dfrac{3000}{2} = 1500$

1987 and 1988:
$\dfrac{49,000-48,800}{1988-1987} = \dfrac{200}{1} = 200$

A line can be drawn with the greatest slope between either 1975 and 1980 or 1985 and 1987. A reasonable estimate for the slope of either line is 1500. The number of motor-vehicle deaths between 1975 and 1980 and between 1985 and 1987 increased at a rate of approximately 1500 per year.

b. Answers may vary. Since the years are not evenly spaced, first estimate the slopes between the years 1980 and 1985, 1988 and 1989, 1989 and 1990, and 1990 and 1993.

1980 and 1985:
$\dfrac{45,800-53,300}{1985-1980} = \dfrac{-7500}{5} = -1500$

1988 and 1989:
$\dfrac{49,000-47,000}{1989-1988} = \dfrac{-2000}{1} = -2000$

1989 and 1990:
$\dfrac{46,500-47,000}{1990-1989} = \dfrac{-500}{1} = -500$

1990 and 1993:
$\dfrac{42,000-46,500}{1993-1990} = \dfrac{-45,000}{3} = -1500$

A line can be drawn with the greatest slope between 1988 and 1989. A reasonable estimate for the slope of the line is −2000. The number of motor-vehicle deaths between 1988 and 1989 decreased at a rate of 2000 per year.

c. The horizontal axis is not evenly scaled.

45. $m = \dfrac{568,000-144,000}{1994-1991} = \dfrac{424,000}{3}$

$y - 144,000 = \dfrac{424,000}{3}(x-1991)$

$y - 144,000 = \dfrac{424,000}{3}x - \dfrac{844,184,000}{3}$

$y = \dfrac{424,000}{3}x - \dfrac{843,752,000}{3}$

Substitute 2000 for x:

$y = \dfrac{424,000}{3}(2000) - \dfrac{843,752,000}{3}$

$= \dfrac{848,000,000}{3} - \dfrac{843,752,000}{3}$

$= \dfrac{4,248,000}{3} = 1,416,000$

Thus the predicted number of U.S. companies on the internet for the year 2000 is 1,416,000.

47. $m = \dfrac{1.765-0.350}{1994-1981} = \dfrac{1.415}{13} \approx 0.109$

$y - 0.350 = 0.109(x-1981)$
$y - 0.350 = 0.109x - 215.929$
$y = 0.109x - 215.579$

Substitute 2000 for x.
$y = 0.109(2000) - 215.579 = 218 - 215.579$
$= 2.421$

The predicted amount that the government will spend in the year 2000 is about $2.4 billion.

Substitute 1988 for x:

$y = 0.109(1988) - 215.579$
$= 216.692 - 215.579 = 1.113$
The predicted amount that the government spent in 1988 is about \$1.1 billion. This seems to be close to the number shown in the graph.

49. $y = 2500x + 26{,}500$

51. a. $C = mM$
    $C = 400$ when $M = 3000$
    $400 = m(3000)$
    $m = \dfrac{400}{3000} = \dfrac{4}{30}$
    $C = \dfrac{4}{30} M$

    b. Solve for M when $C = 20$.
    $20 = \dfrac{4}{30} M$
    $M = 20\left(\dfrac{30}{4}\right) = 150$
    150 miles can be covered at a cost of \$20.

53. Let d represent the runner's distance and t represent time.
    $d = mt$
    $d = 1$ when $t = 6$.
    $1 = m(6)$
    $m = \dfrac{1}{6}$
    $d = \dfrac{1}{6} t$
    Substitute 45 for t:
    $d = \dfrac{1}{6}(45) = 7.5$
    7.5 miles will be covered in 45 minutes.

55. a. False; $m = \dfrac{7-5}{7-5} = \dfrac{2}{2} = 1$.

    b. False; the graph of $y = 5$ is a horizontal line through $(0, 5)$.

    c. False, a vertical line does not have an equation in point-slope form.

d. True; the point $(-1, 3)$ satisfies the equation. Write the equation in point-intercept form, $y = \dfrac{1}{3}x + \dfrac{10}{3}$, so $m = \dfrac{1}{3}$.

57.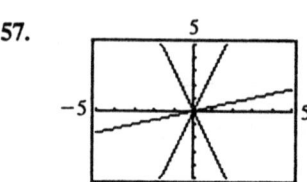

59.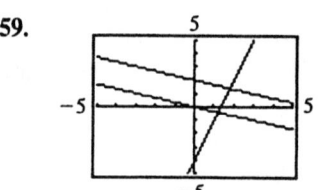

61. a. $\dfrac{x}{3} + \dfrac{y}{2} = 1$
    $\dfrac{y}{2} = -\dfrac{x}{3} + 1$
    $y = -\dfrac{2}{3}x + 2$

    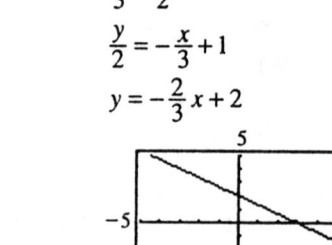

    x-intercept: $(3, 0)$
    y-intercept: $(0, 2)$

    b. $\dfrac{x}{-3} + \dfrac{y}{-2} = 1$
    $\dfrac{y}{-2} = \dfrac{x}{3} + 1$
    $y = -\dfrac{2}{3}x - 2$

    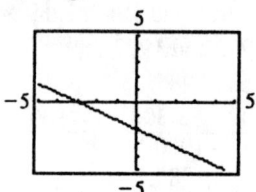

    x-intercept: $(-3, 0)$
    y-intercept: $(0, -2)$

c. $\dfrac{x}{4} + \dfrac{y}{7} = 1$

$\dfrac{y}{7} = -\dfrac{x}{4} + 1$

$y = -\dfrac{7}{4}x + 7$

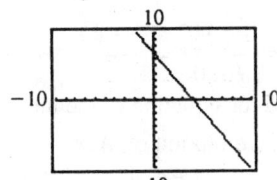

x-intercept: (4, 0)
y-intercept: (0, 7)

d. $\dfrac{x}{-4} + \dfrac{y}{-7} = 1$

$\dfrac{y}{-7} = \dfrac{x}{4} + 1$

$y = -\dfrac{7}{4}x - 7$

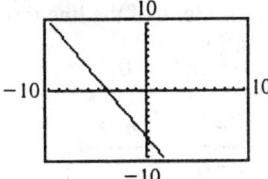

x-intercept: (–4, 0)
y-intercept: (0, –7)

e. The graph of $\dfrac{x}{a} + \dfrac{y}{b} = 1$ is a line with x-intercept $(a, 0)$ and y-intercept $(0, b)$.

63. b.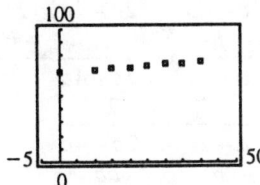

c. $y = 0.1907x + 67.7404$
$r = 0.9882$

d.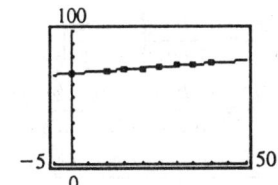

e. Use an appropriate sequence of keystrokes to compute y when x = 60.
$y \approx 79.2$
The predicted years of life expected at birth for the year 2010 is 79.2.

f. Use your graphing utility to find the value of x when y = 90.
$x \approx 116.7$
Americans will be expected to live 90 years from the time of their birth in the year 2067.

65. $L_1: m = 4$
$L_2: m = 1$
$L_3: m = \dfrac{1}{4}$
$L_4: m = -\dfrac{1}{4}$
$L_5: m = -1$
$L_6: m = -4$
Answers may vary.

67. Yes; no; it is not reasonable to expect that jumping ability is directly proportional to body length.

69. a. Find the midpoint of $\overline{AB}$:
$\dfrac{1}{2}[(a, 0) + (0, b)] = \dfrac{1}{2}(a, b) = \left(\dfrac{a}{2}, \dfrac{b}{2}\right)$
Find the slope of the line through $\left(\dfrac{a}{2}, \dfrac{b}{2}\right)$ and $(c, 0)$:
$m = \dfrac{\frac{b}{2} - 0}{\frac{a}{2} - c} = \dfrac{b}{a - 2c}$
Find the equation of the median:

$$y - \frac{b}{2} = \frac{b}{a-2c}\left(x - \frac{a}{2}\right)$$

$$y - \frac{b}{2} = \frac{b}{a-2c}x - \frac{ab}{2a-4c}$$

$$y = \frac{b}{a-2c}x - \frac{ab}{2a-4c} + \frac{b}{2}$$

$$y = \frac{b}{a-2c}x - \frac{ab}{2a-4c} + \frac{ab-2bc}{2a-4c}$$

$$y = \frac{b}{a-2c}x - \frac{2bc}{2a-4c}$$

$$y = \frac{b}{a-2c}x - \frac{bc}{a-2c}$$

b. Find the slope of the line through A and B:

$$m = \frac{b-0}{0-a} = -\frac{b}{a}$$

The slope of the altitude is $\frac{a}{b}$.

Find the equation of the altitude:

$$y - 0 = \frac{a}{b}(x - c)$$

$$y = \frac{a}{b}x - \frac{ac}{b}$$

c. The midpoint of $\overline{AB}$ is $\left(\frac{a}{2}, \frac{b}{2}\right)$ and the slope of a line perpendicular to $\overline{AB}$ is $\frac{a}{b}$. Find the equation of the perpendicular bisector:

$$y - \frac{b}{2} = \frac{a}{b}\left(x - \frac{a}{2}\right)$$

$$y - \frac{b}{2} = \frac{a}{b}x - \frac{a^2}{2b}$$

$$y = \frac{a}{b}x - \frac{a^2}{2b} + \frac{b}{2}$$

$$y = \frac{a}{b}x - \frac{a^2 - b^2}{2b}$$

d. Find the midpoint of $\overline{AC}$:

$$\frac{1}{2}[(a, 0)+(c, 0)] = \frac{1}{2}(a+c, 0)$$

$$= \left(\frac{a+c}{2}, 0\right)$$

Find the slope of the line through $\left(\frac{a+c}{2}, 0\right)$ and $(0, b)$:

$$m = \frac{0 - \frac{a+c}{2}}{b-0} = -\frac{a+c}{2b}$$

Find the equation of the median from B to the midpoint of $\overline{AC}$:

$$y - b = -\frac{a+c}{2b}(x - 0)$$

$$y - b = -\frac{a+c}{2b}x$$

$$y = -\frac{a+c}{2b}x + b$$

Find the midpoint of $\overline{BC}$:

$$\frac{1}{2}[(0, b)+(c, 0)] = \frac{1}{2}(c, b) = \left(\frac{c}{2}, \frac{b}{2}\right)$$

Find the slope of the line through $\left(\frac{c}{2}, \frac{b}{2}\right)$ and $(a, 0)$:

$$m = \frac{\frac{b}{2} - 0}{\frac{c}{2} - a} = \frac{b}{c-2a}$$

Find the equation of the median:

$$y - \frac{b}{2} = \frac{b}{c-2a}\left(x - \frac{c}{2}\right)$$

$$y - \frac{b}{2} = \frac{b}{c-2a}x - \frac{cb}{2c-4a}$$

$$y = \frac{b}{c-2a}x - \frac{cb}{2c-4a} + \frac{b}{2}$$

$$y = \frac{b}{c-2a}x - \frac{cb}{2c-4a} + \frac{cb-2ab}{2c-4a}$$

$$y = \frac{b}{a-2c}x - \frac{2ab}{2c-4a}$$

$$y = \frac{b}{a-2c}x - \frac{ab}{c-2a}$$

e. Find the slope of the line through A and C:

$$m = \frac{0-0}{a-c} = 0$$

The slope of the altitude is undefined.

Find the equation of the altitude from B that is perpendicular to $\overline{AC}$:
$x = 0$
Find the slope of the line through B and C:
$m = \dfrac{b-0}{0-c} = -\dfrac{b}{c}$
The slope of the altitude is $\dfrac{c}{b}$.
Find the equation of the altitude from A that is perpendicular to $\overline{BC}$:
$y - 0 = \dfrac{c}{b}(x - a)$
$y = \dfrac{c}{b}x - \dfrac{ac}{b}$

f. The midpoint of $\overline{AC}$ is $\left(\dfrac{a+c}{2}, 0\right)$ and the slope of a line perpendiuclar to $\overline{AC}$ is undefined.
Find the equation of the perpendicular bisector:
$x = \dfrac{a+c}{2}$

The midpont of $\overline{BC}$ is $\left(\dfrac{c}{2}, \dfrac{b}{2}\right)$ and the slope of a line perpendicular to $\overline{BC}$ is $\dfrac{c}{b}$. Find the equation of the perpendicular bisector:
$y - \dfrac{b}{2} = \dfrac{c}{b}\left(x - \dfrac{c}{2}\right)$
$y - \dfrac{b}{2} = \dfrac{c}{b}x - \dfrac{c^2}{2b}$
$y = \dfrac{c}{b}x - \dfrac{c^2}{2b} + \dfrac{b}{2}$
$y = \dfrac{a}{b}x - \dfrac{b^2 - c^2}{2b}$

71. $y = mx + 5;\ m < 0$
When $y = 0$, $0 = mx + 5$. Solve for x.
$x = \dfrac{-5}{m}$
Thus the x-intercept is $-\dfrac{5}{m}$.
The area of the triangle is $\dfrac{1}{2}(5)\left(-\dfrac{5}{m}\right) = 15$.
Solve for m.
$-\dfrac{25}{2m} = 15$
$m = -\dfrac{5}{6}$
Point-slope form: $y - 5 = -\dfrac{5}{6}(x - 0)$
Slope-intercept form: $y = -\dfrac{5}{6}x + 5$

73. Group activity

Problem Set 2.3

1.

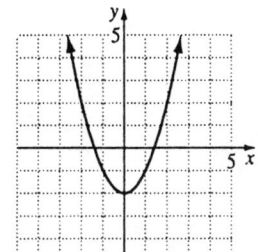

Domain: $(-\infty, \infty)$
Range: $[-2, \infty)$

3.

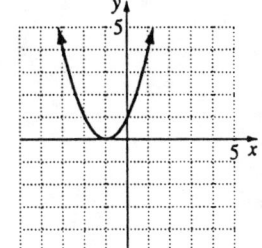

Domain: $(-\infty, \infty)$
Range: $[0, \infty)$

5.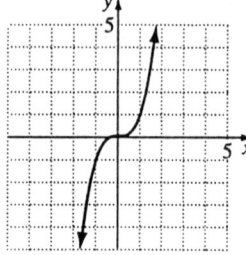

Domain: $(-\infty, \infty)$
Range: $(-\infty, \infty)$

7.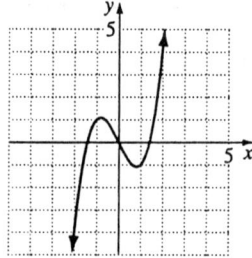

Domain: $(-\infty, \infty)$
Range: $(-\infty, \infty)$

9.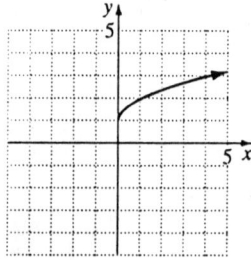

Domain: $[0, \infty)$
Range: $[1, \infty)$

11.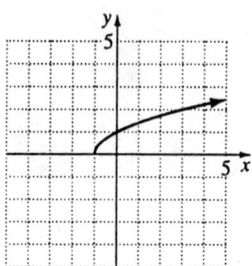

Domain: $[-1, \infty)$
Range: $[0, \infty)$

13.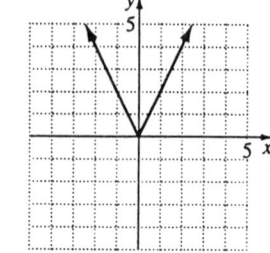

Domain: $(-\infty, \infty)$
Range: $[0, \infty)$

15.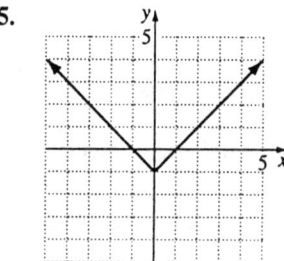

Domain: $(-\infty, \infty)$
Range: $[-1, \infty)$

17.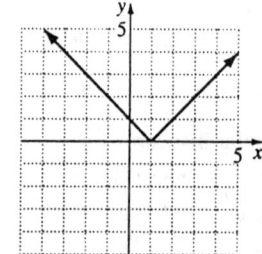

Domain: $(-\infty, \infty)$
Range: $[0, \infty)$

19.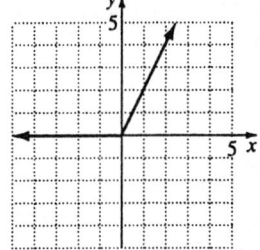

Domain: $(-\infty, \infty)$
Range: $[0, \infty)$

21.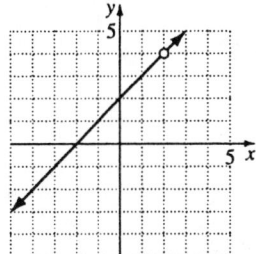

Domain: $(-\infty, 2) \cup (2, \infty)$
Range: $(-\infty, 4) \cup (4, \infty)$

23.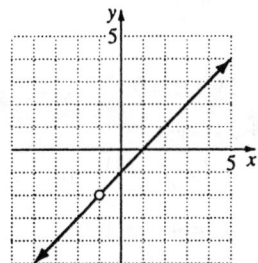

Domain: $(-\infty, -1) \cup (-1, \infty)$
Range: $(-\infty, -2) \cup (-2, \infty)$

25.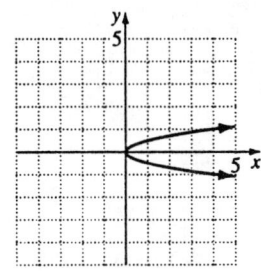

Domain: $[0, \infty)$
Range: $(-\infty, \infty)$

27.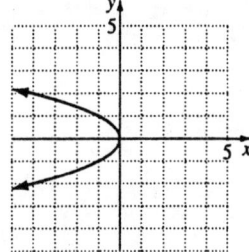

Domain: $(\infty, 0]$
Range: $(-\infty, \infty)$

29.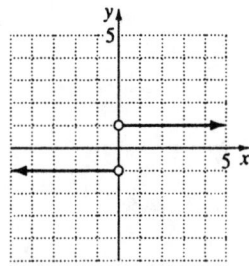

Domain: $(-\infty, 0) \cup (0, \infty)$
Range: $\{-1, 1\}$

31. Not a function
Domain: $[-5, 5]$
Range: $[-2, 2]$

33. Function
Domain $(-\infty, \infty)$
Range: $(-\infty, \infty)$

35. Function
Domain: $(-\infty, \infty)$
Range: $(-\infty, 3]$

37. Not a function
Domain: $\{2\}$
Range: $\{-2, 1, 3, 5\}$

39. Function
Domain: $\{-6, -5, -4, -3, -2, -1, 0, 1, 2, 3, 4, 5, 6\}$
Range: $\{0, 1, 2, 3, 4, 5, 6\}$

41. Function
Domain: $(-\infty, \infty)$
Range: $(-\infty, -2]$

43. $x^2 + y^2 = 49$

45. $(x-3)^2 + (y-2)^2 = 5^2$
$(x-3)^2 + (y-2)^2 = 25$

47. $(x+1)^2 + (y-4)^2 = 2^2$
$(x+1)^2 + (y-4)^2 = 4$

49. $(x+3)^2 + (y+1)^2 = \left(\sqrt{3}\right)^2$
$(x+3)^2 + (y+1)^2 = 3$

51. $(x+4)^2 + (y-0)^2 = 0^2$
$(x+4)^2 + (y-0)^2 = 0$

53. $x^2 + y^2 = 16$
center = (0, 0)
radius = 4

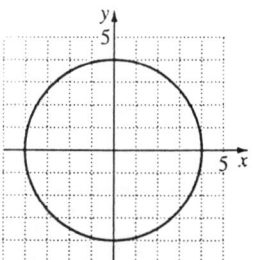

55. $(x-3)^2 + (y-1)^2 = 36$
center = (3, 1)
radius = 6

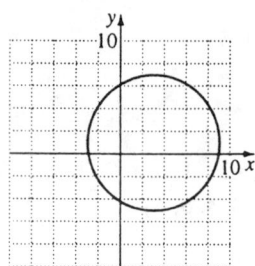

57. $(x+3)^2 + (y-2)^2 = 4$
center = (−3, 2)
radius = 2

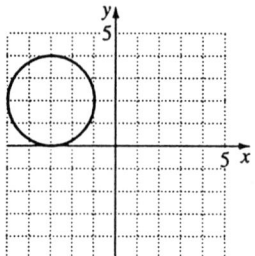

59. $(x+2)^2 + (y+2)^2 = 4$
center = (−2, −2)
radius = 2

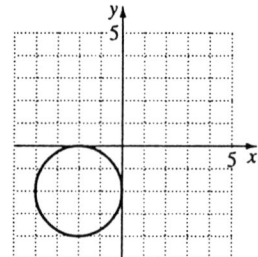

61. $x^2 + y^2 + 6x + 2y + 6 = 0$
$x^2 + 6x + y^2 + 2y = -6$
$\left(x^2 + 6x + 9\right) + \left(y^2 + 2y + 1\right) = 10 - 6$
$(x+3)^2 + (y+1)^2 = 4$
center = (−3, −1)
radius = 2

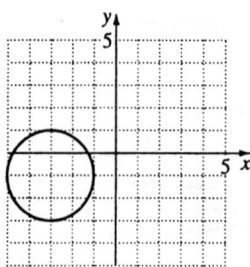

63. $x^2 + y^2 - 10x - 6y - 30 = 0$
$x^2 - 10x + y^2 - 6y = 30$

$(x^2 - 10x + 25) + (y^2 - 6y + 9) = 34 + 30$
$(x - 5)^2 + (y - 3)^2 = 64$
center = (5, 3)
radius = 8

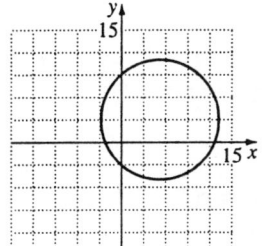

65. $x^2 + y^2 + 8x - 2y - 8 = 0$
$x^2 + 8x + y^2 - 2y = 8$
$(x^2 + 8x + 16) + (y^2 - 2y + 1) = 17 + 8$
$(x + 4)^2 + (y - 1)^2 = 25$
center = (−4, 1)
radius = 5

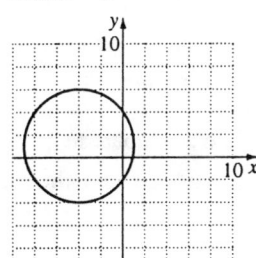

67. $x^2 - 2x + y^2 - 15 = 0$
$x^2 - 2x + y^2 = 15$
$(x^2 - 2x + 1) + (y - 0)^2 = 1 + 15$
$(x - 1)^2 + (y - 0)^2 = 16$
center = (1, 0)

radius = 4

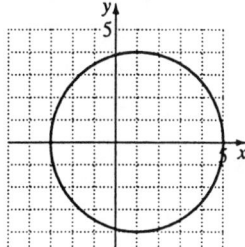

69.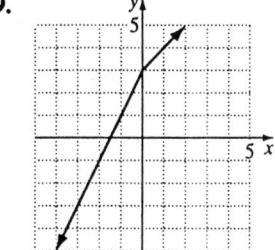

71.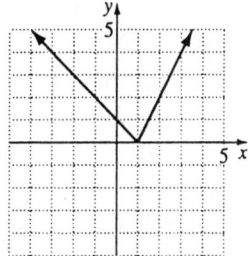

73.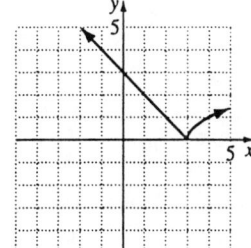

75.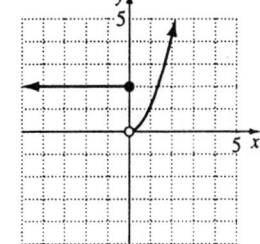

Chapter 2: Functions and Graphs

77.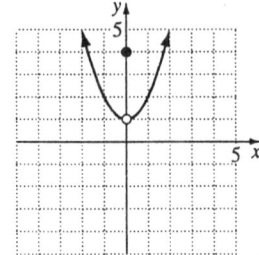

79.

x	$f(t) = -t^4 + 12t^3 - 58t^2 + 132t$
0	0
1	85
2	112
3	117
4	112
5	85
6	0

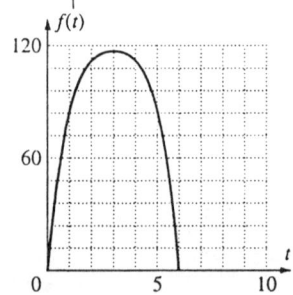

The drug's concentration increases from zero to 117 ppm at 3 hours and then decreases to zero at 6 hours.

81.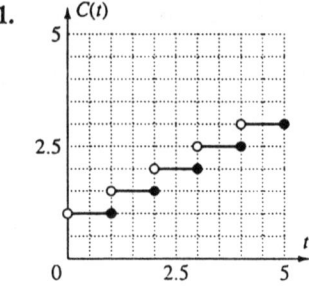

83. a. False; $g(-2) = g(3) = f(1)$

   b. False; $f(2) - g(2) = 1$ while $f(1) - g(1) = 2$

   c. True;
   $$\frac{f(3) - f(2)}{3 - 2} + \frac{g(-3) - g(-2)}{-3 + 2} = 3 - 2 = 1$$

   d. False

85. a. False; only coordinates on the circle satisfy the circle's equation.

   b. False; complete the square to get $(x-3)^2 + y^2 = 34$, so the radius is $\sqrt{34}$.

   c. False; the radius is equal to distance from $(-1, -2)$ to the origin.

   d. True

87.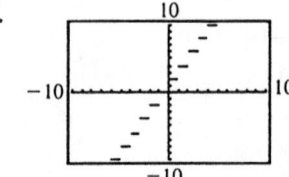

SSM: College Algebra   Chapter 2: Functions and Graphs

89. Graph $y_1 = \sqrt{x^4 + 3x^2}$ and $y_2 = -\sqrt{x^4 + 3x^2}$.

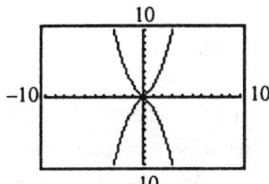

91.

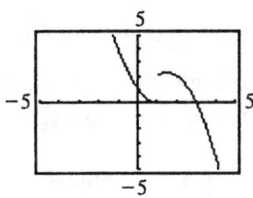

93. $y^2 = 25 - x^2$

Graph $y_1 = \sqrt{25 - x^2}$ and $y_2 = -\sqrt{25 - x^2}$.

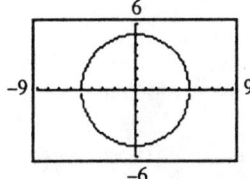

95. $y^2 - 4y + (x^2 + 10x - 20) = 0$

$y = \dfrac{4 \pm \sqrt{16 - 4(x^2 + 10x - 20)}}{2}$

$= 2 \pm \sqrt{4 - (x^2 + 10x - 20)}$

$= 2 \pm \sqrt{-x^2 - 10x + 24}$

Graph $y_1 = 2 + \sqrt{-x^2 - 10x + 24}$ and $y_2 = 2 - \sqrt{-x^2 - 10x + 24}$.

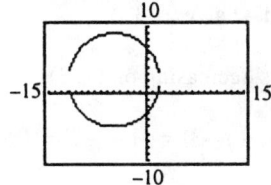

97. No; for example, consider the left or right semicircle.

99. No; there is no graph.

101. (a)

103. (g)

Problem Set 2.4

1. a. $f(-6) = 6$
   $f(0) = 1$
   $f(3) = 4$

   b. Decreasing: $(-\infty, 0)$
      Increasing: $(0, \infty)$

   c. Minimum value is 1 at $x = 0$.

   d. $[1, \infty)$

3. a. $f(-2) = 0$
   $f(-1) = 2$
   $f(5) = 3$

   b. Increasing: $(4, 6)$
      Decreasing: $(-5, -1)$
      Constant: $(-1, 4)$

   c. $(-2, 4]$

5. Possible answer:

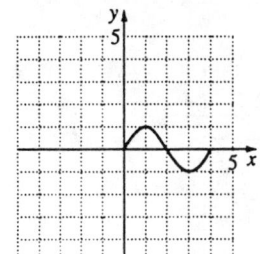

115

Chapter 2: Functions and Graphs   SSM: College Algebra

7. Possible answer:

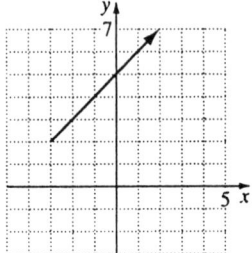

9. Possible answer:

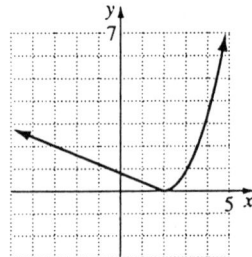

11. Possible answer:

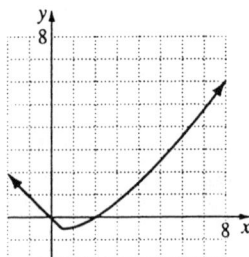

13. Possible answer:

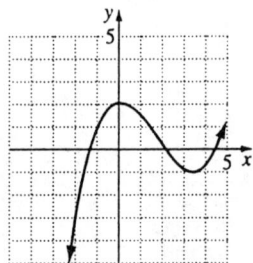

15. a.   1967–1975
        1980–1990

    b.   1975–1980

c. 1975; approximately 13%

d. 1978; 15%

17. a. Increasing: (45, 74)
        Decreasing: (16, 45)
        The number of accidents occurring per 50,000 miles driven increases with age starting at age 45, while it decreases with age starting at age 16.

    b. $x = 45$ and $f(45) = 190$
        The fewest number of accidents per 50 million miles driven occurs at age 45.

    c. $f(16) = f(74) = 526.4$ so the range is [190, 526.4].
        Between the ages of 16 and 74, the number of accidents per 50 million miles driven is between 190 and 526.4.

19. Possible answer:

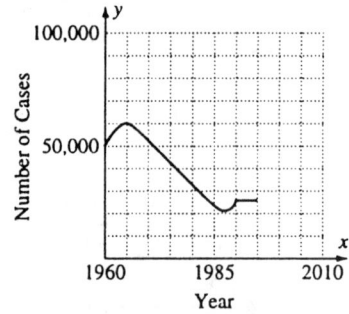

21. $A(x) = x(50 - x)$; b

23. a. False; domain is [−3, 4].

    b. False; f has a relative minimum of −1 at $x = 3$ and −2 at $x = -3$.

    c. False; f is decreasing on (1, 3).

    d. True; $f(3) - f(-3) = -1 - (-2) = 1$

116

SSM: College Algebra *Chapter 2: Functions and Graphs*

25.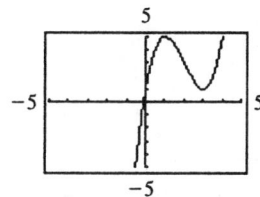

Increasing: $(-\infty, 1) \cup (3, \infty)$
Decreasing: $(1, 3)$
Relative minimum 1 at $x = 3$
Relative maximum 5 at $x = 1$

27.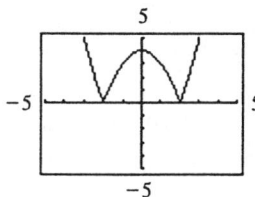

Increasing: $(-2, 0) \cup (2, \infty)$
Decreasing: $(-\infty, -2) \cup (0, 2)$
Relative maximum 4 at $x = 0$
Relative minimum 0 at $x = -2$ and $x = 2$

29.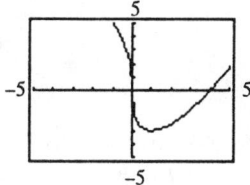

Increasing: $(1, \infty)$
Decreasing: $(-\infty, 1)$
Relative minimum: $y = -3$

31.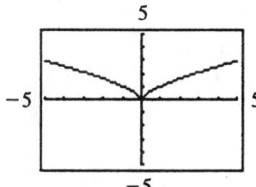

Increasing: $(0, \infty)$
Decreasing: $(-\infty, 0)$
Relative minimum: 0 at $x = 0$

33. a.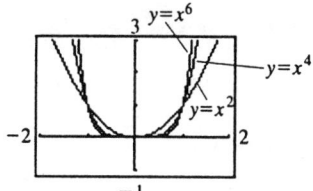

b.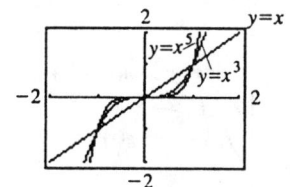

c. Increasing: $(0, \infty)$
   Decreasing: $(-\infty, 0)$

d. $f(x) = x^n$ is increasing from $(-\infty, \infty)$ when n is odd.

e. As n increases the steepness increases.

35. a. $P(x) = x(9 - x)$

b.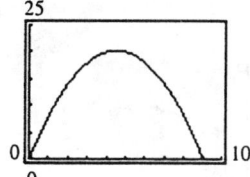

c. $x = 4.5;\ P(4.5) = 20.25$

37. a. $P(x) = 200x - 0.01x^2 - (20,000 + 50x)$
       $= -0.01x^2 + 150x - 20,000$

b.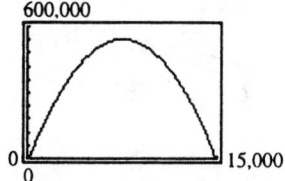

c. Maximum of 542,500 at $x = 7500$.
   Maximum weekly profit is $5425.

Chapter 2: Functions and Graphs   SSM: College Algebra

39. Answers may vary.

41. Answers may vary.

43. Group activity

Problem Set 2.5

1.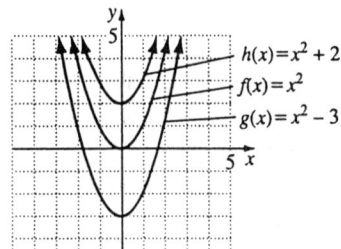

3.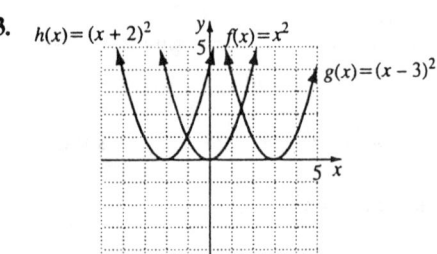

5.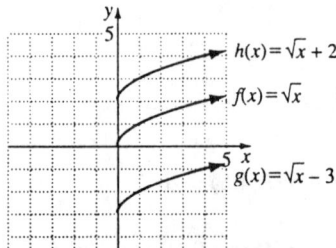

7.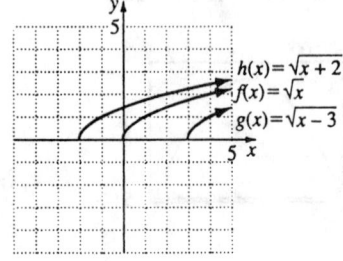

9.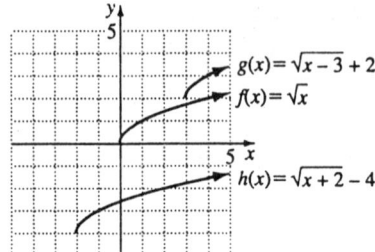

11.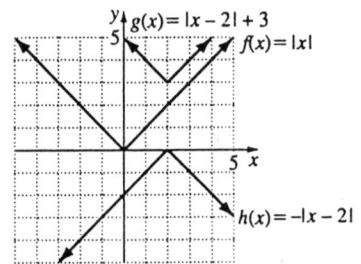

13.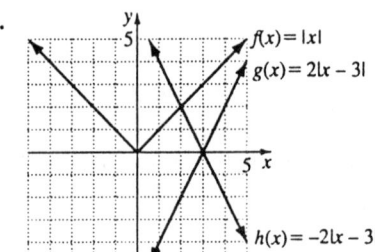

15.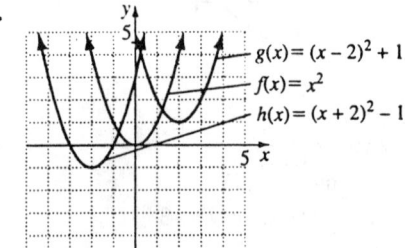

17.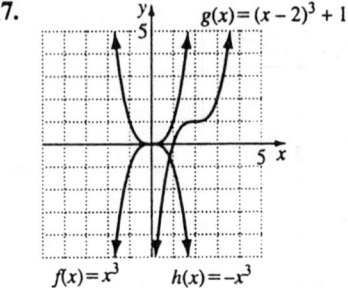

19.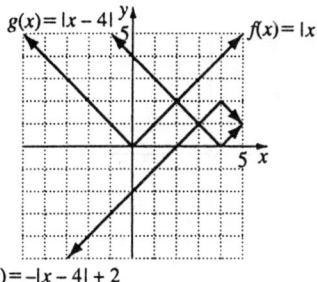

21.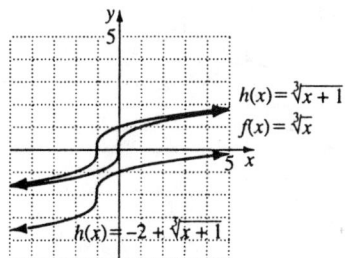

23.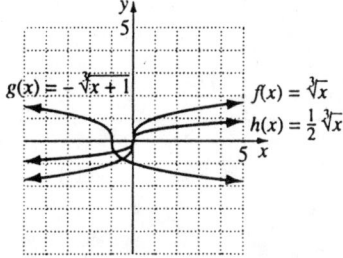

25.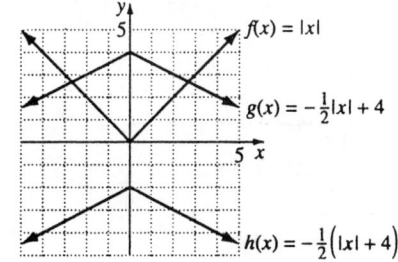

27. $g(x) = -(x-3)^2$

29. $g(x) = -\sqrt{x-2} + 2$

31. $g(x) = -|x-4| + 1$

33. $g(x) = -\sqrt{9-(x-1)^2} - 1$

35.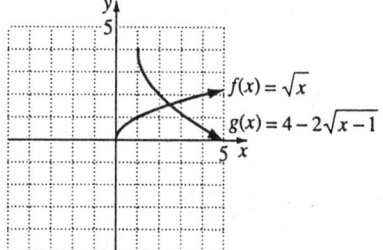

37.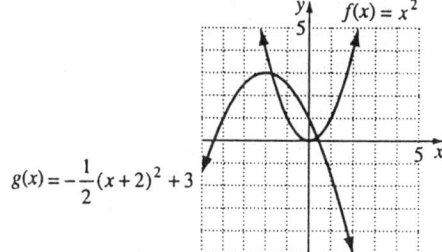

39.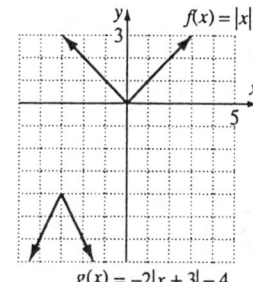

41.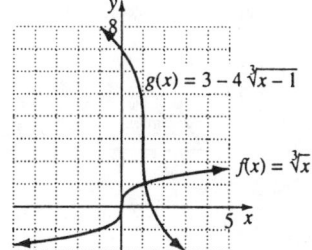

43.

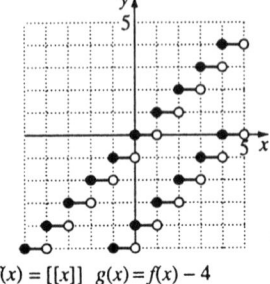

$f(x) = [[x]]$ $g(x) = f(x) - 4$

45. a.

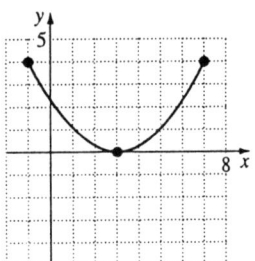

b.

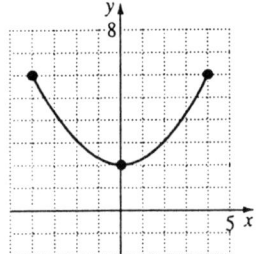

c.

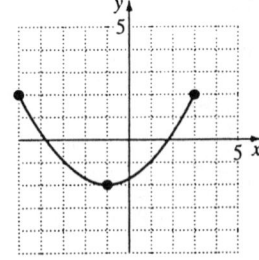

d.

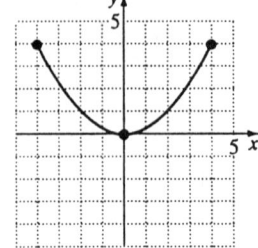

e.

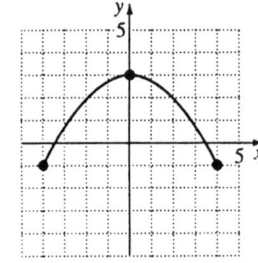

f.

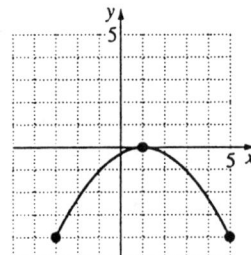

47. a.

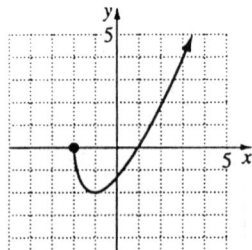

b.

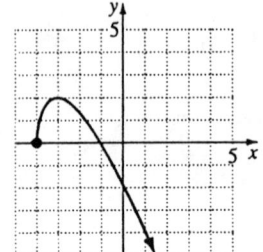

SSM: College Algebra   Chapter 2: Functions and Graphs

c.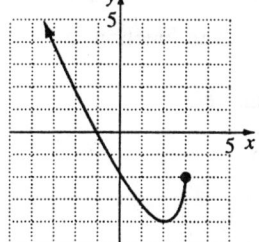

d.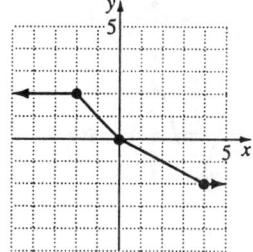

d.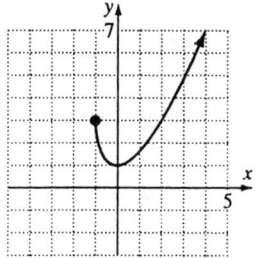

e.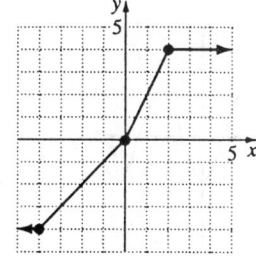

49. a.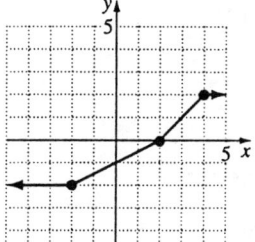

f.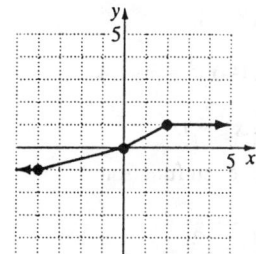

b.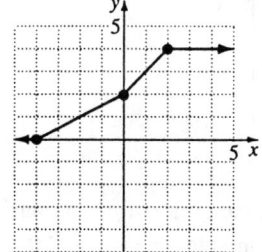

51. a.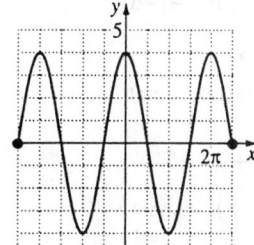

c.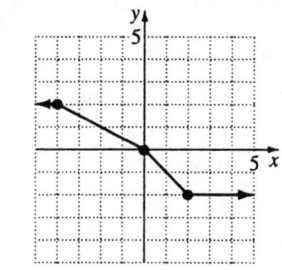

b.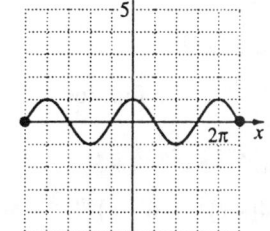

121

Chapter 2: Functions and Graphs

c.
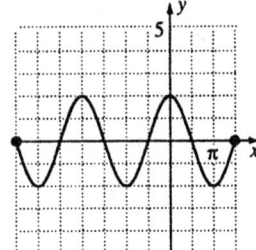

d.
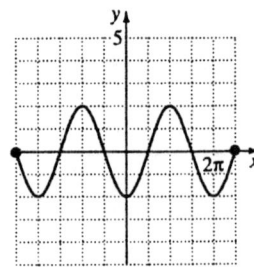

53. $f(x) = \frac{1}{5}x^6 - 3x^2$
    $f(-x) = \frac{1}{5}(-x)^6 - 3(-x)^2$
    $f(-x) = \frac{1}{5}x^6 - 3x^2$
    $f(-x) = f(x)$, even function

55. $f(x) = x\sqrt{1-x^2}$
    $f(-x) = (-x)\sqrt{1-(-x)^2}$
    $f(-x) = -x\sqrt{1-x^2}$
    $f(-x) = -f(x)$, odd function

57. $f(x) = x^4 + 3x - 5$
    $f(-x) = (-x)^4 + 3(-x) - 5$
    $f(-x) = x^4 - 3x - 5$, neither

59. $f(x) = 3x^{2/3}$
    $f(-x) = 3(-x)^{2/3}$
    $f(-x) = 3x^{2/3}$, even function

61. $f(x) = 4x^{2n} + 6x^{2n-2} + 5$
    $f(-x) = 4(-x)^{2n} + 6(-x)^{2n-2} + 5$

$f(-x) = 4x^{2n} + 6x^{2n-2} + 5$
$f(-x) = f(x)$, even function

63. Possible answer:
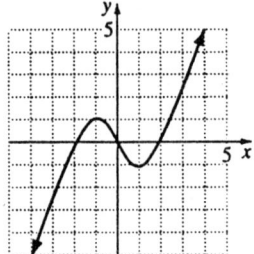

65. Possible answer:
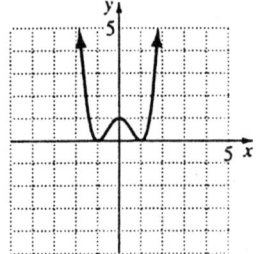

67. Possible answer:
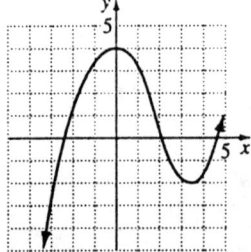

69. a. False; the graph of g is a translation of three units to the right and three units downward of the graph of f.

    b. False; the graph of g is obtained by moving f two units to the right, reflecting in the x-axis, and then moving four units downward.

    c. True

d. False; the graph of g is a reflection of the graph of f in the y-axis followed by a reflection in the x-axis.

71.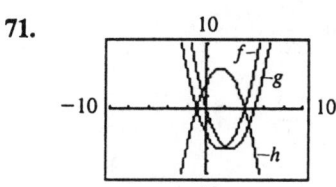

73.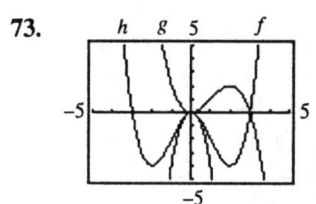

75.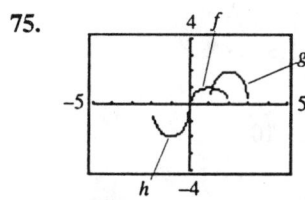

77. a–b.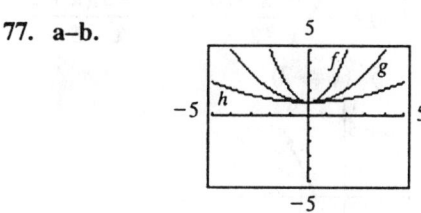

c. Answers may vary. For example:
For $f(x)$: $y = 2$ when $x = \pm 1$
For $g(x)$: $y = 2$ when $x = \pm 2$
For $h(x)$: $y = 2$ when $x = \pm 4$

d. To obtain the graph of g, stretch the graph of f by multiplying each of its x-coordinates by $\dfrac{1}{c}$.

79. Answers may vary.

81. Answers may vary.

83. No; if a function is both odd and even, $f(-x) = -f(x)$ and $f(-x) = f(x)$, so $-f(x) = f(x)$ or $2f(x) = 0$, but $f(x) \neq 0$.

85. $(a, 2b)$

87. $(a, b - 3)$

89. $(a + 5, -b)$

91. Increasing on $(-\infty, -6)$
Decreasing on $(-6, -1)$
Increasing on $(-1, \infty)$

93. Decreasing on $(-\infty, -6)$
Increasing on $(-6, -1)$
Decreasing on $(-1, \infty)$

95. $m = \dfrac{y - y_1}{x - x_1}$
$mx - mx_1 = y - y_1$
$mx - y - mx_1 + y_1 = 0$

Problem Set 2.6

1. $(f + g)(x) = 2x^2 - 2$
Domain: $(-\infty, \infty)$
$(f - g)(x) = 2x^2 - 2x - 4$
Domain: $(-\infty, \infty)$
$(fg)(x) = (2x^2 - x - 3)(x + 1)$
$= 2x^3 + x^2 - 4x - 3$
Domain: $(-\infty, \infty)$
$\left(\dfrac{f}{g}\right)(x) = \dfrac{2x^2 - x - 3}{x + 1}$
$= \dfrac{(2x - 3)(x + 1)}{(x + 1)} = 2x - 3$
Domain: $(-\infty, -1) \cup (-1, \infty)$

3. $(f + g)(x) = \sqrt{x + 4} + \sqrt{x - 1}$
Domain: $[1, \infty)$
$(f - g)(x) = \sqrt{x + 4} - \sqrt{x - 1}$
Domain: $[1, \infty)$

$(fg)(x) = (\sqrt{x+4})(\sqrt{x-1})$
$= \sqrt{x^2 + 3x - 4}$
Domain: $[1, \infty)$
$\left(\dfrac{f}{g}\right)(x) = \dfrac{\sqrt{x+4}}{\sqrt{x-1}}$
Domain: $(1, \infty)$

5. $(f+g)(x) = \dfrac{1}{x} + \dfrac{1}{x^3} = \dfrac{x^2+1}{x^3}$
   Domain: $(-\infty, 0) \cup (0, \infty)$
   $(f-g)(x) = \dfrac{1}{x} - \dfrac{1}{x^3} = \dfrac{x^2-1}{x^3}$
   Domain: $(-\infty, 0) \cup (0, \infty)$
   $(fg)(x) = \left(\dfrac{1}{x}\right)\left(\dfrac{1}{x^3}\right) = \dfrac{1}{x^4}$
   Domain: $(-\infty, 0) \cup (0, \infty)$
   $\left(\dfrac{f}{g}\right)(x) = \dfrac{\frac{1}{x}}{\frac{1}{x^3}} = \dfrac{x^2}{1} = x^2$
   Domain: $(-\infty, 0) \cup (0, \infty)$

7. $(f+g)(x) = \sqrt{2x-6} + \dfrac{1}{x}$
   $= \dfrac{x\sqrt{2x-6}+1}{x}$
   Domain: $[3, \infty)$
   $(f-g)(x) = \sqrt{2x-6} - \dfrac{1}{x}$
   $= \dfrac{x\sqrt{2x-6}-1}{x}$
   Domain: $[3, \infty)$
   $(fg)(x) = (\sqrt{2x-6})\left(\dfrac{1}{x}\right) = \dfrac{\sqrt{2x-6}}{x}$
   Domain: $[3, \infty)$
   $\left(\dfrac{f}{g}\right)(x) = \sqrt{(2x-6)} \div \dfrac{1}{x} = x\sqrt{2x-6}$
   Domain: $[3, \infty)$

9. $(f+g)(x) = 5x - 4$

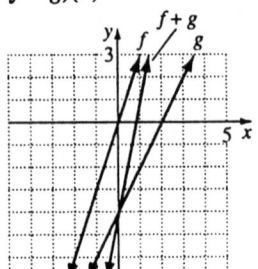

11. $(f+g)(x) = 3$

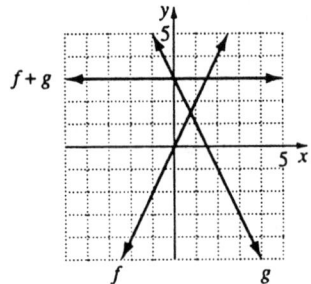

13. $f(x) = 2x^2 - x - 10$
    $g(x) = x + 2$
    $\left(\dfrac{f}{g}\right)(x) = \dfrac{2x^2 - x - 10}{x+2} = \dfrac{(2x-5)(x+2)}{x+2}$
    $= 2x - 5 \quad (x \neq -2)$

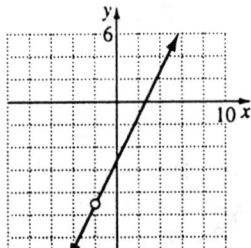

15. $f(x) = x^2;\ g(x) = x + 2$

    a. $(f \circ g)(x) = (x+2)^2 = x^2 + 4x + 4$

    b. $(g \circ f)(x) = x^2 + 2$

    c. $(f \circ f)(x) = (x^2)^2 = x^4$

17. $f(x) = 2x + 3$
$g(x) = 4 - x$

a. $(f \circ g)(x) = 2(4 - x) + 3 = 8 - 2x + 3$
$= -2x + 11$

b. $(g \circ f)(x) = 4 - (2x + 3) = 4 - 2x - 3$
$= -2x + 1$

c. $(f \circ f)(x) = 2(2x + 3) + 3 = 4x + 6 + 3$
$= 4x + 9$

19. $f(x) = 4x^3 - 1$
$g(x) = \sqrt[3]{\dfrac{x+1}{4}}$

a. $(f \circ g)(x) = 4\left(\sqrt[3]{\dfrac{x+1}{4}}\right)^3 - 1$
$= 4\left(\dfrac{x+1}{4}\right) - 1$
$= x$

b. $(g \circ f)(x) = \sqrt[3]{\dfrac{4x^3 - 1 + 1}{4}} = \sqrt[3]{x^3} = x$

c. $(f \circ f)(x) = 4(4x^3 - 1)^3 - 1$
$= 256x^9 - 192x^6 + 58x^3 - 5$

21. $f(x) = \sqrt{x}$
$g(x) = 2x + 1$

a. $(f \circ g)(x) = \sqrt{2x + 1}$
Domain: $\left[-\dfrac{1}{2}, \infty\right)$

b. $(g \circ f)(x) = 2\sqrt{x} + 1$
Domain: $[0, \infty)$

23. $f(x) = \dfrac{1}{x}$
$g(x) = \dfrac{1}{2x}$

a. $(f \circ g)(x) = \dfrac{1}{\frac{1}{2x}} = 2x$
Domain: $(-\infty, 0) \cup (0, \infty)$

b. $(g \circ f)(x) = \dfrac{1}{2\left(\frac{1}{x}\right)} = \dfrac{1}{\frac{2}{x}} = \dfrac{x}{2}$
Domain: $(-\infty, 0) \cup (0, \infty)$

25. $f(x) = x^2 - 9$
$g(x) = \sqrt{9 - x^2}$

a. $(f \circ g)(x) = \left(\sqrt{9 - x^2}\right)^2 - 9$
$= 9 - x^2 - 9 = -x^2$
Domain: $[-3, 3]$

b. $(g \circ f)(x) = \sqrt{9 - (x^2 - 9)^2}$
$= \sqrt{-x^4 + 18x^2 - 72}$
To find the domain, we must have
$-3 \leq x^2 - 9 \leq 3$ so $6 \leq x^2 \leq 12$. Thus
$-\sqrt{12} \leq x \leq -\sqrt{6}$ and $\sqrt{6} \leq x \leq \sqrt{12}$.
Domain: $\left[-\sqrt{12}, -\sqrt{6}\right] \cup \left[\sqrt{6}, \sqrt{12}\right]$

27. $f(x) = x^{1/3}$
$g(x) = x^6$

a. $(f \circ g)(x) = \left(x^6\right)^{1/3} = x^2$
Domain: $(-\infty, \infty)$

b. $(g \circ f)(x) = \left(x^{1/3}\right)^6 = x^2$
Domain: $(-\infty, \infty)$

29. $f(x) = |x|$
$g(x) = 3x - 1$

a. $(f \circ g)(x) = |3x - 1|$
Domain: $(-\infty, \infty)$

b. $(g \circ f)(x) = 3|x| - 1$
Domain: $(-\infty, \infty)$

31. $f(x) = \dfrac{3x+1}{x-1}$
$g(x) = \dfrac{x+1}{x-3}$

a. $(f \circ g)(x) = \dfrac{3\left(\frac{x+1}{x-3}\right)+1}{\left(\frac{x+1}{x-3}\right)-1} = \dfrac{3x+3+x-3}{x+1-x+3}$
$= \dfrac{4x}{4} = x$
Domain: $(-\infty, 3) \cup (3, \infty)$

b. $(g \circ f)(x) = \dfrac{\frac{3x+1}{x-1}+1}{\frac{3x+1}{x-1}-3} = \dfrac{3x+1+x-1}{3x+1-3x+3}$
$= \dfrac{4x}{4} = x$
Domain: $(-\infty, 1) \cup (1, \infty)$

33. $f(x) = \sqrt[5]{\dfrac{x^3+1}{2}}$
$g(x) = \sqrt[3]{2x^5 - 1}$

a. $(f \circ g)(x) = \sqrt[5]{\dfrac{\left(\sqrt[3]{2x^5-1}\right)^3 + 1}{2}}$
$= \sqrt[5]{\dfrac{2x^5 - 1 + 1}{2}} = \sqrt[5]{x^5} = x$
Domain: $(-\infty, \infty)$

b. $(g \circ f)(x) = \sqrt[3]{2\left(\sqrt[5]{\dfrac{x^3+1}{2}}\right)^5 - 1}$
$= \sqrt[3]{2\left(\dfrac{x^3+1}{2}\right) - 1} = \sqrt[3]{x^3} = x$
Domain: $(-\infty, \infty)$

35. $(f \circ g)(1) = f(g(1)) = f(6) = $ undefined

37. $(g \circ g)(-3) = g(g(-3)) = g(0) = 4.5$

39. $(g \circ f)(5) = g(f(5)) = g(0) = 4.5$

41. $(f + g)(1) = f(1) + g(1) = -4 + 6 = 2$

43. $(f - g)(-3) = f(-3) - g(-3) = -3 - 0 = -3$

45. $f(x) = x^4$
$g(x) = 3x - 1$

47. $f(x) = \sqrt[3]{x}$
$g(x) = x^2 - 9$

49. $f(x) = |x|$
$g(x) = 2x - 5$

51. $f(x) = \dfrac{1}{x}$
$g(x) = 2x - 3$

53. $f(x) = x^{2/3}$
$g(x) = 2x^2 - 5x + 1$

55. $f(x) = 3x^2 + 5x$
$g(x) = x - 1$

57. $k(x) = (3x - 1)^2$
$g(x) = x^2$
$f(x) = 3x - 1$
$k(x) = (g \circ f)(x)$

59. $k(x) = 3|x| - 1$
$f(x) = 3x - 1$
$h(x) = |x|$
$k(x) = (f \circ h)(x)$

61. $k(x) = (3|x| - 1)^2$
$g(x) = x^2$
$f(x) = 3x - 1$
$h(x) = |x|$
$k(x) = (g \circ (f \circ h))(x) = (g \circ f \circ h)(x)$

63. $f(x) = 2x - 3$
$f^3(x) = f(f(f(x))) = f(2(2x-3)-3)$
$= f[4x-9]$
$= 2(4x-9) - 3 = 8x - 21$

65. $f(x) = x^2 + 1$
$f^3(x) = f(f(x^2+1)) = f((x^2+1)^2+1)$
$= f(x^4 + 2x^2 + 1 + 1) = f(x^4 + 2x^2 + 2)$
$= (x^4 + 2x^2 + 2)^2 + 1$
$= x^8 + 4x^6 + 8x^4 + 8x^2 + 5$

67. $f(x) = x^3$
$f^3(x) = f(f(x^3)) = f((x^3)^3)$
$= f(x^9) = (x^9)^3 = x^{27}$

69. $f(x) = 1 + \frac{1}{x}$
$f^4(x) = f(f(f(f(x)))) =$
$= f\left(f\left(1 + \frac{1}{1+\frac{1}{x}}\right)\right)$
$= f\left(f\left(1 + \frac{x}{x+1}\right)\right) = f\left(f\left(\frac{2x+1}{x+1}\right)\right)$
$= f\left(1 + \frac{1}{\frac{2x+1}{x+1}}\right) = f\left(1 + \frac{x+1}{2x+1}\right)$
$= f\left(\frac{3x+2}{2x+1}\right) = 1 + \frac{1}{\frac{3x+2}{2x+1}}$
$= 1 + \frac{2x+1}{3x+2} = \frac{5x+3}{3x+2}$

71. a. $m = -0.44$
Profit is decreasing.

b. $m = 0.51$
Profit is increasing.

c. $(f+g)(x)$
$= -0.44x + 13.62 + 0.51x + 11.14$
$= 0.07x + 24.76$
$m = 0.07$
Profit is increasing.

73. $(A \circ r)(t) = \pi(0.4t)^2 = 0.16\pi t^2$
The function expresses the area of the circle at any given moment in time.

75. a. The cost of the car is the selling price with a $2000 rebate.

b. The cost of the car is 85% of the selling price, a 15% discount to the consumer.

c. $(f \circ g)(x) = 0.85x - 2000$
The cost of the car is 85% of the selling price with a $2000 rebate.

d. $(g \circ f)(x) = 0.85x - 1700$
The cost of the car is 85% the regular price less $1700.

e. Part (c) offers a better discount.

77. $0 = 0$
$0^2 + 0 = 0$
$0^2 + 0 = 0$
$0^2 + 0 = 0$
0 is a member of the Mandelbrot set.

79. $-i = -i$
$(-i)^2 + (-i) = -1 - i$
$(-1-i)^2 + (-1-i) = -1 + i$
$(-1-i)^2 + (-1-i) = -1 - i$
$-i$ is a member of the Mandelbrot set.

81. $1 - i = 1 - i$
$(1-i)^2 + (1-i) = 1 - 3i$
$(1-3i)^2 + (1-3i) = -7 - 9i$
$(-7-9i)^2 + (-7-9i) = -39 + 117i$
$1 - i$ is not a member of the Mandelbrot set.

83. a. False;
$(f \circ g)(5) = f(g(5)) = f(\sqrt{21}) = 17$

b. False; let $f(x) = x^n$ and $g(x) = x^m$, $n \neq m$.

c. True; $(f \circ g)(4) = f(g(4)) = f(7) = 5$

d. False; $(f \circ g)(5) = f(g(5)) = f(9) = 3$ and $g(2) = 3$.

85.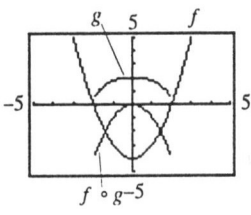

$f(x) = x^2 - 4$
Domain: $(-\infty, \infty)$
$g(x) = \sqrt{4 - x^2}$
Domain: $[-2, 2]$
$(f \circ g)(x) = \left(\sqrt{4 - x^2}\right)^2 - 4$
Domain: $[-2, 2]$

87.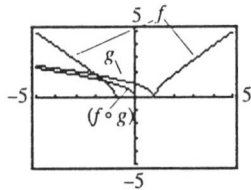

$f(x) = \sqrt{x^2 - 1}$
Domain: $(-\infty, -1] \cup [1, \infty)$
$g(x) = \sqrt{1 - x}$
Domain: $(-\infty, 1]$
$(f \circ g)(x) = \sqrt{\left(\sqrt{1-x}\right)^2 - 1}$
Domain: $(\infty, 0]$

89.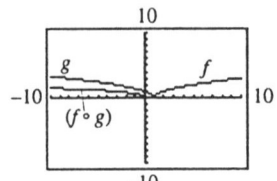

$f(x) = \sqrt{x - 1}$
Domain: $[1, \infty)$
$g(x) = \sqrt{1 - x}$
Domain: $(-\infty, 1]$
$(f \circ g)(x) = \sqrt{\sqrt{1-x} - 1}$
Domain: $(-\infty, 0]$

91. a.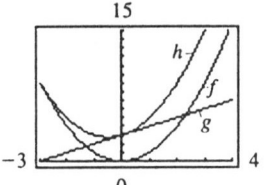

b. The y coordinates of $f + g$ are equal to the sum of y-coordinates for f and g.

c. Answers may vary.

d.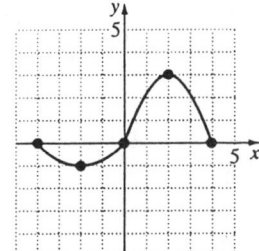

93. a. $f^n(0.96)$ approaches zero as n increases.
$f^n(1.04)$ approaches $+\infty$ as n increases.

b. As n gets larger $f^n(0.2)$ approaches zero.

95. Suppose $g(x) = ax + b$.
$(f \circ g)(x) = (ax+b)^2 + 5(ax+b) - 3$

$= a^2x^2 + 2abx + b^2 + 5ax + 5b - 3$
$= a^2x^2 + (2ab + 5a)x + b^2 + 5b - 3$
If $f \circ g = h$, then
$a^2x^2 + (2ab + 5a)x + b^2 + 5b - 3$
$= 16x^2 + 12x - 7.$
Thus $a^2 = 16$, $2ab + 5a = 12$, and
$b^2 + 5b - 3 = -7.$
From $a^2 = 16$, $a = 4$ or $a = -4$.
From $b^2 + 5b - 3 = -7$, $b = -1$ or $b = -4$.
The only solutions that work so
$2ab + 5a = 12$ are $a = 4$, $b = -1$ and $a = -4$, $b = -4$.
Thus a function g such that $f \circ g = h$ is
$g(x) = 4x - 1$ or $g(x) = -4x - 4$.

97. Answers may vary.
$f(x) = x^2$ and $g(x) = x$
$(f \circ g)(x) = x^2$
$(g \circ f)(x) = x^2$

99. Suppose f and g are even functions.
$(fg)(-x) = f(-x)g(-x) = f(x)g(x) = (fg)(x)$
Thus fg is an even function.

101. fg is an odd function when f is even and g is odd.
$(fg)(-x) = f(-x)g(-x)$
$= f(x) \cdot [-g(x)]$
$= -f(x)g(x)$
$= -(fg)(x)$

103. $f \circ g$ is an odd function when f and g are odd functions.
$(f \circ g)(-x) = f(g(-x)) = f(-g(x))$
$= -f(g(x)) = -(f \circ g)(x)$

105. Since $(f \circ g)(x) = x$, g must be the inverse function of f.
$y = -2x + 1$
$x = -2y + 1$
$2y = -x + 1$

$y = -\frac{1}{2}x + \frac{1}{2}$
$g(x) = -\frac{1}{2}x + \frac{1}{2}$
so $m = -\frac{1}{2}$ and $b = \frac{1}{2}$.

107. Group activity

Problem Set 2.7

1. A function but not one to one

3. Not a function

5. Not a function

7. A function but not one-to-one

9. A one-to-one function

11. $y = 1$ when $x = 0$ and $x = 2$
    Domain: $[1, \infty)$

13. $y = 0$ when $x = -1$ and $x = 5$
    Domain: $[2, \infty)$

15. a. $f(13) = 19$
       $f^{-1}(19) = 13$

    b. $f^{-1}(7) = -4$
       $f(-4) = 7$

17. $f(x) = 3x - 6$
    $y = 3x - 6$
    $x = 3y - 6$
    $y = \frac{x+6}{3}$
    $f^{-1}(x) = \frac{x+6}{3} \Rightarrow f^{-1}(9) = 5$

19. Coordinates on the graph of f:
    $(0, -4), (2, 0), (4, 4)$
    Coordinates on the graph of f^{-1}:

(−4, 0), (0, 2), (4, 4)

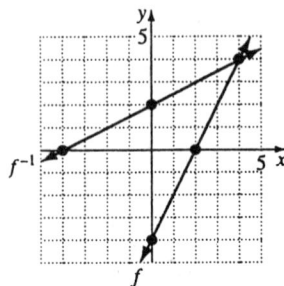

21. Coordinates on the graph of f:
    (0, 1), (1, 2), (2, 4)
    Coordinates on the graph of f^{-1}:
    (1, 0), (2, 1), (4, 2)

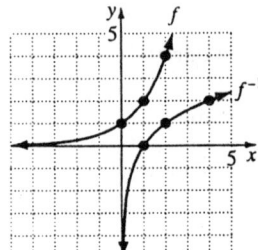

23. $f(g(x)) = 3\left(\dfrac{x+7}{3}\right) - 7 = x + 7 - 7 = x$

    $g(f(x)) = \dfrac{3x - 7 + 7}{3} = \dfrac{3x}{3} = x$

25. $f(g(x)) = \left(\sqrt{x+9}\right)^2 - 9 = x + 9 - 9 = x$

    $g(f(x)) = \sqrt{x^2 - 9 + 9} = \sqrt{x^2} = x$

27. $f(g(x)) = \dfrac{1}{\frac{1}{x} + 2 - 2} = \dfrac{1}{\frac{1}{x}} = x$

    $g(f(x)) = \dfrac{1}{\frac{1}{x-2}} + 2 = x - 2 + 2 = x$

29. a. $f(x) = 3x + 7$
    $y = 3x + 7$
    $x = 3y + 7$
    $y = \dfrac{x-7}{3}$
    $f^{-1}(x) = \dfrac{x-7}{3}$

b. $f(f^{-1}(x)) = 3\left(\dfrac{x-7}{3}\right) + 7$
   $= x - 7 + 7 = x$
   $f^{-1}(f(x)) = \dfrac{3x + 7 - 7}{3} = \dfrac{3x}{3} = x$

31. a. $f(x) = -\dfrac{1}{2}x + 3$
    $y = -\dfrac{1}{2}x + 3$
    $x = -\dfrac{1}{2}y + 3$
    $2x = -y + 6$
    $y = 6 - 2x$
    $f^{-1}(x) = 6 - 2x$

b. $f(f^{-1}(x)) = -\dfrac{1}{2}(6 - 2x) + 3$
   $= -3 + x + 3 = x$
   $f^{-1}(f(x)) = 6 - 2\left(-\dfrac{1}{2}x + 3\right)$
   $= 6 + x - 6$
   $= x$

33. a. $f(x) = \sqrt{2x + 7}$
    $y = \sqrt{2x + 7}$
    $x = \sqrt{2y + 7}$
    $x^2 = 2y + 7$
    $x^2 - 7 = 2y$
    $y = \dfrac{x^2 - 7}{2}$
    $f^{-1}(x) = \dfrac{x^2 - 7}{2}$

b. $f(f^{-1}(x)) = \sqrt{2\left(\dfrac{x^2 - 7}{2}\right) + 7}$
   $= \sqrt{x^2} = x$
   $f^{-1}(f(x)) = \dfrac{\left(\sqrt{2x+7}\right)^2 - 7}{2}$
   $= \dfrac{2x + 7 - 7}{2} = \dfrac{2x}{2} = x$

35. a. $f(x) = \sqrt[3]{2x-3}$
$y = \sqrt[3]{2x-3}$
$x = \sqrt[3]{2y-3}$
$x^3 = 2y - 3$
$y = \frac{x^3+3}{2}$
$f^{-1}(x) = \frac{x^3+3}{2}$

b. $f(f^{-1}(x)) = \sqrt[3]{2\left(\frac{x^3+3}{2}\right) - 3}$
$= \sqrt[3]{x^3+3-3} = \sqrt[3]{x^3} = x$
$f^{-1}(f(x)) = \frac{\left(\sqrt[3]{2x-3}\right)^3 + 3}{2}$
$= \frac{2x-3+3}{2} = \frac{2x}{2} = x$

37. a. $f(x) = 5x^3 - 7$
$y = 5x^3 - 7$
$x = 5y^3 - 7$
$x + 7 = 5y^3$
$y = \sqrt[3]{\frac{x+7}{5}}$
$f^{-1}(x) = \sqrt[3]{\frac{x+7}{5}}$

b. $f(f^{-1}(x)) = 5\left(\sqrt[3]{\frac{x+7}{5}}\right)^3 - 7$
$= 5\left(\frac{x+7}{5}\right) - 7 = x + 7 - 7 = x$
$f^{-1}(f(x)) = \sqrt[3]{\frac{5x^3-7+7}{5}} = \sqrt[3]{\frac{5x^3}{5}}$
$= \sqrt[3]{x^3} = x$

39. a. $f(x) = \frac{2x+1}{x-3}$
$y = \frac{2x+1}{x-3}$
$x = \frac{2y+1}{y-3}$
$x(y-3) = 2y+1$
$xy - 3x = 2y + 1$
$xy - 2y = 3x + 1$
$y(x-2) = 3x + 1$
$y = \frac{3x+1}{x-2}$
$f^{-1}(x) = \frac{3x+1}{x-2}$

b. $f(f^{-1}(x)) = \frac{2\left(\frac{3x+1}{x-2}\right)+1}{\frac{3x+1}{x-2}-3}$
$= \frac{2(3x+1)+x-2}{3x+1-3(x-2)} = \frac{6x+2+x-2}{3x+1-3x+6}$
$= \frac{7x}{7} = x$
$f^{-1}(f(x)) = \frac{3\left(\frac{2x+1}{x-3}\right)+1}{\frac{2x+1}{x-3}-2}$
$= \frac{3(2x+1)+x-3}{2x+1-2(x-3)}$
$= \frac{6x+3+x-3}{2x+1-2x+6} = \frac{7x}{7} = x$

41. a. $f(x) = (x-3)^2$
$y = (x-3)^2$
$x = (y-3)^2$
$\sqrt{x} = y - 3$
$y = \sqrt{x} + 3$
$f^{-1}(x) = \sqrt{x} + 3$

b. $f(f^{-1}(x)) = \left(\sqrt{x}+3-3\right)^2 = \left(\sqrt{x}\right)^2 = x$
$f^{-1}(f(x)) = \sqrt{(x-3)^2} + 3 = (x-3) + 3$
$= x$

43. a. $f(x) = \sqrt[3]{x-4} + 3$
$y = \sqrt[3]{x-4} + 3$
$x = \sqrt[3]{y-4} + 3$
$x - 3 = \sqrt[3]{y-4}$
$(x-3)^3 = y - 4$
$y = (x-3)^3 + 4$
$f^{-1}(x) = (x-3)^3 + 4$

b. $f(f^{-1}(x)) = \sqrt[3]{(x-3)^3 + 4 - 4} + 3$
$= \sqrt[3]{(x-3)^3} + 3$
$= x - 3 + 3 = x$
$f^{-1}(f(x)) = \left(\sqrt[3]{x-4} + 3 - 3\right)^3 + 4$
$= \left(\sqrt[3]{x-4}\right)^3 + 4 = x - 4 + 4 = x$

45. a. $f(x) = \frac{1}{x} + 3$
$y = \frac{1}{x} + 3$
$x = \frac{1}{y} + 3$
$xy = 1 + 3y$
$xy - 3y = 1$
$y(x - 3) = 1$
$y = \frac{1}{x - 3}$
$f^{-1}(x) = \frac{1}{x - 3}$

b. $f(f^{-1}(x)) = \frac{1}{\frac{1}{x-3}} + 3 = x - 3 + 3 = x$
$f^{-1}(f(x)) = \frac{1}{\frac{1}{x} + 3 - 3} = \frac{1}{\frac{1}{x}} = x$

47. a. $f(x) = x^{3/5}$
$y = x^{3/5}$
$x = y^{3/5}$
$x^{5/3} = y$
$f^{-1}(x) = x^{5/3}$

b. $f(f^{-1}(x)) = (x^{5/3})^{3/5} = x$
$f^{-1}(f(x)) = (x^{3/5})^{5/3} = x$

49.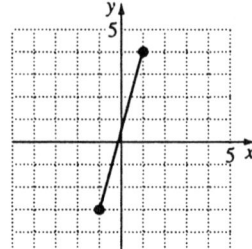

51.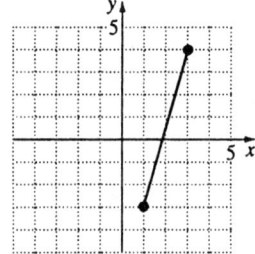

53.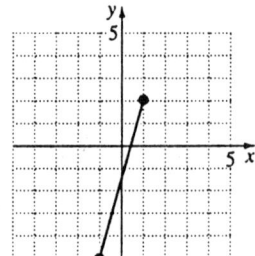

55.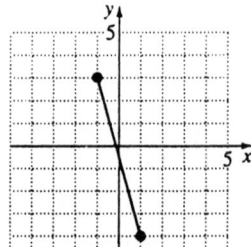

57.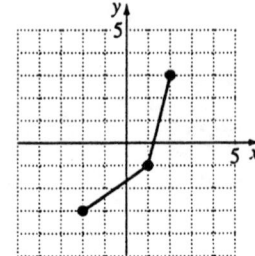

59.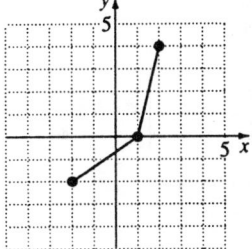

61.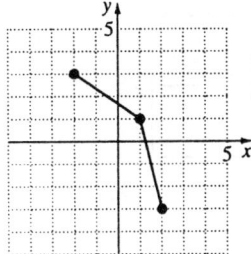

63. $f(x) = x+3$
$y = x+3$
$x = y+3$
$y = x-3$
$f^{-1}(x) = x-3$
$g(x) = 2x-1$
$y = 2x-1$
$x = 2y-1$
$y = \frac{x+1}{2}$
$g^{-1}(x) = \frac{x+1}{2}$
$(f^{-1} \circ g^{-1})(x) = \left(\frac{x+1}{2}\right) - 3 = \frac{x+1-6}{2}$
$= \frac{x-5}{2}$

65. $(f \circ g)(x) = 2x - 1 + 3 = 2x + 2$
$y = 2x + 2$
$x = 2y + 2$
$y = \frac{x-2}{2}$
$(f \circ g)^{-1}(x) = \frac{x-2}{2}$

67. a. f is a one-to-one function.

b. $f^{-1}(0.25)$ is the number of people in a room for a 25% probability of two people sharing a birthday. $f^{-1}(0.5)$ is the number of people in a room for a 50% probability of two people sharing a birthday. $f(0.7)$ is the number of people in a room for a 70% probability of two people sharing a birthday.

69. a. Yes; the graph passes the vertical line test.

b. No. The graph is not one-to-one. Time is not a function of arts endowment.

71. $D = 0.2F - 1$
$0.2F = D + 1$
$F = \frac{D+1}{0.2} = 5D + 5$

73. Let $f(x) = \frac{9}{5}x + 32$ and $g(x) = \frac{5}{9}(x-32)$.
$f(g(x)) = \frac{9}{5}\left[\frac{5}{9}(x-32)\right] + 32$
$= x - 32 + 32 = x$
$g(f(x)) = \frac{5}{9}\left[\left(\frac{9}{5}x + 32\right) - 32\right]$
$= \frac{5}{9}\left(\frac{9}{5}x\right) = x$

75. a. True

b. False; f is an even function so f is not one-to-one.

c. False; f is not one-to-one.

d. False; f is not one-to-one.

77. $f(x) = x^3 + 2$
$y = x^3 + 2$
$x = y^3 + 2$
$y = \sqrt[3]{x-2}$

$f^{-1}(x) = \sqrt[3]{x-2}$

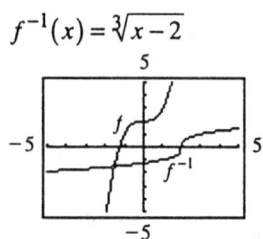

79. $f(x) = \sqrt{9-x^2}, 0 \le x \le 3$
$y = \sqrt{9-x^2}$
$x = \sqrt{9-y^2}$
$x^2 = 9 - y^2$
$y^2 = 9 - x^2$
$y = \sqrt{9-x^2}$
$f^{-1}(x) = \sqrt{9-x^2}, 0 \le x \le 3$

81. $f(x) = \sqrt[3]{x-2}$
$y = \sqrt[3]{x-2}$
$x = \sqrt[3]{y-2}$
$x^3 = y - 2$
$y = x^3 + 2$
$f^{-1}(x) = x^3 + 2$

83. Not one-to-one

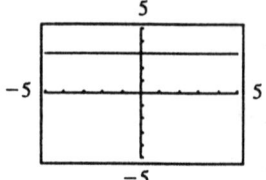

85. Not one-to-one

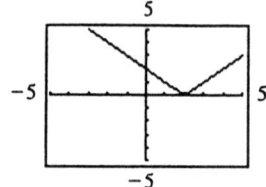

87. One-to-one

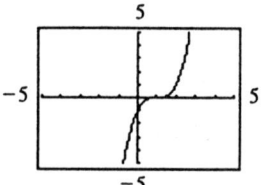

89. Not one-to-one

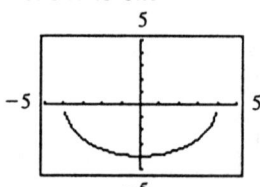

91. One-to-one

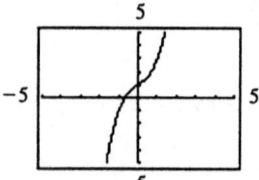

93. $f(x) = \frac{1}{x} + 2$
$g(x) = \frac{1}{x-2}$

f and *g* are inverses of each other.

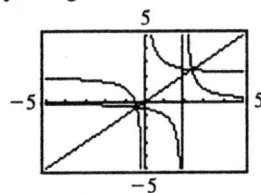

95. $f(x) = |x+1|$ $(x \geq -1)$
    $g(x) = |x-1|$ $(x \leq 0)$
    f and *g* are not inverses of each other.

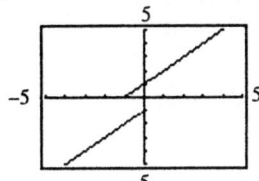

97. a.

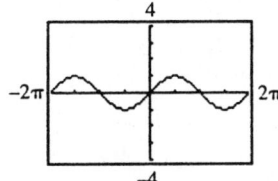

   b. Possible answer: $\left[-\frac{\pi}{2}, \frac{\pi}{2}\right]$

   c. Answers may vary.

99. Answers may vary.

101. $f(x) = \frac{Ax+B}{Cx-A}$
    $y = \frac{Ax+B}{Cx-A}$
    $x = \frac{Ay+B}{Cy-A}$
    $xCy - Ax = Ay + B$
    $xCy - Ay = Ax + B$
    $y(Cx - A) = Ax + B$
    $y = \frac{Ax+B}{Cx-A} \Rightarrow f^{-1}(x) = \frac{Ax+B}{Cx-A}$

103. If $f(5) = 19$ then $f^{-1}(19) = 5$
    $f^{-1}(2x+3) = 5$
    $2x + 3 = 19$
    $2x = 16$
    $x = 8$

105. For any x_1 and x_2 not equal to each other, either $x_1 > x_2$ or $x_1 < x_2$. If $x_1 > x_2$, then $f(x_1) > f(x_2)$ since *f* is an increasing function, so $f(x_1) \neq f(x_2)$.
    If $x_1 < x_2$, then $f(x_2) > f(x_1)$ since *f* is an increasing function, so $f(x_1) \neq f(x_2)$.
    Thus there are no distinct x_1 and x_2 such that $f(x_1) = f(x_2)$. Therefore, *f* is one-to-one.

Chapter 2 Review Problems

1. $L(74,400) = 900\sqrt{1 - \left(\frac{74,400}{186,000}\right)^2}$
    $L(74,400) \approx 824.9$
    From the perspective of an observer at rest, the length is approximately 824.9 m.

2. $f(10) = 0.0005(10)^2 + 0.025(10) + 8.8 = 9.1$
    $f(45) = 0.0202(45)^2 - 1.58(45) + 39.2$
    $= 9.005$
    $f(45) - f(10) = -0.095$
    The average distance each automobile was driven 10 years after 1940 was greater than 45 years after 1940 by 95 miles.

3. $f(x) = 7x - 3$

   a. $f(0) = -3$

   b. $f(-2) = 7(-2) - 3 = -17$

   c. $f(a) = 7a - 3$

   d. $f(a+h) = 7(a+h) - 3 = 7a + 7h - 3$

e. $\dfrac{f(a+h)-f(a)}{h} = \dfrac{7a+7h-3-7a+3}{h}$
$= 7$

f. $f(a)+f(h) = 7a-3+7h-3$
$= 7a+7h-6$

g. $f(2a) = 7(2a)-3 = 14a-3$

4. $f(x) = 4x^2 - 5x + 11$

   a. $f(0) = 11$

   b. $f(-2) = 4(-2)^2 - 5(-2)+11$
   $= 16+10+11 = 37$

   c. $f(a) = 4a^2 - 5a + 11$

   d. $f(a+h) = 4(a+h)^2 - 5(a+h)+11$
   $= 4\left(a^2+2ah+h^2\right)-5a-5h+11$
   $= 4a^2+8ah+4h^2-5a-5h+11$

   e. $\dfrac{f(a+h)-f(a)}{h} = \dfrac{4a^2+8ah+4h^2-5a-5h+11-4a^2+5a-11}{h}$
   $= \dfrac{8ah+4h^2-5h}{h}$
   $= 8a+4h-5$

   f. $f(a)+f(h) = 4a^2-5a+11+4h^2-5h+11$
   $= 4a^2-5a+4h^2-5h+22$

   g. $f(2a) = 4(2a)^2 - 5(2a)+11$
   $= 16a^2-10a+11$

5. $8-2x \geq 0$
$8 \geq 2x$
$4 \geq x$
Domain: $(-\infty, 4]$

6. $f(x) = \sqrt[3]{8-2x}$
Domain: $(-\infty, \infty)$

7. $f(x) = \sqrt{x^2 - 5x + 4}$
$x^2 - 5x + 4 \geq 0$
$x^2 - 5x + 4 = 0$
$(x-4)(x-1) = 0$
$x = 4$ or $x = 1$
Test intervals $(-\infty, 1), (1, 4), (4, \infty)$
Domain: $(-\infty, 1] \cup [4, \infty)$

8. $f(x) = \dfrac{2}{\sqrt{x^2 - 5x + 4}}$
$x^2 - 5x + 4 > 0$
$x^2 - 5x + 4 = 0$
$(x-4)(x-1) = 0$
$x = 4$ or $x = 1$
Test intervals $(-\infty, 1), (1, 4), (4, \infty)$
Domain: $(-\infty, 1) \cup (4, \infty)$

9. $f(x) = \sqrt{4 - x^2}$
$4 - x^2 \geq 0$
$4 - x^2 = 0$
$x = \pm 2$
Test intervals $(-\infty, -2), (-2, 2), (2, \infty)$
Domain: $[-2, 2]$

10. $f(x) = \dfrac{\sqrt{x-2}}{x-5}$
$x \neq 5$
$x - 2 \geq 0$
$x \geq 2$
Domain: $[2, 5) \cup (5, \infty)$

11. Point-slope form:
$y - 2 = -6(x + 3)$
Slope intercept form:
$y = -6x - 18 + 2$
$y = -6x - 16$
General form:
$6x + y + 16 = 0$

12. $m = \dfrac{6-2}{1+1} = \dfrac{4}{2} = 2$
$y - 2 = 2(x + 1)$ or $y - 6 = 2(x - 1)$
Slope-intercept form:
$y = 2x + 2 + 2$
$y = 2x + 4$
General form:
$2x - y + 4 = 0$

13. $3x + y - 9 = 0$
$y = -3x + 9$
$m = -3$
Point-slope form:
$y + 7 = -3(x - 4)$
Slope-intercept form:
$y = -3x + 12 - 7$
$y = -3x + 5$
General form:
$3x + y - 5 = 0$

14. $x - 3y - 5 = 0$
$-3y = -x + 5$
$y = \dfrac{1}{3}x - \dfrac{5}{3}$
$m = -3$
Point-slope form:
$y - 6 = -3(x + 3)$
Slope-intercept form:
$y = -3x - 9 + 6$
$y = -3x - 3$
General form:
$3x + y + 3 = 0$

15. a. Estimate 6.6 million victims for 1980.
$m = \dfrac{6.6 - 6.0}{1980 - 1975} = \dfrac{0.6}{5}$
$m = 0.12$
From 1975 to 1980, the number of victims increased at an average rate of 120,000 per year.

b. Estimate 6.2 million victims for 1985.
$m = \dfrac{6.2 - 6.6}{1985 - 1980} = \dfrac{-0.4}{5}$
$m = -0.08$
From 1980 to 1985, the number of victims decreased at an average rate of 80,000 per year.

16. Answers may vary.
(1983, 620); (1993, 780)
$$m = \frac{780-620}{1993-1983} = \frac{160}{10} = 16$$
$y - 620 = 16(x - 1983)$
$y = 16x - 31{,}108$
$y = 16(2000) - 31{,}108 = 892$ nurses

17. a. (3, 546); (5, 666.2)
$$m = \frac{666.2 - 546}{5-3} = \frac{120.2}{2} = 60.1$$
$y - 546 = 60.1(x - 3)$ or
$y - 666.2 = 60.1(x - 5)$
$y = 60.1x - 180.3 + 546$
$y = 60.1x + 365.7$

b. $y = 60.1(2) + 365.7 = 485.9$ billion dollars

c. $y = 60.1(15) + 365.7 = 1267.2$ billion dollars

18.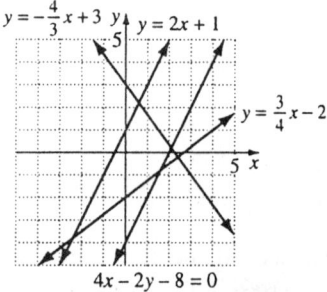

Parallel lines have the same slope. If two nonvertical lines are perpendicular, their slopes are negative reciprocals of each other.

19. Dead room: (1000, 38); (3000, 78)
$$m = \frac{78-38}{3000-1000} = \frac{40}{2000} = \frac{1}{50}$$
Average room: (1000, 20); (4000, 50)
$$m = \frac{50-20}{4000-1000} = \frac{30}{3000} = \frac{1}{100}$$
Live room: (1000, 10); (2500, 20)
$$m = \frac{20-10}{2500-1000} = \frac{10}{1500} = \frac{1}{150}$$

20. a. Drive-On Rental Company:
$y = 0.15x + 30$
Hit the Road Rental:
$y = 0.10x + 40$

b.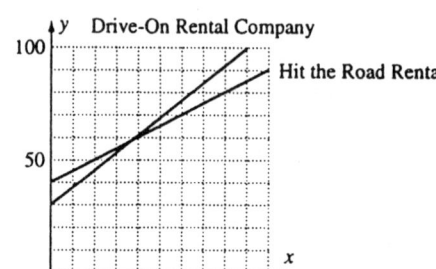

c. Drive-On Rental has the better offer for less than 200 miles. Hit the Road Rental has the better offer for more than 200 miles.

21. a. (23,000, 400); (0, 0)
$$m = \frac{400-0}{23{,}000-0} = \frac{2}{115}$$
$$y = \frac{2}{115}x$$

b. $y = \dfrac{2}{115}(35{,}000) \approx 608.70$
Approximately $608.70

22.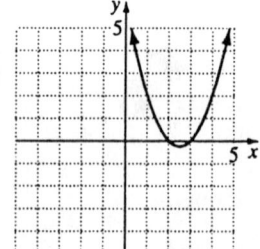

Domain: $(-\infty, \infty)$; range: $\left[-\dfrac{1}{4}, \infty\right)$

23.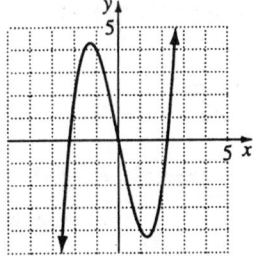

Domain: $(-\infty, \infty)$; range: $(-\infty, \infty)$

24. $f(x) = \dfrac{x^2 - 25}{x - 5} = x + 5 \quad (x \neq 5)$

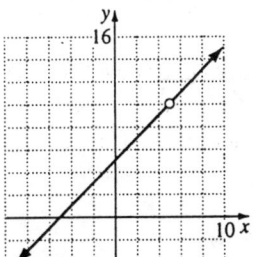

Domain: $(-\infty, 5) \cup (5, \infty)$;
range: $(-\infty, 10) \cup (10, \infty)$

25.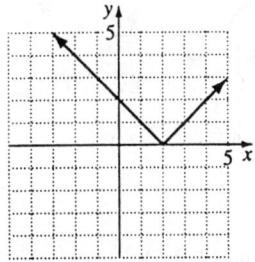

Domain: $(-\infty, \infty)$; range: $[0, \infty)$

26.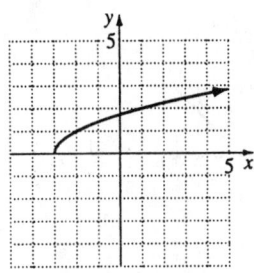

Domain: $[-3, \infty)$; range: $[0, \infty)$

27.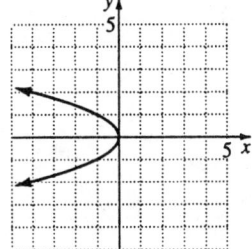

Domain: $(-\infty, 0]$; range: $(-\infty, \infty)$

28.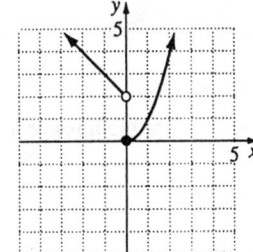

Domain: $(-\infty, \infty)$; range: $[0, \infty)$

29.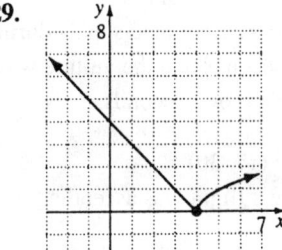

Domain: $(-\infty, \infty)$; range: $[0, \infty)$

30. a. $[-3, 5)$

    b. $[-5, 0]$

    c. $|f(3) - f(0)| = |-5 + 2| = |-3| = 3$

31. $(x - 2)^2 + (y + 1)^2 = 9$
center: $(2, -1)$
radius $= 3$

32. $x^2 + 2x + y^2 - 4y = 4$
$(x^2 + 2x + 1) + (y^2 - 4y + 4) = 4 + 4 + 1$

$(x+1)^2 + (y-2)^2 = 9$
center: (–1, 2)
radius = 3

33. a. $f(-6) = -5$
    $f(-2) = 0$
    $f(6) = 3$

    b. Increasing: (–5, 0)
       Decreasing: $(-\infty, -5) \cup (0, \infty)$

    c. Relative maximum = 3 at $x = 0$.
       Relative minimum = –6 at x –5.

    d. Not one-to-one; possible answer: $(0, \infty)$

34. a. Answers may vary.

    b. Decreasing: (3, 12)
       The vulture descended.

    c. Constant: (0, 3) and (12, 17)
       The vulture's height held steady during the first 3 seconds and the vulture was on the ground for 5 seconds.

    d. Increasing: (17, 30)
       The vulture's flight was ascending.

    e. No; the function does not pass a horizontal line test, so it is not one-tone.

35. a. Maximum value = 13.5 at $x = 25$
       The most growth a redwood will experience in a year is 13.5 inches when the rainfall is 25 inches.

    b. Range: in a year [1, 13.5]

36. Possible answer:

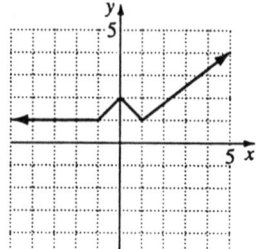

37. Possible answer:

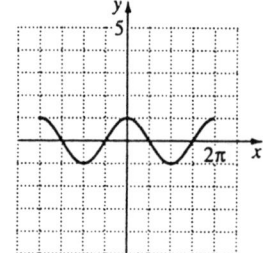

38. a. Possible answer:

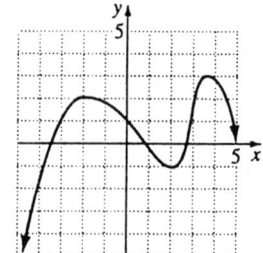

    b. 4 x-intercepts

    c. $(-\infty, -2)$ and (2, 3.5)

    d. (–2, 2) and (3.5, ∞)

39. Possible answer:

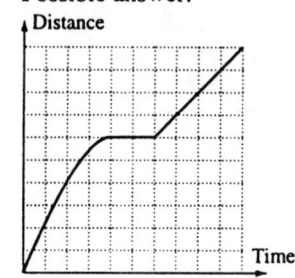

40. Possible answer:

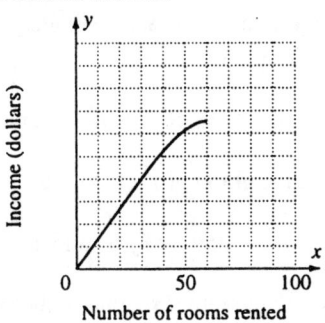

41.

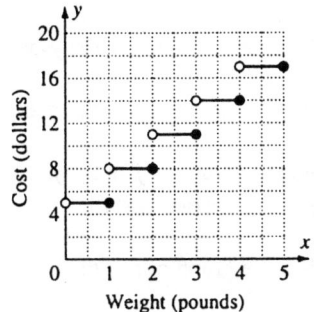

42. Answers may vary.

43. Answers may vary.

44.

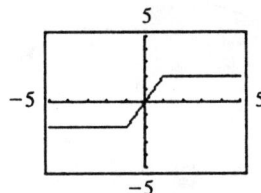

a. Increasing: (–1, 1)
   Constant: (–∞, –1), (1, ∞)

b. Relative maximum: 1
   Relative minimum: –1

c. Odd

45.

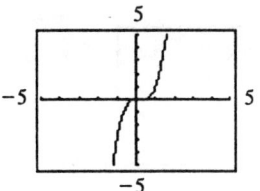

a. Increasing: (–∞, 0), (0.33, ∞)
   Decreasing: (0, 0.33)

b. Relative maximum: 0
   Relative minimum: –0.04

c. Neither

46.

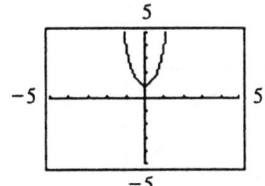

a. Increasing: (0, ∞)
   Decreasing: (–∞, 0)

b. Relative minimum: 1

c. Even

47. a.

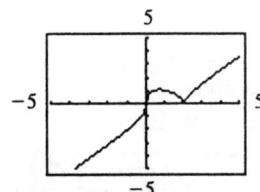

Increasing: (–∞, 0.67) and (2, ∞)
Decreasing: (0.67, 2)

b. Relative maximum: 1.06
   Relative minimum: 0

c. Neither

48. a. $f(x) = x(18 - 2x)^2$

b.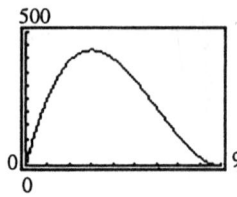

c. 432 cubic inches when $x = 3$.

49. a. Price per passenger $= 200 + 25x$
Number of passengers $= 400 - x$
Income = (Price per passenger)
       (Number of passengers)
$= (200 + 25x)(400 - x)$
$f(x) = (200 + 25x)(400 - x)$

b.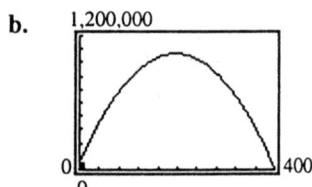

c. Maximum of $y = 1{,}040{,}400$ at $x = 196$
The number of people that will generate maximum airfare is $400 - 196 = 204$.
The maximum income is \$1,040,400.

50. a. $A = 4x$

b. $A = \dfrac{x\sqrt{64 - x^2}}{4}$

c. $f(x) = 4x + \dfrac{x\sqrt{64 - x^2}}{4}$
$= \dfrac{16x + x\sqrt{64 - x^2}}{4}$

d.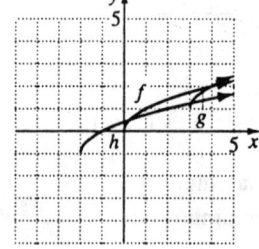

Maximum $y \approx 35.23$ when $x \approx 7.44$.
Maximum area is approximately 35.23 square feet.

51. a. Shift the graph of f upward 3 units.

b. Shift the graph of f left 3 units.

c. Stretch the graph of f by a factor of 2.

d. Shift the graph of f 1 unit to the right and 3 units down.

e. Reflect the graph of f in the y-axis.

f. Reflect the graph of f in the x-axis.

g. Reflect the graph of f in the y-axis and then in the x-axis.

h. Reflect the graph of f in the line $y = x$.

52.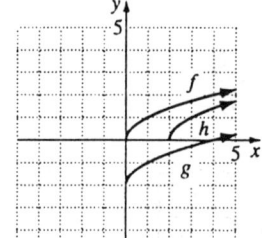

53.

SSM: College Algebra *Chapter 2:* Functions and Graphs

54.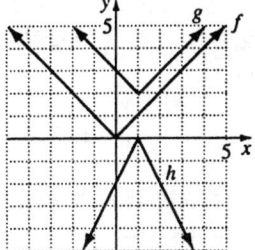

55.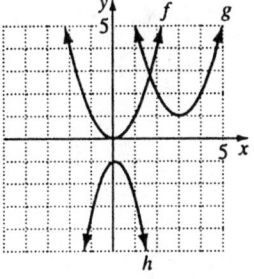

56.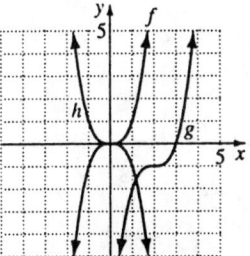

57.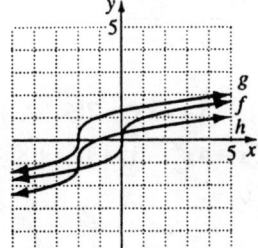

58.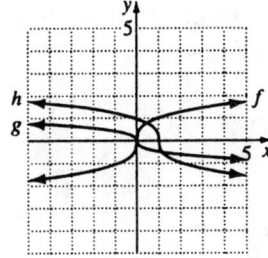

59. $g(x) = |x - 3| - 1$
$h(x) = -\dfrac{1}{2}|x| + 2$

60.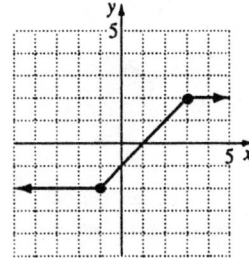

61.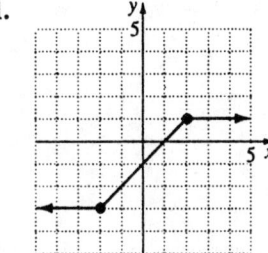

62.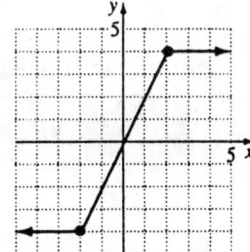

63.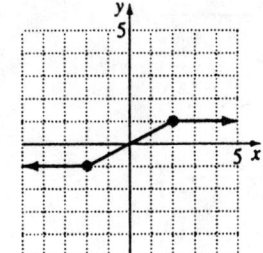

Chapter 2: Functions and Graphs

64.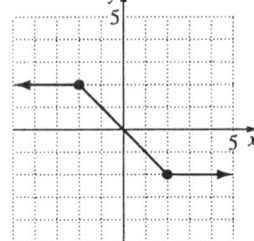

65.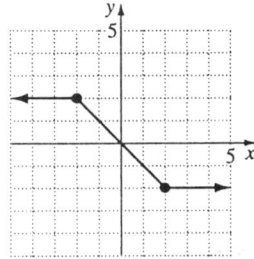

66.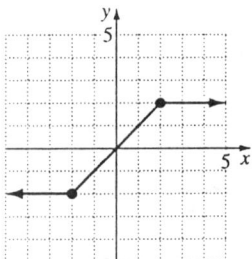

67.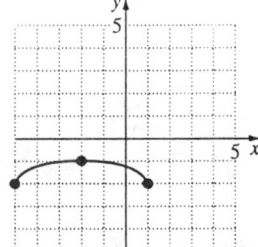

68. $g(x) = -\dfrac{1}{2}\sqrt{16 - x^2} - 1$

69. $f(x) = x^3 - 5x$
$f(-x) = (-x)^3 - 5(-x)$
$= -x^3 + 5x = -f(x)$
odd

70. $f(x) = x^4 - 2x^2 + 1$
$f(-x) = (-x)^4 - 2(-x)^2 + 1$
$= x^4 - 2x^2 + 1 = f(x)$
even

71. $f(x) = 2x\sqrt{1 - x^2}$
$f(-x) = 2(-x)\sqrt{1 - (-x)^2}$
$= -2x\sqrt{1 - x^2} = -f(x)$
odd

72. $f(x) = x^2 - 7x + 8$
$g(x) = 5 - 2x$

    a. $(f + g)(x) = x^2 - 7x + 8 + 5 - 2x$
$= x^2 - 9x + 13$

    b. $(f - g)(x) = x^2 - 7x + 8 - 5 + 2x$
$= x^2 - 5x + 3$

    c. $(fg)(x) = (x^2 - 7x + 8)(5 - 2x)$
$5x^2 - 35x + 40 - 2x^3 + 14x^2 - 16x$
$= -2x^3 + 19x^2 - 51x + 40$

    d. $\left(\dfrac{f}{g}\right)(x) = \dfrac{x^2 - 7x + 8}{5 - 2x}$

    e. $(f \circ g)(x) = (5 - 2x)^2 - 7(5 - 2x) + 8$
$= 25 - 20x + 4x^2 - 35 + 14x + 8$
$= 4x^2 - 6x - 2$

    f. $(g \circ f)(x) = 5 - 2(x^2 - 7x + 8)$
$= 5 - 2x^2 + 14x - 16$
$= -2x^2 + 14x - 11$

73. $f(x) = \sqrt{x + 4}$ and $g(x) = \sqrt{x - 1}$

    a. $(f + g)(x) = \sqrt{x + 4} + \sqrt{x - 1}$
Domain: $[1, \infty)$

b. $(f-g)(x) = \sqrt{x+4} - \sqrt{x-1}$
Domain: $[1, \infty)$

c. $(fg)(x) = (\sqrt{x+4})(\sqrt{x-1})$
$= \sqrt{x^2 + 3x - 4}$
Domain: $[1, \infty)$

d. $\left(\dfrac{f}{g}\right)(x) = \dfrac{\sqrt{x+4}}{\sqrt{x-1}}$
Domain: $(1, \infty)$

74. $f(x) = \sqrt{x}$
$g(x) = 2x + 1$

a. $(f \circ g)(x) = \sqrt{2x+1}$

b. $(g \circ f)(x) = 2\sqrt{x} + 1$

c. $(f \circ g)(4) = 3$

d. $(g \circ f)(25) = 11$

e. Domain of $f \circ g$: $\left[-\dfrac{1}{2}, \infty\right)$
Domain of $g \circ f$: $[0, \infty)$

75. $f(x) = x^2 - 25$
$g(x) = \sqrt{25 - x^2}$
$(f \circ g)(x) = \left(\sqrt{25 - x^2}\right)^2 - 25$
$= 25 - x^2 - 25 = -x^2$
Domain: $[-5, 5]$

76. $L(p) = 0.7\sqrt{p^2 + 3}$; $p(t) = 1 + 0.01t^3$
$(L \circ p)(t) = 0.7\sqrt{(1 + 0.01t^3)^2 + 3}$
$= 0.7\sqrt{0.0001t^6 + 0.02t^3 + 1}$
The function models the level of carbon of monoxide for a given level of population at a particular point in time.

$(L \circ P)(10) \approx 7.8$; this is the level of carbon monoxide 10 years after 1990.

77. $h(x) = (2x + 7)^4$
$f(x) = x^4$
$g(x) = 2x + 7$

78. $h(x) = \sqrt{3x^2 - 7}$
$f(x) = \sqrt{x}$
$g(x) = 3x^2 - 7$

79. $h(x) = 3(x - 4)^2 + 5(x - 4)$
$f(x) = 3x^2 + 5x$
$g(x) = x - 4$

80. $f(f(f(x))) = f(f(3x - 2)) = f(3(3x - 2) - 2)$
$= f(9x - 8) = 3(9x - 8) - 2 = 27x - 24 - 2$
$= 27x - 26$

81. $f(f(f(x))) = f(f(x^2 - 1))$
$= f\left[(x^2 - 1)^2 - 1\right] = f(x^4 - 2x^2)$
$= \left(x^4 - 2x^2\right)^2 - 1$
$= x^8 - 4x^6 + 4x^4 - 1$

82. $f^3(x) = f(f(f(x))) = f(f(0.95x))$
$= f(0.95(0.95x)) = f(0.9025x)$
$= 0.95(0.9025x) = 0.857375x$
At the start of 2000 the area of the rain forest will be approximately 86% of the area in 1997.

83. Not a function

84. Function; not one-to-one

85. Function; one-to-one

86. Not a function

Chapter 2: Functions and Graphs

87. **a.** $f(x) = \frac{1}{2}x - 4$
$y = \frac{1}{2}x - 4$
$x = \frac{1}{2}y - 4$
$y = 2(x + 4)$
$f^{-1}(x) = 2x + 8$

b. $f\left[f^{-1}(x)\right] = \frac{1}{2}(2x + 8) - 4$
$= x + 4 - 4 = x$
$f^{-1}[f(x)] = 2\left(\frac{1}{2}x - 4\right) + 8$
$= x - 8 + 8 = x$

88. **a.** $f(x) = 4x - 3$
$y = 4x - 3$
$x = 4y - 3$
$y = \frac{x+3}{4}$
$f^{-1}(x) = \frac{x+3}{4}$

b. $f(f^{-1}(x)) = 4\left(\frac{x+3}{4}\right) - 3$
$= x + 3 - 3 = x$
$f^{-1}(f(x)) = \frac{4x - 3 + 3}{4} = \frac{4x}{4} = x$

89. **a.** $f(x) = \sqrt{x+2}$
$y = \sqrt{x+2}$
$x = \sqrt{y+2}$
$x^2 = y + 2$
$y = x^2 - 2$
$f^{-1}(x) = x^2 - 2, \, x \geq 0$

b. $f(f^{-1}(x)) = \sqrt{x^2 - 2 + 2} = \sqrt{x^2} = x$
$f^{-1}(f(x)) = \left(\sqrt{x+2}\right)^2 - 2 = x + 2 - 2$
$= x$

90. **a.** $f(x) = 8x^3 + 1$
$y = 8x^3 + 1$
$x = 8y^3 + 1$
$8y^3 = x - 1$
$y^3 = \frac{x-1}{8}$
$y = \frac{\sqrt[3]{x-1}}{2}$
$f^{-1}(x) = \frac{\sqrt[3]{x-1}}{2}$

b. $f(f^{-1}(x)) = 8\left(\frac{\sqrt[3]{x-1}}{2}\right)^3 + 1$
$= x - 1 + 1 = x$
$f^{-1}(f(x)) = \frac{\sqrt[3]{8x^3 + 1 - 1}}{2} = \frac{2x}{2} = x$

91. **a.** $f(x) = x^2 - 4$
$y = x^2 - 4$
$x = y^2 - 4$
$y = \sqrt{x+4}$
$f^{-1}(x) = \sqrt{x+4}$

b. $f(f^{-1}(x)) = \left(\sqrt{x+4}\right)^2 - 4$
$= x + 4 - 4 = x$
$f^{-1}(f(x)) = \sqrt{x^2 - 4 + 4} = \sqrt{x^2} = x$

92. **a.** $f(x) = \sqrt[3]{2x - 1}$
$y = \sqrt[3]{2x - 1}$
$x = \sqrt[3]{2y - 1}$
$x^3 = 2y - 1$
$y = \frac{x^3 + 1}{2}$
$f^{-1}(x) = \frac{x^3 + 1}{2}$

b. $f(f^{-1}(x)) = \sqrt[3]{2\left(\frac{x^3+1}{2}\right) - 1}$
$= \sqrt[3]{x^3 + 1 - 1} = \sqrt[3]{x^3} = x$

$$f^{-1}(f(x)) = \frac{\left(\sqrt[3]{2x-1}\right)^3 + 1}{2}$$
$$= \frac{2x-1+1}{2} = \frac{2x}{2} = x$$

93. a. Yes, each y value corresponds to only one x value.

   b. The accounts balance of $11,250 will be realized after 3 compounding periods.

   c. The statement is false. The range of the function is [11,200, 11,274.97). Thus the amount in the account will never reach or exceed $11,274.97 even with more and more compounding periods.

94. a.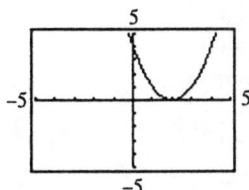

   b. Domain: $[2, \infty)$

   c. $f(x) = (x-2)^2$
   $y = (x-2)^2$
   $x = (y-2)^2$
   $\sqrt{x} = y - 2$
   $f^{-1}(x) = \sqrt{x} + 2$

   d.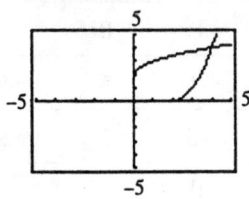

95. a.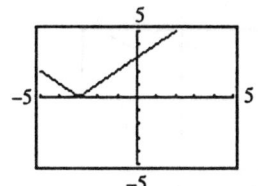

   b. Domain: $[-3, \infty)$

   c. $f(x) = |x+3|$
   $y = |x+3|$
   $x = |y+3|$
   $f^{-1}(x) = x - 3, x \geq 0$

   d.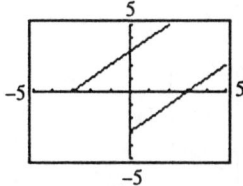

96. a.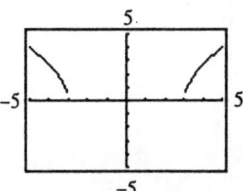

   b. Domain: $[3, \infty)$

   c. $f(x) = \sqrt{x^2 - 9}$
   $y = \sqrt{x^2 - 9}$
   $y^2 = x^2 - 9$
   $x^2 = y^2 - 9$
   $y = \sqrt{x^2 + 9}$
   $f^{-1}(x) = \sqrt{x^2 + 9}, x \geq 0$

Chapter 2: Functions and Graphs   *SSM:* College Algebra

d.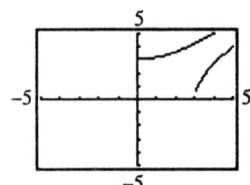

97.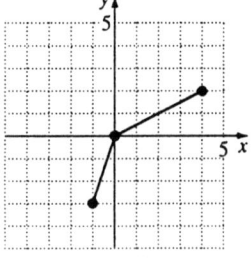

98.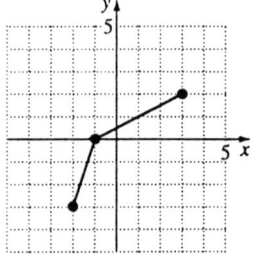

99.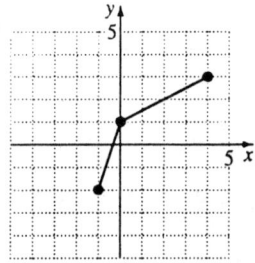

100.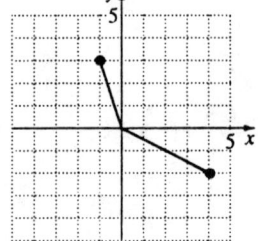

101. a. $(50, 40); (70, 120)$
$m = \dfrac{120 - 40}{70 - 50} = \dfrac{80}{20} = 4$
$y - 40 = 4(x - 50)$
$y = 4x - 160$
$f(T) = 4T - 160$

b. $f(90) = 4(90) - 160 = 360 - 160$
$= 200$
At a temperature of 90°F, the cricket chirps 200 times per minute.

c. $4T - 160 > 0$
$4T > 160$
$T > 40$
Domain: $(40, 136)$

d. $f(40) = 0$
$f(136) = 384$
Range: $(0, 384)$

e. $f(T) = 4T - 160$
$C = 4T - 160$
$C + 160 = 4T$
$T = \dfrac{C + 160}{4}$

102.

x	$f(x)$	$g(x)$	$h(x)$
−3	0	0	0
−2	5	5	undefined
−1	5	5	undefined
0	0	0	0
1	−5	5	undefined
2	−5	5	undefined
3	0	0	0

SSM: College Algebra   Chapter 2: Functions and Graphs

Chapter 2 Test

1. $f(x) = 0.002x^2 + 0.41x + 7.34$
    $f(10) = 0.002(10)^2 + 0.41(10) + 7.34$
    $= 11.64$
    11.64% of the U.S. population graduated from college in 1970.

2. $f(x) = 7x^2 - 9x + 13$
    $f(a+h) = 7(a+h)^2 - 9(a+h) + 13$
    $= 7(a^2 + 2ah + h^2) - 9a - 9h + 13$
    $= 7a^2 + 14ah + 7h^2 - 9a - 9h + 13$
    $f(a) = 7a^2 - 9a + 13$
    $\dfrac{f(a+h) - f(a)}{h} = \dfrac{7a^2 + 14ah + 7h^2 - 9a - 9h + 13 - 7a^2 + 9a - 13}{h}$
    $= \dfrac{14ah + 7h^2 - 9h}{h} = \dfrac{h(14a + 7h - 9)}{h} = 14a + 7h - 9$

3. $f(x) = \sqrt{12 - 3x}$
    $12 - 3x \geq 0$
    $12 \geq 3x$
    $x \leq 4$
    Domain: $(-\infty, 4]$

4. (2, 1); (−1, −8)
    $m = \dfrac{-8-1}{-1-2} = \dfrac{-9}{-3} = 3$
    $y - 1 = 3(x - 2)$ or $y + 8 = 3(x + 1)$
    $y = 3x - 6 + 1$
    $y = 3x - 5$
    $3x - y - 5 = 0$

5. $y = -\dfrac{1}{4}x + 5$ so $m = 4$
    $y - 6 = 4(x + 4)$
    $y = 4x + 16 + 6$
    $y = 4x + 22$
    $4x - y + 22 = 0$

6. a. (4, 401.1); (9, 475.6)
        $m = \dfrac{475.6 - 401.1}{9 - 4} = \dfrac{74.5}{5} = 14.9$
        $y - 401.1 = 14.9(x - 4)$ or
        $y - 475.6 = 14.9(x - 9)$
        $y = 14.9x - 59.6 + 401.1$
        $y = 14.9x + 341.5$

b. When $x = 20$,
   $y = 14.9(20) + 341.5 = 639.5$
   $639.50

7. $f(x) = \dfrac{x^2 - 36}{x - 6} = x + 6 \quad (x \neq 6)$

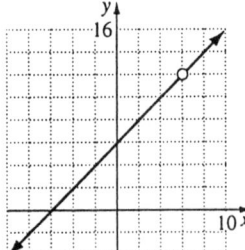

8.

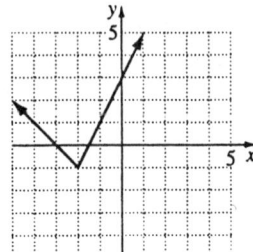

9. a. $f(4) - f(-3) = 3 - (-2) = 5$

   b. Increasing: $(-1, 2)$

   c. Decreasing: $(-\infty, -1)$ and $(2, \infty)$

   d. 5 at $x = 2$

   e. -3 at $x = -1$

10. $f(2) = 4(2)^3 - 48(2)^2 + 144(2) = 128$
    The maximum volume is 128 cubic inches when 2-inch squares are cut away.

11. Possible answer:

12. $g(x) = (x - 2)^3$
    Shift $f(x) = x^3$ two units to the right.

13. The graph of f is shifted 3 to the right to obtain the graph of g. Then the graph of g is stretched by a factor of 2 and then reflected in the x-axis to obtain the graph of h.

14. $f(x) = x^4 - x^2$
    $f(-x) = (-x)^4 - (-x)^2 = x^4 - x^2 = f(x)$
    $f(-x) = f(x)$, so the function $f(x)$ is even and is symmetric with respect to the y-axis. The graph in the figure is symmetric with respect to the origin.

15. $f(x) = x^2 + 3x - 4$
    $g(x) = 5x - 2$
    $(f - g)(x) = x^2 + 3x - 4 - 5x + 2$
    $= x^2 - 2x - 2$

16. $f(x) = x^2 + 3x - 4$
    $g(x) = 5x - 2$
    $(f \circ g)(x) = (5x - 2)^2 + 3(5x - 2) - 4$
    $= 25x^2 - 20x + 4 + 15x - 6 - 4$
    $= 25x^2 - 5x - 6$

17. $f(x) = x^2 + 3x - 4$
    $g(x) = 5x - 2$
    $(g \circ f)(x) = 5(x^2 + 3x - 4) - 2$
    $= 5x^2 + 15x - 20 - 2$
    $= 5x^2 + 15x - 22$

SSM: College Algebra   Chapter 2: Functions and Graphs

18. $f(x) = x^2 + 3x - 4$
    $g(x) = 5x - 2$
    $f(g(2)) = f(5(2) - 2) = f(8) = 8^2 + 3(8) - 4$
    $= 64 + 24 - 4 = 84$

19. $f(x) = x^2 + 3x - 4$
    $g(x) = 5x - 2$
    $g(f(2)) = g(2^2 + 3(2) - 4) = g(6)$
    $= 5(6) - 2 = 28$

20. $f(x) = \sqrt{x - 2}$
    $y = \sqrt{x - 2}$
    $x = \sqrt{y - 2}$
    $x^2 = y - 2$
    $y = x^2 + 2$
    $f^{-1}(x) = x^2 + 2$
    $f(f^{-1}(x)) = \sqrt{x^2 + 2 - 2} = \sqrt{x^2} = x$
    $f^{-1}(f(x)) = \left(\sqrt{x - 2}\right)^2 + 2 = x - 2 + 2 = x$

21. a. Yes. The graph of f passes the horizontal line test. That is, the horizontal line intersects the graph of f at only one point for any given value of y.

    b. $f^{-1}(170)$ is the height of a man whose recommended weight is 170 pounds.

22. a. No; the graph does not pass the horizontal line test.

    b. Neither; there is no origin symmetry or y-axis symmetry.

    c. Relative maximum: 3.23 at $x \approx 1.22$
       Relative minimum: 0 at $x = 0$
       Relative minimum: -9.91 at $x \approx 3.28$

    d. $[-9.91, \infty)$

    e. Increasing; $(0, 1.22)$ and $(3.28, \infty)$

    f. Decreasing: $(-\infty, 0)$ and $(1.22, 3.28)$

Chapter 2 Cumulative Review Problems

1. $\left(\dfrac{4x^2 y}{2x^5 y^{-3}}\right)^{-3} = \dfrac{4^{-3} x^{-6} y^{-3}}{2^{-3} x^{-15} y^9} = \dfrac{8x^9}{64 y^{12}} = \dfrac{x^9}{8 y^{12}}$

2. $-6\sqrt{32y} + 10\sqrt{2y} = -6\sqrt{16 \cdot 2y} + 10\sqrt{2y}$
   $= -24\sqrt{2y} + 10\sqrt{2y}$
   $= -14\sqrt{2y}$

3. $x^2 - 2x + 1 - y^2 = (x - 1)^2 - y^2$
   $= (x - 1 - y)(x - 1 + y)$

4. $\dfrac{x^2 - 2x}{x^2 - 9} \cdot \dfrac{x^4 - 4x^3 + 4x^2}{x^2 + 3x}$
   $= \dfrac{x(x - 2)}{(x - 3)(x + 3)} \cdot \dfrac{x(x + 3)}{x^2(x - 2)(x - 2)}$
   $= \dfrac{1}{(x - 3)(x - 2)}$

5. $\dfrac{x - 1}{\sqrt{x + 1} - \sqrt{2}} \cdot \dfrac{\sqrt{x + 1} + \sqrt{2}}{\sqrt{x + 1} + \sqrt{2}}$
   $= \dfrac{(x - 1)\left(\sqrt{x + 1} + \sqrt{2}\right)}{x + 1 - 2}$
   $= \dfrac{(x - 1)\left(\sqrt{x + 1} + \sqrt{2}\right)}{(x - 1)}$
   $= \sqrt{x + 1} + \sqrt{2} \quad (x \neq 1)$

6. $(12x - 5)(x - 1) = 10$
   $12x^2 - 17x + 5 - 10 = 0$
   $12x^2 - 17x - 5 = 0$
   $(4x + 1)(3x - 5) = 0$
   $4x + 1 = 0$ or $3x - 5 = 0$
   $x = -\dfrac{1}{4} \qquad x = \dfrac{5}{3}$
   $\left\{-\dfrac{1}{4}, \dfrac{5}{3}\right\}$

7. $\dfrac{2x}{x-1} - \dfrac{4}{x^2-x} = \dfrac{x-1}{x}$

$x(x-1)\left[\dfrac{2x}{x-1} - \dfrac{4}{x(x-1)}\right]x(x-1) = \left(\dfrac{x-1}{x}\right)$

$2x^2 - 4 = (x-1)(x-1)$
$2x^2 - 4 = x^2 - 2x + 1$
$x^2 + 2x - 5 = 0$
$x = \dfrac{-2 \pm \sqrt{4-4(1)(-5)}}{2}$
$= \dfrac{-2 \pm \sqrt{24}}{2} = \dfrac{-2 \pm 2\sqrt{6}}{2} = -1 \pm \sqrt{6}$
$\{-1 \pm \sqrt{6}\}$

8. $\sqrt{x+12} - \sqrt{x} = 2$
$\sqrt{x+12} = \sqrt{x} + 2$
$x + 12 = (\sqrt{x} + 2)^2$
$x + 12 = x + 4\sqrt{x} + 4$
$8 = 4\sqrt{x}$
$2 = \sqrt{x}$
$4 = x$
Substitute $x = 4$ into the original equation to find that it is a solution.
$\{4\}$

9. $x^{2/3} - x^{1/3} - 6 = 0$
Let $t = x^{1/3}$.
$t^2 - t - 6 = 0$
$(t-3)(t+2) = 0$
$t = 3$ or $t = -2$
$x^{1/3} = 3$ or $x^{1/3} = -2$
$x = 27$ or $x = -8$
$\{-8, 27\}$

10. $-5 < 8 - 2(x+3) \le 13$
$-5 < 8 - 2x - 6 \le 13$
$-5 < 2 - 2x \le 13$
$-7 < -2x \le 11$

$\dfrac{7}{2} > x \ge -\dfrac{11}{2}$

$\left[-\dfrac{11}{2}, \dfrac{7}{2}\right)$

11. $x - 2y - 3 = 0$
$x - 3 = 2y$
$y = \dfrac{1}{2}x - \dfrac{3}{2}$
$m = -2$
$y - 5 = -2(x+2)$
$y = -2x - 4 + 5$
$y = -2x + 1$
$2x + y - 1 = 0$

12.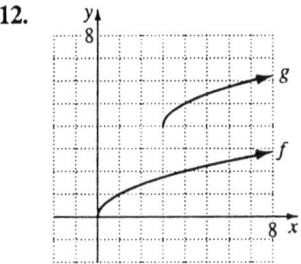

13. $f(x) = \dfrac{x^5 - 3}{2}$
$y = \dfrac{x^5 - 3}{2}$
$x = \dfrac{y^5 - 3}{2}$
$2x = y^5 - 3$
$2x + 3 = y^5$
$y = \sqrt[5]{2x+3}$
$f^{-1}(x) = \sqrt[5]{2x+3}$

14. $[1, \infty)$ or $(-\infty, 1]$

15. $f(x) = mx + b$
$f(a+h) = m(a+h) + b = ma + mh + b$
$f(a) = ma + b$
$\dfrac{f(a+h) - f(a)}{h} = \dfrac{ma + mh + b - ma - b}{h} = m$
This is the slope of the graph of f.

16. $G = \dfrac{a}{1-r}$
    $G - Gr = a$
    $Gr = G - a$
    $r = \dfrac{G-a}{G}$

17. $D = \dfrac{n^2 - 3n}{2}$
    $90 = \dfrac{n^2 - 3n}{2}$
    $180 = n^2 - 3n$
    $n^2 - 3n - 180 = 0$
    $(n - 15)(n + 12) = 0$
    $n - 15 = 0$ or $n + 12 = 0$
    $n = 15$ $\quad n = -12$
    It has 15 sides.

18. (1970, 380); $m = 43$
    $y - 380 = 43(x - 1970)$
    $y = 43x - 84{,}710 + 380$
    $y = 43x - 84{,}330$
    $1369 = 43x - 84{,}330$
    $85{,}699 = 43x$
    $43x = 85699$
    $x = 1993$
    The federal debt was $1369 billion in 1993.

19. width $= w$
    length $= 2w + 2$
    $2(2w + 2) + 2w = 22$
    $4w + 4 + 2w = 22$
    $6w = 18$
    $w = 3$
    $2w + 2 = 8$
    3 ft by 8 ft

20. Let x be the number of 5¢ increases.
    Bridge toll changes $= 2.50 + 0.05x$
    Number of cars per day $= 200 - x$
    Income per day $= (2.50 + 0.05x)(200 - x)$
    $630 = -0.05x^2 + 7.5x + 500$
    $0.05x^2 - 7.5x + 130 = 0$
    $x^2 - 150x + 2600 = 0$
    $(x - 20)(x - 130) = 0$
    $x - 20 = 0$ or $x - 130 = 0$
    $x = 20$ or $x = 130$
    $2.50 + 0.05 \cdot 20 = 3.50$
    $2.50 + 0.05 \cdot 130 = 9$
    The bridge toll should be $3.50 or $9.00.

Chapter 3

Problem Set 3.1

1. $f(x) = (x-4)^2 - 1$
   vertex: $(4, -1)$
   x-intercepts:
   $0 = (x-4)^2 - 1$
   $1 = (x-4)^2$
   $\pm 1 = x - 4$
   $x = 3$ or $x = 5$
   y-intercept:
   $f(0) = (0-4)^2 - 1 = 15$
   axis of symmetry: $x = 4$

   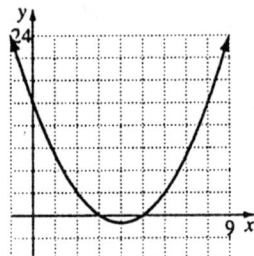

3. $f(x) = (x-1)^2 + 2$
   vertex: $(1, 2)$
   x-intercepts:
   $0 = (x-1)^2 + 2$
   $(x-1)^2 = -2$
   $x - 1 = \pm\sqrt{-2}$
   $x = 1 \pm i\sqrt{2}$
   No x-intercepts.
   y-intercept:
   $f(0) = (0-1)^2 + 2 = 3$

   axis of symmetry: $x = 1$

   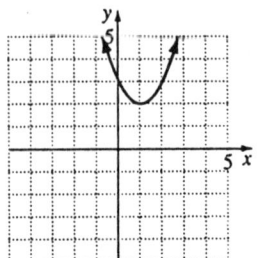

5. $y - 1 = (x-3)^2$
   $y = (x-3)^2 + 1$
   vertex: $(3, 1)$
   x-intercepts:
   $0 = (x-3)^2 + 1$
   $(x-3)^2 = -1$
   $x - 3 = \pm i$
   $x = 3 \pm i$
   No x-intercepts.
   y-intercept:
   $y = (0-3)^2 + 1 = 10$
   axis of symmetry: $x = 3$

   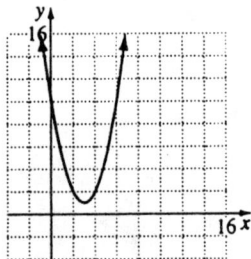

7. $y = 2(x+2)^2 - 1$
   vertex: $(-2, -1)$
   x-intercepts:
   $0 = 2(x+2)^2 - 1$
   $2(x+2)^2 = 1$
   $(x+2)^2 = \frac{1}{2}$
   $x + 2 = \pm\frac{1}{\sqrt{2}}$

$x = -2 \pm \frac{1}{\sqrt{2}} = -2 \pm \frac{\sqrt{2}}{2}$

y-intercept:
$y = 2(0+2)^2 - 1 = 7$
axis of symmetry: $x = -2$

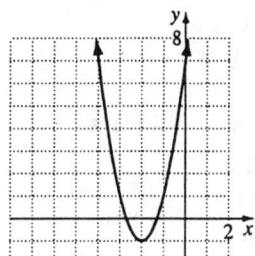

9. $f(x) = 4 - (x-1)^2$
$f(x) = -(x-1)^2 + 4$
vertex: (1, 4)
x-intercepts:
$0 = -(x-1)^2 + 4$
$(x-1)^2 = 4$
$x - 1 = \pm 2$
$x = -1$ or $x = 3$
y-intercept:
$f(x) = -(0-1)^2 + 4 = 3$
axis of symmetry: $x = 1$

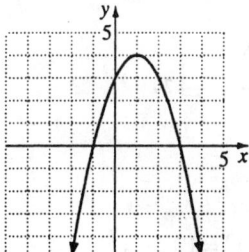

11. $f(x) = x^2 - 2x - 3$
$f(x) = (x^2 - 2x + 1) - 3 - 1$
$f(x) = (x-1)^2 - 4$
vertex: (1, −4)
x-intercepts:
$0 = (x-1)^2 - 4$

$(x-1)^2 = 4$
$x - 1 = \pm 2$
$x = -1$ or $x = 3$
y-intercept:
$f(x) = 0^2 - 2(0) - 3 = -3$
axis of symmetry: $x = 1$

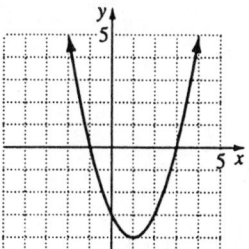

13. $f(x) = x^2 + 3x - 10$
$f(x) = \left(x^2 + 3x + \frac{9}{4}\right) - 10 - \frac{9}{4}$
$f(x) = \left(x + \frac{3}{2}\right)^2 - \frac{49}{4}$
vertex: $\left(-\frac{3}{2}, -\frac{49}{4}\right)$
x-intercepts:
$0 = \left(x + \frac{3}{2}\right)^2 - \frac{49}{4}$
$\left(x + \frac{3}{2}\right)^2 = \frac{49}{4}$
$x + \frac{3}{2} = \pm \frac{7}{2}$
$x = -\frac{3}{2} \pm \frac{7}{2}$
$x = 2$ or $x = -5$
y-intercept:
$f(x) = 0^2 + 3(0) - 10 = -10$
axis of symmetry: $x = -\frac{3}{2}$

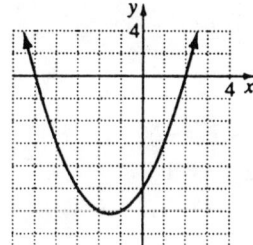

15. $y = 2x - x^2 + 3$
$y = -x^2 + 2x + 3$
$y = -(x^2 - 2x + 1) + 3 + 1$
$y = -(x-1)^2 + 4$
vertex: (1, 4)
x-intercepts:
$0 = -(x-1)^2 + 4$
$(x-1)^2 = 4$
$x - 1 = \pm 2$
$x = -1$ or $x = 3$
y-intercept:
$f(x) = 2(0) - (0)^2 + 3 = 3$
axis of symmetry: $x = 1$

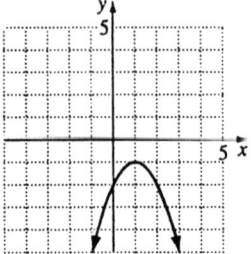

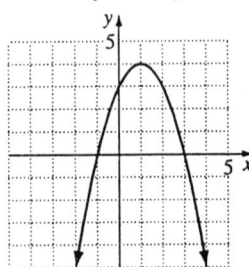

17. $y = 2x - x^2 - 2$
$y = -x^2 + 2x - 2$
$y = -(x^2 - 2x + 1) - 2 + 1$
$y = -(x-1)^2 - 1$
vertex: (1, −1)
x-intercepts:
$0 = -(x-1)^2 - 1$
$(x-1)^2 = -1$
$x - 1 = \pm i$
$x = 1 \pm i$
No x-intercepts.
y-intercept:
$y = 2(0) - (0)^2 - 2 = -2$
axis of symmetry: $x = 1$

19. $c(t) = -3.1t^2 + 51.4t + 4024.5$
$a = -3.1;\ b = 51.4$
$x = -\dfrac{b}{2a} = -\dfrac{51.4}{-6.2} \approx 8.3$ years
$1960 + 8.3 = 1968.3 \Rightarrow 1968$
Year: 1968

21. 1st number = x
2nd number = $16 - x$
$P(x) = x(16 - x) = 16x - x^2$
$x = -\dfrac{b}{2a} = -\dfrac{16}{2(-1)} = 8$
1st number = $x = 8$
2nd number = $16 - x = 8$
Product = $8(8) = 64$

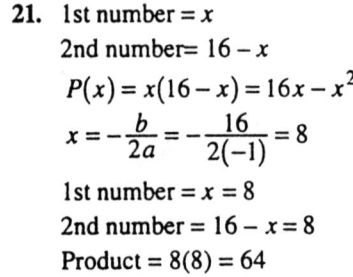

23. width = x
length = $10 - x$
$A(x) = x(10 - x) = 10x - x^2$
$x = -\dfrac{b}{2a} = -\dfrac{10}{-2} = 5$
width = 5 yards
length = $10 - 5 = 5$ yards
Area = 25 square yards

SSM: College Algebra **Chapter 3: Modeling with Polynomial and Rational Functions**

25. $1000 = 2l + 4w$
 shorter sides $= x$
 longer sides $= 500 - 2x$
 $A(x) = x(500 - 2x) = 500x - 2x^2$
 $x = -\dfrac{b}{2a} = -\dfrac{500}{-4} = 125$ feet
 shorter sides $= 120$ feet
 longer sides $= 500 - 2(120) = 260$ feet
 Area $= (120)(260) = 31{,}200$ square feet

27. $d(x) = \sqrt{(x-1)^2 + (y-0)^2}$
 $d(x) = \sqrt{(x-1)^2 + (\sqrt{x}-0)^2}$
 $d(x) = \sqrt{x^2 - 2x + 1 + x}$
 $d(x) = \sqrt{x^2 - x + 1}$
 Let $f(x) = x^2 - x + 1$
 $x = -\dfrac{b}{2a} = \dfrac{1}{2}$
 $y = \sqrt{x} = \sqrt{\dfrac{1}{2}} = \dfrac{1}{\sqrt{2}} = \dfrac{\sqrt{2}}{2}$
 The point on $y = \sqrt{x}$ that is closest to $(1, 0)$
 is $\left(\dfrac{1}{2}, \dfrac{\sqrt{2}}{2}\right)$.

29. the number $= x$
 the number squared $= x^2$
 $A(x) = x - x^2$
 $x = -\dfrac{b}{2a} = -\dfrac{1}{2(-1)} = \dfrac{1}{2}$

31. 1st number $= x$
 2nd number $= 40 - x$
 $s(x) = x^2 + (40 - x)^2$
 $s(x) = x^2 + 1600 - 80x + x^2$
 $s(x) = 2x^2 - 80x + 1600$
 $x = -\dfrac{b}{2a} = \dfrac{80}{4} = 20$
 1st number $= x = 20$
 2nd number $= (40 - x) = (40 - 20) = 20$

33. $x =$ the number in excess of 100
 $I(x) = (100 + x)(6 - 0.02x)$
 $I(x) = 600 + 4x - 0.02x^2$
 $I(x) = -0.02x^2 + 4x + 600$
 $x = -\dfrac{b}{2a} = \dfrac{-4}{2(-0.02)} = \dfrac{-4}{-0.04} = 100$
 200 people will maximize the income
 $I(100) = -0.02(100)^2 + 4(100) + 600 = 800$
 Maximum Income $= \$800$

35. $A(x) = x(20 - 2x) = 20x - 2x^2$
 $x = -\dfrac{b}{2a} = \dfrac{-20}{-4} = 5$ inches

37. Express x in terms of r.
 $2\pi r + 2x = 440$
 $\pi r + x = 220$
 $x = 220 - \pi r$

 Express area of rectangular portion as a function of r.
 $A(r) = 2r(220 - \pi r)$
 $A(r) = 440r - 2\pi r^2$

 Evaluate $-\dfrac{b}{2a}$ to solve for r.
 $r = \dfrac{-440}{-2(2\pi)} = \dfrac{110}{\pi} \approx 35.01$ yards

 Evaluate $x = 220 - \pi r$.
 $x = 220 - \pi\left(\dfrac{110}{\pi}\right) = 110$ yards

39. a. False
 $f(x) = 3(x + 2)^2 - 5$
 vertex $= (-2, -5)$
 Minimum value of $f(x)$ is -5

 b. False; quadratic functions will always have exactly one y-intercept.

 c. True
 $f(x) = -2\left(x + \dfrac{5}{4}\right)^2 + \dfrac{33}{8}$
 The quadratic is a parabola opening

Chapter 3: Modeling with Polynomial and Rational Functions   SSM: College Algebra

down with a vertex at $\left(-\frac{5}{4}, \frac{33}{8}\right)$. The function is increasing on the interval $\left(-\infty, -\frac{5}{4}\right)$.

d. False; all quadratic functions have a minimum value or a maximum value.

41. Statement d is true.
    $y_1: y = -2x^2$
    $y_2: y = -x^4$
    $y_3: y = -0.5x^6$

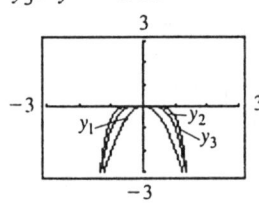

43. Statement a is true.
    $y_1: y = -2x^3$
    $y_2: y = -x^5$
    $y_3: y = -0.5x^7$

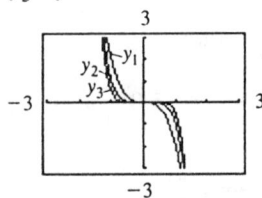

45. Exploration item. No answer is required.

    a.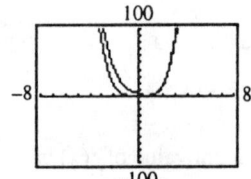

    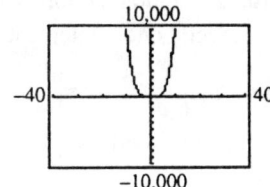

    b.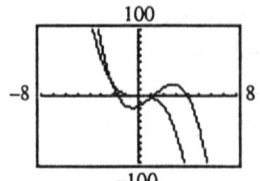

    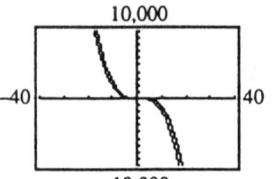

    c.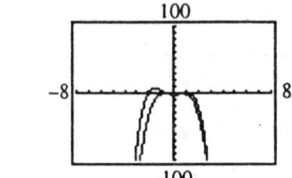

    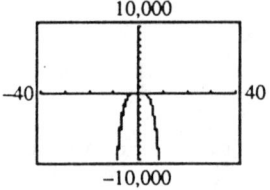

47. The graph is unrealistic because after peaking around $x = 8$ (1991), the graph rapidly drops below the x-axis indicating that a negative number of cases would be reported. Polynomial functions are best used to model behavior over short periods of time.

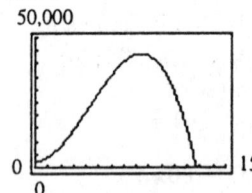

49. The midpoint and the value of $-\frac{b}{2a}$ are equal when $b^2 - 4ac > 0$. When $b^2 - 4ac = 0$, only one x-intercept exists; when $b^2 - 4ac < 0$, no x-intercept exists.

51. $f(x) = (x-3)^2 + 2$
vertex: (3, 2)
axis of symmetry: $x = 3$
additional point: $(3-3, 11) = (0, 11)$

53. $y = a(x-h)^2 + k$
$0 = a(2-3)^2 + 1$
$0 = a(1) + 1$
$-1 = a$
$y = -(x-3)^2 + 1$

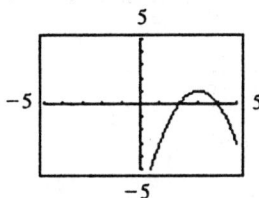

55. $P = 2l + 2w$
$l = \dfrac{P}{2} - w$
$A(w) = w\left(\dfrac{P}{2} - w\right)$
$A(w) = \dfrac{P}{2}w - w^2$
Maximum area:
$w = -\dfrac{\frac{P}{2}}{-2} = \dfrac{P}{4}$
$l = \dfrac{P}{2} - w = \dfrac{P}{2} - \dfrac{P}{4} = \dfrac{2P}{4} - \dfrac{P}{4} = \dfrac{P}{4}$
Maximum area occurs when width = length, that is, when the rectangle is a square.

57. Let x = rectangle's horizontal width.
Let y = rectangle's vertical length.

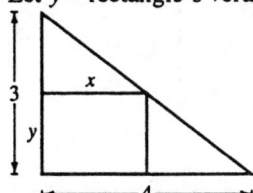

By similar triangles:
$\dfrac{x}{4} = \dfrac{3-y}{3}$
$12 - 4y = 3x$

$4y = 12 - 3x$

$y = 3 - \frac{3}{4}x$

$A(x) = x\left(3 - \frac{3}{4}x\right) = 3x - \frac{3}{4}x^2$

Maximum area: $x = \dfrac{-3}{2\left(-\frac{3}{4}\right)} = 2$

$y = 3 - \frac{3}{4}(2) = \frac{3}{2}$

Area $= 2 \cdot \dfrac{3}{2} = 3$ square units

59. $x = -\dfrac{b}{2a} = \dfrac{-2(d+e)}{2} = -(d+e)$

$y = (-[d+e])^2 + 2(d+e)(-[d+e]) + 2(d^2 + e^2)$

$y = (-d-e)^2 + 2(d+e)(-d-e) + 2d^2 + 2e^2$

$y = d^2 + 2de + e^2 + 2(-d^2 - 2de - e^2) + 2d^2 + 2e^2$

$y = d^2 + 2de + e^2 - 2d^2 - 4de - 2e^2 + 2d^2 + 2e^2$

$y = d^2 - 2de + e^2$

vertex: $\left[-(d+e), (d^2 - 2de + e^2)\right]$

$b^2 - 4ac = (2d + 2e)^2 - 4(2d^2 + 2e^2)$

$b^2 - 4ac = -4d^2 + 8de - 4e^2$

$b^2 - 4ac = -4(d^2 - 2de + e^2)$

$b^2 - 4ac = -4(d-e)^2$

Since $b^2 - 4ac \leq 0$, the graph will never have two x-intercepts.

61. a. If f's vertex lies on the x-axis, then $b^2 - 4ac = 0$ for $a = d$, $b = d$, and $c = e$.

$d^2 - 4de = 0$

$d(d - 4e) = 0$

$d = 0$ or $d - 4e = 0$

$d = 0$ or $d = 4e$

If $d = 0$, f would not be a quadratic function so d must equal $4e$.

b. If vertex of f lies on the x-axis, then

$f\left(-\dfrac{b}{2a}\right) = 0$. When $d = 4e$, $e = \dfrac{d}{4}$.

$f(x) = dx^2 + dx + e = 4ex^2 + 4ex + e$

$-\dfrac{b}{2a} = \dfrac{-4e}{8e} = -\dfrac{1}{2}$

$f\left(-\dfrac{1}{2}\right) = d\left(-\dfrac{1}{2}\right)^2 + d\left(-\dfrac{1}{2}\right) + e$

$f\left(-\dfrac{1}{2}\right) = \dfrac{d}{4} + \left(\dfrac{-d}{2}\right) + \dfrac{d}{4} = \dfrac{2d}{4} - \dfrac{d}{2} = 0$

Problem Set 3.2

1. d

3. f

5. e

7. $f(x) = x^3 + x^2 - 4x - 4$

   a. Since $a_n > 0$ and n is odd, $f(x)$ rises to the right and falls to the left.

   b. $x^3 + x^2 - 4x - 4 = 0$
   $x^2(x+1) - 4(x+1) = 0$
   $(x+1)(x^2 - 4) = 0$
   $(x+1)(x-2)(x+2) = 0$
   $x = -1$, or $x = 2$, or $x = -2$

   c. The zeros at -2, -1 and 2 have odd multiplicity, so $f(x)$ crosses the x-axis at these points. The x-intercepts are -2, -1, and 2.
   The y-intercept is -4.

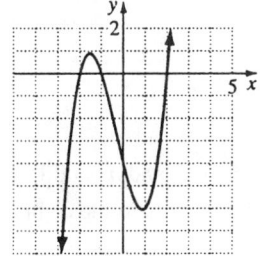

d.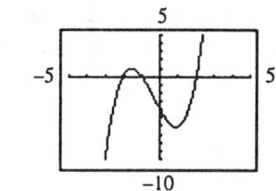

9. $f(x) = x^4 - x^2$

   a. Since $a_n > 0$ and n is even, $f(x)$ rises to the left and the right.

   b. $x^4 - x^2 = 0$
   $x^2(x^2 - 1) = 0$
   $x^2(x-1)(x+1) = 0$
   $x = 0$, $x = 1$, $x = -1$

   c. The x-intercepts are -1, 0, and 1. Since f has a double root at 0, it touches but does not cross the x-axis at 0. The y-intercept is 0.

   d.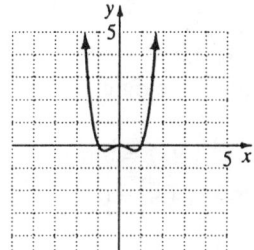

11. $f(x) = -x^4 + 4x^2$

    a. Since $a_n < 0$ and n is even, $f(x)$ falls to the left and the right.

    b. $-x^4 + 4x^2 = 0$
    $x^2(4 - x^2) = 0$
    $x^2(2-x)(2+x) = 0$
    $x = 0$, $x = 2$, $x = -2$

c. The x-intercepts are –2, 0, and 2. Since f has a double root at 0, it touches but does not cross the x-axis at 0. The y-intercept is 0.

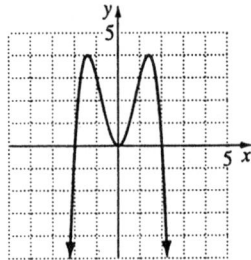

d.
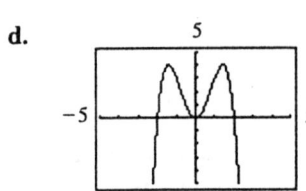

13. $f(x) = x^4 - 6x^3 + 9x^2$

 a. Since $a_n > 0$ and n is even, $f(x)$ rises to the left and the right.

 b. $x^4 - 6x^3 + 9x^2 = 0$
 $x^2(x^2 - 6x + 9) = 0$
 $x^2(x-3)^2 = 0$
 $x = 0, x = 3$

 c. The zeros at 3 and 0 have even multiplicity, so $f(x)$ touches the x-axis at 3 and 0.

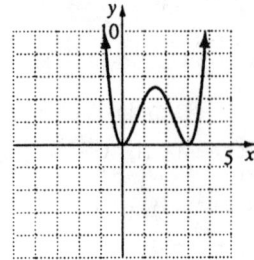

d.
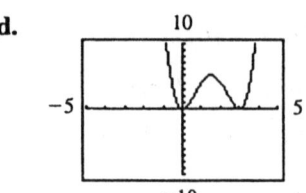

15. $f(x) = -2x^4 + 2x^3$

 a. Since $a_n < 0$ and n is even, $f(x)$ falls to the left and the right.

 b. $-2x^4 + 2x^3 = 0$
 $x^3(-2x+2) = 0$
 $x = 0, x = 1$

 c. The zeros at 0 and 1 have odd multiplicity, so $f(x)$ crosses the x-axis at these points. At 0 the multiplicity is greater than 1, so the function will also flatten out.

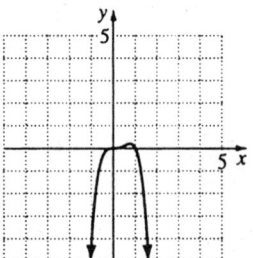

d.
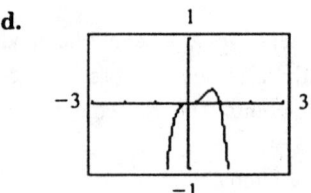

17. $f(x) = 6x - x^3 - x^5$

 a. Since $a_n < 0$ and n is odd, $f(x)$ rises to the left and falls to the right.

b. $-x^5 - x^3 + 6x = 0$
$-x(x^4 + x^2 - 6) = 0$
$-x(x^2 + 3)(x^2 - 2) = 0$
$x = 0, x = \pm\sqrt{2}$

c. The zeros at $-\sqrt{2}$, 0, and $\sqrt{2}$ have odd multiplicity, so $f(x)$ crosses the x-axis at these points.

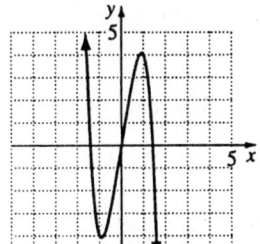

d.
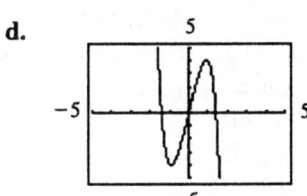

19. $f(x) = \frac{1}{2} - \frac{1}{2}x^4$

a. Since $a_n < 0$ and n is even, $f(x)$ falls to the left and the right.

b. $-\frac{1}{2}x^4 + \frac{1}{2} = 0$
$-\frac{1}{2}(x^4 - 1) = 0$
$-\frac{1}{2}(x^2 + 1)(x^2 - 1) = 0$
$-\frac{1}{2}(x^2 + 1)(x - 1)(x + 1) = 0$
$x = \pm 1$

c. The zeros at -1 and 1 have odd multiplicity, so $f(x)$ crosses the x-axis at these points.

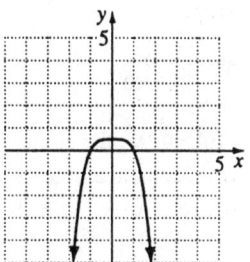

d.
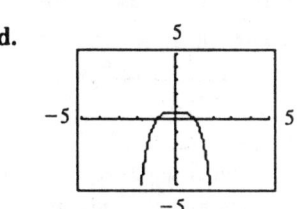

21. $f(x) = -2(x - 4)^2(x^2 - 25)$

a. Since $a_n < 0$ and n is even, $f(x)$ falls to the left and the right.

b. $-2(x - 4)^2(x^2 - 25) = 0$
$x = 4, x = -5, x = 5$

c. The zeros at -5 and 5 have odd multiplicity so $f(x)$ crosses the x-axis at these points. The root at 4 has even multiplicity so $f(x)$ touches the x-axis at $(4, 0)$.

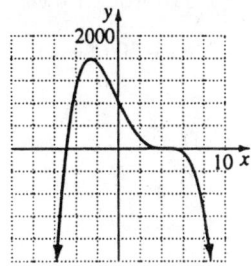

d.

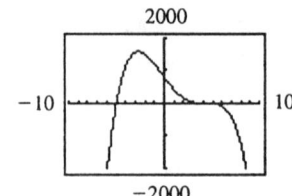

23. a. The graph shows the cubic polynomial models the data accurately. Most of the data points lie very close to the model.

  b. 1988: Number of cases = 104,644
  $f(5) = -68.8(5)^3 + 4781.7(5)^2$
  $\quad\quad - 2666.2(5) + 7094.5$
  $f(5) = 104,706$

  c. 1991: Number of cases = 251,638
  $f(8) = -68.8(8)^3 + 4781.7(8)^2$
  $\quad\quad - 2666.2(8) + 7094.5$
  $f(8) = 256,568.1$

  d. Because the leading coefficient (–68.8) is negative, the graph will eventually fall to the right indicating that at some time the number of cases will be negative.

25. Length of the box = $18 - 2x$
Width of the box = $12 - 2x$
Height of the box = x

  a. $V(x) = x(18 - 2x)(12 - 2x)$
  $V(x) = x\left(216 - 60x + 4x^2\right)$
  $V(x) = 216x - 60x^2 + 4x^3$

b.

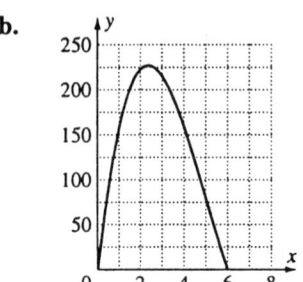

27. Distance = $k(t)$
$64 = 2k$
$k = 32$
$D = 32(10) = 320$ feet

29. $y = kx^5$
$k = \dfrac{y}{x^5}$

(1, 0.1): $k = \dfrac{0.1}{1^5} = 0.1$

(2, 3.2): $k = \dfrac{3.2}{2^5} = 0.1$

(3, 24.3): $k = \dfrac{24.3}{3^5} = 0.1$

(5, 312.5): $k = \dfrac{312.5}{5^5} = 0.1$

$y = 0.1x^5$

31. a. False; $f(x)$ falls to the left and rises to the right.

  b. True

  c. False; many 3rd degree polynomials with three known x-intercepts.

  d. False; a function with origin symmetry either falls to the left and rises to the right, or rises to the left and falls to the right.

33. Possible answer: $f(x) = -x^6$

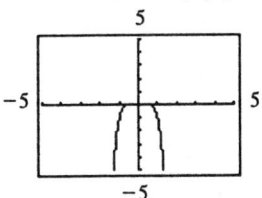

35. Possible answer: $f(x) = x^5$

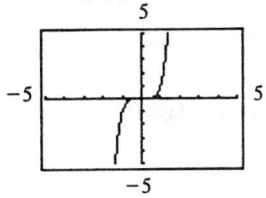

37. $g(x) = -\frac{1}{2}\left(3x^4 - 2x + 5\right)$

    Since $a_n < 0$ and n is even, $g(x)$ falls to the left and to the right.

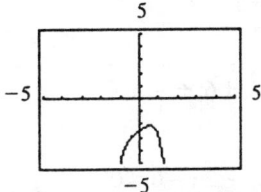

39. $h(t) = -3t^2 + 4t^4$

    Since $a_n > 0$ and n is even, $h(t)$ rises to the left and to the right.

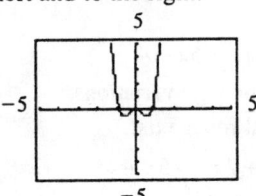

41. a.

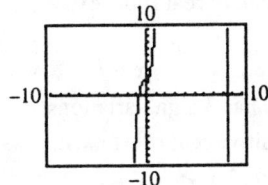

    b. The graph does not fall to the right.

    c.

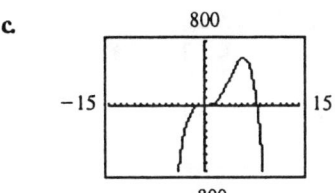

43. a.

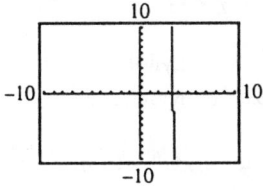

    b. The graph does not rise to the left.

    c.

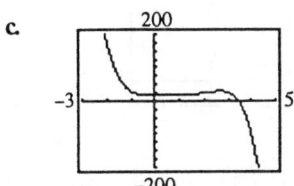

45. Zooming out will show that the end behavior is identical.

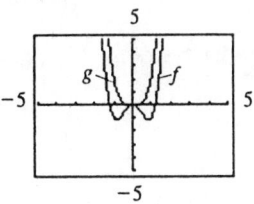

47. Zooming out will show that the end behavior is identical.

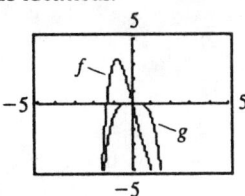

Chapter 3: Modeling with Polynomial and Rational Functions   SSM: College Algebra

49.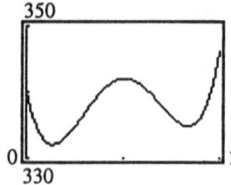

Answers may vary.

51. A fifth-degree polynomial function will never rise on both ends.

53. a. $N(t) = -0.25t^4 - 0.5t^3 + 7t^2 - 4t + 5$

   b.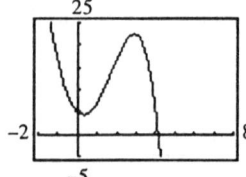

   The model's graph indicates that the patient will feel sickest in the 69th hour.

Problem Set 3.3

1. Dividend: $x^3 - 2x^2 - x + 2$
   Divisor: $x + 1$

   $$\begin{array}{r|rrrr} -1 & 1 & -2 & -1 & 2 \\ & & -1 & 3 & -2 \\ \hline & 1 & -3 & 2 & 0 \end{array}$$

   $(x+1)(x^2 - 3x + 2) = 0$
   $(x+1)(x-2)(x-1) = 0$
   $x = -1, x = 2, x = 1$

3. $$\begin{array}{r|rrrr} -2 & 2 & -3 & -11 & 6 \\ & & -4 & 14 & -6 \\ \hline & 2 & -7 & 3 & 0 \end{array}$$

   $(x+2)(2x^2 - 7x + 3) = 0$
   $(x+2)(2x-1)(x-3) = 0$

   $x = -2, \ x = \frac{1}{2}, x = 3$
   $\left\{ -2, \frac{1}{2}, 3 \right\}$

5. $$\begin{array}{r|rrrr} -\frac{1}{3} & 3 & 7 & -22 & -8 \\ & & -1 & -2 & 8 \\ \hline & 3 & 6 & -24 & 0 \end{array}$$

   $\left(x + \frac{1}{3}\right) 3x^2 + 6x - 24 = 0$
   $\left(x + \frac{1}{3}\right) 3(x+4)(x-2) = 0$
   $x = -4, x = 2, x = -\frac{1}{3}$
   $\left\{ -4, -\frac{1}{3}, 2 \right\}$

7. $3x^4 - 11x^3 - x^2 + 19x + 6 = 0$
   $p: \pm 1, \pm 2, \pm 3, \pm 6$
   $q: \pm 1, \pm 3$
   $\frac{p}{q}: \pm 1, \pm 2, \pm 3, \pm 6, \pm \frac{1}{3}, \pm \frac{2}{3}$

9. $4x^4 - x^3 + 5x^2 - 2x - 6 = 0$
   $p: \pm 1, \pm 2, \pm 3, \pm 6$
   $q: \pm 1, \pm 2, \pm 4$
   $\frac{p}{q}: \pm 1, \pm 2, \pm 3, \pm 6, \pm \frac{1}{2}, \pm \frac{1}{4}, \pm \frac{3}{2}, \pm \frac{3}{4}$

11. $f(x) = x^3 + 2x^2 + 5x + 4$
    Since $f(x)$ has no sign variations, no positive real roots exist.
    $f(-x) = -x^3 + 2x^2 - 5x + 4$
    Since $f(-x)$ has 3 sign variations, 3 or 1 negative real roots exist.

13. $f(x) = -2x^3 + x^2 - x + 7$
    Since $f(x)$ has 3 sign variations, 3 or 1 positive real roots exist.
    $f(-x) = 2x^3 + x^2 + x + 7$

Since $f(-x)$ has no sign variations, no negative real roots exist.

15. $f(x) = 2x^4 - 5x + 2$
Since $f(x)$ has 2 sign variations,
2 or 0 positive real roots exist.
$f(-x) = 2x^4 + 5x + 2$
Since $f(-x)$ has no sign variations, no negative real roots exist.

17. $f(x) = 10x^3 - 15x^2 - 16x + 12$

   a. $p: \pm 1, \pm 2, \pm 3, \pm 4, \pm 6, \pm 12$
      $q: \pm 1, \pm 2, \pm 5$
      $\dfrac{p}{q}: \pm 1, \pm 2, \pm 3, \pm 4, \pm 6, \pm 12, \pm \dfrac{1}{5}, \pm \dfrac{1}{2},$
      $\pm \dfrac{2}{5}, \pm \dfrac{3}{2}, \pm \dfrac{3}{5}, \pm \dfrac{4}{5}, \pm \dfrac{6}{5}, \pm \dfrac{12}{5}$

   b. $\begin{array}{r|rrrr} 2 & 10 & -15 & -16 & 12 \\ & & 20 & 10 & -12 \\ \hline & 10 & 5 & -6 & 0 \end{array}$

   2 is a zero.

   c. $10x^2 + 5x - 6 = 0$
      $x = \dfrac{-b \pm \sqrt{b^2 - 4ac}}{2a} = \dfrac{-5 \pm \sqrt{265}}{20}$
      Real zeros:
      $2, \dfrac{-5 + \sqrt{265}}{20}, \dfrac{-5 - \sqrt{265}}{20}$

19. $f(x) = 4x^3 - 12x^2 + 11x - 3$

   a. $p: \pm 1, \pm 3$
      $q: \pm 1, \pm 2, \pm 4$
      $\dfrac{p}{q}: \pm 1, \pm 3, \pm \dfrac{1}{2}, \pm \dfrac{1}{4}, \pm \dfrac{3}{2}, \pm \dfrac{3}{4}$

   b. Possible answer:
      $\begin{array}{r|rrrr} 1 & 4 & -12 & 11 & -3 \\ & & 4 & -8 & 3 \\ \hline & 4 & -8 & 3 & 0 \end{array}$
      1 is a zero.

   c. $4x^2 - 8x + 3 = 0$
      $x = \dfrac{-b \pm \sqrt{b^2 - 4ac}}{2a} = \dfrac{8 \pm \sqrt{16}}{8} = \dfrac{8 \pm 4}{8}$
      Real zeros:
      $1, \dfrac{3}{2}, \dfrac{1}{2}$

21. $\begin{array}{r|rrrrr} -4 & 1 & -5 & 11 & 33 & -18 \\ & & -4 & 36 & -188 & 620 \\ \hline & 1 & -9 & 47 & -155 & 602 \end{array}$
   Since signs alternate, -4 is a lower bound.

   $\begin{array}{r|rrrrr} 7 & 1 & -5 & 11 & 33 & -18 \\ & & 7 & 14 & 175 & 1456 \\ \hline & 1 & 2 & 25 & 208 & 1438 \end{array}$
   Since no sign is negative, 7 is an upper bound.

23. $x^4 + 3x^3 + 2x^2 - 5x + 12 = 0$

   a. $p: \pm 1, \pm 2, \pm 3, \pm 4, \pm 6, \pm 12$
      $q: \pm 1$
      $\dfrac{p}{q}: \pm 1, \pm 2, \pm 3, \pm 4, +6, \pm 12$

   b. $\begin{array}{r|rrrrr} 1 & 1 & 3 & 2 & -5 & 12 \\ & & 1 & 4 & 6 & 1 \\ \hline & 1 & 4 & 6 & 1 & 13 \end{array}$
      1 is not a root.
      1 is an upper bound.

c. Eliminate all positive possible rational roots.

d.
$$\begin{array}{r|rrrr} -3 & 1 & 3 & 2 & -5 & 12 \\ & & -3 & 0 & -6 & 33 \\ \hline & 1 & 0 & 2 & -11 & 45 \end{array}$$

-3 is not a root.
-3 is a lower bound.

e. Eliminate $-3, -4, -6$ and -12.

25. $x^3 - 14x^2 + 25x - 12 = 0$

$p: \pm 1, \pm 2, \pm 3, \pm 4, \pm 6, \pm 12$
$q: \pm 1$
$\dfrac{p}{q}: \pm 1, \pm 2, \pm 3, \pm 4, \pm 6, \pm 12$

3 or 1 positive real roots exist.
$f(-x) = -x^3 - 14x^2 - 25x - 12$
No negative real roots exist.

$$\begin{array}{r|rrrr} 1 & 1 & -14 & 25 & -12 \\ & & 1 & -13 & 12 \\ \hline & 1 & -13 & 12 & 0 \end{array}$$

$x^2 - 13x + 12 = 0$
$(x - 12)(x - 1) = 0$
$x = 12, x = 1$
$\{1, 12\}$

27. $12x^3 + 28x^2 - 23x + 3 = 0$

$p: \pm 1, \pm 3$
$q: \pm 1, \pm 2, \pm 3, \pm 4, \pm 6, \pm 12$
$\dfrac{p}{q}: \pm 1, \pm \dfrac{1}{2}, \pm \dfrac{1}{3}, \pm \dfrac{1}{4}, \pm \dfrac{1}{6},$
$\pm \dfrac{1}{12}, \pm 3, \pm \dfrac{3}{2}, \pm \dfrac{3}{4}$

2 or 0 positive real roots exist.
$f(-x) = -12x^3 + 28x^2 + 23x + 3$
There is one negative real root.

$$\begin{array}{r|rrrr} -3 & 12 & 28 & -23 & 3 \\ & & -36 & 24 & -3 \\ \hline & 12 & -8 & 1 & 0 \end{array}$$

$12x^2 - 8x + 1 = 0$
$(6x - 1)(2x - 1) = 0$
$x = \dfrac{1}{6}, x = \dfrac{1}{2}$
$\left\{\dfrac{1}{6}, \dfrac{1}{2}, -3\right\}$

29. $x^4 + 6x^3 + 7x^2 - 6x - 8 = 0$

$p: \pm 1, \pm 2, \pm 4, \pm 8$
$q: \pm 1$
$\dfrac{p}{q}: \pm 1, \pm 2, \pm 4, \pm 8$

1 positive real root exists.
$f(-x) = x^4 - 6x^3 + 7x^2 + 6x - 8$
3 or 1 negative real roots exist.

$$\begin{array}{r|rrrrr} -2 & 1 & 6 & 7 & -6 & -8 \\ & & -2 & -8 & 2 & 8 \\ \hline & 1 & 4 & -1 & -4 & 0 \end{array}$$

$x^3 + 4x^2 - x - 4 = 0$
$x^2(x + 4) - (x + 4) = 0$
$(x + 4)(x^2 - 1) = 0$
$x = -4, x = \pm 1$
$\{-4, -2, -1, 1\}$

31. $3x^4 + 5x^3 - x^2 - 5x - 2 = 0$

$p: \pm 1, \pm 2$
$q: \pm 1, \pm 3$
$\dfrac{p}{q}: \pm 1, \pm 2, \pm \dfrac{1}{3}, \pm \dfrac{2}{3}$

SSM: College Algebra   *Chapter 3: Modeling with Polynomial and Rational Functions*

1 positive real root exists.
$f(-x) = 3x^4 - 5x^3 - x^2 + 5x - 2$
3 or 1 negative real roots exist.

$$\begin{array}{r|rrrrr} -1 & 3 & 5 & -1 & -5 & -2 \\ & & -3 & -2 & 3 & 2 \\ \hline & 3 & 2 & -3 & -2 & 0 \end{array}$$

$3x^3 + 2x^2 - 3x - 2 = 0$
$x^2(3x+2) - (3x+2) = 0$
$(3x+2)(x^2 - 1) = 0$
$x = -\dfrac{2}{3},\ x = \pm 1$

$\left\{-1, -\dfrac{2}{3}, 1\right\}$

33. $5x^5 - x^4 - 25x^3 + 5x^2 + 20x - 4 = 0$

$p: \pm 1, \pm 2, \pm 4$
$q: \pm 1, \pm 5$
$\dfrac{p}{q}: \pm 1, \pm 2, \pm 4, \pm\dfrac{1}{5}, \pm\dfrac{2}{5}, \pm\dfrac{4}{5}$

$f(x)$ has 3 sign variations.
3 or 1 positive roots exist.
$f(-x) = -5x^5 - x^4 + 25x^3 + 5x^2 - 20x - 4$
$f(-x)$ has 2 sign variations
2 or 0 negative roots exists.

$$\begin{array}{r|rrrrrr} -2 & 5 & -1 & -25 & -5 & 20 & -4 \\ & & -10 & 22 & 6 & -22 & 4 \\ \hline & 5 & -11 & -3 & 11 & -2 & 0 \end{array}$$

$5x^4 - 11x^3 - 3x^2 + 11x - 2 = 0$

$$\begin{array}{r|rrrrr} -1 & 5 & -11 & -3 & 11 & -2 \\ & & -5 & 16 & -13 & 2 \\ \hline & 5 & -16 & 13 & -2 & 0 \end{array}$$

$5x^3 - 16x^2 + 13x - 2 = 0$

$$\begin{array}{r|rrrr} 1 & 5 & -16 & 13 & -2 \\ & & 5 & -11 & 2 \\ \hline & 5 & -11 & 2 & 0 \end{array}$$

$5x^2 - 11x + 2 = 0$
$(5x - 1)(x - 2) = 0$
$x = \dfrac{1}{5},\ x = 2$

$\left\{-2, -1, \dfrac{1}{5}, 1, 2\right\}$

35. $f(x) = 3x^4 + 5x^3 - 11x^2 - 15x + 6$

$p: \pm 1, \pm 2, \pm 3, \pm 6$
$q: \pm 1, \pm 3$
$\dfrac{p}{q}: \pm 1, \pm 2, \pm 3, \pm 6, \pm\dfrac{1}{3}, \pm\dfrac{2}{3}$

$f(x)$ has two sign variations.
$f(x)$ has 2 or 0 positive roots.
$f(-x) = 3x^4 - 5x^3 - 11x^2 + 15x + 6$
$f(-x)$ has 2 sign variations.
$f(-x)$ has 2 or 0 negative roots.

$$\begin{array}{r|rrrrr} -2 & 3 & 5 & -11 & -15 & 6 \\ & & -6 & 2 & 18 & -6 \\ \hline & 3 & -1 & -9 & 3 & 0 \end{array}$$

$3x^3 - x^2 - 9x + 3 = 0$

$$\begin{array}{r|rrrr} \frac{1}{3} & 3 & -1 & -9 & 3 \\ & & 1 & 0 & -3 \\ \hline & 3 & 0 & -9 & 0 \end{array}$$

-2 and $\dfrac{1}{3}$ are zeros.

$3x^2 - 9 = 0$
$x^2 = 3$
$x = \pm\sqrt{3}$

$\left\{-2, \dfrac{1}{3}, -\sqrt{3}, \sqrt{3}\right\}$

37. $f(x)$
$= 4x^5 - 24x^4 + 25x^3 + 39x^2 - 38x - 24$
$p: \pm 1, \pm 2, \pm 3, \pm 4, \pm 6, \pm 8, \pm 12, \pm 24$
$q: \pm 1, \pm 2, \pm 4$
$\dfrac{p}{q}: \pm 1, \pm 2, \pm 3, \pm 4, \pm 6, \pm 8, \pm 13, \pm 24,$
$\pm \dfrac{1}{2}, \pm \dfrac{1}{4}, \pm \dfrac{3}{2}, \pm \dfrac{3}{4}$
$f(x)$ has 3 sign variations.
$f(x)$ has 3 or 1 positive roots.
$f(-x)$
$= -4x^5 - 24x^4 - 25x^3 + 39x^2 + 38x - 24$
$f(-x)$ has 2 sign variations.
$f(-x)$ has 2 or 0 negative roots.

$$\begin{array}{r|rrrrrr} -1 & 4 & -24 & 25 & 39 & -38 & -24 \\ & & -4 & 28 & -53 & 14 & 24 \\ \hline & 4 & -28 & 53 & -14 & -24 & 0 \end{array}$$

$4x^4 - 28x^3 + 53x^2 - 14x - 24 = 0$

$$\begin{array}{r|rrrrr} 2 & 4 & -28 & 53 & -14 & -24 \\ & & 8 & -40 & 26 & 24 \\ \hline & 4 & -20 & 13 & 12 & 0 \end{array}$$

$4x^3 - 20x^2 + 13x + 12 = 0$

$$\begin{array}{r|rrrr} 4 & 4 & -20 & 13 & 12 \\ & & 16 & -16 & -12 \\ \hline & 4 & -4 & -3 & 0 \end{array}$$

−1, 2 and 4 are zeros.

$4x^2 - 4x - 3 = 0$
$(2x + 1)(2x - 3) = 0$
$x = -\dfrac{1}{2}, x = \dfrac{3}{2}$
$\left\{-1, -\dfrac{1}{2}, \dfrac{3}{2}, 2, 4\right\}$

39. $f(x) = x^3 - \dfrac{5}{2}x^2 - 23x + 12$
$0 = x^3 - \dfrac{5}{2}x^2 - 23x + 12$
$0 = 2x^3 - 5x^2 - 46x + 24$
$p: \pm 1, \pm 2, +3, \pm 4, \pm 6, \pm 8, \pm 12, \pm 24$
$q: \pm 1, \pm 2$
$\dfrac{p}{q}: \pm 1, \pm 2, \pm 3, \pm 4, \pm 6, \pm 8, \pm 12, \pm 24,$
$\pm \dfrac{1}{2}, \pm \dfrac{3}{2}$
$f(x)$ has 2 sign variations.
$f(x)$ has 2 or 0 positive roots.
$f(-x) = -x^3 - \dfrac{5}{2}x^2 + 23x + 12$
$f(-x)$ has 1 sign variation.
$f(-x)$ has 1 negative root.

$$\begin{array}{r|rrrr} -4 & 2 & -5 & -46 & 24 \\ & & -8 & 52 & -24 \\ \hline & 2 & -13 & 6 & 0 \end{array}$$

−4 is a zero.

$2x^2 - 13x + 6 = 0$
$(2x - 1)(x - 6) = 0$
$x = \dfrac{1}{2}, 6$
$\left\{-4, \dfrac{1}{2}, 6\right\}$

41. $V = LWH$
length $= 10 - 2x$
width $= 5 - 2x$
height $= x$
$24 = (10 - 2x)(5 - 2x)x$
$24 = \left(50 - 30x + 4x^2\right)x$
$4x^3 - 30x^2 + 50x - 24 = 0$
$p: \pm 1, \pm 2, \pm 3, \pm 4, \pm 6, \pm 8, \pm 12, \pm 24$
$q: \pm 1, \pm 2, \pm 4$
$\dfrac{p}{q}: \pm 1, \pm 2, \pm 3, \pm 4, \pm 6, \pm 8, \pm 12, \pm 24,$
$\pm \dfrac{1}{2}, \pm \dfrac{1}{4}, \pm \dfrac{3}{2}, \pm \dfrac{3}{4}$

```
1 | 4  -30   50  -24
  |     4  -26   24
  ―――――――――――――――――
    4  -26   24 | 0
```

$4x^2 - 26x + 24 = 0$

$2(2x^2 - 13x + 12) = 0$

$x = \dfrac{13 \pm \sqrt{73}}{4} \approx 5.4 \text{ or } 1.1$

The solutions to the equation are 1, about 1.1, and about 5.4. It's impossible to cut a 5.4 inch corner square from the cardboard, so only a 1 inch or a $\dfrac{13-\sqrt{73}}{4}$ inch square could be cut.

43. $(2x+1)(x+5)(x+2) - 3x(x+5) = 208$

$(2x^2 + 11x + 5)(x+2) - 3x^2 - 15x = 208$

$2x^3 + 4x^2 + 11x^2 + 22x + 5x$
$+10 - 3x^2 - 15x = 208$

$2x^3 + 15x^2 + 27x - 3x^2 - 15x - 198 = 0$

$2x^3 + 12x^2 + 12x - 198 = 0$

$2(x^3 + 6x^2 + 6x - 99) = 0$

```
3 | 1    6    6   -99
  |      3   27    99
  ―――――――――――――――――――
    1    9   33 |  0
```

$x^2 + 9x + 33 = 0$

$b^2 - 4ac = -51$

$x = 3$ in.

45. $-\dfrac{3}{4}t^4 + 3t^3 + 5 = 17$

$-3t^4 + 12t^3 + 20 = 68$

$-3t^4 + 12t^3 - 48 = 0$

$-3(t^4 - 4t^3 + 16) = 0$

$p: \pm 1, \pm 2, \pm 4, \pm 8, \pm 16$

$q: \pm 1$

$\dfrac{p}{q}: \pm 1, \pm 2, \pm 4, \pm 8, \pm 16$

```
2 | 1   -4    0    0    16
  |      2   -4   -8   -16
  ―――――――――――――――――――――――
    1   -2   -4   -8  |  0
```

$t = 2$

In two days, 17 billion viral particles will be present.

47. a. False; the equation has 0 sign variations, so no positive roots exist.

b. False; Descartes Rule gives the possible number of roots.

c. False; Replacing x with $-x$ would give $-x^3 - 5x^2 - 3x - 2 = 0$.

d. True

49. $2x^3 - 15x^2 + 22x + 15 = 0$

$p: \pm 1, \pm 3, \pm 5, \pm 15$

$q: \pm 1, \pm 2$

$\dfrac{p}{q}: \pm 1, \pm 3, \pm 5, \pm 15, \pm \dfrac{1}{2}, \pm \dfrac{3}{2}, \pm \dfrac{5}{2}, \pm \dfrac{15}{2}$

From the graph we see that the solutions are $-\dfrac{1}{2}, 3, 5$.

51. $2x^4 + 7x^3 - 4x^2 - 27x - 18 = 0$

$p: \pm 1, \pm 2, \pm 3, \pm 6, \pm 9, \pm 18$

$q: \pm 1, \pm 2$

$\dfrac{p}{q}: \pm 1, \pm 2, \pm 3, \pm 6, \pm 9, \pm 18, \pm \dfrac{1}{2}, \pm \dfrac{3}{2}, \pm \dfrac{9}{2}$

From the graph we see that the solutions are $-3, -\dfrac{3}{2}, -1, 2$.

53. $f(x) = 3x^4 + 5x^2 + 2$

Since $f(x)$ has no sign variations, it has no positive real roots.

$f(-x) = 3x^4 + 5x^2 + 2$

Since $f(-x)$ has no sign variations, no negative roots exist.

The polynomial's graph doesn't intersect the x-axis.

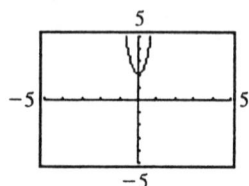

55. Polynomials of odd degree must cross the x-axis (leading term test).
Polynomials of even degree may sometimes have no real zeros.

57. $f(x) = 2x^3 + x^2 - 14x - 7$

```
-3 | 2    1    -14   -7
   |     -6    15    -3
   ───────────────────────
     2   -5    1    | -10

 3 | 2    1    -14   -7
   |      6    21    21
   ───────────────────────
     2    7    7    | 14
```

−3 is a lower bound; 3 is an upper bound.

59. Answers may vary.

61. $x^5 + x + 1 = 0$ has one real solution.
Answers may vary.

63. Answers may vary.

65. $x^2 - 3 = 0$
$x^2 = 3$
$x = \pm\sqrt{3}$

By rational root theorem
$p: \pm 1, \pm 3$
$q: \pm 1$
$\dfrac{p}{q}: \pm 1, \pm 3$

The possible rational roots of the equation are ±1 and ±3. Since $\sqrt{3}$ is a root of the equation, it cannot be a rational number.

Problem Set 3.4

1. $f(x) = x^3 - x - 1$
$f(1) = -1$
$f(2) = 5$
$f(1.3) = -0.103$
$f(1.4) = 0.344$
$f(1.35) = 0.11038$
To the nearest tenth, the zero is 1.3.

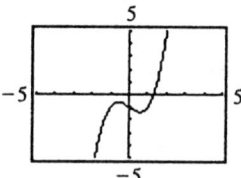

3. $f(x) = 2x^4 - 4x^2 + 1$
$f(-1) = -1$
$f(0) = 1$
$f(-0.5) = 0.125$
$f(-0.6) = -0.1808$
$f(-0.55) = -0.027$
To the nearest tenth, the zero is −0.5.

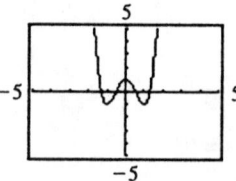

5. $f(x) = x^3 + x^2 - 2x + 1$
$f(-3) = -11$
$f(-2) = 1$
$f(-2.2) = -0.408$
$f(-2.1) = 0.349$

$f(-2.15) = -0.0159$
To the nearest tenth, the zero is -2.1.

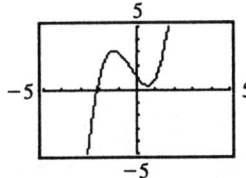

7. $f(x) = 3x^3 - 10x + 9$
$f(-3) = -42$
$f(-2) = 5$
$f(-2.1) = 2.217$
$f(-2.2) = -0.944$
$f(-2.15) = 0.68488$
To the nearest tenth, the zero is -2.2.

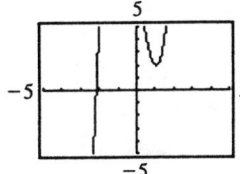

9. $(x+5)(x-4-3i)(x-4+3i)$
$= (x+5)(x^2 - 4x + 3ix - 4x + 16 - 12i$
$\quad -3ix + 12i - 9i^2)$
$= (x+5)(x^2 - 8x + 25)$
$= (x^3 - 8x^2 + 25x + 5x^2 - 40x + 125)$
$= x^3 - 3x^2 - 15x + 125$
$f(x) = a_n(x^3 - 3x^2 - 15x + 125)$
$f(2) = a_n(2^3 - 3(2)^2 - 15(2) + 125)$
$91 = a_n(91)$
$a_n = 1$
$f(x) = 1(x^3 - 3x^2 - 15x + 125)$
$f(x) = x^3 - 3x^2 - 15x + 125$

11. $(x-i)(x+i)(x-3i)(x+3i)$
$= (x^2 - i^2)(x^2 - 9i^2)$
$= (x^2 + 1)(x^2 + 9)$

$= x^4 + 10x^2 + 9$
$f(x) = a_n(x^4 + 10x^2 + 9)$
$f(-1) = a_n((-1)^4 + 10(-1)^2 + 9)$
$20 = a_n(20)$
$a_n = 1$

$f(x) = x^4 + 10x^2 + 9$

13. $x = -2i$, so $x = 2i$ also.
$(x+2i)(x-2i) = x^2 + 4$

$$\begin{array}{r} x-2 \\ x^2+4\overline{\smash{)}x^3+4x-2x^2-8} \\ \underline{x^3+4x} \\ -2x^2-8 \\ \underline{-2x^2-8} \\ 0 \end{array}$$

$x - 2 = 0$
$x = 2$
Solution: $\{-2i, 2i, 2\}$

15. $x = (1+i)$, so $x = (1-i)$ also.
$(x-1-i)(x-1+i)$
$= x^2 - x + ix - x + 1 - i - ix + i - i^2$
$= x^2 - 2x + 2$

$$\begin{array}{r} 3x-1 \\ x^2-2x+2\overline{\smash{)}3x^3-7x^2+8x-2} \\ \underline{3x^3-6x^2+6x} \\ -x^2+2x-2 \\ \underline{-x^2+2x-2} \\ 0 \end{array}$$

$3x - 1 = 0$
$x = \frac{1}{3}$

Solution: $\left\{1-i, 1+i, \frac{1}{3}\right\}$

17. $x = 2 - i$, so $x = 2 + i$ also.
$(x - 2 + i)(x - 2 - i) = x^2 - 2x - ix - 2x + 4 + 2i + ix - 2i - i^2$
$= x^2 - 4x + 5$

$$\begin{array}{r} x^2 + 4x + 5 \\ x^2 - 4x + 5 \overline{\smash{\big)}\, x^4 + 0x^3 - 6x^2 + 0x + 25} \\ \underline{x^4 - 4x^3 + 5x^2} \\ 4x^3 - 11x^2 + 0x \\ \underline{4x^3 - 16x^2 + 20x} \\ 5x^2 - 20x + 25 \\ \underline{5x^2 - 20x + 25} \\ 0 \end{array}$$

$x^2 + 4x + 5 = 0$
$x = \dfrac{-4 \pm \sqrt{16 - 4(5)}}{2} = \dfrac{-4 \pm \sqrt{-4}}{2}$
$= \dfrac{-4 \pm 2i}{2} = -2 \pm i$
Solution: $\{2 - i, 2 + i, -2 + i, -2 - i\}$

19. $x = 1 - i$, so $x = 1 + i$ also.
$(x - 1 + i)(x - 1 - i) = x^2 - x - ix - x + 1 + i + ix - i - i^2$
$= x^2 - 2x + 2$

$$\begin{array}{r} x^2 - 2x + 2 \overline{\smash{\big)}\, 3x^4 + 2x^3 - 13x^2 + 22x - 6} \\ \underline{3x^4 - 6x^3 - 6x^2} \\ 8x^3 - 19x^2 + 22x \\ \underline{8x^3 - 16x^2 + 16x} \\ -3x^2 + 6x - 6 \\ \underline{-3x^2 + 6x - 6} \\ 0 \end{array}$$

$3x^2 + 8x - 3 = 0$
$(3x - 1)(x + 3) = 0$
$x = \dfrac{1}{3}, \; x = -3$
Solution: $\left\{1 - i, 1 + i, -3, \dfrac{1}{3}\right\}$

21. $x = 3 - i\sqrt{3}$, so $x = 3 + i\sqrt{3}$ also.
$\left(x - 3 + i\sqrt{3}\right)\left(x - 3 - i\sqrt{3}\right) = x^2 - 3x - i\sqrt{3}x - 3x + 9 + 3i\sqrt{3} + i\sqrt{3}x - 3i\sqrt{3} - i^2\sqrt{9}$
$= x^2 - 6x + 12$

SSM: College Algebra *Chapter 3:* **Modeling with Polynomial and Rational Functions**

$$x^2 - 6x + 12 \overline{\smash{)}\, x^4 - 12x^3 + 56x^2 - 120x + 96}$$
$$\underline{x^4 - 6x^3 + 12x^2}$$
$$-6x^3 + 44x^2 - 120x$$
$$\underline{-6x^3 + 36x^2 - 72x}$$
$$8x^2 - 48x + 96$$
$$\underline{8x^2 - 48x + 96}$$
$$0$$

with quotient $x^2 - 6x + 8$.

$x^2 - 6x + 8 = 0$
$(x-4)(x-2) = 0$
$x = 4, x = 2$
Solution: $\{3 - i\sqrt{3}, 3 + i\sqrt{3}, 2, 4\}$

23. $x = 2 - 3i$, so $x = 2 + 3i$ also.
$(x - 2 + 3i)(x - 2 - 3i) = x^2 - 2x - 3ix - 2x + 4 + 6i + 3ix - 6i - 9i^2$
$= x^2 - 4x + 13$

$$x^2 - 4x + 13 \overline{\smash{)}\, x^5 - 2x^4 + 6x^3 + 24x^2 + 5x + 26}$$
$$\underline{x^5 - 4x^4 + 13x^3}$$
$$2x^4 - 7x^3 + 24x^2$$
$$\underline{2x^4 - 8x^3 + 26x^2}$$
$$x^3 - 2x^2 + 5x$$
$$\underline{x^3 - 4x^2 + 13x}$$
$$2x^2 - 8x + 26$$
$$\underline{2x^2 - 8x + 26}$$
$$0$$

with quotient $x^3 + 2x^2 + x + 2$.

$x^3 + 2x^2 + x + 2 = 0$
$x^2(x + 2) + (x + 2) = 0$
$(x + 2)(x^2 + 1) = 0$
$x = -2, x = \pm i$
Solution: $\{2 - 3i, 2 + 3i, -i, i, -2\}$

25. $f(x) = x^3 - x^2 + 25x - 25$
$p: \pm 1, \pm 5, \pm 25$
$q: \pm 1$
$\dfrac{p}{q}: \pm 1, \pm 5, \pm 25$

Chapter 3: *Modeling with Polynomial and Rational Functions* SSM: College Algebra

$$\begin{array}{c|cccc} 1 & 1 & -1 & 25 & -25 \\ & & 1 & 0 & 25 \\ \hline & 1 & 0 & 25 & 0 \end{array}$$

$x = 1$
$x^2 + 25 = 0$
$x^2 = -25$
$x = \pm\sqrt{-25} = \pm 5i$
$f(x) = (x-1)(x-5i)(x+5i)$

27. $p(x) = x^4 + 37x^2 + 36$
$x^4 + 37x^2 + 36 = 0$
$(x^2 + 36)(x^2 + 1) = 0$
$x^2 = -36 \qquad x^2 = -1$
$x = \pm 6i \qquad x = \pm i$
$p(x) = (x-6i)(x+6i)(x-i)(x+i)$

29. $p(x) = 16x^4 + 36x^3 + 16x^2 + x - 30$
$p: \pm 1, \pm 2, \pm 3, \pm 5, \pm 6, \pm 10, \pm 15, \pm 30$
$q: \pm 1, \pm 2, \pm 4, \pm 8, \pm 16$
$\dfrac{p}{q}: \pm 1, \pm 2, \pm 3, \pm 5, \pm 6, \pm 10, \pm 15, \pm 30,$

$\pm \dfrac{1}{2}, \pm \dfrac{3}{2}, \pm \dfrac{5}{2}, \pm \dfrac{15}{2}, \pm \dfrac{1}{4}, \pm \dfrac{3}{4}, \pm \dfrac{5}{4},$

$\pm \dfrac{15}{4}, \pm \dfrac{30}{4}, \pm \dfrac{1}{8}, \pm \dfrac{3}{8}, \pm \dfrac{5}{8}, \pm \dfrac{15}{8},$

$\pm \dfrac{30}{8}, \pm \dfrac{1}{16}, \pm \dfrac{3}{16}, \pm \dfrac{5}{16}, \pm \dfrac{15}{16}$

$$\begin{array}{c|ccccc} -2 & 16 & 36 & 16 & 1 & -30 \\ & & -32 & -8 & -16 & 30 \\ \hline & 16 & 4 & 8 & -15 & 0 \end{array}$$

$x = -2$
$0 = 16x^3 + 4x^2 + 8x - 15$

$$\begin{array}{c|cccc} \tfrac{3}{4} & 16 & 4 & 8 & -15 \\ & & 12 & 12 & 15 \\ \hline & 16 & 16 & 20 & 0 \end{array}$$

$x = \frac{3}{4}$

$16x^2 + 16x + 20 = 0$

$x = \frac{-16 \pm \sqrt{-1024}}{32} = \frac{-16 \pm 32i}{32}$

$x = -\frac{1}{2} \pm i$

$p(x)$
$= (x+2)(4x-3)(2x+1-2i)(2x+1+2i)$

31. $g(r) = 3r^6 + 5r^5 + r^4 + 5r^3 + r^2 + 5r - 2$

$p: \pm 1, \pm 2$

$q: \pm 1, \pm 3$

$\frac{p}{1}: \pm 1, \pm 2, \pm \frac{1}{3}, \pm \frac{2}{3}$

```
-2 | 3    5    1    5    1    5   -2
   |     -6    2   -6    2   -6    2
   |_____
     3   -1    3   -1    3   -1    0
```

$r = -2$

$0 = 3r^5 - r^4 + 3r^3 - r^2 + 3r - 1$

```
1/3 | 3   -1    3   -1    3   -1
    |      1    0    1    0    1
    |_____
      3    0    3    0    3    0
```

$r = \frac{1}{3}$

$3r^4 + 3r^2 + 3 = 0$

$3(r^4 + r^2 + 1) = 0$

Let $u = r^2$

$3(u^2 + u + 1) = 0$

$u = \frac{-1 \pm \sqrt{1 - 4(1)(1)}}{2} = \frac{-1 \pm \sqrt{-3}}{2}$

$u = \frac{-1 \pm i\sqrt{3}}{2}$

$r^2 = \frac{-1 \pm i\sqrt{3}}{2}$

$$r = \pm\sqrt{\frac{-1 \pm i\sqrt{3}}{2}} = \pm\sqrt{\frac{-2 \pm 2i\sqrt{3}}{2}}$$

$$g(r) = (r+2)(3r-1)\left(r + \frac{i\sqrt{2(1+i\sqrt{3})}}{2}\right)\left(r + \frac{i\sqrt{2(1-i\sqrt{3})}}{2}\right) \cdot \left(r - \frac{i\sqrt{2(1+i\sqrt{3})}}{2}\right)\left(r - \frac{i\sqrt{2(1-i\sqrt{3})}}{2}\right)$$

33. $x^3 - x^2 - 2 = 0$
   $p: \pm 1, \pm 2$
   $q: \pm 1$
   $\frac{p}{q}: \pm 1, +2$

```
 1 | 1  -1   0  -2
   |      1   0   0
   |─────────────────
     1   0   0 | -2
```

```
 2 | 1  -1   0  -2
   |      2   2   4
   |─────────────────
     1   1   2 |  2
```

```
-1 | 1  -1   0  -2
   |     -1   2  -2
   |─────────────────
     1  -2   2 | -4
```

```
-2 | 1  -1   0  -2
   |     -2   6 -12
   |─────────────────
     1  -3   6 | -14
```

Irrational root between 1 and 2
$x \approx 1.7$

35. a. $f(x) = -0.0013x^3 + 0.078x^2 - 1.43x + 18.1$
    $f(10) = -0.0013(10)^3 + 0.78(10)^2 - 1.43(10) + 18.1$
    $f(10) = 10.3$
    10.3%

SSM: College Algebra *Chapter 3: Modeling with Polynomial and Rational Functions*

b. $-0.0013x^3 + .078x^2 - 1.43x + 18.1 = 10.3$
$-0.0013x^3 + 0.078x^2 - 1.43x + 7.8 = 0$

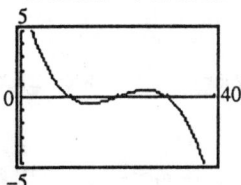

x-intercepts at $x = 10$, $x = 20$ and $x = 30$.
$1960 + 10 = 1970$
$1960 + 20 = 1980$
$1960 + 30 = 1990$
In 1980 and 1990, the percentage was the same as in 1970.

37.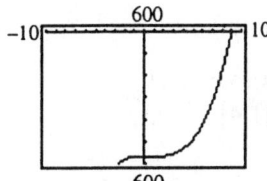

$x^3 - 2x^2 = 567$
$x^3 - 2x^2 - 567 = 0$

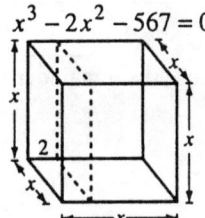

$x = 9$
$9 \text{ cm} \times 9 \text{ cm} \times 9 \text{ cm}$

39. $f(x) = a_n(x-3)(x-7)(x-10)$
When $x = 0, f(x) = 70$,
$70 = a_n(0-3)(0-7)(0-10)$
$70 = a_n(-210)$
$a_n = -\frac{1}{3}$

$f(x) = -\frac{1}{3}(x-3)(x-7)(x-10)$
$f(x) = -\frac{1}{3}(x^3 - 20x^2 + 121x - 210)$
$f(x) = -\frac{1}{3}x^3 + \frac{20}{3}x^2 - \frac{121}{3}x + 70$

41. a. False. It may be a 4th degree polynomial with $a_n < 0$.

b. True.

c. False. The graph is drawn completely.

d. False. A polynomial of degree n has <u>at most</u> $n - 1$ turning points.

43. Relative minimum height: approximately -6.9 feet
Relative maximum height: approximately 4.2 feet

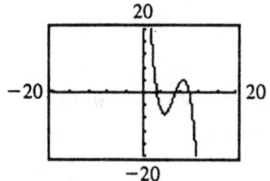

45.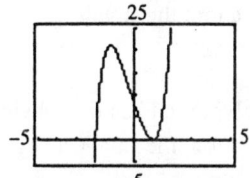

3 real zeros (counting multiplicity)
2 complex zeros

47.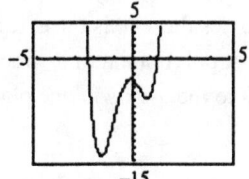

2 real zeros
2 complex zeros

49.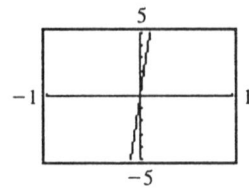

1 real zero
4 complex zeros

51.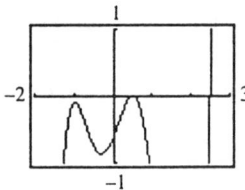

3 real zeros (counting multiplicity)
2 complex zeros

53. Because the polynomial has two obvious changes of direction; the smallest degree is 3.

55. Because the polynomial has five obvious changes of direction, the smallest degree is 6.

57. The leading term test states an even degree polynomial will either rise to the left and the right or fall to the left and right. If the polynomial crosses the x-axis once, it must cross it again. A polynomial of degree 20 may be tangent to the x-axis in one place however.

59. Yes, a third-degree polynomial can have exactly one relative maximum. It has at most 2 turns. A relative maximum occurs at one of these turns.

61. Possible answer:
$f(x) = (x + 2)(x + 1)(x - 1)(x - 2)(x - 3)$

 a. $f(x)$
$= (x + 2)(x + 1)(x - 1)(x - 2)(x - 3) - 3$

 b. $f(x)$
$= (x + 2)(x + 1)(x - 1)(x - 2)(x - 3) - 5$

 c. $f(x)$
$= (x + 2)(x + 1)(x - 1)(x - 2)(x - 3) - 10$

 d. $f(x)$
$= (x + 2)(x + 1)(x - 1)(x - 2)(x - 3) - 13$

 e. No, the polynomial falls to the left and rises to the right. It must cross the x-axis at least once.

63. $x^3 - 4x^2 - x + 4 \leq 0$
$x^2(x - 4) - (x - 4) \leq 0$
$(x^2 - 1)(x - 4) \leq 0$
$(x - 1)(x + 1)(x - 4) \leq 0$
$(-\infty, -1] \cup [1, 4]$

65. a. $\underline{2i \,|}$ 1 $-2i$ -4 $8i$
                      $2i$ 0 $-8i$
                  $\overline{}$
                     1   0 -4 $|\,0$

   $2i$ is a zero because the remainder is zero.

 b. $\underline{-2i \,|}$ 1 $-2i$ -4 $8i$
                     $-2i$ -8 $24i$
                  $\overline{}$
                     1   $-4i$ -12 $32i$

   $-2i$ is not a zero because the remainder is not zero.

 c. The conjugate roots theorem only refers to polynomials having real coefficients.

67. Group activity

Problem Set 3.5

1.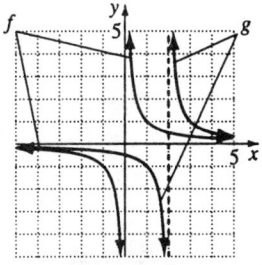

Vertical asymptote: $x = 2$
Horizontal asymptote: $y = 0$

3.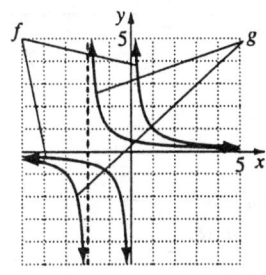

Vertical asymptote: $x = -2$
Horizontal asymptote: $y = 0$

5.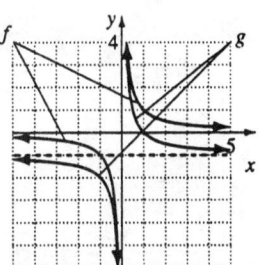

Vertical asymptote: $x = 0$
Horizontal asymptote: $y = -1$

7.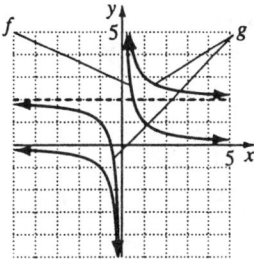

Vertical asymptote: $x = 0$
Horizontal asymptote: $y = 2$

9.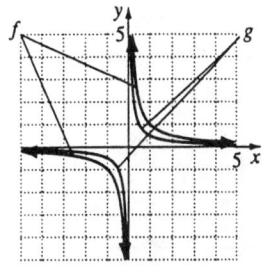

Vertical asymptote: $x = 0$
Horizontal asymptote: $y = 0$

11.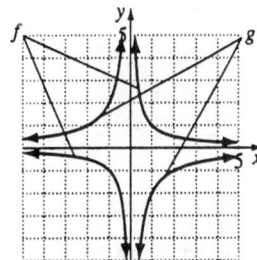

Vertical asymptote: $x = 0$
Horizontal asymptote: $y = 0$

13.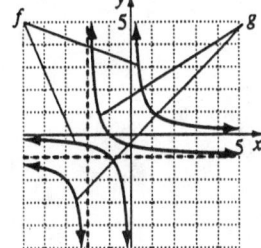

Vertical asymptote: $x = -2$
Horizontal asymptote: $y = -1$

15.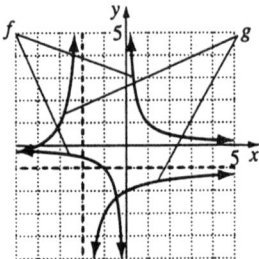

Vertical asymptote: $x = -2$
Horizontal asymptote: $y = -1$

17.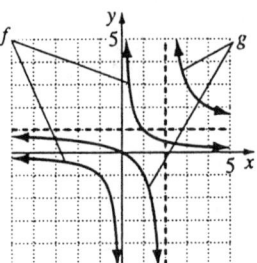

Vertical asymptote: $x = 2$
Horizontal asymptote: $y = 1$

19. $f(-x) = \dfrac{2(-x)}{(-x)^2 - 4} = -\dfrac{2x}{x^2 - 4} = -f(x)$

Origin symmetry

y-intercept: $\dfrac{2(0)}{0^2 - 4} = \dfrac{0}{-4} = 0$

x-intercept:
$2x = 0$
$x = 0$

vertical asymptotes:
$x^2 - 4 = 0$
$x = \pm 2$

horizontal asymptote:
$n < m$ so $y = 0$

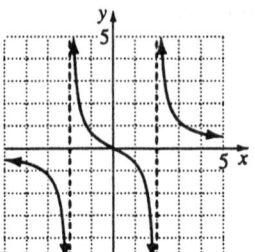

21. $g(-x) = \dfrac{3(-x) - 6}{-x + 4} = \dfrac{-3x - 6}{-x + 4}$

$g(-x) \neq g(x)$, $g(-x) \neq -g(x)$
No symmetry

y-intercept: $y = \dfrac{3(0) - 6}{0 + 4} = -\dfrac{6}{4} = -\dfrac{3}{2}$

x-intercept:
$3x - 6 = 0$
$3x = 6$
$x = 2$

vertical asymptote: $x = -4$
horizontal asymptote:
$n = m$, so $y = \dfrac{3}{1} = 3$

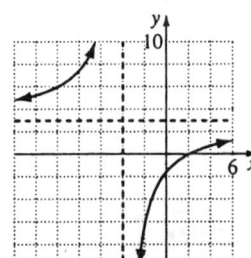

23. $h(-x) = \dfrac{2(-x)^2}{(-x)^2 - 1} = \dfrac{2x^2}{x^2 - 1} = h(x)$

y-axis symmetry

y-intercept: $y = \dfrac{2(0)^2}{0^2 - 1} = \dfrac{0}{1} = 0$

x-intercept:
$2x^2 = 0$
$x = 0$

vertical asymptote:
$x^2 - 1 = 0$
$x^2 = 1$
$x = \pm 1$

horizontal asymptote:
$n = m$, so $y = \frac{2}{1} = 2$

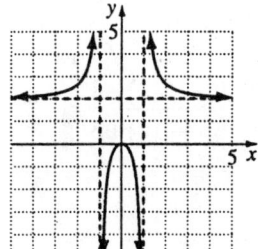

$x^2 = 4$
$x = \pm 2$

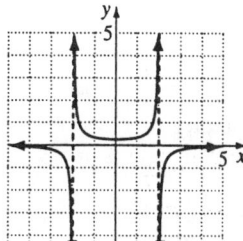

25. $r(-x) = \frac{-(-x)}{(-x)+1} = \frac{x}{-x+1}$

$r(-x) \neq r(x)$, $r(-x) \neq -r(x)$
No symmetry

y-intercept: $y = \frac{-(0)}{0+1} = \frac{0}{1} = 0$

x-intercept:
$-x = 0$
$x = 0$

vertical asymptote:
$x + 1 = 0$
$x = -1$

horizontal asymptote:
$n = m$, so $y = \frac{-1}{1} = -1$

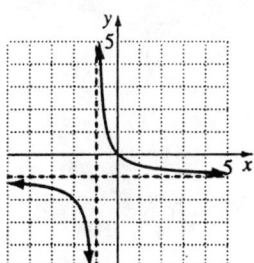

29. $g(-x) = \frac{4(-x)}{(-x)^2 - 2(-x) + 1} = \frac{-4x}{x^2 + 2x + 1}$

$g(-x) \neq g(x)$, $g(-x) \neq -g(x)$
No symmetry

y-intercept: $y = \frac{4(0)}{0^2 - 2(0) + 1} = \frac{0}{1} = 0$

x-intercept:
$4x = 0$
$x = 0$

vertical asymptote:
$x^2 - 2x + 1 = 0$
$(x - 1)(x - 1) = 0$
$x = 1$

horizontal asymptote:
$n < m$, so $y = 0$

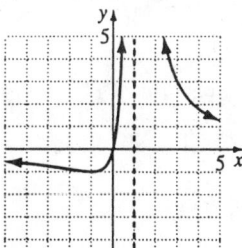

27. $f(-x) = -\frac{1}{(-x)^2 - 4} = \frac{1}{x^2 - 4} = f(x)$

y-axis symmetry

y-intercept: $y = -\frac{1}{0^2 - 4} = \frac{1}{4}$

x-intercept: $-1 \neq 0$
no x-intercept

vertical asymptote:
$x^2 - 4 = 0$

31. $h(-x) = \frac{-x-1}{x^2 + x - 6}$

$h(-x) \neq h(x)$, $h(-x) \neq -h(x)$
No symmetry

y-intercept: $y = \frac{0-1}{0^2 - 0 - 6} = \frac{1}{6}$

x-intercept:
$x - 1 = 0$

$x = 1$
vertical asymptote:
$x^2 - x - 6 = 0$
$(x-3)(x+2) = 0$
$x = 3$ and $x = -2$
horizontal asymptote:
$n < m$, so $y = 0$

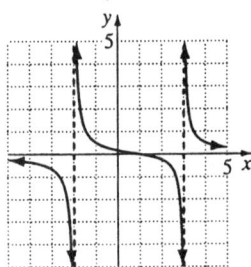

33. $r(-x) = \dfrac{3(-x)^2 + (-x) - 4}{2(-x)^2 - 5(-x)} = \dfrac{3x^2 - x - 4}{2x^2 + 5x}$

$r(-x) \neq r(x)$, $r(-x) \neq -r(x)$
No symmetry exists.

y-intercept: $y = \dfrac{3(0)^2 + 0 - 4}{2(0)^2 - 5(0)} = \dfrac{-4}{0}$

No y-intercept
x-intercept:
$3x^2 + x - 4 = 0$
$(3x + 4)(x - 1) = 0$
$x = -\dfrac{4}{3}$ and $x = 1$
vertical asymptote:
$2x^2 - 5x = 0$
$x(2x - 5) = 0$
$x = 0$ and $x = \dfrac{5}{2}$
horizontal asymptote:
$n = m$, so $y = \dfrac{3}{2}$

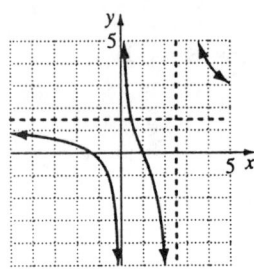

35. $f(-t) = \dfrac{(-t)^2 - 2(-t) - 8}{(-t)^2 - 4(-t) + 3} = \dfrac{t^2 + 2t - 8}{t^2 + 4t + 3}$

$f(-t) \neq f(t)$, $f(-t) \neq -f(t)$
No symmetry

y-intercept: $y = \dfrac{0^2 - 2(0) - 8}{0^2 - 4(0) + 3} = -\dfrac{8}{3}$

t-intercept:
$t^2 - 2t - 8 = 0$
$(t - 4)(t + 2) = 0$
$t = 4$ and $t = -2$
vertical asymptote:
$t^2 - 4t + 3 = 0$
$(t - 3)(t - 1) = 0$
$t = 3$ and $t = 1$
horizontal asymptote:
$n = m$, so $y = \dfrac{1}{1} = 1$

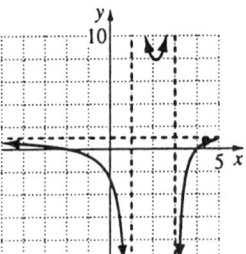

37. $h(-v) = \dfrac{2 - (-v)}{3 - (-v)} = \dfrac{2 + v}{3 + v}$

$h(-v) \neq h(v)$, $h(-v) \neq -h(v)$
No symmetry

y-intercept: $y = \dfrac{2 - 0}{3 - 0} = \dfrac{2}{3}$

v-intercept:
$2 - v = 0$
$v = 2$
vertical asymptote:
$3 - v = 0$
$v = 3$
horizontal asymptote:

$n = m$, so $y = \dfrac{-1}{-1} = 1$

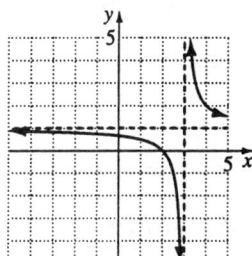

39. $f(-x) = \dfrac{(-x)^2 - 1}{(-x)} = \dfrac{x^2 - 1}{-x} = -f(x)$

Origin symmetry

y-intercept: $y = \dfrac{0^2 - 1}{0} = \dfrac{-1}{0}$

No y-intercept

x-intercept:
$x^2 - 1 = 0$
$x = \pm 1$

vertical asymptote: $x = 0$

horizontal asymptote:
$n < m$, so none exist, but $n = m + 1$.

Slant asymptote:

$f(x) = x - \dfrac{1}{x}$

$y = x$

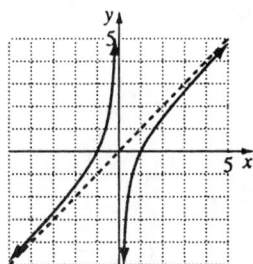

41. $f(-x) = \dfrac{(-x)^2 + 1}{-x} = \dfrac{x^2 + 1}{-x} = -f(x)$

Origin symmetry

y-intercept: $y = \dfrac{0^2 + 1}{0} = \dfrac{1}{0}$

No y-intercept

x-intercept:
$x^2 + 1 = 0$

$x^2 = -1$

No x-intercept

vertical asymptote: $x = 0$

horizontal asymptote:
$n > m$, so none exist, but $n = m + 1$.

Slant asymptote:

$f(x) = x + \dfrac{1}{x}$

$y = x$

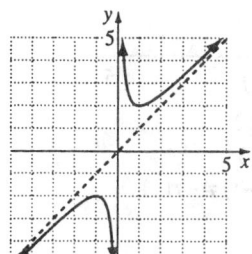

43. $g(-x) = \dfrac{(-x)^2 + (-x) - 6}{-x - 3} = \dfrac{x^2 - x - 6}{-x - 3}$

$g(-x) \neq g(x)$, $g(-x) \neq -g(x)$

No symmetry

y-intercept: $y = \dfrac{0^2 + 0 - 6}{0 - 3} = \dfrac{-6}{-3} = 2$

x-intercept:
$x^2 + x - 6 = 0$
$(x + 3)(x - 2) = 0$
$x = -3$ and $x = 2$

vertical asymptote:
$x - 3 = 0$
$x = 3$

horizontal asymptote:
$n > m$, so none exist, but $n = m + 1$.

Slant asymptote:

$f(x) = x + 4 + \dfrac{6}{x - 3}$

$y = x + 4$

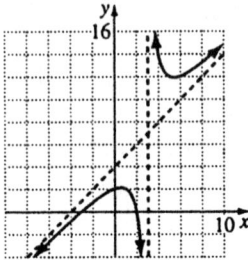

45. $r(-x) = \dfrac{6(-x)^2 - 6(-x) - 12}{3(-x)^2 + 4(-x) + 5}$

$= \dfrac{6x^2 + 6x - 12}{3x^2 - 4x + 5}$

$r(-x) \neq r(x)$, $r(-x) \neq -r(x)$
No symmetry
y-intercept:

$y = \dfrac{6(0)^2 + 6(0) - 12}{3(0)^2 - 4(0) + 5} = -\dfrac{12}{5}$

x-intercept:
$6x^2 - 6x - 12 = 0$
$6(x^2 - x - 2) = 0$
$6(x - 2)(x + 1) = 0$
$x = 2$ and $x = -1$
vertical asymptote:
$3x^2 + 4x + 5 = 0$

$x = \dfrac{-4 \pm \sqrt{(4)^2 - 4(3)(5)}}{2(3)} = \dfrac{-4 \pm \sqrt{-44}}{6}$

No vertical asymptotes
horizontal asymptote:
$n = m$, so $y = \dfrac{6}{3} = 2$

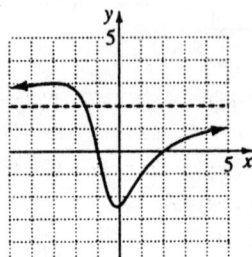

47. $h(-v) = \dfrac{3(-v)^3 - 2(-v)^2 + 3(-v) - 2}{(-v)^2 + 3}$

$= \dfrac{-3v^3 - 2v^2 - 3v - 2}{v^2 + 3}$

$h(-v) \neq h(v)$, $h(-v) \neq -h(v)$
No symmetry
y-intercept:

$y = \dfrac{3(0)^3 - 2(0)^2 + 3(0) - 2}{0^2 + 3} = -\dfrac{2}{3}$

v-intercept:
$3v^3 - 2v^2 + 3v - 2 = 0$
$v^2(3v - 2) + (3v - 2) = 0$
$(3v - 2)(v^2 + 1)$
$v = \dfrac{2}{3}$

vertical asymptote: $v^2 + 3 = 0$
No vertical asymptote
horizontal asymptote:
$n > m$, so none exist, but $n = m + 1$.
Slant asymptote:

$h(v) = 3v - 2 - \dfrac{6v - 4}{v^2 + 3}$

$y = 3v - 2$

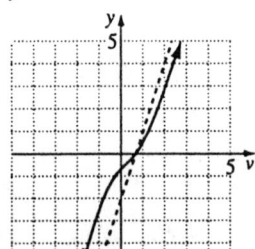

49. $f(-x) = \dfrac{(-x)^2 - 4}{(-x)^2 + 1} = \dfrac{x^2 - 4}{x^2 + 1} = f(x)$

y-axis symmetry

y-intercept: $y = \dfrac{0^2 - 4}{0^2 + 1} = -4$

x-intercept:
$x^2 - 4 = 0$
$x = \pm 2$
vertical asymptote: $x^2 + 1 = 0$

No vertical asymptote
horizontal asymptote:
$n = m$, so $y = \frac{1}{1} = 1$

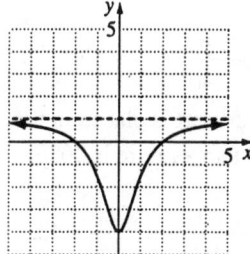

51. a. False; the denominator is not a polynomial.

   b. False; the domain is $(-\infty, 5) \cup (5, \infty)$.

   c. False; the graph of a rational function can cross a horizontal asymptote or a slant asymptote.

   d. True

53. Answers may vary.

55. a.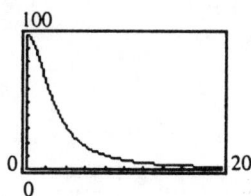

   b. The higher the level of education, the lower the unemployment.

   c. f is one-to-one since the graph passes the horizontal line test for $x \geq 0$.
   $f^{-1}(3.6) \approx 13.97$; The unemployment rate was 3.6% for people with about 14 years of education.

   d. No; because the x-axis is an asymptote, zero unemployment cannot be fully achieved in spite of higher education levels.

57. No; the utility indicates the domain is $(-\infty, \infty)$ which it is not.

59. The graph of f has a "hole" at $x = a$ if $p(a) = 0$, provided that the factor $(x - a)$ occurs at least as many times in the factored form of $p(x)$ as it occurs in the factored form of $q(x)$. The graph of f has a vertical asymptote whose equation is $x = a$ if $p(a) \neq 0$ or if the factor $(x - a)$ occurs more often in the factored form of $q(x)$ than in the factored form of $p(x)$.

61.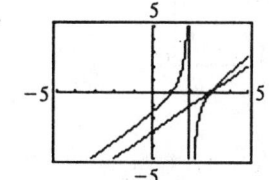

Answers may vary.

63. a.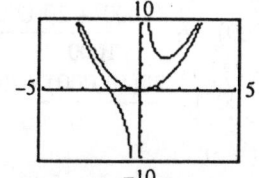

   b. f will have a parabolic asymptote if the degree of p is two greater than the degree of q.

   c. Answers may vary.

65. The graph of g will approach the x-axis more rapidly as values of x increase. The graph on the left is the graph of g.

67. No. All polynomial functions have as their domain $(-\infty, \infty)$. Rational functions do not. Yes. Every polynomial function can be expressed as a quotient when the denominator equals 1.

69. $f(x) = \dfrac{3}{x-3}$

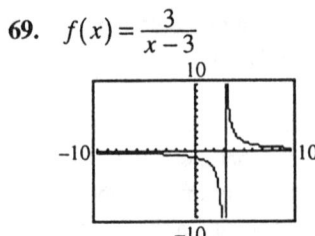

71. $f(x) = \dfrac{x^2 - x - 2}{x - 1}$

[graph]

Problem Set 3.6

1. a. $\overline{C}(100) = \dfrac{20(100) + 20{,}000}{100} = \$220$

   $\overline{C}(1000) = \dfrac{20(1000) + 20{,}000}{1000} = \$40$

   $\overline{C}(10{,}000) = \dfrac{20(10{,}000) + 20{,}000}{10{,}000}$
   $= \$22$

   $\overline{C}(100{,}000) = \dfrac{20(100{,}000) + 20{,}000}{100{,}000}$
   $= \$20.2$

   b. $n = m$, so $y = \dfrac{20}{1} = 20$ is the horizontal asymptote.
   $\$20$ is the minimum average cost of producing a canoe. As more canoes are manufactured, the average cost approaches $\$20$.

3. a. $C(85) - C(80)$
   $= \dfrac{60{,}000(85)}{100-85} - \dfrac{60{,}000(80)}{100-80}$
   $= \$100{,}000$

   b. No; the model indicates that no amount of money can remove 100% of the pollutants since $C(p)$ increases without bound as p approaches 100.

5. a. $F(0) = \dfrac{80}{0^2 + 4(0) + 1} = 80$

   When the dessert is placed in the icebox, its temperature is 80°F.

   b. $F(1) = \dfrac{80}{1^2 + 4(1) + 1} = \dfrac{80}{6} \approx 13.3°F$

   $F(2) = \dfrac{80}{2^2 + 4(2) + 1} = \dfrac{80}{13} \approx 6.2°F$

   $F(3) = \dfrac{80}{3^2 + 4(3) + 1} = \dfrac{80}{22} \approx 3.6°F$

   $F(4) = \dfrac{80}{4^2 + 4(4) + 1} = \dfrac{80}{33} \approx 2.4°F$

   $F(5) = \dfrac{80}{5^2 + 4(5) + 1} = \dfrac{80}{46} \approx 1.7°F$

   c. $n < m$, so $y = 0$.
   The temperature will approach but not reach 0°F.

   d.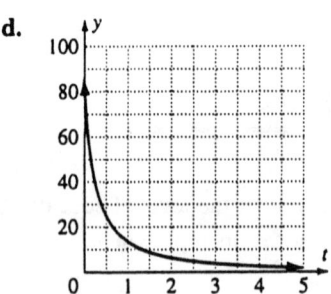

7. $A = \dfrac{Km_1 m_2}{d^2}$

   $6.67 \times 10^{-11} = \dfrac{K(1)(1)}{1^2}$

   $K = 6.67 \times 10^{-11}$

   The distance between the earth and satellite is 6700 km or 6,700,000 m.

$$A = \frac{(6.67 \times 10^{-11})(1000)(5.98 \times 10^{24})}{(6,700,000)^2}$$
≈ 8885.4 newtons

9.

x	y	$x^n y$ $(n=1)$	$x^n y$ $(n=2)$
2	100	$2(100) = 200$	$2^2(100) = 400$
4	25	$4(25) = 100$	$4^2(25) = 400$
10	4	$10(4) = 40$	$10^2(4) = 400$
20	1	$20(1) = 20$	$20^2(1) = 400$

$y = \dfrac{400}{x^2}$

The intensity of the illumination on a surface varies inversely with the square of the distance of the light source from the surface.

11.

x	y	$x^3 y = k$
3	8000	$3^3(8000) = 216,000$
4	3375	$4^3(3375) = 216,000$
5	1728	$5^3(1728) = 216,000$
10	216	$10^3(216) = 216,000$

$y = \dfrac{216,000}{x^3}$

13. a. $T(x) = \dfrac{600}{x} + \dfrac{600}{x-10}$

   b. Graph $y = \dfrac{600}{x} + \dfrac{600}{x-10}$ for $x > 10$ on an appropriate window.

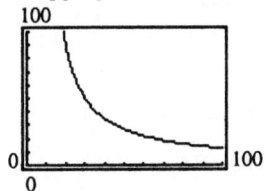

c. $T^{-1}(22) = 60$; If the total time was 22 hours, then the average rate on the outgoing trip was 60 mph.

d. Answers may vary.

15. a.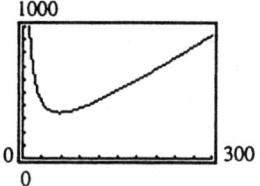

b. 58 cases should be ordered to minimize cost. The minimum cost is approximately $346.

17. Answers may vary.

19. Answers may vary.

Chapter 3 Review Problems

1. $f(x) = -2(x-1)^2 + 3$

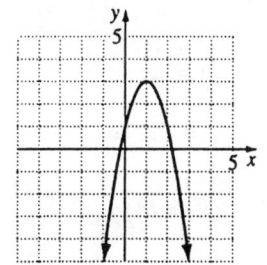

axis of symmetry: $x = 1$

2. $g(x) = (x+4)^2 - 2$

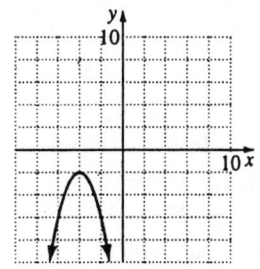

axis of symmetry: $x = -4$

3. $r(x) = -x^2 + 2x + 3$
$= -(x^2 - 2x + 1) + 3 + 1$
$r(x) = -(x-1)^2 + 4$

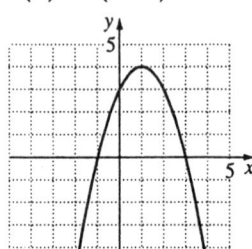

axis of symmetry: $x = 1$

4. $h(x) = 2x^2 - 4x - 6$
$h(x) = 2(x^2 - 2x + 1) - 6 - 2$
$2(x-1)^2 - 8$

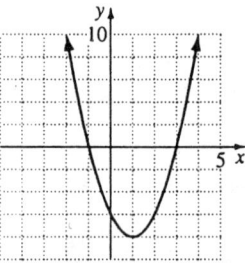

axis of symmetry: $x = 1$

5. $P(x) = 0.0014x^2 - 0.1529x + 5.855$
$x = -\dfrac{b}{2a} = -\left(-\dfrac{0.1529}{2(0.0014)}\right) \approx 54.607$
$54,607

6. $M(t) = -0.0075t^2 - 0.2676t + 14.8$
$x = -\left[\dfrac{-0.2676}{2(0.0075)}\right] = 17.84$
$M(17.84)$
$= 0.0075(17.84)^2 - 0.2676(17.84) + 14.8$
$M(17.84) = 12.413008$
Vertex: (17.84, 12.413008)
Between 1957 and 1958 fuel efficiency of passenger cars was at an all time low of approximately 12.4 miles per gallon.

7. a. $v_0 = 64$ and $s_0 = 80$
$s(t) = -16t^2 + 64t + 80$

b. $t = -\dfrac{64}{2(-16)} = 2$
It reaches its maximum height after 2 seconds.
$s(2) = -16(2)^2 + 64(2) + 80 = 144$
The maximum height is 144 feet.

c.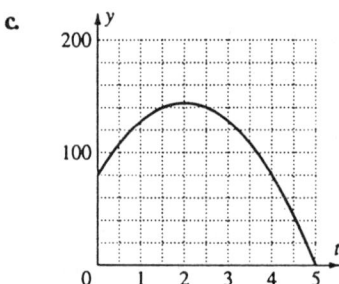

8. width = w
length = $1000 - 2w$
$A(w) = w(1000 - 2w)$
$= 1000w - 2w^2$
$w = -\dfrac{1000}{-4} = 250$
Length = $1000 - 2(250) = 500$
Dimensions: 250 ft by 500 ft
Area = $(250)(500) = 125{,}000$ ft^2

9. $I(x) = (20 + x)\left(10 - \dfrac{1}{10}x\right)$
$= 200 + 8x - \dfrac{1}{10}x^2$
$x = -\dfrac{8}{2\left(-\dfrac{1}{10}\right)} = 40$
40 divers will maximize the boat owner's income.
$I(40) = 200 + 8(40) - \dfrac{1}{10}(40)^2$
$= 200 + 320 - 160 = 360$
$360

10. $y = 2 - 2x$
    Let d be the distance from the origin to a point on the line.
    $d = \sqrt{(x-0)^2 + (y-0)^2}$
    $d = \sqrt{x^2 + y^2}$
    $d = \sqrt{x^2 + (2-2x)^2}$
    $d = \sqrt{x^2 + 4 - 8x + 4x^2}$
    $d = \sqrt{5x^2 - 8x + 4}$
    Minimize d by minimizing
    $y = 5x^2 - 8x + 4$.
    $x = \frac{8}{10} = \frac{4}{5}$
    $y = 2 - 2x$
    $y = 2 - 2\left(\frac{4}{5}\right)$
    $y = 2 - \frac{8}{5}$
    $y = \frac{2}{5}$
    Closet point: $\left(\frac{4}{5}, \frac{2}{5}\right)$

11. $f(x) = x^3 - 5x^2 - x + 5$

    a. The graph falls to the left and rises to the right.

    b. $x^3 - 5x^2 - x + 5 = 0$
       $x^2(x-5) - (x-5) = 0$
       $(x-5)(x^2 - 1) = 0$
       $(x-5)(x-1)(x+1) = 0$
       $-1, 1, 5$

    c.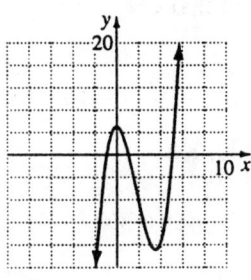

    d.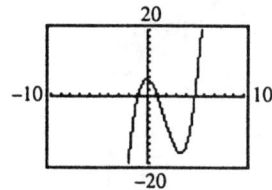

12. $g(x) = -x^4 + 25x^2$

    a. The graph falls to the left and to the right.

    b. $-x^4 + 25x^2 = 0$
       $-x^2(x^2 - 25) = 0$
       $x^2(x-5)(x+5) = 0$
       $-5, 0, 5, -5$

    c.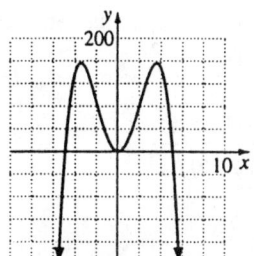

    d.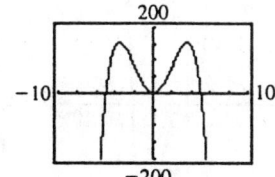

13. $h(x) = -x^4 + 6x^3 - 9x^2$

    a. The graph falls to the left and to the right.

    b. $= -x^2(x^2 - 6x + 9) = 0$
       $-x^2(x-3)(x-3) = 0$
       $0, 3$

c.

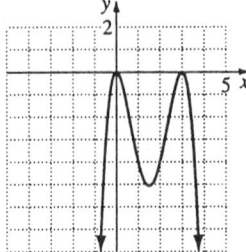

d.

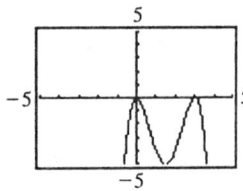

14. $r(x) = 3x^4 - 15x^3$

    a. The graph rises to the left and to the right.

    b. $3x^4 - 15x^3 = 0$
    $3x^3(x-5) = 0$
    $0, 5$

    c.

    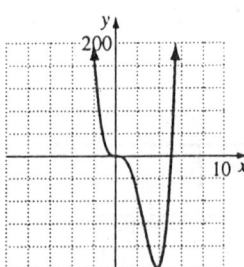

    d.

    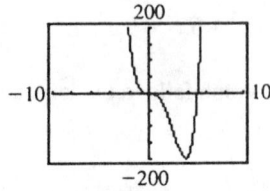

15. $f(x) = -0.0013x^3 + 0.078x^2 - 1.43x + 18.1$
    Because the degree is odd and the leading coefficient is negative, the graph falls to the right. Therefore, the model indicates that the percentage of families below the poverty level will eventually be negative, which is impossible.

16. $f(x) = -x^3 + 12x^2 - x$
    The graph rises to the left and falls to the right and goes through the origin, so graph c is the best match.

17. $g(x) = x^6 - 6x^4 + 9x^2$
    The graph rises to the left and rises to the right, so graph b is the best match.

18. $h(x) = x^5 - 5x^3 + 4x$
    The graph falls to the left and rises to the right and crosses the y-axis at zero, so graph a is the best match.

19. $r(x) = x^3 + 1$
    $r(x)$ falls to the left and rises to the right and does not go through the origin, so graph d is the best match.

20. $y = kx^4$
    so
    $k = \dfrac{y}{x^4}$
    $\dfrac{48}{(0.2)^4} = 30,000$
    $\dfrac{243}{(0.3)^4} = 30,000$
    $\dfrac{1875}{(0.5)^4} = 30,000$
    $\dfrac{12,288}{(0.8)^4} = 30,000$
    $\dfrac{30,000}{1} = 30,000$
    $f(x) = 30,000x^4$

SSM: College Algebra   **Chapter 3: Modeling with Polynomial and Rational Functions**

21. $f(x) = 3x^4 - 2x^3 - 8x + 5$
    $f(x)$ has 2 sign variations, so $f(x) = 0$ has 2 or 0 positive solutions.
    $f(-x) = 3x^4 + 2x^3 + x + 5$
    $f(-x)$ has no sign variations, so $f(x) = 0$ has no negative solutions.

22. $f(x) = 2x^5 - 3x^3 - 5x^2 + 3x - 1$

    a. $f(x)$ has 3 sign variations, so $f(x) = 0$ has 3 or 1 positive real roots.

    b. $f(-x) = -2x^5 + 3x^3 - 5x^2 - 3x - 1$
       $f(-x)$ has 2 sign variations, so $f(x) = 0$ has 2 or 0 negative solutions.

23. $f(x) = f(-x) = 2x^4 + 6x^2 + 8$
    No sign variations exist for either $f(x)$ or $f(-x)$, so no real roots exist.

24. $f(x) = 8x^3 - 36x^2 + 46x - 15$

    a. $p: \pm 1, \pm 3, \pm 5, \pm 15$
       $q: \pm 1, \pm 2, \pm 4, \pm 8$
       $\frac{p}{q}: \pm 1, \pm 3, \pm 5, \pm 15, \pm \frac{1}{2}, \pm \frac{1}{4}, \pm \frac{1}{8},$
       $\pm \frac{3}{2}, \pm \frac{3}{4}, \pm \frac{3}{8}, \pm \frac{5}{2}, \pm \frac{5}{4},$
       $\pm \frac{5}{8}, \pm \frac{15}{2}, \pm \frac{15}{4}, \pm \frac{15}{8}$

    b. $f(x) = 8x^3 - 36x^2 + 46x - 15$
       3 sign variations $\Rightarrow$ 3 or 1 positive real solutions.
       $f(-x) = -8x^3 - 36x^2 - 46x - 15$
       0 sign variations $\Rightarrow$ no negative real solutions.

    c. A graphing utility shows that $x = \frac{1}{2}$ is a possible zero.

    d. $\begin{array}{r|rrrr} \frac{1}{2} & 8 & -36 & 46 & -15 \\ & & 4 & -16 & 15 \\ \hline & 8 & -32 & 30 & 0 \end{array}$

       $8x^3 - 36x^2 + 46x - 15 = 0$
       $\left(x - \frac{1}{2}\right)(8x^2 - 32x + 30) = 0$
       $2\left(x - \frac{1}{2}\right)(4x^2 - 16x + 15) = 0$
       $2\left(x - \frac{1}{2}\right)(2x - 5)(2x - 3) = 0$
       $x = \frac{1}{2}$ or $x = \frac{5}{2}$ or $x = \frac{3}{2}$
       $\left\{\frac{1}{2}, \frac{3}{2}, \frac{5}{2}\right\}$

25. $f(x) = x^4 - x^3 - 7x^2 + x + 6$

    a. $p: \pm 1, \pm 2, \pm 3, \pm 6$
       $q: \pm 1$
       $\frac{p}{q}: \pm 1, \pm 2, \pm 3, \pm 6$

    b. $f(x) = x^4 - x^3 - 7x^2 + x + 6$
       2 sign variations $\Rightarrow$ 2 or zero positive real solutions.
       $P(x) = x^4 - x^3 - 7x^2 + x + 6$
       2 sign variations $\Rightarrow$ 2 or zero negative real solutions.

    d. $\begin{array}{r|rrrrr} -2 & 1 & -1 & -7 & 1 & 6 \\ & & -2 & 6 & 2 & -6 \\ \hline & 1 & -3 & -1 & 3 & 0 \end{array}$

       $x^4 - x^3 - 7x^2 + x + 6 = 0$
       $(x+2)(x^3 - 3x^2 - x + 3) = 0$
       $(x+2)[x^2(x-3) - (x-3)] = 0$
       $(x+2)(x-3)(x^2 - 1) = 0$
       $(x+2)(x-3)(x-1)(x+1) = 0$
       $x \le -2$ or $x = 3$ or $x = 1$ or $x = -1$
       $\{-2, -1, 1, 3\}$

26. $f(x) = 2x^4 - 5x^3 - 8x^2 + 25x - 10$

   a. $p: \pm1, \pm2, \pm5, \pm10$
      $q: \pm1, \pm2$
      $\dfrac{p}{q}: \pm1, \pm2, \pm5, \pm10, \pm\dfrac{1}{2}, \pm\dfrac{5}{2}$

   b. $f(x)$ has 3 sign variations $\Rightarrow$ 3 or 1 positive real solutions.
      $f(-x) = 2x^4 + 5x^3 - 8x^2 - 25x - 10$
      $P(-x)$ has 1 sign variation $\Rightarrow$ 1 negative real solution.

   d.
   ```
   2 | 2   -5   -8   25   -10
     |      4   -2  -20    10
     |_____
       2   -1  -10    5    0
   ```
   $2x^4 - 5x^3 - 8x^2 + 25x - 10 = 0$
   $(x-2)(2x^3 - x^2 - 10x + 5) = 0$
   $(x-2)[x^2(2x-1) - 5(2x-1)] = 0$
   $(x-2)(2x-1)(x^2 - 5) = 0$

   $x = 2$ or $x = \dfrac{1}{2}$ or $x = \pm\sqrt{5}$

   $\left\{\dfrac{1}{2}, 2, \pm\sqrt{5}\right\}$

27. $f(x) = 4x^4 - 8x^3 - 43x^2 + 29x + 60$

   a. $p: \pm1, \pm2, \pm3, \pm4, \pm5, \pm6, \pm10, \pm12, \pm15,$
      $\pm20, \pm30, \pm60$
      $q: \pm1, \pm2, \pm4$
      $\dfrac{p}{q}: \pm1, \pm2, \pm3, \pm4, \pm5, \pm6,$
      $\pm10, \pm12, \pm15, \pm20, \pm30, \pm60,$
      $\pm\dfrac{1}{2}, \pm\dfrac{1}{4}, \pm\dfrac{3}{2}, \pm\dfrac{3}{4}, \pm\dfrac{5}{2}, \pm\dfrac{5}{4},$
      $\pm\dfrac{15}{2}, \pm\dfrac{15}{4}$

   b. $f(x) = 4x^4 - 8x^3 - 43x^2 + 29x + 60$
      2 sign variations $\Rightarrow$ 2 or 0 positive real solutions.
      $f(-x) = 4x^4 + 8x^3 - 43x^2 - 29x + 60$
      2 sign variations so 2 or 0 negative real roots.

   c. Using a graphing utility, there appears to be rational zeros at -1 and 4.

   d.
   ```
   -1 | 4   -8   -43   29    60
      |     -4    12   31   -60
      |_____
        4  -12   -31   60    0
   ```
   $4x^4 - 8x^3 - 43x^2 + 29x + 60 = 0$
   $(x+1)(4x^3 - 12x^2 - 31x + 60) = 0$

   ```
   4 | 4  -12  -31   60
     |     16   16  -60
     |_____
       4    4  -15    0
   ```
   $(x+1)(x-4)(4x^2 + 4x - 15) = 0$
   $(x+1)(x-4)(2x+5)(2x-3) = 0$
   $x = -1$ or $x = 4$ or $x = -\dfrac{5}{2}$ or $x = \dfrac{3}{2}$

   $\left\{-\dfrac{5}{2}, -1, \dfrac{3}{2}, 4\right\}$

28. $f(x) = 3x^5 - 2x^4 - 15x^3 + 10x^2 + 12x - 8$

   a. $p: \pm1, \pm2, \pm4, \pm8$
      $q: \pm1, \pm3$
      $\dfrac{p}{q}: \pm1, \pm2, \pm4, \pm8, \pm\dfrac{1}{3}, \pm\dfrac{2}{3}, \pm\dfrac{4}{3}, \pm\dfrac{8}{3}$

   b. $P(x) = 3x^5 - 2x^4 - 15x^3 + 10x^2 + 12x - 8$
      3 sign variations $\Rightarrow$ 3 or 1 positive real solutions.
      $P(-x)$
      $= -3x^5 - 2x^4 + 15x^3 + 10x^2 - 12x - 82$
      sign variations $\Rightarrow$ 2 or 0 negative real solutions.

   c. Using a graphing utility, there appears to be a rational zero at $x = \dfrac{2}{3}$.

SSM: College Algebra   **Chapter 3:** Modeling with Polynomial and Rational Functions

d. $\begin{array}{r|rrrrrr} \frac{2}{3} & 3 & -2 & -15 & 10 & 12 & -8 \\ & & 2 & 0 & -10 & 0 & 8 \\ \hline & 3 & 0 & -15 & 0 & 12 & 0 \end{array}$

$3x^5 - 2x^4 - 15x^3 + 10x^2 + 12x - 8 = 0$

$\left(x - \frac{2}{3}\right)(3x^4 - 15x^2 + 12) = 0$

$3\left(x - \frac{2}{3}\right)(x^4 - 5x^2 + 4) = 0$

$3\left(x - \frac{2}{3}\right)(x^2 - 1)(x^2 - 4) = 0$

$x = \frac{2}{3}$ or $x = \pm 1$ or $x = \pm 2$

$\left\{-2, -1, \frac{2}{3}, 1, 2\right\}$

29. $f(x) = 6x^3 + x^2 - 4x + 1$

a. $p: \pm 1$
    $q: \pm 1, \pm 2, \pm 3, \pm 6$
    $\frac{p}{q}: \pm 1, \pm \frac{1}{2}, \pm \frac{1}{3}, \pm \frac{1}{6}$

b. $f(x) = 6x^3 + x^2 - 4x + 1$
    2 sign variations $\Rightarrow$ 2 or 0 positive real zeros.
    $f(-x) = -6x^3 + x^2 + 4x + 1$
    1 sign variation $\Rightarrow$ 1 negative real zero.

d. $\begin{array}{r|rrrr} -1 & 6 & 1 & -4 & 1 \\ & & -6 & 5 & -1 \\ \hline & 6 & -5 & 1 & 0 \end{array}$

$6x^3 + x^2 - 4x + 1 = 0$
$(x+1)(6x^2 - 5x + 1) = 0$
$(x + 1)(3x - 1)(2x - 1) = 0$
$x = -1$ or $x = \frac{1}{3}$ or $x = \frac{1}{2}$

The zeros are $-1, \frac{1}{3}, \frac{1}{2}$.

30. $g(x) = 2x^4 + x^3 - 2x^2 - 4x - 3$

a. $p: \pm 1, \pm 3$
    $q: \pm 1, \pm 2$
    $\frac{p}{q}: \pm 1, \pm 3, \pm \frac{1}{2}, \pm \frac{3}{2}$

b. $g(x) = 2x^4 + x^3 - 2x^2 - 4x - 3$
    1 sign variation $\Rightarrow$ 1 positive real zero.
    $g(-x) = 2x^4 - x^3 - 2x^2 + 4x - 3$
    3 sign variations $\Rightarrow$ 3 or 1 negative real zeros.

c. Using a graphing utility, there appears to be rational zeros at -1 and $\frac{3}{2}$.

d. $\begin{array}{r|rrrrr} -1 & 2 & 1 & -2 & -4 & -3 \\ & & -2 & 1 & 1 & 3 \\ \hline & 2 & -1 & -1 & -3 & 0 \end{array}$

$\begin{array}{r|rrrr} \frac{3}{2} & 2 & -1 & -1 & -3 \\ & & 3 & 3 & 3 \\ \hline & 2 & 2 & 2 & 0 \end{array}$

$2x^4 + x^3 - 2x^2 - 4x - 3 = 0$
$(x+1)(2x^3 - x^2 - x - 3) = 0$
$(x+1)\left(x - \frac{3}{2}\right)(2x^2 + 2x + 2) = 0$
$2(x+1)\left(x - \frac{3}{2}\right)(x^2 + x + 1) = 0$
$x = -1$ or $x = \frac{3}{2}$ or $x^2 + x + 1 = 0$

$x = \frac{-1 \pm \sqrt{(1)^2 - 4(1)(1)}}{2(1)}$

$x = \frac{-1 \pm i\sqrt{3}}{2}$

The zeros are $-1, \frac{3}{2}, \frac{-1 \pm i\sqrt{3}}{2}$.

31. $h(x) = 3x^4 - 7x^3 + 6x^2 - 28x - 24$

   a. $p: \pm 1, \pm 2, \pm 3, \pm 4, \pm 6, \pm 8, \pm 12, \pm 24$
      $q: \pm 1, \pm 3$
      $\dfrac{p}{q}: \pm 1, \pm 2, \pm 3, \pm 4, \pm 6, \pm 8, \pm 12, \pm 24$
      $\pm \dfrac{1}{3}, \pm \dfrac{2}{3}, \pm \dfrac{4}{3}, \pm \dfrac{8}{3}$

   b. $h(x) = 3x^4 - 7x^3 + 6x^2 - 28x - 24$
      3 sign variations $\Rightarrow$ 3 or 1 positive real zeros.
      $h(-x) = 3x^4 + 7x^3 + 6x^2 + 28x - 24$
      1 sign variation $\Rightarrow$ 1 negative real zero.

   c. Using a graphing utility, there appears to be rational zeros at $-\dfrac{2}{3}$ and 3.

   d.
   $\begin{array}{r|rrrrr} -\frac{2}{3} & 3 & -7 & 6 & -28 & -24 \\ & & -2 & 6 & -8 & 24 \\ \hline & 3 & -9 & 12 & -36 & 0 \end{array}$

   $\begin{array}{r|rrrr} 3 & 3 & -9 & 12 & -36 \\ & & 9 & 0 & 36 \\ \hline & 3 & 0 & 12 & 0 \end{array}$

   $3x^4 - 7x^3 + 6x^2 - 28x - 24 = 0$
   $\left(x + \dfrac{2}{3}\right)(3x^3 - 9x^2 + 12x - 36) = 0$
   $\left(x + \dfrac{2}{3}\right)(x - 3)(3x^2 + 12) = 0$
   $3\left(x + \dfrac{2}{3}\right)(x - 3)(x^2 + 4) = 0$
   $x = -\dfrac{2}{3}$ or $x = 3$ or $x^2 = -4$
   $x = \pm 2i$
   The zeros are $-\dfrac{2}{3}, 3, \pm 2i$.

32. $f(x) = 2x^4 - x^3 - 5x^2 + 10x + 12$

   a. $p: \pm 1, \pm 2, \pm 3, \pm 4, \pm 6, \pm 12$
      $q: \pm 1, \pm 2$
      $\dfrac{p}{q}: \pm 1, \pm 2, \pm 3, \pm 4, \pm 6, \pm 12, \pm \dfrac{1}{2}, \pm \dfrac{3}{2}$

   b.
   $\begin{array}{r|rrrrr} 2 & 2 & -1 & -5 & 10 & 12 \\ & & 4 & 6 & 2 & 24 \\ \hline & 2 & 3 & 1 & 12 & 36 \end{array}$
   2 is not a root but is an upper bound.

   c.
   $\begin{array}{r|rrrrr} -2 & 2 & -1 & -5 & 10 & 12 \\ & & -4 & 10 & -10 & 0 \\ \hline & 2 & -5 & 5 & 0 & 12 \end{array}$
   -2 is not a root but is a lower bound.

   d. Possible roots are $\pm 1, \pm \dfrac{1}{2}$, and $\pm \dfrac{3}{2}$

33. $2x^4 - 7x^3 - 5x^2 + 28x - 12 = 0$

   $\begin{array}{r|rrrrr} -2 & 2 & -7 & -5 & 28 & -12 \\ & & -4 & 22 & -34 & 12 \\ \hline & 2 & -11 & 17 & -6 & 0 \end{array}$
   -2 is a root and a lower bound.

   $\begin{array}{r|rrrrr} 6 & 2 & -7 & -5 & 28 & -12 \\ & & 12 & 30 & 150 & 1068 \\ \hline & 2 & 5 & 25 & 178 & 1056 \end{array}$
   6 is an upper bound, but not a zero.
   $p: \pm 1, \pm 2, \pm 3, \pm 4, +6, \pm 12$
   $q: \pm 1, \pm 2$
   $\dfrac{p}{q}: \pm 1, \pm 2, \pm 3, \pm 4, \pm 6, \pm 12, \pm \dfrac{1}{2}, \pm \dfrac{3}{2}$
   Possible roots are: $\pm 1, \pm 2, 3, 4, \pm \dfrac{1}{2}, \pm \dfrac{3}{2}$

SSM: College Algebra   *Chapter 3: Modeling with Polynomial and Rational Functions*

34. $\dfrac{n(n+1)(2n+1)}{6} = 140$

$n(2n^2 + 3n + 1) = 840$

$2n^3 + 3n^2 + n = 840$

$2n^3 + 3n^2 + n - 840 = 0$

Using a graphing utility to graph
$y = 2x^3 + 3x^2 + x - 840$ shows a possible rational zero at $x = 7$.

```
7 | 2    3    1   -840
  |     14  119   840
  |_____
    2   17  120    0
```

$2n^3 + 3n^2 + n - 840 = 0$

$(n-7)(2n^2 + 17n + 120) = 0$

Checking the discriminant of $2n^2 + 17n + 120$ shows that there are no other real solutions.

7 natural numbers

35. $14W^3 - 17W^2 - 16W + 34 = 211$

$14W^3 - 17W^2 - 16W - 177 = 0$

$p: \pm 1, \pm 3, \pm 59, \pm 177$

$q: \pm 1, \pm 2, \pm 7, \pm 14$

$\dfrac{p}{q}: \pm 1, \pm 3, \pm 59, \pm 177,$

$\pm\dfrac{1}{2}, \pm\dfrac{3}{2}, \pm\dfrac{59}{2}, \pm\dfrac{177}{2}, \pm\dfrac{1}{7}, \pm\dfrac{3}{7}, \pm\dfrac{59}{7},$

$\pm\dfrac{177}{7}, \pm\dfrac{1}{14}, \pm\dfrac{3}{14}, \pm\dfrac{59}{14}, \pm\dfrac{177}{14}$

Try $W = 3$.

```
3 | 14  -17  -16  -177
  |      42   75   177
  |_____
    14   25   59    0
```

When there are 211 eggs, the abdominal width is 3 mm.

36. $V(x) = x(x+1)(x+3) + 3(x)(x-2)$

$V(x) = x(x^2 + 4x + 3) + 3x^2 - 6x$

$V(x) = x^3 + 4x^2 + 3x + 3x^2 - 6x$

$V(x) = x^3 + 7x^2 - 3x$

$x^3 + 7x^2 - 3x = 164$

$x^3 + 7x^2 - 3x - 164$

```
4 | 1    7    -3   -164
  |      4    44    164
  |_____
    1   11    41     0
```

$x = 4$

37. $f(x) = x^3 - 2x - 1$

$f(1) = (1)^3 - 2(1) - 1 = -2$

$f(2) = (2)^3 - 2(2) - 1 = 3$

Continue to use the Intermediate Value Theorem:

$f(1.5) = -0.625$

$f(1.6) = -0.104$

$f(1.7) = 0.513$

$f(1.65) = 0.192125$

$x \approx 1.6$

38. $f(x) = 3x^3 + 2x^2 - 8x + 7$

$f(-3) = 3(-3)^3 + 2(-3)^2 - 8(-3) + 7 = -32$

$f(-2) = 3(-2)^3 + 2(-2)^2 - 8(-2) + 7 = 7$

Continue to use the Intermediate Value Theorem:

$f(-2.4) = -3.752$

$f(-2.3) = -0.521$

$f(-2.2) = 2.336$

$f(-2.25) = 0.953125$

$x \approx -2.3$

Chapter 3: Modeling with Polynomial and Rational Functions   SSM: College Algebra

39. $f(x) = a_n(x-2)(x-2+3i)(x-2-3i)$
    $f(x) = a_n(x-2)(x^2 - 4x + 13)$
    $f(1) = a_n(1-2)[1^2 - 4(1) + 13]$
    $-10 = -10a_n$
    $a_n = 1$
    $f(x) = 1(x-2)(x^2 - 4x + 13)$
    $f(x) = x^3 - 4x^2 + 13x - 2x^2 + 8x - 26$
    $f(x) = x^3 - 6x^2 + 21x - 26$

40. $f(x) = a_n(x-i)(x+i)(x+3)^2$
    $f(x) = a_n(x^2 + 1)(x^2 + 6x + 9)$
    $f(-1) = a_n[(-1)^2 + 1][(-1)^2 + 6(-1) + 9]$
    $16 = 8a_n$
    $a_n = 2$
    $f(x) = 2(x^2 + 1)(x^2 + 6x + 9)$
    $f(x) = 2(x^4 + 6x^3 + 9x^2 + x^2 + 6x + 9)$
    $f(x) = 2x^4 + 12x^3 + 20x^2 + 12x + 18$

41. $f(x) = a_n(x+2)(x-3)(x-1-3i)(x-1+3i)$
    $f(x) = a_n(x^2 - x - 6)(x^2 - 2x + 10)$
    $f(x) = a_n(x^4 - 2x^3 + 10x^2 - x^3 + 2x^2 - 10x - 6x^2 + 12x - 60)$
    $f(x) = a_n(x^4 - 3x^3 + 6x^2 + 2x - 60)$
    $f(2) = a_n[(2)^4 - 3(2)^3 + 6(2)^2 + 2(2) - 60]$
    $-40 = -40a_n$
    $a_n = 1$
    $f(x) = x^4 - 3x^3 + 6x^2 + 2x - 60$

42. $(x - 6 - 5i)(x - 6 + 5i)$
    $= x^2 - 6x - 6x + 36 - 25i^2$
    $= x^2 - 12x + 61$

    $$\begin{array}{r} 4x + 1 \\ x^2 - 12x + 61 \overline{\smash{\big)}\, 4x^3 - 47x^2 + 232x + 61} \\ \underline{4x^3 - 48x^2 + 244x } \\ x^2 - 12x + 61 \\ \underline{x^2 - 12x + 61} \\ 0 \end{array}$$

198

$4x + 1 = 0$
$x = -\frac{1}{4}$
$\left\{-\frac{1}{4}, 6 \pm 5i\right\}$

43. $(x - 1 + 3i)(x - 1 - 3i) = x^2 - 2x + 1 - 9i^2$
$= x^2 - 2x + 10$

$$\begin{array}{r}
x^2 - 2x + 2 \\
x^2 - 2x + 10 \overline{) x^4 - 4x^3 + 16x^2 - 24x + 20} \\
\underline{x^4 - 2x^3 + 10x^2} \\
-2x^3 + 6x^2 - 24x \\
\underline{-2x^3 + 4x^2 - 20x} \\
2x^2 - 4x + 20 \\
\underline{2x^2 - 4x + 20} \\
0
\end{array}$$

$x^2 - 2x + 2 = 0$
$x = \dfrac{2 \pm \sqrt{4 - 4(1)(2)}}{2}$
$x = \dfrac{2 \pm 2i}{2} = 1 \pm i$
$\{1 \pm 3i,\ 1 \pm i\}$

44. $(x - 4 - 7i)(x - 4 + 7i) = x^2 - 8x + 16 + 49$
$= x^2 - 8x + 65$

$$\begin{array}{r}
2x^2 - x - 1 \\
x^2 - 8x + 65 \overline{) 2x^4 - 17x^3 + 137x^2 - 57x - 65} \\
\underline{2x^4 - 16x^3 + 130x^2} \\
-x^3 + 7x^2 - 57x \\
\underline{-x^3 + 8x^2 - 65x} \\
-x^2 + 8x - 65 \\
\underline{-x^2 + 8x - 65} \\
0
\end{array}$$

$2x^2 - x - 1 = 0$
$x = \dfrac{1 \pm \sqrt{1 - 4(2)(-1)}}{4}$
$x = \dfrac{1 \pm 3}{4}$
$x = 1,\ -\dfrac{1}{2}$
$\left\{-\dfrac{1}{2},\ 1,\ 4 \pm 7i\right\}$

45. $(x-1-2i)(x-1+2i) = x^2 - 2x + 1 + 4 = x^2 - 2x + 5$

$$\begin{array}{r} x^3 + 5x^2 + 7x + 3 \\ x^2 - 2x + 5 \overline{) x^5 + 3x^4 + 2x^3 + 14x^2 + 29x + 15} \\ \underline{x^5 - 2x^4 + 5x^3} \\ 5x^4 - 3x^3 + 14x^2 \\ \underline{5x^4 - 10x^3 + 25x^2} \\ 7x^3 - 11x^2 + 29x \\ \underline{7x^3 - 14x^2 + 35x} \\ 3x^2 - 6x + 15 \\ \underline{3x^2 - 6x + 15} \\ 0 \end{array}$$

$x^3 + 5x^2 + 7x + 3 = 0$
$p: \pm 1, \pm 3$
$q: \pm 1$
$\frac{p}{q}: \pm 1, \pm 3$

$$\begin{array}{r|rrrr} -1 & 1 & 5 & 7 & 3 \\ & & -1 & -4 & -3 \\ \hline & 1 & 4 & 3 & 0 \end{array}$$

$x^3 + 5x^2 + 7x + 3 = 0$
$(x+1)(x^2 + 4x + 3) = 0$
$(x+1)(x+1)(x+3) = 0$
$x = -1$ (multiplicity two) or $x = -3$
$\{-3, -1, 1 \pm 2i\}$

46. $f(x) = 2x^4 + 3x^3 + 3x - 2$
$p: \pm 1, \pm 2$
$q: \pm 1, \pm 2$
$\frac{p}{q}: \pm 1, \pm 2, \pm \frac{1}{2}$

$$\begin{array}{r|rrrrr} -2 & 2 & 3 & 0 & 3 & -2 \\ & & -4 & 2 & -4 & 2 \\ \hline & 2 & -1 & 2 & -1 & 0 \end{array}$$

$2x^4 + 3x^3 + 3x - 2 = 0$
$(x+2)(2x^3 - x^2 + 2x - 1) = 0$
$(x+2)[x^2(2x-1) + (2x-1)] = 0$
$(x+2)(2x-1)(x^2+1) = 0$
$x = -2, \; x = \dfrac{1}{2} \text{ or } x = \pm i$

The zeros are $-2, \dfrac{1}{2}, \pm i$.

$f(x) = (x-i)(x+i)(x+2)\left(x - \dfrac{1}{2}\right)$

47. $g(x) = x^4 - 6x^3 + x^2 + 24x + 16$
 $p: \pm 1, \pm 2, \pm 4, \pm 8, \pm 16$
 $q: \pm 1$
 $\dfrac{p}{q}: \pm 1, \pm 2, \pm 4, \pm 8, \pm 16$

$$\begin{array}{r|rrrrr}
-1 & 1 & -6 & 1 & 24 & 16 \\
 &   & -1 & 7 & -8 & -16 \\
\hline
 & 1 & -7 & 8 & 16 & 0
\end{array}$$

$x^4 - 6x^3 + x^2 + 24x + 16 = 0$
$(x+1)(x^3 - 7x^2 + 8x + 16) = 0$

$$\begin{array}{r|rrrr}
-1 & 1 & -7 & 8 & 16 \\
 &   & -1 & 8 & -16 \\
\hline
 & 1 & -8 & 16 & 0
\end{array}$$

$(x+1)^2 (x^2 - 8x + 16) = 0$
$(x+1)^2 (x-4)^2 = 0$
$x = -1 \text{ or } x = 4$
$g(x) = (x+1)^2 (x-4)^2$

48. 4 real zeros, one with multiplicity two

49. 3 real zeros; 2 nonreal complex zeros

50. 2 real zeros, one with multiplicity two; 2 nonreal complex zeros

51. 1 real zero; 4 nonreal complex zeros

52. $x^4 + 2x - 1 = 0$
 $p: \pm 1$
 $q: \pm 1$
 $\dfrac{p}{q}: \pm 1$

$$\begin{array}{r|rrrrr}
1 & 1 & 0 & 0 & 2 & -1 \\
 &   & 1 & 1 & 1 & 3 \\
\hline
 & 1 & 1 & 1 & 3 & 2
\end{array}$$

$$\begin{array}{r|rrrrr}
-1 & 1 & 0 & 0 & 2 & -1 \\
 &   & -1 & 1 & -1 & -1 \\
\hline
 & 1 & -1 & 1 & 1 & -2
\end{array}$$

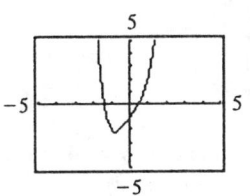

$x \approx 0.47, -1.40$

53. Let x = length of cube.
 Volume = $x^3 - x^2$
 $x^3 - x^2 = 448$
 $x^3 - x^2 - 448 = 0$
 Using a graphing utility, there appears to be a zero at 8.

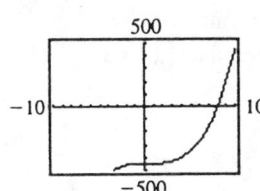

$x = 8$
original length of cube = 8 inches

54.

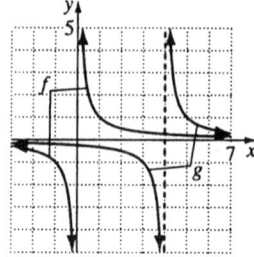

Horizontal asymptote: $y = 0$
Vertical asymptote: $x = 4$

55.

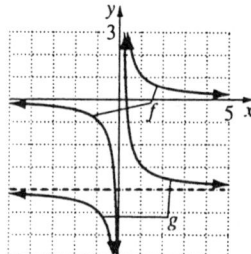

Horizontal asymptote: $y = -4$
Vertical asymptote: $x = 0$

56.

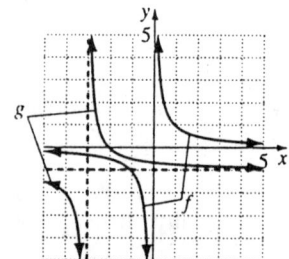

Horizontal asymptote: $y = -1$
Vertical asymptote: $x = -3$

57.

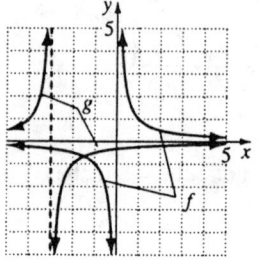

Horizontal asymptote: $y = 0$
Vertical asymptote: $x = -3$

58.

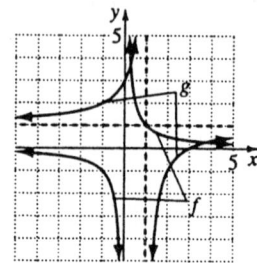

Horizontal asymptote: $y = 1$
Vertical asymptote: $x = 1$

59. $f(x) = \dfrac{2x}{x^2 - 9}$

Symmetry: $f(-x) = -\dfrac{2x}{x^2 - 9} = -f(x)$

origin symmetry

x-intercept:
$0 = \dfrac{2x}{x^2 - 9}$
$2x = 0$
$x = 0$

y-intercept: $y = \dfrac{2(0)}{0^2 - 9} = 0$

Vertical asymptote:
$x^2 - 9 = 0$
$(x-3)(x+3) = 0$
$x = 3$ and $x = -3$

Horizontal asymptote:
$n < m$, so $y = 0$

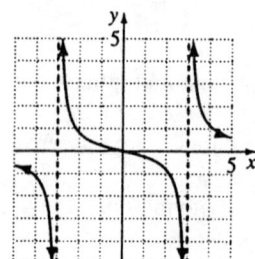

60. $g(x) = \dfrac{2x-4}{x+3}$

Symmetry: $g(-x) = \dfrac{-2x-4}{x+3}$

$g(-x) \neq g(x)$, $g(-x) \neq -g(x)$

No symmetry

x-intercept:
$2x - 4 = 0$
$x = 2$

y-intercept: $y = \dfrac{2(0)-4}{(0)+3} = -\dfrac{4}{3}$

Vertical asymptote:
$x + 3 = 0$
$x = -3$

Horizontal asymptote:
$n = m$, so $y = \dfrac{2}{1} = 2$

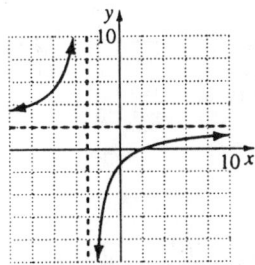

61. $h(x) = \dfrac{x^2 - 3x - 4}{x^2 - x - 6}$

Symmetry: $h(-x) = \dfrac{x^2 + 3x - 4}{x^2 + x - 6}$

$h(-x) \neq h(x)$, $h(-x) \neq -h(x)$

No symmetry

x-intercept:
$x^2 - 3x - 4 = 0$
$(x-4)(x+1)$
$x = 4 \quad x = -1$

y-intercept: $y = \dfrac{0^2 - 3(0) - 4}{0^2 - 0 - 6} = \dfrac{2}{3}$

Vertical asymptote:
$x^2 - x - 6 = 0$
$(x-3)(x+2) = 0$
$x = 3, -2$

Horizontal asymptote:
$n = m$, so $y = \dfrac{1}{1} = 1$

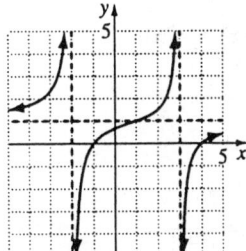

62. $r(x) = \dfrac{x^2 + 4x + 3}{(x+2)^2}$

Symmetry: $r(-x) = \dfrac{x^2 - 4x + 3}{(-x+2)^2}$

$r(-x) \neq r(x)$, $r(-x) \neq -r(x)$

No symmetry

x-intercept:
$x^2 + 4x + 3 = 0$
$(x+3)(x+1) = 0$
$x = -3, -1$

y-intercept: $y = \dfrac{0^2 + 4(0) + 3}{(0+2)^2} = \dfrac{3}{4}$

Vertical asymptote:
$x + 2 = 0$
$x = -2$

Horizontal asymptote:
$n = m$, so $y = \dfrac{1}{1} = 1$

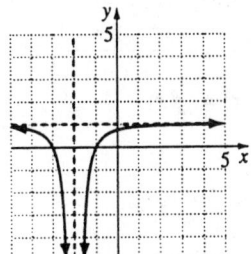

63. $y = \dfrac{x^2}{x+1}$

Symmetry: $f(-x) = \dfrac{x^2}{-x+1}$
$f(-x) \neq f(x), f(-x) \neq -f(x)$
No symmetry
x-intercept:
$x^2 = 0$
$x = 0$
y-intercept: $y = \dfrac{0^2}{0+1} = 0$
Vertical asymptote:
$x + 1 = 0$
$x = -1$
Horizontal asymptote:
$n > m$, no horizontal asymptote.
Slant asymptote:
$y = x - 1 + \dfrac{1}{x+1}$
$y = x - 1$

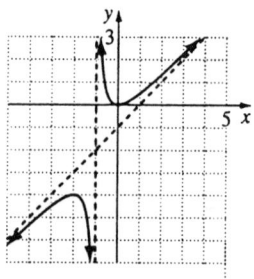

64. $y = \dfrac{x^2 + 2x - 3}{x - 3}$

Symmetry: $f(-x) = \dfrac{x^2 - 2x - 3}{-x - 3}$
$f(-x) \neq f(x), f(-x) \neq -f(x)$
No symmetry
x-intercept:
$x^2 + 2x - 3 = 0$
$(x+3)(x-1) = 0$
$x = -3, 1$
y-intercept: $y = \dfrac{0^2 + 2(0) - 3}{0 - 3} = \dfrac{-3}{-3} = 1$

Vertical asymptote:
$x - 3 = 0$
$x = 3$
Horizontal asymptote:
$n > m$, so no horizontal asymptote.

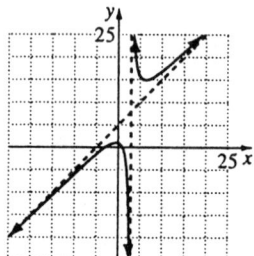

65. $f(x) = \dfrac{-2x^3}{x^2 + 1}$

Symmetry: $f(-x) = \dfrac{2x^3}{x^2 + 1} = -f(x)$
Origin symmetry
x-intercept:
$-2x^3 = 0$
$x = 0$
y-intercept: $y = \dfrac{-2(0)^3}{0^2 + 1} = \dfrac{0}{1} = 0$
Vertical asymptote:
$x^2 + 1 = 0$
$x^2 = -1$
No vertical asymptote.
Horizontal asymptote:
$n > m$, so no horizontal asymptote.
Slant asymptote:
$f(x) = -2x + \dfrac{2x}{x^2 + 1}$
$y = -2x$

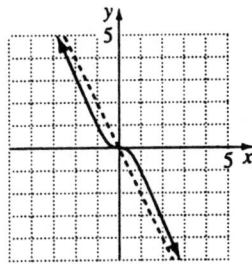

66. $g(x) = \dfrac{4x^2 - 16x + 16}{2x - 3}$

Symmetry: $g(-x) = \dfrac{4x^2 + 16x + 16}{-2x - 3}$

$g(-x) \neq g(x)$, $g(-x) \neq -g(x)$
No symmetry
x-intercept:
$4x^2 - 16x + 16 = 0$
$4(x - 2)^2 = 0$
$x = 2$
y-intercept:
$y = \dfrac{4(0)^2 - 16(0) + 16}{2(0) - 3} = -\dfrac{16}{3}$

Vertical asymptote:
$2x - 3 = 0$
$x = \dfrac{3}{2}$

Horizontal asymptote:
$n > m$, so no horizontal asymptote.
Slant asymptote:
$g(x) = 2x - 5 + \dfrac{1}{2x - 3}$
$y = 2x - 5$

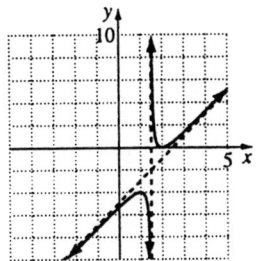

67. $N(x) = \dfrac{60(x - 2)}{x}$

$n = m$, so $y = 60$
The maximum number of words a person can type per minute approaches 60.

68. $F(x) = \dfrac{30(4 + 5x)}{1 + 0.05x}$

$n = m$, so $y = \dfrac{150}{0.05} = 3000$
The number of fish available in the pond approaches 3,000,000.

69. $P(x) = \dfrac{72,900}{100x^2 + 729}$

$n < m$ so $y = 0$
As the number of years of education increases the percentage rate of unemployment approaches zero.

70. a. $\overline{C}(50) = \dfrac{20(50) + 80,000}{50} = \$1620$

$\overline{C}(100) = \dfrac{20(100) + 80,000}{100} = \$820$

$\overline{C}(1000) = \dfrac{20(1000) + 80,000}{1000} = \$100$

$\overline{C}(100,000) = \dfrac{20(100,000) + 80,000}{100,000}$
$= \$20.80$

b. $n = m$, so $y = 20$ is the horizontal asymptote. As more calculators are manufactured, cost per calculator approaches $20.

c.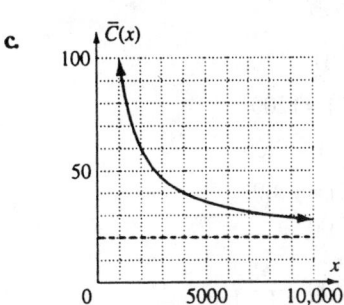

Chapter 3: Modeling with Polynomial and Rational Functions

71. a. $C(90) - C(50) = \dfrac{200(90)}{100-90} - \dfrac{200(50)}{100-50}$
   $C(90) - C(50) = 1800 - 200$
   $C(90) - C(50) = 1600$
   The difference in cost of removing 90% versus 50% of the contaminants is 16 million dollars.

   b.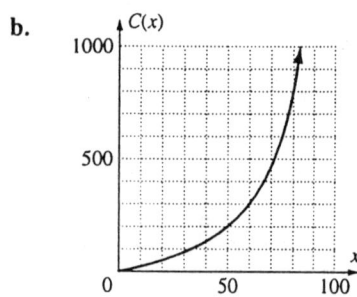

   c. No amount of money can remove 100% of the contaminants, since $C(x)$ increases without bound as x approaches 100.

72. Possible answer: Since $C(p)$ increases without bound as p approaches 100, the politician will not be able to keep his promise.

73. $F = G\dfrac{m_1 m_2}{d^2}$
   $F = (6.67 \times 10^{-11})\dfrac{(5.98 \times 10^{24})(6.7 \times 10^{22})}{(385,000,000)^2}$
   $F \approx 1.8 \times 10^{20}$ newtons

74. $x^n y = k$
   $2^2(300) = 1200$
   $4^2(75) = 1200$
   $10^2(12) = 1200$
   $20^2(3) = 1200$
   $y = \dfrac{1200}{x^2}$
   $y = \dfrac{1200}{900} = 1.3$ lumens
   Intensity decreases to zero.

75. Speed outgoing = x
   Speed of return = $x + 30$

   a. $T(x) = \dfrac{60}{x} + \dfrac{60}{x+30}$
   $T(x) = \dfrac{60(x+30) + 60x}{x(x+30)}$
   $T(x) = \dfrac{120x + 1800}{x^2 + 30x}$

   b.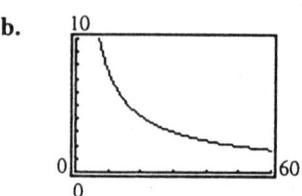

   c. From the graph, $y = 3$ when $x = 30$. The average rate on the outgoing trip should be 30 mph.

76. a. $C(x) = \dfrac{100x + 35(50)}{x + 50}$
   $C(x) = \dfrac{100x + 1750}{x + 50}$

   b. Answers may vary.

   c. From the graph, $y = 75$ when $x = 80$. 80 ounces must be added.

Chapter 3 Test

1. $f(x) = (x-1)^2 - 4$
   vertex: $(1, -4)$
   axis of symmetry: $x = 1$
   x-intercepts:
   $(x-1)^2 - 4 = 0$
   $x^2 - 2x - 3 = 0$

SSM: College Algebra   **Chapter 3:** Modeling with Polynomial and Rational Functions

$(x-3)(x+1) = 0$
$x = 3$ or $x = -1$
y-intercept:
$f(0) = (0-1)^2 - 4 = -3$

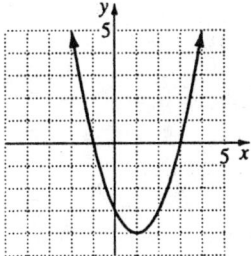

2. $f(x) = 2x^2 - 4x - 6$
$f(x) = 2(x^2 - 2x + 1) - 6 - 2$
$f(x) = 2(x-1)^2 - 8$
vertex: $(1, -8)$
axis of symmetry: $x = 1$
x-intercepts:
$2x^2 - 4x - 6 = 0$
$2(x^2 - 2x - 3) = 0$
$2(x-3)(x+1) = 0$
$x = 3$ or $x = -1$
y-intercept:
$f(0) = 2(0)^2 - 4(0) - 6 = -6$

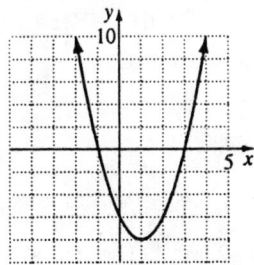

3. $f(x) = x^2 + 46x - 360$
$x = -\dfrac{b}{2a} = \dfrac{-46}{-2} = 23$ VCRs
$f(23) = -(23)^2 + 46(23) - 360 = 169$
Maximum daily profit = $16,900

4. $A(x) = x(600 - 2x)$
$A(x) = 600x - 2x^2$

$x = -\dfrac{b}{2a} = \dfrac{-600}{-4} = 150$ feet
$600 - 2x = 600 - 2(150) = 300$ feet
Dimensions: 150 feet × 300 feet
Area: $(150)(300) = 45{,}000$ sq ft

5. a. $f(x) = x^3 - 5x^2 - 4x + 20$
$x^3 - 5x^2 - 4x + 20 = 0$
$x^2(x-5) - 4(x-5) = 0$
$(x-5)(x-2)(x+2) = 0$
$x = 5, 2, -2$

b. The degree of the polynomial is odd and the leading coefficient is positive. Thus the graph falls to the left and rises to the right.

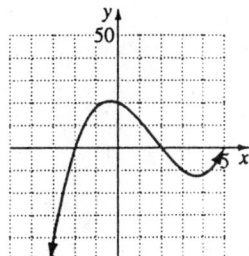

6. $f(x) = x^5 - x$
Since the degree of the polynomial is odd and the leading coefficient is positive, the graph of f should fall to the left and rise to the right. The x-intercepts should be -1 and 1.

7. a. The integral root appears to be 2.

b.
```
2 | 6   -19   16   -4
  |      12  -14    4
  ------------------------
    6    -7    2    0
```

$6x^2 - 7x + 2 = 0$
$(3x - 2)(2x - 1) = 0$
$x = \dfrac{2}{3}$ or $x = \dfrac{1}{2}$

The other two roots are $\dfrac{1}{2}$ and $\dfrac{2}{3}$.

8. $2x^3 + 11x^2 - 7x - 6 = 0$
   $p: \pm 1, \pm 2, \pm 3, \pm 6$
   $q: \pm 1, \pm 2$
   $\dfrac{p}{q}: \pm 1, \pm 2, \pm 3, \pm 6, \pm \dfrac{1}{2}, \pm \dfrac{3}{2}$

9. $f(x) = 3x^5 - 2x^4 - 2x^2 + x - 1$
   $f(x)$ has 3 sign variations.
   $f(-x) = -3x^5 - 2x^4 - 2x^2 - x - 1$
   $f(-x)$ has no sign variations.
   There are 3 or 1 positive real solutions and no negative real solutions.

10. $x^3 + 6x^2 - x - 30 = 0$
    $p: \pm 1, \pm 2, \pm 3, \pm 5, \pm 6, \pm 10, \pm 15, \pm 30$
    $q: \pm 1$
    $\dfrac{p}{q}: \pm 1, \pm 2, \pm 3, \pm 5, \pm 6, \pm 10, \pm 15, \pm 30$

    $\begin{array}{r|rrrr} -5 & 1 & 6 & -1 & -30 \\ & & -5 & -5 & 30 \\ \hline & 1 & 1 & -6 & 0 \end{array}$

    $x^3 + 6x^2 - x - 30 = 0$
    $(x+5)(x^2 + x - 6) = 0$
    $(x+5)(x+3)(x-2) = 0$
    $x = -5$, or $x = -3$ or $x = 2$
    $\{-5, -3, 2\}$

11. $f(x) = 2x^4 - x^3 - 13x^2 + 5x + 15$
    $p: \pm 1, \pm 3, \pm 5, \pm 15$
    $q: \pm 1, \pm 2$
    $\dfrac{p}{q}: \pm 1, \pm 3, \pm 5, \pm 15, \pm \dfrac{1}{2}, \pm \dfrac{3}{2}, \pm \dfrac{5}{2}, \pm \dfrac{15}{2}$

    $\begin{array}{r|rrrrr} -1 & 2 & -1 & -13 & 5 & 15 \\ & & -2 & 3 & 10 & -15 \\ \hline & 2 & -3 & -10 & 15 & 0 \end{array}$

    $(x+1)(2x^3 - 3x^2 - 10x + 15) = 0$
    $(x+1)[x^2(2x-3) - 5(2x-3)] = 0$

$(x+1)(2x-3)(x^2-5) = 0$
$x = -1$ or $x = \dfrac{3}{2}$ or $x = \pm\sqrt{5}$
$\left\{-1, \dfrac{3}{2}, \pm\sqrt{5}\right\}$

12. $\begin{array}{r|rrrrr} -3 & 3 & 4 & -7 & -2 & -3 \\ & & -9 & 15 & -24 & 78 \\ \hline & 3 & -5 & 8 & -26 & 75 \end{array}$

    -3 is a lower bound.

    $\begin{array}{r|rrrrr} 2 & 3 & 4 & -7 & -2 & -3 \\ & & 6 & 20 & 26 & 48 \\ \hline & 3 & 10 & 13 & 24 & 45 \end{array}$

    2 is an upper bound.

13. $(x - 1 + i)(x - 1 - i) = x^2 - 2x + 2$

    $\begin{array}{r} x^2 - 5x + 6 \\ x^2 - 2x + 2 \overline{) x^4 - 7x^3 + 18x^2 - 22x + 12} \\ \underline{x^4 - 2x^3 + 2x^2} \\ -5x^3 + 16x^2 - 22x \\ \underline{-5x^3 + 10x^2 - 10x} \\ 6x^2 - 12x + 12 \\ \underline{6x^2 - 12x + 12} \\ 0 \end{array}$

    $x^2 - 5x + 6 = 0$
    $(x-3)(x-2) = 0$
    $x = 3$ or $x = 2$
    $\{2, 3, 1 \pm i\}$

14. $f(x)$ has zeros at -2 and 1. The zero at -2 has multiplicity of 2.
    $x^3 + 3x^2 - 4 = (x-1)(x+2)^2$

15. $f(x) = \dfrac{x}{x^2 - 16}$
    Symmetry: $f(-x) = \dfrac{-x}{x^2 - 16} = -f(x)$
    y-axis symmetry
    x-intercept: $x = 0$

y-intercept: $y = \dfrac{0}{0^2 - 16} = 0$

Vertical asymptote:
$x^2 - 16 = 0$
$(x-4)(x+4) = 0$
$x = 4, -4$

Horizontal asymptote:
$n < m$, so $y = 0$ is the horizontal asymptote.

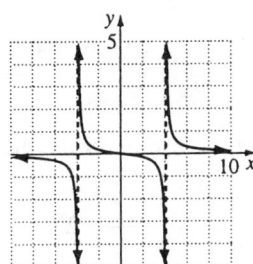

16. $f(x) = \dfrac{x^2 - 9}{x - 2}$

Symmetry: $f(-x) = \dfrac{x^2 - 9}{-x - 2}$

$f(-x) \neq f(x), f(-x) \neq -f(x)$
No symmetry

x-intercept:
$x^2 - 9 = 0$
$(x - 3)(x + 3) = 0$
$x = 3, -3$

y-intercept: $y = \dfrac{0^2 - 9}{0 - 2} = \dfrac{9}{2}$

Vertical asymptote:
$x - 2 = 0$
$x = 2$

Horizontal asymptote:
$n > m$, so no horizontal asymptote exists.

Slant asymptote: $f(x) = x + 2 - \dfrac{5}{x - 2}$

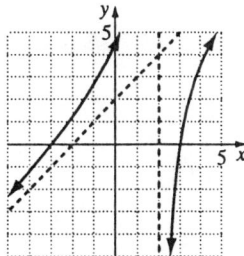

17. $f(x) = \dfrac{x+1}{x^2 + 2x - 3}$

Symmetry: $f(-x) = \dfrac{-x+1}{x^2 - 2x - 3}$

$f(-x) \neq f(x), f(-x) \neq -f(x)$
No symmetry

x-intercept:
$x + 1 = 0$
$x = -1$

y-intercept: $y = \dfrac{0+1}{0^2 + 2(0) - 3} = -\dfrac{1}{3}$

Vertical asymptote:
$x^2 + 2x - 3 = 0$
$(x + 3)(x - 1) = 0$
$x -3, 1$

Horizontal asymptote:
$n < m$, so $y = 0$ is the horizontal asymptote.

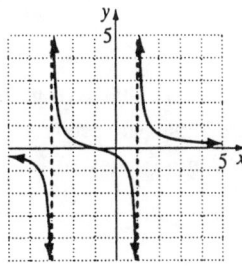

18. $f(x) = \dfrac{4x^2}{x^2 + 3}$

Symmetry: $f(-x) = \dfrac{4x^2}{x^2 + 3} = f(x)$

y-axis symmetry
x-intercept:

Chapter 3: Modeling with Polynomial and Rational Functions SSM: College Algebra

$4x^2 = 0$
$x = 0$
y-intercept: $y = \dfrac{4(0)^2}{0^2 + 3} = 0$
Vertical asymptote:
$x^2 + 3 = 0$
$x^2 = -3$
No vertical asymptote.
Horizontal asymptote:
$n = m$, so $y = \dfrac{4}{1} = 4$ is the horizontal asymptote.

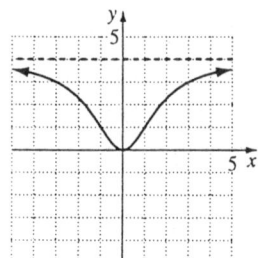

19. a. $10 = \dfrac{6x + 3000}{x}$
$10x = 6x + 3000$
$4x - 3000 = 0$
$x = 750$ manuals

b. $n = m$, so $y = \dfrac{6}{1} = 6$
$y = 6$ is the horizontal asymptote.
As more manuals are produced, the cost per manual approaches $6.

20. $H = kr^3$
$10,125 = (125)^3 k$
$k = \dfrac{10,125}{(125)^3} = 0.005184$
$H = (0.005184)(250)^3$
$H = 81,000$
81,000 horsepower

21. $f(x) = 8x^4 - 8x^2 + 1$

a. $x \approx -0.92, -0.38, 0.38, 0.92$

b. Minimum: $(0.71, -1)$ and $(-0.71, -1)$
maximum: $(0, 1)$

Chapter 3 Cumulative Review Problems

1. $\dfrac{1}{2 - \sqrt{3}} \cdot \dfrac{2 + \sqrt{3}}{2 + \sqrt{3}} = \dfrac{2 + \sqrt{3}}{4 - 3} = 2 + \sqrt{3}$

2. $2\sqrt[3]{54} + 4\sqrt[3]{250}$
$= 2\sqrt[3]{27 \cdot 2} + 4\sqrt[3]{125 \cdot 2}$
$= 2(3)\sqrt[3]{2} + 4(5)\sqrt[3]{2}$
$= 6\sqrt[3]{2} + 20\sqrt[3]{2} = 26\sqrt[3]{2}$

3. $x^3 + x^2y - xy^2 - y^3$
$= x^2(x + y) - y^2(x + y)$
$= (x^2 - y^2)(x + y)$
$= (x - y)(x + y)(x + y)$
$= (x - y)(x + y)^2$

4. $|x^2 - 1| = 3$
$x^2 - 1 = 3$
$x^2 = 4$
$x = \pm 2$
$x^2 - 1 = -3$
$x^2 = -2$
$x = \pm i\sqrt{2}$
$\{-2, 2, -i\sqrt{2}, i\sqrt{2}\}$

5. $(x^2 + 5x)^2 + 10(x^2 + 5x) + 24 = 0$
Let $t = x^2 + 5x$.

SSM: College Algebra Chapter 3: Modeling with Polynomial and Rational Functions

$t^2 + 10t + 24 = 0$
$(t+4)(t+6) = 0$
$t = -4, -6$
$-4 = x^2 + 5x$
$x^2 + 5x + 4 = 0$
$(x+4)(x+1)$
$x = -4, -1$
and
$-6 = x^2 + 5x$
$x^2 + 5x + 6 = 0$
$(x+3)(x+2) = 0$
$x = -3, -2$
$\{-4, -2, -1, -3\}$

6. $3x^2 > 2x + 5$
$3x^2 - 2x - 5 > 0$
$3x^2 - 2x - 5 = 0$
$(3x-5)(x+1) = 0$
$x = \dfrac{5}{3}$ or $x = -1$
Test intervals are $(-\infty, -1)$,
$\left(-1, \dfrac{5}{3}\right), \left(\dfrac{5}{3}, \infty\right)$.
Testing points, the solution is
$(-\infty, -1) \cup \left(\dfrac{5}{3}, \infty\right)$.

7. $x^3 + 2x^2 - 5x - 6 = 0$
$p: \pm 1, \pm 2, \pm 3, \pm 6$
$q: \pm 1$
$\dfrac{p}{q}: \pm 1, \pm 2, \pm 3, \pm 6$

$\begin{array}{r|rrrr}
-3 & 1 & 2 & -5 & -6 \\
 & & -3 & 3 & 6 \\ \hline
 & 1 & -1 & -2 & 0
\end{array}$

$x^3 + 2x^2 - 5x - 6 = 0$
$(x+3)(x^2 - x - 2) = 0$
$(x+3)(x+1)(x-2) = 0$
$x = -3$ or $x = -1$ or $x = 2$
$\{-3, -1, 2\}$

8. $V = C\left(1 - \dfrac{t}{15}\right)$
$V = C - \dfrac{Ct}{15}$
$15V = 15C - Ct$
$Ct = 15C - 15V$
$t = \dfrac{15C - 15V}{C}$

9. $f(x) = \sqrt{45 - 9x}$
$45 - 9x \geq 0$
$45 \geq 9x$
$5 \geq x$
Domain: $(-\infty, 5]$

10. $g(x) = f(x)$ shifted 1 unit to the right, so
$g(x) = \sqrt{x-1}$.

11. $f(x) = x^3 + 4$
$y = x^3 + 4$
$x = y^3 + 4$
$y^3 = x - 4$
$y = \sqrt[3]{x-4}$
$f^{-1}(x) = \sqrt[3]{x-4}$

12. $f(x) = x^2 - 5x + 6$
$g(x) = 7x - 4$
$(f \circ g)(x) = (7x-4)^2 - 5(7x-4) + 6$
$= 49x^2 - 56x + 16 - 35x + 20 + 6$
$= 49x^2 - 91x + 42$
$(g \circ f)(x) = 7(x^2 - 5x + 6) - 4$
$= 7x^2 - 35x + 42 - 4$
$= 7x^2 - 35x + 38$

13. Possible answer:

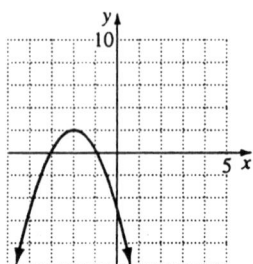

14. $f(x) = 4x^2 - 16x + 7$

    vertex: $x = \dfrac{-(-16)}{2(4)} = \dfrac{16}{8} = 2$

    $f(2) = 4(2)^2 - 16(2) + 7$
    $f(2) = 16 - 32 + 7$
    $f(2) = -9$
    vertex: $(2, -9)$
    x-intercepts:
    $4x^2 - 16x + 7 = 0$
    $(2x - 1)(2x - 7) = 0$
    $(2x - 1)(2x - 7) = 0$
    $x = \dfrac{1}{2}, \dfrac{7}{2}$
    y intercept: $y = 4(0)^2 - 16(0) + 7 = 7$

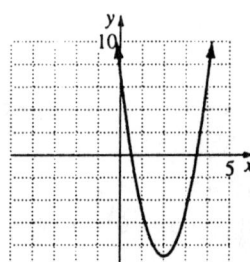

15. $f(x) = x^3 - 4x^2 - x + 4$

    a. $x^3 - 4x^2 - x + 4 = 0$
       $x^2(x-4) - (x-4) = 0$
       $(x^2 - 1)(x - 4) = 0$
       $(x-1)(x+1)(x-4) = 0$
       $-1, 1, 4$

b. The graph falls to the left and rises to the right.

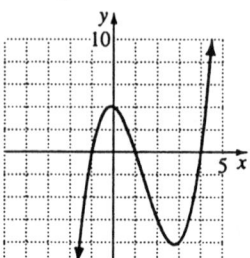

16.

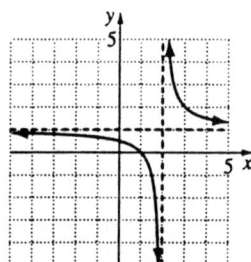

17. vertical asymptote: $x = 2$
    horizontal asymptote: $y = 1$
    x-intercept: $x = 1$
    y-intercept: $y = \dfrac{1}{2}$

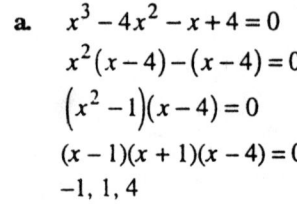

18. Area = $(2x + 20)(2x + 30) - (20)(30)$
    $= 4x^2 + 100x$
    $4x^2 + 100x = 336$
    $4x^2 + 100x - 336 = 0$
    $4(x^2 + 25x - 84) = 0$
    $4(x + 28)(x - 3) = 0$
    $x = -28, 3$
    $x = 3$
    The width of the path is 3 ft.

19. $y(x) = (30 + x)(400 - 10x)$
$y(x) = 12,000 + 100x - 10x^2$
$x = \frac{-100}{20} = 5$
$x = 5$
5 trees should be added.
Maximum yield:
$y(5) = 12,000 + 100(5) - 10(5)^2$
$y(5) = 12,250$
12,250 apples

20. $I = \frac{K}{D^2}$
$25 = \frac{K}{4^2}$
$K = 4^2(25) = 400$
$I = \frac{400}{6^2}$
$I = \frac{400}{36} \approx 11.1$
11.1 foot-candles

Chapter 4

Problem Set 4.1

1. $f(x) = 4^x$

x	$f(x) = 4^x$
-1	$\frac{1}{4}$
0	1
1	4

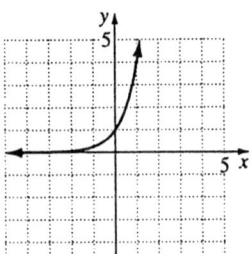

3. $h(x) = \left(\frac{1}{3}\right)^x$

x	$h(x) = \left(\frac{1}{3}\right)^x$
-1	3
0	1
1	$\frac{1}{3}$

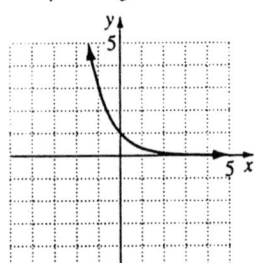

5. $y = \left(\frac{3}{2}\right)^x$

x	y
-1	$\frac{2}{3}$
0	1
1	$\frac{3}{2}$
2	$\frac{9}{4}$

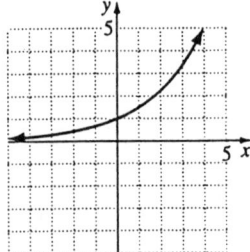

7. $g(x) = (1.2)^x$

x	$g(x) = (1.2)^x$
-1	0.83
0	1
1	1.2
2	1.44

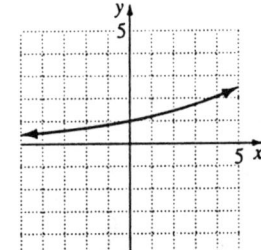

9. The graph of $g(x) = 2^{x-1}$ can be obtained by shifting the graph of $g(x) = 2^x$ one unit to the right.

x	$g(x) = 2^{x-1}$
-2	$\frac{1}{8}$
-1	$\frac{1}{4}$
0	$\frac{1}{2}$
1	1
2	2

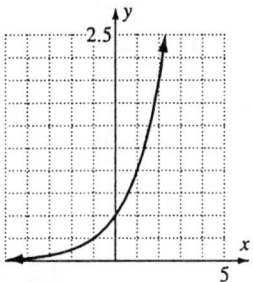

Domain $(-\infty, \infty)$
Range: $(0, \infty)$

11. The graph of $y = 2^x + 3$ can be obtained by shifting the graph of $f(x) = 2^x$ upward 3 units.

x	$y = 2^x + 3$
-2	$\frac{13}{4}$
-1	$\frac{7}{2}$
0	4
1	5
2	7

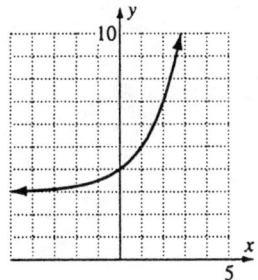

Domain: $(-\infty, \infty)$
Range: $(3, \infty)$

13. The graph of $j(x) = 2^{x+1} - 1$ can be obtained by shifting the graph of $f(x) = 2^x$, one unit to the left and one unit downward.

x	$j(x) = 2^{x+1} - 1$
-2	$-\frac{1}{2}$
-1	0
0	1
1	3
2	7

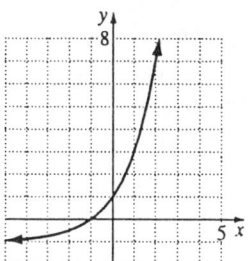

Domain $(-\infty, \infty)$
Range: $(-1, \infty)$

15. The graph of $r(x) = 3 \cdot 2^{x+1} - 2$ can be obtained from the graph of $f(x) = 2^x$ by shifting $f(x) = 2^x$ one unit to the left, stretching $f(x) = 2^x$ by a factor of 3, and shifting the graph 2 units downward.

x	$r(x) = 3 \cdot 2^{x+1} - 2$
-2	$-\frac{1}{2}$
-1	1
0	4
2	22

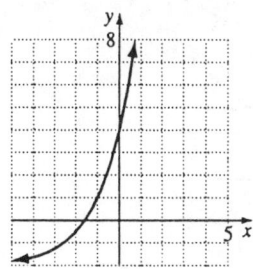

Domain: $(-\infty, \infty)$
Range: $(-2, \infty)$

17. The graph of $y = -2^x$ can be obtained by reflecting the graph of $f(x) = 2^x$ across the x-axis.

x	$y = -2^x$
-2	$-\frac{1}{4}$
-1	$-\frac{1}{2}$
0	-1
1	-2
2	-4

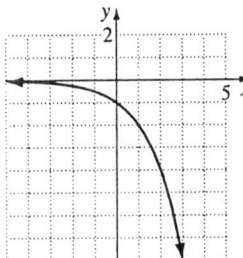

Domain $(-\infty, \infty)$
Range: $(-\infty, 0)$

19. The graph of $y = 2^{-x} + 3$ can be obtained by reflecting f across the y-axis and shifting the graph 3 units upward.

x	$y = 2^{-x} + 3$
-2	7
-1	5
0	4
1	$\frac{7}{2}$
2	$\frac{13}{4}$

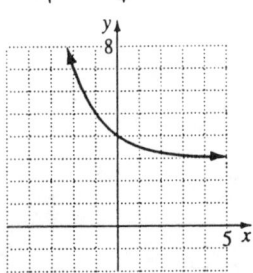

Domain: $(-\infty, \infty)$
Range: $(3, \infty)$

21. $f(x) = 3^{x-1}$
Horizontal shift: 1 unit to the right

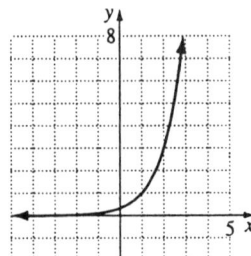

23. $y = 3^{x+2} - 1$
Horizontal shift: 2 units to the left
Vertical shift: 1 unit downward

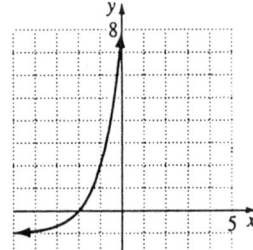

25. $h(x) = \left(\frac{1}{2}\right)^{x+1}$
Decreasing function
Horizontal shift: 1 unit to the left

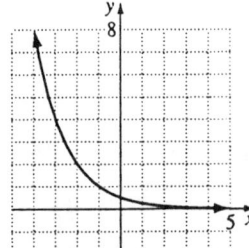

27. $k(x) = \left(\frac{3}{2}\right)^{x-1}$

Increasing function
Horizontal shift: 1 unit to the right

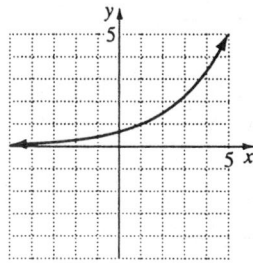

29. $y = 1 - 5^x$

Reflected across the x-axis
Vertical shift: 1 unit upward

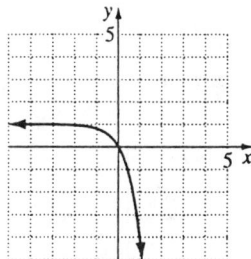

31. $f(t) = 67.38(1.026)^t$

a. $f(0) = 67.38(1.026)^0$
$= 67.38$ million people

b. $f(27) = 67.38(1.026)^{27}$
≈ 134.74 million people
$f(54) = 67.38(1.026)^{54}$
≈ 269.46 million people
$f(81) = 67.38(1.026)^{81}$
≈ 538.85 million people

c. Since $2(67.38) = 134.76$, population doubles in approximately 27 years.

33. a. $A = 24\left(1 + \frac{0.05}{12}\right)^{12(374)}$
$A = \$3,052,428,614$

b. Ignoring Leap Years:
$A = 24\left(1 + \frac{0.05}{365}\right)^{365(374)}$
$A = \$3,169,289,604$

c. $A = 24e^{(0.05)(374)}$
$A = \$3,173,350,575$

35. $\$7000\left(1 + \frac{0.0825}{4}\right)^{(4)(5)} = \$10,529.85$

$\$7000\left(1 + \frac{0.083}{2}\right)^{(2)(5)} = \$10,512.13$

The investment at 8.25% compounded quarterly yields the greater return.

37. Compounded semiannually:

$\$30,000\left(1 + \frac{0.065}{2}\right)^{2(1)} \approx \$31,982$

$\$30,000\left(1 + \frac{0.065}{2}\right)^{2(5)} \approx \$41,307$

$\$30,000\left(1 + \frac{0.065}{2}\right)^{2(10)} \approx \$56,875$

$\$30,000\left(1 + \frac{0.065}{2}\right)^{2(20)} \approx \$107,826$

Compounded monthly:

$\$30,000\left(1 + \frac{0.065}{12}\right)^{12(1)} \approx \$32,009$

$\$30,000\left(1 + \frac{0.065}{12}\right)^{12(5)} \approx \$41,485$

$\$30,000\left(1 + \frac{0.065}{12}\right)^{12(10)} \approx \$57,366$

$\$30,000\left(1 + \frac{0.065}{12}\right)^{12(20)} \approx \$109,693$

Compounded 365 times per year:

$\$30,000\left(1 + \frac{0.065}{365}\right)^{365(1)} \approx \$32,015$

$\$30,000\left(1 + \frac{0.065}{365}\right)^{365(5)} \approx \$41,520$

$\$30,000\left(1 + \frac{0.065}{365}\right)^{365(10)} \approx \$57,463$

$30,000\left(1+\dfrac{0.065}{365}\right)^{365(20)} \approx \$110,066$

Compounded continuously:
$30,000e^{0.065(1)} \approx \$32,015$
$30,000e^{0.065(5)} \approx \$41,521$
$30,000e^{0.065(10)} \approx \$57,466$
$30,000e^{0.065(20)} \approx \$110,079$

39. $A = 3.6\left(e^{0.02(51)}\right)$
    $A = 9.98350115$ billion

41. $A = A_0\left(\dfrac{1}{2}\right)^{t/h}$
    $A = 3000\left(\dfrac{1}{2}\right)^{80/8}$
    $A \approx 2.9$ grams
    No, they cannot safely visit.

43. a. $f(10,000) = \dfrac{100}{1+100,000e^{[-0.4(10)]}}$
    $f(10) \approx 0.05\%$

    b. Horizontal asymptote: $y = 100$
    This means that the percent of pilots who suffer from bends will approach 100% as the altitude increases.

45. $S = C(1+r)^t$
    $S = 85,000(1+0.06)^9$
    $S = \$143,605.71$

47. a. False; the number which is raised to a power cannot be 1.

    b. False; if a population is increasing steadily it can be modeled by a linear function.

    c. False; e is an irrational number. Irrational numbers are real numbers.

    d. True

49.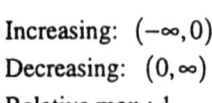

    Increasing: $(-\infty, 0)$
    Decreasing: $(0, \infty)$
    Relative max.: 1

51.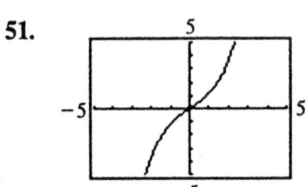

    Increasing: $(-\infty, \infty)$
    No relative max. or min.

53. a.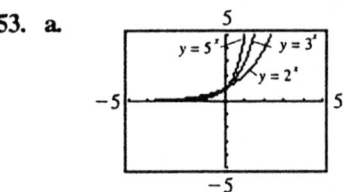

    b. $x < 0$

    c. $x > 0$

    d. Yes, they are equal at $x = 0$.

    e. When graphing several functions of the form $y = b^x$ where $b > 1$, the graphs will be ordered with the largest b on the bottom in the interval $(-\infty, 0)$ and the largest b on top in the interval $(0, \infty)$. At $x = 0$ the graphs will intersect.

f.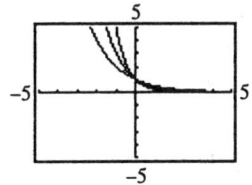

$x > 0$
$x < 0$
$x = 0$

When graphing several functions of the form $y = b^x$ where $0 < b < 1$, the graphs will be ordered with the largest b on the bottom in the interval $(-\infty, 0)$ and the largest b on the top in the interval $(0, \infty)$. At $x = 0$ the graphs will intersect.

55. a. $f(-x) = \dfrac{1}{\sqrt{2\pi}} e^{-(-x)^2/2}$

$f(-x) = \dfrac{1}{\sqrt{2\pi}} e^{-x^2/2} = f(x)$

$f(-x) = f(x)$

b. $y = 0$

When $|x|$ gets large, the likely occurrence approaches zero.

c.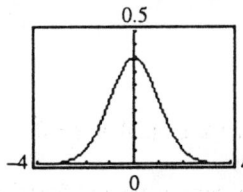

57. a. $A_1 = 10{,}000\left(1 + \dfrac{0.05}{4}\right)^{4t}$

$A_2 = 10{,}000\left(1 + \dfrac{0.045}{12}\right)^{12t}$

b.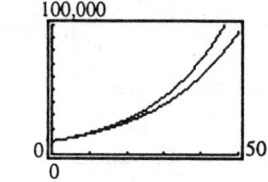

The bank paying 5% interest compounded quarterly offers the better return.

59.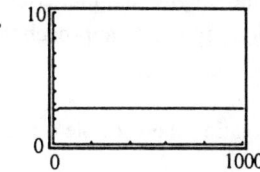

y approaches e as x approaches infinity.

61.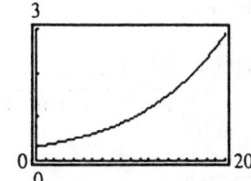

After ten days the tumor is nearly 1 cubic centimeter.
After twenty days the tumor is nearly 3 cubic centimeters.

63. a.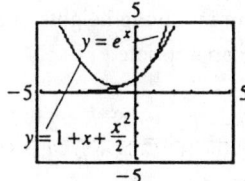

b.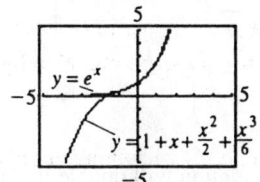

c.

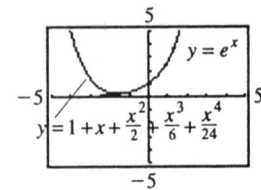

d. For values of $x < 0$, the second function alternates between being an increasing and a decreasing function. As the degree of the polynomial increases, the two functions appear to approach the same values for $x > 0$.

65. A means for isolating the variable y must be used.

67. $y = 3^x$ is graph d.
$y = 5^x$ is graph c.
$y = \left(\frac{1}{3}\right)^x$ is graph a.
$y = \left(\frac{1}{5}\right)^x$ is graph b.
Use the facts that when $b > 1$, $f(x)$ is increasing and when $0 < b < 1$, $f(x)$ is decreasing.

69. A problem involving the decay of a substance would be appropriate.

71. A problem involving heights of a population would be appropriate.

73. $\dfrac{f(x+h) - f(x)}{h} = \dfrac{3^{x+h} - 3^x}{h}$

$= \dfrac{3^x(3^h - 1)}{h}$

$= 3^x \left(\dfrac{3^h - 1}{h}\right)$

75. The population will double in approximately $2\frac{1}{2}$ years.

Problem Set 4.2

1. $\log_3 9 = x$
$3^x = 9$
$x = 2$

3. $\log_2 64 = x$
$2^x = 64$
$x = 6$

5. $\log_7 \sqrt{7} = x$
$7^x = \sqrt{7}$
$7^x = 7^{1/2}$
$x = \dfrac{1}{2}$

7. $\log_2 \dfrac{1}{32} = x$
$2^x = \dfrac{1}{32}$
$x = -5$

9. $\log_{36} 6 = x$
$36^x = 6$
$x = \dfrac{1}{2}$

11. $\log_{12} 12 = x$
$12^x = 12$
$x = 1$

13. $\log_4 1 = x$
$4^x = 1$
$x = 0$

15. $\log_{16} 8 = x$
$16^x = 8$
$2^{4x} = 2^3$
$4x = 3$
$x = \dfrac{3}{4}$

17. $\log 10{,}000 = x$
$10^x = 10{,}000$
$x = 4$

19. $\log 0.01 = x$
$10^x = 0.01$
$x = -2$

21. $\ln e^7 = x$
$e^x = e^7$
$x = 7$

23. $\ln \sqrt[3]{e} = x$
$e^x = \sqrt[3]{e}$
$e^x = e^{1/3}$
$x = \frac{1}{3}$

25. $\log_5 5^7$
$5^x = 5^7$
$x = 7$

27. $\log 10^{19} = x$
$10^x = 10^{19}$
$x = 19$

29. $\log_b b^7 = x$
$b^x = b^7$
$x = 7$

31. $\log_3(\log_7 7) = x$
$\log_3 1 = x$
$3^x = 1$
$x = 0$

33.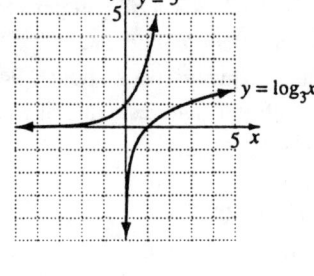

35. Domain: $(0, \infty)$
Range: $(-\infty, \infty)$
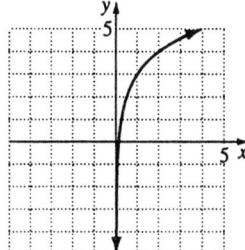

37. Domain: $(-3, \infty)$
Range: $(-\infty, \infty)$
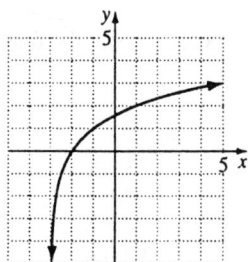

39. Domain: $(1, \infty)$
Range: $(-\infty, \infty)$
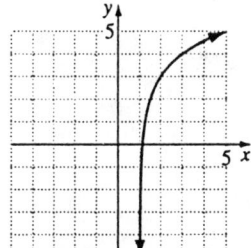

41. Domain: $(-1, \infty)$
Range: $(-\infty, \infty)$
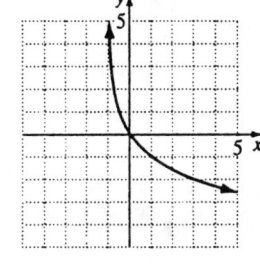

43. Domain: $(-\infty, 0)$
    Range: $(-\infty, \infty)$

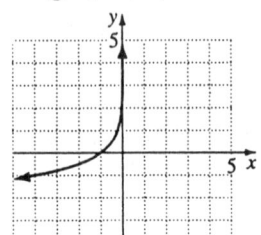

45. Since ln x has been reflected and shifted upward, the function matches graph d.

47. Since ln x has been stretched, the function matches graph a.

49. $f(x) = \log_2 x + 1$
    $f(2) = 2$ $\Rightarrow$ graph b

51. $f(x) = \log_2 x - 2$
    $f(2) = -1$ $\Rightarrow$ graph c

53. $\ln\left(\dfrac{1}{e}\right) = \ln e^{-1} = -1$

55. $\ln \sqrt{e} = \ln e^{1/2} = \dfrac{1}{2}$

57. $\ln e^{-3} = -3$

59. $f(x) = \ln(x + 2)$
    Domain: $(-2, \infty)$
    Vertical asymptote: $x = -2$
    x-intercept: $(-1, 0)$

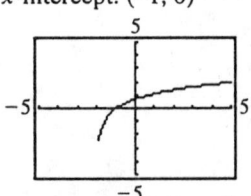

61. $f(x) = \ln(2 - x)$
    Domain: $(-\infty, 2)$
    Vertical asymptote: $x = 2$

    x-intercept: $(1, 0)$

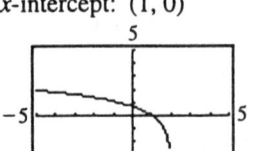

63. $f(x) = \ln x^2$
    Domain: $(-\infty, 0) \cup (0, \infty)$
    Vertical asymptote: $x = 0$
    x-intercept: $(-1, 0)$ and $(1, 0)$

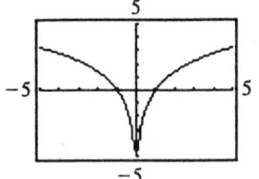

65. $f(x) = -\log(x - 2)$
    Domain: $(2, \infty)$
    Vertical asymptote: $x = 2$
    x-intercept: $(3, 0)$

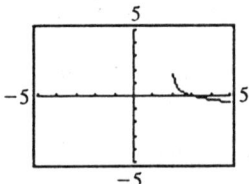

67. Chicago walking speed:
    $0.35 \ln(2784) + 2.74 \approx 5.52$ feet per second
    Madison, Wisconsin walking speed:
    $0.35 \ln(191) + 2.74 \approx 4.58$ feet per second
    $5.52 - 4.58 = 0.94$ feet per second
    Residents of Chicago walk about 0.94 feet per second faster than residents of Madison, Wisconsin.

69. $0.4 \ln\left(\dfrac{72° - 40°}{50° - 40°}\right) \approx 0.465$
    $0.465(60) \approx 27.9 \Rightarrow 28$ minutes

71. a. $-\log(3.97 \times 10^{-7}) \approx 6.4$
    Milk is an acid.

    b. $-\log(2.8 \times 10^{-4}) \approx 3.55$
    Orange juice is an acid.

73. a. $\log \dfrac{100,000 I_0}{I_0} = 5$, moderate

    b. $\log \dfrac{1,000,000 I_0}{I_0} = 6$, large

    c. $\log \dfrac{10,000,000 I_0}{I_0} = 7$, major

    d. $\log \dfrac{100,000,000 I_0}{I_0} = 8$, greatest

75. $10 \log \left(\dfrac{3.2 \times 10^{-6}}{10^{-12}} \right) = 10 \log(3.2 \times 10^6)$
    ≈ 65.1 decibels

77. a. $f(0) = 88 - 15 \ln((0 + 1) = 88\%$

    b. $f(2) = 88 - 15 \ln(3) \approx 71.5\%$
    $f(4) = 88 - 15 \ln(5) \approx 63.9\%$
    $f(6) = 88 - 15 \ln(7) \approx 58.8\%$
    $f(8) = 88 - 15 \ln(9) \approx 55\%$
    $f(10) = 88 - 15 \ln(11) \approx 52\%$
    $f(12) = 88 - 15 \ln(13) \approx 49.5\%$

    c.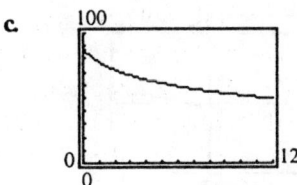

    The amount of material retained decreases with time.

79. $12! = 479,001,600$
    $12! \approx \left(\dfrac{12}{e} \right)^{12} \sqrt{2\pi(12)} = 475,687,486.5$

81. a. False, $36^2 \neq 6$.

    b. False, the graphs are reflections in the line $y = x$.

    c. False, $(\log_2 8) + (\log_2 4) = \dfrac{3}{2}$.

    d. True

83.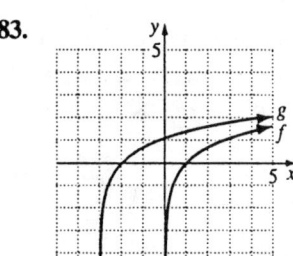

    Shift the graph of f to the left 3 units.

85.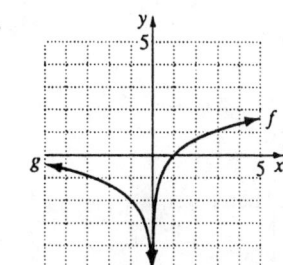

    Shift the graph of f down two units and reflect the resulting graph across the y-axis.

87.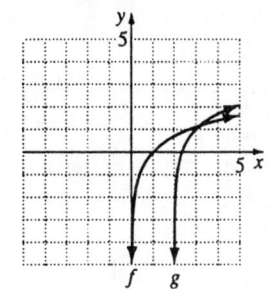

    Shift the graph of f to the right 2 units and upward 1 unit.

89.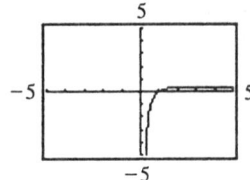

$f(x) = \dfrac{\ln x}{x}$
Domain: $(0, \infty)$
Range: approximately $(-\infty, 0.4)$
Increasing: $(0, e)$
Decreasing: (e, ∞)

91.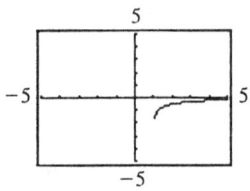

$f(x) = \log(\log x)$
Domain: $(1, \infty)$
Range: $(-\infty, \infty)$
Increasing: $(1, \infty)$

93.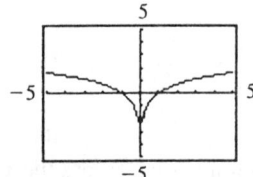

$f(x) = \ln|x|$
Domain: $(-\infty, 0) \cup (0, \infty)$
Range: $(-\infty, \infty)$
Decreasing: $(-\infty, 0)$
Increasing: $(0, \infty)$

95. a.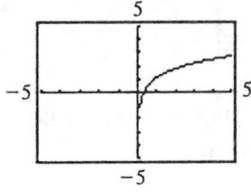

b.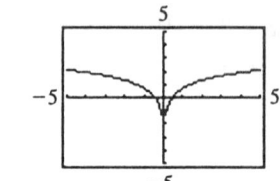

c.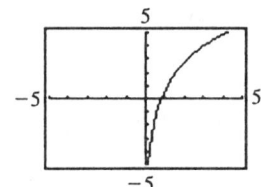

d. $\log_b(MN) = \log_b(M) + \log_b(N)$

e. "... the sum of the logs of each of the product's factors."

97. a.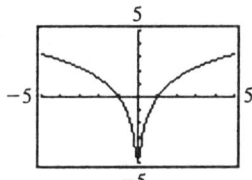

b.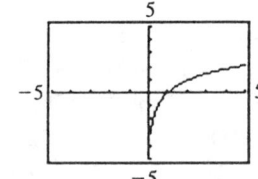

c.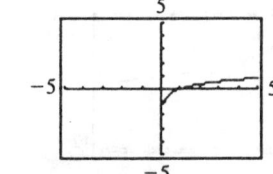

d. $\log_b M^p = p \log_b M$

e. "... the value of the exponent times the log of the number."

99. False

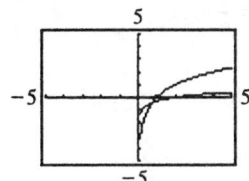

101. False

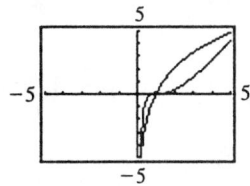

103. True

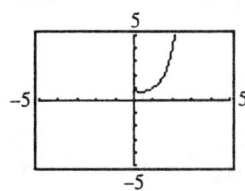

105. False

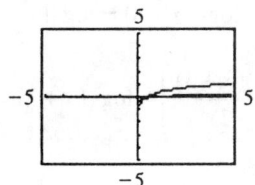

107. a.

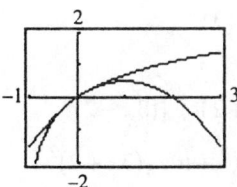

b.

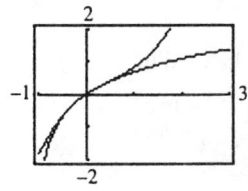

c.

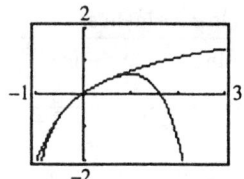

d. As terms are added, the end behavior of the graph of $y = x - \frac{x^2}{2} + \ldots$ is flipping above and below the graph of $\ln(1 + x)$.

109. $2.4 = 0.35 \ln P + 2.74$

$\frac{2.4 - 2.74}{0.35} = \ln P$

$-0.9714285714 \approx \ln P$

$P \approx .3785$

The city's population, in thousands, is less than one. We need to multiply our answer by 1000 to find the population (about 379).

111. Possible answer:

$2 < \log_4 60 < 3$

$3 < \log_3 40 < 4$

The larger number is $\log_3 40$.

113. $\log \sqrt[3]{10\sqrt{1000}} - \log \frac{1}{100}\sqrt{\frac{1}{10}\sqrt[3]{100}}$

$= \frac{1}{3}\left[\log(10) + \frac{1}{2}\log(1000)\right]$

$\quad - \left[\log\left(\frac{1}{100}\right) + \frac{1}{2}\left[\log\left(\frac{1}{10}\right) + \frac{1}{3}\log(100)\right]\right]$

$= \frac{1}{3}\left[1 + \frac{3}{2}\right] - \left[-2 + \frac{1}{2}\left[-1 + \frac{2}{3}\right]\right]$

$= \frac{1}{3}\left(\frac{5}{2}\right) - \left[-2 + \frac{1}{2}\left(-\frac{1}{3}\right)\right]$

$= \frac{5}{6} - \left[-2 - \frac{1}{6}\right]$

$= \frac{5}{6} + 2 + \frac{1}{6}$

$= 3$

Chapter 4: Exponential and Logarithmic Functions SSM: College Algebra

115. $m = \dfrac{\ln e^2 - \ln(\ln e)}{3\ln(e \ln e) - 3\ln e - \ln e^{-1}}$

$m = \dfrac{2 - 0}{3\ln e - 3 - (-1)} = \dfrac{2}{3 - 3 + 1} = 2$

$y - \ln(\ln e) = 2\left(x - 3\ln e - \ln\dfrac{1}{e}\right)$

$y - 0 = 2(x - 3 - (-1))$

$y = 2x - 4$

Problem Set 4.3

1. $\log_7 7x = \log_7 7 + \log_7 x = 1 + \log_7 x$

3. $\ln(x^3 y^2) = 3\ln x + 2\ln y$

5. $\log_4\left(\dfrac{\sqrt{x}}{64}\right) = \log_4 x^{1/2} - \log_4 64$

   $= \dfrac{1}{2}\log_4 x - 3$

7. $\log_6\left(\dfrac{36}{\sqrt{3x-2}}\right) = \log_6 36 - \dfrac{1}{2}\log_6(3x-2)$

   $= 2 - \dfrac{1}{2}\log_6(3x-2)$

9. $\ln\dfrac{9}{e^4} = \ln 9 - \ln e^4$

   $= \ln 9 - 4$

11. $\log\sqrt[3]{\dfrac{x}{y}} = \log\left(\dfrac{x}{y}\right)^{1/3}$

    $= \dfrac{1}{3}\log\left(\dfrac{x}{y}\right)$

    $= \dfrac{1}{3}\log x - \dfrac{1}{3}\log y$

13. $\log_b\left(\dfrac{\sqrt{x}y^3}{z^3}\right) = \log_b\left(\sqrt{x}y^3\right) - \log_b z^3$

    $= \dfrac{1}{2}\log_b x + 3\log_b y - 3\log_b z$

15. $\log_5\left(\sqrt[3]{\dfrac{x^2 y}{25}}\right) = \dfrac{1}{3}\log_5\left(\dfrac{x^2 y}{25}\right)$

    $= \dfrac{1}{3}(2\log_5 x + \log_5 y - \log_5 25)$

    $= \dfrac{2}{3}\log_5 x + \dfrac{1}{3}\log_5 y - \dfrac{2}{3}$

17. $\ln\left(\sqrt{\sqrt{x}}\, y^3\right) = \ln\sqrt{\sqrt{x}} + 3\ln y$

    $= \ln x^{1/4} + 3\ln y$

    $= \dfrac{1}{4}\ln x + 3\ln y$

19. $\ln x + \ln 7 = \ln(7x)$

21. $\log_5 x - \log_5 y = \log_5\left(\dfrac{x}{y}\right)$

23. $2\log_3(x+1) = \log_3(x+1)^2$

25. $\dfrac{1}{2}\log_2(5x) = \log_2\sqrt{(5x)}$

27. $\log_3(x^2 - 9) - \log_3(x - 3) = \log_3\left(\dfrac{x^2 - 9}{x - 3}\right)$

    $= \log_3\left[\dfrac{(x-3)(x+3)}{(x-3)}\right] = \log_3(x+3)$

29. $\dfrac{1}{2}\log x + 3\log y = \log x^{1/2} + \log y^3$

    $= \log\left(\sqrt{x}\, y^3\right)$

31. $\dfrac{1}{3}\log_4 x + 2\log_4(3x+2)$

    $= \log_4 x^{1/3} + \log_4(3x+2)^2$

    $= \log_4\left[\sqrt[3]{x}(3x+2)^2\right]$

33. $3\ln x + 5\ln y - 6\ln z$

    $= \ln(x^3)(y^5) - \ln z^6$

    $= \ln\left(\dfrac{x^3 y^5}{z^6}\right)$

35. $\frac{1}{2}(\log x + \log y) = \frac{1}{2}\log(xy)$
$= \log\sqrt{xy}$

37. $\frac{1}{2}(\log_5 x + \log_5 y) - 2\log_5(x+1)$
$= \frac{1}{2}\log_5(xy) - \log_5(x+1)^2$
$= \log_5\left[\dfrac{\sqrt{xy}}{(x+1)^2}\right]$

39. $\log(c \cdot 10^{9t})$
$= \log c + \log 10^{9t}$
$= \log c + 9t$

41. $\ln\left(A \cdot e^{7x^2}\right)$
$= \ln A + \ln e^{7x^2}$
$= \ln A + 7x^2$

43. $\ln\left[A\sqrt[4]{e^3}\right] = \ln A + \ln e^{3/4} = \ln A + \dfrac{3}{4}$

45. $10^{\log 6x^2 + \log 3x^4} = 10^{\log[(6x^2)(3x^4)]}$
$= 10^{\log 18x^6}$
$= 18x^6$

47. $10^{\log 18y^7 - \log 2y^4} = 10^{\log[18y^7/(2y^4)]}$
$= 10^{\log 9y^3}$
$= 9y^3$

49. $e^{-2 + \ln y^2} = \left(e^{-2}\right)\left(e^{\ln y^2}\right)$
$= \dfrac{y^2}{e^2}$

51. $\log_3 17 = \dfrac{\log 17}{\log 3} \approx 2.579$
$\log_3 17 = \dfrac{\ln 17}{\ln 3} \approx 2.579$

53. $\log_{1/2} 6 = \dfrac{\log 6}{\log \frac{1}{2}} \approx -2.585$
$\log_{1/2} 6 = \dfrac{\ln 6}{\ln \frac{1}{2}} \approx -2.585$

55. $\log_6 0.8 = \dfrac{\log 0.8}{\log 6} \approx -0.125$
$\log_6 0.8 = \dfrac{\ln 0.8}{\ln 6} \approx -0.125$

57. $\log_{15} 195 = \dfrac{\log 195}{\log 15} \approx 1.947$
$\log_{15} 195 = \dfrac{\ln 195}{\ln 15} = 1.947$

59. a. $\text{pH} = 6.1 + \log B - \log C$
$= 6.1 + \log\left(\dfrac{B}{C}\right)$

  b. $\text{pH} = 6.1 + \log\left(\dfrac{25}{2}\right)$
$\text{pH} \approx 7.197$

61. a. False, $y = \ln x^2$ is defined for negative numbers.

  b. True, the equations are equal when $x = 1$.

  c. False, the equations are equal when $x = 1.5$.

  d. False, b is true.

63. a. $y = \log_{1/2} x$
$y = \dfrac{\log x}{\log \frac{1}{2}}$

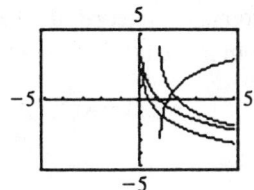

b. $y = \log_{1/2} x$ has been shifted down 1 unit to obtain $y = (\log_{1/2} x) - 1$.
$y = \log_{1/2} x$ has been shifted 1 unit to the right to obtain $y = \log_{1/2}(x-1)$.
$y = \log_{1/2} x$ has been reflected across the x-axis, shifted 1 unit to the right and 1 unit upward to obtain
$y = -\log_{1/2}(x-1) + 1$.

65. a.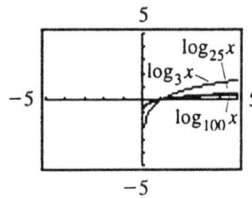

b. top graph is $\log_{100} x$
bottom graph is $y = \log_3 x$

c. top graph is $y = \log_3 x$
bottom graph is $y = \log_{100} x$

d. $(0, 1)$: top graph is $y = \log_{1/2} x$
bottom graph is $y = \log_{1/10} x$

$(1, \infty)$: top graph is $y = \log_{1/10} x$
bottom graph is $y = \log_{1/2} x$

e. Comparing graphs of $\log_b x$ for $b > 1$, the graph of the equation with the largest b will be on the top in the interval $(0, 1)$ and on the bottom in the interval $(1, \infty)$. Comparing graphs of $\log_b x$ for $b < 1$, the graphs of the equations with the largest b will be on the top in the interval $(0, 1)$ and on the bottom in the interval $(1, \infty)$.

67. a.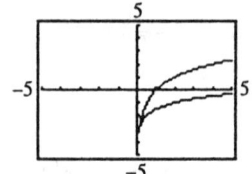

b. $\log_2 \sqrt{\frac{x}{8}} = \log_2 \left(\frac{x}{8}\right)^{1/2} = \frac{1}{2}\log_2\left(\frac{x}{8}\right)$
$y = \log_2 x$ has been shrunk by a factor of $\frac{1}{2}$ and shifted downward.

69. $y = \ln e^2 x$
$y = \ln e^2 + \ln x$
$y = 2 \ln e + \ln x$
$y = 2 + \ln x$
$k = 2$

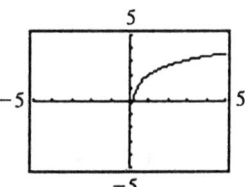

71. Answers may vary.

73. $\log e = \dfrac{\ln e}{\ln 10}$
$= \dfrac{1}{\ln 10}$

75. Since $R = \log_b M$ and $S = \log_b N$,
$b^R = M$ and $b^S = N$
$\dfrac{M}{N} = \dfrac{b^R}{b^S}$
$\log_b \dfrac{M}{N} = \log_b \left(\dfrac{b^R}{b^S}\right) = \log_b(b^{R-S}) = R - S$
$= \log_b M - \log_b N$

SSM: College Algebra   **Chapter 4:** Exponential and Logarithmic Functions

77. $\text{Nap } \log x = 10^7 \log_{1/e}\left(\dfrac{x}{10^7}\right)$

$= 10^7 (\log_{1/e} x - \log_{1/e} 10^7)$

$= 10^7 \left(\dfrac{\ln x}{\ln \frac{1}{e}} - \dfrac{\ln 10^7}{\ln \frac{1}{e}}\right)$

$= 10^7 \left(\dfrac{\ln x}{\ln e^{-1}} - \dfrac{\ln 10^7}{\ln e^{-1}}\right)$

$= 10^7 \left(\dfrac{\ln x}{-\ln e} - \dfrac{7 \ln 10}{-\ln e}\right)$

$= 10^7 (-\ln x + 7 \ln 10)$

$= 10^7 (7 \ln 10 - \ln x)$

79. $\ln\left(\dfrac{\sqrt{3}+\sqrt{2}}{\sqrt{3}-\sqrt{2}}\right) = \ln\left[\dfrac{(\sqrt{3}+\sqrt{2})(\sqrt{3}+\sqrt{2})}{(\sqrt{3}-\sqrt{2})(\sqrt{3}+\sqrt{2})}\right]$

$= \ln\left[(\sqrt{3}+\sqrt{2})^2\right]$

$= 2\ln(\sqrt{3}+\sqrt{2})$

Problem Set 4.4

1. $10^x = 3.91$
$\ln 10^x = \ln 3.91$
$x \ln 10 = \ln 3.91$
$x = \dfrac{\ln 3.91}{\ln 10} \approx 0.592$
$\left\{\dfrac{\ln 3.91}{\ln 10}\right\}$

3. $e^x = 5.7$
$\ln e^x = \ln 5.7$
$x = \ln 5.7 \approx 1.740$
$\{\ln 5.7\}$

5. $5^x = 17$
$\ln 5^x = \ln 17$
$x \ln 5 = \ln 17$
$x = \dfrac{\ln 17}{\ln 5} \approx 1.760$
$\left\{\dfrac{\ln 17}{\ln 5}\right\}$

7. $5e^x = 23$
$e^x = \dfrac{23}{5}$
$x \ln e = \ln \dfrac{23}{5}$
$x = \ln \dfrac{23}{5} \approx 1.526$
$\left\{\ln \dfrac{23}{5}\right\}$

9. $3e^{5x} = 1977$
$e^{5x} = 659$
$5x \ln e = \ln 659$
$x = \dfrac{\ln 659}{5} \approx 1.298$
$\left\{\dfrac{\ln 659}{5}\right\}$

11. $e^{1-5x} = 793$
$\ln e^{1-5x} = \ln 793$
$(1-5x)(\ln e) = \ln 793$
$1 - 5x = \ln 793$
$5x = 1 - \ln 793$
$x = \dfrac{1 - \ln 793}{5} \approx -1.135$
$\left\{\dfrac{1 - \ln 793}{5}\right\}$

13. $e^{5x-3} - 2 = 10,476$
$e^{5x-3} = 10,478$
$(5x - 3) \ln e = \ln 10,478$
$5x - 3 = \ln 10,478$
$5x = \ln 10,478 + 3$
$x = \dfrac{\ln 10,478 + 3}{5} \approx 2.451$
$\left\{\dfrac{\ln 10,478 + 3}{5}\right\}$

Chapter 4: Exponential and Logarithmic Functions   **SSM:** College Algebra

15. $7^{x+2} = 410$
    $(x+2)\ln 7 = \ln 410$
    $x + 2 = \dfrac{\ln 410}{\ln 7}$
    $x = \dfrac{\ln 410}{\ln 7} - 2 \approx 1.092$
    $\left\{ \dfrac{\ln 410}{\ln 7} - 2 \right\}$

17. $7^{0.3x} = 813$
    $0.3x \ln 7 = \ln 813$
    $x = \dfrac{\ln 813}{0.3 \ln 7} \approx 11.478$
    $\left\{ \dfrac{\ln 813}{0.3 \ln 7} \right\}$

19. $5^x = 3^{x+1}$
    $x \ln 5 = (x+1)\ln 3$
    $x \ln 5 = x \ln 3 + \ln 3$
    $x(\ln 5 - \ln 3) = \ln 3$
    $x = \dfrac{\ln 3}{\ln 5 - \ln 3} \approx 2.151$
    $\left\{ \dfrac{\ln 3}{\ln 5 - \ln 3} \right\}$

21. $5^{2x+3} = 3^{x-1}$
    $(2x+3)\ln 5 = (x-1)\ln 3$
    $2x \ln 5 + 3 \ln 5 = x \ln 3 - \ln 3$
    $2x \ln 5 - x \ln 3 = -3 \ln 5 - \ln 3$
    $x(2 \ln 5 - \ln 3) = -3 \ln 5 - \ln 3$
    $x = \dfrac{-3 \ln 5 - \ln 3}{2 \ln 5 - \ln 3} \approx -2.795$
    $\left\{ \dfrac{-3 \ln 5 - \ln 3}{2 \ln 5 - \ln 3} \right\}$

23. $e^{2x} - 3e^x + 2 = 0$
    $(e^x - 2)(e^x - 1) = 0$
    $e^x = 2$ or $e^x = 1$
    $\ln e^x = \ln 2$ or $\ln e^x = \ln 1$
    $x = \ln 2$ $x = 0$
    $x \approx 0.693$ $x = 0$
    $\{0, \ln 2\}$

25. $e^{4x} + 5e^{2x} - 24 = 0$
    $(e^{2x} + 8)(e^{2x} - 3) = 0$
    $e^{2x} + 8 = 0$ or $e^{2x} - 3 = 0$
    $e^{2x} = -8$ $e^{2x} = 3$
    $\ln e^{2x} = \ln(-8)$ $\ln e^{2x} = \ln 3$
    No solution $2x = \ln 3$
                               $x = \dfrac{\ln 3}{2} \approx 0.549$
    $\left\{ \dfrac{\ln 3}{2} \right\}$

27. $\log_3 x = 4$
    $3^4 = x$
    $x = 81$
    $\{81\}$

29. $\log_4(x+5) = 3$
    $4^3 = x + 5$
    $64 = x + 5$
    $x = 59$
    $\{59\}$

31. $\log_3(x-4) = -3$
    $x - 4 = \dfrac{1}{27}$
    $x = \dfrac{109}{27}$
    $\left\{ \dfrac{109}{27} \right\}$

33. $\log_4(3x+2) = 3$
    $3x + 2 = 64$
    $3x = 62$
    $x = \dfrac{62}{3}$
    $\left\{ \dfrac{62}{3} \right\}$

35. $\log_5 x + \log_5(4x-1) = 1$
$\log_5(4x^2 - x) = 1$
$4x^2 - x = 5$
$4x^2 - x - 5 = 0$
$(4x-5)(x+1) = 0$
$x = \frac{5}{4}$ or $x = -1$
$x = -1$ is an extraneous solution.
$\left\{\frac{5}{4}\right\}$

37. $\log_3(x-5) + \log_3(x+3) = 2$
$\log_3[(x-5)(x+3)] = 2$
$x^2 - 2x - 15 = 9$
$x^2 - 2x - 24 = 0$
$(x-6)(x+4) = 0$
$x = 6$ or $x = -4$
$x = -4$ is an extraneous solution.
$\{6\}$

39. $\log_2(x+2) - \log_2(x-5) = 3$
$\log_2\left(\frac{x+2}{x-5}\right) = 3$
$\frac{x+2}{x-5} = 8$
$x + 2 = 8(x-5)$
$x + 2 = 8x - 40$
$7x = 42$
$x = 6$
$\{6\}$

41. $\log(x+2) = \log(3x-4)$
$x + 2 = 3x - 4$
$2x = 6$
$x = 3$
$\{3\}$

43. $\log_3 x + \log_3 2 = \log_3 6$
$\log_3 2x = \log_3 6$
$2x = 6$
$x = 3$
$\{3\}$

45. $\log(9x+2) - \log(3x-1) = \log 4$
$\log \frac{9x+2}{3x-1} = \log 4$
$\frac{9x+2}{3x-1} = 4$
$9x + 2 = 12x - 4$
$6 = 3x$
$x = 2$
$\{2\}$

47. $\log x + \log(x+3) = \log 4$
$\log(x^2 + 3x) = \log 4$
$x^2 + 3x = 4$
$x^2 + 3x - 4 = 0$
$(x+3)(x-1) = 0$
$x = -3$ or $x = 1$
$x = -3$ is an extraneous solution.
$\{1\}$

49. $\log_2(x+1) + \log_2(x-2) = \log_2(x+6)$
$\log_2(x^2 - x - 2) = \log_2(x+6)$
$x^2 - x - 2 = x + 6$
$x^2 - 2x - 8 = 0$
$(x+2)(x-4) = 0$
$x = -2$ or $x = 4$
$x = -2$ is an extraneous solution.
$\{4\}$

51. $\ln(7x+12) - \ln(x+3) = \ln x$
$\ln \frac{7x+12}{x+3} = \ln x$
$\frac{7x+12}{x+3} = x$
$x^2 + 3x = 7x + 12$
$x^2 - 4x - 12 = 0$
$(x-6)(x+2) = 0$
$x = 6$ or $x = -2$
$x = -2$ is an extraneous solution.
$\{6\}$

53. $2\log x - \log 4 = \log 100$
$\log x^2 - \log 4 = \log 100$
$\log \dfrac{x^2}{4} = \log 100$
$\dfrac{x^2}{4} = 100$
$x^2 = 400$
$x = \pm 20$
$x = -20$ is an extraneous solution.
$\{20\}$

55. $\ln(2x-3) = 2\ln x - \ln(x-2)$
$\ln(2x-3) = \ln x^2 - \ln(x-2)$
$\ln(2x-3) = \ln\dfrac{x^2}{x-2}$
$2x-3 = \dfrac{x^2}{x-2}$
$(2x-3)(x-2) = x^2$
$2x^2 - 7x + 6 = x^2$
$x^2 - 7x + 6 = 0$
$(x-6)(x-1) = 0$
$x = 6$ or $x = 1$
$x = 1$ is an extraneous solution.
$\{6\}$

57. $16{,}000 = 8000e^{0.08t}$
$2 = e^{0.08t}$
$\ln 2 = 0.08t$
$t = \dfrac{\ln 2}{0.08} \approx 8.7$
8.7 years

59. $3(2350) = 2350e^{7r}$
$3 = e^{7r}$
$\ln 3 = 7r$
$r = \dfrac{\ln 3}{7} \approx 0.157$
15.7%

61. $20{,}000 = 12{,}500\left(1 + \dfrac{0.0575}{4}\right)^{4t}$
$1.6 = (1.014375)^{4t}$
$\ln 1.6 = 4t \ln(1.014375)$
$t = \dfrac{\ln 1.6}{4\ln(1.014375)} \approx 8.2$
8.2 years

63. $1400 = 1000\left(1 + \dfrac{r}{360}\right)^{720}$
$\ln 1.4 = \ln\left(1 + \dfrac{r}{360}\right)^{720}$
$\ln 1.4 = 720\ln\left(1 + \dfrac{r}{360}\right)$
$\dfrac{\ln 1.4}{720} = \ln\left(1 + \dfrac{r}{360}\right)$
$e^{(\ln 1.4)/720} = 1 + \dfrac{r}{360}$
$r = 360\left(e^{(\ln 1.4)/720} - 1\right) \approx 0.168$
16.8%

65. $8493 = \dfrac{50}{0.02}\left(e^{0.02t} - 1\right)$
$\dfrac{0.02(8493)}{50} = e^{0.02t} - 1$
$4.3972 = e^{0.02t}$
$\ln 4.3972 = \ln e^{0.02t}$
$\ln 4.3972 = 0.02t$
$t = \dfrac{\ln 4.3972}{0.02} \approx 74$
The planet will be depleted of its then-known natural gas resources 74 years after 1976 in 2050.

67. $6.37 = 5.702e^{0.015t}$
$\dfrac{6.37}{5.702} = e^{0.015t}$
$\ln \dfrac{6.37}{5.702} = 0.015t$
$t = \dfrac{1}{0.015} \ln \dfrac{6.37}{5.702} \approx 7.4$
The world population will be 6.37 billion

7.4 years after 1995.
$A = 4.533e^{0.019(7.4)} \approx 5.22$
$\dfrac{5.22}{6.37} \approx 0.819$
Approximately 81.9%

69. a. $10 = 4.043e^{0.015t}$
$\dfrac{10}{4.043} = e^{0.015t}$
$\ln \dfrac{10}{4.043} = 0.015t$
$t = \dfrac{1}{0.015} \ln \dfrac{10}{4.043} \approx 60.4$
In the year 2035

b. $10 = 4.134e^{0.02t}$
$\dfrac{10}{4.134} = e^{0.02t}$
$\ln \dfrac{10}{4.134} = 0.02t$
$t = \dfrac{1}{0.02} \ln \dfrac{10}{4.134} \approx 44.2$
In the year 2019

71. $2.4 = -\log[H^+]$
$[H^+] = 10^{-2.4} \approx 0.004$
0.004 moles per liter

73. a. $7.1 = \log \dfrac{I}{I_0}$
$10^{7.1} = \dfrac{I}{I_0}$
$10^{7.1}$ times more intense

b. $8.9 = \log \dfrac{I}{I_0}$
$10^{8.9} = \dfrac{I}{I_0}$
$10^{8.9}$ times more intense

c. $\dfrac{10^{8.7}}{10^{7.1}} = 10^{1.8} \approx 63$
63 times greater

d. $\log E = 11.4 + 1.5(7.1)$
$\log E = 22.05$
$E = 10^{22.05}$
California: $10^{22.05}$ ergs
$\log E = 11.4 + 1.5(8.9)$
$\log E = 24.75$
$E = 10^{24.75}$
Japan: $10^{24.75}$ ergs

75. a. $1 = 6 - 2.5 \log \dfrac{I}{I_0}$
$\dfrac{-5}{-2.5} = \log \dfrac{I}{I_0}$
$2 = \log \dfrac{I}{I_0}$
$100 = \dfrac{I}{I_0}$
100 times more intense

b. $4 = 6 - 2.5 \log \dfrac{I}{I_0}$
$\dfrac{-2}{-2.5} = \log \dfrac{I}{I_0}$
$0.8 = \log \dfrac{I}{I_0}$
$10^{0.8} = \dfrac{I}{I_0}$
$\dfrac{I}{I_0} \approx 6.3$
6.3 times more intense

c. $\dfrac{100}{6.3} \approx 15.9$
15.9 times more intense

77. I_1 = intensity of the sun
I_2 = intensity of the full moon
$-13 - (-26) = 2.5 \log \dfrac{I_1}{I_2}$
$13 = 2.5 \log \dfrac{I_1}{I_2}$
$\dfrac{13}{2.5} = \log \dfrac{I_1}{I_2}$

$\dfrac{I_1}{I_2} = 10^{13/2.5} \approx 158,489$

2.5×10^{10} times more intense

79. a. False; $10^2 = x+2$

   b. False; $10^4 = \dfrac{7x+3}{2x+5}$

   c. True

   d. False; it is $10^2 = 100$ times as intense.

81. Graph $y = \dfrac{e^x + e^{-x}}{2} - 2$ and find the zeros.

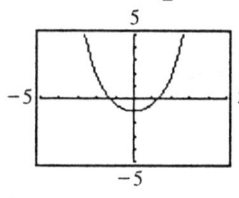

$\{-1.3, 1.3\}$

83. Graph $y = 3^x - 2x - 3$ and find the zeros.

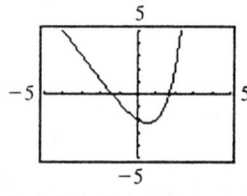

$\{-1.4, 1.7\}$

85.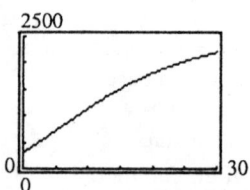

Approximately 20 years old

87.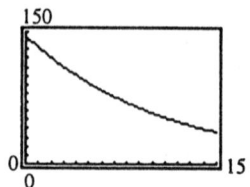

Approximately 8 minutes

89. Graph $y_1 = \log(x-1)$ and $y_2 = x - 5$. Then find the intersection.

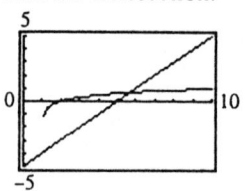

They intersect at $x \approx 1.001$ and $x \approx 5.67$. Rounded to two decimal places, the solution is $\{1.00, 5.67\}$.

91. Graph $y_1 = \dfrac{\log x}{\log 3} + 7$ and $y_2 = 4 - \dfrac{\log x}{\log 5}$.

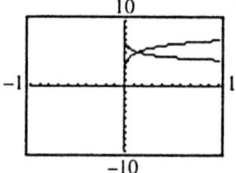

Then intersect at $x \approx 0.14$.
$\{0.14\}$

93. Answers may vary.

95. Answers may vary.

SSM: College Algebra

Chapter 4: *Exponential and Logarithmic Functions*

97. $3000 = \dfrac{6000}{1+(6000-1)e^{-0.3t}}$

   $3000\left[1+(6000-1)e^{-0.3t}\right] = 6000$

   $1+(6000-1)e^{-0.3t} = 2$

   $(6000-1)e^{-0.3t} = 1$

   $e^{-0.3t} = \dfrac{1}{5999}$

   $-0.3t \ln e = \ln\left(\dfrac{1}{5999}\right)$

   $t = \dfrac{\ln\left(\frac{1}{5999}\right)}{-0.3} \approx 29$

   29 days

99. $90 = 10 \log \dfrac{I}{I_0}$

   $9 = \log \dfrac{I}{I_0}$

   $10^9 = \dfrac{I}{I_0}$

   $I_0(10^9) = I$

   $I = 10^9 I_0$

   $80 = 10 \log \dfrac{I}{I_0}$

   $8 = \log \dfrac{I}{I_0}$

   $I_0(10^8) = I$

   $I = 10^8 I_0$

   The combined intensities are $10^9 I_0 + 10^8 I_0$.

   $D = 10 \log \dfrac{10^9 I_0 + 10^8 I_0}{I_0}$

   $= 10 \log(10^9 + 10^8)$

   ≈ 90.4

101. $(\ln x)^2 - 3\ln x + 1 = 0$

   $\ln x = \dfrac{3 \pm \sqrt{9-4(1)(1)}}{2} = \dfrac{3 \pm \sqrt{5}}{2}$

   $x = e^{(3+\sqrt{5})/2}$ or $x = e^{(3-\sqrt{5})/2}$

   $\left\{ e^{(3-\sqrt{5})/2}, e^{(3+\sqrt{5})/2} \right\}$

103. $\ln(\ln x) = 0$

   $\ln x = e^0$

   $\ln x = 1$

   $x = e$

   $\{e\}$

Problem Set 4.5

1. a. $513,000 = 200,000 e^{4k}$

   $\dfrac{513,000}{200,000} = e^{4k}$

   $\ln \dfrac{513,000}{200,000} = 4k \ln e$

   $k = \dfrac{\ln \frac{513,000}{200,000}}{4} = \dfrac{\ln 2.565}{4} \approx 0.2355$

   b. $A = 200,000 e^{[(\ln 2.565)/4]}$

   c. $1,000,000 = 200,000 e^{[(\ln 2.565)/4]}$

   $5 = e^{[(\ln 2.565)/4]}$

   $\ln 5 = \ln e^{[(\ln 2.565)/4]}$

   $t = \dfrac{4 \ln 5}{\ln 2.565} \approx 6.8$

   Approximately 7 years after 1991, by the end of 1998

   d. No

e. $m = \dfrac{313,000}{4} = 78,250$

$y - 200,000 = 78,250(x - 0)$

$y = 78,250x + 200,000$

$1,000,000 - 200,000 = 78,250x$

$800,000 = 78,250x$

$x = \dfrac{800,000}{78,250} \approx 10.2$

Approximately 10 years after 1991, by the end of 2001.

f. Answers may vary.

3. a. $\tfrac{1}{2}A_0 = A_0 e^{k(28)}$

$\tfrac{1}{2} = e^{28k}$

$\ln\left(\tfrac{1}{2}\right) = 28k \ln e$

$k = \dfrac{\ln\left(\tfrac{1}{2}\right)}{28} \approx -0.024755$

$A = A_0 e^{-0.024755t}$

b. $10 = 60 e^{-0.024755t}$

$\ln\left(\tfrac{1}{6}\right) = -0.024755t$

$t = \dfrac{\ln\left(\tfrac{1}{6}\right)}{-0.024755} \approx 72.4$

72.4 years

c.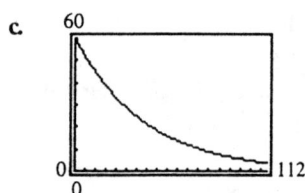

5. $1000 = 1400 e^{5k}$

$\tfrac{5}{7} = e^{5k}$

$\ln\left(\tfrac{5}{7}\right) = 5k \ln e$

$k = \dfrac{\ln\left(\tfrac{5}{7}\right)}{5}$

$A = A_0 e^{[\ln(5/7)/5]t}$

$99 = 1400 e^{[\ln(5/7)/5]t}$

$\dfrac{99}{1400} = e^{[\ln(5/7)/5]t}$

$\ln\dfrac{99}{1400} = \dfrac{\ln\left(\tfrac{5}{7}\right)}{5} t$

$t = \dfrac{5 \ln \tfrac{99}{1400}}{\ln \tfrac{5}{7}} \approx 39.4$

39.4 years from 5 years ago or 34.4 from today

7. $75 = 72 + (375 - 72)e^{-60k}$

$3 = 303(e)^{-60k}$

$\dfrac{3}{303} = e^{-60k}$

$\ln\left(\dfrac{3}{303}\right) = -60k$

$k = -\dfrac{1}{60} \ln \dfrac{1}{101}$

a. $T = 72 + (375 - 72)e^{[\ln(1/101)/60](30)}$

102°F

b. $250 = 72 + (375 - 72)e^{[\ln(1/101)/60](t)}$

$178 = 303 e^{[\ln(1/101)/60]t}$

$\ln\left(\dfrac{178}{303}\right) = \dfrac{\ln\left(\tfrac{1}{101}\right)}{60}$

$t = \dfrac{60 \ln\left(\tfrac{178}{303}\right)}{\ln\left(\tfrac{1}{101}\right)}$

6.9 minutes

c.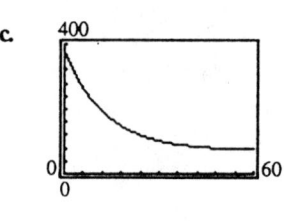

No

SSM: College Algebra   **Chapter 4:** Exponential and Logarithmic Functions

9. $\ln y = 0.3782 + 1.0745x$
    $e^{\ln y} = e^{0.3782+1.0745x}$
    $y = e^{0.3782}\left(e^{1.0745x}\right)$
    $y = 1.4597e^{1.0745x}$

11. a.

x	y	ln y
0	280	5.6348
50	310	5.7366
75	331	5.8021
80	338	5.8230
88	351	5.8608

    b.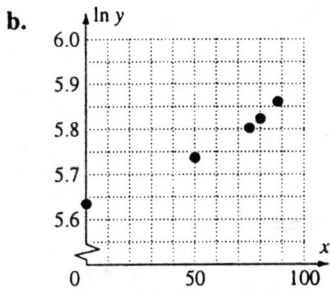

    c. $\ln y = 0.002x + 5.6273$

    d. $\ln y = 0.00246x + 5.6273$
       $e^{\ln y} = e^{0.00246x+5.6273}$
       $y = e^{5.6273}\left(e^{0.00246x}\right)$
       $y = 277.91e^{0.00246x}$

    e. $600 = 277.91e^{0.00246x}$
       $\dfrac{600}{277.91} = e^{0.00246x}$
       $\ln\left(\dfrac{600}{277.91}\right) = 0.00246x$
       $x = \dfrac{\ln\frac{600}{277.91}}{0.00246} \approx 31$
       313 years after 1900, in the year 2213.

13. a.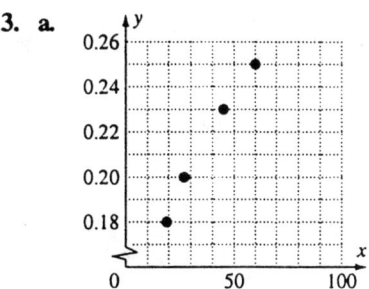

    b.

x	y	ln x
19	0.18	2.9444
27	0.20	3.2958
45	0.23	3.8067
60	0.25	4.0943

    c. $y = 0.06044 \ln x + 0.00131$

    d. $y = 0.6044(\ln 75) + 0.00131 \approx 0.26$
       0.26 seconds

15.

x	y	ln x	ln y
1	17,947	0	9.7951
2	23,742	0.6931	10.0750
3	26,752	1.0986	10.1944
4	30,725	1.3863	10.3328
5	34,072	1.6094	10.4362
6	35,551	1.7918	10.4787

Linear model:
$y = 3513.8x + 15{,}833.2$
Exponential model:
$\ln y = 0.13257x + 9.7547$
$e^{\ln y} = e^{0.13257x+9.7547}$
$y = e^{9.7547}\left(e^{0.13257x}\right)$
$y = 17{,}235 e^{0.13257x}$
Logarithmic model:
$y = 9971.42 \ln x + 17{,}197.42$
The logarithmic model most accurately makes the prediction.

17.

x	y	$\ln x$	$\ln y$
1	2201	0	7.6967
2	2422	0.6931	7.7923
3	2688	1.0986	7.8966
4	2902	1.3863	7.9732
5	3144	1.6094	8.0533
6	3331	1.7918	8.1110

Linear model:
$y = 229.43x + 1978.33$
Exponential model:
$\ln y = 0.08375x + 7.6274$
$e^{\ln y} = e^{0.08375x+7.6274}$
$y = e^{7.6274}\left(e^{0.08375x}\right)$
$y = 2053.7\left(e^{0.08375x}\right)$
Logarithmic model:
$y = 630.49 \ln x + 2089.97$
The linear model most accurately makes the prediction.

19. a. False; the temperature was 30° Celsius.

   b. True

   c. False; the room is kept at 20° Celsius.

   d. False; it will take more than 30 minutes.

21. a.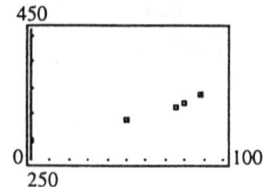

   b. $y = 277.9195(1.0025)^x$

   c.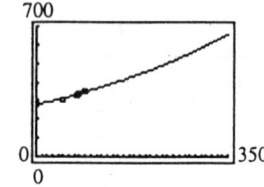

   d. $x \approx 313$
      313 years after 1900

23. a.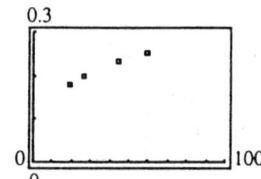

   b. $y = 0.001313 + 0.06044 \ln x$

   c.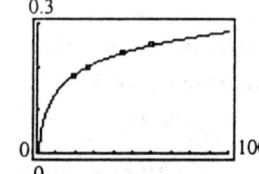

   d. When $x = 75$, $y \approx 0.26$.
      0.26 seconds

25. a.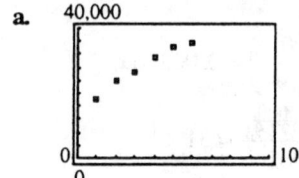

   b. Linear model:
      $y = 3513.8x + 15{,}833.2$

Exponential model:
$y = 17,235.6(1.1418)^x$
Logarithmic model:
$y = 17,197.4 + 9971.4 \ln x$

c. Linear model: $r \approx 0.987$
Exponential model: $r \approx 0.967$
Logarithmic model: $r \approx 0.99$

Use the Logarithmic model as the best model. It predicts approximately 36,601 deaths.

27. a.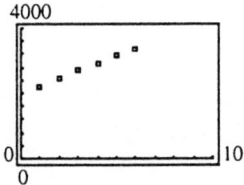

b. Linear model:
$y = 229.4x + 1978.3$
Exponential model:
$y = 2053.7(1.0874)^x$
Logarithmic model:
$y = 2090 + 630.49 \ln x$

c. Linear model: $r \approx 0.999$
Exponential model: $r \approx 0.996$
Logarithmic model: $r \approx 0.972$

Use the linear model as the best model. It predicts expenditure to be approximately $3584.

29. Answers may vary.

31. Answers may vary.

33. Answers may vary.

Chapter 4 Review Problems

1. $f(x) = 4^x \Rightarrow$ graph d

2. $f(x) = 4^{-x} \Rightarrow$ graph h

3. $f(x) = -4^{-x} \Rightarrow$ graph b

4. $f(x) = -4^{-x} + 3 \Rightarrow$ graph e

5. $f(x) = \log x \Rightarrow$ graph f

6. $f(x) = \log(-x) \Rightarrow$ graph a

7. $f(x) = \log(2 - x) \Rightarrow$ graph g

8. $f(x) = 1 + \log(2 - x) \Rightarrow$ graph c

9.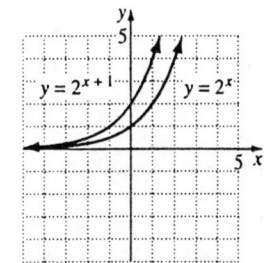

$y = 2^x$
Domain: $(-\infty, \infty)$
Range: $(0, \infty)$
$y = 2^{x+1}$
Domain: $(-\infty, \infty)$
Range: $(0, \infty)$

10.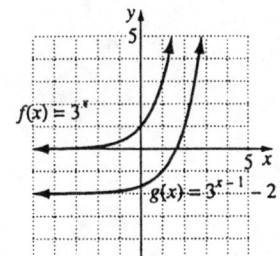

$f(x) = 3^x$
Domain: $(-\infty, \infty)$
Range: $(0, \infty)$

$g(x) = 3^{x-1} - 2$
Domain: $(-\infty, \infty)$
Range: $(-2, \infty)$

11.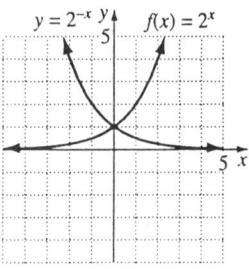

$f(x) = 2^x$
Domain: $(-\infty, \infty)$
Range: $(0, \infty)$
$f(x) = 2^{-x}$
Domain: $(-\infty, \infty)$
Range: $(0, \infty)$

12.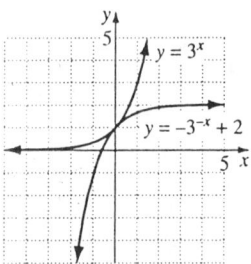

$y = 3^x$
Domain: $(-\infty, \infty)$
Range: $(0, \infty)$
$y = -3^{-x} + 2$
Domain: $(-\infty, \infty)$
Range: $(-\infty, 2)$

13.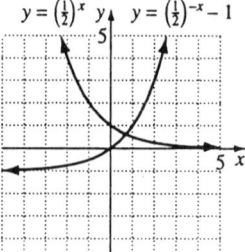

$y = \left(\dfrac{1}{2}\right)^x$
Domain: $(-\infty, \infty)$
Range: $(0, \infty)$
$y = \left(\dfrac{1}{2}\right)^{-x} - 1$
Domain: $(-\infty, \infty)$
Range: $(-1, \infty)$

14.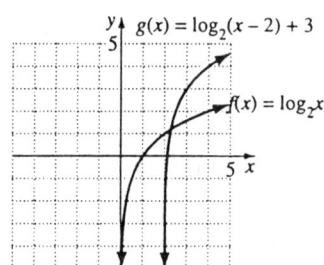

$f(x) = \log_2 x$
Domain: $(0, \infty)$
Range: $(-\infty, \infty)$
$g(x) = \log_2(x - 2) + 3$
Domain: $(2, \infty)$
Range: $(-\infty, \infty)$

15.

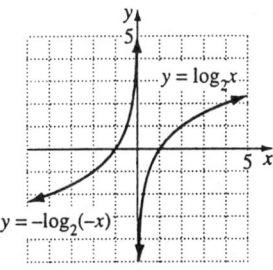

$y = \log_2 x$
Domain: $(0, \infty)$
Range: $(-\infty, \infty)$
$y = -\log_2(-x)$
Domain: $(-\infty, 0)$
Range: $(-\infty, \infty)$

16. $A = 5000\left(1 + \dfrac{0.055}{2}\right)^{10} \approx 6558.26$

$A = 5000\left(1 + \dfrac{0.0525}{12}\right)^{60} \approx 6497.16$

5.5% compounded semiannually

17. $A = 14{,}000\left(1 + \dfrac{0.07}{12}\right)^{120} \approx 28{,}135.26$

$A = 14{,}000 e^{0.0685(10)} \approx 27{,}772.81$

7% compounded monthly

18. China: $A = 1119.9 e^{0.013(60)} \approx 2443$
2443 million
India: $A = 853.4 e^{0.021(60)} \approx 3009$
3009 million
Yes

19. a. $N(0) = \dfrac{200{,}000}{1 + 1999 e^{-0.06(0)}} = 100$ people

b. $N(4) = \dfrac{200{,}000}{1 + 1999 e^{-0.06(4)}} \approx 127$ people

c. $y = 200{,}000$. 200,000 is the limiting size of the population that becomes ill.

d.

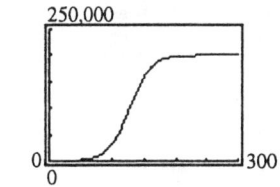

20. $\log_3 9 + \log_2 32 = 2 + 5 = 7$

21. $\log_3 \dfrac{1}{27} - \ln e^5 = -3 - 5 = -8$

22. $\log_3(\log_8 8) + \log_3(\log_2 8)$
$= \log_3(1) + \log_3(3) = 0 + 1 = 1$

23. Domain: $(2, \infty)$
Vertical asymptote: $x = 2$
x-intercept: $(3, 0)$

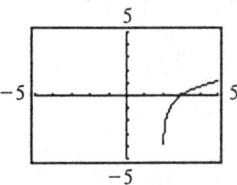

24. Domain: $(-\infty, 4)$
Vertical asymptote: $x = 4$
x-intercept: $(3, 0)$

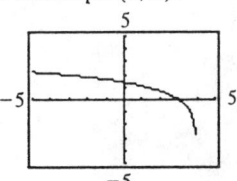

25. Domain: $(-\infty, 2) \cup (2, \infty)$
Vertical asymptote: $x = 2$
x-intercept; $(1, 0)$ and $(3, 0)$

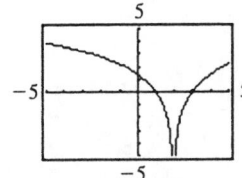

Chapter 4: Exponential and Logarithmic Functions

26. $t = \dfrac{1}{0.06} \ln\left(\dfrac{12}{12-5}\right) \approx 9.0$
    9 weeks

27. $\log_7 \dfrac{\sqrt{x}}{49y^2} = \dfrac{1}{2}\log_7 x - \log_7(49y^2)$
    $= \dfrac{1}{2}\log_7 x - \log_7 49 - 2\log_7 y$
    $= \dfrac{1}{2}\log_7 x - 2 - 2\log_7 y$

28. $\log \dfrac{10,000}{\sqrt[3]{3x+1}} = \log 10,000 - \dfrac{1}{3}\log(3x+1)$
    $= 4 - \dfrac{1}{3}\log(3x+1)$

29. $\ln\sqrt{\dfrac{x^3 y}{e^4}} = \dfrac{1}{2}\ln\left(\dfrac{x^3 y}{e^4}\right)$
    $= \dfrac{1}{2}\left[\ln x^3 y - \ln e^4\right]$
    $= \dfrac{1}{2}\left[\ln x^3 + \ln y - 4\right]$
    $= \dfrac{3}{2}\ln x + \dfrac{1}{2}\ln y - 2$

30. $\ln(9e^{5t}) = \ln 9 + \ln e^{5t}$
    $= \ln 9 + 5t \ln e$
    $= \ln 9 + 5t$

31. $\log_b \left(\sqrt{x^3}\sqrt{y}\right)^{-1/5} = -\dfrac{1}{5}\log_b\left(x^{3/2}y^{1/2}\right)$
    $= -\dfrac{1}{5}\left[\dfrac{3}{2}\log_b x + \dfrac{1}{2}\log_b y\right]$
    $= -\dfrac{3}{10}\log_b x - \dfrac{1}{10}\log_b y$

32. $5\log(x-4) + \log 7 - 3\log x$
    $= \log(x-4)^5 + \log 7 - \log x^3$
    $= \log\left[7(x-4)^5\right] - \left[\log x^3\right]$
    $= \log\left[\dfrac{7(x-4)^5}{x^3}\right]$

33. $\dfrac{1}{2}\ln x - \dfrac{1}{7}\ln y$
    $= \ln x^{1/2} - \ln y^{1/7}$
    $= \ln\left(\dfrac{\sqrt{x}}{\sqrt[7]{y}}\right)$

34. $\ln(x^2-9) - \ln(x+3) + \dfrac{2}{3}\ln(x-3)$
    $= \ln\dfrac{(x^2-9)}{(x+3)} + \ln(x-3)^{2/3}$
    $= \ln(x-3) + \ln(x-3)^{2/3}$
    $= \ln\left[(x-3)(x-3)^{2/3}\right]$
    $= \ln(x-3)^{5/3}$

35. $10^{\log 5x^2 + \log 3x} + e^{\ln 16x^7 - \ln 2x^4}$
    $= 10^{[\log(5x^2)(3x)]} + e^{\ln\left[\frac{16x^7}{2x^4}\right]}$
    $= 10^{\log 15x^3} + e^{\ln 8x^3}$
    $= 15x^3 + 8x^3$
    $= 23x^3$

36. $\log_5 17 = \dfrac{\log 17}{\log 5} \approx 1.760$
    $\log_5 17 = \dfrac{\ln 17}{\ln 5} \approx 1.760$

37. $\log_{15} 3000 = \dfrac{\log 3000}{\log 15} \approx 2.957$
    $\log_{15} 3000 = \dfrac{\ln 3000}{\ln 15} \approx 2.957$

38. $R = \log\left[\dfrac{10^{6.7} I_0}{I_0}\right] = \log 10^{6.7} = 6.7$

39. Let $I_1 =$ intensity of Colombia's 1906 earthquake and
    $I_2 =$ intensity of Northern California's 1989 earthquake.
    $8.6 = \log\dfrac{I_1}{I_0}$ and $7.1 = \log\dfrac{I_2}{I_0}$

SSM: College Algebra   **Chapter 4:** *Exponential and Logarithmic Functions*

$$8.6 - 7.1 = \log\frac{I_1}{I_0} - \log\frac{I_2}{I_0}$$

$$1.5 = \log\frac{I_1}{I_2}$$

$$\frac{I_1}{I_2} = 10^{1.5} \approx 31.6$$

31.6 times as intense

40. Columbia's earthquake:
$8.6 = 0.67 \log E - 2.9$
$11.5 = 0.67 \log E$
$\frac{11.5}{0.67} = \log E$
$E = 10^{11.5/0.67} \approx 1.46 \times 10^{17}$
Northern California's earthquake:
$7.1 = 0.67 \log E - 2.9$
$10 = 0.67 \log E$
$\frac{10}{0.67} = \log E$
$E = 10^{10/0.67} \approx 8.42 \times 10^{14}$
Difference in energy:
$1.46 \times 10^{17} - 8.42 \times 10^{14}$
$\approx 1.45 \times 10^{17}$ joules

41. $y = \log_4\left[\dfrac{1}{(x-1)^2}\right] = \log_4(x-1)^{-2}$
$= -2\log_4(x-1)$ for $x > 1$.

$y = \log_4\left[\dfrac{1}{(x-1)^2}\right] = \log_4(x-1)^{-2}$
$= -2\log_4(1-x)$ for $x < 1$.

The graph of $y = \log_4 x$ is shifted one unit to the right, stretched vertically by a factor of two, and then reflected in the x-axis to obtain the right half of the graph of $y = \log_4\left[\dfrac{1}{(x-1)^2}\right]$. The right half of the graph is reflected in the line $x = 1$ to obtain the left half of the graph.

42. $D = 10\log\dfrac{1 \times 10^2}{10^{-12}}$
$D = 10\log 10^{14}$
$D = 140$
Yes

43. $8^x = 12{,}143$
$\ln 8^x = \ln 12{,}143$
$x\ln 8 = \ln 12{,}143$
$x = \dfrac{\ln 12{,}143}{\ln 8} \approx 4.52$
$\left\{\dfrac{\ln 12{,}143}{\ln 8}\right\}$

44. $9e^{5x} = 1268$
$e^{5x} = \dfrac{1268}{9}$
$5x\ln e = \ln\dfrac{1268}{9}$
$x = \dfrac{1}{5}\ln\dfrac{1268}{9} \approx 0.990$
$\left\{\dfrac{1}{5}\ln\dfrac{1268}{9}\right\}$

45. $e^{12-5x} - 7 = 123$
$e^{12-5x} = 130$
$(12 - 5x)(\ln e) = \ln 130$
$12 - 5x = \ln 130$
$5x = 12 - \ln 130$
$x = \dfrac{12 - \ln 130}{5} \approx 1.426$
$\left\{\dfrac{12 - \ln 130}{5}\right\}$

46. $7^{x-3} = 5^{4x+2}$
$\ln 7^{x-3} = \ln 5^{4x+2}$
$(x-3)\ln 7 = (4x+2)\ln 5$
$x\ln 7 - 3\ln 7 = 4x\ln 5 + 2\ln 5$
$x(\ln 7 - 4\ln 5) = 2\ln 5 + 3\ln 7$
$x = \dfrac{2\ln 5 + 3\ln 7}{\ln 7 - 4\ln 5} \approx -2.016$
$\left\{\dfrac{2\ln 5 + 3\ln 7}{\ln 7 - 4\ln 5}\right\}$

47. $e^{2x} - e^x - 6 = 0$
$(e^x - 3)(e^x + 2) = 0$
$e^x = 3$ or $e^x = -2$
$x = \ln 3$ No solution
$x \approx 1.099$
$\{\ln 3\}$

48. a. $3(5500) = 5500e^{(0.045)t}$
$3 = e^{0.045t}$
$\ln 3 = \ln e^{0.045t}$
$\ln 3 = 0.045t$
$t = \dfrac{\ln 3}{0.045} \approx 24.4$
24.4 years

b. $2(5500) = 5500e^{8r}$
$2 = e^{8r}$
$\ln 2 = 8r$
$r = \dfrac{\ln 2}{8} \approx 0.08$
8.7%

49. $20,000 = 12,500\left(1 + \dfrac{0.065}{4}\right)^{4t}$
$1.6 = (1.01625)^{4t}$
$\ln 1.6 = 4t \ln(1.01625)$
$t = \dfrac{\ln 1.6}{4 \ln 1.01625} \approx 7.3$
7.3 years

50. $983.4 = \dfrac{21.3}{0.025}\left(e^{0.025t} - 1\right)$
$983.4 = 852\left(e^{0.025t} - 1\right)$
$\dfrac{983.4}{852} = e^{0.025t} - 1$
$\dfrac{983.4}{852} + 1 = e^{0.025t}$
$\ln\left(\dfrac{983.4}{852} + 1\right) = 0.025t$
$t = \dfrac{1}{0.025} \ln\left(\dfrac{983.4}{852} + 1\right) \approx 30.7$
30.7 years

51. $263.2e^{0.007t} = 157e^{0.019t}$
$\dfrac{263.2}{157} = \dfrac{e^{0.019t}}{e^{0.007t}}$
$\dfrac{263.2}{157} = e^{0.012t}$
$\ln \dfrac{263.2}{157} = 0.012t$
$t = \dfrac{1}{0.012} \ln \dfrac{263.2}{157} \approx 43$
In the year 2038

52. $\log_4(3x - 5) = 3$
$3x - 5 = 64$
$3x = 69$
$x = 23$
$\{23\}$

53. $\log_2(x + 3) + \log_2(x - 3) = 4$
$\log_2(x^2 - 9) = 4$
$x^2 - 9 = 2^4$
$x^2 - 9 = 16$
$x^2 = 25$
$x = \pm 5$
$x = -5$ is an extraneous solution.
$\{5\}$

54. $\log_3(x - 1) = 2 + \log_3(x + 2)$
$\log_3(x - 1) - \log_3(x + 2) = 2$
$\dfrac{x-1}{x+2} = 9$
$x - 1 = 9(x + 2)$
$x - 1 = 9x + 18$
$8x = -19$
$x = -\dfrac{19}{8}$
$x = -\dfrac{19}{8}$ is an extraneous solution.
$\varnothing$

55. $\ln x + \ln(x - 4) = \ln(2x - 5)$
$\ln[x(x - 4)] = \ln(2x - 5)$
$x^2 - 4x = 2x - 5$
$x^2 - 6x + 5 = 0$

SSM: College Algebra **Chapter 4:** Exponential and Logarithmic Functions

$(x-5)(x-1) = 0$
$x = 5$ or $x = 1$
$x = 1$ is an extraneous solution.
$\{5\}$

56. $\log(x+7) - \log(x+2) = \log(x+1)$
$\log\left(\dfrac{x+7}{x+2}\right) = \log(x+1)$
$\dfrac{x+7}{x+2} = x+1$
$x+7 = x^2 + 3x + 2$
$0 = x^2 + 2x - 5$
$x = \dfrac{-2 \pm \sqrt{24}}{2}$
$x = -1 \pm \sqrt{6}$
$x = -1 - \sqrt{6}$ is an extraneous solution.
$\{-1 + \sqrt{6}\}$

57. $5.9 = 0.35 \ln P + 2.74$
$3.16 = 0.35 \ln P$
$\dfrac{3.16}{0.35} = \ln P$
$P = e^{(3.16/0.35)} \approx 8338$
8338 thousand

58. Let I_1 = the intensity for Jupiter and I_2 = the intensity for Polaris.
$-2.9 = 6 - 2.5 \log \dfrac{I_1}{I_0}$
$-8.9 = -2.5 \log \dfrac{I_1}{I_0}$
$3.56 = \log \dfrac{I_1}{I_0}$
$\dfrac{I_1}{I_0} = 10^{3.56}$
$I_1 = I_0 10^{3.56}$
$2 = 6 - 2.5 \log \dfrac{I_2}{I_0}$
$-4 = -2.5 \log \dfrac{I_2}{I_0}$
$1.6 = \log \dfrac{I_2}{I_0}$

$\dfrac{I_2}{I_0} = 10^{1.6}$
$I_2 = I_0 10^{1.6}$
$\dfrac{I_1}{I_2} = \dfrac{I_0 10^{3.56}}{I_0 10^{1.6}} = 10^{1.96} \approx 91$
91 times more intense

59. a. $26{,}077 = 14{,}609 e^{14k}$
$\dfrac{26{,}077}{14{,}609} = e^{14k}$
$\ln\left(\dfrac{26{,}077}{14{,}609}\right) = \ln e^{14k}$
$k = \dfrac{\ln\left(\dfrac{26{,}077}{14{,}609}\right)}{14} \approx 0.041$

b. $f(t) = 14{,}609 e^{0.041t}$

c. $f(25) = 14{,}609 e^{0.041(25)} \approx 40{,}717$
$f(30) = 14{,}609 e^{0.041(30)} \approx 49{,}981$
$f(45) = 14{,}609 e^{0.041(45)} \approx 92{,}447$

60. $\dfrac{1}{2} A_0 = A_0 e^{kt}$
$\ln\left(\dfrac{1}{2}\right) = \ln e^{kt}$
$\ln\left(\dfrac{1}{2}\right) = kt$
$k = \dfrac{\ln\left(\dfrac{1}{2}\right)}{t}$
$k = \dfrac{\ln \dfrac{1}{2}}{5715}$
$0.15 A = A e^{[\ln(1/2)/5715]t}$
$0.15 = e^{[\ln(1/2)/5715]t}$
$\ln(0.15) = \ln e^{[\ln(1/2)/5715]t}$
$t = \dfrac{\ln(0.15)}{\left[\dfrac{\ln \frac{1}{2}}{5715}\right]} \approx 15{,}642$
15,642 years

61. a. When $t = 0$, $T = 70 + 130 = 200$.
   $200°$ F

   b. When $t = 20$,
   $T = 70 + 130e^{-0.04855 \cdot 20} \approx 119$.
   $119°$ F

   c. $70°$; the room temperature is $70°$.

62. $T = C + (T_0 - C)e^{-kt}$
Let $T_0 = 85.6$, so $t = 0$ is 9:30 A.M.
$82.7 = 70 + (85.6 - 70)e^{-0.5k}$
$\left(\dfrac{82.7 - 70}{85.6 - 70}\right) = e^{-0.5k}$
$\ln\left(\dfrac{12.7}{15.6}\right) = \ln e^{-0.5k}$
$k = \dfrac{\ln\left(\frac{12.7}{15.6}\right)}{-0.5}$
$98.6 = 70 + (85.6 - 70)e^{[\ln(12.7/15.6)/0.5]}$
$\dfrac{98.6 - 70}{85.6 - 70} = e^{[\ln(12.7/15.6)/0.5]}$
$\ln\left(\dfrac{28.6}{12.7}\right) = [\ln(12.7/15.6)/0.5]t$
$t = \dfrac{\ln\left(\frac{28.6}{12.7}\right)}{\left[\frac{\ln\left(\frac{12.7}{15.6}\right)}{0.5}\right]}$
$t = -1.97$
Death occurred at approximately 7:30 A.M.

63. High projection $\Rightarrow$ exponential function
Medium projection $\Rightarrow$ linear function
Low projection $\Rightarrow$ quadratic function with a negative leading coefficient

64. a.

x	y	$\ln y$
0	3.1	1.13
10	4	1.39
20	4.9	1.59
30	6.7	1.9
40	9	2.2
50	12.4	2.52
60	16.7	2.82
70	20.1	3
80	25.5	3.24
90	31.2	3.44
100	35.3	3.56
110	40.1	3.69
120	53.5	3.98
130	70.2	4.25
140	77	4.34

$\ln y = 0.0233x + 1.24$
$y = e^{0.0233x + 1.24}$
$y = 3.46e^{0.0233x}$

b. $y = 3.46e^{0.0233(150)} \approx 114$
114 million

c. $\dfrac{31.2}{263.2} \approx 0.12$
12% in 1990
$\dfrac{114}{392.7} \approx 0.29$
29% in 2050

65. a.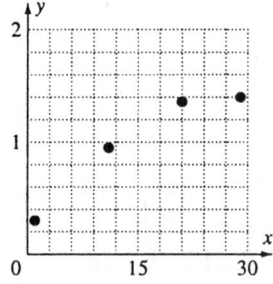

Logarithmic function

b. $y = 0.2738 + 0.3308 \ln x$

c. $1.5 = 0.2738 + 0.3308 \ln x$
$1.2262 = 0.3308 \ln x$
$\dfrac{1.2262}{0.3308} = \ln x$
$x = e^{(1.2262/0.3308)} \approx 41$
In the year 2029

66. a.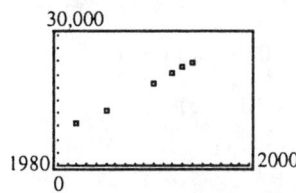

b. Linear model:
$y = 1182.47x - 2{,}334{,}123.42$
Exponential model:
$y = 1.07 \times 10^{-6} (1.08)^x$
Logarithmic model:
$y = -17{,}836{,}653 + 2{,}350{,}698 \ln x$
The linear model best describes book expenditures as a function of time.

c. Using the linear model, when $x = 2005$, $y \approx 36{,}725$. Consumers will spend $36,725 million on books in the year 2005.

Chapter 4 Test

1.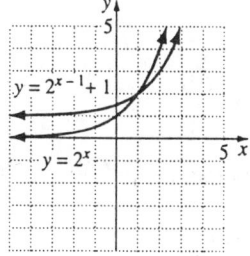

2. $A = 9000\left(1 + \dfrac{0.065}{2}\right)^{20} \approx 17{,}062.54$
$A = 9000 e^{(.06)(10)} \approx 16{,}399.07$
$\$17{,}062.54 - \$16{,}399.07 \approx \$663$
6.5% compounded semiannually yields a better investment by $663.

3. a. $f(10) = 72 + 112 e^{-0.05(10)} \approx 140$
140°F

b. $y = 72$; the temperature of the room is 82°F.

4. $\log 16 - \log_{1/3} 9 = 4 - (-2) = 6$

5.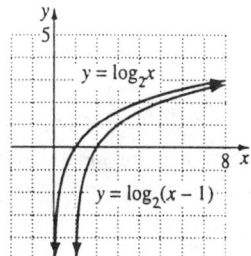

6. $f(x) = \ln(3 - x)$
$3 - x > 0$
$3 > x$
Domain: $(-\infty, 3)$

7. $\log_5\left(\dfrac{\sqrt[3]{x}}{125y^2}\right) = \log_5 x^{1/3} - \log_5 125y^2$
$= \dfrac{1}{3}\log_5 x - \log_5 125 - 2\log_5 y$
$= \dfrac{1}{3}\log_5 x - 3 - 2\log_5 y$

8. $\ln(10e^{7t}) = \ln 10 + \ln e^{7t}$
$= \ln 10 + 7t$

9. $6\log x + 2\log y = \log x^6 + \log y^2$
$= \log(x^6 y^2)$

10. $\ln 7 - 3\ln x = \ln\left(\dfrac{7}{x^3}\right)$

11. $e^{9-3x} - 17 = 25$
$e^{9-3x} = 25 + 17$
$\ln e^{9-3x} = \ln 42$
$(9-3x)\ln e = \ln 42$
$9 - 3x = \ln 42$
$x = \dfrac{9 - \ln 42}{3} \approx 1.754$
$\left\{\dfrac{9 - \ln 42}{3}\right\}$

12. $e^{2x} - 6e^x + 5 = 0$
$(e^x - 5)(e^x - 1) = 0$
$e^x = 5$ or $e^x = 1$
$x = \ln 5$ $x = \ln 1$
$x \approx 1.609$ $x = 0$
$\{0, \ln 5\}$

13. $8000 = 4000e^{(0.06)t}$
$2 = e^{0.06t}$
$\ln 2 = 0.06t$
$t = \dfrac{\ln 2}{0.06} \approx 11.6$
11.6 years

14. $100 = 200e^{-0.08t}$
$0.5 = e^{-0.08t}$
$\ln(0.5) = -0.08t$
$t = \dfrac{\ln 0.5}{-0.08} \approx 8.7$
8.7 years

15. $\log_5(x-2) = \log_5 x - \log_5 8$
$\log_5(x-2) = \log_5 \dfrac{x}{8}$
$x - 2 = \dfrac{x}{8}$
$8x - 16 = x$
$7x = 16$
$x = \dfrac{16}{7}$
$\left\{\dfrac{16}{7}\right\}$

16. $\log_{16}(10x+3) + \log_{16} x = \dfrac{1}{2}$
$\log_{16}[(10x+3)(x)] = \dfrac{1}{2}$
$16^{1/2} = (10x+3)(x)$
$4 = 10x^2 + 3x$
$10x^2 + 3x - 4 = 0$
$(5x+4)(2x-1)$
$x = -\dfrac{4}{5}$ or $x = \dfrac{1}{2}$
$x = -\dfrac{4}{5}$ is an extraneous solution.
$\left\{\dfrac{1}{2}\right\}$

17. $120 = 10\log\dfrac{I}{I_0}$
$12 = \log\dfrac{I}{I_0}$
$10^{12} = \dfrac{I}{I_0}$
$I = 10^{12} I_0$
10^{12} times louder

SSM: College Algebra **Chapter 4:** Exponential and Logarithmic Functions

18. a. $5.8 = 5.5e^{k(3)}$
$\frac{5.8}{5.5} = e^{3k}$
$\ln\left(\frac{5.8}{5.5}\right) = 3k$
$k = \frac{\ln\left(\frac{5.8}{5.5}\right)}{3} \approx 0.0177$
$A = 5.5e^{0.0177t}$

b. $10 = 5.5e^{0.0177t}$
$\frac{10}{55} = e^{0.02t}$
$t = \frac{\ln\left(\frac{10}{55}\right)}{0.02} \approx 30 \Rightarrow$ Year 2022

19. a. $64 = 28 + (68 - 28)e^{-k}$
$36 = 40e^{-k}$
$0.9 = e^{-k}$
$\ln 0.9 = \ln e^{-k}$
$k = -\ln(0.9) \approx 0.105$
$T = 28 + (68 - 28)e^{(\ln 0.9)t}$
$T = 28 + 40e^{(\ln 0.9)t}$

b. $50 = 28 + 40e^{(\ln 0.9)t}$
$22 = 44e^{(\ln 0.9)t}$
$0.5 = e^{(\ln 0.9)t}$
$t = \frac{\ln(0.5)}{\ln(0.9)} \approx 6.6$
6.6 hours

20.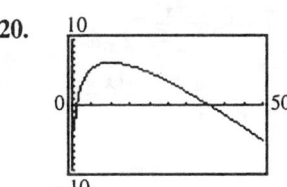

a. $x = 0$ vertical asymptote

b. 6.51 at $x = 10$

c. $(-\infty, 6.51]$

d. $\{1.12, 35.77\}$

Chapters P–4 Cumulative Review Problems

1. $\frac{3}{4x^2 + 4x + 1} + \frac{x + 3}{2x^2 - x - 1} - \frac{2}{x - 1}$
$= \frac{3}{(2x+1)^2} + \frac{x+3}{(2x+1)(x-1)} - \frac{2}{(x-1)}$
$= \frac{3(x-1) + (x+3)(2x+1) - 2(2x+1)^2}{(2x+1)^2(x-1)}$
$= \frac{3x - 3 + 2x^2 + 7x + 3 - 2(4x^2 + 4x + 1)}{(2x+1)^2(x-1)}$
$= \frac{10x + 2x^2 - 8x^2 - 8x - 2}{(2x+1)^2(x-1)}$
$= \frac{-6x^2 + 2x - 2}{(2x+1)^2(x-1)}$

2. $\frac{1 - \frac{2}{x}}{1 - \frac{3}{x} + \frac{2}{x^2}} = \frac{x^2\left[1 - \frac{2}{x}\right]}{x^2\left[1 - \frac{3}{x} + \frac{2}{x^2}\right]}$
$= \frac{x^2 - 2x}{x^2 - 3x + 2} = \frac{x(x-2)}{(x-2)(x-1)}$
$= \frac{x}{x-1} \quad (x \neq 0, x \neq 2)$

3. $|3x - 4| = 2$
$3x - 4 = 2$ or $3x - 4 = -2$
$3x = 6$ $\qquad 3x = 2$
$x = 2$ $\qquad x = \frac{2}{3}$

$\left\{\frac{2}{3}, 2\right\}$

4. $\sqrt{2x-5} - \sqrt{x-3} = 1$
$\sqrt{2x-5} = 1 + \sqrt{x-3}$
$\left(\sqrt{2x-5}\right)^2 = \left(1 + \sqrt{x-3}\right)^2$
$2x - 5 = 1 + 2\sqrt{x-3} + x - 3$
$x - 3 = 2\sqrt{x-3}$
$(x-3)^2 = 4(x-3)$
$x^2 - 6x + 9 = 4x - 12$
$x^2 - 10x + 21 = 0$
$(x-3)(x-7) = 0$

$x = 3$ or $x = 7$

Both solutions satisfy the original equation.

$\{3, 7\}$

5. $x^4 + x^3 - 3x^2 - x + 2 = 0$

$p: \pm 1, \pm 2$

$q: \pm 1$

$\frac{p}{q}: \pm 1, \pm 2$

2	1	1	−3	−1	2
		−2	2	2	−2
	1	−1	−1	1	0

$(x+2)(x^3 - x^2 - x + x) = 0$

$(x+2)[x^2(x-1) - (x-1)] = 0$

$(x+2)(x^2 - 1)(x-1) = 0$

$(x+2)(x+1)(x-1)^2 = 0$

$x = -2$ or $x = -1$ or $x = 1$

$\{-2, -1, 1\}$

6. $e^{11-5x} - 32 = 96$

$e^{11-5x} = 96 + 32$

$e^{11-5x} = 128$

$\ln e^{11-5x} = \ln 128$

$(11 - 5x)\ln e = \ln 128$

$11 - 5x = \ln 128$

$x = \frac{11 - \ln 128}{5} \approx 1.23$

$\left\{\frac{11 - \ln 128}{5}\right\}$

7. $\log_2(x+5) + \log_2(x-1) = 4$

$\log_2[(x+5)(x-1)] = 4$

$(x+5)(x-1) = 2^4$

$x^2 + 4x - 5 = 16$

$x^2 + 4x - 21 = 0$

$(x+7)(x-3) = 0$

$x = -7$ or $x = 3$

$x = -7$ is an extraneous solution.

$\{3\}$

8. $[3y - (2x+5)][3y + (2x-5)]$

$= (3y)^2 - (2x+5)^2$

$= 9y^2 - (4x^2 + 20x + 25)$

$= 9y^2 - 4x^2 - 20x - 25$

9.

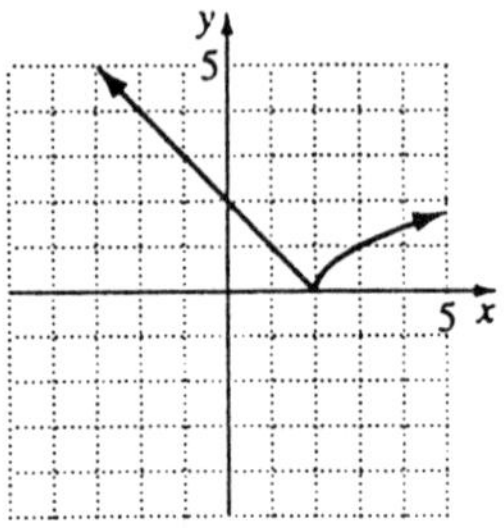

10.

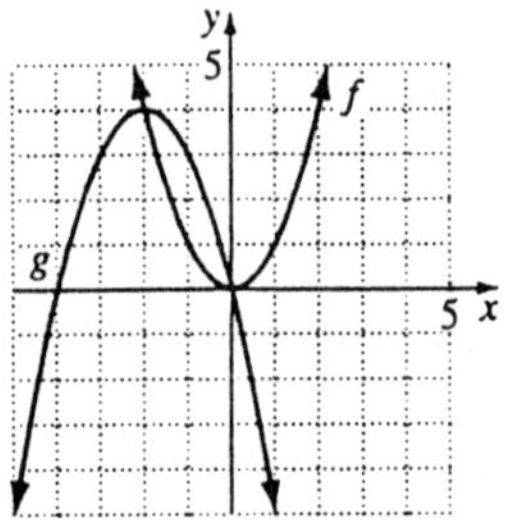

11. $(x - 2 + i)(x - 2 - i) = x^2 - 2x - xi$

$- 2x + 4 + 2i + ix - 2i - i^2$

$= x^2 - 4x + 4 + 1$

$= x^2 - 4x + 5$

$$\begin{array}{r} x^2 + 1 \\ x^2 - 4x + 5\overline{)\,x^4 - 4x^3 + 6x^2 - 4x + 5} \\ \underline{x^4 - 4x^3 + 5x^2} \\ x^2 - 4x + 5 \\ \underline{x^2 - 4x + 5} \\ 0 \end{array}$$

$x^2 + 1 = 0$

$x^2 = -1$

$x = \pm i$

$\{2 - i, 2 + i, i, -i\}$

12. x-intercepts:
$x^2 - 4 = 0$
$x^2 = 4$
$x = \pm 2$
y-intercept:
$y = \dfrac{0^2 - 4}{0 - 1} = 4$
Vertical asymptote:
$x - 1 = 0$
$x = 1$
Slant asymptote:
$f(x) = \dfrac{x^2 - 4}{x - 1} = x + 1 - \dfrac{3}{x - 1}$
$y = x + 1$

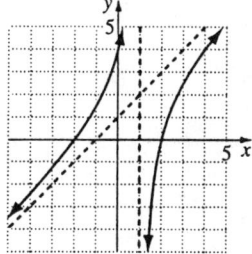

13. $\tfrac{1}{2} = 1 - k\ln(3 + 1)$
$\tfrac{1}{2} = 1 - k\ln(4)$
$-0.5 = -k\ln(4)$
$k\ln(4) = 0.5$
$k = \dfrac{0.5}{\ln(4)}$
$F = 1 - \dfrac{0.5}{\ln 4}\ln(7) \approx 0.3$

14. $\log_3 81\sqrt[3]{x} = \log_3 81 + \log_3 x^{1/3}$
$= 4 + \tfrac{1}{3}\log_3 x$

15. $x^3 - 5x^2 - 25x + 125$
$= x^2(x - 5) - 25(x - 5)$
$= (x - 5)(x^2 - 25)$
$= (x - 5)(x + 5)(x - 5)$
$= (x - 5)^2(x + 5)$

16. $I = \dfrac{nE}{R + nr}$
$I(R + nr) = nE$
$IR + Inr = nE$
$IR = nE - Inr$
$IR = n(E - Ir)$
$n = \dfrac{IR}{E - Ir}$

17. $0.2x + 71 = 81.8$
$0.2x = 10.8$
$x = 54$
In the year $1950 + 54 = 2004$

18. $V = \tfrac{1}{3}\pi r^2 h$
$V = \tfrac{1}{3}\pi r^2(3)$
To determine r, use similar triangles.
$\dfrac{4}{8} = \dfrac{x}{3}$
$8x = 12$
$x = \tfrac{3}{2}$
$V = \tfrac{1}{3}\pi\left(\tfrac{3}{2}\right)^2(3)$
$V = \tfrac{9}{4}\pi$ ft^3

19. "the number" $= x$
"the number squared" $= x^2$
$A(x) = x - x^2 = -x^2 + x$
$x = -\dfrac{b}{2a} = -\dfrac{1}{2(-1)} = \dfrac{1}{2}$

20. Vertical asymptote:
$100 - p = 0$
$p = 100$
It is impossible to remove 100% of the river's pollutants.

Chapter 5

Problem Set 5.1

1. $2x - y = 3$
   $y = 4x + 5$

   $2x - (4x + 5) = 3$
   $2x - 4x - 5 = 3$
   $-2x - 5 = 3$
   $-2x = 8$
   $x = -4$

   $y = 4(-4) + 5$
   $y = -16 + 5$
   $y = -11$
   $\{(-4, -11)\}$

3. $2x - 3y = -8$
   $x + 3y = 5$

   $x = 5 - 3y$
   so
   $2(5 - 3y) - 3y = -8$
   $10 - 6y - 3y = -8$
   $10 - 9y = -8$
   $-9y = -18$
   $y = 2$

   $x = 5 - 3(2)$
   $x = 5 - 6$
   $x = -1$
   $\{(-1, 2)\}$

5. $3x + 5y = -11$
   $x - 2y = 11$

   $x = 2y + 11$
   so
   $3(2y + 11) + 5y = -11$
   $6y + 33 + 5y = -11$
   $11y + 33 = -11$
   $11y = -44$
   $y = -4$

   $x = 2(-4) + 11$
   $x = -8 + 11$
   $x = 3$
   $\{(3, -4)\}$

7. $5x - 4y = -7$
   $x - \dfrac{3}{5}y = -2$

   $x = \dfrac{3}{5}y - 2$
   so
   $5\left(\dfrac{3}{5}y - 2\right) - 4y = -7$
   $3y - 10 - 4y = -7$
   $-y = 3$
   $y = -3$

   $x = \dfrac{3}{5}(-3) - 2$
   $x = -\dfrac{9}{5} - \dfrac{10}{5}$
   $x = -\dfrac{19}{5}$
   $\left\{\left(-\dfrac{19}{5}, -3\right)\right\}$

9. $-1(3x - 4y = 1)$
   $3x + 2y = 13$
   leads to
   $-3x + 4y = -1$
   $\underline{3x + 2y = 13}$
   $6y = 12$
   $y = 2$

   $3x - 4(2) = 1$
   $3x - 8 = 1$
   $3x = 9$
   $x = 3$
   $\{(3, 2)\}$

252

11. $2(3x - y = 13)$
$5x + 2y = 7$
leads to:
$6x - 2y = 26$
$\underline{5x + 2y = 7}$
$11x = 33$
$x = 3$

$3(3) - y = 13$
$9 - y = 13$
$-y = 4$
$y = -4$
$\{(3, -4)\}$

13. $6x - y = 14$
$-2(3x - 10y = 45)$
leads to:
$6x - y = 14$
$\underline{-6x + 20y = -90}$
$19y = -76$
$y = -4$

$6x - (-4) = 14$
$6x + 4 = 14$
$6x = 10$
$x = \dfrac{5}{3}$

$\left\{\left(\dfrac{5}{3}, -4\right)\right\}$

15. $2(3x + 8y = 16)$
$-3(2x + 5y = 11)$
leads to:
$6x + 16y = 32$
$\underline{-6x - 15y = -33}$
$y = -1$

$3x + 8(-1) = 16$
$3x = 16 + 8$
$3x = 24$
$x = 8$
$\{(8, -1)\}$

17. $-2(2x - 5y = -14)$
$4x - 3y = 8$
leads to:
$-4x + 10y = 28$
$\underline{4x - 3y = 8}$
$7y = 36$
$y = \dfrac{36}{7}$

$4x - 3\left(\dfrac{36}{7}\right) = 8$
$28x - 3(36) = 56$
$28x - 108 = 56$
$28x = 164$
$x = \dfrac{41}{7}$

$\left\{\left(\dfrac{41}{7}, \dfrac{36}{7}\right)\right\}$

19. $x = 2y - 7$
$3x + 2y = 15$

$3(2y - 7) + 2y = 15$
$6y - 21 + 2y = 15$
$8y - 21 = 15$
$8y = 36$
$y = \dfrac{9}{2}$

$x = 2\left(\dfrac{9}{2}\right) - 7$
$x = 9 - 7$
$x = 2$
$\left\{\left(2, \dfrac{9}{2}\right)\right\}$

21. $3(2x + 5y = -1)$
$-2(3x + 4y = 2)$
leads to:
$6x + 15y = -3$
$\underline{-6x - 8y = -4}$
$7y = -7$
$y = -1$
$2x + 5(-1) = -1$

$2x - 5 = -1$
$2x = 4$
$x = 2$
$\{(2, -1)\}$

23. $x - 3y = 6$
$y = \dfrac{x}{3} - 2$
leads to:
$x - 3\left(\dfrac{x}{3} - 2\right) = 6$
$x - x + 6 = 6$
$6 = 6$
Dependent system
$\left\{\left(x, \dfrac{x}{3} - 2\right)\right\}$

25. $3(x - y) + y = -1$
$2(2x + y) + 2x = y + 8$
Simplify both equations to get:
$3x - 2y = -1$ Equation 3
$6x + y = 8$ Equation 4
Multiply Equation 3 by -2 and add to Equation 4:
$-6x + 4y = 2$
$\underline{6x + y = 8}$
$5y = 10$
$y = 2$
Substitute 2 for y in Equation 4 and solve for x.
$6x + 2 = 8$
$6x = 6$
$x = 1$
$\{(1, 2)\}$

27. $8x - 5y = -23$
$-2(4x + 9y = 0)$
leads to:
$8x - 5y = -23$
$\underline{-8x - 18y = 0}$
$-23y = -23$
$y = 1$

$8x - 5(1) = -23$
$8x - 5 = -23$
$8x = -18$
$x = -\dfrac{9}{4}$
$\left\{\left(-\dfrac{9}{4}, 1\right)\right\}$

29. $-3(2x - 3y = 6)$
$6x - 9y = 36$
leads to:
$-6x + 9y = -18$
$\underline{6x - 9y = 36}$
$0 = 18$
Inconsistent system, no solution

31. $9x - 2y = 12$
$5x = 14 + 8y$

$-4(9x - 2y = 12)$
$5x - 8y = 14$
leads to:
$-36x + 8y = -48$
$\underline{5x - 8y = 14}$
$-31x = -34$
$x = \dfrac{34}{31}$

$5\left(\dfrac{34}{31}\right) = 14 + 8y$
$5(34) = 31(14) + 31(8y)$
$170 = 434 + 248y$
$-264 = 248y$
$y = -\dfrac{264}{248}$
$y = -\dfrac{33}{31}$
$\left\{\left(\dfrac{34}{31}, -\dfrac{33}{31}\right)\right\}$

33. $9x - 9y = -45$
$y = 2x + 2$
leads to:
$9x - 9(2x + 2) = -45$

$9x - 18x - 18 = -45$
$-9x = -27$
$x = 3$
$y = 2(3) + 2$
$y = 8$
$\{(3, 8)\}$

35. $2x - y = 1$
$\dfrac{4x}{5} = \dfrac{3y}{2} + \dfrac{1}{5}$
Solve the first equation for y in terms of x:
$y = 2x - 1$
leads to:
$\dfrac{4}{5}x - \dfrac{3}{2}(2x - 1) = \dfrac{1}{5}$
$8x - 30x + 15 = 2$
$-22x = -13$
$x = \dfrac{13}{22}$
$2\left(\dfrac{13}{22}\right) - y = 1$
$\dfrac{13}{11} - 1 = y$
$y = \dfrac{13}{11} - \dfrac{11}{11}$
$y = \dfrac{2}{11}$
$\left\{\left(\dfrac{13}{22}, \dfrac{2}{11}\right)\right\}$

37. $y = 3x$
$\dfrac{x}{2} + \dfrac{y}{3} = 3$
Substitute $3x$ for y in the second equation:
$\dfrac{x}{2} + \dfrac{3x}{3} = 3$
$\dfrac{1}{2}x + x = 3$
$\dfrac{3}{2}x = 3$
$3x = 6$
$x = 2$

$y = 3(2)$
$y = 6$
$\{(2, 6)\}$

39. Multiply Equation 1 by -1 and add to Equation 2.
$\begin{array}{r}-x - y - 3z = -14 \\ x + y + 2z = 11 \\ \hline -z = -3 \end{array}$
$z = 3$
Substitute 3 for z in Equations 2 and 3.

$x + y + 2(3) = 11$
$x + 2y - (3) = 5$
Simplify:
$x + y = 5$ Equation 4
$x + 2y = 8$ Equation 5
Multiply Equation 5 by -1 and add to Equation 4.
$\begin{array}{r}x + y = 5 \\ -x - 2y = -8 \\ \hline -y = -3 \end{array}$
$y = 3$
Substitute 3 for z and 3 for y in Equation 1 and then solve for x.
$x + 3 + 3(3) = 14$
$x + 12 = 14$
$x = 2$
$\{(2, 3, 3)\}$

41. Multiply Equation 1 by -1 and add to Equation 2.
$\begin{array}{r}-x - y - z = -6 \\ x + 2y - 3z = -11 \\ \hline y - 4z = -17 \end{array}$ Equation 4

Multiply Equation 2 by -2 and add to Equation 3.
$\begin{array}{r}-2x - 4y + 6z = 22 \\ 2x - y + z = 11 \\ \hline -5y + 7z = 33 \end{array}$ Equation 5

Multiply Equation 4 by 5 and add to Equation 5.
$$5y - 20z = -85$$
$$\underline{-5y + 7z = 33}$$
$$-13z = -52$$
$$z = 4$$

Back-substitute to find x and y.
$$y - 4(4) = -17$$
$$y - 16 = -17$$
$$y = -1$$

$$x + (-1) + (4) = 6$$
$$x + 3 = 6$$
$$x = 3$$
$$\{(3, -1, 4)\}$$

43. $x - 4y - z = 6$ Equation 1
    $2x - y + 3z = 0$ Equation 2
    $-3x + 2y - z = -4$ Equation 3

Multiply Equation 1 by 3 and add to Equation 2.
$$3x - 12y - 3z = 18$$
$$\underline{2x - y + 3z = 0}$$
$$5x - 13y = 18 \quad \text{Equation 4}$$

Multiply Equation 3 by 3 and add to Equation 2.
$$2x - y + 3z = 0$$
$$\underline{-9x + 6y - 3z = -12}$$
$$-7x + 5y = -12 \quad \text{Equation 5}$$

Multiply Equation 4 by 7 and Equation 5 by 5. Add the resulting equations together.
$$35x - 91y = 126$$
$$\underline{-35x + 25y = -60}$$
$$-66y = 66$$
$$y = -1$$

Back-substitute to find x and z.
$$5x - 13(-1) = 18$$
$$5x = 5$$
$$x = 1$$

$$1 - 4(-1) - z = 6$$
$$5 - z = 6$$
$$z = -1$$
$$\{(1, -1, -1)\}$$

45. $x + z = 3$ Equation 1
    $x + 2y - z = 1$ Equation 2
    $2x - y + z = 3$ Equation 3

Add Equation 1 to Equation 2.
$$x + z = 3$$
$$\underline{x + 2y - z = 1}$$
$$2x + 2y = 4 \quad \text{Equation 4}$$

Add Equation 2 to Equation 3.
$$x + 2y - z = 1$$
$$\underline{2x - y + z = 3}$$
$$3x + y = 4 \quad \text{Equation 5}$$

Add Equation 4 to -2 times Equation 5.
$$2x + 2y = 4$$
$$\underline{-6x - 2y = -8}$$
$$-4x = -4$$
$$x = 1$$

Back-substitute to find y and z.
$$2(1) + 2y = 4$$
$$2 + 2y = 4$$
$$2y = 2$$
$$y = 1$$

$$1 + z = 3$$
$$z = 2$$
$$\{(1, 1, 2)\}$$

47. $x + 3y + 5z = 20$ Equation 1
    $y - 4z = -16$ Equation 2
    $3x - 2y + 9z = 36$ Equation 3

Multiply Equation 1 by -3 and add to Equation 3.
$$-3x - 9y - 15z = -60$$
$$\underline{3x - 2y + 9z = 36}$$
$$-11y - 6z = -24 \quad \text{Equation 4}$$

Multiply Equation 2 by 11 and add to Equation 4.
$11y - 44z = -176$
$-11y - 6z = -24$
$\overline{\qquad -50z = -200}$
$z = 4$

Back-substitute to find x and y.
$y - 4(4) = -16$
$y - 16 = -16$
$y = 0$

$x + 3(0) + 5(4) = 20$
$x + 20 = 20$
$x = 0$
$\{(0, 0, 4)\}$

49. $x + y = 11$ Equation 1
    $y + 2z = 5$ Equation 2
    $x - 2z = 4$ Equation 3

Add Equation 2 to Equation 3.
$y + 2z = 5$
$x - 2z = 4$
$\overline{\quad x + y = 9}$ Equation 4

Add Equation 1 to -1 times Equation 4.
$x + y = 11$
$-x - y = -9$
$\overline{\quad 0 = 2}$

Inconsistent system: no solution, $\emptyset$

51. $2x + y + 2z = 1$ Equation 1
    $3x - y + z = 2$ Equation 2
    $x - 2y - z = 0$ Equation 3

Add Equation 1 to Equation 2.
$2x + y + 2z = 1$
$3x - y + z = 2$
$\overline{\quad 5x + 3z = 3}$ Equation 4

Add twice Equation 1 to Equation 3.
$4x + 2y + 4z = 2$
$x - 2y - z = 0$
$\overline{\quad 5x + 3z = 2}$ Equation 5

Add Equation 4 to -1 times Equation 5.
$5x + 3z = 3$
$-5x - 3z = -2$
$\overline{\quad 0 = 1}$

Inconsistent system: no solution, $\emptyset$

53. $\dfrac{1}{2}x - \dfrac{1}{2}y + \dfrac{1}{4}z = 1$ Equation 1
    $\dfrac{1}{2}x + \dfrac{1}{3}y - \dfrac{1}{4}z = 2$ Equation 2
    $\dfrac{1}{4}x - \dfrac{1}{2}y + \dfrac{1}{2}z = 2$ Equation 3

Add Equation 1 to Equation 2.
$\dfrac{1}{2}x - \dfrac{1}{2}y + \dfrac{1}{4}z = 1$
$\dfrac{1}{2}x + \dfrac{1}{3}y - \dfrac{1}{4}z = 2$
$\overline{\qquad x - \dfrac{1}{6}y = 3}$ Equation 4

Add Equation 2 to $\dfrac{1}{2}$ times Equation 3.
$\dfrac{1}{2}x + \dfrac{1}{3}y - \dfrac{1}{4}z = 2$
$\dfrac{1}{8}x - \dfrac{1}{4}y + \dfrac{1}{4}z = 1$
$\overline{\quad \dfrac{5}{8}x + \dfrac{1}{12}y = 3}$ Equation 5

Add $\dfrac{1}{2}$ times Equation 4 to Equation 5.
$\dfrac{1}{2}x - \dfrac{1}{12}y = \dfrac{3}{2}$
$\dfrac{5}{8}x + \dfrac{1}{12}y = 3$
$\overline{\qquad \dfrac{9}{8}x = \dfrac{9}{2}}$
$x = 4$

Back-substitute to find y and z.
$$4 - \frac{1}{6}y = 3$$
$$-\frac{1}{6}y = -1$$
$$y = 6$$

$$\frac{1}{2}(4) - \frac{1}{2}(6) + \frac{1}{4}z = 1$$
$$-1 + \frac{1}{4}z = 1$$
$$z = 8$$
$\{(4, 6, 8)\}$

55. $x - y = 7$
    $\underline{x + y = 69}$
    $2x = 76$
    $x = 38$

    $38 + y = 69$
    $y = 69 - 38$
    $y = 31$
    38 executions in 1993
    31 executions in 1994

57. Let x be the width and y be the length.
    $2x + 2y = 320$ Equation 1
    $10x + 16y = 2140$ Equation 2

    Add -5 times Equation 1 to Equation 2.
    $-10x - 10y = -1600$
    $\underline{10x + 16y = 2140}$
    $6y = 540$
    $y = 90$

    $2x + 2(90) = 320$
    $2x + 180 = 320$
    $2x = 140$
    $x = 70$
    length = 90 ft
    width = 70 ft

59. x = mg of cholesterol in a Quarter Pounder
    y = mg of cholesterol in a Whopper with cheese
    $2x + 3y = 520$
    $3x + y = 353$
    Add the first equation to -3 times the second equation.
    $2x + 3y = 520$
    $\underline{-9x - 3y = -1059}$
    $-7x = -539$
    $x = 77$
    $3(77) + y = 353$
    $231 + y = 353$
    $y = 122$
    Quarter Pounders: 77 mg
    Whoppers: 122 mg

61. x = heat lost per square foot of glass
    y = heat lost per square foot of plaster
    $40x + 60y = 1920$
    $10x + 100y = 1160$

    Add the first equation to -4 times the second equation.
    $40x + 60y = 1920$
    $\underline{-40x - 400y = -4640}$
    $-340y = -2720$
    $y = 8$

    $10x + 100(8) = 1160$
    $10x = 1160 - 800$
    $10x = 360$
    $x = 36$
    glass: 36 Btu per square foot
    plaster: 8 Btu per square foot

63. $x + y = 90$
    $180 - x = 3y + 20$ or $-x - 3y = -160$
    leads to:
    $x + y = 90$
    $\underline{-x - 3y = -160}$
    $-2y = -70$
    $y = 35$
    $x + 35 = 90$
    $x = 55$

65. x = rate for Japan
y = rate for Germany
z = rate for France

$x + y + z = 45$
$x = y + 1$ or $x - y = 1$
$x = 2z - 12$ or $x - 2z = -12$

Add the first equation to the second equation.
$x + y + z = 45$
$\underline{x - y = 1}$
$2x + z = 46$

Add the resulting equation to –2 times the third equation.
$2x + z = 46$
$\underline{-2x + 4z = 24}$
$5z = 70$
$z = 14$

Back-substitute for x and y.
$x - 2(14) = -12$
$x = 28 - 12$
$x = 16$

$16 + y + 14 = 45$
$y = 15$

Japan: 16%
Germany: 15%
France: 14%

67. x = measure of the smallest angle
y = measure of the largest angle
z = measure of the remaining angle

From the given conditions,
$y = x + 80$ or $-x + y = 80$
$y = 2z - 20$ or $-y + 2z = 20$
Also, the sum of the angle measures is 180°.
Thus we have the following system:

$x + y + z = 180$ Equation 1
$-x + y = 80$ Equation 2
$-y + 2z = 20$ Equation 3

Add Equation 1 to Equation 2.
$x + y + z = 180$
$\underline{-x + y = 80}$
$2y + z = 260$ Equation 4

Add Equation 4 to twice Equation 3.
$2y + z = 260$
$\underline{-2y + 4z = 40}$
$5z = 300$
$z = 60$

Back-substitute to find x and y.
$-y + 2(60) = 20$
$-y = 20 - 2(60)$
$y = 100$

$-x + 100 = 80$
$-x = -20$
$x = 20$

largest angle: 100°
smallest angle: 20°
remaining angle: 60°

69. x = radius of pulley with center A
y = radius of pulley with center B
z = radius of pulley with center C

$x + y = 8$ Equation 1
$x + z = 11$ Equation 2
$y + z = 9$ Equation 3

Add –1 times Equation 1 to Equation 2.
$-x - y = -8$
$\underline{x + z = 11}$
$-y + z = 3$ Equation 4

Add Equation 4 to Equation 3.
$$-y+z = 3$$
$$\underline{y+z = 9}$$
$$2z = 12$$
$$z = 6$$
Back-substitute to find x and y.
$x+6 = 11$
$x = 5$
$y+6 = 9$
$y = 3$
Pulley with center A: 5 in.
Pulley with center B: 3 in.
Pulley with center C: 6 in.

71. $46 = \frac{1}{2}A(1)^2 + B(1) + C$
$\Rightarrow \frac{1}{2}A + B + C = 46$ 	Equation 1

$84 = \frac{1}{2}A(2)^2 + B(2) + C$
$\Rightarrow 2A + 2B + C = 84$ 	Equation 2

$114 = \frac{1}{2}A(3)^2 + B(3) + C$
$\Rightarrow \frac{9}{2}A + 3B + C = 114$ 	Equation 3

Add -1 times Equation 1 to Equation 2.
$$-\frac{1}{2}A - B - C = -46$$
$$\underline{2A + 2B + C = 84}$$
$$\frac{3}{2}A + B = 38$$
$$3A + 2B = 76$$ 	Equation 4

Add -1 times Equation 2 to Equation 3.
$$-2A - 2B - C = -84$$
$$\underline{\frac{9}{2}A + 3B + C = 114}$$
$$\frac{5}{2}A + B = 30$$
$$5A + 2B = 60$$ 	Equation 5

Add Equation 4 to -1 times Equation 5.
$$3A + 2B = 76$$
$$\underline{-5A - 2B = -60}$$
$$-2A = 16$$
$$A = -8$$

Back-substitute to find B and C.
$3(-8) + 2B = 76$
$-24 + 2B = 76$
$2B = 100$
$B = 50$

$2(-8) + 2(50) + C = 84$
$C = 0$

$A = -8;\ B = 50;\ C = 0$
$y = \frac{1}{2}(-8)(6)^2 + (6)(50) + 0$
$y = 156$ when $x = 6$

73. a. False; consider the system
$x = 0,\ y = 0,\ z = 0$

b. False; you can still solve for one variable in terms of another.

c. False; when $x = 2$, $y = -3$, and $z = 5$, $x - y - z = 0$.

d. True

75. Verification left to the student.

77. Answers may vary.

79. Answers may vary.

81. Answers may vary.

83. (1) $a_1 x + b_1 y = c_1$
$a_2 x + b_2 y = c_2$
$x = \dfrac{c_1 - b_1 y}{a_1}$

$a_2 \left(\dfrac{c_1 - b_1 y}{a_1} \right) + b_2 y = c_2$

$$\frac{a_2 c_1 - a_2 b_1 y + a_1 b_2 y}{a_1} = c_2$$

$$a_2 c_1 - a_2 b_1 y + a_1 b_2 y = a_1 c_2$$

$$y(a_1 b_2 - a_2 b_1) = a_1 c_2 - a_2 c_1$$

$$y = \frac{a_1 c_2 - a_2 c_1}{a_1 b_2 - a_2 b_1}$$

(2) $a_1 x + b_1 \left(\dfrac{a_1 c_2 - a_2 c_1}{a_1 b_2 - a_2 b_1} \right) = c_1$

$$a_1 x + \frac{b_1 a_1 c_2 - a_2 b_1 c_1}{a_1 b_2 - a_2 b_1} = c_1$$

$$a_1 x = c_1 - \frac{a_1 b_1 c_2 - a_2 b_1 c_1}{a_1 b_2 - a_2 b_1}$$

$$= \frac{a_1 b_2 c_1 - a_1 b_1 c_2}{a_1 b_2 - a_2 b_1}$$

$$x = \frac{a_1 b_2 c_1 - a_1 b_1 c_2}{a_1 b_2 - a_2 b_1} \div a_1$$

$$= \frac{\not{a_1} b_2 c_1 - \not{a_1} b_1 c_2}{\not{a_1}(a_1 b_2 - a_2 b_1)}$$

$$x = \frac{b_2 c_1 - b_1 c_2}{a_1 b_2 - a_2 b_1}$$

85. x = number of students at the first school
y = number of students at the second school
$0.4x$ = number of Hispanics at the first school
$0.75y$ = number of Hispanics at the second school
$0.525(x + y)$ = number of Hispanics at the merged school. Thus, we have the following equations.
$x = 900$
$0.4x + 0.75y = 0.525x + 0.525y$
Write the second equation in standard form.
$-0.125x + 0.225y = 0$
Substitute 900 for x and solve for y.
$-0.15(900) + 0.225y = 0$
$0.225y = 112.5$
$y = 500$ students

87. $x + y = a$
$y + z = b$
$x + z = c$

Add -1 times the first equation to the third equation.
$-x - y = -a$
$\underline{x + z = c}$
$-y + z = c - a$

Add the resulting equation to the second equation.
$-y + z = c - a$
$\underline{y + z = b}$
$2z = c - a + b$
$z = \dfrac{c - a + b}{2}$

$z = \dfrac{-a + b + c}{2}$

Back-substitute to find x and y.

$y + \dfrac{c - a + b}{2} = b$

$y = b - \dfrac{c - a + b}{2}$

$y = \dfrac{b - c + a}{2} = \dfrac{a + b - c}{2}$

$x + z = c$

$x + \dfrac{c - a + b}{2} = c$

$x = c - \dfrac{c - a + b}{2}$

$x = \dfrac{c + a - b}{2} = \dfrac{a - b + c}{2}$

$\left\{ \left(\dfrac{a - b + c}{2}, \dfrac{a + b - c}{2}, \dfrac{-a + b + c}{2} \right) \right\}$

89. $(A+B)x + (A^2 + B^2)y = A^3 + B^3$
$(A-B)x + (A^2 - B^2)y = A^3 - B^3$
Suppose $A \neq B$ (or else the second equation is $0 = 0$).
Solve the second equation for x.
$(A-B)x = (A^3 - B^3) - (A^2 - B^2)y$
$x = (A^2 + AB + B^2) - (A+B)y$
Substitute the first equation and solve for y.
$(A+B)[(A^2 + AB + B^2) - (A+B)y] + (A^2 + B^2)y = A^3 + B^3$
$(A+B)(A^2 + AB + B^2) - (A+B)^2 y + (A^2 + B^2)y = (A+B)(A^2 - AB + B^2)$
$y[(A^2 + B^2) - (A+B)^2] = (A+B)(A^2 - AB + B^2) - (A+B)(A^2 + AB + B^2)$
$y[(A^2 + B^2) - (A+B)^2] = (A+B)(A^2 - AB + B^2 - A^2 - AB - B^2)$
$y(A^2 + B^2 - A^2 - 2AB - B^2) = (A+B)(-2AB)$
$y = A + B$
$x = (A^2 + AB + B^2) - (A+B)(A+B)$
$x = A^2 + AB + B^2 - A^2 - 2AB - B^2$
$x = -AB$
$\{(-AB, A+B)\}; A \neq B$

Problem Set 5.2

1. $\begin{bmatrix} 1 & 0 & -4 & | & 5 \\ 0 & 1 & -12 & | & 13 \\ 0 & 0 & 1 & | & -\frac{1}{2} \end{bmatrix}$

$x - 4z = 5$
$y - 12z = 13$
$z = -\frac{1}{2}$

$y - 12\left(-\frac{1}{2}\right) = 13$
$y + 6 = 13$
$y = 7$

$x - 4\left(-\frac{1}{2}\right) = 5$
$x + 2 = 5$
$x = 3$

$\left\{\left(3, 7, -\frac{1}{2}\right)\right\}$

3. $\begin{bmatrix} 1 & \frac{1}{2} & 1 & | & \frac{11}{2} \\ 0 & 1 & \frac{3}{2} & | & 7 \\ 0 & 0 & 1 & | & 4 \end{bmatrix}$

$x + \frac{1}{2}y + z = \frac{11}{2}$
$y + \frac{3}{2}z = 7$
$z = 4$

$y + \frac{3}{2}(4) = 7$
$y + 6 = 7$
$y = 1$

$x + \frac{1}{2}(1) + 4 = \frac{11}{2}$
$x + \frac{9}{2} = \frac{11}{2}$
$x = \frac{11}{2} - \frac{9}{2}$
$x = 1$
$\{(1, 1, 4)\}$

SSM: College Algebra   **Chapter 5:** *Matrices and Linear Systems*

5. $\begin{bmatrix} 1 & -1 & 1 & 1 & | & 3 \\ 0 & 1 & -2 & -1 & | & 0 \\ 0 & 0 & 1 & 6 & | & 17 \\ 0 & 0 & 0 & 1 & | & 3 \end{bmatrix}$

$x - y + z + w = 3$
$y - 2z - w = 0$
$z + 6w = 17$
$w = 3$

$z + 6(3) = 17$
$z + 18 = 17$
$z = -1$
$y - 2(-1) - (3) = 0$
$y + 2 - 3 = 0$
$y = 1$
$x - (1) + (-1) + (3) = 3$
$x - 2 + 3 = 3$
$x + 1 = 3$
$x = 2$
$\{(2, 1, -1, 3)\}$

7. $\begin{bmatrix} 2 & -5 & 5 & | & 17 \\ -1 & 3 & 0 & | & -4 \\ 1 & -2 & 3 & | & 9 \end{bmatrix} R_1 \leftrightarrow R_3$

$\begin{bmatrix} 1 & -2 & 3 & | & 9 \\ -1 & 3 & 0 & | & -4 \\ 2 & -5 & 5 & | & 17 \end{bmatrix}$

9. $\begin{bmatrix} 10 & 16 & 2 & | & 100 \\ 0 & -18 & 15 & | & 150 \\ 9 & 10 & 17 & | & 23 \end{bmatrix} \begin{matrix} \tfrac{1}{2}R_1 \\ -\tfrac{1}{3}R_2 \end{matrix}$

$\begin{bmatrix} \tfrac{1}{2}(10) & \tfrac{1}{2}(16) & \tfrac{1}{2}(2) & | & \tfrac{1}{2}(100) \\ -\tfrac{1}{3}(0) & -\tfrac{1}{3}(-18) & -\tfrac{1}{3}(15) & | & -\tfrac{1}{3}(150) \\ 9 & 10 & 17 & | & 23 \end{bmatrix}$

$= \begin{bmatrix} 5 & 8 & 1 & | & 50 \\ 0 & 6 & -5 & | & -50 \\ 9 & 10 & 17 & | & 23 \end{bmatrix}$

11. $\begin{bmatrix} 1 & -3 & 2 & | & 0 \\ 3 & 1 & -1 & | & 7 \\ 2 & -2 & 1 & | & 3 \end{bmatrix} \begin{matrix} \\ -3R_1 + R_2 \\ -2R_1 + R_3 \end{matrix}$

$\begin{bmatrix} 1 & -3 & 2 & | & 0 \\ -3(1)+3 & -3(-3)+1 & -3(2)+(-1) & | & -3(0)+7 \\ -2(1)+2 & -2(-3)+(-2) & -2(2)+1 & | & -2(0)+3 \end{bmatrix}$

$= \begin{bmatrix} 1 & -3 & 2 & | & 0 \\ 0 & 10 & -7 & | & 7 \\ 0 & 4 & -3 & | & 3 \end{bmatrix}$

Chapter 5: Matrices and Linear Systems

13. $\begin{bmatrix} 1 & 3 & 4 & | & 10 \\ 0 & -5 & -15 & | & -38 \\ 4 & 8 & 4 & | & 9 \end{bmatrix} \begin{matrix} \\ -5R_1+R_2 \\ -4(R_1)+R_3 \end{matrix}$

$\begin{bmatrix} 1 & 3 & 4 & | & 10 \\ -5(1)+0 & -5(3)+(-5) & -5(4)+(-15) & | & -5(10)+-38 \\ -4(1)+4 & -4(3)+8 & -4(4)+4 & | & -4(10)+9 \end{bmatrix}$

$= \begin{bmatrix} 1 & 3 & 4 & | & 10 \\ -5 & -20 & -35 & | & -88 \\ 0 & -4 & -12 & | & -31 \end{bmatrix}$

15. $\begin{bmatrix} 1 & -1 & 1 & 1 & | & 3 \\ 0 & 1 & -2 & -1 & | & 0 \\ 2 & 0 & 3 & 4 & | & 11 \\ 5 & 1 & 2 & 4 & | & 6 \end{bmatrix} \begin{matrix} \\ \\ -2R_1+R_3 \\ -5R_1+R_4 \end{matrix}$

$\begin{bmatrix} 1 & -1 & 1 & 1 & | & 3 \\ 0 & 1 & -2 & -1 & | & 0 \\ -2(1)+2 & -2(-1)+0 & -2(1)+3 & -2(1)+4 & | & -2(3)+11 \\ -5(1)+5 & -5(-1)+1 & -5(1)+2 & -5(1)+4 & | & -5(3)+6 \end{bmatrix}$

$= \begin{bmatrix} 1 & -1 & 1 & 1 & | & 3 \\ 0 & 1 & -2 & -1 & | & 0 \\ 0 & 2 & 1 & 2 & | & 5 \\ 0 & 6 & -3 & -1 & | & -9 \end{bmatrix}$

17. $\begin{aligned} x+y-z &= -2 \\ 2x-y+z &= 5 \\ -x+2y+2z &= 1 \end{aligned}$

$\begin{bmatrix} 1 & 1 & -1 & | & -2 \\ 2 & -1 & 1 & | & 5 \\ -1 & 2 & 2 & | & 1 \end{bmatrix} -2R_1 + R_2$

$\begin{bmatrix} 1 & 1 & -1 & | & -2 \\ 0 & -3 & 3 & | & 9 \\ -1 & 2 & 2 & | & 1 \end{bmatrix} 1R_1 + R_3$

$\begin{bmatrix} 1 & 1 & -1 & | & -2 \\ 0 & -3 & 3 & | & 9 \\ 0 & 3 & 1 & | & -1 \end{bmatrix} -\frac{1}{3}R_2$

$\begin{bmatrix} 1 & 1 & -1 & | & -2 \\ 0 & 1 & -1 & | & -3 \\ 0 & 3 & 1 & | & -1 \end{bmatrix} -3R_2 + R_3$

$= \begin{bmatrix} 1 & 1 & -1 & | & -2 \\ 0 & 1 & -1 & | & -3 \\ 0 & 0 & 4 & | & 8 \end{bmatrix}$

$4z = 8$
$z = 2$

$y - z = -3$
$y - 2 = -3$
$y = -1$

$x + y - z = -2$
$x - 1 - 2 = -2$
$x - 3 = -2$
$x = 1$
$\{(1, -1, 2)\}$

19. $\begin{aligned} x + 3y &= 0 \\ x + y + z &= 1 \\ 3x - y - z &= 11 \end{aligned}$

$\begin{bmatrix} 1 & 3 & 0 & | & 0 \\ 1 & 1 & 1 & | & 1 \\ 3 & -1 & -1 & | & 11 \end{bmatrix} -R_1 + R_2$

$\begin{bmatrix} 1 & 3 & 0 & | & 0 \\ 0 & -2 & 1 & | & 1 \\ 3 & -1 & -1 & | & 11 \end{bmatrix} -3R_1 + R_3$

$\begin{bmatrix} 1 & 3 & 0 & | & 0 \\ 0 & -2 & 1 & | & 1 \\ 0 & -10 & -1 & | & 11 \end{bmatrix} -\frac{1}{2}R_2$

$\begin{bmatrix} 1 & 3 & 0 & | & 0 \\ 0 & 1 & -\frac{1}{2} & | & -\frac{1}{2} \\ 0 & -10 & -1 & | & 11 \end{bmatrix} 10R_2 + R_3$

$\begin{bmatrix} 1 & 3 & 0 & | & 0 \\ 0 & 1 & -\frac{1}{2} & | & -\frac{1}{2} \\ 0 & 0 & -6 & | & 6 \end{bmatrix} -\frac{1}{6}R_3$

$\begin{bmatrix} 1 & 3 & 0 & | & 0 \\ 0 & 1 & -\frac{1}{2} & | & -\frac{1}{2} \\ 0 & 0 & 1 & | & -1 \end{bmatrix}$

$z = -1$
$y - \frac{1}{2}z = -\frac{1}{2}$
$y - \frac{1}{2}(-1) = -\frac{1}{2}$
$y + \frac{1}{2} = -\frac{1}{2}$
$y = -1$

$x + 3y = 0$
$x + 3(-1) = 0$
$x = 3$
$\{(3, -1, -1)\}$

21. $\left.\begin{array}{r}2x+2y+7z=-1\\2x+y+2z=2\\4x+6y+z=15\end{array}\right\}$

$\begin{bmatrix}2 & 2 & 7 & | & -1\\2 & 1 & 2 & | & 2\\4 & 6 & 1 & | & 15\end{bmatrix}\frac{1}{2}R_1$

$\begin{bmatrix}1 & 1 & \frac{7}{2} & | & -\frac{1}{2}\\2 & 1 & 2 & | & 2\\4 & 6 & 1 & | & 15\end{bmatrix}-2R_1+R_2$

$\begin{bmatrix}1 & 1 & \frac{7}{2} & | & -\frac{1}{2}\\0 & -1 & -5 & | & 3\\4 & 6 & 1 & | & 15\end{bmatrix}-4R_1+R_3$

$\begin{bmatrix}1 & 1 & \frac{7}{2} & | & -\frac{1}{2}\\0 & -1 & -5 & | & 3\\0 & 2 & -13 & | & 17\end{bmatrix}-R_2$

$\begin{bmatrix}1 & 1 & \frac{7}{2} & | & -\frac{1}{2}\\0 & 1 & 5 & | & -3\\0 & 2 & -13 & | & 17\end{bmatrix}-2R_2+R_3$

$\begin{bmatrix}1 & 1 & \frac{7}{2} & | & -\frac{1}{2}\\0 & 1 & 5 & | & -3\\0 & 0 & -23 & | & 23\end{bmatrix}-\frac{1}{23}R_3$

$\begin{bmatrix}1 & 1 & \frac{7}{2} & | & -\frac{1}{2}\\0 & 1 & 5 & | & -3\\0 & 0 & 1 & | & -1\end{bmatrix}$

$z=-1$

$y+5z=-3$
$y+5(-1)=-3$
$y-5=-3$
$y=2$

$x+y+\frac{7}{2}z=-\frac{1}{2}$
$x+2+\frac{7}{2}(-1)=-\frac{1}{2}$
$x=1$
$\{(1,2,-1)\}$

23. $\left.\begin{array}{r}x+y+z+w=4\\2x+y-2z-w=0\\x-2y-z-2w=-2\\3x+2y+z+3w=4\end{array}\right\}$

$\begin{bmatrix}1 & 1 & 1 & 1 & | & 4\\2 & 1 & -2 & -1 & | & 0\\1 & -2 & -1 & -2 & | & -2\\3 & 2 & 1 & 3 & | & 4\end{bmatrix}-2R_1+R_2$

$\begin{bmatrix}1 & 1 & 1 & 1 & | & 4\\0 & -1 & -4 & -3 & | & -8\\1 & -2 & -1 & -2 & | & -2\\3 & 2 & 1 & 3 & | & 4\end{bmatrix}-R_1+R_3$

$\begin{bmatrix}1 & 1 & 1 & 1 & | & 4\\0 & -1 & -4 & -3 & | & -8\\0 & -3 & -2 & -3 & | & -6\\3 & 2 & 1 & 3 & | & 4\end{bmatrix}-3R_1+R_4$

$\begin{bmatrix}1 & 1 & 1 & 1 & | & 4\\0 & -1 & -4 & -3 & | & -8\\0 & -3 & -2 & -3 & | & -6\\0 & -1 & -2 & 0 & | & -8\end{bmatrix}-R_2$

$\begin{bmatrix}1 & 1 & 1 & 1 & | & 4\\0 & 1 & 4 & 3 & | & 8\\0 & -3 & -2 & -3 & | & -6\\0 & -1 & -2 & 0 & | & -8\end{bmatrix}3R_2+R_3$

$\begin{bmatrix}1 & 1 & 1 & 1 & | & 4\\0 & 1 & 4 & 3 & | & 8\\0 & 0 & 10 & 6 & | & 18\\0 & -1 & -2 & 0 & | & -8\end{bmatrix}1R_2+R_4$

$\begin{bmatrix}1 & 1 & 1 & 1 & | & 4\\0 & 1 & 4 & 3 & | & 8\\0 & 0 & 10 & 6 & | & 18\\0 & 0 & 2 & 3 & | & 0\end{bmatrix}\frac{1}{10}R_3$

$\begin{bmatrix}1 & 1 & 1 & 1 & | & 4\\0 & 1 & 4 & 3 & | & 8\\0 & 0 & 1 & \frac{3}{5} & | & \frac{9}{5}\\0 & 0 & 2 & 3 & | & 0\end{bmatrix}-2R_3+R_4$

$$\begin{bmatrix} 1 & 1 & 1 & 1 & | & 4 \\ 0 & 1 & 4 & 3 & | & 8 \\ 0 & 0 & 1 & \frac{3}{5} & | & \frac{9}{5} \\ 0 & 0 & 0 & \frac{9}{5} & | & -\frac{18}{5} \end{bmatrix} \frac{5}{9}R_4$$

$$\begin{bmatrix} 1 & 1 & 1 & 1 & | & 4 \\ 0 & 1 & 4 & 3 & | & 8 \\ 0 & 0 & 1 & \frac{3}{5} & | & \frac{9}{5} \\ 0 & 0 & 0 & 1 & | & -2 \end{bmatrix}$$

$w = -2$

$z + \frac{3}{5}w = \frac{9}{5}$

$z + \frac{3}{5}(-2) = \frac{9}{5}$

$z - \frac{6}{5} = \frac{9}{5}$

$z = 3$

$y + 4z + 3w = 8$
$y + 4(3) + 3(-2) = 8$
$y + 6 = 8$
$y = 2$

$x + y + z + w = 4$
$x + 2 + 3 + (-2) = 4$
$x + 3 = 4$
$x = 1$

$\{(1, 2, 3, -2)\}$

25. $\begin{aligned} 3x - 4y + z + w &= 9 \\ x + y - z - w &= 0 \\ 2x + y + 4z - 2w &= 3 \\ -x + 2y + z - 3w &= 3 \end{aligned}$

$$\begin{bmatrix} 3 & -4 & 1 & 1 & | & 9 \\ 1 & 1 & -1 & -1 & | & 0 \\ 2 & 1 & 4 & -2 & | & 3 \\ -1 & 2 & 1 & -3 & | & 3 \end{bmatrix} R_1 \leftrightarrow R_2$$

$$\begin{bmatrix} 1 & 1 & -1 & -1 & | & 0 \\ 3 & -4 & 1 & 1 & | & 9 \\ 2 & 1 & 4 & -2 & | & 3 \\ -1 & 2 & 1 & -3 & | & 3 \end{bmatrix} -3R_1 + R_2$$

$$\begin{bmatrix} 1 & 1 & -1 & -1 & | & 0 \\ 0 & -7 & 4 & 4 & | & 9 \\ 2 & 1 & 4 & -2 & | & 3 \\ -1 & 2 & 1 & -3 & | & 3 \end{bmatrix} -2R_1 + R_3$$

$$\begin{bmatrix} 1 & 1 & -1 & -1 & | & 0 \\ 0 & -7 & 4 & 4 & | & 9 \\ 0 & -1 & 6 & 0 & | & 3 \\ -1 & 2 & 1 & -3 & | & 3 \end{bmatrix} 1R_1 + R_4$$

$$\begin{bmatrix} 1 & 1 & -1 & -1 & | & 0 \\ 0 & -7 & 4 & 4 & | & 9 \\ 0 & -1 & 6 & 0 & | & 3 \\ 0 & 3 & 0 & -4 & | & 3 \end{bmatrix} R_2 \leftrightarrow R_3$$

$$\begin{bmatrix} 1 & 1 & -1 & -1 & | & 0 \\ 0 & -1 & 6 & 0 & | & 3 \\ 0 & -7 & 4 & 4 & | & 9 \\ 0 & 3 & 0 & -4 & | & 3 \end{bmatrix} -R_2$$

$$\begin{bmatrix} 1 & 1 & -1 & -1 & | & 0 \\ 0 & 1 & -6 & 0 & | & -3 \\ 0 & -7 & 4 & 4 & | & 9 \\ 0 & 3 & 0 & -4 & | & 3 \end{bmatrix} 7R_2 + R_3$$

$$\begin{bmatrix} 1 & 1 & -1 & -1 & | & 0 \\ 0 & 1 & -6 & 0 & | & -3 \\ 0 & 0 & -38 & 4 & | & -12 \\ 0 & 3 & 0 & -4 & | & 3 \end{bmatrix} -3R_2 + R_4$$

$$\begin{bmatrix} 1 & 1 & -1 & -1 & | & 0 \\ 0 & 1 & -6 & 0 & | & -3 \\ 0 & 0 & -38 & 4 & | & -12 \\ 0 & 0 & 18 & -4 & | & 12 \end{bmatrix} -\frac{1}{38}R_3$$

$$\begin{bmatrix} 1 & 1 & -1 & -1 & | & 0 \\ 0 & 1 & -6 & 0 & | & -3 \\ 0 & 0 & 1 & -\frac{2}{19} & | & \frac{6}{19} \\ 0 & 0 & 18 & -4 & | & 12 \end{bmatrix} -18R_3 + R_4$$

$$\begin{bmatrix} 1 & 1 & -1 & -1 & | & 0 \\ 0 & 1 & -6 & 0 & | & -3 \\ 0 & 0 & 1 & -\frac{2}{19} & | & \frac{6}{19} \\ 0 & 0 & 0 & -\frac{40}{19} & | & \frac{120}{19} \end{bmatrix} -\frac{19}{40}R_3$$

$$\begin{bmatrix} 1 & 1 & -1 & -1 & | & 0 \\ 0 & 1 & -6 & 0 & | & -3 \\ 0 & 0 & 1 & -\frac{2}{19} & | & \frac{6}{19} \\ 0 & 0 & 0 & 1 & | & -3 \end{bmatrix}$$

$w = -3$

$z - \dfrac{2}{19}w = \dfrac{6}{19}$

$z - \dfrac{2}{19}(-3) = \dfrac{6}{19}$

$z + \dfrac{6}{19} = \dfrac{6}{19}$

$z = 0$

$y - 6z = -3$
$y - 6(0) = -3$
$y = -3$

$x + y - z - w = 0$
$x - 3 - 0 + 3 = 0$
$x = 0$
$\{(0, -3, 0, -3)\}$

27. $\begin{aligned} 2x + 3y - z - w &= -3 \\ 2x - y - 3z + 2w &= -5 \\ x - y + z - w &= -4 \\ 3x - 2y + z + w &= 0 \end{aligned}$

$$\begin{bmatrix} 2 & 3 & -1 & -1 & | & -3 \\ 2 & -1 & -3 & 2 & | & -5 \\ 1 & -1 & 1 & -1 & | & -4 \\ 3 & -2 & 1 & 1 & | & 0 \end{bmatrix} R_1 \leftrightarrow R_3$$

$$\begin{bmatrix} 1 & -1 & 1 & -1 & | & -4 \\ 2 & -1 & -3 & 2 & | & -5 \\ 2 & 3 & -1 & -1 & | & -3 \\ 3 & -2 & 1 & 1 & | & 0 \end{bmatrix} -2R_1 + R_2$$

$$\begin{bmatrix} 1 & -1 & 1 & -1 & | & -4 \\ 0 & 1 & -5 & 4 & | & 3 \\ 2 & 3 & -1 & -1 & | & -3 \\ 3 & -2 & 1 & 1 & | & 0 \end{bmatrix} -2R_1 + R_3$$

$$\begin{bmatrix} 1 & -1 & 1 & -1 & | & -4 \\ 0 & 1 & -5 & 4 & | & 3 \\ 0 & 5 & -3 & 1 & | & 5 \\ 3 & -2 & 1 & 1 & | & 0 \end{bmatrix} -3R_1 + R_4$$

$$\begin{bmatrix} 1 & -1 & 1 & -1 & | & -4 \\ 0 & 1 & -5 & 4 & | & 3 \\ 0 & 5 & -3 & 1 & | & 5 \\ 0 & 1 & -2 & 4 & | & 12 \end{bmatrix} -5R_2 + R_3$$

$$\begin{bmatrix} 1 & -1 & 1 & -1 & | & -4 \\ 0 & 1 & -5 & 4 & | & 3 \\ 0 & 0 & 22 & -19 & | & -10 \\ 0 & 1 & -2 & 4 & | & 12 \end{bmatrix} -R_2 + R_4$$

$$\begin{bmatrix} 1 & -1 & 1 & -1 & | & -4 \\ 0 & 1 & -5 & 4 & | & 3 \\ 0 & 0 & 22 & -10 & | & -10 \\ 0 & 0 & 3 & 0 & | & 9 \end{bmatrix} \frac{1}{22}R_3$$

$$\begin{bmatrix} 1 & -1 & 1 & -1 & | & -4 \\ 0 & 1 & -5 & 4 & | & 3 \\ 0 & 0 & 1 & -\frac{19}{22} & | & -\frac{5}{11} \\ 0 & 0 & 3 & 0 & | & 9 \end{bmatrix} -3R_3 + R_4$$

$$\begin{bmatrix} 1 & -1 & 1 & -1 & | & -4 \\ 0 & 1 & -5 & 4 & | & 3 \\ 0 & 0 & 1 & -\frac{19}{22} & | & -\frac{5}{11} \\ 0 & 0 & 0 & \frac{57}{22} & | & \frac{114}{11} \end{bmatrix} \frac{22}{57}R_4$$

$$\begin{bmatrix} 1 & -1 & 1 & -1 & | & -4 \\ 0 & 1 & -5 & 4 & | & 3 \\ 0 & 0 & 1 & -\frac{19}{22} & | & -\frac{5}{11} \\ 0 & 0 & 0 & 1 & | & 4 \end{bmatrix}$$

$w = 4$

$z - \dfrac{19}{22}w = -\dfrac{5}{11}$

$z - \dfrac{19}{22}(4) = -\dfrac{5}{11}$

$z - \dfrac{76}{22} = -\dfrac{5}{11}$

$22z - 76 = -10$

$22z = 66$

$z = 3$

$y - 5z + 4w = 3$
$y - 5(3) + 4(4) = 3$
$y - 15 + 16 = 3$
$y + 1 = 3$
$y = 2$
$x - y + z - w = -4$
$x - 2 + 3 - 4 = -4$
$x - 3 = -4$
$x = -1$
$\{(-1, 2, 3, 4)\}$

29. $2x_1 - 2x_2 + 3x_3 - x_4 = 12$
$x_1 + 2x_2 - x_3 + 2x_4 - x_5 = -7$
$x_1 + x_3 - x_4 - 5x_5 = 5$
$-x_1 + x_2 - x_3 - 2x_4 - 3x_5 = 0$
$x_1 - x_2 - x_4 + x_5 = 4$

$\begin{bmatrix} 2 & -2 & 3 & -1 & 0 & | & 12 \\ 1 & 2 & -1 & 2 & -1 & | & -7 \\ 1 & 0 & 1 & -1 & -5 & | & 5 \\ -1 & 1 & -1 & -2 & -3 & | & 0 \\ 1 & -1 & 0 & -1 & 1 & | & 4 \end{bmatrix} R_1 \leftrightarrow R_5$

$\begin{bmatrix} 1 & -1 & 0 & -1 & 1 & | & 4 \\ 1 & 2 & -1 & 2 & -1 & | & -7 \\ 1 & 0 & 1 & -1 & -5 & | & 5 \\ -1 & 1 & -1 & -2 & -3 & | & 0 \\ 2 & -2 & 3 & -1 & 0 & | & 12 \end{bmatrix} \begin{matrix} \\ -1R_1 + R_2 \\ -1R_1 + R_3 \\ 1R_1 + R_4 \\ -2R_1 + R_5 \end{matrix}$

$\begin{bmatrix} 1 & -1 & 0 & -1 & 1 & | & 4 \\ 0 & 3 & -1 & 3 & -2 & | & -11 \\ 0 & 1 & 1 & 0 & -6 & | & 1 \\ 0 & 0 & -1 & -3 & -2 & | & 4 \\ 0 & 0 & 3 & 1 & -2 & | & 4 \end{bmatrix} R_2 \leftrightarrow R_3$

$\begin{bmatrix} 1 & -1 & 0 & -1 & 1 & | & 4 \\ 0 & 1 & 1 & 0 & -6 & | & 1 \\ 0 & 3 & -1 & 3 & -2 & | & -11 \\ 0 & 0 & -1 & -3 & -2 & | & 4 \\ 0 & 0 & 3 & 1 & -2 & | & 4 \end{bmatrix} \begin{matrix} 1R_2 + R_1 \\ \\ -3R_2 + R_3 \\ \\ \end{matrix}$

$\begin{bmatrix} 1 & 0 & 1 & -1 & -5 & | & 5 \\ 0 & 1 & 1 & 0 & -6 & | & 1 \\ 0 & 0 & -4 & 3 & 16 & | & -14 \\ 0 & 0 & -1 & -3 & -2 & | & 4 \\ 0 & 0 & 3 & 1 & -2 & | & 4 \end{bmatrix} R_3 \leftrightarrow R_4$

$\begin{bmatrix} 1 & 0 & 1 & -1 & -5 & | & 5 \\ 0 & 1 & 1 & 0 & -6 & | & 1 \\ 0 & 0 & -1 & -3 & -2 & | & 4 \\ 0 & 0 & -4 & 3 & 16 & | & -14 \\ 0 & 0 & 3 & 1 & -2 & | & 4 \end{bmatrix} -R_3$

$\begin{bmatrix} 1 & 0 & 1 & -1 & -5 & | & 5 \\ 0 & 1 & 1 & 0 & -6 & | & 1 \\ 0 & 0 & 1 & 3 & 2 & | & -4 \\ 0 & 0 & -4 & 3 & 16 & | & -14 \\ 0 & 0 & 3 & 1 & -2 & | & 4 \end{bmatrix} \begin{matrix} -1R_3 + R_1 \\ -1R_3 + R_2 \\ \\ 4R_3 + R_4 \\ -3R_3 + R_5 \end{matrix}$

$\begin{bmatrix} 1 & 0 & 0 & -4 & -7 & | & 9 \\ 0 & 1 & 0 & -3 & -8 & | & 5 \\ 0 & 0 & 1 & 3 & 2 & | & -4 \\ 0 & 0 & 0 & 15 & 24 & | & -30 \\ 0 & 0 & 0 & -8 & -8 & | & 16 \end{bmatrix} R_4 \leftrightarrow R_5$

$\begin{bmatrix} 1 & 0 & 0 & -4 & -7 & | & 9 \\ 0 & 1 & 0 & -3 & -8 & | & 5 \\ 0 & 0 & 1 & 3 & 2 & | & -4 \\ 0 & 0 & 0 & -8 & -8 & | & 16 \\ 0 & 0 & 0 & 15 & 24 & | & -30 \end{bmatrix} -\dfrac{1}{8}R_4$

$\begin{bmatrix} 1 & 0 & 0 & -4 & -7 & | & 9 \\ 0 & 1 & 0 & -3 & -8 & | & 5 \\ 0 & 0 & 1 & 3 & 2 & | & -4 \\ 0 & 0 & 0 & 1 & 1 & | & -2 \\ 0 & 0 & 0 & 15 & 24 & | & -30 \end{bmatrix} \begin{matrix} 4R_4 + R_1 \\ 3R_4 + R_2 \\ -3R_4 + R_3 \\ \\ -15R_4 + R_5 \end{matrix}$

$$\begin{bmatrix} 1 & 0 & 0 & 0 & -3 & | & 1 \\ 0 & 1 & 0 & 0 & -5 & | & -1 \\ 0 & 0 & 1 & 0 & -1 & | & 2 \\ 0 & 0 & 0 & 1 & 1 & | & -2 \\ 0 & 0 & 0 & 0 & 9 & | & 0 \end{bmatrix} \frac{1}{9}R_5$$

$$\begin{bmatrix} 1 & 0 & 0 & 0 & -3 & | & 1 \\ 0 & 1 & 0 & 0 & -5 & | & -1 \\ 0 & 0 & 1 & 0 & -1 & | & 2 \\ 0 & 0 & 0 & 1 & 1 & | & -2 \\ 0 & 0 & 0 & 0 & 1 & | & 0 \end{bmatrix} \begin{matrix} -3R_5+R_1 \\ 5R_5+R_2 \\ 1R_5+R_3 \\ -1R_5+R_4 \end{matrix}$$

$$\begin{bmatrix} 1 & 0 & 0 & 0 & 0 & | & 1 \\ 0 & 1 & 0 & 0 & 0 & | & -1 \\ 0 & 0 & 1 & 0 & 0 & | & 2 \\ 0 & 0 & 0 & 1 & 0 & | & -2 \\ 0 & 0 & 0 & 0 & 1 & | & 0 \end{bmatrix}$$

$x_1 = 1$, $x_2 = -1$, $x_3 = 2$, $x_4 = -2$, $x_5 = 0$
$\{(1, -1, 2, -2, 0)\}$

31. a. $s(t) = \frac{1}{2}at^2 + v_0 t + s_0$

$s(2) = \frac{1}{2}a(2)^2 + v_0(2) + s_0 = 198$
$2a + 2v_0 + s_0 = 198$

$s(5) = \frac{1}{2}a(5)^2 + v_0(5) + s_0 = 246$
$\frac{25}{2}a + 5v_0 + s_0 = 246$
$25a + 10v_0 + 2s_0 = 492$

$s(8) = \frac{1}{2}a(8)^2 + v_0(8) + s_0 = 6$
$32a + 8v_0 + s_0 = 6$

$\left. \begin{matrix} 2a + 2v_0 + s_0 = 198 \\ 25a + 10v_0 + 2s_0 = 492 \\ 32a + 8v_0 + s_0 = 6 \end{matrix} \right\}$

$$\begin{bmatrix} 2 & 2 & 1 & | & 198 \\ 25 & 10 & 2 & | & 492 \\ 32 & 8 & 1 & | & 6 \end{bmatrix} \frac{1}{2}R_1$$

$$\begin{bmatrix} 1 & 1 & \frac{1}{2} & | & 99 \\ 25 & 10 & 2 & | & 492 \\ 32 & 8 & 1 & | & 6 \end{bmatrix} -25R_1 + R_2$$

$$\begin{bmatrix} 1 & 1 & \frac{1}{2} & | & 99 \\ 0 & -15 & -\frac{21}{2} & | & -1983 \\ 32 & 8 & 1 & | & 6 \end{bmatrix} -32R_1 + R_3$$

$$\begin{bmatrix} 1 & 1 & \frac{1}{2} & | & 99 \\ 0 & -15 & -\frac{21}{2} & | & -1983 \\ 0 & -24 & -15 & | & -3162 \end{bmatrix} -\frac{1}{15}R_2$$

$$\begin{bmatrix} 1 & 1 & \frac{1}{2} & | & 99 \\ 0 & 1 & \frac{7}{10} & | & \frac{661}{5} \\ 0 & -24 & -15 & | & -3162 \end{bmatrix} 24R_2 + R_3$$

$$= \begin{bmatrix} 1 & 1 & \frac{1}{2} & | & 99 \\ 0 & 1 & \frac{7}{10} & | & \frac{661}{5} \\ 0 & 0 & \frac{9}{5} & | & \frac{54}{5} \end{bmatrix} \frac{5}{9}R_3$$

$$= \begin{bmatrix} 1 & 1 & \frac{1}{2} & | & 99 \\ 0 & 1 & \frac{7}{10} & | & \frac{661}{5} \\ 0 & 0 & 1 & | & 6 \end{bmatrix}$$

$s_0 = 6$

$v_0 + \frac{7}{10}s_0 = \frac{661}{5}$
$10v_0 + 7s_0 = 1322$
$10v_0 + 42 = 1322$
$v_0 = 128$

$a + v_0 + \frac{1}{2}s_0 = 99$
$a + 128 + 3 = 99$
$a + 131 = 99$
$a = -32$

$s(t) = \frac{1}{2}at^2 + v_0 t + s_0$
$s(t) = -\frac{1}{2}(32)t^2 + 128t + 6$
$s(t) = -16t^2 + 128t + 6$

b. $s(0) = 6$
$s(4) = -16(4)^2 + 128(4) + 6 = 262$
$s(7) = -16(7)^2 + 128(7) + 6 = 118$

c. 128 feet per second from a height of 6 feet.

33. $a(3)^2 + b(3) + c = 3$
$9a + 3b + c = 3$

$a(4)^2 + b(4) + c = 6$
$16a + 4b + c = 6$

$a(5)^2 + b(5) + c = 10$
$25a + 5b + c = 10$

$$\begin{bmatrix} 9 & 3 & 1 & | & 3 \\ 16 & 4 & 1 & | & 6 \\ 25 & 5 & 1 & | & 10 \end{bmatrix} \tfrac{1}{9}R_1$$

$$\begin{bmatrix} 1 & \tfrac{1}{3} & \tfrac{1}{9} & | & \tfrac{1}{3} \\ 16 & 4 & 1 & | & 6 \\ 25 & 5 & 1 & | & 10 \end{bmatrix} \begin{matrix} \\ -16R_1 + R_2 \\ -25R_1 + R_3 \end{matrix}$$

$$\begin{bmatrix} 1 & \tfrac{1}{3} & \tfrac{1}{9} & | & \tfrac{1}{3} \\ 0 & -\tfrac{4}{3} & -\tfrac{7}{9} & | & \tfrac{2}{3} \\ 0 & -\tfrac{10}{3} & -\tfrac{16}{9} & | & \tfrac{5}{3} \end{bmatrix} -\tfrac{3}{4}R_2$$

$$\begin{bmatrix} 1 & \tfrac{1}{3} & \tfrac{1}{9} & | & \tfrac{1}{3} \\ 0 & 1 & \tfrac{7}{12} & | & -\tfrac{1}{2} \\ 0 & -\tfrac{10}{3} & -\tfrac{16}{9} & | & \tfrac{5}{3} \end{bmatrix} \begin{matrix} -\tfrac{1}{3}R_2 + R_1 \\ \\ \tfrac{10}{3}R_2 + R_3 \end{matrix}$$

$$\begin{bmatrix} 1 & 0 & -\tfrac{1}{12} & | & \tfrac{1}{2} \\ 0 & 1 & \tfrac{7}{12} & | & -\tfrac{1}{2} \\ 0 & 0 & \tfrac{1}{6} & | & 0 \end{bmatrix} 6R_3$$

$$\begin{bmatrix} 1 & 0 & -\tfrac{1}{12} & | & \tfrac{1}{2} \\ 0 & 1 & \tfrac{7}{12} & | & -\tfrac{1}{2} \\ 0 & 0 & 1 & | & 0 \end{bmatrix} \begin{matrix} \tfrac{1}{12}R_3 + R_1 \\ -\tfrac{7}{12}R_3 + R_2 \\ \end{matrix}$$

$$\begin{bmatrix} 1 & 0 & 0 & | & \tfrac{1}{2} \\ 0 & 1 & 0 & | & -\tfrac{1}{2} \\ 0 & 0 & 1 & | & 0 \end{bmatrix}$$

$a = \tfrac{1}{2}$, $b = -\tfrac{1}{2}$, $c = 0$

$y = \tfrac{1}{2}x^2 - \tfrac{1}{2}x$

When $x = 6$,
$y = \tfrac{1}{2}(6)^2 - \tfrac{1}{2}(6) = 18 - 3 = 15$. This verifies the model.

35. $BD = CD = \tfrac{1}{2}x$

In terms of x, y, and z the perimeters of $\triangle ABC$, $\triangle ADB$, and $\triangle ACD$ are $2x + z$, $\tfrac{3}{2}x + y$, and $\tfrac{1}{2}x + y + z$, respectively. We get the following system:

$$\begin{matrix} 2x + z = 80 \\ \tfrac{3}{2}x + y = 70 \\ \tfrac{1}{2}x + y + z = 48 \end{matrix}$$

$$\begin{bmatrix} 2 & 0 & 1 & | & 80 \\ \tfrac{3}{2} & 1 & 0 & | & 70 \\ \tfrac{1}{2} & 1 & 1 & | & 48 \end{bmatrix} R_1 \leftrightarrow R_3$$

$$\begin{bmatrix} \tfrac{1}{2} & 1 & 1 & | & 48 \\ \tfrac{3}{2} & 1 & 0 & | & 70 \\ 2 & 0 & 1 & | & 80 \end{bmatrix} 2R_1$$

$$\begin{bmatrix} 1 & 2 & 2 & | & 96 \\ \tfrac{3}{2} & 1 & 0 & | & 70 \\ 2 & 0 & 1 & | & 80 \end{bmatrix} \begin{matrix} \\ -\tfrac{3}{2}R_1 + R_2 \\ -2R_1 + R_3 \end{matrix}$$

$$\begin{bmatrix} 1 & 2 & 2 & | & 96 \\ 0 & -2 & -3 & | & -74 \\ 0 & -4 & -3 & | & -112 \end{bmatrix} -\tfrac{1}{2}R_2$$

$$\begin{bmatrix} 1 & 2 & 2 & | & 96 \\ 0 & 1 & \tfrac{3}{2} & | & 37 \\ 0 & -4 & -3 & | & -112 \end{bmatrix} \begin{matrix} -2R_2 + R_1 \\ \\ 4R_2 + R_3 \end{matrix}$$

$$\begin{bmatrix} 1 & 0 & -1 & | & 22 \\ 0 & 1 & \tfrac{3}{2} & | & 37 \\ 0 & 0 & 3 & | & 36 \end{bmatrix} \tfrac{1}{3}R_3$$

Chapter 5: *Matrices and Linear Systems* SSM: College Algebra

$\begin{bmatrix} 1 & 0 & -1 & | & 22 \\ 0 & 1 & \frac{3}{2} & | & 37 \\ 0 & 0 & 1 & | & 12 \end{bmatrix} \begin{matrix} R_3 + R_1 \\ -\frac{3}{2} R_3 + R_2 \\ \end{matrix}$

$\begin{bmatrix} 1 & 0 & 0 & | & 34 \\ 0 & 1 & 0 & | & 19 \\ 0 & 0 & 1 & | & 12 \end{bmatrix}$

$x = 34, y = 19, z = 12$
$\overline{AB} = 34, \overline{AD} = 19, \overline{AC} = 12$

37. $\begin{aligned} 2A + B + 2C &= 16 \\ A + 2B + 4C &= 23 \\ 3A + 4B + 3C &= 29 \end{aligned}$

$\begin{bmatrix} 2 & 1 & 2 & | & 16 \\ 1 & 2 & 4 & | & 23 \\ 3 & 4 & 3 & | & 29 \end{bmatrix} R_2 \leftrightarrow R_1$

$\begin{bmatrix} 1 & 2 & 4 & | & 23 \\ 2 & 1 & 2 & | & 16 \\ 3 & 4 & 3 & | & 29 \end{bmatrix} -2R_1 + R_2$

$\begin{bmatrix} 1 & 2 & 4 & | & 23 \\ 0 & -3 & -6 & | & -30 \\ 3 & 4 & 3 & | & 29 \end{bmatrix} -3R_1 + R_3$

$\begin{bmatrix} 1 & 2 & 4 & | & 23 \\ 0 & -3 & -6 & | & -30 \\ 0 & -2 & -9 & | & -40 \end{bmatrix} -\frac{1}{3} R_2$

$\begin{bmatrix} 1 & 2 & 4 & | & 23 \\ 0 & 1 & 2 & | & 10 \\ 0 & -2 & -9 & | & -40 \end{bmatrix} 2R_2 + R_3$

$\begin{bmatrix} 1 & 2 & 4 & | & 23 \\ 0 & 1 & 2 & | & 10 \\ 0 & 0 & -5 & | & -20 \end{bmatrix} -\frac{1}{5} R_3$

$\begin{bmatrix} 1 & 2 & 4 & | & 23 \\ 0 & 1 & 2 & | & 10 \\ 0 & 0 & 1 & | & 4 \end{bmatrix}$

$C = 4$

$B + 2C = 10$
$B + 2(4) = 10$
$B + 8 = 10$
$B = 2$

$A + 2B + 4C = 23$
$A + 4 + 16 = 23$
$A = 3$

3 servings of Food A
2 servings of Food B
4 servings of Food C

39. **a.** False; this is one of the row operations.

   b. False; the augmented matrix is
   $\begin{bmatrix} 1 & -3 & 0 & | & 5 \\ 0 & 1 & -2 & | & 7 \\ 2 & 0 & 1 & | & 4 \end{bmatrix}$.

   c. False; we want to obtain a row-equivalent matrix with 1's down the diagonal from left to right and 0's below each 1.

   d. True

41. Approaches will vary.

43. Approaches will vary.

45. Answers may vary.

47. Answers may vary.

49. $a(-1)^2 + b(-1) + c = -11$
$a - b + c = -11$

$a(1)^2 + b(1) + c = 1$
$a + b + c = 1$

$a(2)^2 + b(2) + c = 4$
$4a + 2b + c = 4$

$\begin{bmatrix} 1 & -1 & 1 & | & -11 \\ 1 & 1 & 1 & | & 1 \\ 4 & 2 & 1 & | & 4 \end{bmatrix} -R_1 + R_2$

$\begin{bmatrix} 1 & -1 & 1 & | & -11 \\ 0 & 2 & 0 & | & 12 \\ 4 & 2 & 1 & | & 4 \end{bmatrix} -4R_1 + R_3$

$\begin{bmatrix} 1 & -1 & 1 & | & -11 \\ 0 & 2 & 0 & | & 12 \\ 0 & 6 & -3 & | & 48 \end{bmatrix} \tfrac{1}{2}R_2$

$\begin{bmatrix} 1 & -1 & 1 & | & -11 \\ 0 & 1 & 0 & | & 6 \\ 0 & 6 & -3 & | & 48 \end{bmatrix} -6R_2 + R_3$

$\begin{bmatrix} 1 & -1 & 1 & | & -11 \\ 0 & 1 & 0 & | & 6 \\ 0 & 0 & -3 & | & 12 \end{bmatrix} -\tfrac{1}{3}R_3$

$\begin{bmatrix} 1 & -1 & 1 & | & -11 \\ 0 & 1 & 0 & | & 6 \\ 0 & 0 & 1 & | & -4 \end{bmatrix}$

$c = -4$

$b = 6$

$a - b + c = -11$
$a - 6 - 4 = -11$
$a - 10 = -11$
$a = -1$

$y = -x^2 + 6x - 4$
$-\dfrac{b}{2a} = \dfrac{-6}{-2} = 3$
$y = -(3)^2 + 6(3) - 4 = 5$
Vertex: (3, 5)

Problem Set 5.3

1. $\begin{bmatrix} 5 & 12 & 1 & | & 10 \\ 2 & 5 & 2 & | & -1 \\ 1 & 2 & -3 & | & 5 \end{bmatrix} R_1 \leftrightarrow R_3$

$\begin{bmatrix} 1 & 2 & -3 & | & 5 \\ 2 & 5 & 2 & | & -1 \\ 5 & 12 & 1 & | & 10 \end{bmatrix} \begin{matrix} -2R_1 + R_2 \\ -5R_1 + R_3 \end{matrix}$

$\begin{bmatrix} 1 & 2 & -3 & | & 5 \\ 0 & 1 & 8 & | & -11 \\ 0 & 2 & 16 & | & -15 \end{bmatrix} -2R_2 + R_3$

$\begin{bmatrix} 1 & 2 & 3 & | & 5 \\ 0 & 1 & 8 & | & -11 \\ 0 & 0 & 0 & | & 7 \end{bmatrix}$

From the last row, we see that the system has no solution.

3. $\begin{bmatrix} 5 & 8 & -6 & | & 14 \\ 3 & 4 & -2 & | & 8 \\ 1 & 2 & -2 & | & 3 \end{bmatrix}$

$\xrightarrow{R_1 \leftrightarrow R_3} \begin{bmatrix} 1 & 2 & -2 & | & 3 \\ 3 & 4 & -2 & | & 8 \\ 5 & 8 & -6 & | & 14 \end{bmatrix}$

$\xrightarrow{\begin{matrix}-3R_1 + R_2 \\ -5R_1 + R_3\end{matrix}} \begin{bmatrix} 1 & 2 & -2 & | & 3 \\ 0 & -2 & 4 & | & -1 \\ 0 & -2 & 4 & | & -1 \end{bmatrix}$

$\xrightarrow{-R_2 + R_3} \begin{bmatrix} 1 & 2 & -2 & | & 3 \\ 0 & -2 & 4 & | & -1 \\ 0 & 0 & 0 & | & 0 \end{bmatrix}$

$\xrightarrow{-\tfrac{1}{2}R_2} \begin{bmatrix} 1 & 2 & -2 & | & 3 \\ 0 & 1 & -2 & | & \tfrac{1}{2} \\ 0 & 0 & 0 & | & 0 \end{bmatrix}$

The system $\begin{aligned} x+2y-2z &= 3 \\ y-2z &= \frac{1}{2} \end{aligned}$ has no unique solution. Express x and y in terms of z:

$y = 2z + \frac{1}{2}$

$x + 2\left(2z + \frac{1}{2}\right) - 2z = 3$
$x + 4z + 1 - 2z = 3$
$x + 2z + 1 = 3$
$x = -2z + 2$

With $z = t$, the complete solution to the system is $\left\{\left(-2t+2,\ 2t+\frac{1}{2},\ t\right)\right\}$.

5. $\begin{bmatrix} 3 & 4 & 2 & | & 3 \\ 4 & -2 & -8 & | & -4 \\ 1 & 1 & -1 & | & 3 \end{bmatrix}$

$\xrightarrow{R_1 \leftrightarrow R_3} \begin{bmatrix} 1 & 1 & -1 & | & 3 \\ 4 & -2 & -8 & | & -4 \\ 3 & 4 & 2 & | & 3 \end{bmatrix}$

$\xrightarrow[-3R_1 + R_3]{-4R_1 + R_2} \begin{bmatrix} 1 & 1 & -1 & | & 3 \\ 0 & -6 & -4 & | & -16 \\ 0 & 1 & 5 & | & -6 \end{bmatrix}$

$\xrightarrow{R_2 \leftrightarrow R_3} \begin{bmatrix} 1 & 1 & -1 & | & 3 \\ 0 & 1 & 5 & | & -6 \\ 0 & -6 & -4 & | & -16 \end{bmatrix}$

$\xrightarrow{6R_2 + R_3} \begin{bmatrix} 1 & 1 & 1 & | & 3 \\ 0 & 1 & 5 & | & -6 \\ 0 & 0 & 26 & | & -52 \end{bmatrix}$

$\xrightarrow{\frac{1}{26}R_3} \begin{bmatrix} 1 & 1 & -1 & | & 3 \\ 0 & 1 & 5 & | & -6 \\ 0 & 0 & 1 & | & -2 \end{bmatrix}$

This corresponds to the system
$x + y - z = 3$
$y + 5z = -6$
$z = -2$

Use back-substitution to find the values of x and y:
$y + 5(-2) = -6$
$y - 10 = -6$
$y = 4$
$x + 4 + 2 = 3$
$x + 6 = 3$
$x = -3$
The solution to the system is $\{(-3, 4, -2)\}$.

7. $\begin{bmatrix} 8 & 5 & 11 & | & 30 \\ -1 & -4 & 2 & | & 3 \\ 2 & -1 & 5 & | & 12 \end{bmatrix}$

$\xrightarrow{R_1 \leftrightarrow R_2} \begin{bmatrix} -1 & -4 & 2 & | & 3 \\ 8 & 5 & 11 & | & 30 \\ 2 & -1 & 5 & | & 12 \end{bmatrix}$

$\xrightarrow{-R_1} \begin{bmatrix} 1 & 4 & -2 & | & -3 \\ 8 & 5 & 11 & | & 30 \\ 2 & -1 & 5 & | & 12 \end{bmatrix}$

$\xrightarrow[-2R_1 + R_3]{-8R_1 + R_2} \begin{bmatrix} 1 & 4 & -2 & | & -3 \\ 0 & -27 & 27 & | & 54 \\ 0 & -9 & 9 & | & 18 \end{bmatrix}$

$\xrightarrow{-\frac{1}{27}R_2} \begin{bmatrix} 1 & 4 & -2 & | & -3 \\ 0 & 1 & -1 & | & -2 \\ 0 & -9 & 9 & | & 18 \end{bmatrix}$

$\xrightarrow{9R_2 + R_3} \begin{bmatrix} 1 & 4 & -2 & | & -3 \\ 0 & 1 & -1 & | & -2 \\ 0 & 0 & 0 & | & 0 \end{bmatrix}$

The system $\begin{aligned} x+4y-2z &= -3 \\ y-z &= -2 \end{aligned}$ has no unique solution. Express x and y in terms of z:
$y = -2 + z$
$x + 4(-2 + z) - 2z = -3$
$x - 8 + 4z - 2z = -3$
$x - 8 + 2z = -3$
$x = 5 - 2z$

With $z = t$, the complete solution to the system is $\{(5 - 2t, -2 + t, t)\}$.

SSM: College Algebra

Chapter 5: Matrices and Linear Systems

9. $\begin{bmatrix} 1 & -2 & -1 & -3 & | & -9 \\ 1 & 1 & -1 & 0 & | & 0 \\ 3 & 4 & 0 & 1 & | & 6 \\ 0 & 2 & -2 & 1 & | & 3 \end{bmatrix}$

$\xrightarrow[-3R_1+R_3]{-R_1+R_2} \begin{bmatrix} 1 & -2 & -1 & -3 & | & -9 \\ 0 & 3 & 0 & 3 & | & 9 \\ 0 & 10 & 3 & 10 & | & 33 \\ 0 & 2 & -2 & 1 & | & 3 \end{bmatrix}$

$\xrightarrow{\frac{1}{3}R_2} \begin{bmatrix} 1 & -2 & -1 & -3 & | & -9 \\ 0 & 1 & 0 & 1 & | & 3 \\ 0 & 10 & 3 & 10 & | & 33 \\ 0 & 2 & -2 & 1 & | & 3 \end{bmatrix}$

$\xrightarrow[-2R_2+R_4]{-10R_2+R_3} \begin{bmatrix} 1 & -2 & -1 & -3 & | & -9 \\ 0 & 1 & 0 & 1 & | & 3 \\ 0 & 0 & 3 & 0 & | & 3 \\ 0 & 0 & -2 & -1 & | & -3 \end{bmatrix}$

$\xrightarrow{\frac{1}{3}R_3} \begin{bmatrix} 1 & -2 & -1 & -3 & | & -9 \\ 0 & 1 & 0 & 1 & | & 3 \\ 0 & 0 & 1 & 0 & | & 1 \\ 0 & 0 & -2 & -1 & | & -3 \end{bmatrix}$

$\xrightarrow{2R_3+R_4} \begin{bmatrix} 1 & -2 & -1 & -3 & | & -9 \\ 0 & 1 & 0 & 1 & | & 3 \\ 0 & 0 & 1 & 0 & | & 1 \\ 0 & 0 & 0 & -1 & | & -1 \end{bmatrix}$

$\xrightarrow{-R_4} \begin{bmatrix} 1 & -2 & -1 & -3 & | & -9 \\ 0 & 1 & 0 & 1 & | & 3 \\ 0 & 0 & 1 & 0 & | & 1 \\ 0 & 0 & 0 & 1 & | & 1 \end{bmatrix}$

This corresponds to the system
$x - 2y - z - 3w = -9$
$y + w = 3$
$z = 1$
$w = 1$

Use back-substitution to find the values of x and y.
$y + 1 = 3$
$y = 2$

$x - 2(2) - 1 - 3(1) = -9$
$x - 4 - 1 - 3 = -9$
$x - 8 = -9$
$x = -1$
The solution to the system is $\{(-1, 2, 1, 1)\}$.

11. $\begin{bmatrix} 2 & 1 & -1 & 0 & | & 3 \\ 1 & -3 & 2 & 0 & | & -4 \\ 3 & 1 & -3 & 1 & | & 1 \\ 1 & 2 & -4 & -1 & | & -2 \end{bmatrix}$

$\xrightarrow{R_1 \leftrightarrow R_2} \begin{bmatrix} 1 & -3 & 2 & 0 & | & -4 \\ 2 & 1 & -1 & 0 & | & 3 \\ 3 & 1 & -3 & 1 & | & 1 \\ 1 & 2 & -4 & -1 & | & -2 \end{bmatrix}$

$\xrightarrow[-R_1+R_4]{\substack{-2R_1+R_2 \\ -3R_1+R_3}} \begin{bmatrix} 1 & -3 & 2 & 0 & | & -4 \\ 0 & 7 & -5 & 0 & | & 11 \\ 0 & 10 & -9 & 1 & | & 13 \\ 0 & 5 & -6 & -1 & | & 2 \end{bmatrix}$

$\xrightarrow{\frac{1}{7}R_2} \begin{bmatrix} 1 & -3 & 2 & 0 & | & -4 \\ 0 & 1 & -\frac{5}{7} & 0 & | & \frac{11}{7} \\ 0 & 10 & -9 & 1 & | & 13 \\ 0 & 5 & -6 & -1 & | & 2 \end{bmatrix}$

$\xrightarrow[-5R_2+R_4]{-10R_2+R_3} \begin{bmatrix} 1 & -3 & 2 & 0 & | & -4 \\ 0 & 1 & -\frac{5}{7} & 0 & | & \frac{11}{7} \\ 0 & 0 & -\frac{13}{7} & 1 & | & -\frac{19}{7} \\ 0 & 0 & -\frac{17}{7} & -1 & | & -\frac{41}{7} \end{bmatrix}$

$\xrightarrow{-\frac{7}{13}R_3} \begin{bmatrix} 1 & -3 & 2 & 0 & | & -4 \\ 0 & 1 & -\frac{5}{7} & 0 & | & \frac{11}{7} \\ 0 & 0 & 1 & -\frac{7}{13} & | & \frac{19}{13} \\ 0 & 0 & -\frac{17}{7} & -1 & | & -\frac{41}{7} \end{bmatrix}$

Chapter 5: Matrices and Linear Systems   SSM: College Algebra

$$\xrightarrow{\frac{17}{7}R_3 + R_4} \begin{bmatrix} 1 & -3 & 2 & 0 & | & -4 \\ 0 & 1 & -\frac{5}{7} & 0 & | & \frac{11}{7} \\ 0 & 0 & 1 & -\frac{7}{13} & | & \frac{19}{13} \\ 0 & 0 & 0 & -\frac{30}{13} & | & -\frac{30}{13} \end{bmatrix}$$

$$\xrightarrow{-\frac{13}{30}R_4} \begin{bmatrix} 1 & -3 & 2 & 0 & | & -4 \\ 0 & 1 & -\frac{5}{7} & 0 & | & \frac{11}{7} \\ 0 & 0 & 1 & -\frac{7}{13} & | & \frac{19}{13} \\ 0 & 0 & 0 & 1 & | & 1 \end{bmatrix}$$

This corresponds to the system
$x - 3y + 2z = -4$
$y - \frac{5}{7}z = \frac{11}{7}$
$z - \frac{7}{13}w = \frac{19}{13}$
$w = 1$

Use back-substitution to find the values of x, y, and z:

$z - \frac{7}{13} = \frac{19}{13}$
$z = 2$
$y - \frac{5}{7}(2) = \frac{11}{7}$
$y - \frac{10}{7} = \frac{11}{7}$
$y = 3$
$x - 3(3) + 2(2) = -4$
$x - 9 + 4 = -4$
$x - 5 = -4$
$x = 1$

The solution to the system is $\{(1, 3, 2, 1)\}$.

13. $\begin{bmatrix} 1 & -3 & 1 & -4 & | & 4 \\ -2 & 1 & 2 & 0 & | & -2 \\ 3 & -2 & 1 & -6 & | & 2 \\ -1 & 3 & 2 & -1 & | & -6 \end{bmatrix}$

$$\xrightarrow[\substack{-3R_1 + R_3 \\ R_1 + R_4}]{2R_1 + R_2} \begin{bmatrix} 1 & -3 & 1 & -4 & | & 4 \\ 0 & -5 & 4 & -8 & | & 6 \\ 0 & 7 & -2 & 6 & | & -10 \\ 0 & 0 & 3 & -5 & | & -2 \end{bmatrix}$$

$$\xrightarrow{-\frac{1}{5}R_2} \begin{bmatrix} 1 & -3 & 1 & -4 & | & 4 \\ 0 & 1 & -\frac{4}{5} & \frac{8}{5} & | & -\frac{6}{5} \\ 0 & 7 & -2 & 6 & | & -10 \\ 0 & 0 & 3 & -5 & | & -2 \end{bmatrix}$$

$$\xrightarrow{-7R_2 + R_3} \begin{bmatrix} 1 & -3 & 1 & -4 & | & 4 \\ 0 & 1 & -\frac{4}{5} & \frac{8}{5} & | & -\frac{6}{5} \\ 0 & 0 & \frac{18}{5} & -\frac{26}{5} & | & -\frac{8}{5} \\ 0 & 0 & 3 & -5 & | & -2 \end{bmatrix}$$

$$\xrightarrow{\frac{5}{18}R_3} \begin{bmatrix} 1 & -3 & 1 & -4 & | & 4 \\ 0 & 1 & -\frac{4}{5} & \frac{8}{5} & | & -\frac{6}{5} \\ 0 & 0 & 1 & -\frac{13}{9} & | & -\frac{4}{9} \\ 0 & 0 & 3 & -5 & | & -2 \end{bmatrix}$$

$$\xrightarrow{-3R_3 + R_4} \begin{bmatrix} 1 & -3 & 1 & -4 & | & 4 \\ 0 & 1 & -\frac{4}{5} & \frac{8}{5} & | & -\frac{6}{5} \\ 0 & 0 & 1 & -\frac{13}{9} & | & -\frac{4}{9} \\ 0 & 0 & 0 & -\frac{2}{3} & | & -\frac{2}{3} \end{bmatrix}$$

$$\xrightarrow{-\frac{3}{2}R_4} \begin{bmatrix} 1 & -3 & 1 & -4 & | & 4 \\ 0 & 1 & -\frac{4}{5} & \frac{8}{5} & | & -\frac{6}{5} \\ 0 & 0 & 1 & -\frac{13}{9} & | & -\frac{4}{9} \\ 0 & 0 & 0 & 1 & | & 1 \end{bmatrix}$$

This corresponds to the system
$x - 3y + z - 4w = 4$
$y - \frac{4}{5}z + \frac{8}{5}w = -\frac{6}{5}$
$z - \frac{13}{9}w = -\frac{4}{9}$
$w = 1$

Use back-substitution to find the values of x, y, and z:

$z - \frac{13}{9} = -\frac{4}{9}$
$z = 1$
$y - \frac{4}{5} + \frac{8}{5} = -\frac{6}{5}$
$y + \frac{4}{5} = -\frac{6}{5}$
$y = -2$
$x - 3(-2) + 1 - 4 = 4$
$x + 6 - 3 = 4$
$x = 1$

The solution to the system is $\{(1, -2, 1, 1)\}$.

276

15. $\begin{bmatrix} 2 & 1 & -1 & | & 2 \\ 3 & 3 & -2 & | & 3 \end{bmatrix} \xrightarrow{\frac{1}{2}R_1} \begin{bmatrix} 1 & \frac{1}{2} & -\frac{1}{2} & | & 1 \\ 3 & 3 & -2 & | & 3 \end{bmatrix}$

$\xrightarrow{-3R_1 + R_2} \begin{bmatrix} 1 & \frac{1}{2} & -\frac{1}{2} & | & 1 \\ 0 & \frac{3}{2} & -\frac{1}{2} & | & 0 \end{bmatrix}$

$\xrightarrow{\frac{2}{3}R_2} \begin{bmatrix} 1 & \frac{1}{2} & -\frac{1}{2} & | & 1 \\ 0 & 1 & -\frac{1}{3} & | & 0 \end{bmatrix}$

The system $\begin{matrix} x + \frac{1}{2}y - \frac{1}{2}z = 1 \\ y - \frac{1}{3}z = 0 \end{matrix}$ has no unique solution. Express x and y in terms of z:

$y = \frac{1}{3}z$

$x + \frac{1}{2}\left(\frac{1}{3}z\right) - \frac{1}{2}z = 1$

$x + \frac{1}{6}z - \frac{1}{2}z = 1$

$x - \frac{1}{3}z = 1$

$x = 1 + \frac{1}{3}z$

With $z = t$, the complete solution to the system is $\left\{\left(1 + \frac{1}{3}t, \frac{1}{3}t, t\right)\right\}$.

17. The system $\begin{matrix} x + 2y + 3z = 5 \\ y - 5z = 0 \end{matrix}$ has no unique solution. Express x and y in terms of z:

$y = 5z$

$x + 2(5z) + 3z = 5$

$x + 10z + 3z = 5$

$x = -13z + 5$

With $z = t$, the complete solution to the system is $\{(-13t + 5, 5t, t)\}$.

19. $\begin{bmatrix} 1 & 1 & -2 & | & 2 \\ 3 & -1 & -6 & | & -7 \end{bmatrix}$

$\xrightarrow{-3R_1 + R_2} \begin{bmatrix} 1 & 1 & -2 & | & 2 \\ 0 & -4 & 0 & | & -13 \end{bmatrix}$

$\xrightarrow{-\frac{1}{4}R_2} \begin{bmatrix} 1 & 1 & -2 & | & 2 \\ 0 & 1 & 0 & | & \frac{13}{4} \end{bmatrix}$

The system $\begin{matrix} x + y - 2z = 2 \\ y = \frac{13}{4} \end{matrix}$ has no unique solution. Express x in terms of z:

$x + \frac{13}{4} - 2z = 2$

$x = 2z - \frac{5}{4}$

With $z = t$, the complete solution to the system is $\left\{\left(2t - \frac{5}{4}, \frac{13}{4}, t\right)\right\}$.

21. $\begin{bmatrix} 1 & 1 & -1 & 1 & | & -2 \\ 2 & -1 & 2 & -1 & | & 7 \\ -1 & 2 & 1 & 2 & | & -1 \end{bmatrix}$

$\xrightarrow[R_1 + R_3]{-2R_1 + R_2} \begin{bmatrix} 1 & 1 & -1 & 1 & | & -2 \\ 0 & -3 & 4 & -3 & | & 11 \\ 0 & 3 & 0 & 3 & | & -3 \end{bmatrix}$

$\xrightarrow{R_2 \leftrightarrow R_3} \begin{bmatrix} 1 & 1 & -1 & 1 & | & -2 \\ 0 & 3 & 0 & 3 & | & -3 \\ 0 & -3 & 4 & -3 & | & 11 \end{bmatrix}$

$\xrightarrow{\frac{1}{3}R_2} \begin{bmatrix} 1 & 1 & -1 & 1 & | & -2 \\ 0 & 1 & 0 & 1 & | & -1 \\ 0 & -3 & 4 & -3 & | & 11 \end{bmatrix}$

$\xrightarrow{3R_2 + R_3} \begin{bmatrix} 1 & 1 & -1 & 1 & | & -2 \\ 0 & 1 & 0 & 1 & | & -1 \\ 0 & 0 & 4 & 0 & | & 8 \end{bmatrix}$

$\xrightarrow{\frac{1}{4}R_3} \begin{bmatrix} 1 & 1 & -1 & 1 & | & -2 \\ 0 & 1 & 0 & 1 & | & -1 \\ 0 & 0 & 1 & 0 & | & 2 \end{bmatrix}$

The system $\begin{aligned} x+y-z+w &= -2 \\ y+w &= -1 \\ z &= 2 \end{aligned}$ has no unique solution. Express x and y in terms of w:

$y = -w - 1$
$x + (-w - 1) - 2 + w = -2$
$x - w + 1 - 2 + w = -2$
$x = 1$

With $w = t$, the complete solution to the system is $\{(1, -t-1, 2, t)\}$.

23. $\begin{bmatrix} 1 & 2 & 3 & -1 & | & 7 \\ 0 & 2 & -3 & 1 & | & 4 \\ 1 & -4 & 1 & 0 & | & 3 \end{bmatrix}$

$\xrightarrow{-R_1 + R_3}\begin{bmatrix} 1 & 2 & 3 & -1 & | & 7 \\ 0 & 2 & -3 & 1 & | & 4 \\ 0 & -6 & -2 & 1 & | & -4 \end{bmatrix}$

$\xrightarrow{\frac{1}{2}R_2}\begin{bmatrix} 1 & 2 & 3 & -1 & | & 7 \\ 0 & 1 & -\frac{3}{2} & \frac{1}{2} & | & 2 \\ 0 & -6 & -2 & 1 & | & -4 \end{bmatrix}$

$\xrightarrow{6R_2 + R_3}\begin{bmatrix} 1 & 2 & 3 & -1 & | & 7 \\ 0 & 1 & -\frac{3}{2} & \frac{1}{2} & | & 2 \\ 0 & 0 & -11 & 4 & | & 8 \end{bmatrix}$

$\xrightarrow{-\frac{1}{11}R_3}\begin{bmatrix} 1 & 2 & 3 & -1 & | & 7 \\ 0 & 1 & -\frac{3}{2} & \frac{1}{2} & | & 2 \\ 0 & 0 & 1 & -\frac{4}{11} & | & -\frac{8}{11} \end{bmatrix}$

The system $\begin{aligned} x+2y+3z-w &= 7 \\ y-\frac{3}{2}z+\frac{1}{2}w &= 2 \\ z-\frac{4}{11}w &= -\frac{8}{11} \end{aligned}$ has no unique solution. Express x, y, and z in terms of w.

$z = \frac{4}{11}w - \frac{8}{11}$

$y - \frac{3}{2}\left(\frac{4}{11}w - \frac{8}{11}\right) + \frac{1}{2}w = 2$

$y - \frac{6}{11}w + \frac{12}{11} + \frac{1}{2}w = 2$

$y - \frac{1}{22}w + \frac{12}{11} = 2$

$y = \frac{1}{22}w + \frac{10}{11}$

$x + 2\left(\frac{1}{22}w + \frac{10}{11}\right) + 3\left(\frac{4}{11}w - \frac{8}{11}\right) - w = 7$

$x + \frac{1}{11}w + \frac{20}{11} + \frac{12}{11}w - \frac{24}{11} - w = 7$

$x + \frac{2}{11}w - \frac{4}{11} = 7$

$x = -\frac{2}{11}w + \frac{81}{11}$

With $w = t$, the complete solution to the system is

$\left\{\left(-\frac{2}{11}t + \frac{81}{11}, \frac{1}{22}t + \frac{10}{11}, \frac{4}{11}t - \frac{8}{11}, t\right)\right\}$.

25. Let $x =$ the amount of Food 1,
$y =$ the amount of Food 2, and
$z =$ the amount of Food 3, in ounces.
The amount of vitamin A is $20x + 30y + 10z$;
the amount of iron is $20x + 10y + 10z$; the
amount of calcium is $10x + 10y + 30z$.

a. Not having Food 1 means that all x terms are left out. The vitamin A requirement can then be represented by $30y + 10z = 220$; the iron requirement is $10y + 10z = 180$; the calcium requirement is $10y + 30z = 340$.
The corresponding system is
$30y + 10z = 220$
$10y + 10z = 180$
$10y + 30z = 340$
Dividing all of the numbers by 10, the matrix for this system is

$$\begin{bmatrix} 3 & 1 & | & 22 \\ 1 & 1 & | & 18 \\ 1 & 3 & | & 34 \end{bmatrix} \xrightarrow{R_1 \leftrightarrow R_2} \begin{bmatrix} 1 & 1 & | & 18 \\ 3 & 1 & | & 22 \\ 1 & 3 & | & 34 \end{bmatrix}$$

$$\xrightarrow[-R_1+R_3]{-3R_1+R_2} \begin{bmatrix} 1 & 1 & | & 18 \\ 0 & -2 & | & -32 \\ 0 & 2 & | & 16 \end{bmatrix}$$

$$\xrightarrow{R_2+R_3} \begin{bmatrix} 1 & 1 & | & 18 \\ 0 & -2 & | & -32 \\ 0 & 0 & | & -16 \end{bmatrix}$$

From the last row, we see that the system has no solution, so there is no way to satisfy these dietary requirements with no Food 1 available.

b. With Food 1 available, and dropping the vitamin A requirement, the system is
$20x + 10y + 10z = 180$
$10x + 10y + 30z = 340$.
Dividing all of the numbers by 10, the matrix for this system is

$$\begin{bmatrix} 2 & 1 & 1 & | & 18 \\ 1 & 1 & 3 & | & 34 \end{bmatrix}$$

$$\xrightarrow{R_1 \leftrightarrow R_2} \begin{bmatrix} 1 & 1 & 3 & | & 34 \\ 2 & 1 & 1 & | & 18 \end{bmatrix}$$

$$\xrightarrow{-2R_1+R_2} \begin{bmatrix} 1 & 1 & 3 & | & 34 \\ 0 & -1 & -5 & | & -50 \end{bmatrix}$$

$$\xrightarrow{-R_2} \begin{bmatrix} 1 & 1 & 3 & | & 34 \\ 0 & 1 & 5 & | & 50 \end{bmatrix}$$

The system $\begin{matrix} x+y+3z=34 \\ y+5z=50 \end{matrix}$ has no unique solution. Express x and y in terms of z
$y = -5z + 50$
$x + (-5z + 50) + 3z = 34$
$x - 2z + 50 = 34$
$x = 2z - 16$

Now we can choose a value for z, i.e., an amount of Food 3, and find the corresponding values of x and y. Note that negative amounts of food are not realistic, so $z \geq 0$, $y = -5z + 50 \geq 0$, and $x = 2z - 16 \geq 0$. These conditions are equivalent to $8 \leq z \leq 10$.
Using $z = 8$ and $z = 10$, two possibilities are 0 ounces of Food 1, 10 ounces of Food 2, and 8 ounces of Food 3 or 4 ounces of Food 1, 0 ounces of Food 2, and 10 ounces of Food 3. (Other answers are possible.)

27. From left to right along Palm Drive, then along Sunset Drive, we get the equations
$x + w = 200 + 180 = 380$;
$x + y = 400 + 200 = 600$;
$w + 70 = z + 20$ or $z - w = 50$;
$z + 200 = y + 30$ or $y - z = 170$.
The system is
$x + w = 380$
$x + y = 600$
$z - w = 50$
$y - z = 170$

$$\begin{bmatrix} 1 & 0 & 0 & 1 & | & 380 \\ 1 & 1 & 0 & 0 & | & 600 \\ 0 & 0 & 1 & -1 & | & 50 \\ 0 & 1 & -1 & 0 & | & 170 \end{bmatrix}$$

$$\xrightarrow{-R_1+R_2} \begin{bmatrix} 1 & 0 & 0 & 1 & | & 380 \\ 0 & 1 & 0 & -1 & | & 220 \\ 0 & 0 & 1 & -1 & | & 50 \\ 0 & 1 & -1 & 0 & | & 170 \end{bmatrix}$$

$$\xrightarrow{-R_2+R_4} \begin{bmatrix} 1 & 0 & 0 & 1 & | & 380 \\ 0 & 1 & 0 & -1 & | & 220 \\ 0 & 0 & 1 & -1 & | & 50 \\ 0 & 0 & -1 & 1 & | & -50 \end{bmatrix}$$

$$\xrightarrow{R_3+R_4} \begin{bmatrix} 1 & 0 & 0 & 1 & | & 380 \\ 0 & 1 & 0 & -1 & | & 220 \\ 0 & 0 & 1 & -1 & | & 50 \\ 0 & 0 & 0 & 0 & | & 0 \end{bmatrix}$$

$$x + w = 380$$
The system $y - w = 220$ has no unique
$$z - w = 50$$
solution. Letting $w = 50$, one solution is $x = 330$, $y = 270$, $z = 100$, $w = 50$ (other solutions are possible).

29. a. True; equating the expressions for y gives the false statement $-3 = 5$.

b. False; these equations represent the same line, so there are infinitely many solutions.

c. False; an inconsistent system has no solution.

d. False; the system is dependent, all 3 equations represent the same plane.

31. a. From left to right along 95th Street, then along 104th Street, we have the equations:
$x_1 + 800 = x_6 + 900$ or $x_1 - x_6 = 100$;
$x_6 + 600 = x_2 + x_7$ or
$x_2 - x_6 + x_7 = 600$;
$x_3 + x_7 = 200 + 700$ or $x_3 + x_7 = 900$;
$x_1 + 600 = x_4 + 400$ or $x_1 - x_4 = -200$;
$x_2 + x_5 = x_4 + 100$ or
$x_2 - x_4 + x_5 = 100$;
$x_3 + x_5 = 300 + 400$ or $x_3 + x_5 = 700$.
The system is
$$x_1 - x_6 = 100$$
$$x_2 - x_6 + x_7 = 600$$
$$x_3 + x_7 = 900$$
$$x_1 - x_4 = -200$$
$$x_2 - x_4 + x_5 = 100$$
$$x_3 + x_5 = 700$$

b. The matrix for the system is
$$\begin{bmatrix} 1 & 0 & 0 & 0 & 0 & -1 & 0 & | & 100 \\ 0 & 1 & 0 & 0 & 0 & -1 & 1 & | & 600 \\ 0 & 0 & 1 & 0 & 0 & 0 & 1 & | & 900 \\ 1 & 0 & 0 & -1 & 0 & 0 & 0 & | & -200 \\ 0 & 1 & 0 & -1 & 1 & 0 & 0 & | & 100 \\ 0 & 0 & 1 & 0 & 1 & 0 & 0 & | & 700 \end{bmatrix}.$$
Using the matrix capabilities of a graphing utility, this matrix can be transformed into the matrix
$$\begin{bmatrix} 1 & 0 & 0 & 0 & 0 & -1 & 0 & | & 100 \\ 0 & 1 & 0 & 0 & 0 & -1 & 1 & | & 600 \\ 0 & 0 & 1 & 0 & 0 & 0 & 1 & | & 900 \\ 0 & 0 & 0 & 1 & 0 & -1 & 0 & | & 300 \\ 0 & 0 & 0 & 0 & 1 & 0 & -1 & | & -200 \\ 0 & 0 & 0 & 0 & 0 & 0 & 0 & | & 0 \end{bmatrix}.$$
The system
$$\begin{aligned} x_1 - x_6 &= 100 \\ x_2 - x_6 + x_7 &= 600 \\ x_3 + x_7 &= 900 \\ x_4 - x_6 &= 300 \\ x_5 - x_7 &= -200 \end{aligned}$$
has no unique solution. Expressing x_1, x_2, x_3, x_4, and x_5 in terms of x_6 and x_7, and letting $x_6 = t$, $x_7 = s$, the complete solution to the system is
$\{(t + 100, t - s + 600, -s + 900, t + 300, s - 200, t, s)\}$.

c. With $x_6 = 0$, the solution to the system is $\{(100, -s + 600, -s + 900, 300, s - 200, 0, s)\}$. Since the numbers of cars cannot be negative, we must have $200 \le s \le 600$, so $200 \le x_7 \le 600$.

d. Answers may vary. Choosing $x_7 = 200$ results in the solution $(100, 400, 700, 300, 0, 0, 200)$. Only 100 cars are allowed on 117th Court, only 300 on 104th Street between 113th Place and 117th Court. To achieve this, no cars are allowed on 104th Street

SSM: College Algebra   *Chapter 5*: Matrices and Linear Systems

between 113th Place and 108th Ave. Of the 600 cars entering on 113th Place, 200 are routed onto 95th Street, while 400 remain on 113th Place.

    e. Group activity

33. Answers may vary.

35. $\begin{bmatrix} 1 & 3 & 1 & | & a^2 \\ 2 & 5 & 2a & | & 0 \\ 1 & 1 & a^2 & | & -9 \end{bmatrix}$

$\xrightarrow[-R_1+R_3]{-2R_1+R_2} \begin{bmatrix} 1 & 3 & 1 & | & a^2 \\ 0 & -1 & 2a-2 & | & -2a^2 \\ 0 & -2 & a^2-1 & | & -9-a^2 \end{bmatrix}$

$\xrightarrow{-R_2} \begin{bmatrix} 1 & 3 & 1 & | & a^2 \\ 0 & 1 & 2-2a & | & 2a^2 \\ 0 & -2 & a^2-1 & | & -9-a^2 \end{bmatrix}$

$\xrightarrow{2R_2+R_3} \begin{bmatrix} 1 & 3 & 1 & | & a^2 \\ 0 & 1 & 2-2a & | & 2a^2 \\ 0 & 0 & a^2-4a+3 & | & -9+3a^2 \end{bmatrix}$

The system will be inconsistent when $a^2 - 4a + 3 = 0$ but $-9 + 3a^2 \neq 0$.
$a^2 - 4a + 3 = (a-1)(a-3) = 0$ when $a = 1$ or $a = 3$. $-9 + 3a^2 = 0$ when $a = \pm\sqrt{3}$. Thus, the system is inconsistent when $a = 1$ or $a = 3$.

Problem Set 5.4

1. a. 2×3

   b. a_{32} does not exist (A only has 2 rows). $a_{23} = -1$

3. a. 3×4

   b. $a_{32} = \dfrac{1}{2}$; $a_{23} = -6$

5. $2x = -10$ and $-3y = 6$ so $x = -5$, $y = -2$

7. $x + 3 = 0$, $y + 1 = -3$, $z - 3 = 2z + 4$, $2w - 8 = -6$, $4x + 6 = 2x$, and $3z = -21$ so $x = -3$, $y = -4$, $z = -7$, $w = 1$. Note that these values of x and z satisfy both equations.

9. a. $A + B = \begin{bmatrix} 1+2 & 3+(-1) \\ 3+3 & 4+(-2) \\ 5+0 & 6+1 \end{bmatrix} = \begin{bmatrix} 3 & 2 \\ 6 & 2 \\ 5 & 7 \end{bmatrix}$

   b. $A - B = \begin{bmatrix} 1-2 & 3-(-1) \\ 3-3 & 4-(-2) \\ 5-0 & 6-1 \end{bmatrix} = \begin{bmatrix} -1 & 4 \\ 0 & 6 \\ 5 & 5 \end{bmatrix}$

   c. $4A = \begin{bmatrix} 4 & 12 \\ 12 & 16 \\ 20 & 24 \end{bmatrix}$

   d. $5A - 3B = \begin{bmatrix} 5-6 & 15-(-3) \\ 15-9 & 20-(-6) \\ 25-0 & 30-3 \end{bmatrix}$
$= \begin{bmatrix} -1 & 18 \\ 6 & 26 \\ 25 & 27 \end{bmatrix}$

11. a. $A + B = \begin{bmatrix} 2+(-5) \\ -4+3 \\ 1+(-1) \end{bmatrix} = \begin{bmatrix} -3 \\ -1 \\ 0 \end{bmatrix}$

   b. $A - B = \begin{bmatrix} 2-(-5) \\ -4-3 \\ 1-(-1) \end{bmatrix} = \begin{bmatrix} 7 \\ -7 \\ 2 \end{bmatrix}$

   c. $4A = \begin{bmatrix} 8 \\ -16 \\ 4 \end{bmatrix}$

   d. $5A - 3B = \begin{bmatrix} 10-(-15) \\ -20-9 \\ 5-(-3) \end{bmatrix} = \begin{bmatrix} 25 \\ -29 \\ 8 \end{bmatrix}$

Chapter 5: Matrices and Linear Systems

13. a. $A + B = \begin{bmatrix} \sqrt{8}+\sqrt{2} & 1+(-1) \\ 2+(-3) & 0+6 \end{bmatrix}$

    $= \begin{bmatrix} 3\sqrt{2} & 0 \\ -1 & 6 \end{bmatrix}$

    b. $A - B = \begin{bmatrix} \sqrt{8}-\sqrt{2} & 1-(-1) \\ 2-(-3) & 0-6 \end{bmatrix}$

    $= \begin{bmatrix} \sqrt{2} & 2 \\ 5 & -6 \end{bmatrix}$

    c. $4A = \begin{bmatrix} 4\sqrt{8} & 4 \\ 8 & 0 \end{bmatrix} = \begin{bmatrix} 8\sqrt{2} & 4 \\ 8 & 0 \end{bmatrix}$

    d. $5A - 3B = \begin{bmatrix} 10\sqrt{2}-3\sqrt{2} & 5-(-3) \\ 10-(-9) & 0-18 \end{bmatrix}$

    $= \begin{bmatrix} 7\sqrt{2} & 8 \\ 19 & -18 \end{bmatrix}$

15. a. $AB = \begin{bmatrix} 1 & 2 & 3 & 4 \end{bmatrix} \begin{bmatrix} 1 \\ 2 \\ 3 \\ 4 \end{bmatrix}$

    $= [(1)(1)+(2)(2)+(3)(3)+(4)(4)]$
    $= [1+4+9+16] = [30]$

    b. $BA = \begin{bmatrix} 1 \\ 2 \\ 3 \\ 4 \end{bmatrix} \begin{bmatrix} 1 & 2 & 3 & 4 \end{bmatrix} = \begin{bmatrix} (1)(1) & (1)(2) & (1)(3) & (1)(4) \\ (2)(1) & (2)(2) & (2)(3) & (2)(4) \\ (3)(1) & (3)(2) & (3)(3) & (3)(4) \\ (4)(1) & (4)(2) & (4)(3) & (4)(4) \end{bmatrix} = \begin{bmatrix} 1 & 2 & 3 & 4 \\ 2 & 4 & 6 & 8 \\ 3 & 6 & 9 & 12 \\ 4 & 8 & 12 & 16 \end{bmatrix}$

17. a. $AB = \begin{bmatrix} 1 & 3 \\ 5 & 3 \end{bmatrix} \begin{bmatrix} 3 & -2 \\ -1 & 6 \end{bmatrix} = \begin{bmatrix} (1)(3)+(3)(-1) & (1)(-2)+(3)(6) \\ (5)(3)+(3)(-1) & (5)(-1)+(3)(6) \end{bmatrix} = \begin{bmatrix} 3-3 & -2+18 \\ 15-3 & -5+18 \end{bmatrix} = \begin{bmatrix} 0 & 16 \\ 12 & 13 \end{bmatrix}$

    b. $BA = \begin{bmatrix} 3 & -2 \\ -1 & 6 \end{bmatrix} \begin{bmatrix} 1 & 3 \\ 5 & 3 \end{bmatrix} = \begin{bmatrix} (3)(1)+(-2)(5) & (3)(3)+(-2)(3) \\ (-1)(1)+(6)(5) & (-1)(3)+(6)(3) \end{bmatrix} = \begin{bmatrix} 3-10 & 9-6 \\ -1+30 & -3+18 \end{bmatrix} = \begin{bmatrix} -7 & 3 \\ 29 & 15 \end{bmatrix}$

19. a. $AB = \begin{bmatrix} 1 & -1 & 4 \\ 4 & -1 & 3 \\ 2 & 0 & -2 \end{bmatrix} \begin{bmatrix} 1 & 1 & 0 \\ 1 & 2 & 4 \\ 1 & -1 & 3 \end{bmatrix}$

$= \begin{bmatrix} (1)(1)+(-1)(1)+(4)(1) & (1)(1)+(-1)(2)+(4)(-1) & (1)(0)+(-1)(4)+(4)(3) \\ (4)(1)+(-1)(1)+(3)(1) & (4)(1)+(-1)(2)+(3)(-1) & (4)(0)+(-1)(4)+(3)(3) \\ (2)(1)+(0)(1)+(-2)(1) & (2)(1)+(0)(2)+(-2)(-1) & (2)(0)+(0)(4)+(-2)(3) \end{bmatrix}$

$= \begin{bmatrix} 1-1+4 & 1-2-4 & 0-4+12 \\ 4-1+3 & 4-2-3 & 0-4+9 \\ 2+0-2 & 2+0+2 & 0+0-6 \end{bmatrix} = \begin{bmatrix} 4 & -5 & 8 \\ 6 & -1 & 5 \\ 0 & 4 & -6 \end{bmatrix}$

b. $BA = \begin{bmatrix} 1 & 1 & 0 \\ 1 & 2 & 4 \\ 1 & -1 & 3 \end{bmatrix} \begin{bmatrix} 1 & -1 & 4 \\ 4 & -1 & 3 \\ 2 & 0 & -2 \end{bmatrix}$

$= \begin{bmatrix} (1)(1)+(1)(4)+(0)(2) & (1)(-1)+(1)(-1)+(0)(0) & (1)(4)+(1)(3)+(0)(-2) \\ (1)(1)+(2)(4)+(4)(2) & (1)(-1)+(2)(-1)+(4)(0) & (1)(4)+(2)(3)+(4)(-2) \\ (1)(1)+(-1)(4)+(3)(2) & (1)(-1)+(-1)(-1)+(3)(0) & (1)(4)+(-1)(3)+(3)(-2) \end{bmatrix}$

$= \begin{bmatrix} 1+4+0 & -1-1+0 & 4+3+0 \\ 1+8+8 & -1-2+0 & 4+6-8 \\ 1-4+6 & -1+1+0 & 4-3-6 \end{bmatrix} = \begin{bmatrix} 5 & -2 & 7 \\ 17 & -3 & 2 \\ 3 & 0 & -5 \end{bmatrix}$

21. a. $AB = \begin{bmatrix} 4 & 2 \\ 6 & 1 \\ 3 & 5 \end{bmatrix} \begin{bmatrix} 2 & 3 & 4 \\ -1 & -2 & 0 \end{bmatrix} = \begin{bmatrix} (4)(2)+(2)(-1) & (4)(3)+(2)(-2) & (4)(4)+(2)(0) \\ (6)(2)+(1)(-1) & (6)(3)+(1)(-2) & (6)(4)+(1)(0) \\ (3)(2)+(5)(-1) & (3)(3)+(5)(-2) & (3)(4)+(5)(0) \end{bmatrix}$

$= \begin{bmatrix} 8-2 & 12-4 & 16+0 \\ 12-1 & 18-2 & 24+0 \\ 6-5 & 9-10 & 12+0 \end{bmatrix} = \begin{bmatrix} 6 & 8 & 16 \\ 11 & 16 & 24 \\ 1 & -1 & 12 \end{bmatrix}$

b. $BA = \begin{bmatrix} 2 & 3 & 4 \\ -1 & -2 & 0 \end{bmatrix} \begin{bmatrix} 4 & 2 \\ 6 & 1 \\ 3 & 5 \end{bmatrix} = \begin{bmatrix} (2)(4)+(3)(6)+(4)(3) & (2)(2)+(3)(1)+(4)(5) \\ (-1)(4)+(-2)(6)+(0)(3) & (-1)(2)+(-2)(1)+(0)(5) \end{bmatrix}$

$= \begin{bmatrix} 8+18+12 & 4+3+20 \\ -4-12+0 & -2-2+0 \end{bmatrix} = \begin{bmatrix} 38 & 27 \\ -16 & -4 \end{bmatrix}$

Chapter 5: Matrices and Linear Systems   **SSM:** College Algebra

23. a. $AB = \begin{bmatrix} 2 & -3 & 1 & -1 \\ 1 & 1 & -2 & 1 \end{bmatrix} \begin{bmatrix} 1 & 2 \\ -1 & 1 \\ 5 & 4 \\ 10 & 5 \end{bmatrix}$

$= \begin{bmatrix} (2)(1)+(-3)(-1)+(1)(5)+(-1)(10) & (2)(2)+(-3)(1)+(1)(4)+(-1)(5) \\ (1)(1)+(1)(-1)+(-2)(5)+(1)(10) & (1)(2)+(1)(1)+(-2)(4)+(1)(5) \end{bmatrix}$

$= \begin{bmatrix} 2+3+5-10 & 4-3+4-5 \\ 1-1-10+10 & 2+1-8+5 \end{bmatrix} = \begin{bmatrix} 0 & 0 \\ 0 & 0 \end{bmatrix}$

b. $BA = \begin{bmatrix} 1 & 2 \\ -1 & 1 \\ 5 & 4 \\ 10 & 5 \end{bmatrix} \begin{bmatrix} 2 & -3 & 1 & -1 \\ 1 & 1 & -2 & 1 \end{bmatrix}$

$= \begin{bmatrix} (1)(2)+(2)(1) & (1)(-3)+(2)(1) & (1)(1)+(2)(-2) & (1)(-1)+(2)(1) \\ (-1)(2)+(1)(1) & (-1)(-3)+(1)(1) & (-1)(1)+(1)(-2) & (-1)(-1)+(1)(1) \\ (5)(2)+(4)(1) & (5)(-3)+(4)(1) & (5)(1)+(4)(-2) & (5)(-1)+(4)(1) \\ (10)(2)+(5)(1) & (10)(-3)+(5)(1) & (10)(1)+(5)(-2) & (10)(-1)+(5)(1) \end{bmatrix}$

$= \begin{bmatrix} 2+2 & -3+2 & 1-4 & -1+2 \\ -2+1 & 3+1 & -1-2 & 1+1 \\ 10+4 & -15+4 & 5-8 & -5+4 \\ 20+5 & -30+5 & 10-10 & -10+5 \end{bmatrix} = \begin{bmatrix} 4 & -1 & -3 & 1 \\ -1 & 4 & -3 & 2 \\ 14 & -11 & -3 & -1 \\ 25 & -25 & 0 & -5 \end{bmatrix}$

25. $4B - 3C = \begin{bmatrix} 20 & 4 \\ -8 & -8 \end{bmatrix} - \begin{bmatrix} 3 & -3 \\ -3 & 3 \end{bmatrix} = \begin{bmatrix} 17 & 7 \\ -5 & -11 \end{bmatrix}$

27. $BC + CB = \begin{bmatrix} 5-1 & -5+1 \\ -2+2 & 2-2 \end{bmatrix} + \begin{bmatrix} 5+2 & 1+2 \\ -5-2 & -1-2 \end{bmatrix} = \begin{bmatrix} 4 & -4 \\ 0 & 0 \end{bmatrix} + \begin{bmatrix} 7 & 3 \\ -7 & -3 \end{bmatrix} = \begin{bmatrix} 11 & -1 \\ -7 & -3 \end{bmatrix}$

29. $A - C$ is not defined because A is 3×2 and C is 2×2. Matrices must be the same order for subtraction.

31. $A(BC) = \begin{bmatrix} 4 & 0 \\ -3 & 5 \\ 0 & 1 \end{bmatrix} \begin{bmatrix} 5-1 & -5+1 \\ -2+2 & 2-2 \end{bmatrix}$

$= \begin{bmatrix} 4 & 0 \\ -3 & 5 \\ 0 & 1 \end{bmatrix} \begin{bmatrix} 4 & -4 \\ 0 & 0 \end{bmatrix}$

$= \begin{bmatrix} 16+0 & -16+0 \\ -12+0 & 12+0 \\ 0+0 & 0+0 \end{bmatrix} = \begin{bmatrix} 16 & -16 \\ -12 & 12 \\ 0 & 0 \end{bmatrix}$

33. $2X + A = 4B$
$2X = 4B - A$
$X = \frac{1}{2}(4B - A)$

$X = \frac{1}{2}\left(\begin{bmatrix} 0 & -32 \\ 8 & 0 \\ -24 & -8 \end{bmatrix} - \begin{bmatrix} -4 & -1 \\ 1 & 0 \\ 5 & -6 \end{bmatrix} \right)$

$= \frac{1}{2} \begin{bmatrix} 4 & -31 \\ 7 & 0 \\ -29 & -2 \end{bmatrix} = \begin{bmatrix} 2 & -\frac{31}{2} \\ \frac{7}{2} & 0 \\ -\frac{29}{2} & -1 \end{bmatrix}$

35. $-4X + 3A = -\frac{1}{2}B$

$-4X = -\frac{1}{2}B - 3A$

$X = \frac{1}{4}\left(\frac{1}{2}B + 3A \right)$

$X = \frac{1}{4}\left(\begin{bmatrix} 0 & -4 \\ 1 & 0 \\ -3 & -1 \end{bmatrix} + \begin{bmatrix} -12 & -3 \\ 3 & 0 \\ 15 & -18 \end{bmatrix} \right)$

$= \frac{1}{4} \begin{bmatrix} -12 & -7 \\ 4 & 0 \\ 12 & -19 \end{bmatrix} = \begin{bmatrix} -3 & -\frac{7}{4} \\ 1 & 0 \\ 3 & -\frac{19}{4} \end{bmatrix}$

37. $-2(X + A) = -4X + B$
$-2X - 2A = -4X + B$
$2X = 2A + B$
$X = A + \frac{1}{2}B$

$X = \begin{bmatrix} -4 & -1 \\ 1 & 0 \\ 5 & -6 \end{bmatrix} + \begin{bmatrix} 0 & -4 \\ 1 & 0 \\ -3 & -1 \end{bmatrix} = \begin{bmatrix} -4 & -5 \\ 2 & 0 \\ 2 & -7 \end{bmatrix}$

39. The equation is $AX = B$, where
$A = \begin{bmatrix} 4 & -7 \\ 2 & -3 \end{bmatrix}$, $X = \begin{bmatrix} x \\ y \end{bmatrix}$, and $B = \begin{bmatrix} -3 \\ 1 \end{bmatrix}$. This equation is equivalent to the system
$4x - 7y = -3$
$2x - 3y = 1$.

$\begin{bmatrix} 4 & -7 & | & -3 \\ 2 & -3 & | & 1 \end{bmatrix} \xrightarrow{\frac{1}{4}R_1} \begin{bmatrix} 1 & -\frac{7}{4} & | & -\frac{3}{4} \\ 2 & -3 & | & 1 \end{bmatrix}$

$\xrightarrow{-2R_1 + R_2} \begin{bmatrix} 1 & -\frac{7}{4} & | & -\frac{3}{4} \\ 0 & \frac{1}{2} & | & \frac{5}{2} \end{bmatrix}$

$\xrightarrow{2R_2} \begin{bmatrix} 1 & -\frac{7}{4} & | & -\frac{3}{4} \\ 0 & 1 & | & 5 \end{bmatrix}$

$x - \frac{7}{4}y = -\frac{3}{4}$
$y = 5$

$x - \frac{7}{4}(5) = -\frac{3}{4}$
$x = 8$

The solution to the system is (8, 5), so $X = \begin{bmatrix} 8 \\ 5 \end{bmatrix}$.

41. The equation is $AX = B$, where $A = \begin{bmatrix} 2 & 0 & -1 \\ 0 & 3 & 0 \\ 1 & 1 & 0 \end{bmatrix}$, $X = \begin{bmatrix} x \\ y \\ z \end{bmatrix}$, and $B = \begin{bmatrix} 6 \\ 9 \\ 5 \end{bmatrix}$.

This equation is equivalent to the system
$2x - z = 6$
$\quad 3y = 9$.
$x + y = 5$

From the second equation, $y = 3$, so
$x + 3 = 5$
$x = 2$

$2(2) - z = 6$
$z = -2$

The solution to the system is $(2, 3, -2)$, so $X = \begin{bmatrix} 2 \\ 3 \\ -2 \end{bmatrix}$.

43. a. $A + B = \begin{bmatrix} \$109{,}000 & \$127{,}000 \\ \$66{,}000 & \$10{,}000 \end{bmatrix}$

This gives the combined June and July sales with row 1 being person x's sales (by model), and row 2 being person y's sales. The columns give the sales for each model broken down by salesperson.

b. $B - A = \begin{bmatrix} \$19{,}000 & \$3{,}000 \\ \$6{,}000 & \$10{,}000 \end{bmatrix}$

This gives the increase in sales from June to July.

c. $0.06A = \begin{bmatrix} \$2700 & \$3720 \\ \$1800 & \$0 \end{bmatrix}$

This represents the commissions paid to each salesperson for the sales of each model in June.

45. a. $AB = \begin{bmatrix} 0.40 & 0.30 & 0.70 \\ 0.30 & 0.60 & 0.25 \\ 0.30 & 0.10 & 0.05 \end{bmatrix} \begin{bmatrix} 6000 & 8000 \\ 12{,}000 & 14{,}000 \\ 14{,}000 & 16{,}000 \end{bmatrix} = \begin{bmatrix} 15{,}800 & 18{,}600 \\ 12{,}500 & 14{,}800 \\ 3700 & 4600 \end{bmatrix}$

b. AB represents the distribution of voters by gender and political party registration. In this county, there are 15,800 men registered as Republicans, 12,500 men registered as Democrats, etc.

c. 14,800

47. a. $AB = \begin{bmatrix} 9 & 9 \\ 13 & 13 \\ 1 & 5 \end{bmatrix} \begin{bmatrix} 3 & 1 & 1 \\ 2 & 1 & 0 \end{bmatrix}$

$= \begin{bmatrix} 45 & 18 & 9 \\ 65 & 26 & 13 \\ 13 & 6 & 1 \end{bmatrix}$

b. AB represents the number of grams of protein, carbohydrate, and fat (from milk) ingested by children, adolescents, and adults. A child gets 45 grams of protein, 65 grams of carbohydrate, and 13 grams of fat per day from milk, etc.

c. 45 grams

49. a. True

b. False; if $x - 2y = -3$ and $x = -1$, then $y = 1$, while if $x + y = 3$ and $x = -1$, then $y = 4$.

c. False; if $A = B$ and $B = C$, the $A = C$.

d. False; the difference on the left is a 3×3 matrix, the difference on the right is a 2×2 matrix.

51. a. False; $\begin{bmatrix} 3 & 3 \\ 4 & 4 \end{bmatrix} \begin{bmatrix} 1 & -1 \\ -1 & 1 \end{bmatrix} = \begin{bmatrix} 0 & 0 \\ 0 & 0 \end{bmatrix}$ is a counterexample.

b. False; $C(A + B) = \begin{bmatrix} 12 & 20 \\ -24 & -40 \end{bmatrix}$ while $(A + B)C = \begin{bmatrix} 44 & 36 \\ -88 & -72 \end{bmatrix}$.

c. False; all linear systems can be written in linear form.

d. True;
$AB = BA = \begin{bmatrix} ac - bd & ad + bc \\ -(ad + bc) & ac - bd \end{bmatrix}$

55. Answers may vary.

57. AB is not defined when A is $m \times n$ and B is $p \times q$ where $n \neq p$.

59. a. System 1: The midterm and final both count for 50% of the course grade.
System 2: The midgerm counts for 30% of the course grade and the final counts for 70%

b. $AB = \begin{bmatrix} 84 & 87.2 \\ 79 & 81 \\ 90 & 88.4 \\ 73 & 68.6 \\ 69 & 73.4 \end{bmatrix}$

System 1 grades are listed first (if different).
Student 1: B; Student 2: C or B;
Student 3: A or B; Student 4: C or D;
Student 5: D or C

c. Answers may vary.

61. $\text{tr}(A) = a + d$, $\text{tr}(B) = e + h$,
$\text{tr}(A + B) = \text{tr}\left(\begin{bmatrix} a+e & b+f \\ c+g & d+h \end{bmatrix}\right)$
$= a + e + d + h = (a + d) + (e + h)$
$= \text{tr}(A) + \text{tr}(B)$

63. $A^2 = \begin{bmatrix} 0 & 0 \\ 1 & 0 \end{bmatrix} \begin{bmatrix} 0 & 0 \\ 1 & 0 \end{bmatrix}$
$= \begin{bmatrix} (0)(0)+(0)(1) & (0)(0)+(0)(0) \\ (1)(0)+(0)(1) & (1)(0)+(0)(0) \end{bmatrix}$
$= \begin{bmatrix} 0 & 0 \\ 0 & 0 \end{bmatrix}$

Answers may vary.

Chapter 5: Matrices and Linear Systems

65. Answers may vary.

67. $A^2 = \begin{bmatrix} 2 & 2 \\ 2 & 2 \end{bmatrix}$, $A^3 = \begin{bmatrix} 4 & 4 \\ 4 & 4 \end{bmatrix}$, $A^4 = \begin{bmatrix} 8 & 8 \\ 8 & 8 \end{bmatrix}$

$A^n = \begin{bmatrix} 2^{n-1} & 2^{n-1} \\ 2^{n-1} & 2^{n-1} \end{bmatrix}$

69. Group Activity Problem

Problem Set 5.5

1. $AB = \begin{bmatrix} -2+3 & -4+4 \\ \frac{3}{2}-\frac{3}{2} & 3-2 \end{bmatrix} = \begin{bmatrix} 1 & 0 \\ 0 & 1 \end{bmatrix}$

   $BA = \begin{bmatrix} -2+3 & 1-1 \\ -6+6 & 3-2 \end{bmatrix} = \begin{bmatrix} 1 & 0 \\ 0 & 1 \end{bmatrix}$

   A and B are inverses of each other.

3. $AB = \begin{bmatrix} 8+0 & -16+0 \\ -2+0 & 4+3 \end{bmatrix} = \begin{bmatrix} -8 & -16 \\ -2 & 7 \end{bmatrix}$

   Since $AB \neq I_2$, A and B are not inverses of each other.

5. $AB = \begin{bmatrix} \frac{7}{2}-1-\frac{3}{2} & -3+0+3 & \frac{1}{2}+1-\frac{3}{2} \\ \frac{7}{2}-\frac{3}{2}-2 & -3+0+4 & \frac{1}{2}+\frac{3}{2}-2 \\ \frac{7}{2}-2-\frac{3}{2} & -3+0+3 & \frac{1}{2}+2-\frac{3}{2} \end{bmatrix} = \begin{bmatrix} 1 & 0 & 0 \\ 0 & 1 & 0 \\ 0 & 0 & 1 \end{bmatrix}$

   $BA = \begin{bmatrix} \frac{7}{2}-3+\frac{1}{2} & 7-9+2 & \frac{21}{2}-12+\frac{3}{2} \\ -\frac{1}{2}+0+\frac{1}{2} & -1+0+2 & -\frac{3}{2}+0+\frac{3}{2} \\ -\frac{1}{2}+1-\frac{1}{2} & -1+3-2 & -\frac{3}{2}+4-\frac{3}{2} \end{bmatrix} = \begin{bmatrix} 1 & 0 & 0 \\ 0 & 1 & 0 \\ 0 & 0 & 1 \end{bmatrix}$

   A and B are inverses of each other.

7. $AB = \begin{bmatrix} 0+0+0+1 & 0+0-2+2 & 0+0+0+0 & 0+0-2+2 \\ -1+0+0+1 & -2+0+1+2 & 0+0+0+0 & -3+0+1+2 \\ 0+0+0+0 & 0+1-1+0 & 0+1+0+0 & 0+1-1+0 \\ 1+0+0-1 & 2+0+0-2 & 0+0+0+0 & 3+0+0-2 \end{bmatrix} = \begin{bmatrix} 1 & 0 & 0 & 0 \\ 0 & 1 & 0 & 0 \\ 0 & 0 & 1 & 0 \\ 0 & 0 & 0 & 1 \end{bmatrix}$

   $BA = \begin{bmatrix} 0-2+0+3 & 0+0+0+0 & -2+2+0+0 & 1+2+0-3 \\ 0-1+0+1 & 0+0+1+0 & 0+1-1+0 & 0+1+0-1 \\ 0-1+0+1 & 0+0+0+0 & 0+1+0+0 & 0+1+0-1 \\ 0-2+0+2 & 0+0+0+0 & -2+2+0+0 & 1+2+0-2 \end{bmatrix} = \begin{bmatrix} 1 & 0 & 0 & 0 \\ 0 & 1 & 0 & 0 \\ 0 & 0 & 1 & 0 \\ 0 & 0 & 0 & 1 \end{bmatrix}$

   A and B are inverses of each other.

9. $ad - bc = (2)(2) - (3)(-1) = 4 + 3 = 7$

$A^{-1} = \frac{1}{7}\begin{bmatrix} 2 & -3 \\ 1 & 2 \end{bmatrix} = \begin{bmatrix} \frac{2}{7} & -\frac{3}{7} \\ \frac{1}{7} & \frac{2}{7} \end{bmatrix}$

$AA^{-1} = \begin{bmatrix} \frac{4}{7}+\frac{3}{7} & -\frac{6}{7}+\frac{6}{7} \\ -\frac{2}{7}+\frac{2}{7} & \frac{3}{7}+\frac{4}{7} \end{bmatrix} = \begin{bmatrix} 1 & 0 \\ 0 & 1 \end{bmatrix}$

$A^{-1}A = \begin{bmatrix} \frac{4}{7}+\frac{3}{7} & \frac{6}{7}-\frac{6}{7} \\ \frac{2}{7}-\frac{2}{7} & \frac{3}{7}+\frac{4}{7} \end{bmatrix} = \begin{bmatrix} 1 & 0 \\ 0 & 1 \end{bmatrix}$

11. $ad - bc = (3)(2) - (-1)(-4) = 6 - 4 = 2$

$A^{-1} = \frac{1}{2}\begin{bmatrix} 2 & 1 \\ 4 & 3 \end{bmatrix} = \begin{bmatrix} 1 & \frac{1}{2} \\ 2 & \frac{3}{2} \end{bmatrix}$

$AA^{-1} = \begin{bmatrix} 3-2 & \frac{3}{2}-\frac{3}{2} \\ -4+4 & -\frac{4}{2}+\frac{6}{2} \end{bmatrix} = \begin{bmatrix} 1 & 0 \\ 0 & 1 \end{bmatrix}$

$A^{-1}A = \begin{bmatrix} 3-\frac{4}{2} & -1+\frac{2}{2} \\ 6-\frac{12}{2} & -2+\frac{6}{2} \end{bmatrix} = \begin{bmatrix} 1 & 0 \\ 0 & 1 \end{bmatrix}$

13. $ad - bc = (10)(1) - (-2)(-5) = 10 - 10 = 0$
Since division by zero is undefined, A does not have an inverse.

15. $ad - bc = (3)(4) - (5)(2) = 12 - 10 = 2$

$A^{-1} = \frac{1}{2}\begin{bmatrix} 4 & -5 \\ -2 & 3 \end{bmatrix} = \begin{bmatrix} 2 & -\frac{5}{2} \\ -1 & \frac{3}{2} \end{bmatrix}$

For A^{-1},

$ad - bc = (2)\left(\frac{3}{2}\right) - \left(-\frac{5}{2}\right)(-1) = 3 - \frac{5}{2} = \frac{1}{2}$

$(A^{-1})^{-1} = \frac{1}{\frac{1}{2}}\begin{bmatrix} \frac{3}{2} & \frac{5}{2} \\ 1 & 2 \end{bmatrix} = 2\begin{bmatrix} \frac{3}{2} & \frac{5}{2} \\ 1 & 2 \end{bmatrix}$

$= \begin{bmatrix} 3 & 5 \\ 2 & 4 \end{bmatrix} = A$

For Problems 17–22, verification that $AA^{-1} = I$ and $A^{-1}A = I$ is left to the student.

17. $\begin{bmatrix} 2 & 2 & -1 & | & 1 & 0 & 0 \\ 0 & 3 & -1 & | & 0 & 1 & 0 \\ -1 & -2 & 1 & | & 0 & 0 & 1 \end{bmatrix}$

$\xrightarrow{R_1 \leftrightarrow R_3} \begin{bmatrix} -1 & -2 & 1 & | & 0 & 0 & 1 \\ 0 & 3 & -1 & | & 0 & 1 & 0 \\ 2 & 2 & -1 & | & 1 & 0 & 0 \end{bmatrix}$

$\xrightarrow{-R_1} \begin{bmatrix} 1 & 2 & -1 & | & 0 & 0 & -1 \\ 0 & 3 & -1 & | & 0 & 1 & 0 \\ 2 & 2 & -1 & | & 1 & 0 & 0 \end{bmatrix}$

$\xrightarrow{-2R_1 + R_3} \begin{bmatrix} 1 & 2 & -1 & | & 0 & 0 & -1 \\ 0 & 3 & -1 & | & 0 & 1 & 0 \\ 0 & -2 & 1 & | & 1 & 0 & 2 \end{bmatrix}$

$\xrightarrow{\frac{1}{3}R_2} \begin{bmatrix} 1 & 2 & -1 & | & 0 & 0 & -1 \\ 0 & 1 & -\frac{1}{3} & | & 0 & \frac{1}{3} & 0 \\ 0 & -2 & 1 & | & 1 & 0 & 2 \end{bmatrix}$

$\xrightarrow[2R_2 + R_3]{-2R_2 + R_1} \begin{bmatrix} 1 & 0 & -\frac{1}{3} & | & 0 & -\frac{2}{3} & -1 \\ 0 & 1 & -\frac{1}{3} & | & 0 & \frac{1}{3} & 0 \\ 0 & 0 & \frac{1}{3} & | & 1 & \frac{2}{3} & 2 \end{bmatrix}$

$\xrightarrow[R_2 + R_1]{R_3 + R_1} \begin{bmatrix} 1 & 0 & 0 & | & 1 & 0 & 1 \\ 0 & 1 & 0 & | & 1 & 1 & 2 \\ 0 & 0 & \frac{1}{3} & | & 1 & \frac{2}{3} & 2 \end{bmatrix}$

$\xrightarrow{3R_3} \begin{bmatrix} 1 & 0 & 0 & | & 1 & 0 & 1 \\ 0 & 1 & 0 & | & 1 & 1 & 2 \\ 0 & 0 & 1 & | & 3 & 2 & 6 \end{bmatrix}$

$A^{-1} = \begin{bmatrix} 1 & 0 & 1 \\ 1 & 1 & 2 \\ 3 & 2 & 6 \end{bmatrix}$

Chapter 5: Matrices and Linear Systems

19. $\begin{bmatrix} 5 & 0 & 2 & | & 1 & 0 & 0 \\ 2 & 2 & 1 & | & 0 & 1 & 0 \\ -3 & 1 & -1 & | & 0 & 0 & 1 \end{bmatrix}$

$\xrightarrow{\frac{1}{5}R_1} \begin{bmatrix} 1 & 0 & \frac{2}{5} & | & \frac{1}{5} & 0 & 0 \\ 2 & 2 & 1 & | & 0 & 1 & 0 \\ -3 & 1 & -1 & | & 0 & 0 & 1 \end{bmatrix}$

$\xrightarrow[3R_1+R_3]{-2R_1+R_2} \begin{bmatrix} 1 & 0 & \frac{2}{5} & | & \frac{1}{5} & 0 & 0 \\ 0 & 2 & \frac{1}{5} & | & -\frac{2}{5} & 1 & 0 \\ 0 & 1 & \frac{1}{5} & | & \frac{3}{5} & 0 & 1 \end{bmatrix}$

$\xrightarrow{R_2 \leftrightarrow R_3} \begin{bmatrix} 1 & 0 & \frac{2}{5} & | & \frac{1}{5} & 0 & 0 \\ 0 & 1 & \frac{1}{5} & | & \frac{3}{5} & 0 & 1 \\ 0 & 2 & \frac{1}{5} & | & -\frac{2}{5} & 1 & 0 \end{bmatrix}$

$\xrightarrow{-2R_2+R_3} \begin{bmatrix} 1 & 0 & \frac{2}{5} & | & \frac{1}{5} & 0 & 0 \\ 0 & 1 & \frac{1}{5} & | & \frac{3}{5} & 0 & 1 \\ 0 & 0 & -\frac{1}{5} & | & -\frac{8}{5} & 1 & -2 \end{bmatrix}$

$\xrightarrow[R_3+R_2]{2R_3+R_1} \begin{bmatrix} 1 & 0 & 0 & | & -3 & 2 & -4 \\ 0 & 1 & 0 & | & -1 & 1 & -1 \\ 0 & 0 & -\frac{1}{5} & | & -\frac{8}{5} & 1 & -2 \end{bmatrix}$

$\xrightarrow{-5R_3} \begin{bmatrix} 1 & 0 & 0 & | & -3 & 2 & -4 \\ 0 & 1 & 0 & | & -1 & 1 & -1 \\ 0 & 0 & 1 & | & 8 & -5 & 10 \end{bmatrix}$

$A^{-1} = \begin{bmatrix} -3 & 2 & -4 \\ -1 & 1 & -1 \\ 8 & -5 & 10 \end{bmatrix}$

21. $\begin{bmatrix} 1 & 0 & 0 & 0 & | & 1 & 0 & 0 & 0 \\ 0 & -1 & 0 & 0 & | & 0 & 1 & 0 & 0 \\ 0 & 0 & 3 & 0 & | & 0 & 0 & 1 & 0 \\ 1 & 0 & 0 & 1 & | & 0 & 0 & 0 & 1 \end{bmatrix}$

$\xrightarrow{-R_1+R_4} \begin{bmatrix} 1 & 0 & 0 & 0 & | & 1 & 0 & 0 & 0 \\ 0 & -1 & 0 & 0 & | & 0 & 1 & 0 & 0 \\ 0 & 0 & 3 & 0 & | & 0 & 0 & 1 & 0 \\ 0 & 0 & 0 & 1 & | & -1 & 0 & 0 & 1 \end{bmatrix}$

$\xrightarrow{-R_2} \begin{bmatrix} 1 & 0 & 0 & 0 & | & 1 & 0 & 0 & 0 \\ 0 & 1 & 0 & 0 & | & 0 & -1 & 0 & 0 \\ 0 & 0 & 3 & 0 & | & 0 & 0 & 1 & 0 \\ 0 & 0 & 0 & 1 & | & -1 & 0 & 0 & 1 \end{bmatrix}$

$\xrightarrow{\frac{1}{3}R_3} \begin{bmatrix} 1 & 0 & 0 & 0 & | & 1 & 0 & 0 & 0 \\ 0 & 1 & 0 & 0 & | & 0 & -1 & 0 & 0 \\ 0 & 0 & 1 & 0 & | & 0 & 0 & \frac{1}{3} & 0 \\ 0 & 0 & 0 & 1 & | & -1 & 0 & 0 & 1 \end{bmatrix}$

$A^{-1} = \begin{bmatrix} 1 & 0 & 0 & 0 \\ 0 & -1 & 0 & 0 \\ 0 & 0 & \frac{1}{3} & 0 \\ -1 & 0 & 0 & 1 \end{bmatrix}$

23. $\begin{bmatrix} \frac{7}{2} & 0 & -3 \\ -1 & 1 & 0 \\ 0 & -1 & 1 \end{bmatrix} \begin{bmatrix} 8 \\ 10 \\ 9 \end{bmatrix} = \begin{bmatrix} 28+0-27 \\ -8+10+0 \\ 0-10+9 \end{bmatrix} = \begin{bmatrix} 1 \\ 2 \\ -1 \end{bmatrix}$

The solution to the system is $\{(1, 2, -1)\}$.

25. $\begin{bmatrix} 3 & 3 & -1 \\ -2 & -2 & 1 \\ -4 & -5 & 2 \end{bmatrix} \begin{bmatrix} 8 \\ -7 \\ 1 \end{bmatrix} = \begin{bmatrix} 24-21-1 \\ -16+14+1 \\ -32+35+2 \end{bmatrix} = \begin{bmatrix} 2 \\ -1 \\ 5 \end{bmatrix}$

The solution to the system is $\{(2, -1, 5)\}$.

27. $\begin{bmatrix} 0 & 0 & -1 & -1 \\ 1 & 4 & 1 & 3 \\ 1 & 2 & 1 & 2 \\ 0 & -1 & 0 & -1 \end{bmatrix} \begin{bmatrix} -3 \\ 4 \\ 2 \\ -4 \end{bmatrix} = \begin{bmatrix} 0+0-2+4 \\ -3+16+2-12 \\ -3+8+2-8 \\ 0-4+0+4 \end{bmatrix}$

$= \begin{bmatrix} 2 \\ 3 \\ -1 \\ 0 \end{bmatrix}$

The solution to the system is $\{(2, 3, -1, 0)\}$.

29. a. $\begin{bmatrix} 1 & -6 & 3 \\ 2 & -7 & 3 \\ 4 & -12 & 5 \end{bmatrix} \begin{bmatrix} 1 & -6 & 3 \\ 2 & -7 & 3 \\ 4 & -12 & 5 \end{bmatrix} = \begin{bmatrix} 1-12+12 & -6+42-36 & 3-18+15 \\ 2-14+12 & -12+49-36 & 6-21+15 \\ 4-24+20 & -24+84-60 & 12-36+25 \end{bmatrix} = \begin{bmatrix} 1 & 0 & 0 \\ 0 & 1 & 0 \\ 0 & 0 & 1 \end{bmatrix}$

b. $\begin{bmatrix} 1 & -6 & 3 \\ 2 & -7 & 3 \\ 4 & -12 & 5 \end{bmatrix} \begin{bmatrix} 11 \\ 14 \\ 25 \end{bmatrix} = \begin{bmatrix} 11-84+75 \\ 22-98+75 \\ 44-168+125 \end{bmatrix} = \begin{bmatrix} 2 \\ -1 \\ 1 \end{bmatrix}$

The solution to the system is $\{(2, -1, 1)\}$.

31. Using the statement before problems 9–14, we want to find values for a such that
$(3)(-2) - (a+5)a = 0$.
$(3)(-2) - (a+5)(a) = -6 - (a^2 + 5a)$
$= -a^2 - 5a - 6$
$0 = -a^2 - 5a - 6$
$0 = (a+2)(a+3)$
$a = -3, -2$

33. $A \cdot A = \begin{bmatrix} 1 & 2 & 3 \\ 3 & 5 & 7 \\ -1 & 2 & 4 \end{bmatrix} \begin{bmatrix} 1 & 2 & 3 \\ 3 & 5 & 7 \\ -1 & 2 & 4 \end{bmatrix}$

$= \begin{bmatrix} 1+6-3 & 2+10+6 & 3+14+12 \\ 3+15-7 & 6+25+14 & 9+35+28 \\ -1+6-4 & -2+10+8 & -3+14+16 \end{bmatrix}$

$= \begin{bmatrix} 4 & 18 & 29 \\ 11 & 45 & 72 \\ 1 & 16 & 27 \end{bmatrix}$

35. $A + B = \begin{bmatrix} 6 & 14 & 9 \\ 6 & 12 & 11 \\ 4 & 15 & 6 \end{bmatrix}$,

$A^{-1} = \begin{bmatrix} 6 & -2 & -1 \\ -19 & 7 & 2 \\ 11 & -4 & -1 \end{bmatrix}$,

$B^{-1} = \begin{bmatrix} -19 & 27 & 3 \\ 7 & -10 & -1 \\ 2 & -\frac{5}{2} & -\frac{1}{2} \end{bmatrix}$

$A^{-1} + B^{-1} = \begin{bmatrix} -13 & 25 & 2 \\ -12 & -3 & 1 \\ 13 & -\frac{13}{2} & -\frac{3}{2} \end{bmatrix}$

$(A+B)(A^{-1} + B^{-1}) = \begin{bmatrix} -129 & \frac{99}{2} & \frac{25}{2} \\ -79 & \frac{85}{2} & \frac{15}{2} \\ -154 & 16 & 14 \end{bmatrix} \neq I_3$

so $(A+B)^{-1} \neq A^{-1} + B^{-1}$.

37. The numerical equivalent of LOVE is 12, 15, 22, 5.

$\begin{bmatrix} 4 & -1 \\ -3 & 1 \end{bmatrix} \begin{bmatrix} 12 \\ 15 \end{bmatrix} = \begin{bmatrix} 33 \\ -21 \end{bmatrix}$,

$\begin{bmatrix} 4 & -1 \\ -3 & 1 \end{bmatrix} \begin{bmatrix} 22 \\ 5 \end{bmatrix} = \begin{bmatrix} 83 \\ -61 \end{bmatrix}$

The encoded message is 33, –21, 83, –61.

$\begin{bmatrix} 1 & 1 \\ 3 & 4 \end{bmatrix} \begin{bmatrix} 33 \\ -21 \end{bmatrix} = \begin{bmatrix} 12 \\ 15 \end{bmatrix}$, $\begin{bmatrix} 1 & 1 \\ 3 & 4 \end{bmatrix} \begin{bmatrix} 83 \\ -61 \end{bmatrix} = \begin{bmatrix} 22 \\ 5 \end{bmatrix}$

The decoded message is 12, 15, 22, 5 or LOVE.

39. $\begin{bmatrix} 4 & -1 \\ -3 & 1 \end{bmatrix} \begin{bmatrix} 19 \\ 20 \end{bmatrix} = \begin{bmatrix} 56 \\ -37 \end{bmatrix}$,

$\begin{bmatrix} 4 & -1 \\ -3 & 1 \end{bmatrix} \begin{bmatrix} 1 \\ 25 \end{bmatrix} = \begin{bmatrix} -21 \\ 22 \end{bmatrix}$,

$\begin{bmatrix} 4 & -1 \\ -3 & 1 \end{bmatrix} \begin{bmatrix} 0 \\ 23 \end{bmatrix} = \begin{bmatrix} -23 \\ 23 \end{bmatrix}$,

$\begin{bmatrix} 4 & -1 \\ -3 & 1 \end{bmatrix} \begin{bmatrix} 5 \\ 12 \end{bmatrix} = \begin{bmatrix} 8 \\ -3 \end{bmatrix}$,

$$\begin{bmatrix} 4 & -1 \\ -3 & 1 \end{bmatrix}\begin{bmatrix} 12 \\ 0 \end{bmatrix} = \begin{bmatrix} 48 \\ -36 \end{bmatrix}$$

The encoded message is 56, −37, −21, 22, −23, 23, 8, −3, 48, −36.

$$\begin{bmatrix} 1 & 1 \\ 3 & 4 \end{bmatrix}\begin{bmatrix} 56 \\ -37 \end{bmatrix} = \begin{bmatrix} 19 \\ 20 \end{bmatrix}, \begin{bmatrix} 1 & 1 \\ 3 & 4 \end{bmatrix}\begin{bmatrix} -21 \\ 22 \end{bmatrix} = \begin{bmatrix} 1 \\ 25 \end{bmatrix},$$

$$\begin{bmatrix} 1 & 1 \\ 3 & 4 \end{bmatrix}\begin{bmatrix} -23 \\ 23 \end{bmatrix} = \begin{bmatrix} 0 \\ 23 \end{bmatrix}, \begin{bmatrix} 1 & 1 \\ 3 & 4 \end{bmatrix}\begin{bmatrix} 8 \\ -3 \end{bmatrix} = \begin{bmatrix} 5 \\ 12 \end{bmatrix},$$

$$\begin{bmatrix} 1 & 1 \\ 3 & 4 \end{bmatrix}\begin{bmatrix} 48 \\ -36 \end{bmatrix} = \begin{bmatrix} 12 \\ 0 \end{bmatrix}$$

The decoded message is 19, 20, 1, 25, 0, 23, 5, 12, 0 or STAY_WELL_.

41. $\begin{bmatrix} 1 & -1 & 0 \\ 3 & 0 & 2 \\ -1 & 0 & -1 \end{bmatrix}\begin{bmatrix} 1 \\ 18 \\ 20 \end{bmatrix} = \begin{bmatrix} -17 \\ 43 \\ -21 \end{bmatrix}$,

$$\begin{bmatrix} 1 & -1 & 0 \\ 3 & 0 & 2 \\ -1 & 0 & -1 \end{bmatrix}\begin{bmatrix} 0 \\ 5 \\ 14 \end{bmatrix} = \begin{bmatrix} -5 \\ 28 \\ -14 \end{bmatrix}$$

$$\begin{bmatrix} 1 & -1 & 0 \\ 3 & 0 & 2 \\ -1 & 0 & -1 \end{bmatrix}\begin{bmatrix} 18 \\ 9 \\ 3 \end{bmatrix} = \begin{bmatrix} 9 \\ 60 \\ -21 \end{bmatrix},$$

$$\begin{bmatrix} 1 & -1 & 0 \\ 3 & 0 & 2 \\ -1 & 0 & -1 \end{bmatrix}\begin{bmatrix} 8 \\ 5 \\ 19 \end{bmatrix} = \begin{bmatrix} 3 \\ 62 \\ -27 \end{bmatrix}$$

The encoded message is −17, 43, −21, −5, 28, −14, 9, 60, −21, 3, 62, −27.
The check is left to the student.

43. a. False; $(AB)^{-1} = B^{-1}A^{-1}$

b. False; see Problem 33.

c. False; $(1)(3) - (-3)(-1) = 3 - 3 = 0$, so the matrix does not have an inverse.

d. True; all of the above are false.

45. Enter the matrix $\begin{bmatrix} 1 & 2 & 0 & 0 \\ 0 & 0 & 1 & 0 \\ 1 & 3 & 0 & 1 \\ 4 & 0 & 0 & 2 \end{bmatrix}$ as [A], then use $[A]^{-1}$.

$$A^{-1} = \begin{bmatrix} \frac{3}{5} & 0 & -\frac{2}{5} & \frac{1}{5} \\ \frac{1}{5} & 0 & \frac{1}{5} & -\frac{1}{10} \\ 0 & 1 & 0 & 0 \\ -\frac{6}{5} & 0 & \frac{4}{5} & \frac{1}{10} \end{bmatrix}$$

For Problems 46–51, enter the matrix A as [A] and the matrix B as [B] in your graphing utility, then calculate $[A]^{-1}[B]$ to find X.

47. The system is $AX = B$ where

$$A = \begin{bmatrix} 3 & -2 & 1 \\ 4 & -5 & 3 \\ 2 & -1 & 5 \end{bmatrix}, X = \begin{bmatrix} x \\ y \\ z \end{bmatrix}, \text{ and } B = \begin{bmatrix} -2 \\ -9 \\ -5 \end{bmatrix}.$$

$X = \begin{bmatrix} 1 \\ 2 \\ -1 \end{bmatrix}$ so the solution to the system $\{(1, 2, -1)\}$.

49. The system is $AX = B$ where

$$A = \begin{bmatrix} 1 & -1 & 0 \\ 6 & 1 & 20 \\ 0 & 1 & 3 \end{bmatrix}, X = \begin{bmatrix} x \\ y \\ z \end{bmatrix}, \text{ and } B = \begin{bmatrix} 1 \\ 14 \\ 1 \end{bmatrix}.$$

$X = \begin{bmatrix} 5 \\ 4 \\ -1 \end{bmatrix}$, so the solution to the system is $\{(5, 4, -1)\}$.

51. The system is $AX = B$ where $A = \begin{bmatrix} 1 & 1 & 1 & 1 \\ 1 & 3 & -2 & 2 \\ 2 & 2 & 1 & 1 \\ 1 & -1 & 2 & 3 \end{bmatrix}$, $X = \begin{bmatrix} x \\ y \\ z \\ w \end{bmatrix}$, and $B = \begin{bmatrix} 4 \\ 7 \\ 3 \\ 5 \end{bmatrix}$.

$X = \begin{bmatrix} -\frac{22}{5} \\ \frac{17}{5} \\ \frac{11}{5} \\ \frac{14}{5} \end{bmatrix}$, so the solution to the system is $\left\{ \left(-\frac{22}{5}, \frac{17}{5}, \frac{11}{5}, \frac{14}{5} \right) \right\}$.

53. Answers may vary.

55. Answers may vary.

57. $A \circ I = AI - IA = A - A = 0$
$I \circ A = IA - AI = A - A = 0$
No, A cannot have an inverse for the operation $\circ$.
If $A \circ B = B \circ A = I$ then
$AB - BA = BA - AB$
$2AB = 2BA$
$AB = BA$
But if $AB = BA$, $A \circ B = AB - BA = AB - AB = 0 \neq I$.

59. Answers may vary. One matrix is $\begin{bmatrix} 0 & 1 \\ 1 & 0 \end{bmatrix}$.

61. $\begin{bmatrix} 1 & a & b & | & 1 & 0 & 0 \\ 0 & 1 & c & | & 0 & 1 & 0 \\ 0 & 0 & 1 & | & 0 & 0 & 1 \end{bmatrix} \xrightarrow{-aR_2 + R_1} \begin{bmatrix} 1 & 0 & b-ac & | & 1 & -a & 0 \\ 0 & 1 & c & | & 0 & 1 & 0 \\ 0 & 0 & 1 & | & 0 & 0 & 1 \end{bmatrix}$

$\xrightarrow[-cR_3 + R_2]{(ac-b)R_3 + R_1} \begin{bmatrix} 1 & 0 & 0 & | & 1 & -a & ac-b \\ 0 & 1 & 0 & | & 0 & 1 & -c \\ 0 & 0 & 1 & | & 0 & 0 & 1 \end{bmatrix}$

Thus, $\begin{bmatrix} 1 & a & b \\ 0 & 1 & c \\ 0 & 0 & 1 \end{bmatrix}^{-1} = \begin{bmatrix} 1 & -a & ac-b \\ 0 & 1 & -c \\ 0 & 0 & 1 \end{bmatrix}$ which is a Heisenberg matrix.

63. Use the method shown in Example 8:

$$\begin{bmatrix} a & 1 & 1 & 1 & | & 1 & 0 & 0 & 0 \\ 0 & b & 0 & 0 & | & 0 & 1 & 0 & 0 \\ 0 & 0 & c & 0 & | & 0 & 0 & 1 & 0 \\ 0 & 0 & 0 & d & | & 0 & 0 & 0 & 1 \end{bmatrix} \begin{matrix} \frac{1}{a}R_1 \\ \frac{1}{b}R_2 \\ \frac{1}{c}R_3 \\ \frac{1}{e}R_4 \end{matrix} \longrightarrow \begin{bmatrix} 1 & \frac{1}{a} & \frac{1}{a} & \frac{1}{a} & | & \frac{1}{a} & 0 & 0 & 0 \\ 0 & 1 & 0 & 0 & | & 0 & \frac{1}{b} & 0 & 0 \\ 0 & 0 & 1 & 0 & | & 0 & 0 & \frac{1}{c} & 0 \\ 0 & 0 & 0 & 1 & | & 0 & 0 & 0 & \frac{1}{d} \end{bmatrix}$$

$$\xrightarrow{-\frac{1}{a}R_2 + R_1} \begin{bmatrix} 1 & 0 & \frac{1}{a} & \frac{1}{a} & | & \frac{1}{a} & -\frac{1}{ab} & 0 & 0 \\ 0 & 1 & 0 & 0 & | & 0 & \frac{1}{b} & 0 & 0 \\ 0 & 0 & 1 & 0 & | & 0 & 0 & \frac{1}{c} & 0 \\ 0 & 0 & 0 & 1 & | & 0 & 0 & 0 & \frac{1}{d} \end{bmatrix} \xrightarrow{-\frac{1}{a}R_3 + R_1} \begin{bmatrix} 1 & 0 & 0 & \frac{1}{a} & | & \frac{1}{a} & -\frac{1}{ab} & -\frac{1}{ac} & 0 \\ 0 & 1 & 0 & 0 & | & 0 & \frac{1}{b} & 0 & 0 \\ 0 & 0 & 1 & 0 & | & 0 & 0 & \frac{1}{c} & 0 \\ 0 & 0 & 0 & 1 & | & 0 & 0 & 0 & \frac{1}{d} \end{bmatrix}$$

$$\xrightarrow{-\frac{1}{a}R_4 + R_1} \begin{bmatrix} 1 & 0 & 0 & 0 & | & \frac{1}{a} & -\frac{1}{ab} & -\frac{1}{ac} & -\frac{1}{ad} \\ 0 & 1 & 0 & 0 & | & 0 & \frac{1}{b} & 0 & 0 \\ 0 & 0 & 1 & 0 & | & 0 & 0 & \frac{1}{c} & 0 \\ 0 & 0 & 0 & 1 & | & 0 & 0 & 0 & \frac{1}{d} \end{bmatrix}$$

$$A^{-1} = \begin{bmatrix} \frac{1}{a} & -\frac{1}{ab} & -\frac{1}{ac} & -\frac{1}{ad} \\ 0 & \frac{1}{b} & 0 & 0 \\ 0 & 0 & \frac{1}{c} & 0 \\ 0 & 0 & 0 & \frac{1}{d} \end{bmatrix} \text{ for } abcd \neq 0$$

65. There must be exactly one nonzero entry in each row and each columns.

For example, $\begin{bmatrix} 0 & 0 & c \\ a & 0 & 0 \\ 0 & b & 0 \end{bmatrix}$ where $abc \neq 0$. If a matrix A has a row (column) that consists of all zeros, it cannot be invertible since AB (BA) will also have a row (column) of all zeros for any matrix B.

Problem Set 5.6

1. $\begin{vmatrix} 2 & -7 \\ -3 & 4 \end{vmatrix} = 2 \cdot 4 - (-3)(-7) = 8 - 21 = -13$

3. $\begin{vmatrix} -6 & 7 \\ -1 & 4 \end{vmatrix} = -6 \cdot 4 - (-1)(7) = -24 + 7 = -14$

5. $\begin{vmatrix} 3 & 0 & 0 \\ 2 & 1 & -5 \\ -2 & 5 & -1 \end{vmatrix} = 3\begin{vmatrix} 1 & -5 \\ 5 & -1 \end{vmatrix} - 0\begin{vmatrix} 2 & -5 \\ -2 & -1 \end{vmatrix} + 0\begin{vmatrix} 2 & 1 \\ -2 & 5 \end{vmatrix} = 3[(1)(-1) - (5)(-5)] = 3(-1 + 25) = 3(24) = 72$

SSM: College Algebra *Chapter 5: Matrices and Linear Systems*

7. $\begin{vmatrix} 3 & 1 & 0 \\ -1 & 4 & 0 \\ -1 & 3 & -5 \end{vmatrix} = 0\begin{vmatrix} -1 & 4 \\ -1 & 3 \end{vmatrix} - 0\begin{vmatrix} 3 & 1 \\ -1 & 3 \end{vmatrix} + (-5)\begin{vmatrix} 3 & 1 \\ -1 & 4 \end{vmatrix} = -5[3 \cdot 4 - (-1)(1)] = -5(12 + 1) = -5(13) = -65$

9. $\begin{vmatrix} 1 & 1 & 1 \\ 2 & 2 & 2 \\ -3 & 4 & -5 \end{vmatrix} \xrightarrow{-2R_1 + R_2} \begin{vmatrix} 1 & 1 & 1 \\ 0 & 0 & 0 \\ -3 & 4 & -5 \end{vmatrix} = 0$

11. $\begin{vmatrix} 4 & 2 & 8 & -7 \\ -2 & 0 & 4 & 1 \\ 5 & 0 & 0 & 5 \\ 4 & 0 & 0 & -1 \end{vmatrix} = -2\begin{vmatrix} -2 & 4 & 1 \\ 5 & 0 & 5 \\ 4 & 0 & -1 \end{vmatrix} + 0\begin{vmatrix} 4 & 8 & -7 \\ 5 & 0 & 5 \\ 4 & 0 & -1 \end{vmatrix} - 0\begin{vmatrix} 4 & 8 & -7 \\ -2 & 4 & 1 \\ 4 & 0 & -1 \end{vmatrix} + 0\begin{vmatrix} 4 & 8 & -7 \\ -2 & 4 & 1 \\ 5 & 0 & 5 \end{vmatrix}$

$= (-2)\left[(-4)\begin{vmatrix} 5 & 5 \\ 4 & -1 \end{vmatrix} + 0\begin{vmatrix} -2 & 1 \\ 4 & -1 \end{vmatrix} - 0\begin{vmatrix} -2 & 1 \\ 5 & 5 \end{vmatrix}\right] = (-2)(-4)[5(-1) - 4 \cdot 5] = 8(-5 - 20) = 8(-25) = -200$

13. $\begin{vmatrix} -2 & -3 & 3 & 5 \\ 1 & -4 & 0 & 0 \\ 1 & 2 & 2 & -3 \\ 2 & 0 & 1 & 1 \end{vmatrix} = -1\begin{vmatrix} -3 & 3 & 5 \\ 2 & 2 & -3 \\ 0 & 1 & 1 \end{vmatrix} + (-4)\begin{vmatrix} -2 & 3 & 5 \\ 1 & 2 & -3 \\ 2 & 1 & 1 \end{vmatrix} - 0\begin{vmatrix} -2 & -3 & 5 \\ 1 & 2 & -3 \\ 2 & 0 & 1 \end{vmatrix} + 0\begin{vmatrix} -2 & -3 & 3 \\ 1 & 2 & 2 \\ 2 & 0 & 1 \end{vmatrix}$

$= (-1)\left[0\begin{vmatrix} 3 & 5 \\ 2 & -3 \end{vmatrix} - 1\begin{vmatrix} -3 & 5 \\ 2 & -3 \end{vmatrix} + 1\begin{vmatrix} -3 & 3 \\ 2 & 2 \end{vmatrix}\right] - 4\left[2\begin{vmatrix} 3 & 5 \\ 2 & -3 \end{vmatrix} - 1\begin{vmatrix} -2 & 5 \\ 1 & -3 \end{vmatrix} + 1\begin{vmatrix} -2 & 3 \\ 1 & 2 \end{vmatrix}\right]$

$= (-1)\{(-1)[(-3)(-3) - 2 \cdot 5] + [(-3)(2) - 2 \cdot 3]\} - 4\{2[3(-3) - 2 \cdot 5] - [(-2)(-3) - 1 \cdot 5] + [(-2)(2) - 1 \cdot 3]\}$

$= (-1)[(-1)(9 - 10) + (-6 - 6)] - 4[2(-9 - 10) - (6 - 5) + (-4 - 3)]$

$= (-1)[(-1)(-1) - 12] - 4[2(-19) - 1 - 7]$

$= (-1)(1 - 12) - 4(-38 - 8) = (-1)(-11) - 4(-46) = 11 + 184 = 195$

In 15–17, expansions are all done about the first column of the matrix and the resulting products of 0 and a determinant are not shown.

15. $\begin{vmatrix} 2 & 0 & 0 & 0 & 0 \\ 0 & 3 & 0 & 0 & 0 \\ 0 & 0 & 2 & 0 & 0 \\ 0 & 0 & 0 & 1 & 0 \\ 0 & 0 & 0 & 0 & 4 \end{vmatrix} = 2\begin{vmatrix} 3 & 0 & 0 & 0 \\ 0 & 2 & 0 & 0 \\ 0 & 0 & 1 & 0 \\ 0 & 0 & 0 & 4 \end{vmatrix} = 2(3)\begin{vmatrix} 2 & 0 & 0 \\ 0 & 1 & 0 \\ 0 & 0 & 4 \end{vmatrix} = 6(2)\begin{vmatrix} 1 & 0 \\ 0 & 4 \end{vmatrix} = 12(1 \cdot 4 - 0 \cdot 0) = 12(4) = 48$

Chapter 5: Matrices and Linear Systems

17. $\begin{vmatrix} 2 & 1 & 0 & 0 & 0 & 0 \\ 1 & 2 & 0 & 0 & 0 & 0 \\ 0 & 0 & 1 & 1 & 0 & 0 \\ 0 & 0 & 2 & 1 & 0 & 0 \\ 0 & 0 & 0 & 0 & 3 & 1 \\ 0 & 0 & 0 & 0 & 1 & 3 \end{vmatrix} = 2\begin{vmatrix} 2 & 0 & 0 & 0 & 0 \\ 0 & 1 & 1 & 0 & 0 \\ 0 & 2 & 1 & 0 & 0 \\ 0 & 0 & 0 & 3 & 1 \\ 0 & 0 & 0 & 1 & 3 \end{vmatrix} - 1\begin{vmatrix} 1 & 0 & 0 & 0 & 0 \\ 0 & 1 & 1 & 0 & 0 \\ 0 & 2 & 1 & 0 & 0 \\ 0 & 0 & 0 & 3 & 1 \\ 0 & 0 & 0 & 1 & 3 \end{vmatrix}$

$= 2(2)\begin{vmatrix} 1 & 1 & 0 & 0 \\ 2 & 1 & 0 & 0 \\ 0 & 0 & 3 & 1 \\ 0 & 0 & 1 & 3 \end{vmatrix} - (1)\begin{vmatrix} 1 & 1 & 0 & 0 \\ 2 & 1 & 0 & 0 \\ 0 & 0 & 3 & 1 \\ 0 & 0 & 1 & 3 \end{vmatrix} = (4-1)\begin{vmatrix} 1 & 1 & 0 & 0 \\ 2 & 1 & 0 & 0 \\ 0 & 0 & 3 & 1 \\ 0 & 0 & 1 & 3 \end{vmatrix}$

$= 3\left[(1)\begin{vmatrix} 1 & 0 & 0 \\ 0 & 3 & 1 \\ 0 & 1 & 3 \end{vmatrix} - 2\begin{vmatrix} 1 & 0 & 0 \\ 0 & 3 & 1 \\ 0 & 1 & 3 \end{vmatrix}\right] = 3(1-2)\begin{vmatrix} 1 & 0 & 0 \\ 0 & 3 & 1 \\ 0 & 1 & 3 \end{vmatrix}$

$= 3(-1)\left[(1)\begin{vmatrix} 3 & 1 \\ 1 & 3 \end{vmatrix}\right] = -3(3 \cdot 3 - 1 \cdot 1) = -3(9-1) = -3(8) = -24$

19. $\begin{vmatrix} 4 & 1 & 10 \\ -12 & -2 & -15 \\ 8 & 3 & 20 \end{vmatrix} = (4)(5)\begin{vmatrix} 1 & 1 & 2 \\ -3 & -2 & -3 \\ 2 & 3 & 4 \end{vmatrix} = 20\begin{vmatrix} 1 & 1 & 2 \\ 0 & 1 & 3 \\ 0 & 1 & 0 \end{vmatrix}$

$= 20(1)\begin{vmatrix} 1 & 3 \\ 1 & 0 \end{vmatrix} = 20(0-3) = 20(-3) = -60$

$3R_1$ was added to R_2 and $-2R_1$ was added to R_3 to produce the column with 1 nonzero entry.

21. $\begin{vmatrix} 25 & 40 & 5 \\ -9 & 0 & 3 \\ 2 & -3 & 5 \end{vmatrix} = (5)(3)\begin{vmatrix} 5 & 8 & 1 \\ -3 & 0 & 1 \\ 2 & -3 & 5 \end{vmatrix} = 15\begin{vmatrix} 5 & 8 & 1 \\ -8 & -8 & 0 \\ -23 & -43 & 0 \end{vmatrix}$

$= 15(1)\begin{vmatrix} -8 & -8 \\ -23 & -43 \end{vmatrix} = 15(-8)\begin{vmatrix} 1 & 1 \\ -23 & -43 \end{vmatrix} = -120[-43-(-23)] = -120(-20) = 2400$

$-R_1$ was added to R_2 and $-5R_1$ was added to R_3 to produce the column with 1 nonzero entry.

23.
$$\begin{vmatrix} 5 & 2 & 3 & -3 \\ 25 & 6 & -5 & -9 \\ -30 & 8 & 1 & 12 \\ 15 & 4 & 2 & 9 \end{vmatrix} = (5)(2)(3) \begin{vmatrix} 1 & 1 & 3 & -1 \\ 5 & 3 & -5 & -3 \\ -6 & 4 & 1 & 4 \\ 3 & 2 & 2 & 3 \end{vmatrix} = 30 \begin{vmatrix} 1 & 0 & 0 & 0 \\ 5 & -2 & -20 & 2 \\ -6 & 10 & 19 & -2 \\ 3 & -1 & -7 & 6 \end{vmatrix}$$

$$= 30(1) \begin{vmatrix} -2 & -20 & 2 \\ 10 & 19 & -2 \\ -1 & -7 & 6 \end{vmatrix} = 30(2) \begin{vmatrix} -2 & -20 & 1 \\ 10 & 19 & -1 \\ -1 & -7 & 3 \end{vmatrix} = 60 \begin{vmatrix} -2 & -20 & 1 \\ 8 & -1 & 0 \\ 5 & 53 & 0 \end{vmatrix}$$

$$= 60(1) \begin{vmatrix} 8 & -1 \\ 5 & 53 \end{vmatrix} = 60[424 - (-5)] = 60(429) = 25{,}740$$

The row with 1 nonzero entry was produced by adding $-C_1$ to C_2, $-3C_1$ to C_3, and C_1 to C_4. The column with 1 nonzero entry was produced by adding R_1 to R_2 and $-3R_1$ to R_3.

25. $D = \begin{vmatrix} 1 & 2 \\ 3 & -7 \end{vmatrix} = -7 - 6 = -13$

$D_x = \begin{vmatrix} 19 & 2 \\ -8 & -7 \end{vmatrix} = -133 - (-16) = -117$

$D_y = \begin{vmatrix} 1 & 19 \\ 3 & -8 \end{vmatrix} = -8 - 57 = 65$

$x = \dfrac{D_x}{D} = \dfrac{-117}{-13} = 9$, $y = \dfrac{D_y}{D} = \dfrac{65}{-13} = -5$

The solution set is $\{(9, -5)\}$.

27. $D = \begin{vmatrix} 2 & 3 \\ 5 & -7 \end{vmatrix} = -14 - 15 = -29$

$D_x = \begin{vmatrix} 7 & 3 \\ -3 & -7 \end{vmatrix} = -49 - (-9) = -40$

$D_y = \begin{vmatrix} 2 & 7 \\ 5 & -3 \end{vmatrix} = -6 - 35 = -41$

$x = \dfrac{D_x}{D} = \dfrac{-40}{-29} = \dfrac{40}{29}$, $y = \dfrac{D_y}{D} = \dfrac{-41}{-29} = \dfrac{41}{29}$

The solution set is $\left\{\left(\dfrac{40}{29}, \dfrac{41}{29}\right)\right\}$.

29. $D = \begin{vmatrix} 1 & 1 & 1 \\ 2 & -1 & 1 \\ -1 & 3 & -1 \end{vmatrix}$

$= \begin{vmatrix} -1 & 1 \\ 3 & -1 \end{vmatrix} - \begin{vmatrix} 2 & 1 \\ -1 & -1 \end{vmatrix} + \begin{vmatrix} 2 & -1 \\ -1 & 3 \end{vmatrix}$

$= (1 - 3) - [-2 - (-1)] + (6 - 1)$

$= -2 - (-1) + 5 = -2 + 1 + 5 = 4$

$D_x = \begin{vmatrix} 0 & 1 & 1 \\ -1 & -1 & 1 \\ -8 & 3 & -1 \end{vmatrix}$

$= (-1) \begin{vmatrix} -1 & 1 \\ -8 & -1 \end{vmatrix} + \begin{vmatrix} -1 & -1 \\ -8 & 3 \end{vmatrix}$

$= (-1)[1 - (-8)] + (-3 - 8) = (-1)(9) - 11$

$= -20$

$D_y = \begin{vmatrix} 1 & 0 & 1 \\ 2 & -1 & 1 \\ -1 & -8 & -1 \end{vmatrix} = \begin{vmatrix} -1 & 1 \\ -8 & -1 \end{vmatrix} + \begin{vmatrix} 2 & -1 \\ -1 & -8 \end{vmatrix}$

$= 1 - (-8) + (-16 - 1) = 1 + 8 - 17 = -8$

Chapter 5: Matrices and Linear Systems   SSM: College Algebra

$$D_z = \begin{vmatrix} 1 & 1 & 0 \\ 2 & -1 & -1 \\ -1 & 3 & -8 \end{vmatrix} = \begin{vmatrix} -1 & -1 \\ 3 & -8 \end{vmatrix} - \begin{vmatrix} 2 & -1 \\ -1 & -8 \end{vmatrix}$$

$= 8 - (-3) - (-16 - 1) = 8 + 3 + 17 = 28$

$x = \dfrac{D_x}{D} = \dfrac{-20}{4} = -5, \quad y = \dfrac{D_y}{D} = \dfrac{-8}{4} = -2,$

$z = \dfrac{D_z}{D} = \dfrac{28}{4} = 7$

The solution set is $\{(-5, -2, 7)\}$.

31. $D = \begin{vmatrix} 4 & -5 & -6 \\ 1 & -2 & -5 \\ 2 & -1 & 0 \end{vmatrix} = 2\begin{vmatrix} -5 & -6 \\ -2 & -5 \end{vmatrix} - (-1)\begin{vmatrix} 4 & -6 \\ 1 & -5 \end{vmatrix}$

$= 2(25 - 12) + [-20 - (-6)] = 2(13) + (-14)$

$= 26 - 14 = 12$

$D_x = \begin{vmatrix} -1 & -5 & -6 \\ -12 & -2 & -5 \\ 7 & -1 & 0 \end{vmatrix}$

$= 7\begin{vmatrix} -5 & -6 \\ -2 & -5 \end{vmatrix} - (-1)\begin{vmatrix} -1 & -6 \\ -12 & -5 \end{vmatrix}$

$= 7(25 - 12) + (5 - 72) = 7(13) - 67$

$= 91 - 67 = 24$

$D_y = \begin{vmatrix} 4 & -1 & -6 \\ 1 & -12 & -5 \\ 2 & 7 & 0 \end{vmatrix} = 2\begin{vmatrix} -1 & -6 \\ -12 & -5 \end{vmatrix} - 7\begin{vmatrix} 4 & -6 \\ 1 & -5 \end{vmatrix}$

$= 2(5 - 72) - 7[-20 - (-6)]$

$= 2(-67) - 7(-14) = -134 + 98 = -36$

$D_z = \begin{vmatrix} 4 & -5 & -1 \\ 1 & -2 & -12 \\ 2 & -1 & 7 \end{vmatrix}$

$= 4\begin{vmatrix} -2 & -12 \\ -1 & 7 \end{vmatrix} - (-5)\begin{vmatrix} 1 & -12 \\ 2 & 7 \end{vmatrix} + (-1)\begin{vmatrix} 1 & -2 \\ 2 & -1 \end{vmatrix}$

$= 4(-14 - 12) + 5[7 - (-24)] - [-1 - (-4)]$

$= 4(-26) + 5(31) - (3) = -104 + 155 - 3$

$= 48$

$x = \dfrac{D_x}{D} = \dfrac{24}{12} = 2, \quad y = \dfrac{D_y}{D} = \dfrac{-36}{12} = -3,$

$z = \dfrac{D_z}{D} = \dfrac{48}{12} = 4$

The solution set is $\{(2, -3, 4)\}$.

33. $D = \begin{vmatrix} 1 & 1 & 1 \\ 1 & -2 & 1 \\ 1 & 3 & 2 \end{vmatrix}$

$= 1\begin{vmatrix} -2 & 1 \\ 3 & 2 \end{vmatrix} - 1\begin{vmatrix} 1 & 1 \\ 1 & 2 \end{vmatrix} + 1\begin{vmatrix} 1 & -2 \\ 1 & 3 \end{vmatrix}$

$= -4 - 3 - (2 - 1) + [3 - (-2)]$

$= -7 - 1 + 5 = -3$

$D_x = \begin{vmatrix} 4 & 1 & 1 \\ 7 & -2 & 1 \\ 4 & 3 & 2 \end{vmatrix}$

$= 4\begin{vmatrix} -2 & 1 \\ 3 & 2 \end{vmatrix} - 1\begin{vmatrix} 7 & 1 \\ 4 & 2 \end{vmatrix} + 1\begin{vmatrix} 7 & -2 \\ 4 & 3 \end{vmatrix}$

$= 4(-4 - 3) - (14 - 4) + [21 - (-8)]$

$= 4(-7) - 10 + 29 = -28 + 19 = -9$

$D_y = \begin{vmatrix} 1 & 4 & 1 \\ 1 & 7 & 1 \\ 1 & 4 & 2 \end{vmatrix}$

$= 1\begin{vmatrix} 7 & 1 \\ 4 & 2 \end{vmatrix} - 1\begin{vmatrix} 4 & 1 \\ 4 & 2 \end{vmatrix} + 1\begin{vmatrix} 4 & 1 \\ 7 & 1 \end{vmatrix}$

$= 14 - 4 - (8 - 4) + (4 - 7) = 10 - 4 - 3 = 3$

$D_z = \begin{vmatrix} 1 & 1 & 4 \\ 1 & -2 & 7 \\ 1 & 3 & 4 \end{vmatrix}$

$= 1\begin{vmatrix} -2 & 7 \\ 3 & 4 \end{vmatrix} - 1\begin{vmatrix} 1 & 4 \\ 3 & 4 \end{vmatrix} + 1\begin{vmatrix} 1 & 4 \\ -2 & 7 \end{vmatrix}$

$= -8 - 21 - (4 - 12) + [7 - (-8)]$

$= -29 + 8 + 15 = -6$

$x = \dfrac{D_x}{D} = \dfrac{-9}{-3} = 3, \quad y = \dfrac{D_y}{D} = \dfrac{3}{-3} = -1,$

$z = \dfrac{D_z}{D} = \dfrac{-6}{-3} = 2$

The solution set is $\{(3, -1, 2)\}$.

35. $D = \begin{vmatrix} 1 & 0 & 2 \\ 0 & 2 & -1 \\ 2 & 3 & 0 \end{vmatrix} = \begin{vmatrix} 2 & -1 \\ 3 & 0 \end{vmatrix} + 2\begin{vmatrix} 0 & 2 \\ 2 & 3 \end{vmatrix}$

$= 0 - (-3) + 2(0 - 4) = 3 - 8 = -5$

$D_x = \begin{vmatrix} 4 & 0 & 2 \\ 5 & 2 & -1 \\ 13 & 3 & 0 \end{vmatrix} = 4\begin{vmatrix} 2 & -1 \\ 3 & 0 \end{vmatrix} + 2\begin{vmatrix} 5 & 2 \\ 13 & 3 \end{vmatrix}$

$= 4[0 - (-3)] + 2(15 - 26) = 4(3) + 2(-11)$
$= 12 - 22 = -10$

$D_y = \begin{vmatrix} 1 & 4 & 2 \\ 0 & 5 & -1 \\ 2 & 13 & 0 \end{vmatrix} = \begin{vmatrix} 5 & -1 \\ 13 & 0 \end{vmatrix} + 2\begin{vmatrix} 4 & 2 \\ 5 & -1 \end{vmatrix}$

$= 0 - (-13) + 2(-4 - 10)$
$= 13 + 2(-14) = 13 - 28 = -15$

$D_z = \begin{vmatrix} 1 & 0 & 4 \\ 0 & 2 & 5 \\ 2 & 3 & 13 \end{vmatrix} = \begin{vmatrix} 2 & 5 \\ 3 & 13 \end{vmatrix} + 4\begin{vmatrix} 0 & 2 \\ 2 & 3 \end{vmatrix}$

$= 26 - 15 + 4(0 - 4) = 11 + 4(-4)$
$= 11 - 16 = -5$

$x = \dfrac{D_x}{D} = \dfrac{-10}{-5} = 2,\ y = \dfrac{D_y}{D} = \dfrac{-15}{-5} = 3,$

$z = \dfrac{D_z}{D} = \dfrac{-5}{-5} = 1$

The solution set is $\{(2, 3, 1)\}$.

37. $D = \begin{vmatrix} 1 & -1 & -3 & -2 \\ 1 & 3 & -2 & -1 \\ 3 & 1 & -1 & 1 \\ 4 & 1 & 1 & 2 \end{vmatrix} = \begin{vmatrix} 1 & -1 & -3 & -2 \\ 0 & 4 & 1 & 1 \\ 0 & 4 & 8 & 7 \\ 0 & 5 & 13 & 10 \end{vmatrix}$

$= \begin{vmatrix} 4 & 1 & 1 \\ 4 & 8 & 7 \\ 5 & 13 & 10 \end{vmatrix} = \begin{vmatrix} 0 & 1 & 0 \\ -28 & 8 & -1 \\ -47 & 13 & -3 \end{vmatrix}$

$= (-1)\begin{vmatrix} -28 & -1 \\ -47 & -3 \end{vmatrix} = (-1)[84 - 47] = -37$

$D_a = \begin{vmatrix} 2 & -1 & -3 & -2 \\ 9 & 3 & -2 & -1 \\ 5 & 1 & -1 & 1 \\ 2 & 1 & 1 & 2 \end{vmatrix} = \begin{vmatrix} 0 & -1 & 0 & 0 \\ 15 & 3 & -11 & -7 \\ 7 & 1 & -4 & -1 \\ 4 & 1 & -2 & 0 \end{vmatrix}$

$= -(-1)\begin{vmatrix} 15 & -11 & -7 \\ 7 & -4 & -1 \\ 4 & -2 & 0 \end{vmatrix} = \begin{vmatrix} -34 & 17 & 0 \\ 7 & -4 & -1 \\ 4 & -2 & 0 \end{vmatrix}$

$= -(-1)\begin{vmatrix} -34 & 17 \\ 4 & -2 \end{vmatrix} = 2\begin{vmatrix} -34 & 17 \\ 2 & -1 \end{vmatrix}$

$= 2(34 - 34) = 0$

$D_b = \begin{vmatrix} 1 & 2 & -3 & -2 \\ 1 & 9 & -2 & -1 \\ 3 & 5 & -1 & 1 \\ 4 & 2 & 1 & 2 \end{vmatrix} = \begin{vmatrix} 1 & 2 & -3 & -2 \\ 0 & 7 & 1 & 1 \\ 0 & -1 & 8 & 7 \\ 0 & -6 & 13 & 10 \end{vmatrix}$

$= \begin{vmatrix} 7 & 1 & 1 \\ -1 & 8 & 7 \\ -6 & 13 & 10 \end{vmatrix} = \begin{vmatrix} 0 & 1 & 0 \\ -57 & 8 & -1 \\ -97 & 13 & -3 \end{vmatrix}$

$= (-1)\begin{vmatrix} -57 & -1 \\ -97 & -3 \end{vmatrix} = -(171 - 97) = -74$

$D_c = \begin{vmatrix} 1 & -1 & 2 & -2 \\ 1 & 3 & 9 & -1 \\ 3 & 1 & 5 & 1 \\ 4 & 1 & 2 & 2 \end{vmatrix} = \begin{vmatrix} 1 & 0 & 0 & 0 \\ 1 & 4 & 7 & 1 \\ 3 & 4 & -1 & 7 \\ 4 & 5 & -6 & 10 \end{vmatrix}$

$= \begin{vmatrix} 4 & 7 & 1 \\ 4 & -1 & 7 \\ 5 & -6 & 10 \end{vmatrix} = \begin{vmatrix} 0 & 0 & 1 \\ -24 & -50 & 7 \\ -35 & -76 & 10 \end{vmatrix}$

$= \begin{vmatrix} -24 & -50 \\ -35 & -76 \end{vmatrix} = 1824 - 1750 = 74$

$D_d = \begin{vmatrix} 1 & -1 & -3 & 2 \\ 1 & 3 & -2 & 9 \\ 3 & 1 & -1 & 5 \\ 4 & 1 & 1 & 2 \end{vmatrix} = \begin{vmatrix} 1 & 0 & 0 & 0 \\ 1 & 4 & 1 & 7 \\ 3 & 4 & 8 & -1 \\ 4 & 5 & 13 & -6 \end{vmatrix}$

$= \begin{vmatrix} 4 & 1 & 7 \\ 4 & 8 & -1 \\ 5 & 13 & -6 \end{vmatrix} = \begin{vmatrix} 0 & 1 & 0 \\ -28 & 8 & -57 \\ -47 & 13 & -97 \end{vmatrix}$

$= -\begin{vmatrix} -28 & -57 \\ -47 & -97 \end{vmatrix} = -(2716 - 2679) = -37$

$a = \dfrac{D_a}{D} = \dfrac{0}{-37} = 0$, $b = \dfrac{D_b}{D} = \dfrac{-74}{-37} = 2$,

$c = \dfrac{D_c}{D} = \dfrac{74}{-37} = -2$, $d = \dfrac{D_d}{D} = \dfrac{-37}{-37} = 1$

The solution set is $\{(0, 2, -2, 1)\}$.

39. $D = \begin{vmatrix} 1 & 1 & 1 & 1 \\ 0 & 1 & 1 & 1 \\ 0 & 0 & 1 & 1 \\ 1 & 1 & 1 & 0 \end{vmatrix} = \begin{vmatrix} 1 & 1 & 1 & 1 \\ 0 & 1 & 1 & 1 \\ 0 & 0 & 1 & 1 \\ 0 & 0 & 0 & -1 \end{vmatrix}$

$= \begin{vmatrix} 1 & 1 & 1 \\ 0 & 1 & 1 \\ 0 & 0 & -1 \end{vmatrix} = \begin{vmatrix} 1 & 1 \\ 0 & -1 \end{vmatrix} = -1 - 0 = -1$

$D_a = \begin{vmatrix} -1 & 1 & 1 & 1 \\ -3 & 1 & 1 & 1 \\ -2 & 0 & 1 & 1 \\ 2 & 1 & 1 & 0 \end{vmatrix} = \begin{vmatrix} -1 & 0 & 0 & 0 \\ -3 & -2 & -2 & -2 \\ -2 & -2 & -1 & -1 \\ 2 & 3 & 3 & 2 \end{vmatrix}$

$= (-1) \begin{vmatrix} -2 & -2 & -2 \\ -2 & -1 & -1 \\ 3 & 3 & 2 \end{vmatrix} = (-1)(-2) \begin{vmatrix} 1 & 1 & 1 \\ -2 & -1 & -1 \\ 3 & 3 & 2 \end{vmatrix}$

$= 2 \begin{vmatrix} 1 & 0 & 0 \\ -2 & 1 & 1 \\ 3 & 0 & -1 \end{vmatrix} = 2 \begin{vmatrix} 1 & 1 \\ 0 & -1 \end{vmatrix} = 2(-1 - 0) = -2$

$D_b = \begin{vmatrix} 1 & -1 & 1 & 1 \\ 0 & -3 & 1 & 1 \\ 0 & -2 & 1 & 1 \\ 1 & 2 & 1 & 0 \end{vmatrix} = \begin{vmatrix} 1 & -1 & 1 & 1 \\ 0 & -3 & 1 & 1 \\ 0 & -2 & 1 & 1 \\ 0 & 3 & 0 & -1 \end{vmatrix}$

$= \begin{vmatrix} -3 & 1 & 1 \\ -2 & 1 & 1 \\ 3 & 0 & -1 \end{vmatrix} = \begin{vmatrix} -3 & 1 & 1 \\ 1 & 0 & 0 \\ 3 & 0 & -1 \end{vmatrix} = (-1) \begin{vmatrix} 1 & 1 \\ 0 & -1 \end{vmatrix}$

$= (-1)(-1 - 0) = 1$

$D_c = \begin{vmatrix} 1 & 1 & -1 & 1 \\ 0 & 1 & -3 & 1 \\ 0 & 0 & -2 & 1 \\ 1 & 1 & 2 & 0 \end{vmatrix} = \begin{vmatrix} 1 & 1 & -1 & 1 \\ 0 & 1 & -3 & 1 \\ 0 & 0 & -2 & 1 \\ 0 & 0 & 3 & -1 \end{vmatrix}$

$= \begin{vmatrix} 1 & -3 & 1 \\ 0 & -2 & 1 \\ 0 & 3 & -1 \end{vmatrix} = \begin{vmatrix} -2 & 1 \\ 3 & -1 \end{vmatrix} = 2 - 3 = -1$

$D_d = \begin{vmatrix} 1 & 1 & 1 & -1 \\ 0 & 1 & 1 & -3 \\ 0 & 0 & 1 & -2 \\ 1 & 1 & 1 & 2 \end{vmatrix} = \begin{vmatrix} 1 & 1 & 1 & -1 \\ 0 & 1 & 1 & -3 \\ 0 & 0 & 1 & -2 \\ 0 & 0 & 0 & 3 \end{vmatrix}$

$= \begin{vmatrix} 1 & 1 & -3 \\ 0 & 1 & -2 \\ 0 & 0 & 3 \end{vmatrix} = \begin{vmatrix} 1 & -2 \\ 0 & 3 \end{vmatrix} = 3 - 0 = 3$

$a = \dfrac{D_a}{D} = \dfrac{-2}{-1} = 2$, $b = \dfrac{D_b}{D} = \dfrac{1}{-1} = -1$,

$c = \dfrac{D_c}{D} = \dfrac{-1}{-1} = 1$, $d = \dfrac{D_d}{D} = \dfrac{3}{-1} = -3$

The solution set is $\{(2, -1, 1, -3)\}$.

41. $D = \begin{vmatrix} 0 & 3 & -1 & 2 \\ 1 & -2 & 0 & 9 \\ 5 & 1 & 3 & -1 \\ 2 & 0 & 2 & 0 \end{vmatrix} = \begin{vmatrix} 0 & 3 & -1 & 2 \\ 1 & -2 & 0 & 9 \\ 0 & 11 & 3 & -46 \\ 0 & 4 & 2 & -18 \end{vmatrix}$

$= (-1) \begin{vmatrix} 3 & -1 & 2 \\ 11 & 3 & -46 \\ 4 & 2 & -18 \end{vmatrix} = (-1)(2) \begin{vmatrix} 3 & -1 & 1 \\ 11 & 3 & -23 \\ 4 & 2 & -9 \end{vmatrix}$

$= (-2) \begin{vmatrix} 0 & -1 & 0 \\ 20 & 3 & -20 \\ 10 & 2 & -7 \end{vmatrix}$

$= (-2)(-1)(-1) \begin{vmatrix} 20 & -20 \\ 10 & -7 \end{vmatrix}$

$= (-2)(20) \begin{vmatrix} 1 & -1 \\ 10 & -7 \end{vmatrix} = (-40)[-7 - (-10)]$

$= -40(3) = -120$

SSM: College Algebra   **Chapter 5:** Matrices and Linear Systems

$$D_w = \begin{vmatrix} 0 & 3 & -1 & 1 \\ 1 & -2 & 0 & 5 \\ 5 & 1 & 3 & -4 \\ 2 & 0 & 2 & 3 \end{vmatrix} = \begin{vmatrix} 0 & 3 & -1 & 1 \\ 1 & -2 & 0 & 5 \\ 0 & 11 & 3 & -29 \\ 0 & 4 & 2 & -7 \end{vmatrix}$$

$$= (-1)\begin{vmatrix} 3 & -1 & 1 \\ 11 & 3 & -29 \\ 4 & 2 & -7 \end{vmatrix} = (-1)\begin{vmatrix} 0 & -1 & 0 \\ 20 & 3 & -26 \\ 10 & 2 & -5 \end{vmatrix}$$

$$= (-1)(-1)(-1)\begin{vmatrix} 20 & -26 \\ 10 & -5 \end{vmatrix} = (-1)(10)\begin{vmatrix} 2 & -26 \\ 1 & -5 \end{vmatrix}$$

$$= -10[-10 - (-26)] = -10(16) = -160$$

$$w = \frac{D_w}{D} = \frac{-160}{-120} = \frac{4}{3}$$

43. a. The model should satisfy

$f(8) = 64a + 8b + c = 16{,}000$
$f(12) = 144a + 12b + c = 24{,}000$
$f(16) = 256a + 16b + c = 36{,}000$

$$D = \begin{vmatrix} 64 & 8 & 1 \\ 144 & 12 & 1 \\ 256 & 16 & 1 \end{vmatrix}$$

$$= (16)(4)\begin{vmatrix} 4 & 2 & 1 \\ 9 & 3 & 1 \\ 16 & 4 & 1 \end{vmatrix} = 64\begin{vmatrix} 4 & 2 & 1 \\ 5 & 1 & 0 \\ 12 & 2 & 0 \end{vmatrix}$$

$$= 64\begin{vmatrix} 5 & 1 \\ 12 & 2 \end{vmatrix} = 64(10 - 12) = -128$$

$$D_a = \begin{vmatrix} 16{,}000 & 8 & 1 \\ 24{,}000 & 12 & 1 \\ 36{,}000 & 16 & 1 \end{vmatrix}$$

$$= (4000)(4)\begin{vmatrix} 4 & 2 & 1 \\ 6 & 3 & 1 \\ 9 & 4 & 1 \end{vmatrix}$$

$$= 16{,}000\begin{vmatrix} 4 & 2 & 1 \\ 2 & 1 & 0 \\ 5 & 2 & 0 \end{vmatrix} = 16{,}000\begin{vmatrix} 2 & 1 \\ 5 & 2 \end{vmatrix}$$

$$= 16{,}000(4 - 5) = -16{,}000$$

$$D_b = \begin{vmatrix} 64 & 16{,}000 & 1 \\ 144 & 24{,}000 & 1 \\ 256 & 36{,}000 & 1 \end{vmatrix}$$

$$= (16)(4000)\begin{vmatrix} 4 & 4 & 1 \\ 9 & 6 & 1 \\ 16 & 9 & 1 \end{vmatrix}$$

$$= 64{,}000\begin{vmatrix} 4 & 4 & 1 \\ 5 & 2 & 0 \\ 12 & 5 & 0 \end{vmatrix} = 64{,}000\begin{vmatrix} 5 & 2 \\ 12 & 5 \end{vmatrix}$$

$$= 64{,}000(25 - 24) = 64{,}000$$

$$D_c = \begin{vmatrix} 64 & 8 & 16{,}000 \\ 144 & 12 & 24{,}000 \\ 256 & 16 & 36{,}000 \end{vmatrix}$$

$$= (16)(4)(4000)\begin{vmatrix} 4 & 2 & 4 \\ 9 & 3 & 6 \\ 16 & 4 & 9 \end{vmatrix}$$

$$= (256{,}000)(2)(3)\begin{vmatrix} 2 & 1 & 2 \\ 3 & 1 & 2 \\ 16 & 4 & 9 \end{vmatrix}$$

$$= 1{,}536{,}000\begin{vmatrix} 0 & 1 & 0 \\ 1 & 1 & 0 \\ 8 & 4 & 1 \end{vmatrix}$$

$$= 1{,}536{,}000(-1)\begin{vmatrix} 1 & 0 \\ 8 & 1 \end{vmatrix}$$

$$= -1{,}536{,}000(1 - 0) = -1{,}536{,}000$$

$$a = \frac{D_a}{D} = \frac{-16{,}000}{-128} = 125,$$

$$b = \frac{D_b}{D} = \frac{64{,}000}{-128} = -500,$$

$$c = \frac{D_c}{D} = \frac{-1{,}536{,}000}{-128} = 12{,}000$$

The model is
$$f(x) = 125x^2 - 500x + 12{,}000.$$

b. The vertex of the parabola is at
$$x = \frac{-(-500)}{2(125)} = \frac{500}{250} = 2.$$
$f(2) = 125(4) - 500(2) + 12{,}000$
$= 500 - 1000 + 12{,}000 = 11{,}500.$
According to the model, 2 years of education corresponds to the minimum yearly earnings of $11,500. No, since no years of education should correspond to the minimum yearly average earnings.

45. a. Area $= \pm\dfrac{1}{2}\begin{vmatrix} 3 & -5 & 1 \\ 2 & 6 & 1 \\ -3 & 5 & 1 \end{vmatrix}$

$= \pm\dfrac{1}{2}\begin{vmatrix} 3 & -5 & 1 \\ -1 & 11 & 0 \\ -6 & 10 & 0 \end{vmatrix} = \pm\dfrac{1}{2}\begin{vmatrix} -1 & 11 \\ -6 & 10 \end{vmatrix}$

$= \pm\dfrac{1}{2}[-10 - (-66)] = \pm\dfrac{1}{2}(56) = 28$

The area is 28 square units.

b.

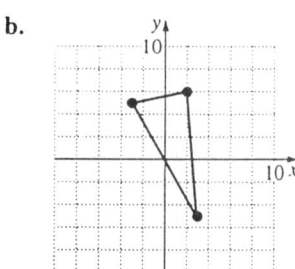

The slope of the line through $(3, -5)$ and $(-3, 5)$ is $m = \dfrac{5-(-5)}{-3-3} = \dfrac{10}{-6} = -\dfrac{5}{3}.$

The equation of the line is
$y - (-5) = -\dfrac{5}{3}(x - 3)$ or $y = -\dfrac{5}{3}x.$

The line perpendicular to $y = -\dfrac{5}{3}x$ through $(2, 6)$ has equation
$y - 6 = \dfrac{3}{5}(x - 2)$ or $y = \dfrac{3}{5}x + \dfrac{24}{5}.$

These lines intersect where

$-\dfrac{5}{3}x = \dfrac{3}{5}x + \dfrac{24}{5}$

$-\dfrac{24}{5} = \dfrac{34}{15}x$

$-\dfrac{36}{17} = x$

and $y = -\dfrac{5}{3}\left(-\dfrac{36}{17}\right) = \dfrac{60}{17}$

Using the side connecting $(3, -5)$ and $(-3, 5)$ as the base, the height is the distance from $(2, 6)$ to $\left(-\dfrac{36}{17}, \dfrac{60}{17}\right).$

$b = \sqrt{[3-(-3)]^2 + (-5-5)^2}$
$= \sqrt{36 + 100} = \sqrt{136} = 2\sqrt{34}$

$h = \sqrt{\left[2 - \left(-\dfrac{36}{17}\right)\right]^2 + \left(6 - \dfrac{60}{17}\right)^2}$

$= \sqrt{\dfrac{4900}{289} + \dfrac{1764}{289}} = \dfrac{14\sqrt{34}}{17}$

$\dfrac{1}{2}bh = \dfrac{1}{2}(2\sqrt{34})\left(\dfrac{14\sqrt{34}}{17}\right) = \dfrac{14(34)}{17}$

$= 14(2) = 28$ square units

47. Area $= 10 = \pm\dfrac{1}{2}\begin{vmatrix} x_1 & y_1 & 1 \\ 1 & 3 & 1 \\ 5 & 1 & 1 \end{vmatrix}$

$10 = \pm\dfrac{1}{2}\left[x_1\begin{vmatrix} 3 & 1 \\ 1 & 3 \end{vmatrix} - y_1\begin{vmatrix} 1 & 1 \\ 5 & 1 \end{vmatrix} + \begin{vmatrix} 1 & 3 \\ 5 & 1 \end{vmatrix}\right]$

$10 = \pm\dfrac{1}{2}[x_1(9-1) - y_1(1-5) + (1-15)]$

$10 = \pm\dfrac{1}{2}(8x_1 + 4y_1 - 14)$

$\pm 20 = 8x_1 + 4y_1 - 14$

$4y_1 = -8x_1 + 14 \pm 20$

$y_1 = -2x_1 + \dfrac{7}{2} \pm 5$

The points are on the line $y = -2x + \dfrac{17}{2}$ or $y = -2x - \dfrac{3}{2}.$

SSM: College Algebra Chapter 5: Matrices and Linear Systems

49. $\begin{vmatrix} 3 & -1 & 1 \\ 0 & -3 & 1 \\ 12 & 5 & 1 \end{vmatrix} = \begin{vmatrix} 3 & -1 & 1 \\ -3 & -2 & 0 \\ 9 & 6 & 0 \end{vmatrix} = \begin{vmatrix} -3 & -2 \\ 9 & 6 \end{vmatrix} = -18 - (-18) = 0$

Yes, the points are collinear.

51. $\begin{vmatrix} x & y & 1 \\ 3 & -5 & 1 \\ -2 & 6 & 1 \end{vmatrix} = x\begin{vmatrix} -5 & 1 \\ 6 & 1 \end{vmatrix} - y\begin{vmatrix} 3 & 1 \\ -2 & 1 \end{vmatrix} + \begin{vmatrix} 3 & -5 \\ -2 & 6 \end{vmatrix} = x(-5-6) - y[3-(-2)] + (18-10)$

$= -11x - 5y + 8$

The equation of the line is $-11x - 5y + 8 = 0$.

53. $\begin{vmatrix} x & y & 1 \\ x_1 & y_1 & 1 \\ x_2 & y_2 & 1 \end{vmatrix} = x\begin{vmatrix} y_1 & 1 \\ y_2 & 1 \end{vmatrix} - y\begin{vmatrix} x_1 & 1 \\ x_2 & 1 \end{vmatrix} + \begin{vmatrix} x_1 & y_1 \\ x_2 & y_2 \end{vmatrix}$

$= x(y_1 - y_2) - y(x_1 - x_2) + x_1 y_2 - x_2 y_1$
$= -x(y_2 - y_1) + y(x_2 - x_1) + x_1 y_2 - x_1 y_1 + x_1 y_1 - x_2 y_1$
$= -x(y_2 - y_1) + y(x_2 - x_1) + x_1(y_2 - y_1) - y_1(x_2 - x_1)$
$= -(x - x_1)(y_2 - y_1) + (y - y_1)(x_2 - x_1)$

Set this equal to 0:
$-(x - x_1)(y_2 - y_1) + (y - y_1)(x_2 - x_1) = 0$

$y - y_1 = \dfrac{y_2 - y_1}{x_2 - x_1}(x - x_1)$

55. **a.** False; $\begin{vmatrix} 4a & 4b \\ 4c & 4d \end{vmatrix} = 4\begin{vmatrix} a & b \\ 4c & 4d \end{vmatrix} = 4(4)\begin{vmatrix} a & b \\ c & d \end{vmatrix}$

$= 16\begin{vmatrix} a & b \\ c & d \end{vmatrix}$

b. True;

$\begin{vmatrix} a & 0 & 0 & b \\ 0 & a & b & 0 \\ 0 & b & a & 0 \\ b & 0 & 0 & a \end{vmatrix} = a\begin{vmatrix} a & b & 0 \\ b & a & 0 \\ 0 & 0 & a \end{vmatrix} - b\begin{vmatrix} 0 & 0 & b \\ a & b & 0 \\ b & a & 0 \end{vmatrix}$

$= a(a)\begin{vmatrix} a & b \\ b & a \end{vmatrix} - b(b)\begin{vmatrix} a & b \\ b & a \end{vmatrix}$

$= (a^2 - b^2)\begin{vmatrix} a & b \\ b & a \end{vmatrix} = \begin{vmatrix} a & b \\ b & a \end{vmatrix}^2$ since $\begin{vmatrix} a & b \\ b & a \end{vmatrix} = a^2 - b^2$.

c. False; using Cramer's rule, $z = \dfrac{D_z}{D}$.

d. False; if two rows of a determinant are identical, the value of the determinant is 0. (Add −1 times the one row to the identical to obtain a row of zeros. Then expand about the row of zeros.)

57. Input the matrix as [A], then use det [A] to find the determinant.
$$\begin{vmatrix} 3 & -2 & -1 & 4 \\ -5 & 1 & 2 & 7 \\ 2 & 4 & 5 & 0 \\ -1 & 3 & -6 & 5 \end{vmatrix} = -2100$$

59. Answers may vary.

61. Answers may vary.

63. Answers may vary.

65. Answers may vary.

67. Expand about the first row.
$$\begin{vmatrix} y & 0 & 0 & 0 \\ 15 & y-1 & 0 & 0 \\ -5 & 24 & y+2 & 0 \\ 24 & -31 & 57 & 2y+3 \end{vmatrix} = y \begin{vmatrix} y-1 & 0 & 0 \\ 24 & y+2 & 0 \\ -31 & 57 & 2y+3 \end{vmatrix}$$

$$= y(y-1) \begin{vmatrix} y+2 & 0 \\ 57 & 2y+3 \end{vmatrix} = y(y-1)[(y+2)(2y+3) - 0]$$

$$= y(y-1)(y+2)(2y+3)$$

$y(y-1)(y+2)(2y+3) = 0$ when $y = -2, -\dfrac{3}{2}, 0, 1$.

$$\left\{-2, -\dfrac{3}{2}, 0, 1\right\}$$

69.
$$\begin{vmatrix} a & 0 & b & 0 \\ 0 & x & 0 & y \\ x & 0 & b & 0 \\ 0 & a & 0 & y \end{vmatrix} = a \begin{vmatrix} x & 0 & y \\ 0 & b & 0 \\ a & 0 & y \end{vmatrix} + x \begin{vmatrix} 0 & b & 0 \\ x & 0 & y \\ a & 0 & y \end{vmatrix} = a(b) \begin{vmatrix} x & y \\ a & y \end{vmatrix} + x(-b) \begin{vmatrix} x & y \\ a & y \end{vmatrix}$$

$$= (ab - xb) \begin{vmatrix} x & y \\ a & y \end{vmatrix} = \begin{vmatrix} a & b \\ x & b \end{vmatrix} \cdot \begin{vmatrix} x & y \\ a & y \end{vmatrix} \text{ since } \begin{vmatrix} a & b \\ x & b \end{vmatrix} = ab - xb.$$

71. $\begin{vmatrix} a_1 & b_1 & c_1 \\ a_2-a_1 & b_2-b_1 & c_2-c_1 \\ 2a_3 & 2b_3 & 2c_3 \end{vmatrix} = 2\begin{vmatrix} a_1 & b_1 & c_1 \\ a_2-a_1 & b_2-b_1 & c_2-c_1 \\ a_3 & b_3 & c_3 \end{vmatrix}$

$= 2\begin{vmatrix} a_1 & b_1 & c_1 \\ a_2 & b_2 & c_2 \\ a_3 & b_3 & c_3 \end{vmatrix} = 2(12) = 24$

73. By Problem 72, $\text{Area}_{ODB} = \frac{1}{2}\begin{vmatrix} x_1 & y_1 \\ x_3 & y_3 \end{vmatrix}$, $\text{Area}_{OCD} = \frac{1}{2}\begin{vmatrix} x_3 & y_3 \\ x_2 & y_2 \end{vmatrix}$, $\text{Area}_{OCB} = \frac{1}{2}\begin{vmatrix} x_1 & y_1 \\ x_2 & y_2 \end{vmatrix}$

The area of A is

$\text{Area}_{OCB} - \text{Area}_{OCD} - \text{Area}_{ODB} = \frac{1}{2}\left(\begin{vmatrix} x_1 & y_1 \\ x_2 & y_2 \end{vmatrix} - \begin{vmatrix} x_3 & y_3 \\ x_2 & y_2 \end{vmatrix} - \begin{vmatrix} x_1 & y_1 \\ x_3 & y_3 \end{vmatrix}\right)$

$= \frac{1}{2}\left(-\begin{vmatrix} x_3 & y_3 \\ x_2 & y_2 \end{vmatrix} - \begin{vmatrix} x_1 & y_1 \\ x_3 & y_3 \end{vmatrix} + \begin{vmatrix} x_1 & y_1 \\ x_2 & y_2 \end{vmatrix}\right)$

$= \frac{1}{2}\left(\begin{vmatrix} x_2 & y_2 \\ x_3 & y_3 \end{vmatrix} - \begin{vmatrix} x_1 & y_1 \\ x_3 & y_3 \end{vmatrix} + \begin{vmatrix} x_1 & y_1 \\ x_2 & y_2 \end{vmatrix}\right)$

$= \frac{1}{2}\begin{vmatrix} x_1 & y_1 & 1 \\ x_2 & y_2 & 1 \\ x_3 & y_3 & 1 \end{vmatrix}$

(Expand the matrix about the third column.)

75. Group activity

Problem Set 5.7

1. $\dfrac{4}{x^2-4} = \dfrac{4}{(x+2)(x-2)}$

   $\dfrac{4}{(x+2)(x-2)} = \dfrac{A}{x+2} + \dfrac{B}{x-2}$

   $4 = A(x-2) + B(x+2)$

   $x = 2$:
   $4 = A(0) + B(4)$
   $1 = B$

   $x = -2$
   $4 = A(-4) + B(0)$
   $-1 = A$

   $\dfrac{4}{x^2-4} = -\dfrac{1}{x+2} + \dfrac{1}{x-2}$

3. $\dfrac{7x-10}{(x-2)(x-1)} = \dfrac{A}{x-2} + \dfrac{B}{x-1}$

   $7x - 10 = A(x-1) + B(x-2)$

   $x = 1$:
   $7(1) - 10 = A(0) + B(-1)$
   $-3 = -B$
   $3 = B$

   $x = 2$:
   $7(2) - 10 = A(1) + B(0)$
   $4 = A$

   $\dfrac{7x-10}{(x-2)(x-1)} = \dfrac{4}{x-2} + \dfrac{3}{x-1}$

5. $\dfrac{5x+7}{x^2+2x-3} = \dfrac{5x+7}{(x+3)(x-1)}$

$\dfrac{5x+7}{(x+3)(x-1)} = \dfrac{A}{x+3} + \dfrac{B}{x-1}$

$5x + 7 = A(x-1) + B(x+3)$

$x = 1$:
$5(1) + 7 = A(0) + B(4)$
$12 = 4B$
$3 = B$

$x = -3$:
$5(-3) + 7 = A(-4) + B(0)$
$-8 = -4A$
$2 = A$

$\dfrac{5x+7}{x^2+2x-3} = \dfrac{2}{x+3} + \dfrac{3}{x-1}$

7. $\dfrac{4x^2+13x-9}{x^3+2x^2-3x} = \dfrac{4x^2+13x-9}{x(x^2+2x-3)} = \dfrac{4x^2+13x-9}{x(x-1)(x+3)} = \dfrac{A}{x} + \dfrac{B}{x-1} + \dfrac{C}{x+3}$

$4x^2 + 13x - 9 = A(x-1)(x+3) + Bx(x+3) + Cx(x-1)$
$= A(x^2+2x-3) + B(x^2+3x) + C(x^2-x)$
$= (A+B+C)x^2 + (2A+3B-C)x - 3A$

$A + B + C = 4$
$2A + 3B - C = 13$
$-3A = -9$
$A = 3$, so
$B + C = 1$
$3B - C = 7$
Adding these two equations, we obtain
$4B = 8$
$B = 2$
Therefore, $C = -1$.

$\dfrac{4x^2+13x-9}{x^3+2x^2-3x} = \dfrac{3}{x} + \dfrac{2}{x-1} - \dfrac{1}{x+3}$

9. $\dfrac{6x-11}{(x-1)^2} = \dfrac{A}{x-1} + \dfrac{B}{(x-1)^2}$

$6x - 11 = A(x-1) + B$

$6x - 11 = Ax - A + B$

$A = 6$

$-A + B = -11$, therefore $B = -5$.

$\dfrac{6x-11}{(x-1)^2} = \dfrac{6}{x-1} - \dfrac{5}{(x-1)^2}$

11. $\dfrac{x^2 - 6x + 3}{(x-2)^3} = \dfrac{A}{x-2} + \dfrac{B}{(x-2)^2} + \dfrac{C}{(x-2)^3}$

$x^2 - 6x + 3 = A(x-2)^2 + B(x-2) + C$

$= A(x^2 - 4x + 4) + Bx - 2B + C$

$= Ax^2 - 4Ax + 4A + Bx - 2B + C$

$= Ax^2 + (-4A + B)x + 4A - 2B + C$

$A = 1$

$-4A + B = -6$

$B = -2$

$4A - 2B + C = 3$

Substituting $A = 1$ and $B = -2$

$4(1) - 2(-2) + C = 3$

$C = -5$

$\dfrac{x^2 - 6x + 3}{(x-2)^3} = \dfrac{1}{x-2} - \dfrac{2}{(x-2)^2} - \dfrac{5}{(x-2)^3}$

13. $\dfrac{x^2 + 2x + 7}{x(x-1)^2} = \dfrac{A}{x} + \dfrac{B}{x-1} + \dfrac{C}{(x-1)^2}$

$x^2 + 2x + 7 = A(x-1)^2 + Bx(x-1) + Cx$

$= A(x^2 - 2x + 1) + Bx^2 - Bx + Cx$

$= Ax^2 - 2Ax + A + Bx^2 - Bx + Cx$

$= (A + B)x^2 + (-2A - B + C)x + A$

$A + B = 1$

$-2A - B + C = 2$

$A = 7$

Substitution yields $B = -6$

$-2(7) + 6 + C = 2$

$C = 10$

$\dfrac{x^2 + 2x + 7}{x(x-1)^2} = \dfrac{7}{x} - \dfrac{6}{x-1} + \dfrac{10}{(x-1)^2}$

Chapter 5: Matrices and Linear Systems   *SSM*: College Algebra

15. $\dfrac{5x^2+21x+4}{(x+1)^2(x-3)} = \dfrac{A}{x+1} + \dfrac{B}{(x+1)^2} + \dfrac{C}{x-3}$

$5x^2+21x+4 = A(x+1)(x-3) + B(x-3) + C(x+1)^2$
$= A(x^2-2x-3) + Bx - 3B + C(x^2+2x+1)$
$= Ax^2 - 2Ax - 3A + Bx - 3B + Cx^2 + 2Cx + C$
$= (A+C)x^2 + (-2a+B+2C)x - 3A - 3B + C$

$A + C = 5$
$-2A + B + 2C = 21$
$-3A - 3B + C = 4$

Writing this in matrix form we obtain $\begin{bmatrix} 1 & 0 & 1 \\ -2 & 1 & 2 \\ -3 & -3 & 1 \end{bmatrix} \begin{bmatrix} A \\ B \\ C \end{bmatrix} = \begin{bmatrix} 5 \\ 21 \\ 4 \end{bmatrix}$.

Solving the system using a graphing utility, we obtain $A = -2$, $B = 3$, $C = 7$.

$\dfrac{5x^2+21x+4}{(x+1)^2(x-3)} = -\dfrac{2}{x+1} + \dfrac{3}{(x+1)^2} + \dfrac{7}{x-3}$

17. $\dfrac{4x^2-7x-3}{x^3-x} = \dfrac{4x^2-7x-3}{x(x+1)(x-1)} = \dfrac{A}{x} + \dfrac{B}{x+1} + \dfrac{C}{x-1}$

$4x^2 - 7x - 3 = A(x+1)(x-1) + Bx(x-1) + Cx(x+1)$
$= A(x^2-1) + Bx^2 - Bx + Cx^2 + Cx$
$= Ax^2 - A + Bx^2 - Bx + Cx^2 + Cx$
$= (A+B+C)x^2 + (-B+C)x - A$

$A + B + C = 4$
$-B + C = -7$
$-A = -3$

Algebra yields $A = 3$, and the system reduces to
$B + C = 1$
$\underline{-B + C = -7}$
$2C = -6$
$C = -3$
and $B = 4$

$\dfrac{4x^2-7x-3}{x^3-x} = \dfrac{3}{x} + \dfrac{4}{x+1} - \dfrac{3}{x-1}$

SSM: College Algebra **Chapter 5:** Matrices and Linear Systems

19. $\dfrac{5x^2 - 6x + 7}{(x-1)(x^2+1)} = \dfrac{A}{x-1} + \dfrac{Bx+C}{x^2+1}$

$5x^2 - 6x + 7 = A(x^2+1) + (Bx+C)(x-1)$
$= Ax^2 + A + Bx^2 - Bx + Cx - C$
$= (A+B)x^2 + (-B+C)x + A - C$

$A + B = 5$
$-B + C = -6$
$A - C = 7$

Writing the system in matrix form we get $\begin{bmatrix} 1 & 1 & 0 \\ 0 & -1 & 1 \\ 1 & 0 & -1 \end{bmatrix} \begin{bmatrix} A \\ B \\ C \end{bmatrix} = \begin{bmatrix} 5 \\ -6 \\ 7 \end{bmatrix}$.

Solving with a graphing utility, we obtain $A = 3$, $B = 2$, $C = -4$.

$\dfrac{5x^2 - 6x + 7}{(x-1)(x^2+1)} = \dfrac{3}{x-1} + \dfrac{2x-4}{x^2+1}$

21. $\dfrac{6x^2 - x + 1}{x^3 + x^2 + x + 1} = \dfrac{6x^2 - x + 1}{(x+1)(x^2+1)} = \dfrac{A}{x+1} + \dfrac{Bx+C}{x^2+1}$

$6x^2 - x + 1 = A(x^2+1) + (Bx+C)(x+1)$
$= Ax^2 + A + Bx^2 + Bx + Cx + C$
$= (A+B)x^2 + (B+C)x + A + C$

$A + B = 6$
$B + C = -1$
$A + C = 1$

Writing the system in matrix form we get $\begin{bmatrix} 1 & 1 & 0 \\ 0 & 1 & 1 \\ 1 & 0 & 1 \end{bmatrix} \begin{bmatrix} A \\ B \\ C \end{bmatrix} = \begin{bmatrix} 6 \\ -1 \\ 1 \end{bmatrix}$.

Solving the system using a graphing utility, we obtain $A = 4$, $B = 2$, $C = -3$.

$\dfrac{6x^2 - x + 1}{x^3 + x^2 + x + 1} = \dfrac{4}{x+1} + \dfrac{2x-3}{x^2+1}$

23. $\dfrac{5x^2+6x+3}{(x+1)(x^2+2x+2)} = \dfrac{A}{x+1} + \dfrac{Bx+C}{x^2+2x+2}$

$5x^2+6x+3 = A(x^2+2x+2) + (Bx+C)(x+1)$
$= Ax^2 + 2Ax + 2A + Bx^2 + Bx + Cx + C$
$= (A+B)x^2 + (2A+B+C)x + 2A+C$

$A+B=5$
$2A+B+C=6$
$2A+C=3$

Writing the system in matrix form we have $\begin{bmatrix} 1 & 1 & 0 \\ 2 & 1 & 1 \\ 2 & 0 & 1 \end{bmatrix} \begin{bmatrix} A \\ B \\ C \end{bmatrix} = \begin{bmatrix} 5 \\ 6 \\ 3 \end{bmatrix}$.

Solving the system using a graphing utility, we obtain $A=2$, $B=3$, $C=-1$.

$\dfrac{5x^2+6x+3}{(x+1)(x^2+2x+2)} = \dfrac{2}{x+1} + \dfrac{3x-1}{x^2+2x+2}$

25. $\dfrac{x^4+2x^2-x-1}{x(x^2+1)^2} = \dfrac{A}{x} + \dfrac{Bx+C}{x^2+1} + \dfrac{Dx+E}{(x^2+1)^2}$

$x^4+2x^2-x-1 = A(x^2+1)^2 + (Bx+C)(x)(x^2+1) + (Dx+E)x$
$= A(x^4+2x^2+1) + (Bx+C)(x^3+x) + Dx^2 + Ex$
$= Ax^4 + 2Ax^2 + A + Bx^4 + Bx^2 + Cx^3 + Cx + Dx^2 + Ex$
$= (A+B)x^4 + Cx^3 + (2A+B+D)x^2 + (C+E)x + A$

$A+B=1$
$C=0$
$2A+B+D=2$
$C+E=-1$
$A=-1$

Using substitution, since $A=-1$, $C=0$,
$A+B=1$, so $B=2$
$2A+B+D=2$, so $2(-1)+2+D=2$, so $D=2$
$C+E=-1$, so $E=-1$

$\dfrac{x^4+2x^2-x-1}{x(x^2+1)^2} = -\dfrac{1}{x} + \dfrac{2x}{x^2+1} + \dfrac{2x-1}{(x^2+1)^2}$

27. $\dfrac{x^4+4x^2-x}{(x-1)(x^2+1)^2} = \dfrac{A}{x-1} + \dfrac{Bx+C}{x^2+1} + \dfrac{Dx+E}{(x^2+1)^2}$

$x^4+4x^2-x = A(x^2+1)^2 + (Bx+C)(x-1)(x^2+1) + (Dx+E)(x-1)$
$= A(x^4+2x^2+1) + (Bx+C)(x^3-x^2+x-1) + Dx^2 - Dx + Ex - E$
$= Ax^4 + 2Ax^2 + A + Bx^4 - Bx^3 + Bx^2 - Bx + Cx^3 - Cx^2 + Cx - C + Ex^2 - Dx + Ex - E$
$= (A+B)x^4 + (-B+C)x^3 + (2A+B-C+D)x^2 + (-B+C-D+E)x + A - C - E$

$A + B = 1$
$-B + C = 0$
$2A + B - C + D = 4$
$-B + C - D + E = -1$
$A - C - E = 0$

Writing the system in matrix form, we get $\begin{bmatrix} 1 & 1 & 0 & 0 & 0 \\ 0 & -1 & 1 & 0 & 0 \\ 2 & 1 & -1 & 1 & 0 \\ 0 & -1 & 1 & -1 & 1 \\ 1 & 0 & -1 & 0 & -1 \end{bmatrix} \begin{bmatrix} A \\ B \\ C \\ D \\ E \end{bmatrix} = \begin{bmatrix} 1 \\ 0 \\ 4 \\ -1 \\ 0 \end{bmatrix}$.

Solving the system using a graphing utility, we obtain $A = 1$, $B = 0$, $C = 0$, $D = 2$, $E = 1$.

$\dfrac{x^4+4x^2-x}{(x-1)(x^2+1)^2} = \dfrac{1}{x-1} + \dfrac{2x+1}{(x^2+1)^2}$

29. $\dfrac{x^3-4x^2+9x-5}{(x^2-2x+3)^2} = \dfrac{Ax+B}{x^2-2x+3} + \dfrac{Cx+D}{(x^2-2x+3)^2}$

$x^3 - 4x^2 + 9x - 5 = (Ax+B)(x^2-2x+3) + Cx + D$
$= Ax^3 - 2Ax^2 + 3Ax + Bx^2 - 2Bx + 3B + Cx + D$
$= Ax^3 + (-2A+B)x^2 + (3A-2B+C)x + 3B + D$

$A = 1$
$-2A + B = -4$
$3A - 2B + C = 9$
$3B + D = -5$

Since $A = 1$, back-substitution yields $B = -2$, $C = 2$, $D = 1$.

$\dfrac{x^3-4x^2+9x-5}{(x^2-2x+3)^2} = \dfrac{x-2}{x^2-2x+3} + \dfrac{2x+1}{(x^2-2x+3)^2}$

31. $\dfrac{3x^4 - 9x^3 + 14x^2 - 9x + 2}{(x-1)(x^2 - 2x + 2)^2} = \dfrac{A}{x-1} + \dfrac{Bx + C}{x^2 - 2x + 2} + \dfrac{Dx + E}{(x^2 - 2x + 2)^2}$

$3x^4 - 9x^3 + 14x^2 - 9x + 2 = A(x^2 - 2x + 2)^2 + (Bx + C)(x-1)(x^2 - 2x + 2) + (Dx + E)(x - 1)$

$= (A + B)x^4 + (-4A - 3B + C)x^3 + (8A + 4B - 3C + D)x^2 + (-8A - 2B + 4C - D + E)x + 4A - 2C - E$

$A + B = 3$
$-4A - 3B + C = -9$
$8A + 4B - 3C + D = 14$
$-8A - 2B + 4C - D + E = -9$
$4A - 2C - E = 2$

Rewriting the system in matrix form we get $\begin{bmatrix} 1 & 1 & 0 & 0 & 0 \\ -4 & -3 & 1 & 0 & 0 \\ 8 & 4 & -3 & 1 & 0 \\ -8 & -2 & 4 & -1 & 1 \\ 4 & 0 & -2 & 0 & -1 \end{bmatrix} \begin{bmatrix} A \\ B \\ C \\ D \\ E \end{bmatrix} = \begin{bmatrix} 3 \\ -9 \\ 14 \\ -9 \\ 2 \end{bmatrix}$.

Solving the system using a graphing utility, we obtain $A = 1$, $B = 2$, $C = 1$, $D = 1$, $E = 0$.

$\dfrac{3x^4 - 9x^3 + 14x^2 - 9x^2 + 2}{(x-1)(x^2 - 2x + 2)^2} = \dfrac{1}{x-1} + \dfrac{2x + 1}{x^2 - 2x + 2} + \dfrac{x}{(x^2 - 2x + 2)^2}$

33. $\dfrac{1}{(x^2 + x + 1)(x^2 + x + 2)} = \dfrac{A}{x^2 + x + 1} + \dfrac{B}{x^2 + x + 2}$

$1 = A(x^2 + x + 2) + B(x^2 + x + 1)$
$= Ax^2 + Ax + 2A + Bx^2 + Bx + B$
$= (A + B)x^2 + (A + B)x + 2A + B$

$A + B = 0$ (1)
$A + B = 0$ (2)
$2A + B = 1$ (3)

Equations (1) and (2) are identical, so multiply equation (1) by -1 and add to equation (3).
$-A - B = 0$
$\underline{2A + B = 1}$
$A = 1$

Back-substitution yields $B = -1$.

$\dfrac{1}{(x^2 + x + 1)(x^2 + x + 2)} = \dfrac{1}{x^2 + x + 1} - \dfrac{1}{x^2 + x + 2}$

SSM: College Algebra Chapter 5: Matrices and Linear Systems

35. The degree of the numerator is greater than the degree of the denominator, so we begin by dividing.

$$\begin{array}{r} x^2 \\ x^3-2x^2+x-2 \overline{\smash{\big)}\, x^5-2x^4+x^3+0x^2+x+5} \\ \underline{x^5-2x^4+x^3-2x^2} \\ 2x^2+x+5 \end{array}$$

$$\frac{x^5-2x^4+x^3+x+5}{x^3-2x^2+x-2}=x^2+\frac{2x^2+x+5}{x^3-2x^2+x-2}=x^2+\frac{2x^2+x+5}{(x^2+1)(x-2)}$$

$$\frac{2x^2+x+5}{(x^2+1)(x-2)}=\frac{Ax+B}{x^2+1}+\frac{C}{x-2}$$

$$2x^2+x+5=(Ax+B)(x-2)+C(x^2+1)$$
$$=Ax^2-2Ax+Bx-2B+Cx^2+C$$
$$=(A+C)x^2+(-2A+B)x-2B+C$$

$A+C=2$
$-2A+B=1$
$-2B+C=5$

Writing the system in matrix form we have $\begin{bmatrix} 1 & 0 & 1 \\ -2 & 1 & 0 \\ 0 & -2 & 1 \end{bmatrix}\begin{bmatrix} A \\ B \\ C \end{bmatrix}=\begin{bmatrix} 2 \\ 1 \\ 5 \end{bmatrix}$.

Solving the system using a graphing utility, we obtain $A=-1$, $B=-1$, $C=3$.

$$\frac{x^5-2x^4+x^3+x+5}{x^3-2x^2+x-2}=x^2+\frac{-x-1}{x^2+1}+\frac{3}{x-2}=x^2-\frac{x+1}{x^2+1}+\frac{3}{x-2}$$

37. The degree of the numerator is the same as the degree of the denominator, so we begin by dividing.

$$\begin{array}{r} 1 \\ x^3+4x \overline{\smash{\big)}\, x^3+0x^2+0x+8} \\ \underline{x^3 +4x} \\ -4x+8 \end{array}$$

$$\frac{x^3+8}{x^3+4x}=1+\frac{-4x+8}{x^3+4x}=1+\frac{-4x+8}{x(x^2+4)}$$

$$\frac{-4x+8}{x(x^2+4)}=\frac{A}{x}+\frac{Bx+C}{x^2+4}$$

$-4x+8=A(x^2+4)+(Bx+C)x$
$=Ax^2+4A+Bx^2+Cx$
$-4x+8=(A+B)x^2+Cx+4A$
$A+B=0$
$C=-4$
$4A=8$

So $A = 2$, $C = -4$, and back-substitution yields $B = -2$.

$$\frac{x^3+8}{x^3+4x} = 1 + \frac{2}{x} + \frac{-2x-4}{x^2+4} = 1 + \frac{2}{x} - \frac{2x+4}{x^2+4}$$

39. $\dfrac{1}{x^2+x} = \dfrac{1}{x(x+1)} = \dfrac{A}{x} + \dfrac{B}{x+1}$

$1 = A(x+1) + B(x)$

$x = -1$:

$1 = A(0) + B(-1)$

$-1 = B$

$x = 0$:

$1 = A(1) + B(0)$

$1 = A$

$\dfrac{1}{x^2+x} = \dfrac{1}{x} - \dfrac{1}{x+1}$

$\dfrac{1}{1 \cdot 2} + \dfrac{1}{2 \cdot 3} + \dfrac{1}{3 \cdot 4} + \cdots + \dfrac{1}{99 \cdot 100} = \left(\dfrac{1}{1} - \dfrac{1}{2}\right) + \left(\dfrac{1}{2} - \dfrac{1}{3}\right) + \left(\dfrac{1}{3} - \dfrac{1}{4}\right) + \cdots + \left(\dfrac{1}{99} - \dfrac{1}{100}\right)$

$= \dfrac{1}{1} - \dfrac{1}{100} = \dfrac{99}{100}$

41. a. This is incorrect.

$\dfrac{x}{(x-1)(x^2-x-6)} = \dfrac{A}{x-1} + \dfrac{B}{x-3} + \dfrac{C}{x+2}$

b. This is correct.

c. This is incorrect.

$x^3 - 8 = (x-2)(x^2+2x+4)$

d. This is incorrect. Since the degree of the numerator is greater than the degree of the denominator, the first step is to divide.

43. $\dfrac{x^5 - 3x^2 + 12x - 1}{x^3(x^2+x+1)(x^2+2)^3} = \dfrac{A}{x} + \dfrac{B}{x^2} + \dfrac{C}{x^3} + \dfrac{Dx+E}{x^2+x+1} + \dfrac{Fx+G}{x^2+2} + \dfrac{Hx+I}{(x^2+2)^2} + \dfrac{Jx+K}{(x^2+2)^3}$

$x^5 - 3x^2 + 12x - 1$
$= Ax^2(x^2+x+1)(x^2+2)^3 + Bx(x^2+x+1)(x^2+2)^3 + C(x^2+x+1)(x^2+2)^3 + (Dx+E)x^3(x^2+2)^3$
$\quad + (Fx+G)x^3(x^2+x+1)(x^2+2)^2 + (Hx+I)x^3(x^2+x+1)(x^2+2) + (Jx+K)x^3(x^2+x+1)$

Simplifying the right hand side, we get

$= (A+D+F)x^{10} + (A+B+E+F+G)x^9 + (7A+B+C+6D+5F+G+H)x^8$
$\quad + (6A+7B+C+6E+4F+5G+H+I)x^7 + (18A+6B+7C+12D+8F+4G+3H+I+J)x^6$
$\quad + (12A+18B+6C+12E+4F+8G+2H+3I+J+K)x^5$
$\quad + (20A+12B+18C+8D+4F+4G+2H+2I+J+K)x^4$

$+(8A+20B+12C+8E+4G+2I+K)x^3 +(8A+8B+20C)x^2 +(8B+8C)x+8C$

The matrix form of the system of equations is

$$\begin{bmatrix} 1 & 0 & 0 & 1 & 0 & 1 & 0 & 0 & 0 & 0 & 0 \\ 1 & 1 & 0 & 0 & 1 & 1 & 1 & 0 & 0 & 0 & 0 \\ 7 & 1 & 1 & 6 & 0 & 5 & 1 & 1 & 0 & 0 & 0 \\ 6 & 7 & 1 & 0 & 6 & 4 & 5 & 1 & 1 & 0 & 0 \\ 18 & 6 & 7 & 12 & 0 & 8 & 4 & 3 & 1 & 1 & 0 \\ 12 & 18 & 6 & 0 & 12 & 4 & 8 & 2 & 3 & 1 & 1 \\ 20 & 12 & 18 & 8 & 0 & 4 & 4 & 2 & 2 & 1 & 1 \\ 8 & 20 & 12 & 0 & 8 & 0 & 4 & 0 & 2 & 0 & 1 \\ 8 & 8 & 20 & 0 & 0 & 0 & 0 & 0 & 0 & 0 & 0 \\ 0 & 8 & 8 & 0 & 0 & 0 & 0 & 0 & 0 & 0 & 0 \\ 0 & 0 & 8 & 0 & 0 & 0 & 0 & 0 & 0 & 0 & 0 \end{bmatrix} \begin{bmatrix} A \\ B \\ C \\ D \\ E \\ F \\ G \\ H \\ I \\ J \\ K \end{bmatrix} = \begin{bmatrix} 0 \\ 0 \\ 0 \\ 0 \\ 0 \\ 1 \\ 0 \\ 0 \\ -3 \\ 12 \\ -1 \end{bmatrix}$$

Solving the system using a graphing utility yields $A = -\dfrac{27}{16}$, $B = \dfrac{13}{8}$, $C = -\dfrac{1}{8}$, $D = -\dfrac{4}{3}$, $E = -3$, $F = \dfrac{145}{48}$, $G = \dfrac{1}{24}$, $H = \dfrac{19}{6}$, $I = \dfrac{17}{12}$, $J = \dfrac{9}{4}$, $K = \dfrac{7}{2}$.

$$\dfrac{x^5 - 3x^2 + 12x - 1}{x^3(x^2+x+1)(x^2+2)^3} = -\dfrac{27}{16x} + \dfrac{13}{8x^2} - \dfrac{1}{8x^3} - \dfrac{4x+9}{3(x^2+x+1)} + \dfrac{145x+2}{48(x^2+2)} + \dfrac{38x+17}{12(x^2+2)^2} + \dfrac{9x+14}{4(x^2+2)^3}$$

45.
$\dfrac{x}{(ax+b)^2} = \dfrac{A}{ax+b} + \dfrac{B}{(ax+b)^2}$

$x = A(ax+b) + B$

$x = Aax + Ab + B$

$1 = Aa$

$0 = Ab + B$

$A = \dfrac{1}{a}$

$B = -Ab = -\dfrac{b}{a}$

$\dfrac{x}{(ax+b)^2} = \dfrac{1}{a(ax+b)} - \dfrac{b}{a(ax+b)^2}$

Verification is left to the reader.

47. By adding the rational expressions

49.
$\dfrac{ax+b}{(x-c)^2} = \dfrac{A}{x-c} + \dfrac{B}{(x-c)^2}$

$ax + b = A(x-c) + B$

$ax + b = Ax - Ac + B$

$a = A$

$b = -Ac + B$

$B = b + Ac = b + ac$

$\dfrac{ax+b}{(x-c)^2} = \dfrac{a}{x-c} + \dfrac{b+ac}{(x-c)^2}$

51. $\dfrac{\ln x^{11} + 2}{(\ln x + 1)(\ln x^2 - 1)} = \dfrac{11 \ln x + 2}{(\ln x + 1)(2 \ln x - 1)}$

Let $y = \ln x$, then we have

$\dfrac{11y+2}{(y+1)(2y-1)} = \dfrac{A}{y+1} + \dfrac{B}{2y-1}$

$11y + 2 = A(2y-1) + B(y+1)$

$= 2Ay - A + By + B$

$= (2A + B)y - A + B$

$11 = 2A + B$ (1)
$2 = -A + B$ (2)
Multiply equation (2) by -1 and add to equation (1).
$11 = 2A + B$
$-2 = A - B$
$\overline{9 = 3A}$
$3 = A$
$2 = -3 + B$
$5 = B$
$\dfrac{11y+2}{(y+1)(2y-1)} = \dfrac{3}{y+1} + \dfrac{5}{2y-1}$, so
$\dfrac{\ln x^{11} + 2}{(\ln x + 1)(\ln x^2 - 1)} = \dfrac{3}{\ln x + 1} + \dfrac{5}{\ln x^2 - 1}$

Problem Set 5.8

1. Graph $x + 2y = 8$ with a solid line.
   Test $(0, 0)$:
   $0 + 2(0) \le 8$?
   $0 \le 8$
   Shade the half-plane containing $(0, 0)$.

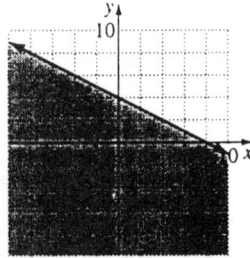

3. Graph $x - 2y = 10$ with a dashed line.
   Test $(0, 0)$:
   $0 - 2(0) > 10$?
   $0 \not> 10$
   Shade the half-plane not containing $(0, 0)$.

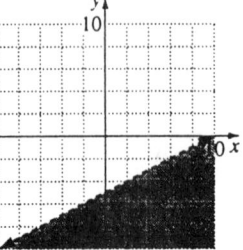

5. Graph $y = 3$ with a dashed line and shade the half-plane below the line.

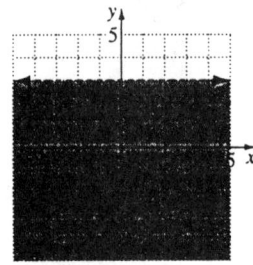

7. Graph the line $x = 2$ with a dashed line and graph $x = 5$ with a solid line and shade the region between the lines.

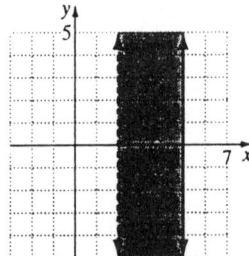

9. $|y| < 4$ is equivalent to $-4 < y < 4$. Graph the lines $y = -4$ and $y = 4$ with dashed lines and shade the region between them.

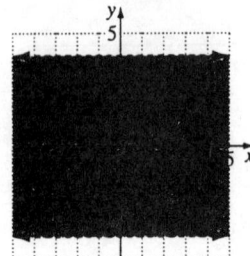

11. $|3x+2| \geq 6$ is equivalent to $3x+2 \geq 6$ which is $x \geq \dfrac{4}{3}$ or $3x+2 \leq -6$ which is $x \leq -\dfrac{8}{3}$. Graph the lines $x = -\dfrac{8}{3}$ and $x = \dfrac{4}{3}$ with solid lines. Shade to the left of $x = -\dfrac{8}{3}$ and to the right of $x = \dfrac{4}{3}$.

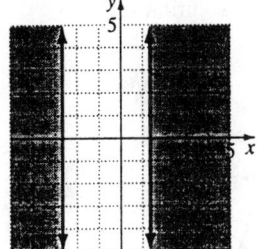

13. Graph $x - 2y = 12$ and $2x + y = 14$ with solid lines. The inequalities are $y \geq \dfrac{x}{2} - 6$ and $y \geq -2x + 14$, so shade the region above both lines.
Then dash the parts of the solid lines that don't contain the solution set.

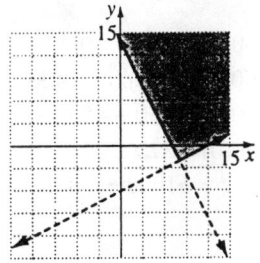

15. Graph $2x + y = 12$ and $4x + y = 8$ with solid lines. The inequalities are $y \leq -2x + 12$ and $y \geq -4x + 8$, so shade the region below $2x + y = 12$ and above $4x + y = 8$

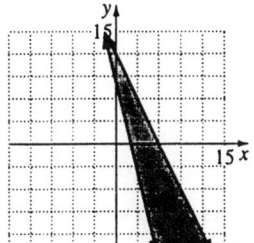

17. Graph $x + y = -1$, $x = -1$, and $y = 5$ with solid lines and $3x - 2y = 12$ with a dashed line.
The inequalities are
$y \geq -x - 1$
$y > \dfrac{3}{2}x - 6$
$x \geq 1$
$y \leq 5$
Then dash the parts of the solid lines that don't contain the solution set.

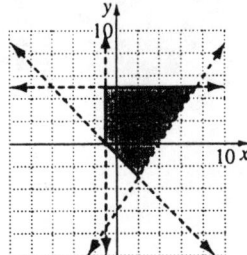

19. Graph $5x - 2y = 10$ and $2x - 5y = -10$ with dashed lines and $x + y = -5$ and $x = -2$ with solid lines.
The inequalities are
$y > \dfrac{5}{2}x - 5$
$y < \dfrac{2}{5}x + 2$
$y \geq -x - 5$
$x \geq -2$
Then dash the parts of the solid lines that don't contain the solution set.

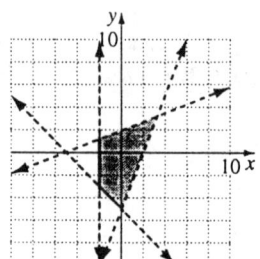

21. Graph $y = x - 3$, $y = -x - 3$, $x + 2y = 6$, and $x - 2y = 6$ with dashed lines.
The inequalities are
$y < x - 3$
$y > -x - 3$
$y < -\dfrac{1}{2}x + 3$
$y > \dfrac{1}{2}x - 3$

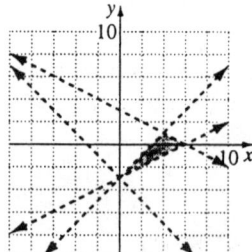

23. Graph $x + 5y = 5$, $3x + y = 15$, $x + y = 7$, and $2x - y = -1$ with solid lines. The inequalities are
$y \geq -\dfrac{1}{5}x + 1$
$y \leq -3x + 15$
$y \leq -x + 7$
$y \leq 2x + 1$
Then dash the parts of the solid lines that don't contain the solution set.

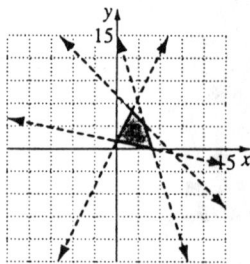

25. $(1, 2): 5(1) + 6(2) = 5 + 12 = 17$
$(2, 10): 5(2) + 6(10) = 10 + 60 = 70$
$(7, 5): 5(7) + 6(5) = 35 + 30 = 65$
$(8, 3): 5(8) + 6(3) = 40 + 18 = 58$
The maximum is $z = 70$; the minimum is $z = 17$.

27. $(0, 0): 40(0) + 50(0) = 0 + 0 = 0$
$(0, 8): 40(0) + 50(8) = 0 + 400 = 400$
$(4, 9): 40(4) + 50(9) = 160 + 450 = 610$
$(8, 0): 40(8) + 50(0) = 320 + 0 = 320$
The maximum is $z = 610$; the minimum is $z = 0$.

29.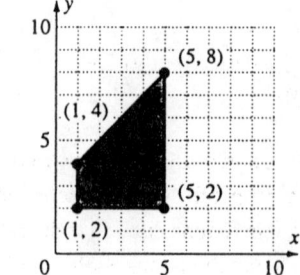

(1, 2): $z = 3(1) - 2(2) = -1$
(1, 4): $z = 3(1) - 2(4) = -5$
(5, 8): $z = 3(5) - 2(8) = -1$
(5, 2): $z = 3(5) - 2(2) = 11$
Maximum value is 11; minimum value is -5.

31. a. $z = 125x + 200y$

b. $x \le 450$
$y \le 200$
$600x + 900y \le 360,000$

c. Simplify the third inequality by dividing by 300 to get $2x + 3y \le 1200$

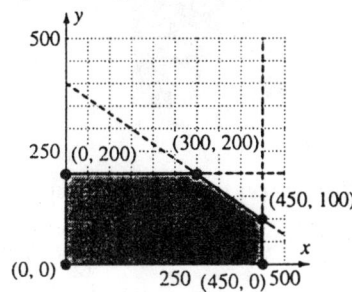

d. (0, 0): $125(0) + 200(0) = 0 + 0 = 0$
(0, 200):
$125(0) + 200(200) = 0 + 40,000$
$= 40,000$
(300, 200):
$125(300) + 200(200) = 37,500 + 40,000$
$= 77,500$
(450, 100):
$125(450) + 200(100) = 56,250 + 20,000$
$= 76,250$
(450, 0):
$125(450) + 200(0) = 56,250 + 0$
$= 56,250$

e. The television manufacturer will make the greatest profit by manufacturing <u>300</u> console televisions each month and <u>200</u> wide-screen televisions each month. The maximum monthly profit is <u>$77,500</u>.

33. Let x = the number of cartons of food and y = the number of cartons of clothing.
The constraints are:
$50x + 5y \le 18,000$ or $10x + y \le 3600$
$30x + 20y \le 12,000$ or $3x + 2y \le 1200$
Graph these inequalities in the first quadrant, since x and y cannot be negative.

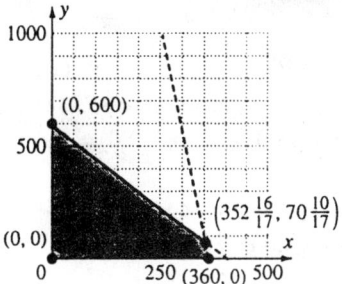

The quantity to be maximized is the number of people helped, which is $5x + 6y$.
(0, 0): $5(0) + 6(0) = 0 + 0 = 0$
(0, 600): $5(0) + 6(600) = 0 + 3600 = 3600$
$\left(352\frac{16}{17}, 70\frac{10}{17}\right)$:
$5\left(352\frac{16}{17}\right) + 6\left(70\frac{10}{17}\right) = 1764\frac{12}{17} + 423\frac{9}{17}$
$= 2188\frac{4}{17} \approx 2188$
(360, 0): $5(360) + 6(0) = 1800 + 0 = 1800$
No cartons of food and 600 cartons of clothing should be shipped. This will help 3600 people.

35. Let x = the number of American planes and y = the number of British planes.
The constraints are:
$x + y \le 44$
$16x + 8y \le 512$
$9000x + 5000y \le 300,000$
or
$x + y \le 44$
$2x + y \le 64$
$9x + 5y \le 300$
Graph these inequalities in the first quadrant, since x and y cannot be negative.

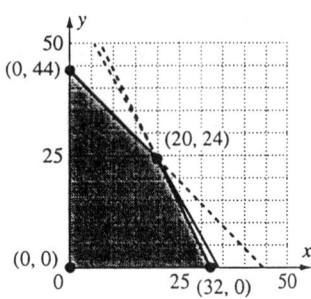

The quantity to be maximized is cargo capacity, which is $30{,}000x + 20{,}000y$.

(0, 0): $30{,}000(0) + 20{,}000(0) = 0 + 0 = 0$

(0, 44):
$30{,}000(0) + 20{,}000(44)$
$= 0 + 880{,}000 = 880{,}000$

(20, 24):
$30{,}000(20) + 20{,}000(24)$
$= 600{,}000 + 480{,}000 = 1{,}080{,}000$

(32, 0):
$30{,}000(32) + 20{,}000(0)$
$= 960{,}000 + 0 = 960{,}000$

To maximize cargo capacity, 20 American planes and 24 British planes should be used.

37. a. False; constraints are inequalities that model the limitations in the problem situation.

   b. True

   c. False; the vertices of the solution set of the system are (0, 0), (0, 4), (2, 2), and (3, 0).

   d. False; the earnings are modeled by $15x + 12y$.

39. Verification is left to the student.

41. Answers may vary.

43. (2, 0): $3(2) + 4(0) = 6 + 0 = 6$
    (2, 6): $3(2) + 4(6) = 6 + 24 = 30$
    (6, 3): $3(6) + 4(3) = 18 + 12 = 30$
    (8, 0) $= 3(8) + 4(0) = 24 + 0 = 24$
    The maximum value of 30 occurs at both (2, 6) and (6, 3), and at any point on the line segment connecting (6, 3) and (2, 6). Answers may vary.

45.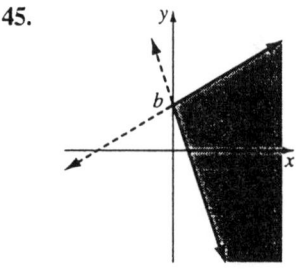

47. The vertices of the feasible region are (0, 0), (0, 3), (3, 1), and (2, 0). If $A = \dfrac{2}{3}B$, then the objective function is $z = \dfrac{2}{3}Bx + By$.

    (0, 0): $\dfrac{2}{3}B(0) + B(0) = 0 + 0 = 0$

    (0, 3): $\dfrac{2}{3}B(0) + B(3) = 0 + 3B = 3B$

    (3, 1): $\dfrac{2}{3}B(3) + B(1) = 2B + B = 3B$

    (2, 0): $\dfrac{2}{3}B(2) + B(0) = \dfrac{4}{3}B + = \dfrac{4}{3}B$

    Since A and B are positive, then the objective function has the same maximum value $(3B)$ at the vertices (3, 1) and (0, 3).

SSM: College Algebra   **Chapter 5:** *Matrices and Linear Systems*

Chapter 5 Review Problems

1. $4x + 6y = 31$ (1)
   $3x + 4y = 22$ (2)
   Multiply (1) by 3 and (2) by –4.
   $12x + 18y = 93$
   $-12x - 16y = -88$
   $\overline{2y = 5}$
   $y = \dfrac{5}{2}$
   $4x + 6\left(\dfrac{5}{2}\right) = 31$
   $4x + 15 = 31$
   $4x = 16$
   $x = 4$
   The solution set is $\left\{\left(4, \dfrac{5}{2}\right)\right\}$.

2. $0.05x + 0.06y = 400$
   $y = 2x + 1000$
   $0.05x + 0.06(2x + 1000) = 400$
   $0.05x + 0.12x + 60 = 400$
   $0.17x = 340$
   $x = 2000$
   $y = 2(2000) + 1000 = 5000$
   The solution set is $\{(2000, 5000)\}$.

3. $2y - 6x = 7$ (1)
   $3x - y = 9$ (2)
   (2) can be written as $y = 3x - 9$.
   $2(3x - 9) - 6x = 7$
   $6x - 18 - 6x = 7$
   $-18 = 7$
   Since this is false, the system is inconsistent.

4. $3x - 2y = 12$ (1)
   $2x - 3y = -2$ (2)
   Multiply (1) by 2 and (2) by –3.
   $6x - 4y = 24$
   $-6x + 9y = 6$
   $\overline{5y = 30}$
   $y = 6$

   $3x - 2(6) = 12$
   $3x - 12 = 12$
   $3x = 24$
   $x = 8$
   The solution set is $\{(8, 6)\}$.

5. $4x - 8y = 16$ (1)
   $3x - 6y = 12$ (2)
   Divide (1) by 4 and (2) by 3.
   $x - 2y = 4$
   $x - 2y = 4$
   Since these equations are identical, the system is dependent.

6. $2x - y + z = 1$ (1)
   $3x - 3y + 4z = 5$ (2)
   $4x - 2y + 3z = 4$ (3)
   Eliminate y from (1) and (2) by multiplying (1) by –3 and adding the result to (2).
   $-6x + 3y - 3z = -3$
   $3x - 3y + 4z = 5$
   $\overline{-3x + z = 2}$ (4)
   Eliminate y from (1) and (3) by multiplying (1) by –2 and adding the result to (3).
   $-4x + 2y - 2z = -2$
   $4x - 2y + 3z = 4$
   $\overline{z = 2}$
   Substituting $z = 2$ into (4), we get:
   $-3x + 2 = 2$
   $-3x = 0$
   $x = 0$
   Substituting $x = 0$ and $z = 2$ into (1), we have:
   $2(0) - y + 2 = 1$
   $-y = -1$
   $y = 1$
   The solution set is $\{(0, 1, 2)\}$.

7. $x + 2y - z = 5$ (1)
   $2x - y + 3z = 0$ (2)
   $2y + z = 1$ (3)
   Eliminate x from (1) and (2) by multiplying (1) by –2 and adding the result to (2).

$-2x - 4y + 2z = -10$
$2x - y + 3z = 0$
$\overline{-5y + 5z = -10}$
$y - z = 2$ (4)

Adding (3) and (4), we get:
$2y + z = 1$
$\underline{y - z = 2}$
$3y = 3$
$y = 1$

Substituting $y = 1$ into (3), we have:
$2(1) + z = 1$
$z = -1$

Substituting $y = 1$ and $z = -1$ into (1), we obtain:
$x + 2(1) - (-1) = 5$
$x + 3 = 5$
$x = 2$

The solution set is $\{(2, 1, -1)\}$.

8. x = mg of cholesterol in one ounce of shrimp
y = mg of cholesterol in one ounce of scallops
$3x + 2y = 156$ (1)
$5x + 3y = 255$ (2)
Multiply (1) by -3 and multiply (2) by 2. Add the resulting equations together.

$-9x - 6y = -468$
$\underline{10x + 6y = 510}$
$x = 42$

$3(42) + 2y = 156$
$126 + 2y = 156$
$2y = 30$
$y = 15$

Shrimp: 42 mg of cholesterol per ounce
Scallops: 15 mg of cholesterol per ounce

9. The perimeter of the lot is
$2(2A) + 2(3B) = 4A + 6B$. The length to be fenced is $2A + B$, at a cost of
$2A(30) + B(8)$ or $60A + 8B$.
The resulting equations are
$4A + 6B = 310$ (1)
$60A + 8B = 2600$ (2)
Multiply (1) by -15 and add the result to (2).
$-60A - 90B = -4650$
$\underline{60A + 8B = 2600}$
$-82B = -2050$
$B = 25$

Substituting $B = 25$ into (1), we get
$4A + 6(25) = 310$
$4A + 150 = 310$
$4A = 160$
$A = 40$

Thus $A = 40$ and $B = 25$.
Descriptions may vary.

10. The equations are
$x + y + z = 50{,}760$
$x = z + 22{,}900$
$x = 2y + 5335$
or
$x + y + z = 50{,}7860$ (1)
$x - z = 22{,}900$
$x - 2y = 5335$

Express y and z in terms of x and substitute those expressions into (1).
$z = x - 22{,}900$ (2)
$y = \frac{1}{2}(x - 5335)$ (3)

$x + \frac{1}{2}(x - 5335) + (x - 22{,}900) = 50{,}760$
$x + \frac{1}{2}x - 2667.5 + x - 22{,}900 = 50{,}760$
$\frac{5}{2}x = 76{,}327.5$
$x = 30{,}531$

Substituting $x = 30,531$ into (2) and (3), we obtain
$z = 30,531 - 22,900 = 7631$
$y = \frac{1}{2}(30,531 - 5335) = \frac{1}{2}(25,196)$
$= 12,598$
New York City has 30,531 officers, Chicago has 12,598 officers, and Los Angeles has 7631 officers.

11. Let $x =$ the measure of the smallest angle, $y =$ the measure of the middle angle, and $z =$ the measure of the largest angle.
The equations are
$x + y + z = 180$
$z = x + 66$
$z = 3y - 17$
or
$x + y + z = 180$ (1)
$-x + z = 66$
$3y - z = 17$
Express x and y in terms of z and substitute those expressions into (1).
$x = z - 66$ (2)
$y = \frac{1}{3}(z + 17)$ (3)
$(z - 66) + \frac{1}{3}(z + 17) + z = 180$
$z - 66 + \frac{1}{3}z + \frac{17}{3} + z = 180$
$\frac{7}{3}z - 60\frac{1}{3} = 180$
$\frac{7}{3}z = 240\frac{1}{3}$
$z = 103$
Substituting $z = 103$ into (2) and (3), we obtain
$x = 103 - 66 = 37$
$y = \frac{1}{3}(103 + 17) = \frac{1}{3}(120) = 40$
The angles measure 37°, 40°, and 103°.

12. Let $x =$ number of ounces of Food A
$y =$ number of ounces of Food B
$z =$ number of ounces of Food C

$200x + 50y + 10z = 740$
$0.2x + 3y + z = 10.6$
$10y + 30z = 140$

$\begin{bmatrix} 200 & 50 & 10 & | & 740 \\ 0.2 & 3 & 1 & | & 10.6 \\ 0 & 10 & 30 & | & 140 \end{bmatrix}$

$\xrightarrow{R_1 - 1000R_2} \begin{bmatrix} 200 & 50 & 10 & | & 740 \\ 0 & -2950 & -990 & | & -9860 \\ 0 & 10 & 30 & | & 140 \end{bmatrix}$

$\xrightarrow{\left(-\frac{1}{10}R_2\right)} \begin{bmatrix} 200 & 50 & 10 & | & 740 \\ 0 & 295 & 99 & | & 986 \\ 0 & 0 & 7860 & | & 31,440 \end{bmatrix}$

$R_2 + 295R_3$
$7860z = 31,440$
$z = 4$
$295y + 99(4) = 986$
$295y = 590$
$y = 2$
$200x + 50(2) + 10(4) = 740$
$200x = 600$
$x = 3$
3 ounces of Food A, 2 ounces of Food B, and 4 ounces of Food C must be used.

13. $\begin{bmatrix} 1 & 2 & 3 & | & -5 \\ 2 & 1 & 1 & | & 1 \\ 1 & 1 & -1 & | & 8 \end{bmatrix}$

$\xrightarrow[-R_1 + R_3]{-2R_1 + R_2} \begin{bmatrix} 1 & 2 & 3 & | & -5 \\ 0 & -3 & -5 & | & 11 \\ 0 & -1 & -4 & | & 13 \end{bmatrix}$

$\xrightarrow{R_2 \leftrightarrow R_3} \begin{bmatrix} 1 & 2 & 3 & | & -5 \\ 0 & -1 & -4 & | & 13 \\ 0 & -3 & -5 & | & 11 \end{bmatrix}$

$$\xrightarrow{-R_2} \begin{bmatrix} 1 & 2 & 3 & | & -5 \\ 0 & 1 & 4 & | & -13 \\ 0 & -3 & -5 & | & 11 \end{bmatrix}$$

$$\xrightarrow{3R_2 + R_3} \begin{bmatrix} 1 & 2 & 3 & | & -5 \\ 0 & 1 & 4 & | & -13 \\ 0 & 0 & 7 & | & -28 \end{bmatrix}$$

$$\xrightarrow[\frac{1}{7}R_3]{} \begin{bmatrix} 1 & 2 & 3 & | & -5 \\ 0 & 1 & 4 & | & -13 \\ 0 & 0 & 1 & | & -4 \end{bmatrix}$$

$$\xrightarrow{-2R_2 + R_1} \begin{bmatrix} 1 & 0 & -5 & | & 21 \\ 0 & 1 & 4 & | & -13 \\ 0 & 0 & 1 & | & -4 \end{bmatrix}$$

$$\xrightarrow[{-4R_3 + R_2}]{5R_3 + R_1} \begin{bmatrix} 1 & 0 & 0 & | & 1 \\ 0 & 1 & 0 & | & 3 \\ 0 & 0 & 1 & | & -4 \end{bmatrix}$$

The solution set is $\{(1, 3, -4)\}$.

14. $\begin{bmatrix} 3 & 5 & -8 & 5 & | & -8 \\ 1 & 2 & -3 & 1 & | & -7 \\ 2 & 3 & -7 & 3 & | & -11 \\ 4 & 8 & -10 & 7 & | & -10 \end{bmatrix}$

$$\xrightarrow{R_1 \leftrightarrow R_2} \begin{bmatrix} 1 & 2 & -3 & 1 & | & -7 \\ 3 & 5 & -8 & 5 & | & -8 \\ 2 & 3 & -7 & 3 & | & -11 \\ 4 & 8 & -10 & 7 & | & -10 \end{bmatrix}$$

$$\xrightarrow[{-4R_1 + R_4}]{\substack{-3R_1 + R_2 \\ -2R_1 + R_3}} \begin{bmatrix} 1 & 2 & -3 & 1 & | & -7 \\ 0 & -1 & 1 & 2 & | & 13 \\ 0 & -1 & -1 & 1 & | & 3 \\ 0 & 0 & 2 & 3 & | & 18 \end{bmatrix}$$

$$\xrightarrow{-R_2} \begin{bmatrix} 1 & 2 & -3 & 1 & | & -7 \\ 0 & 1 & -1 & -2 & | & -13 \\ 0 & -1 & -1 & 1 & | & 3 \\ 0 & 0 & 2 & 3 & | & 18 \end{bmatrix}$$

$$\xrightarrow[{R_2 + R_3}]{-2R_2 + R_1} \begin{bmatrix} 1 & 0 & -1 & 5 & | & 19 \\ 0 & 1 & -1 & -2 & | & -13 \\ 0 & 0 & -2 & -1 & | & -10 \\ 0 & 0 & 2 & 3 & | & 18 \end{bmatrix}$$

$$\xrightarrow{-\frac{1}{2}R_3} \begin{bmatrix} 1 & 0 & -1 & 5 & | & 19 \\ 0 & 1 & -1 & -2 & | & -13 \\ 0 & 0 & 1 & \frac{1}{2} & | & 5 \\ 0 & 0 & 2 & 3 & | & 18 \end{bmatrix}$$

$$\xrightarrow[{-2R_3 + R_4}]{\substack{R_3 + R_1 \\ R_3 + R_2}} \begin{bmatrix} 1 & 0 & 0 & \frac{11}{2} & | & 24 \\ 0 & 1 & 0 & -\frac{3}{2} & | & -8 \\ 0 & 0 & 1 & \frac{1}{2} & | & 5 \\ 0 & 0 & 0 & 2 & | & 8 \end{bmatrix}$$

$$\xrightarrow{\frac{1}{2}R_4} \begin{bmatrix} 1 & 0 & 0 & \frac{11}{2} & | & 24 \\ 0 & 1 & 0 & -\frac{3}{2} & | & -8 \\ 0 & 0 & 1 & \frac{1}{2} & | & 5 \\ 0 & 0 & 0 & 1 & | & 4 \end{bmatrix}$$

$$\xrightarrow[{-\frac{1}{2}R_4 + R_3}]{\substack{-\frac{11}{2}R_4 + R_1 \\ \frac{3}{2}R_4 + R_2}} \begin{bmatrix} 1 & 0 & 0 & 0 & | & 2 \\ 0 & 1 & 0 & 0 & | & -2 \\ 0 & 0 & 1 & 0 & | & 3 \\ 0 & 0 & 0 & 1 & | & 4 \end{bmatrix}$$

The solution set is $\{(2, -2, 3, 4)\}$.

15. a. The function must satisfy:
$98 = 4a = 2b + c$
$138 = 16a + 4b + c$
$162 = 100a + 10b + c$

$$\begin{bmatrix} 4 & 2 & 1 & | & 98 \\ 16 & 4 & 1 & | & 138 \\ 100 & 10 & 1 & | & 162 \end{bmatrix}$$

$$\xrightarrow{\frac{1}{4}R_1} \begin{bmatrix} 1 & \frac{1}{2} & \frac{1}{4} & | & \frac{49}{2} \\ 16 & 4 & 1 & | & 138 \\ 100 & 10 & 1 & | & 162 \end{bmatrix}$$

$$\xrightarrow[-100R_1+R_3]{-16R_1+R_2} \begin{bmatrix} 1 & \frac{1}{2} & \frac{1}{4} & \frac{49}{2} \\ 0 & -4 & -3 & -254 \\ 0 & -40 & -24 & -2288 \end{bmatrix}$$

$$\xrightarrow{-\frac{1}{4}R_2} \begin{bmatrix} 1 & \frac{1}{2} & \frac{1}{4} & \frac{49}{2} \\ 0 & 1 & \frac{3}{4} & \frac{127}{2} \\ 0 & -40 & -24 & -2288 \end{bmatrix}$$

$$\xrightarrow{40R_2+R_3} \begin{bmatrix} 1 & \frac{1}{2} & \frac{1}{4} & \frac{49}{2} \\ 0 & 1 & \frac{3}{4} & \frac{127}{2} \\ 0 & 0 & 6 & 252 \end{bmatrix}$$

$$\xrightarrow{\frac{1}{6}R_3} \begin{bmatrix} 1 & \frac{1}{2} & \frac{1}{4} & \frac{49}{2} \\ 0 & 1 & \frac{3}{4} & \frac{127}{2} \\ 0 & 0 & 1 & 42 \end{bmatrix}$$

$$\xrightarrow[-\frac{3}{4}R_3+R_2]{-\frac{1}{4}R_3+R_1} \begin{bmatrix} 1 & \frac{1}{2} & 0 & 14 \\ 0 & 1 & 0 & 32 \\ 0 & 0 & 1 & 42 \end{bmatrix}$$

$$\xrightarrow{-\frac{1}{2}R_3+R_1} \begin{bmatrix} 1 & 0 & 0 & -2 \\ 0 & 1 & 0 & 32 \\ 0 & 0 & 1 & 42 \end{bmatrix}$$

The function is $y = -2x^2 + 32x + 42$.

b. $y = -2x^2 + 32x + 42$ is a parabola.
The maximum occurs when
$$x = \frac{-32}{2(-2)} = \frac{-32}{-4} = 8.$$
The air pollution level is a maximum 8 hours after 6 A.M., which is 2 P.M.
The maximum level is
$y = -2(64) + 32(8) + 42$
$= -128 + 256 + 42$.
170 parts per million.

16. $\begin{bmatrix} 2 & -3 & 1 & 1 \\ 1 & -2 & 3 & 2 \\ 3 & -4 & -1 & 1 \end{bmatrix}$

$$\xrightarrow{R_1 \leftrightarrow R_2} \begin{bmatrix} 1 & -2 & 3 & 2 \\ 2 & -3 & 1 & 1 \\ 3 & -4 & -1 & 1 \end{bmatrix}$$

$$\xrightarrow[-3R_1+R_3]{-2R_1+R_2} \begin{bmatrix} 1 & -2 & 3 & 2 \\ 0 & 1 & -5 & -3 \\ 0 & 2 & -10 & -5 \end{bmatrix}$$

$$\xrightarrow{-2R_2+R_3} \begin{bmatrix} 1 & -2 & 3 & 2 \\ 0 & 1 & -5 & -3 \\ 0 & 0 & 0 & 1 \end{bmatrix}$$

From the last line, we see that the system has no solution.

17. $\begin{bmatrix} 1 & -3 & 1 & 1 \\ -2 & 1 & 3 & -7 \\ 1 & -4 & 2 & 0 \end{bmatrix}$

$$\xrightarrow[-R_1+R_3]{2R_1+R_2} \begin{bmatrix} 1 & -3 & 1 & 1 \\ 0 & -5 & 5 & -5 \\ 0 & -1 & 1 & -1 \end{bmatrix}$$

$$\xrightarrow{-\frac{1}{5}R_2} \begin{bmatrix} 1 & -3 & 1 & 1 \\ 0 & 1 & -1 & 1 \\ 0 & -1 & 1 & -1 \end{bmatrix}$$

$$\xrightarrow{R_2+R_3} \begin{bmatrix} 1 & -3 & 1 & 1 \\ 0 & 1 & -1 & 1 \\ 0 & 0 & 0 & 0 \end{bmatrix}$$

The system $\begin{matrix} x - 3y + z = 1 \\ y - z = 1 \end{matrix}$ has no unique solution. Express x and y in terms of z:
$y = z + 1$
$x - 3(z + 1) + z = 1$
$x - 3z - 3 + z = 1$
$x = 2z + 4$
With $z = t$, the complete solution to the system is $\{(2t + 4, t + 1, t)\}$.

18. $\begin{bmatrix} 1 & 4 & 3 & -6 & | & 5 \\ 1 & 3 & 1 & -4 & | & 3 \\ 2 & 8 & 7 & -5 & | & 11 \\ 2 & 5 & 0 & -6 & | & 4 \end{bmatrix}$

$\xrightarrow[\substack{-R_1+R_2 \\ -2R_1+R_3 \\ -2R_1+R_4}]{} \begin{bmatrix} 1 & 4 & 3 & -6 & | & 5 \\ 0 & -1 & -2 & 2 & | & -2 \\ 0 & 0 & 1 & 7 & | & 1 \\ 0 & -3 & -6 & 6 & | & -6 \end{bmatrix}$

$\xrightarrow{-R_2} \begin{bmatrix} 1 & 4 & 3 & -6 & | & 5 \\ 0 & 1 & 2 & -2 & | & 2 \\ 0 & 0 & 1 & 7 & | & 1 \\ 0 & -3 & -6 & 6 & | & -6 \end{bmatrix}$

$\xrightarrow{3R_2+R_4} \begin{bmatrix} 1 & 4 & 3 & -6 & | & 5 \\ 0 & 1 & 2 & -2 & | & 2 \\ 0 & 0 & 1 & 7 & | & 1 \\ 0 & 0 & 0 & 0 & | & 0 \end{bmatrix}$

The system $\begin{aligned} x_1+4x_2+3x_3-6x_4 &= 5 \\ x_2+2x_3-2x_4 &= 2 \\ x_3+7x_4 &= 1 \end{aligned}$

does not have a unique solution.
Express x_1, x_2, and x_3 in terms of x_4:
$x_3 = -7x_4 + 1$
$x_2 + 2(-7x_4 + 1) - 2x_4 = 2$
$x_2 - 14x_4 + 2 - 2x_4 = 2$
$x_2 = 16x_4$
$x_1 + 4(16x_4) + 3(-7x_4 + 1) - 6x_4 = 5$
$x_1 + 64x_4 - 21x_4 + 3 - 6x_4 = 5$
$x_1 = -37x_4 + 2$
With $x_4 = t$, the complete solution to the system is $\{(-37t+2, 16t, -7t+1, t)\}$.

19. $\begin{bmatrix} 2 & 3 & -5 & | & 15 \\ 1 & 2 & -1 & | & 4 \end{bmatrix}$

$\xrightarrow{R_1 \leftrightarrow R_2} \begin{bmatrix} 1 & 2 & -1 & | & 4 \\ 2 & 3 & -5 & | & 15 \end{bmatrix}$

$\xrightarrow{-2R_1+R_2} \begin{bmatrix} 1 & 2 & -1 & | & 4 \\ 0 & -1 & -3 & | & 7 \end{bmatrix}$

$\xrightarrow{-R_2} \begin{bmatrix} 1 & 2 & -1 & | & 4 \\ 0 & 1 & 3 & | & -7 \end{bmatrix}$

The system $\begin{aligned} x+2y-z &= 4 \\ y+3z &= -7 \end{aligned}$ has no unique solution. Express x and y in terms of z:
$y = -3z - 7$
$x + 2(-3z - 7) - z = 4$
$x - 6z - 14 - z = 4$
$x = 7z + 18$
With $z = t$, the complete solution to the system is $\{(7t+18, -3t-7, t)\}$.

20. **a.** $350 + 400 = x + z$
$450 + z = y + 700$
$x + y = 300 + 200$
or
$x + z = 750$
$y - z = -250$
$x + y = 500$

b. $\begin{bmatrix} 1 & 0 & 1 & | & 750 \\ 0 & 1 & -1 & | & -250 \\ 1 & 1 & 0 & | & 500 \end{bmatrix}$

$\xrightarrow{-R_1+R_3} \begin{bmatrix} 1 & 0 & 1 & | & 750 \\ 0 & 1 & -1 & | & -250 \\ 0 & 1 & -1 & | & -250 \end{bmatrix}$

$\xrightarrow{-R_2+R_3} \begin{bmatrix} 1 & 0 & 1 & | & 750 \\ 0 & 1 & -1 & | & -250 \\ 0 & 0 & 0 & | & 0 \end{bmatrix}$

The system $\begin{aligned} x+z &= 750 \\ y-z &= -250 \end{aligned}$ has no unique solution.
Express x and y in terms of z:
$y = z - 250$
$x = -z + 750$
With $z = t$, the complete solution to the system is $\{(-t+750, t-250, t)\}$.

c. $x = -400 + 750 = 350$
$y = 400 - 250 = 150$

SSM: College Algebra *Chapter 5: Matrices and Linear Systems*

21. $3A + 2D = \begin{bmatrix} 6 & -3 & 6 \\ 15 & 9 & -3 \end{bmatrix} + \begin{bmatrix} -4 & 6 & 2 \\ 6 & -4 & 8 \end{bmatrix} = \begin{bmatrix} 2 & 3 & 8 \\ 21 & 5 & 5 \end{bmatrix}$

22. $-2A - 4D = \begin{bmatrix} -4 & 2 & -4 \\ -10 & -6 & 2 \end{bmatrix} - \begin{bmatrix} -8 & 12 & 4 \\ 12 & -8 & 16 \end{bmatrix} = \begin{bmatrix} 4 & -10 & -8 \\ -22 & 2 & -14 \end{bmatrix}$

23. $-5(A + D) = -5\left(\begin{bmatrix} 0 & 2 & 3 \\ 8 & 1 & 3 \end{bmatrix}\right) = \begin{bmatrix} 0 & -10 & -15 \\ -40 & -5 & -15 \end{bmatrix}$

24. $AB = \begin{bmatrix} 0 - 3 + 2 & -4 - 2 - 10 \\ 0 + 9 - 1 & -10 + 6 + 5 \end{bmatrix} = \begin{bmatrix} -1 & -16 \\ 8 & 1 \end{bmatrix}$

25. $BA = \begin{bmatrix} 0 - 10 & 0 - 6 & 0 + 2 \\ 6 + 10 & -3 + 6 & 6 - 2 \\ 2 - 25 & -1 - 15 & 2 + 5 \end{bmatrix} = \begin{bmatrix} -10 & -6 & 2 \\ 16 & 3 & 4 \\ -23 & -16 & 7 \end{bmatrix}$

26. $BD = \begin{bmatrix} 0 - 6 & 0 + 4 & 0 - 8 \\ -6 + 6 & 9 - 4 & 3 + 8 \\ -2 - 15 & 3 + 10 & 1 - 20 \end{bmatrix} = \begin{bmatrix} -6 & 4 & -8 \\ 0 & 5 & 11 \\ -17 & 13 & -19 \end{bmatrix}$

27. $DB = \begin{bmatrix} 0 + 9 + 1 & 4 + 6 - 5 \\ 0 - 6 + 4 & -6 - 4 - 20 \end{bmatrix} = \begin{bmatrix} 10 & 5 \\ -2 & -30 \end{bmatrix}$

28. $C^2 = \begin{bmatrix} 1 - 2 - 3 & 2 + 2 + 6 & 3 + 4 + 3 \\ -1 - 1 - 2 & -2 + 1 + 4 & -3 + 2 + 2 \\ -1 - 2 - 1 & -2 + 2 + 2 & -3 + 4 + 1 \end{bmatrix}$

$= \begin{bmatrix} -4 & 10 & 10 \\ -4 & 3 & 1 \\ -4 & 2 & 2 \end{bmatrix}$

29. Using the result of Problem 25, we have

$BAC = (BA)C = \begin{bmatrix} -10 & -6 & 2 \\ 16 & 3 & 4 \\ -23 & -16 & 7 \end{bmatrix} \begin{bmatrix} 1 & 2 & 3 \\ -1 & 1 & 2 \\ -1 & 2 & 1 \end{bmatrix}$

$= \begin{bmatrix} -10 + 6 - 2 & -20 - 6 + 4 & -30 - 12 + 2 \\ 16 - 3 - 4 & 32 + 3 + 8 & 48 + 6 + 4 \\ -23 + 16 - 7 & -46 - 16 + 14 & -69 - 32 + 7 \end{bmatrix} = \begin{bmatrix} -6 & -22 & -40 \\ 9 & 43 & 58 \\ -14 & -48 & -94 \end{bmatrix}$

30. Not possible, since AB is 2×2 and BA is 3×3.

31. $(A - D)C = \begin{bmatrix} 4 & -4 & 1 \\ 2 & 5 & -5 \end{bmatrix} \begin{bmatrix} 1 & 2 & 3 \\ -1 & 1 & 2 \\ -1 & 2 & 1 \end{bmatrix} = \begin{bmatrix} 4+4-1 & 8-4+2 & 12-8+1 \\ 2-5+5 & 4+5-10 & 6+10-5 \end{bmatrix}$

$= \begin{bmatrix} 7 & 6 & 5 \\ 2 & -1 & 11 \end{bmatrix}$

32. $4X - 3B = 2A$
$4X = 2A + 3B$
$X = \dfrac{1}{4}(2A + 3B)$

$X = \dfrac{1}{4}\left(\begin{bmatrix} 8 & -10 \\ 0 & 4 \end{bmatrix} + \begin{bmatrix} -21 & 9 \\ -12 & 15 \end{bmatrix}\right) = \dfrac{1}{4}\begin{bmatrix} -13 & -1 \\ -12 & 19 \end{bmatrix} = \begin{bmatrix} -\frac{13}{4} & -\frac{1}{4} \\ -3 & \frac{19}{4} \end{bmatrix}$

33. a. $A + B = \begin{bmatrix} 30 & 58 & 78 \\ 50 & 175 & 308 \end{bmatrix}$

This gives the company's costs and retail sales broken down by division.

b. $A - B = \begin{bmatrix} 4 & 16 & 16 \\ 6 & 17 & 18 \end{bmatrix}$

This gives the amount by which the costs and retail sales of branch store 1 exceed those of branch store 2.

c. Profits = sales − costs
Branch Store 1
  Clothing Furniture Appliances
$C = \begin{bmatrix} 11 & 59 & 116 \end{bmatrix}$

Branch Store 2
  Clothing Furniture Appliances
$D = \begin{bmatrix} 9 & 58 & 114 \end{bmatrix}$

The total profits for the two branch stores is $C + D = \begin{bmatrix} 20 & 117 & 230 \end{bmatrix}$

34. a. $AB = \begin{bmatrix} 144,000+56,000+60,000 & 180,000+77,000+87,000 \\ 240,000+64,000+100,000 & 300,000+88,000+145,000 \\ 84,000+16,000+30,000 & 105,000+22,000+43,500 \end{bmatrix}$

$= \begin{bmatrix} 260,000 & 344,000 \\ 404,000 & 533,000 \\ 130,000 & 170,500 \end{bmatrix}$

SSM: College Algebra   *Chapter 5: Matrices and Linear Systems*

    b. AB gives the wholesale and retail prices of the inventory at each outlet. Thus, the wholesale cost of the inventory of outlet 1 is \$260,000 and the retail price is \$344,000, etc.

    c. \$260,000

    d. \$533,000

    e. Profit = retail price − wholesale price = \$170,500 − \$130,000 = \$40,500

35. $AB = \begin{bmatrix} -2+3+0 & -10+12-2 & 8-9+1 \\ -1+1+0 & -5+4+2 & 4-3-1 \\ -2+2+0 & -10+8+2 & 8-6-1 \end{bmatrix}$

$= \begin{bmatrix} 1 & 0 & 0 \\ 0 & 1 & 0 \\ 0 & 0 & 1 \end{bmatrix}$

$BA = \begin{bmatrix} -2-5+8 & -6-10+16 & -1+5-4 \\ 1+2-3 & 3+4-6 & \frac{1}{2}-2+\frac{3}{2} \\ 0-2+2 & 0-4+4 & 0+2-1 \end{bmatrix}$

$= \begin{bmatrix} 1 & 0 & 0 \\ 0 & 1 & 0 \\ 0 & 0 & 1 \end{bmatrix}$

36. $A^{-1} = \dfrac{1}{(2)(5)-(3)(-1)} \begin{bmatrix} 5 & -3 \\ 1 & 2 \end{bmatrix}$

$= \dfrac{1}{10+3} \begin{bmatrix} 5 & -3 \\ 1 & 2 \end{bmatrix} = \begin{bmatrix} \frac{5}{13} & -\frac{3}{13} \\ \frac{1}{13} & \frac{2}{13} \end{bmatrix}$

Verification is left to the student.

37. $\left[\begin{array}{ccc|ccc} 1 & 0 & -2 & 1 & 0 & 0 \\ 2 & 1 & 0 & 0 & 1 & 0 \\ 1 & 0 & -3 & 0 & 0 & 1 \end{array}\right]$

$\xrightarrow[-R_1+R_3]{-2R_1+R_2} \left[\begin{array}{ccc|ccc} 1 & 0 & -2 & 1 & 0 & 0 \\ 0 & 1 & 4 & -2 & 1 & 0 \\ 0 & 0 & -1 & -1 & 0 & 1 \end{array}\right]$

$\xrightarrow{-R_3} \left[\begin{array}{ccc|ccc} 1 & 0 & -2 & 1 & 0 & 0 \\ 0 & 1 & 4 & -2 & 1 & 0 \\ 0 & 0 & 1 & 1 & 0 & -1 \end{array}\right]$

$\xrightarrow[-4R_3+R_2]{2R_3+R_1} \left[\begin{array}{ccc|ccc} 1 & 0 & 0 & 3 & 0 & -2 \\ 0 & 1 & 0 & -6 & 1 & 4 \\ 0 & 0 & 1 & 1 & 0 & -1 \end{array}\right]$

$A^{-1} = \begin{bmatrix} 3 & 0 & -2 \\ -6 & 1 & 4 \\ 1 & 0 & -1 \end{bmatrix}$

Verification is left to the student.

38. a. The system is $AX = B$ where

$A = \begin{bmatrix} 1 & 1 & 2 \\ 0 & 1 & 3 \\ 3 & 0 & -2 \end{bmatrix}, X = \begin{bmatrix} x \\ y \\ z \end{bmatrix}$, and

$B = \begin{bmatrix} 7 \\ -2 \\ 0 \end{bmatrix}$.

b. $\begin{bmatrix} 1 & 1 & 2 & | & 1 & 0 & 0 \\ 0 & 1 & 3 & | & 0 & 1 & 0 \\ 3 & 0 & -2 & | & 0 & 0 & 1 \end{bmatrix}$

$\xrightarrow{-3R_1+R_3}$ $\begin{bmatrix} 1 & 1 & 2 & | & 1 & 0 & 0 \\ 0 & 1 & 3 & | & 0 & 1 & 0 \\ 0 & -3 & -8 & | & -3 & 0 & 1 \end{bmatrix}$

$\xrightarrow{3R_2+R_3}$ $\begin{bmatrix} 1 & 1 & 2 & | & 1 & 0 & 0 \\ 0 & 1 & 3 & | & 0 & 1 & 0 \\ 0 & 0 & 1 & | & -3 & 3 & 1 \end{bmatrix}$

$\xrightarrow{-R_2+R_1}$ $\begin{bmatrix} 1 & 0 & -1 & | & 1 & -1 & 0 \\ 0 & 1 & 3 & | & 0 & 1 & 0 \\ 0 & 0 & 1 & | & -3 & 3 & 1 \end{bmatrix}$

$\xrightarrow[-3R_3+R_2]{R_3+R_1}$ $\begin{bmatrix} 1 & 0 & 0 & | & -2 & 2 & 1 \\ 0 & 1 & 0 & | & 9 & -8 & -3 \\ 0 & 0 & 1 & | & -3 & 3 & 1 \end{bmatrix}$

$A^{-1} = \begin{bmatrix} -2 & 2 & 1 \\ 9 & -8 & -3 \\ -3 & 3 & 1 \end{bmatrix}$

c. The solution to the system is $A^{-1}B$.

$A^{-1}B = \begin{bmatrix} -2 & 2 & 1 \\ 9 & -8 & -3 \\ -3 & 3 & 1 \end{bmatrix} \begin{bmatrix} 7 \\ -2 \\ 0 \end{bmatrix}$

$= \begin{bmatrix} -14-4+0 \\ 63+16+0 \\ -21-6+0 \end{bmatrix} = \begin{bmatrix} -18 \\ 79 \\ -27 \end{bmatrix}$

The solution to the system is $\{(-18, 79, -27)\}$.

39. The system is $AX = B$ where

$A = \begin{bmatrix} 1 & 2 & -1 \\ 2 & 3 & -1 \\ 3 & 6 & -2 \end{bmatrix}$, $X = \begin{bmatrix} x \\ y \\ z \end{bmatrix}$, and $B = \begin{bmatrix} 5 \\ 8 \\ 14 \end{bmatrix}$.

$\begin{bmatrix} 1 & 2 & -1 & | & 1 & 0 & 0 \\ 2 & 3 & -1 & | & 0 & 1 & 0 \\ 3 & 6 & -2 & | & 0 & 0 & 1 \end{bmatrix}$

$\xrightarrow[-3R_1+R_3]{-2R_1+R_2}$ $\begin{bmatrix} 1 & 2 & -1 & | & 1 & 0 & 0 \\ 0 & -1 & 1 & | & -2 & 1 & 0 \\ 0 & 0 & 1 & | & -3 & 0 & 1 \end{bmatrix}$

$\xrightarrow{-R_2}$ $\begin{bmatrix} 1 & 2 & -1 & | & 1 & 0 & 0 \\ 0 & 1 & -1 & | & 2 & -1 & 0 \\ 0 & 0 & 1 & | & -3 & 0 & 1 \end{bmatrix}$

$\xrightarrow{-2R_2+R_1}$ $\begin{bmatrix} 1 & 0 & 1 & | & -3 & 2 & 0 \\ 0 & 1 & -1 & | & 2 & -1 & 0 \\ 0 & 0 & 1 & | & -3 & 0 & 1 \end{bmatrix}$

$\xrightarrow[R_3+R_2]{-R_3+R_1}$ $\begin{bmatrix} 1 & 0 & 0 & | & 0 & 2 & -1 \\ 0 & 1 & 0 & | & -1 & -1 & 1 \\ 0 & 0 & 1 & | & -3 & 0 & 1 \end{bmatrix}$

$A^{-1} = \begin{bmatrix} 0 & 2 & -1 \\ -1 & -1 & 1 \\ -3 & 0 & 1 \end{bmatrix}$

The solution to the system is $A^{-1}B$.

$A^{-1}B = \begin{bmatrix} 0 & 2 & -1 \\ -1 & -1 & 1 \\ -3 & 0 & 1 \end{bmatrix} \begin{bmatrix} 5 \\ 8 \\ 14 \end{bmatrix}$

$= \begin{bmatrix} 0+16-14 \\ -5-8+14 \\ -15+0+14 \end{bmatrix} = \begin{bmatrix} 2 \\ 1 \\ -1 \end{bmatrix}$

The solution to the system is $\{(2, 1, -1)\}$.

40. The numerical equivalent of BASE is 2, 1, 19, 5. Use $\begin{bmatrix} 2 \\ 1 \end{bmatrix}$ and $\begin{bmatrix} 19 \\ 5 \end{bmatrix}$.

$\begin{bmatrix} 1 & 1 \\ 4 & 5 \end{bmatrix} \begin{bmatrix} 2 \\ 1 \end{bmatrix} = \begin{bmatrix} 2+1 \\ 8+5 \end{bmatrix} = \begin{bmatrix} 3 \\ 13 \end{bmatrix}$

SSM: College Algebra *Chapter 5: Matrices and Linear Systems*

$$\begin{bmatrix} 1 & 1 \\ 4 & 5 \end{bmatrix} \begin{bmatrix} 19 \\ 5 \end{bmatrix} = \begin{bmatrix} 19+5 \\ 76+25 \end{bmatrix} = \begin{bmatrix} 24 \\ 101 \end{bmatrix}$$

The encoded message is 3, 13, 24, 101.

$$A^{-1} = \frac{1}{1\cdot 5 - 1\cdot 4}\begin{bmatrix} 5 & -1 \\ -4 & 1 \end{bmatrix} = \begin{bmatrix} 5 & -1 \\ -4 & 1 \end{bmatrix}$$

$$\begin{bmatrix} 5 & -1 \\ -4 & 1 \end{bmatrix}\begin{bmatrix} 3 \\ 13 \end{bmatrix} = \begin{bmatrix} 15-13 \\ -12+13 \end{bmatrix} = \begin{bmatrix} 2 \\ 1 \end{bmatrix}$$

$$\begin{bmatrix} 5 & -1 \\ -4 & 1 \end{bmatrix}\begin{bmatrix} 24 \\ 101 \end{bmatrix} = \begin{bmatrix} 120-101 \\ -96+101 \end{bmatrix} = \begin{bmatrix} 19 \\ 5 \end{bmatrix}$$

The decoded message is 2, 1, 19, 5 or BASE.

41. $\begin{vmatrix} 4 & 5 \\ -6 & -3 \end{vmatrix} = (4)(-3) - (-6)(5) = -12 - (-30)$
$= -12 + 30 = 18$

42. $\begin{vmatrix} 2 & 4 & -3 \\ 1 & -1 & 5 \\ -2 & 4 & 0 \end{vmatrix} = 2\begin{vmatrix} 2 & 4 & -3 \\ 1 & -1 & 5 \\ -1 & 2 & 0 \end{vmatrix}$

$= 2\left[(-1)\begin{vmatrix} 4 & -3 \\ -1 & 5 \end{vmatrix} - 2\begin{vmatrix} 2 & -3 \\ 1 & 5 \end{vmatrix}\right]$

$= 2\{(-1)(20-3) - 2[10-(-3)]\}$
$= 2[-17 - 2(13)] = 2(-17-26) = 2(-43)$
$= -86$

43. $\begin{vmatrix} 1 & 1 & 0 & 2 \\ 0 & 3 & 2 & 1 \\ 0 & -2 & 4 & 0 \\ 0 & 3 & 0 & 1 \end{vmatrix} = \begin{vmatrix} 3 & 2 & 1 \\ -2 & 4 & 0 \\ 3 & 0 & 1 \end{vmatrix}$

$= 3\begin{vmatrix} 2 & 1 \\ 4 & 0 \end{vmatrix} + \begin{vmatrix} 3 & 2 \\ -2 & 4 \end{vmatrix} = 3(0-4) + [12-(-4)]$

$= 3(-4) + 16 = -12 + 16 = 4$

44. $D = \begin{vmatrix} 1 & -2 \\ 3 & 2 \end{vmatrix} = 2 - (-6) = 2 + 6 = 8$

$D_x = \begin{vmatrix} 8 & -2 \\ -1 & 2 \end{vmatrix} = 16 - 2 = 14$

$D_y = \begin{vmatrix} 1 & 8 \\ 3 & -1 \end{vmatrix} = -1 - 24 = -25$

$x = \frac{D_x}{D} = \frac{14}{8} = \frac{7}{4},\ y = \frac{D_y}{D} = \frac{-25}{8} = -\frac{25}{8}$

The solution to the system is $\left\{\left(\frac{7}{4}, -\frac{25}{8}\right)\right\}$.

45. $D = \begin{vmatrix} 1 & 2 & 2 \\ 2 & 4 & 7 \\ -2 & -5 & -2 \end{vmatrix} = \begin{vmatrix} 1 & 2 & 2 \\ 0 & 0 & 3 \\ 0 & -1 & 2 \end{vmatrix}$

$= \begin{vmatrix} 0 & 3 \\ -1 & 2 \end{vmatrix} = 0 - (-3) = 3$

$D_x = \begin{vmatrix} 5 & 2 & 2 \\ 19 & 4 & 7 \\ 8 & -5 & -2 \end{vmatrix}$

$= 5\begin{vmatrix} 4 & 7 \\ -5 & -2 \end{vmatrix} - 2\begin{vmatrix} 19 & 7 \\ 8 & -2 \end{vmatrix} + 2\begin{vmatrix} 19 & 4 \\ 8 & -5 \end{vmatrix}$

$= 5[-8-(-35)] - 2(-38-56) + 2(-95-32)$
$= 5(27) - 2(-94) - 2(127)$
$= 135 + 188 - 254 = 69$

$D_y = \begin{vmatrix} 1 & 5 & 2 \\ 2 & 19 & 7 \\ -2 & 8 & -2 \end{vmatrix} = \begin{vmatrix} 1 & 5 & 2 \\ 0 & 9 & 3 \\ 0 & 18 & 2 \end{vmatrix}$

$= \begin{vmatrix} 9 & 3 \\ 18 & 2 \end{vmatrix} = 18 - 54 = -36$

$D_z = \begin{vmatrix} 1 & 2 & 5 \\ 2 & 4 & 19 \\ -2 & -5 & 8 \end{vmatrix} = \begin{vmatrix} 1 & 2 & 5 \\ 0 & 0 & 9 \\ 0 & -1 & 18 \end{vmatrix}$

$= \begin{vmatrix} 0 & 9 \\ -1 & 18 \end{vmatrix} = 0 - (-9) = 9$

$$x = \frac{D_x}{D} = \frac{69}{3} = 23, \; y = \frac{D_y}{D} = \frac{-36}{3} = -12,$$
$$z = \frac{D_z}{D} = \frac{9}{3} = 3$$

The solution to the system is $\{(23, -12, 3)\}$.

46. $D = \begin{vmatrix} 1 & 1 & 0 & 0 \\ 0 & 1 & 1 & 1 \\ 0 & 1 & 0 & 1 \\ 0 & 0 & 1 & 1 \end{vmatrix} = \begin{vmatrix} 1 & 1 & 1 \\ 1 & 0 & 1 \\ 0 & 1 & 1 \end{vmatrix} = \begin{vmatrix} 0 & 1 \\ 1 & 1 \end{vmatrix} - \begin{vmatrix} 1 & 1 \\ 1 & 1 \end{vmatrix} = 0 - 1 - (1 - 1) = -1$

$D_{x_1} = \begin{vmatrix} 3 & 1 & 0 & 0 \\ 3 & 1 & 1 & 1 \\ 2 & 1 & 0 & 1 \\ 0 & 0 & 1 & 1 \end{vmatrix} = 3\begin{vmatrix} 1 & 1 & 1 \\ 1 & 0 & 1 \\ 0 & 1 & 1 \end{vmatrix} - \begin{vmatrix} 3 & 1 & 1 \\ 2 & 0 & 1 \\ 0 & 1 & 1 \end{vmatrix}$

$3\left(\begin{vmatrix} 0 & 1 \\ 1 & 1 \end{vmatrix} - \begin{vmatrix} 1 & 1 \\ 1 & 1 \end{vmatrix}\right) - \left(3\begin{vmatrix} 0 & 1 \\ 1 & 1 \end{vmatrix} - 2\begin{vmatrix} 1 & 1 \\ 1 & 1 \end{vmatrix}\right) = 3[0 - 1 - (1 - 1)] - [3(0 - 1) - 2(1 - 1)]$
$= 3(-1) - (-3 - 0) = -3 + 3 = 0$

$D_{x_2} = \begin{vmatrix} 1 & 3 & 0 & 0 \\ 0 & 3 & 1 & 1 \\ 0 & 2 & 0 & 1 \\ 0 & 0 & 1 & 1 \end{vmatrix} = \begin{vmatrix} 3 & 1 & 1 \\ 2 & 0 & 1 \\ 0 & 1 & 1 \end{vmatrix} = 3\begin{vmatrix} 0 & 1 \\ 1 & 1 \end{vmatrix} - 2\begin{vmatrix} 1 & 1 \\ 1 & 1 \end{vmatrix} = 3(0 - 1) - 2(1 - 1) = -3$

$D_{x_3} = \begin{vmatrix} 1 & 1 & 3 & 0 \\ 0 & 1 & 3 & 1 \\ 0 & 1 & 2 & 1 \\ 0 & 0 & 0 & 1 \end{vmatrix} = \begin{vmatrix} 1 & 3 & 1 \\ 1 & 2 & 1 \\ 0 & 0 & 1 \end{vmatrix} = \begin{vmatrix} 2 & 1 \\ 0 & 1 \end{vmatrix} - \begin{vmatrix} 3 & 1 \\ 0 & 1 \end{vmatrix} = 2 - 0 - (3 - 0) = 2 - 3 = -1$

$D_{x_4} = \begin{vmatrix} 1 & 1 & 0 & 3 \\ 0 & 1 & 1 & 3 \\ 0 & 1 & 0 & 2 \\ 0 & 0 & 1 & 0 \end{vmatrix} = \begin{vmatrix} 1 & 1 & 3 \\ 1 & 0 & 2 \\ 0 & 1 & 0 \end{vmatrix} = \begin{vmatrix} 0 & 2 \\ 1 & 0 \end{vmatrix} - \begin{vmatrix} 1 & 3 \\ 1 & 0 \end{vmatrix} = 0 - 2 - (0 - 3) = -2 - (-3) = 1$

$x_1 = \dfrac{D_{x_1}}{D} = \dfrac{0}{-1} = 0, \; x_2 = \dfrac{D_{x_2}}{D} = \dfrac{-3}{-1} = 3, \; x_3 = \dfrac{D_{x_3}}{D} = \dfrac{-1}{-1} = 1, \; x_4 + \dfrac{D_{x_4}}{D} = \dfrac{1}{-1} = -1$

The solution to the system is $\{(0, 3, 1, -1)\}$.

47. The quadratic function must satisfy
$f(20) = 400 = 400a + 20b + c$
$f(40) = 150 = 1600a + 40b + c$
$f(60) = 400 = 3600a + 60b + c$

$$D = \begin{vmatrix} 400 & 20 & 1 \\ 1600 & 40 & 1 \\ 3600 & 60 & 1 \end{vmatrix} = (400)(20)\begin{vmatrix} 1 & 1 & 1 \\ 4 & 2 & 1 \\ 9 & 3 & 1 \end{vmatrix}$$

$$= 8000\begin{vmatrix} 1 & 1 & 1 \\ 3 & 1 & 0 \\ 8 & 2 & 0 \end{vmatrix} = 8000\begin{vmatrix} 3 & 1 \\ 8 & 2 \end{vmatrix} = 8000(6-8) = 8000(-2) = -16{,}000$$

$$D_a = \begin{vmatrix} 400 & 20 & 1 \\ 150 & 40 & 1 \\ 400 & 60 & 1 \end{vmatrix} = (50)(20)\begin{vmatrix} 8 & 1 & 1 \\ 3 & 2 & 1 \\ 8 & 3 & 1 \end{vmatrix} = 1000\begin{vmatrix} 8 & 1 & 1 \\ -5 & 1 & 0 \\ 0 & 2 & 0 \end{vmatrix} = 1000\begin{vmatrix} -5 & 1 \\ 0 & 2 \end{vmatrix}$$

$= 1000(-10 - 0) = -10{,}000$

$$D_b = \begin{vmatrix} 400 & 400 & 1 \\ 1600 & 150 & 1 \\ 3600 & 400 & 1 \end{vmatrix} = (400)(50)\begin{vmatrix} 1 & 8 & 1 \\ 4 & 3 & 1 \\ 9 & 8 & 1 \end{vmatrix} = 20{,}000\begin{vmatrix} 1 & 8 & 1 \\ 3 & -5 & 0 \\ 8 & 0 & 0 \end{vmatrix} = 20{,}000\begin{vmatrix} 3 & -5 \\ 8 & 0 \end{vmatrix}$$

$= 20{,}000[0 - (-40)] = 20{,}000(40) = 800{,}000$

$$D_c = \begin{vmatrix} 400 & 20 & 400 \\ 1600 & 40 & 150 \\ 3600 & 60 & 400 \end{vmatrix} = (400)(20)(50)\begin{vmatrix} 1 & 1 & 8 \\ 4 & 2 & 3 \\ 9 & 3 & 8 \end{vmatrix} = 400{,}000\begin{vmatrix} 1 & 0 & 0 \\ 4 & -2 & -29 \\ 2 & -6 & -64 \end{vmatrix}$$

$$= 400{,}000\begin{vmatrix} -2 & -29 \\ -6 & -64 \end{vmatrix} = 400{,}000(128 - 174) = 400{,}000(-46) = -18{,}400{,}000$$

$a = \dfrac{D_a}{D} = \dfrac{-10{,}000}{-16{,}000} = \dfrac{5}{8}$, $b = \dfrac{D_b}{D} = \dfrac{800{,}000}{-16{,}000} = -50$, $c = \dfrac{D_c}{D} = \dfrac{-18{,}400{,}000}{-16{,}000} = 1150$

The model is $f(x) = \dfrac{5}{8}x^2 - 50x + 1150$.

$f(30) = \dfrac{5}{8}(900) - 50(30) + 1150$
$= 562.5 - 1500 + 1150 = 212.5$

$f(50) = \dfrac{5}{8}(2500) - 50(50) + 1150$
$= 1562.8 - 2500 + 1150 = 212.5$

30- and 50-year-olds are involved in an average of 212.5 automobile accidents per day.

Chapter 5: Matrices and Linear Systems　　　　　　　　　　　　　　　　　　SSM: College Algebra

48. $\dfrac{4x^2-3x-4}{x^3+x^2-2x} = \dfrac{4x^2-3x-4}{x(x+2)(x-1)}$

$= \dfrac{A}{x} + \dfrac{B}{x+2} + \dfrac{C}{x-1}$

$4x^2 - 3x - 4 = A(x+2)(x-1) + Bx(x-1) + Cx(x+2)$
$= A(x^2+x-2) + Bx^2 - Bx + Cx^2 + 2Cx$
$= Ax^2 + Ax - 2A + Bx^2 - Bx + Cx^2 + 2Cx$
$= (A+B+C)x^2 + (A-B+2C)x - 2A$

$A + B + C = 4$
$A - B + 2C = -3$
$-2A = -4$

Writing the system in matrix form we have $\begin{bmatrix} 1 & 1 & 1 \\ 1 & -1 & 2 \\ -2 & 0 & 0 \end{bmatrix} \begin{bmatrix} A \\ B \\ C \end{bmatrix} = \begin{bmatrix} 4 \\ -3 \\ -4 \end{bmatrix}$.

Solving the system using a graphing utility, we get $A = 2$, $B = 3$, $C = -1$.

$\dfrac{4x^2-3x-4}{x^3+x^2-2x} = \dfrac{2}{x} + \dfrac{3}{x+2} - \dfrac{1}{x-1}$

49. $\dfrac{x^3-4x-1}{x(x-1)^3} = \dfrac{A}{x} + \dfrac{B}{x-1} + \dfrac{C}{(x-1)^2} + \dfrac{D}{(x-1)^3}$

$x^3 - 4x - 1 = A(x-1)^3 + Bx(x-1)^2 + Cx(x-1) + Dx$
$= A(x^3 - 3x^2 + 3x - 1) + Bx(x^2 - 2x + 1) + Cx^2 - Cx + Dx$
$= Ax^3 - 3Ax^2 + 3Ax - A + Bx^3 - 2Bx^2 + Bx + Cx^2 - Cx + Dx$
$= (A+B)x^3 + (-3A-2B+C)x^2 + (3A+B-C+D)x - A$

$A + B = 1$
$-3A - 2B + C = 0$
$3A + B - C + D = -4$
$-A = -1$

Since $A = 1$, we get the following using back-substitution:
$B = 0$, $C = 3$, $D = -4$

$\dfrac{x^3-4x-1}{x(x-1)^3} = \dfrac{1}{x} + \dfrac{3}{(x-1)^2} - \dfrac{4}{(x-1)^3}$

50. $\dfrac{x^3+x^2+2x+3}{x^4+5x^2+6} = \dfrac{x^3+x^2+2x+3}{(x^2+3)(x^2+2)} = \dfrac{Ax+B}{x^2+3} + \dfrac{Cx+D}{x^2+2}$

$x^3+x^2+2x+3 = (Ax+B)(x^2+2)+(Cx+D)(x^2+3)$
$= Ax^3+2Ax+Bx^2+2B+Cx^3+3Cx+Dx^2+3D$
$= (A+C)x^3+(B+D)x^2+(2A+3C)x+2B+3D$

$A+C=1$
$B+D=1$
$2A+3C=2$
$2B+3D=3$

Writing the system in matrix form we have $\begin{bmatrix} 1 & 0 & 1 & 0 \\ 0 & 1 & 0 & 1 \\ 2 & 0 & 3 & 0 \\ 0 & 2 & 0 & 3 \end{bmatrix} \begin{bmatrix} A \\ B \\ C \\ D \end{bmatrix} = \begin{bmatrix} 1 \\ 1 \\ 2 \\ 3 \end{bmatrix}$.

Solving the system using a graphing utility, we obtain $A=1$, $B=0$, $C=0$, $D=1$.

$\dfrac{x^3+x^2+2x+3}{x^4+5x^2+6} = \dfrac{x}{x^2+3} + \dfrac{1}{x^2+2}$

51. $\dfrac{x^2+4}{(x^2+1)^2(x^2+2)} = \dfrac{Ax+B}{x^2+1} + \dfrac{Cx+D}{(x^2+1)^2} + \dfrac{Ex+F}{x^2+2}$

$x^2+4 = (Ax+B)(x^2+1)(x^2+2)+(Cx+D)(x^2+2)+(Ex+F)(x^2+1)^2$

Expanding, we obtain
$x^2+4 = (A+E)x^5+(B+F)x^4+(3A+C+2E)x^3+(3B+D+2F)x^2+(2A+2C+E)x$
$\qquad +2B+2D+F$

$A+E=0$
$B+F=0$
$3A+C+2E=0$
$3B+D+2F=1$
$2A+2C+E=0$
$2B+2D+F=4$

Writing the system in matrix form we have $\begin{bmatrix} 1 & 0 & 0 & 0 & 1 & 0 \\ 0 & 1 & 0 & 0 & 0 & 1 \\ 3 & 0 & 1 & 0 & 2 & 1 \\ 0 & 3 & 0 & 1 & 0 & 2 \\ 2 & 0 & 2 & 0 & 1 & 0 \\ 0 & 2 & 0 & 2 & 0 & 1 \end{bmatrix} \begin{bmatrix} A \\ B \\ C \\ D \\ E \\ F \end{bmatrix} = \begin{bmatrix} 0 \\ 0 \\ 0 \\ 1 \\ 0 \\ 4 \end{bmatrix}$.

Solving the system using a graphing utility, we obtain $A=0$, $B=-2$, $C=0$, $D=3$, $E=0$, $F=2$.

$\dfrac{x^2+4}{(x^2+1)^2(x^2+2)} = -\dfrac{2}{x^2+1} + \dfrac{3}{(x^2+1)^2} + \dfrac{2}{x^2+2}$

52. The degree of the numerator is the same as the degree of the denominator, so we begin by dividing

$$x^3-2x+4 \overline{\smash{\big)}\, \begin{aligned} & 1 \\ & x^3-x^2-11x+10 \\ & \underline{x^3-2x+4} \\ & -x^2-9x+6 \end{aligned}}$$

$$\frac{x^3-x^2-11x+10}{x^3-2x+4} = 1 + \frac{-x^2-9x+6}{x^3-2x+4}$$

$$\frac{-x^2-9x+6}{x^3-2x+4} = \frac{-x^2-9x+6}{(x+2)(x^2-2x+2)} = \frac{A}{x+2} + \frac{Bx+C}{x^2-2x+2}$$

$$-x^2-9x+6 = A(x^2-2x+2)+(Bx+C)(x+2)$$
$$= Ax^2-2Ax+2A+Bx^2+2Bx+Cx+2C$$
$$= (A+B)x^2+(-2A+2B+C)x+2A+2C$$

$$\begin{aligned} A+B &= -1 \\ -2A+2B+C &= -9 \\ 2A+2C &= 6 \end{aligned}$$

Writing the system in matrix form, we have

$$\begin{bmatrix} 1 & 1 & 0 \\ -2 & 2 & 1 \\ 2 & 0 & 2 \end{bmatrix} \begin{bmatrix} A \\ B \\ C \end{bmatrix} = \begin{bmatrix} -1 \\ -9 \\ 6 \end{bmatrix}$$

Solving the system using a graphing utility, we obtain $A=2, B=-3, C=1$.

$$\frac{x^3-x^2-11x+10}{x^3-2x+4} = 1 + \frac{2}{x+2} + \frac{-3x+1}{x^2-2x+2}$$
$$= 1 + \frac{2}{x+2} - \frac{3x-1}{x^2-2x+2}$$

53. Graph $2x-y=-6$, $x=3$, and $y=1$ with solid lines. The inequalities are
$y \le 2x+6$
$x \le 3$
$y \ge 1$

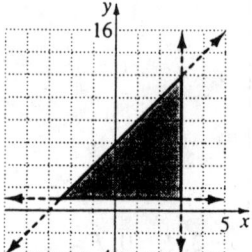

54. Graph $x + 3y = 6$, $x - y = 2$, and $x = 0$ with solid lines. The inequalities are
$$y \le -\frac{1}{3}x + 2$$
$$y \ge x - 2$$
$$x \ge 0$$

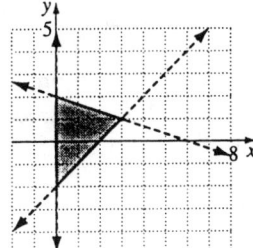

55. Graph $2x + y = 10$, $4x + y = 8$, and $y = 0$ with solid lines. The inequalities are
$$y \le -2x + 10$$
$$y \ge -4x + 8$$
$$y \ge 0$$

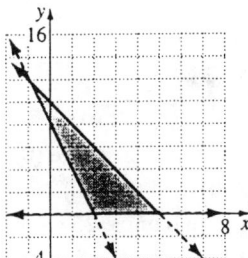

56. Graph $x + y = 6$, $x - 2y = 3$, and $y - x = 2$ with dashed lines. Graph $x = 0$ and $y = 0$ with solid lines. The inequalities are
$$y < -x + 6$$
$$y > \frac{1}{2}x - \frac{3}{2}$$
$$y < x + 2$$
$$x \ge 0$$
$$y \ge 0$$

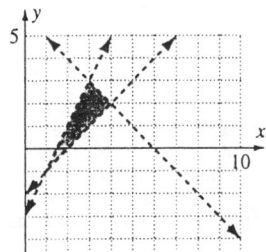

57. Graph $y = x - 2$, $y = -x + 6$ and $y = 2x - 3$ with dashed lines. The inequalities are
$$y > x - 2$$
$$y < -x + 6$$
$$y < 2x - 3$$

58.

The vertices of the feasible set are shown.
(0, 0): $5(0) + 4(0) = 0 + 0 = 0$
(0, 15): $5(0) + 4(15) = 0 + 60 = 60$
(6, 10): $5(6) + 4(10) = 30 + 40 = 70$
(12, 0): $5(12) + 4(0) = 60 + 0 = 60$
The maximum value is $z = 70$ and the minimum value is $z = 0$.

59.

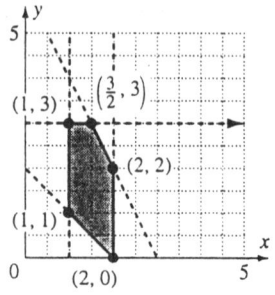

The vertices of the feasible set are shown.
(1, 1): 12(1) + 1 = 12 + 1 = 13
(1, 3): 12(1) + 3 = 12 + 3 = 15
$\left(\frac{3}{2}, 3\right)$: $12\left(\frac{3}{2}\right) + 3 = 18 + 3 = 21$
(2, 2): 12(2) + 2 = 24 + 2 = 26
(2, 0): 12(2) + 0 = 24 + 0 = 24
The maximum value is $z = 26$ and the minimum value is $z = 13$.

60. Let x = number of hours spent tutoring and y = number of hours spent as a teacher's aid. The constraints are:
$x + y \leq 20$
$3 \leq x \leq 8$
$x \geq 0$
$y \geq 0$

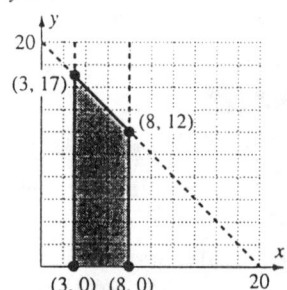

The vertices of the feasible set are (3, 0), (3, 17), (8, 12), and (8, 0).

The objective is to maximize $10x + 7y$.
(3, 0): 10(3) + 7(0) = 30 + 0 = 30
(3, 17): 10(3) + 7(17) = 30 + 119 = 149
(8, 12): 10(8) + 7(12) = 80 + 84 = 164
(8, 0): 10(8) + 7(0) = 80 + 0 = 80
The student should spend 8 hours tutoring and 12 hours as a teacher's aid.

61. Let x = number of model A tents produced and y = number of model B tents produced. The constraints are:
$0.9x + 1.8y \leq 864$
$0.8x + 1.2y \leq 672$
$x \geq 0$
$y \geq 0$

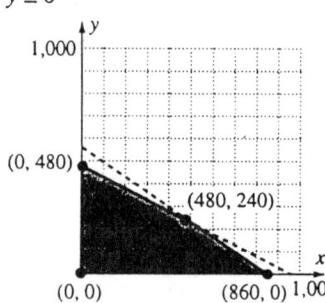

The vertices of the feasible set are (0, 0), (0, 480), (480, 240), and (840, 0).
The objective is to maximize $25x + 40y$.
(0, 0): 25(0) + 40(0) = 0 + 0 = 0
(0, 480):
25(0) + 40(480) = 0 + 19,200
= 19,200
(480, 240):
25(480) + 40(240) = 12,000 + 9600
= 21,600
(840, 0):
25(840) + 40(0) = 21,000 + 0
= 21,000
The manufacturer should make 480 of model A and 240 of model B.

SSM: College Algebra

Chapter 5 Test

1. $2x + 5y = -2$ (1)
   $3x - 4y = 20$ (2)
   Multiply (1) by 3 and (2) by -2 and add the result.
   $6 + 15y = -6$
   $\underline{-6x + 8y = -40}$
   $23y = -46$
   $y = -2$
   Substitute $y = -2$ into (1):
   $2x + 5(-2) = -2$
   $2x - 10 = -2$
   $2x = 8$
   $x = 4$
   The solution to the system is $\{(4, -2)\}$.

2. Substitute $3y + 8$ for x in the first equation.
   $2(3y + 8) + 3y = 6$
   $6y + 16 + 3y = 6$
   $9y = -10$
   $y = -\dfrac{10}{9}$
   $x = 3\left(-\dfrac{10}{9}\right) + 8 = -\dfrac{10}{3} + \dfrac{24}{3} = \dfrac{14}{3}$
   The solution to the system is $\left\{\left(\dfrac{14}{3}, -\dfrac{10}{9}\right)\right\}$.

3. $x + y + z = 6$ (1)
   $3x + 4y - 7z = 1$ (2)
   $2x - y + 3z = 5$ (3)
   Eliminate x by multiplying (1) by -3 and adding the result to (2) and by multiplying (1) by -2 and adding the result to (3).
   $-3x - 3y - 3z = -18$
   $\underline{3x + 4y - 7z = 1}$
   $y - 10z = -17$ (4)
   $-2x - 2y - 2z = -12$
   $\underline{2x - y + 3z = 5}$
   $-3y + z = -7$ (5)

Multiply (4) by 3 and add the result to (5) to eliminate y.
$3y - 30z = -51$
$\underline{-3y + z = -7}$
$-29z = -58$
$z = 2$
Substitute $z = 2$ into (5).
$-3y + 2 = -7$
$-3y = -9$
$y = 3$
Substitute $z = 2$ and $y = 3$ into (1).
$x + 3 + 2 = 6$
$x = 1$
The solution to the system is $\{(1, 3, 2)\}$.

4. $2x + y = 7y - x$
   $2x + y + 12x + 7y = 180$
   $12x + 7y + 7y - x = 180$
   or
   $3x - 6y = 0$ (1)
   $14x + 8y = 180$ (2)
   $11x + 14y = 180$ (3)
   Notice that (2) – (3) yields (1).
   Divide (2) by 2.
   $7x + 4y = 90$ (4)
   Multiply (1) by 4 and (4) by 6 and add the results.
   $12x - 24y = 0$
   $\underline{42x + 24y = 540}$
   $54x = 540$
   $x = 10$
   Substitute $x = 10$ into (1).
   $3(10) - 6y = 0$
   $30 - 6y = 0$
   $30 = 6y$
   $5 = y$
   $2x + y = 2(10) + 5 = 20 + 5 = 25$
   $12x + 7y = 12(10) + 7(5) = 120 + 35 = 155$
   The measures of the angles are $25°$, $155°$, and $25°$.

5. $\begin{bmatrix} 1 & 2 & -1 & | & -3 \\ 2 & -4 & 1 & | & -7 \\ -2 & 2 & -3 & | & 4 \end{bmatrix}$

$\xrightarrow{\begin{array}{c} -2R_1 + R_2 \\ 2R_1 + R_3 \end{array}} \begin{bmatrix} 1 & 2 & -1 & | & -3 \\ 0 & -8 & 3 & | & -1 \\ 0 & 6 & -5 & | & -2 \end{bmatrix}$

$\xrightarrow{-\frac{1}{8}R_2} \begin{bmatrix} 1 & 2 & -1 & | & -3 \\ 0 & 1 & -\frac{3}{8} & | & \frac{1}{8} \\ 0 & 6 & -5 & | & -2 \end{bmatrix}$

$\xrightarrow{-6R_2 + R_3} \begin{bmatrix} 1 & 2 & -1 & | & -3 \\ 0 & 1 & -\frac{3}{8} & | & \frac{1}{8} \\ 0 & 0 & -\frac{11}{4} & | & -\frac{11}{4} \end{bmatrix}$

$\xrightarrow{-\frac{4}{11}R_3} \begin{bmatrix} 1 & 2 & -1 & | & -3 \\ 0 & 1 & -\frac{3}{8} & | & \frac{1}{8} \\ 0 & 0 & 1 & | & 1 \end{bmatrix}$

$x + 2y - z = -3$
$y - \frac{3}{8}z = \frac{1}{8}$
$z = 1$

Using back substitution, $y = \frac{1}{2}$ and $x = -3$.

The solution to the system is $\left\{\left(-3, \frac{1}{2}, 1\right)\right\}$.

6. $\begin{bmatrix} 1 & -2 & 1 & | & 2 \\ 2 & -1 & -1 & | & 1 \end{bmatrix}$

$\xrightarrow{-2R_1 + R_2} \begin{bmatrix} 1 & -2 & 1 & | & 2 \\ 0 & 3 & -3 & | & -3 \end{bmatrix}$

$\xrightarrow{\frac{1}{3}R_2} \begin{bmatrix} 1 & -2 & 1 & | & 2 \\ 0 & 1 & -1 & | & -1 \end{bmatrix}$

The system $\begin{array}{c} x - 2y + z = 2 \\ y - z = -1 \end{array}$ has no unique solution. Express x and y in terms of z:

$y = z - 1$
$x - 2(z - 1) + z = 2$
$x - 2z + 2 + z = 2$
$x = z$

With $z = t$, the complete solution to the system is $\{(t, t - 1, t)\}$.

7. $2B + 3C = \begin{bmatrix} 2 & -2 \\ 4 & 2 \end{bmatrix} + \begin{bmatrix} 3 & 6 \\ -3 & 9 \end{bmatrix}$

$= \begin{bmatrix} 5 & 4 \\ 1 & 11 \end{bmatrix}$

8. $AB = \begin{bmatrix} 3+2 & -3+1 \\ 1+0 & -1+0 \\ 2+2 & -2+1 \end{bmatrix} = \begin{bmatrix} 5 & -2 \\ 1 & -1 \\ 4 & -1 \end{bmatrix}$

9. $C^{-1} = \frac{1}{(1)(3) - (2)(-1)} \begin{bmatrix} 3 & -2 \\ 1 & 1 \end{bmatrix}$

$= \frac{1}{3+2} \begin{bmatrix} 3 & -2 \\ 1 & 1 \end{bmatrix} = \begin{bmatrix} \frac{3}{5} & -\frac{2}{5} \\ \frac{1}{5} & \frac{1}{5} \end{bmatrix}$

10. $BC = \begin{bmatrix} 1+1 & 2-3 \\ 2-1 & 4+3 \end{bmatrix} = \begin{bmatrix} 2 & -1 \\ 1 & 7 \end{bmatrix}$

$BC - 3B = \begin{bmatrix} 2 & -1 \\ 1 & 7 \end{bmatrix} - \begin{bmatrix} 3 & -3 \\ 6 & 3 \end{bmatrix}$

$= \begin{bmatrix} -1 & 2 \\ -5 & 4 \end{bmatrix}$

11. $AB = \begin{bmatrix} -3+14-10 & 2-8+6 & 0+2-2 \\ -6+21-15 & 4-12+9 & 0+3-3 \\ -3-7+10 & 2+4-6 & 0-1+2 \end{bmatrix}$

$= \begin{bmatrix} 1 & 0 & 0 \\ 0 & 1 & 0 \\ 0 & 0 & 1 \end{bmatrix}$

$BA = \begin{bmatrix} -3+4+0 & -6+6+0 & -6+6+0 \\ 7-8+1 & 14-12-1 & 14-12-2 \\ -5+6-1 & -10+9+1 & -10+9+2 \end{bmatrix}$

$= \begin{bmatrix} 1 & 0 & 0 \\ 0 & 1 & 0 \\ 0 & 0 & 1 \end{bmatrix}$

12. **a.** The system is $AX = B$ where

$A = \begin{bmatrix} 3 & 5 \\ 2 & -3 \end{bmatrix}$, $X = \begin{bmatrix} x \\ y \end{bmatrix}$, and $B = \begin{bmatrix} 9 \\ -13 \end{bmatrix}$.

b. $A^{-1} = \dfrac{1}{(3)(-3)-(5)(2)}\begin{bmatrix} -3 & -5 \\ -2 & 3 \end{bmatrix} = \dfrac{1}{-19}\begin{bmatrix} -3 & -5 \\ -2 & 3 \end{bmatrix} = \begin{bmatrix} \frac{3}{19} & \frac{5}{19} \\ \frac{2}{19} & -\frac{3}{19} \end{bmatrix}$

c. The solution is $A^{-1}B = \begin{bmatrix} \frac{3}{19} & \frac{5}{19} \\ \frac{2}{19} & -\frac{3}{19} \end{bmatrix}\begin{bmatrix} 9 \\ -13 \end{bmatrix} = \begin{bmatrix} \frac{27}{19} - \frac{65}{19} \\ \frac{18}{19} + \frac{39}{19} \end{bmatrix} = \begin{bmatrix} -2 \\ 3 \end{bmatrix}$

The solution to the system is $\{(-2, 3)\}$.

13. $\begin{vmatrix} 4 & -1 & 3 \\ 0 & 5 & -1 \\ 5 & 2 & 4 \end{vmatrix} = \begin{vmatrix} 0 & -1 & 0 \\ 20 & 5 & 14 \\ 13 & 2 & 10 \end{vmatrix} = -(-1)\begin{vmatrix} 20 & 14 \\ 13 & 10 \end{vmatrix} = 200 - 182 = 18$

14. $D = \begin{vmatrix} 3 & 1 & -2 \\ 2 & 7 & 3 \\ 4 & -3 & -1 \end{vmatrix} = \begin{vmatrix} 0 & 1 & 0 \\ -19 & 7 & 17 \\ 13 & -3 & -7 \end{vmatrix} = (-1)\begin{vmatrix} -19 & 17 \\ 13 & -7 \end{vmatrix} = -(133 - 221) = -(-88) = 88$

$D_x = \begin{vmatrix} -3 & 1 & -2 \\ 9 & 7 & 3 \\ 7 & -3 & -1 \end{vmatrix} = \begin{vmatrix} 0 & 1 & 0 \\ 30 & 7 & 17 \\ -2 & -3 & -7 \end{vmatrix} = (-1)\begin{vmatrix} 30 & 17 \\ -2 & -7 \end{vmatrix} = -[-210 - (-34)] = -(-176) = 176$

$x = \dfrac{D_x}{D} = \dfrac{176}{88} = 2$

15. $\dfrac{2x+1}{x^2 - 4} = \dfrac{2x+1}{(x+2)(x-2)} = \dfrac{A}{x+2} + \dfrac{B}{x-2}$

$2x + 1 = A(x - 2) + B(x + 2)$

$x = 2$:

$2(2) + 1 = A(0) + B(4)$

$5 = 4B$

$\dfrac{5}{4} = B$

$x = -2$

$2(-2) + 1 = A(-4) + B(0)$

$-3 = -4A$

$\dfrac{3}{4} = A$

$\dfrac{2x+1}{x^2 - 4} = \dfrac{3}{4(x+2)} + \dfrac{5}{4(x-2)}$

16.
$$\frac{2x^2 - 4x + 5}{(x+3)(x^2 + 2x + 4)} = \frac{A}{x+3} + \frac{Bx+C}{x^2 + 2x + 4}$$
$2x^2 - 4x + 5 = A(x^2 + 2x + 4) + (Bx + C)(x + 3)$
$= Ax^2 + 2Ax + 4A + Bx^2 + 3Bx + Cx + 3C$
$= (A + B)x^2 + (2A + 3B + C)x + 4A + 3C$
$2 = A + B$
$-4 = 2A + 3B + C$
$5 = 4A + 3C$

Writing the system in matrix form we have $\begin{bmatrix} 1 & 1 & 0 \\ 2 & -3 & 1 \\ 4 & 0 & 3 \end{bmatrix} \begin{bmatrix} A \\ B \\ C \end{bmatrix} = \begin{bmatrix} 2 \\ -4 \\ 5 \end{bmatrix}$.

Solving the system using a graphing utility, we get $A = 5, B = -3, C = -5$.

$$\frac{2x^2 - 4x + 5}{(x+3)(x^2 + 2x + 4)} = \frac{5}{x+3} + \frac{-3x - 5}{x^2 + 2x + 4} = \frac{5}{x+3} - \frac{3x + 5}{x^2 + 2x + 4}$$

17.
$$\frac{x^3}{(x^2 + 1)^2} = \frac{Ax + B}{x^2 + 1} + \frac{Cx + D}{(x^2 + 1)^2}$$
$x^3 = (Ax + B)(x^2 + 1) + Cx + D$
$= Ax^3 + Ax + Bx^2 + Cx + D$
$Ax^3 + Bx^2 + (A + C)x + D$
$1 = A$
$0 = B$
$0 = A + C$
$0 = D$
Since $A = 1, C = -1$.
$$\frac{x^3}{(x^2 + 1)^2} = \frac{x}{x^2 + 1} - \frac{x}{(x^2 + 1)^2}$$

18. Graph $2x - y = 0$ and $x + 2y = 4$ with solid lines. The inequalities are
$y \geq 2x$
$y \leq -\frac{1}{2}x + 2$

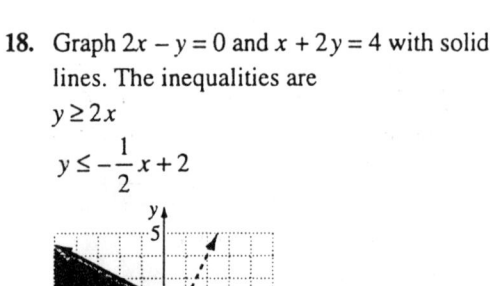

SSM: College Algebra   **Chapter 5:** Matrices and Linear Systems

19. **a.** The model must satisfy
    $f(1) = 344 = a + b + c$
    $f(5) = 480 = 25a + 5b + c$
    $f(10) = 740 = 100a + 10b + c$
    In matrix form, the system is
    $$\begin{bmatrix} 1 & 1 & 1 \\ 25 & 5 & 1 \\ 100 & 10 & 1 \end{bmatrix} \begin{bmatrix} a \\ b \\ c \end{bmatrix} = \begin{bmatrix} 344 \\ 480 \\ 740 \end{bmatrix}.$$
    Solving the system using a graphing utility, we get $a = 2$, $b = 22$, $c = 320$.
    $y = 2x^2 + 22x + 320$

    b. In 2010, $x = 30$ and
    $y = 2(900) + 22(30) + 320$
    $= 1800 + 660 + 320 = 2780$

    c. Answers may vary.

20. Let x = the number of ounces of Food A,
    y = the number of ounces of Food B, and
    z = the number of ounces of Food C.
    The nutrient requirements lead to the system
    $20x + 15y + 5z = 170$
    $10x + 5y + 5z = 90$
    $10x + 10y + 15z = 110$
    In matrix form, the system is
    $$\begin{bmatrix} 20 & 15 & 5 \\ 10 & 5 & 5 \\ 10 & 10 & 15 \end{bmatrix} \begin{bmatrix} x \\ y \\ z \end{bmatrix} = \begin{bmatrix} 170 \\ 90 \\ 110 \end{bmatrix}.$$
    Solving the system with a graphing utility, we get $x = 8$, $y = 0$, $z = 2$.
    To satisfy the nutrient requirements 8 ounces of Food A, 0 ounces of Food B, and 2 ounces of Food C must be used.

21. **a.** $x = y + z - 10$
    $y = x + z - 50$
    $x + y + z = 180$
    or
    $-x + y + z = 10$
    $x - y + z = 50$
    $x + y + z = 180$

    b. $\begin{bmatrix} -1 & 1 & 1 & | & 10 \\ 1 & -1 & 1 & | & 50 \\ 1 & 1 & 1 & | & 180 \end{bmatrix}$

    $\xrightarrow{\substack{R_1 + R_2 \\ R_1 + R_3}} \begin{bmatrix} -1 & 1 & 1 & | & 10 \\ 0 & 0 & 2 & | & 60 \\ 0 & 2 & 2 & | & 190 \end{bmatrix}$

    $\xrightarrow{\substack{-R_1 \\ \frac{1}{2}R_2 \\ \frac{1}{2}R_3}} \begin{bmatrix} 1 & -1 & -1 & | & -10 \\ 0 & 0 & 1 & | & 30 \\ 0 & 1 & 1 & | & 95 \end{bmatrix}$

    $\xrightarrow{R_2 \leftrightarrow R_3} \begin{bmatrix} 1 & -1 & -1 & | & -10 \\ 0 & 1 & 1 & | & 95 \\ 0 & 0 & 1 & | & 30 \end{bmatrix}$

    $\xrightarrow{\substack{R_3 + R_1 \\ -R_3 + R_2}} \begin{bmatrix} 1 & -1 & 0 & | & 20 \\ 0 & 1 & 0 & | & 65 \\ 0 & 0 & 1 & | & 30 \end{bmatrix}$

    $\xrightarrow{R_2 + R_1} \begin{bmatrix} 1 & 0 & 0 & | & 85 \\ 0 & 1 & 0 & | & 65 \\ 0 & 0 & 1 & | & 30 \end{bmatrix}$

    The measure of angle A is 85°, angle B is 65°, and angle C is 30°.

22. $z = 500x + 350y$
    $x + y \leq 200$
    $x \geq 10$
    $y \geq 80$

Vertex	Objective Function
	$z = 500x + 350y$
(10, 80)	$z = 500(10) + 350(80)$
	$= 33,000$
(10, 190)	$z = 500(10) + 350(190)$
	$= 71,500$
(120, 80)	$z = 500(120) + 350(80)$
	$= 88,000$

To make the greatest profit, the company should produce 120 units of writing paper and 80 units of newsprint. The maximum daily profit is $88,000.

Chapters P–5 Cumulative Review Problems

1. $\dfrac{2x^2 - x - 10}{2x^2 + 7x + 6} = \dfrac{(x+2)(2x-5)}{(x+2)(2x+3)} = \dfrac{2x-5}{2x+3}$

2. $\dfrac{x-3}{2} \geq \dfrac{4x+1}{5} + 4$

   $10\left(\dfrac{x-3}{2}\right) \geq 10\left(\dfrac{4x+1}{5}\right) + 10(4)$

   $5x - 15 \geq 8x + 2 + 40$

   $5x - 15 \geq 8x + 42$

   $-57 \geq 3x$

   $-19 \geq x$

   $(-\infty, -19]$

3. $\dfrac{x+5}{x-1} > 2$

   $\dfrac{x+5}{x-1} - 2 > 0$

   $\dfrac{x+5 - 2(x-1)}{x-1} > 0$

   $\dfrac{x+5 - 2x + 2}{x-1} > 0$

   $\dfrac{-x+7}{x-1} > 0$

   $\dfrac{-x+7}{x-1} = 0$ when $x = 7$ and is undefined when $x = 1$.

   Test $x = 0$:
   $\dfrac{0+5}{0-1} > 2?$
   $\dfrac{5}{-1} > 2?$
   $-5 \not> 2$

   Test $x = 2$:
   $\dfrac{2+5}{2-1} > 2?$
   $\dfrac{7}{1} > 2?$
   $7 > 2$

   Test $x = 8$:
   $\dfrac{8+5}{8-1} > 2?$
   $\dfrac{13}{7} > 2?$
   $\dfrac{13}{7} \not> \dfrac{14}{7}$

   The solution is $1 < x < 7$ or $(1, 7)$.

4. $2x^3 + x^2 - 13x + 6 = 0$

   $f(x) = 2x^3 + x^2 - 13x + 6$ has 2 sign changes: 2 or 0 positive real roots

   $f(-x) = -2x^3 + x^2 + 13x + 6$ has 1 sign change: 1 negative real root

   $p: \pm 1, \pm 2, \pm 3, \pm 6$

   $q: \pm 1, \pm 2$

   $\dfrac{p}{q}: \pm 1, \pm \dfrac{1}{2}, \pm 2, \pm 3, \pm \dfrac{3}{2}, \pm 6$

   $\begin{array}{r|rrrr} -3 & 2 & 1 & -13 & 6 \\ & & -6 & 15 & -6 \\ \hline & 2 & -5 & 2 & 0 \end{array}$

   $2x^3 + x^2 - 13x + 6 = (x+3)(2x^2 - 5x + 2)$
   $= (x+3)(2x-1)(x-2)$

   $x = -3,\ x = \dfrac{1}{2},\ x = 2$

5. $\log(x+1) + \log(x-1) = \log(x+5)$
$\log(x+1) + \log(x-1) - \log(x+5) = 0$
$\log \dfrac{(x+1)(x-1)}{x+5} = 0$
$\log \dfrac{x^2-1}{x+5} = 0$
$\dfrac{x^2-1}{x+5} = 1$
$x^2 - 1 = x + 5$
$x^2 - x - 6 = 0$
$(x-3)(x+2) = 0$
$x = 3, x = -2$
When $x = -2$, $x + 1 = -2 + 1 = -1 < 0$, so this is extraneous.
$x = 3$

6. $\dfrac{f(a+h) - f(a)}{h} = \dfrac{11(a+h)^2 - 19(a+h) + 17 - (11a^2 - 19a + 17)}{h}$
$= \dfrac{11(a^2 + 2ah + h^2) - 19a - 19h + 17 - 11a^2 + 19a - 17}{h}$
$= \dfrac{11a^2 + 22ah + 11h^2 - 19h - 11a^2}{h}$
$= \dfrac{22ah + 11h^2 - 19h}{h} = 22a + 11h - 19$

7.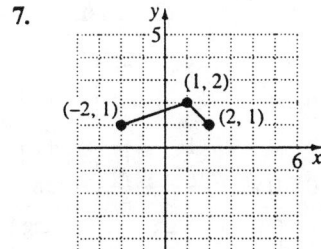

8. The graphs are reflections about the line $y = x$.

9.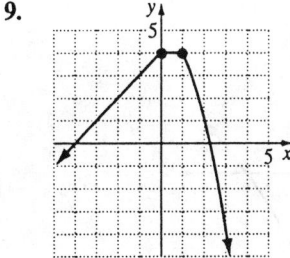

f is increasing on $(-\infty, 0)$, decreasing on $(1, \infty)$, and constant on $(0, 1)$.

10. a. $x^5 - x = x(x^4 - 1) = x(x^2 + 1)(x^2 - 1)$
$= x(x^2 + 1)(x+1)(x-1)$
The zeros of f are $x = -1, x = 0, x = 1$.

b.
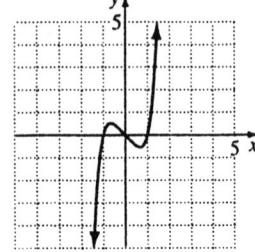

11.
$$\begin{array}{r|rrrr}-2 & 16 & -52 & -44 & 105 \\ & & -32 & 168 & -248 \\ \hline & 16 & -84 & 124 & -143\end{array}$$

Since the terms alternate between non-negative and non-positive, -2 is a lower bound for the real roots of $16x^3 - 52x^2 - 44x + 105 = 0$.

$$\begin{array}{r|rrrr}4 & 16 & -52 & -44 & 105 \\ & & 64 & 48 & 16 \\ \hline & 16 & 12 & 4 & 121\end{array}$$

Since the terms are all positive, 4 is an upper bound for the real roots of $16x^3 - 52x^2 - 44x + 105 = 0$.

12.
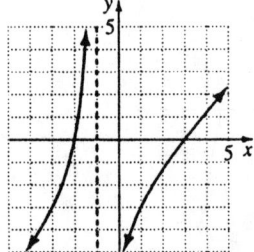

13. $\log_2 64 - \log_{25} 5 = \log_2 2^6 - \log_{25} 25^{1/2}$
$= 6 - \dfrac{1}{2} = \dfrac{11}{2}$

14. $\ln \dfrac{27}{e^{5t}} = \ln 27 - \ln e^{5t} = \ln 27 - 5t$

15. $A = Pe^{rt}$
$18{,}000 = 6000 e^{10r}$
$3 = e^{10r}$
$\ln 3 = \ln e^{10r}$
$\ln 3 = 10r$
$r = \dfrac{\ln 3}{10} \approx 0.1099$
10.99%

16. $\begin{bmatrix} 1 & 2 & -3 & -2 & | & -8 \\ 3 & 4 & 2 & 3 & | & 10 \\ -1 & -6 & 8 & 1 & | & 0 \\ 8 & -7 & -1 & -2 & | & -31 \end{bmatrix}$

$\begin{array}{c} -3R_1 + R_2 \\ \hline R_1 + R_3 \\ -8R_1 + R_4 \end{array} \begin{bmatrix} 1 & 2 & -3 & -2 & | & -8 \\ 0 & -2 & 11 & 9 & | & 34 \\ 0 & -4 & 5 & -1 & | & -8 \\ 0 & -23 & 23 & 14 & | & 33 \end{bmatrix}$

$-\tfrac{1}{2}R_2 \begin{bmatrix} 1 & 2 & -3 & -2 & | & -8 \\ 0 & 1 & -\tfrac{11}{2} & -\tfrac{9}{2} & | & -17 \\ 0 & -4 & 5 & -1 & | & -8 \\ 0 & -23 & 23 & 14 & | & 33 \end{bmatrix}$

$\begin{array}{c} 4R_2 + R_3 \\ \hline 23R_2 + R_4 \end{array} \begin{bmatrix} 1 & 2 & -3 & -2 & | & -8 \\ 0 & 1 & -\tfrac{11}{2} & -\tfrac{9}{2} & | & -17 \\ 0 & 0 & -17 & -19 & | & -76 \\ 0 & 0 & -\tfrac{207}{2} & -\tfrac{179}{2} & | & -358 \end{bmatrix}$

$-\tfrac{1}{17}R_3 \begin{bmatrix} 1 & 2 & -3 & -2 & | & -8 \\ 0 & 1 & -\tfrac{11}{2} & -\tfrac{9}{2} & | & -17 \\ 0 & 0 & 1 & \tfrac{19}{17} & | & \tfrac{76}{17} \\ 0 & 0 & -\tfrac{207}{2} & -\tfrac{179}{2} & | & -358 \end{bmatrix}$

$\tfrac{207}{2}R_3 + R_4 \begin{bmatrix} 1 & 2 & -3 & -2 & | & -8 \\ 0 & 1 & -\tfrac{11}{2} & -\tfrac{9}{2} & | & -17 \\ 0 & 0 & 1 & \tfrac{19}{17} & | & \tfrac{76}{17} \\ 0 & 0 & 0 & \tfrac{445}{17} & | & \tfrac{1780}{17} \end{bmatrix}$

$\tfrac{17}{445}R_4 \begin{bmatrix} 1 & 2 & -3 & -2 & | & -8 \\ 0 & 1 & -\tfrac{11}{2} & -\tfrac{9}{2} & | & -17 \\ 0 & 0 & 1 & \tfrac{19}{17} & | & \tfrac{76}{17} \\ 0 & 0 & 0 & 1 & | & 4 \end{bmatrix}$

Using back-substitution on the system
$x_1 + 2x_2 - 3x_3 - 2x_4 = -8$
$x_2 - \frac{11}{2}x_3 - \frac{9}{2}x_4 = -17$
$x_3 + \frac{19}{17}x_4 = \frac{76}{17}$
$x_4 = 4$
We get $x_1 = -2$, $x_2 = 1$, $x_3 = 0$, $x_4 = 4$.
The solution to the system is
$\{(-2, 1, 0, 4)\}$.

17. $AB = \begin{bmatrix} -1+2 & 2-2 \\ -1+0 & 2+0 \end{bmatrix} = \begin{bmatrix} 1 & 0 \\ -1 & 2 \end{bmatrix}$

$BA = \begin{bmatrix} -1+2 & 2+0 \\ -1+1 & 2+0 \end{bmatrix} = \begin{bmatrix} 1 & 2 \\ 0 & 2 \end{bmatrix}$

$AB + BA = \begin{bmatrix} 1 & 0 \\ -1 & 2 \end{bmatrix} + \begin{bmatrix} 1 & 2 \\ 0 & 2 \end{bmatrix} = \begin{bmatrix} 2 & 2 \\ -1 & 4 \end{bmatrix}$

18. Graph $2x + 3y = 12$ and $y = \frac{1}{2}x - 4$ with solid lines. The inequalities are
$y \geq -\frac{2}{3}x + 4$
$y \leq \frac{1}{2}x - 4$

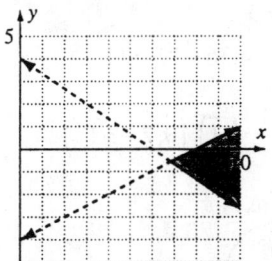

19. Let $x =$ the width of the path.
The area of the pool plus the brick path is
$(30 + 2x)(40 + 2x) = 1200 + 140x + 4x^2$
square feet while the area of the pool is
$(30)(40) = 1200$ square feet. Thus, the area of the path is $140x + 4x^2$ square feet.

$140x + 4x^2 = 296$
$4x^2 + 140x - 296 = 0$
$x^2 + 35x - 74 = 0$
$(x - 2)(x + 37) = 0$
$x = 2$ or $x = -37$
Since $x = -37$ is impossible, $x = 2$, so the width of the path is 2 feet.

20. The enclosed area is
$x(100 - 2x) = -2x^2 + 100x$.
The graph of $y = -2x^2 + 100x$ is a parabola that opens downward. The maximum value occurs when $x = \frac{-100}{2(-2)} = \frac{-100}{-4} = 25$.
When $x = 25$,
$y = -2(625) + 100(25) = -1250 + 2500$
$= 1250$.
The dimensions are 25 feet by 50 feet; the area enclosed is 1250 square feet.

Chapter 6

Problem Set 6.1

1. $4x^2 + 25y^2 = 100$

    $\dfrac{4x^2}{100} + \dfrac{25y^2}{100} = \dfrac{100}{100}$

    $\dfrac{x^2}{25} + \dfrac{y^2}{4} = 1$

    $a^2 = 25, a = 5$

    $b^2 = 4, b = 2$

    $c^2 = a^2 - b^2 = 25 - 4 = 21$

    $c = \sqrt{21}$

    foci at $\left(-\sqrt{21}, 0\right)$ and $\left(\sqrt{21}, 0\right)$

    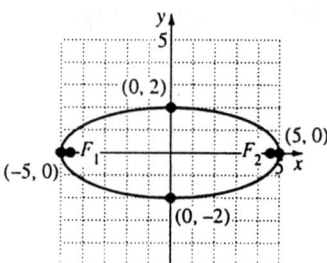

3. $16x^2 + 4y^2 = 64$

    $\dfrac{16x^2}{64} + \dfrac{4y^2}{64} = \dfrac{64}{64}$

    $\dfrac{x^2}{4} + \dfrac{y^2}{16} = 1$

    $a^2 = 16, a = 4$

    $b^2 = 4, b = 2$

    $c^2 = a^2 - b^2 = 16 - 4 = 12$

    $c = \sqrt{12} = 2\sqrt{3}$

    foci at $\left(0, 2\sqrt{3}\right)$ and $\left(0, -2\sqrt{3}\right)$

    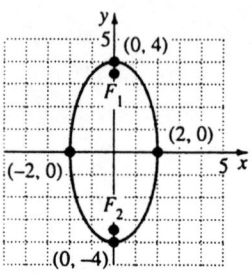

5. $\dfrac{(x-2)^2}{9} + \dfrac{(y-1)^2}{4} = 1$

    $a^2 = 9, a = 3$

    $b^2 = 4, b = 2$

    center at $(2, 1)$

    $c^2 = a^2 - b^2 = 9 - 4 = 5$

    $c = \sqrt{5}$

    foci at $\left(2 - \sqrt{5}, 1\right)$ and $\left(2 + \sqrt{5}, 1\right)$

    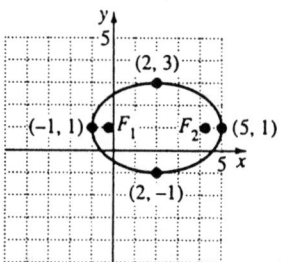

7. $\dfrac{x^2}{25} + \dfrac{(y-2)^2}{36} = 1$

    center at $(0, 2)$

    $a^2 = 36, a = 6$

    $b^2 = 25, b = 5$

    $c^2 = a^2 - b^2 = 36 - 25 = 11$

    $c = \sqrt{11}$

    foci at $\left(0, 2 + \sqrt{11}\right), \left(0, 2 - \sqrt{11}\right)$

    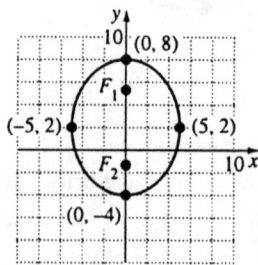

9. $9x^2 + 25y^2 - 36x + 50y - 164 = 0$
$(9x^2 - 36x) + (25y^2 + 50y) = 164$
$9(x^2 - 4x) + 25(y^2 + 2y) = 164$
$9(x^2 - 4x + 4) + 25(y^2 + 2y + 1) = 164 + 36 + 25$
$9(x-2)^2 + 25(y+1)^2 = 225$
$\dfrac{9(x-2)^2}{225} + \dfrac{25(y+1)^2}{225} = \dfrac{225}{225}$
$\dfrac{(x-2)^2}{25} + \dfrac{(y+1)^2}{9} = 1$
center at $(2, -1)$
$a^2 = 25, a = 5$
$b^2 = 9, b = 3$
$c^2 = a^2 - b^2 = 25 - 9 = 16$
$c = 4$
foci at $(2-4, -1)$ and $(2+4, -1)$
or $(-2, -1)$ and $(6, -1)$

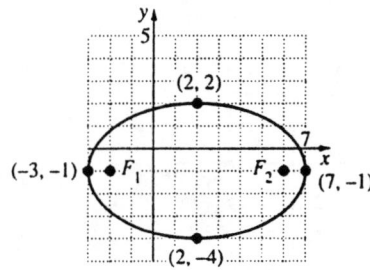

11. $9x^2 + 16y^2 - 18x + 64y - 71 = 0$
$(9x^2 - 18x) + (16y^2 + 64y) = 71$
$9(x^2 - 2x) + 16(y^2 + 4y) = 71$
$9(x^2 - 2x + 1) + 16(y^2 + 4y + 4) = 71 + 9 + 64$
$9(x-1)^2 + 16(y+2)^2 = 144$
$\dfrac{9(x-1)^2}{144} + \dfrac{16(y+2)^2}{144} = \dfrac{144}{144}$
$\dfrac{(x-1)^2}{16} + \dfrac{(y+2)^2}{9} = 1$
center at $(1, -2)$
$a^2 = 16, a = 4$
$b^2 = 9, b = 3$

$c^2 = a^2 - b^2 = 16 - 9 = 7$
$c = \sqrt{7}$
foci at $\left(1 - \sqrt{7}, -2\right)$ and $\left(1 + \sqrt{7}, -2\right)$

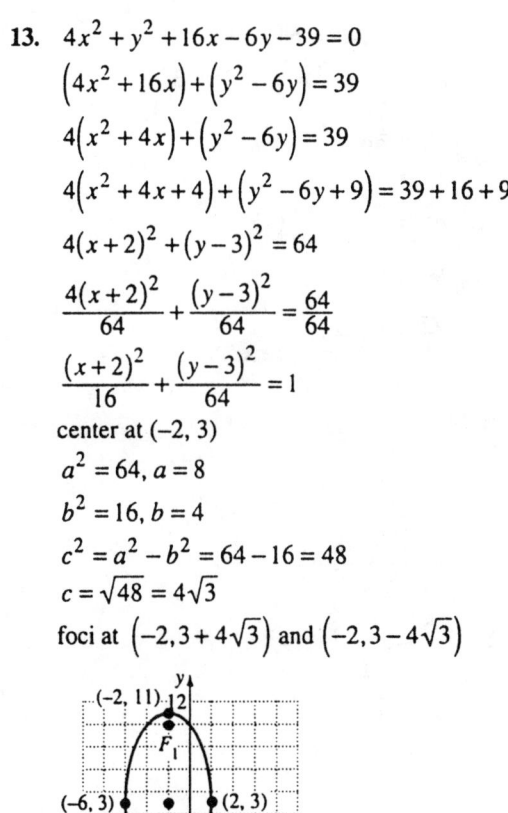

13. $4x^2 + y^2 + 16x - 6y - 39 = 0$
$(4x^2 + 16x) + (y^2 - 6y) = 39$
$4(x^2 + 4x) + (y^2 - 6y) = 39$
$4(x^2 + 4x + 4) + (y^2 - 6y + 9) = 39 + 16 + 9$
$4(x+2)^2 + (y-3)^2 = 64$
$\dfrac{4(x+2)^2}{64} + \dfrac{(y-3)^2}{64} = \dfrac{64}{64}$
$\dfrac{(x+2)^2}{16} + \dfrac{(y-3)^2}{64} = 1$
center at $(-2, 3)$
$a^2 = 64, a = 8$
$b^2 = 16, b = 4$
$c^2 = a^2 - b^2 = 64 - 16 = 48$
$c = \sqrt{48} = 4\sqrt{3}$
foci at $\left(-2, 3 + 4\sqrt{3}\right)$ and $\left(-2, 3 - 4\sqrt{3}\right)$

15. $a^2 = 25, b^2 = 16$, center at $(0, 0)$
$$\frac{x^2}{25} + \frac{y^2}{16} = 1$$
$c^2 = 25 - 16 = 9, c = 3$
foci at $(-3, 0)$ and $(3, 0)$

17. $a^2 = 9, b^2 = 1$, center at $(3, 1)$
$$\frac{(x-3)^2}{1} + \frac{(y-1)^2}{9} = 1$$
$c^2 = 9 - 1 = 8, c = \sqrt{8} = 2\sqrt{2}$
foci at $\left(3, 1 + 2\sqrt{2}\right)$ and $\left(3, 1 - 2\sqrt{2}\right)$

19. $c^2 = 25, a^2 = 64$
$b^2 = a^2 - c^2 = 64 - 25 = 39$
$$\frac{x^2}{64} + \frac{y^2}{39} = 1$$

21. $a^2 = 25, b = \frac{1}{2}(4) = 2$
$b^2 = 4$
$$\frac{x^2}{4} + \frac{y^2}{25} = 1$$

23. $a = 4, b = \frac{1}{2}$
$$\frac{x^2}{16} + \frac{y^2}{\frac{1}{4}} = 1$$
or $\dfrac{x^2}{16} + \dfrac{4y^2}{1} = 1$

25. $a^2 = 36$
$$\frac{x^2}{36} + \frac{y^2}{b^2} = 1$$
$$\frac{(-4)^2}{36} + \frac{(2)^2}{b^2} = 1$$
$$\frac{16}{36} + \frac{4}{b^2} = 1$$
$36b^2\left(\dfrac{16}{36} + \dfrac{4}{b^2}\right) = 36b^2(1)$
$16b^2 + 144 = 36b^2$
$144 = 20b^2$

$b^2 = \dfrac{144}{20} = \dfrac{36}{5}$
$$\frac{x^2}{36} + \frac{5y^2}{36} = 1$$

27. $a^2 = 16, e = \dfrac{3}{4} = \dfrac{c}{a}$
$c = \left(\dfrac{3}{4}\right)a = \dfrac{3}{4} \cdot 4 = 3$
$b^2 = a^2 - c^2 = 16 - 9 = 7$
$$\frac{x^2}{16} + \frac{y^2}{7} = 1$$

29. $c^2 = 9, d_1 + d_2 = 10 = 2a$
$a^2 = \left(\dfrac{10}{2}\right)^2 = 25$
$b^2 = a^2 - c^2 = 25 - 9 = 16$
$$\frac{x^2}{25} + \frac{y^2}{16} = 1$$

31. $c^2 = 36$

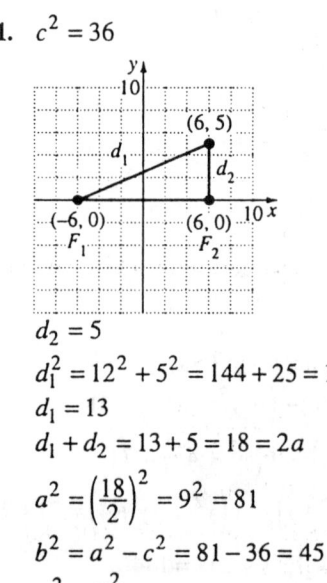

$d_2 = 5$
$d_1^2 = 12^2 + 5^2 = 144 + 25 = 169$
$d_1 = 13$
$d_1 + d_2 = 13 + 5 = 18 = 2a$
$a^2 = \left(\dfrac{18}{2}\right)^2 = 9^2 = 81$
$b^2 = a^2 - c^2 = 81 - 36 = 45$
$$\frac{x^2}{81} + \frac{y^2}{45} = 1$$

33. $a = 15, b = 10$

$$\frac{x^2}{225} + \frac{y^2}{100} = 1$$

Let $x = 4$

$$\frac{4^2}{225} + \frac{y^2}{100} = 1$$

$$900\left(\frac{16}{225} + \frac{y^2}{100}\right) = 900(1)$$

$$64 + 9y^2 = 900$$

$$9y^2 = 836$$

$$y = \sqrt{\frac{836}{9}} \approx 9.64$$

Yes, the truck only needs 7 feet so it will clear.

35. $a = 50 \times 10^6$, $b = \frac{81}{2} \times 10^6$

$$\frac{x^2}{(50)^2} + \frac{y^2}{\left(\frac{81}{2}\right)^2} = 1$$

$$\frac{x^2}{2500} + \frac{4y^2}{6561} = 1$$

$$c^2 = a^2 - b^2 = 2500 - \frac{6561}{4} \approx 860$$

$$c \approx \pm\sqrt{860} \approx \pm 29.3$$

Distance between foci = $2c \approx 58.6$ million miles

37. $a + c = 1.5045 \times 10^9$ km
    $a - c = 1.3495 \times 10^9$ km
    $2a = 2.8540 \times 10^9$ km
    $a = 1.4270 \times 10^9$ km
    $c = 1.5045 \times 10^9$ km $- 1.4270 \times 10^9$ km
    $= 0.0775 \times 10^9$

$$e = \frac{0.0775}{1.4270} \approx 0.0543$$

The eccentricity is about 0.0543.

39. $e = 0.967 = \frac{c}{a}$

$c = 0.967a$
$a - c = a - 0.967a = 0.033a$
$0.033a = 0.587$ AU

$$a = \frac{0.587}{0.033} \text{ AU} \approx 17.8 \text{ AU}$$

Maximum distance = $a + c$
= $a + 0.967a$
= $1.967a$
$\approx 1.967(17.8)$ AU
≈ 35 AU

41. a. False; the circle and ellipse do not intersect.

   b. True; when $x = 0$, both equations simplify to $y^2 = 4$.

   c. False; no points satisfy both equations.

   d. False; eccentricity is given by the ratio $\frac{c}{a}$. It is not related to the base e of natural logarithms.

43. $$\frac{(x-2)^2}{9} + \frac{(y-1)^2}{4} = 1$$

$$\frac{(y-1)^2}{4} = 1 - \frac{(x-2)^2}{9}$$

$$(y-1)^2 = 4\left(1 - \frac{(x-2)^2}{9}\right)$$

$$y - 1 = \pm 2\sqrt{1 - \frac{(x-2)^2}{9}}$$

$$y = 1 \pm 2\sqrt{1 - \frac{(x-2)^2}{9}}$$

45. $4x^2 + 13y^2 + 6x + 4y - 10 = 0$
$13y^2 + 4y + (4x^2 + 6x - 10) = 0$
$y = \dfrac{-4 \pm \sqrt{16 - 4(13)(4x^2 + 6x - 10)}}{2(13)}$
$y = \dfrac{-2 \pm \sqrt{4 - 13(4x^2 + 6x - 10)}}{13}$

47. $2x^2 - xy + y^2 - 4 = 0$
$y^2 - xy + (2x^2 - 4) = 0$
$y = \dfrac{x \pm \sqrt{x^2 - 4(2x^2 - 4)}}{2}$
$y = \dfrac{x \pm \sqrt{16 - 7x^2}}{2}$
$y = \dfrac{x}{2} + \dfrac{1}{2}\sqrt{16 - 7x^2}$

49. $2a = 186$, $a = 93$
$2b = 185.8$, $a = 92.9$
$\dfrac{x^2}{(93)^2} + \dfrac{y^2}{(92.9)^2} = 1$
$y^2 = (92.9)^2 \left(1 - \dfrac{x^2}{(93)^2}\right)$
$y = \pm 92.9\sqrt{1 - \dfrac{x^2}{(93)^2}}$
$2a = 283.5$, $a = \dfrac{283.5}{2}$
$2b = 278.5$, $b = \dfrac{278.5}{2}$

$\dfrac{4x^2}{(283.5)^2} + \dfrac{4y^2}{(278.5)^2} = 1$
$y^2 = \dfrac{(278.5)^2}{4}\left(1 - \dfrac{4x^2}{(283.5)^2}\right)$
$y = \pm \dfrac{278.5}{2}\sqrt{1 - \dfrac{4x^2}{(283.5)^2}}$

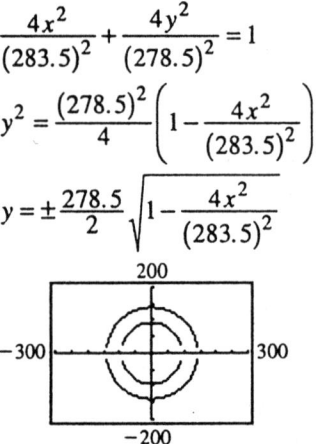

51. Answers may vary.

53. Answers may vary.

55. Answers may vary.

57. $b = \dfrac{10}{2} = 5$
$2c = -2 - (-6) = 4$, $c = 2$
$a^2 = b^2 + c^2 = 25 + 4 = 29$
$\dfrac{(x-1)^2}{25} + \dfrac{(y+4)^2}{29} = 1$

59. From the points given, the major axis must be parallel to the x-axis.
$\dfrac{x^2}{a^2} + \dfrac{y^2}{b^2} = 1$
For (3, 0), $\dfrac{9}{a^2} + 0 = 1$ so $a^2 = 9$.
For (1, 1), $\dfrac{1}{a^2} + \dfrac{1}{b^2} = 1$
$\dfrac{1}{9} + \dfrac{1}{b^2} = 1$, $\dfrac{1}{b^2} = 1 - \dfrac{1}{9} = \dfrac{8}{9}$
$\dfrac{(x-5)^2}{9} + \dfrac{8(y-2)^2}{9} = 1$

61. Major axis is parallel to the x-axis.
$2c = 2 - (-4) = 6 \Rightarrow c = 3$
$2a = 4 - (-6) = 10 \Rightarrow a = 5$
$b^2 = a^2 - c^2 = 25 - 9 = 16$
Center, midway between the two foci is at $(-1, 3)$.
$$\frac{(x+1)^2}{25} + \frac{(y-3)^2}{16} = 1$$

63. aphelion = 314 km + 1728 km = 2042 km
perihelion = 110 km + 1728 km = 1838 km
$\begin{aligned} a + c &= 2042 \\ a - c &= 1838 \\ \hline 2a &= 3880 \end{aligned}$
$a = 1940$ km
$c = 2042 - a$
$= 2042 - 1940$
$= 102$ km
$b^2 = a^2 - c^2 = (1940)^2 - (102)^2 = 3{,}753{,}196$
$$\frac{x^2}{(1940)^2} + \frac{y^2}{(1937.3)^2} = 1$$
or
$$\frac{x^2}{3{,}763{,}600} + \frac{y^2}{3{,}753{,}196} = 1$$

65. a. $e = \frac{c}{a}, c = ea$
$b^2 = a^2 - c^2 = a^2 - (ea)^2$
$= a^2 - e^2 a^2$
$= a^2(1 - e^2)$
$$\frac{(x-h)^2}{a^2} + \frac{(y-k)^2}{a^2(1-e^2)} = 1$$

b. As e approaches zero the equation approaches that of a circle of radius a centered at (h, k).

67. $a = 2b$
$\frac{x^2}{a^2} + \frac{y^2}{b^2} = 1$ or $\frac{x^2}{b^2} + \frac{y^2}{a^2} = 1$
$\frac{x^2}{4b^2} + \frac{y^2}{b^2} = 1$ or $\frac{x^2}{b^2} + \frac{y^2}{4b^2} = 1$
For $(2, 1)$
$\frac{4}{4b^2} + \frac{1}{b^2} = 1$
$\frac{1}{b^2} + \frac{1}{b^2} = 1$
$\frac{2}{b^2} = 1$
$b^2 = 2$
The equation for the ellipse is
$\frac{x^2}{8} + \frac{y^2}{2} = 1$ which has a major axis with length $4\sqrt{2}$.
$\frac{4}{b^2} + \frac{1}{4b^2} = 1$
$\frac{16}{4b^2} + \frac{1}{4b^2} = 1$
$\frac{17}{4b^2} = 1$
$b^2 = \frac{17}{4}$
The equation for the ellipse is
$\frac{4x^2}{17} + \frac{y^2}{17} = 1$ which has a major axis with length $2\sqrt{17}$.
$2\sqrt{17} > 4\sqrt{2}$, so the ellipse with the longer major axis is $\frac{4x^2}{17} + \frac{y^2}{17} = 1$.

Problem Set 6.2

1. $\dfrac{x^2}{4} - \dfrac{y^2}{9} = 1$
   $a^2 = 4, a = 2$
   $b^2 = 9, b = 3$
   $c^2 = a^2 + b^2 = 4 + 9 = 13$
   $c = \pm\sqrt{13}$ on x-axis
   foci: $\left(\pm\sqrt{13}, 0\right)$

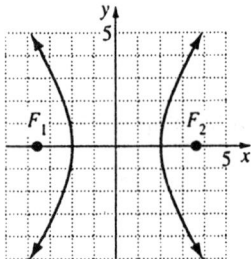

3. $9y^2 - 25x^2 = 225$
   $\dfrac{9y^2}{225} - \dfrac{25x^2}{225} = \dfrac{225}{225}$
   $\dfrac{y^2}{25} - \dfrac{x^2}{9} = 1$
   $a^2 = 25, a = 5$
   $b^2 = 9, b = 3$
   $c^2 = a^2 + b^2 = 25 + 9 = 34$
   $c = \sqrt{34}$ on y-axis
   foci: $\left(0, \pm\sqrt{34}\right)$

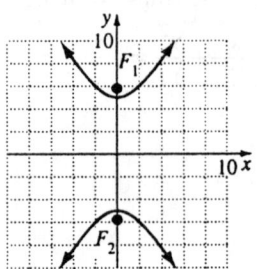

5. $y^2 = 1 + x^2$
   $y^2 - x^2 = 1$
   $a^2 = 1, a = 1$
   $b^2 = 1, b = 1$
   $c^2 = a^2 + b^2 = 1 + 1 = 2$
   $c = \sqrt{2}$ on y-axis
   foci: $\left(0, \pm\sqrt{2}\right)$

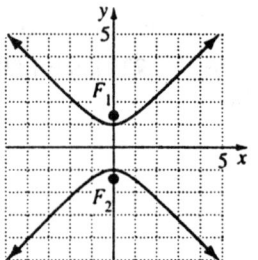

7. $\dfrac{(x+4)^2}{9} - \dfrac{(y+3)^2}{16} = 1$
   center at $(-4, -3)$
   $a^2 = 9, a = 3$
   $b^2 = 16, b = 4$
   $c^2 = a^2 + b^2 = 9 + 16 = 25$
   $c = \pm 5$ parallel to x-axis
   foci: $(-9, -3)(1, -3)$

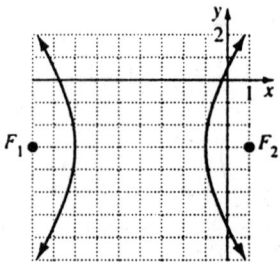

9. $\dfrac{(x+3)^2}{25} - \dfrac{y^2}{16} = 1$
   center $(-3, 0)$
   $a^2 = 25, a = 5$
   $b^2 = 16, b = 4$
   $c^2 = a^2 + b^2 = 25 + 16 = 41$
   $c = \pm\sqrt{41}$

foci: $(-3\pm\sqrt{41},0)$

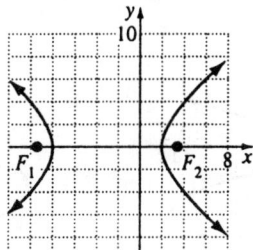

11. $\dfrac{(y+2)^2}{4}-\dfrac{(x-1)^2}{16}=1$

center $(1,-2)$

$a^2=4, a=2$

$b^2=16, b=4$

$c^2=a^2+b^2=4+16=20$

$c=\sqrt{20}=2\sqrt{5}$

foci: $(1,-2\pm 2\sqrt{5})$

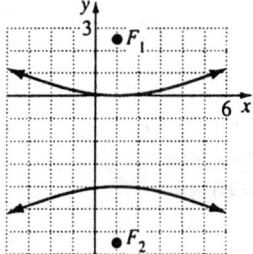

13. $x^2-y^2-2x-4y-4=0$

$(x^2-2x)-(y^2+4y)=4$

$(x^2-2x+1)-(y^2+4y+4)=4+1-4$

$(x-1)^2-(y+2)^2=1$

center at $(1,-2)$

$a^2=1, a=1$

$b^2=1, b=1$

$c^2=a^2+b^2=1+1=2$

$c=\sqrt{2}$

foci: $(1\pm\sqrt{2},-2)$

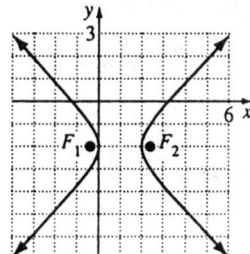

15. $16x^2-y^2+64x-2y+67=0$

$(16x^2+64x)-(y^2+2y)=-67$

$16(x^2+4x+4)-(y^2+2y+1)=-67+64-1$

$16(x+2)^2-(y+1)^2=-4$

$\dfrac{16(x+2)^2}{-4}-\dfrac{(y+1)^2}{-4}=\dfrac{-4}{-4}$

$\dfrac{(y+1)^2}{4}-4(x+2)^2=1$

center at $(-2,-1)$

$a^2=4, a=2$

$b^2=\dfrac{1}{4}, b=\dfrac{1}{2}$

$c^2=a^2+b^2=4+\dfrac{1}{4}=4.25$

$c=\sqrt{4.25}$

foci: $(-2,-1\pm\sqrt{4.25})$

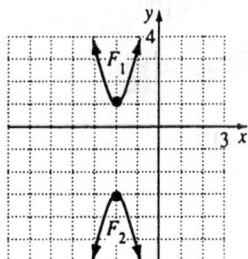

17. $4x^2 - 9y^2 - 16x + 54y - 101 = 0$
$(4x^2 - 16x) - (9y^2 - 54y) = 101$
$4(x^2 - 4x + 4) - 9(y^2 - 6y + 9) = 101 + 16 - 81$
$4(x-2)^2 - 9(y-3)^2 = 36$
$\dfrac{(x-2)^2}{9} - \dfrac{(y-3)^2}{4} = 1$
center at (2, 3)
$a^2 = 9, a = 3$
$b^2 = 4, b = 2$
$c^2 = a^2 + b^2 = 9 + 4 = 13$
$c = \sqrt{13}$
foci: $(2 \pm \sqrt{13}, 3)$

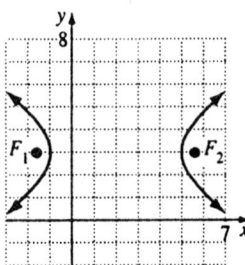

19. $4x^2 - 25y^2 - 32x + 164 = 0$
$(4x^2 - 32x) - 25y^2 = -164$
$4(x^2 - 8x + 16) - 25y^2 = -164 + 64$
$4(x-4)^2 - 25y^2 = -100$
$\dfrac{4(x-4)^2}{-100} - \dfrac{25y^2}{-100} = \dfrac{-100}{-100}$
$\dfrac{y^2}{4} - \dfrac{(x-4)^2}{25} = 1$
center (4, 0)
$a^2 = 4, a = 2$
$b^2 = 25, b = 5$
$c^2 = a^2 + b^2 = 4 + 25 = 29$
$c = \sqrt{29}$

foci: $(4, \pm\sqrt{29})$

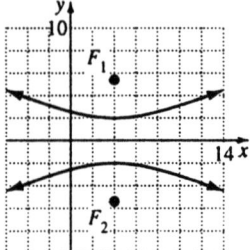

21. $a = 2, b = 3$
$\dfrac{x^2}{4} - \dfrac{y^2}{9} = 1$
$c^2 = a^2 + b^2 = 13, c = \sqrt{13}$
foci: $(\pm\sqrt{13}, 0)$

23. center: (1, 3)
$a = 1, b = 1$
$(y-3)^2 - (x-1)^2 = 1$
$c^2 = a^2 + b^2 = 2, c = \sqrt{2}$
foci: $(1, 3 \pm \sqrt{2})$

25. $a = 3, c = 4$
$b^2 = c^2 - a^2 = 16 - 9 = 7$
$\dfrac{x^2}{9} - \dfrac{y^2}{7} = 1$

27. $a = 1$
$\dfrac{b}{a} = 3, b = 3a = (3)(1) = 3$
$x^2 - \dfrac{y^2}{9} = 1$

29. $a = 6, b = 3$
$\dfrac{x^2}{36} - \dfrac{y^2}{9} = 1$

31. $a = 3$

$$\frac{y^2}{9} - \frac{x^2}{b^2} = 1$$

$$\frac{(5)^2}{9} - \frac{(-2)^2}{b^2} = 1$$

$$\frac{25}{9} - \frac{4}{b^2} = 1$$

$$25b^2 - 36 = 9b^2$$

$$16b^2 = 36$$

$$b^2 = \frac{36}{16}$$

$$\frac{y^2}{9} - \frac{16x^2}{36} = 1$$

33. $2a = 8, a = 4$

$2b = 24, b = 12$

$$\frac{x^2}{16} - \frac{y^2}{144} = 1$$

35. $|d_2 - d_1| = 2a = (2\text{ s})(1100\text{ ft/s}) = 2200\text{ ft}$

$a = 1100\text{ ft}$

$2c = 5280\text{ ft}, c = 2640\text{ ft}$

$b^2 = c^2 - a^2 = (2640)^2 - (1100)^2$

$= 5,759,600$

$$\frac{x^2}{(1100)^2} - \frac{y^2}{5,759,600} = 1$$

$$\frac{x^2}{1,210,000} - \frac{y^2}{5,759,600} = 1$$

If M_1 is located 2640 ft to the right of the origin on the x-axis, the explosion is located on the right branch of the hyperbola given by the equation above.

37. $a = 3$

$\frac{b}{a} = \frac{1}{2}, b = \frac{a}{2} = \frac{3}{2}$

$$\frac{x^2}{(3)^2} - \frac{y^2}{\left(\frac{3}{2}\right)^2} = 1$$

$$\frac{x^2}{9} - \frac{4y^2}{9} = 1$$

39. $a = 24\text{ mi}$

$\frac{b}{a} = \frac{1}{2}, b = \frac{a}{2} = \frac{24}{2} = 12$

$$\frac{x^2}{(24)^2} - \frac{y^2}{(12)^2} = 1$$

$$\frac{x^2}{576} - \frac{y^2}{144} = 1$$

$$\frac{(-50)^2}{576} - \frac{y^2}{144} = 1$$

$$y^2 = 144\left(\frac{2500}{576} - 1\right)$$

$y \approx 21.93$

The region affected is about 43.86 miles.

41. a. True

b. False; hyperbolas always have an x^2 term and a y^2 term.

c. False; the vertices are at (3, 0) and (–3, 0).

d. False; the hyperbola approaches the asymptotes but never intersects them.

43. $\frac{x^2}{16} - \frac{y^2}{4} = 1$

$\frac{y^2}{4} = \frac{x^2}{16} - 1$

$y^2 = 4\left(\frac{x^2}{16} - 1\right)$

$y = \pm 2\sqrt{\frac{x^2}{16} - 1}$

45. $x^2 - y^2 - 2x - 4y = 4$
$(x^2 - 2x) - (y^2 + 4y) = 4$
$(x^2 - 2x + 1) - (y^2 + 4y + 4) = 4 + 1 - 4$
$(x-1)^2 - (y+2)^2 = 1$
$(y+2)^2 = (x-1)^2 - 1$
$y + 2 = \pm\sqrt{(x-1)^2 - 1}$
$y = -2 \pm \sqrt{(x-1)^2 - 1}$

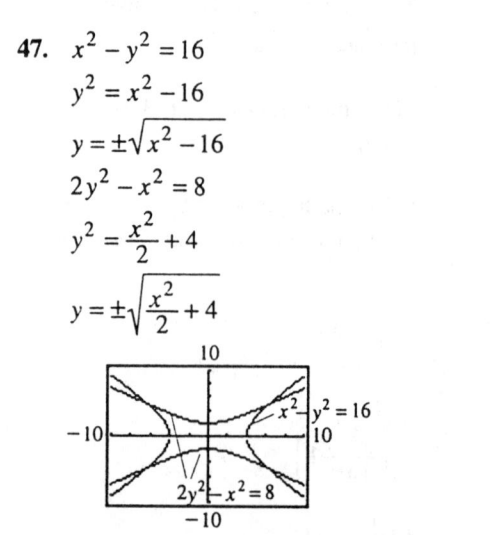

47. $x^2 - y^2 = 16$
$y^2 = x^2 - 16$
$y = \pm\sqrt{x^2 - 16}$
$2y^2 - x^2 = 8$
$y^2 = \dfrac{x^2}{2} + 4$
$y = \pm\sqrt{\dfrac{x^2}{2} + 4}$

Intersection points: $(\pm 6.3, 4.9)$ $(\pm 6.3, -4.9)$

49. $2x^2 - 2xy + y^2 = 2$
$y^2 - 2xy + (2x^2 - 2) = 0$
$y = \dfrac{2x \pm \sqrt{4x^2 - 4(2x^2 - 2)}}{2}$
$y = x \pm \sqrt{2 - x^2}$
$3x^2 + 2xy - y^2 = 3$
$y^2 - 2xy - (3x^2 - 3) = 0$

$y = \dfrac{2x \pm \sqrt{4x^2 + 4(3x^2 - 3)}}{2}$
$y = x \pm \sqrt{4x^2 - 3}$

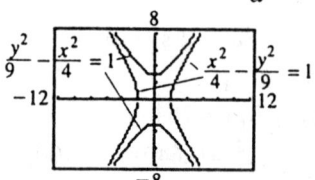

Intersection points: $(1, 2)$, $(1, 0)$, $(-1, 0)$, $(-1, -2)$

51. Answers may vary depending on the choice for a and b. For $a = 2$, $b = 3$, a graph is shown. The two graphs open right/left and up/down, sharing a common set of asymptote given by $y = \pm\dfrac{b}{a}x$.

53. Answers may vary.

55. Answers may vary.

57. $e = \dfrac{c}{a} = \dfrac{\sqrt{a^2 + b^2}}{a}$
$1 < e$

59. $e = \dfrac{3}{2} = \dfrac{c}{a}$, $a = \dfrac{2c}{3}$
$c = 6$, $a = \dfrac{(2)(6)}{3} = 4$
$b^2 = c^2 - a^2 = 36 - 16 = 20$
$\dfrac{x^2}{16} - \dfrac{y^2}{20} = 1$

61. $2a = 11$, $a = \frac{11}{2}$
$2b = 6$, $b = 3$
$$\frac{4(y+1)^2}{121} - \frac{(x-3)^2}{9} = 1$$

63. $a = 6$
center: $(5, 0)$
$$\frac{y^2}{a^2} - \frac{(x-5)^2}{b^2} = 1$$
$$\frac{(9)^2}{6^2} - \frac{(0-5)^2}{b^2} = 1$$
$$\frac{81}{36} - \frac{25}{b^2} = 1$$
$81b^2 - 900 = 36b^2$
$45b^2 = 900$
$b^2 = 20$
$$\frac{y^2}{36} - \frac{(x-5)^2}{20} = 1$$

65. $2c = 6 - 2 = 4$, $c = 2$
center $(4, 2)$
$\frac{b}{a} = 1$, $b = a$
$c^2 = a^2 + b^2 = 2a^2$
$a^2 = \frac{c^2}{2} = \frac{4}{2} = 2 = b^2$
$$\frac{(x-4)^2}{2} - \frac{(y-2)^2}{2} = 1$$

67.

$$\frac{x^2}{a^2} - \frac{y^2}{b^2} = 1$$
$d_1^2 = y^2 + (x-c)^2$
$ = y^2 + (x-ea)^2$
$ = b^2\left(\frac{x^2}{a^2} - 1\right) + (x-ea)^2$
$ = (c^2 - a^2)\left(\frac{x^2}{a^2} - 1\right) + (x-ea)^2$
$ = (e^2a^2 - a^2)\left(\frac{x^2}{a^2} - 1\right) + (x-ea)^2$
$ = a^2(e^2 - 1)\frac{(x^2 - a^2)}{a^2} + (x-ea)^2$
$ = (e^2x^2 - x^2 - e^2a^2 + a^2) + (x^2 - 2eax + e^2a^2)$
$ = e^2x^2 - 2eax + a^2$
$ = (ex - a)^2$
$d_1 = ex - a$
$d_2 = x - \frac{a^2}{c} = x - \frac{a^2}{ea} = x - \frac{a}{e}$
$ = \frac{xe - a}{e}$
$\frac{d_1}{d_2} = \frac{ex - a}{\left(\frac{xe-a}{e}\right)} = e$

69. a. $\dfrac{x'^2}{2} - \dfrac{y'^2}{2} = 1$
$a^2 = 2$, $a = \sqrt{2}$; $b^2 = 2$, $b = \sqrt{2}$
vertices: $(\pm\sqrt{2}, 0)$
asymptotes:
$y' = \pm\frac{b}{a}x' = \pm\frac{\sqrt{2}}{\sqrt{2}}x' = \pm x'$

b. vertices: $(-1, -1)$, $(1, 1)$
asymptotes: the x-axis and the y-axis

c. The graph will be a hyperbola with transverse axis $y = x$ and its two branches in the first and third quadrants.
vertices: $\left(-\sqrt{c},-\sqrt{c}\right)$ and $\left(\sqrt{c},\sqrt{c}\right)$
asymptotes: x-axis, y-axis

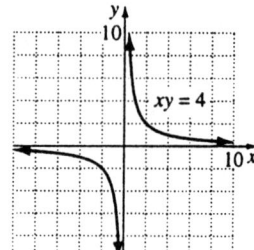

d. The graph will be a hyperbola with transverse axis $y = -x$ and its two branches in the second and fourth quadrants.
vertices: $\left(-\sqrt{c},\sqrt{c}\right)$ and $\left(\sqrt{c},-\sqrt{c}\right)$
asymptotes: x-axis, y-axis

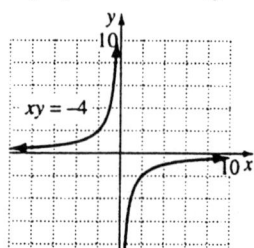

71. The fundamental rectangle has length $2a$ and width $2b$.
Diagonal length:
$$\sqrt{(2a)^2 + (2b)^2} = \sqrt{4a^2 + 4b^2}$$
$$= \sqrt{4(a^2 + b^2)}$$
$$= 2\sqrt{a^2 + b^2}$$
$$= 2c$$

Problem Set 6.3

1. $y^2 = 4x$
$4p = 4, p = 1$
vertex: $(0, 0)$
focus: $(1, 0)$
directrix: $x = -1$

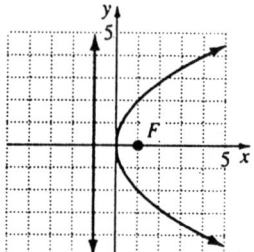

3. $x^2 = -12y$
$4p = -12, p = -3$
vertex: $(0, 0)$
focus: $(0, -3)$
directrix: $y = 3$

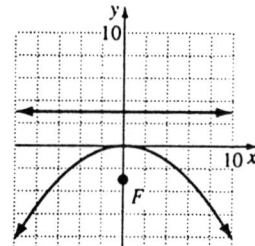

5. $(x-2)^2 = 8(y-1)$
$4p = 8, p = 2$
vertex: $(2, 1)$
focus: $(2, 3)$
directrix: $y = -1$

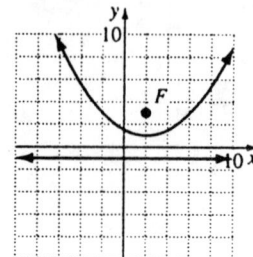

7. $(y+3)^2 = -16(x+1)$
$4p = -16,\ p = -4$
vertex: $(-1, -3)$
focus: $(-5, -3)$
directrix: $x = 3$

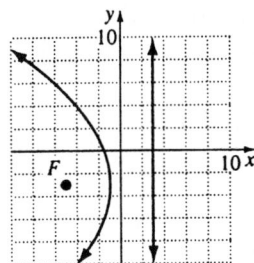

9. $(x+1)^2 = -8y$
$4p = -8,\ p = -2$
vertex: $(-1, 0)$
focus: $(-1, -2)$
directrix: $y = 2$

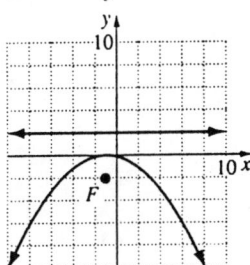

11. $y^2 + 6y + 8x + 25 = 0$
$y^2 + 6y = -8x - 25$
$y^2 + 6y + 9 = -8x - 25 + 9$
$(y+3)^2 = -8x - 16$
$(y+3)^2 = -8(x+2)$
$4p = -8,\ p = -2$
vertex: $(-2, -3)$
focus: $(-4, -3)$

directrix: $x = 0$

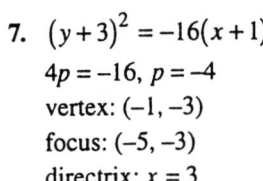

13. $x^2 - 2x - 4y + 9 = 0$
$x^2 - 2x = 4y - 9$
$x^2 - 2x + 1 = 4y - 9 + 1$
$(x-1)^2 = 4y - 8$
$(x-1)^2 = 4(y - 2)$
$4p = 4,\ p = 1$
vertex: $(1, 2)$
focus: $(1, 3)$
directrix: $y = 1$

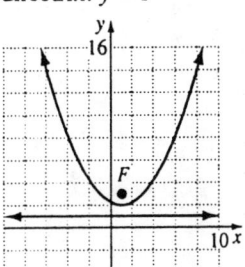

15. $2x^2 + 8x - 3y + 4 = 0$
$2x^2 + 8x = 3y - 4$
$2(x^2 + 4x) = 3y - 4$
$2(x^2 + 4x + 4) = 3y - 4 + 8$
$2(x+2)^2 = 3y + 4$
$(x+2)^2 = \frac{3}{2}y + 2 = \frac{3}{2}\left(y + \frac{4}{3}\right)$
$4p = \frac{3}{2},\ p = \frac{3}{8}$

vertex: $\left(-2, -\frac{4}{3}\right)$
focus: $\left(-2, -\frac{23}{24}\right)$
directrix: $y = -\frac{41}{24}$

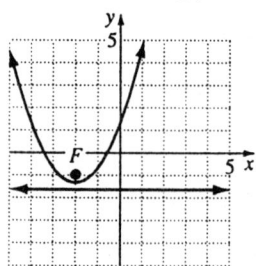

17. $4y^2 - 12y + 9x = 0$
$4y^2 - 12y = -9x$
$4(y^2 - 3y) = -9x$
$y^2 - 3y = -\frac{9}{4}x$
$y^2 - 3y + \frac{9}{4} = -\frac{9}{4}x + \frac{9}{4}$
$\left(y - \frac{3}{2}\right)^2 = -\frac{9}{4}(x - 1)$
$4p = -\frac{9}{4}, p = -\frac{9}{16}$
vertex: $\left(1, \frac{3}{2}\right)$
focus: $\left(\frac{7}{16}, \frac{3}{2}\right)$
directrix: $x = \frac{25}{16}$

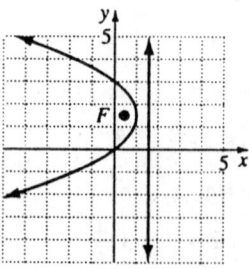

19. $y - 6 = -2(x - 1)^2$
$(x - 1)^2 = -\frac{1}{2}(y - 6)$

21. $p = -3, 4p = -12$
$y^2 = -12x$
directrix: $x = 3$

23. $p = -1, 4p = -4$
$(x + 4)^2 = -4(y - 3)$
directrix: $y = 4$

25. $p = 3, 4p = 12, y^2 = 12x$

27. $x^2 = 4py$
$(-1)^2 = 4p(2)$
$4p = \frac{1}{2}$
$x^2 = \frac{1}{2}y$

29. $x^2 = 4py$
$7^2 = 4p(-10)$
$49 = 4p(-10)$
$4p = -\frac{49}{10}$
$x^2 = -\frac{49}{10}y$

31. $4p = 8$
$y^2 = 8x$

33. $p = -3, 4p = -12$
$(y - 3)^2 = -12(x - 2)$

35. $p = -2, 4p = -8$
$(x + 4)^2 = -8(y - 3)$

37. $(x + 3)^2 = 4p(y - 2)$
$(-2 + 3)^2 = 4p(-1 - 2)$
$1 = 4p(-3)$
$4p = -\frac{1}{3}$
$(x + 3)^2 = -\frac{1}{3}(y - 2)$

39. vertex: $(-1, 2)$
$p = -2, 4p = -8$
$(x+1)^2 = -8(y-2)$

41. $4p = 6, p = \dfrac{3}{2}$
vertex: $\left(\dfrac{11}{2}, -2\right)$
$(y+2)^2 = -6\left(x - \dfrac{11}{2}\right)$

43. Hyperbola
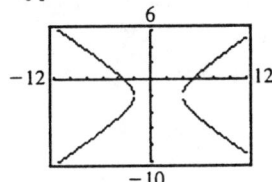

45. Parabola
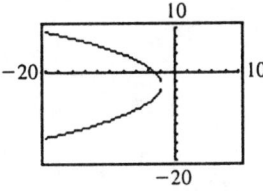

47. Ellipse
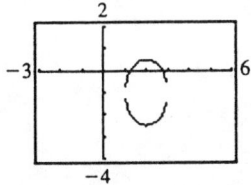

49. Parabola
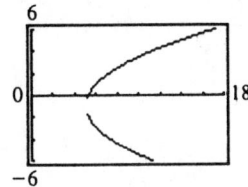

51. $15x = y^2$
$4p = 15, \ p = \dfrac{15}{4}$
The receiver should be placed at $\left(\dfrac{15}{4}, 0\right)$.

53. $p = 57.6, 4p = 230.4$
$y^2 = 230.4x$
$\left(\dfrac{2.4}{2}\right)^2 = 230.4x$
$x = \dfrac{1.44}{230.4} = 0.006250$
The mirror should have been 0.006250 meters thicker at the edge than at its center.

55. $x^2 = 4py$
$(640)^2 = 4p(160)$
$p = \dfrac{(640)^2}{640} = 640$
$x = 640 - 200 = 440$
$(440)^2 = 4(640)y$
$y = \dfrac{(440)^2}{4(640)} = 75.625$
The height is 75.625 meters.

57. a. False; it opens to the left.

b. True; it opens to the right and has a domain $[3, \infty)$.

c. False; any parabola that opens to the right will not be a function of x because at least one x-value will be paired with more than 1 y-value.

d. False; the graph is a line.

59. $x^2 - 6x - 12y + 9 = 0$
$x^2 - 6x = 12y - 9$
$x^2 - 6x + 9 = 12y - 9 + 9$
$(x-3)^2 = 12y$
Vertex: (3, 0)

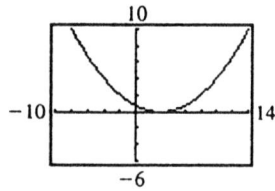

61. $y^2 + 10y - x + 25 = 0$
$y^2 + 10y = x - 25$
$y^2 + 10y + 25 = x - 25 + 25$
$(y+5)^2 = x$
Vertex: (0, −5)

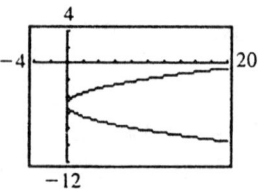

63. $16x^2 - 24xy + 9y^2 - 60x - 80y + 100 = 0$
$9y^2 - (24x + 80)y + (16x^2 - 60x + 100) = 0$

$y = \dfrac{24x + 80 \pm \sqrt{(24x+80)^2 - 36(16x^2 - 60x + 100)}}{18}$

$y = \dfrac{24x + 80 \pm \sqrt{6000x - 2800}}{18}$

$y = \dfrac{24x + 80 \pm 20\sqrt{15x - 7}}{18}$

$y = \dfrac{12x + 40 \pm 10\sqrt{15x - 7}}{9}$

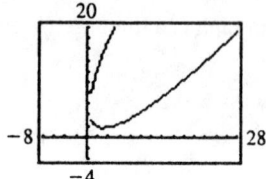

65. Expect a hyperbola. Graph is two lines.

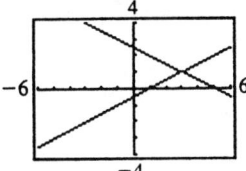

67. Expect an ellipse. No graph since there are no real number solutions.

69. Expect a circle. Graph is the point (–2, 3).

71. $x^2 = 4y$

Line tangent at (2, 1) passes through (0, –1). Equation of that line is $y = x - 1$.

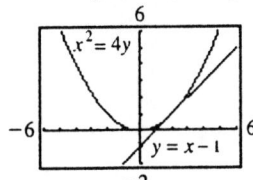

73. Answers may vary.

75. Area of Trapezoid $(A, 0)$, (A, A^2), $(B, 0)$, (B, B^2):

$$A_1 = \frac{1}{2}(A^2 + B^2)(B - A)$$

Area of Trapezoid formed by $(A, 0)$, (A, A^2), $\left(\frac{A+B}{2}, 0\right)$, $\left(\frac{A+B}{2}, \frac{(A+B)^2}{4}\right)$:

$$A_2 = \frac{1}{2}\left(A^2 + \frac{(A+B)^2}{4}\right)\left(\frac{B-A}{2}\right)$$

$$A_2 = \frac{1}{2}\left(A^2 + \frac{A^2 + 2AB + B^2}{4}\right)\left(\frac{B-A}{2}\right)$$

$$A_2 = \left(\frac{B-A}{4}\right)\left(\frac{4A^2}{4} + \frac{A^2 + 2AB + B^2}{4}\right)$$

$$A_2 = \left(\frac{B-A}{4}\right)\left(\frac{5A^2 + 2AB + B^2}{4}\right)$$

Area of Trapezoid formed by $(B, 0)$, (B, B^2), $\left(\frac{A+B}{2}, 0\right)$, $\left(\frac{A+B}{2}, \frac{(A+B)^2}{4}\right)$:

$$A_3 = \frac{1}{2}\left(B^2 + \frac{(A+B)^2}{4}\right)\left(\frac{B-A}{2}\right)$$

$$A_3 = \frac{1}{2}\left(B^2 + \frac{A^2 + 2AB + B^2}{4}\right)\left(\frac{B-A}{2}\right)$$

$$A_3 = \left(\frac{B-A}{4}\right)\left(\frac{4B^2}{4} + \frac{A^2 + 2AB + B^2}{4}\right)$$

$$A_3 = \left(\frac{B-A}{4}\right)\left(\frac{A^2 + 2AB + 5B^2}{4}\right)$$

Area of Triangle = $A_1 - A_2 - A_3$

$$= \frac{1}{2}(A^2 + B^2)(B-A) - \left(\frac{B-A}{4}\right)\left(\frac{5A^2 + 2AB + B^2}{4}\right) - \left(\frac{B-A}{4}\right)\left(\frac{A^2 + 2AB + 5B^2}{4}\right)$$

$$= \frac{B-A}{2}\left[A^2 + B^2 - \frac{5A^2 + 2AB + B^2}{8} - \frac{A^2 + 2AB + 5B^2}{8}\right]$$

$$= \frac{B-A}{2}\left[\frac{A^2 - 2AB + B^2}{4}\right]$$

$$= \frac{(B-A)}{2} \cdot \frac{(A-B)^2}{4} = \frac{(B-A)^3}{8}$$

77. $Ax^2 + Cy^2 + Dx + Ey + F = 0$

$(Ax^2 + Dx) + (Cy^2 + Ey) = -F$

$A\left(x^2 + \frac{D}{A}x + \frac{D^2}{4A^2}\right) + C\left(y^2 + \frac{E}{C}y + \frac{E^2}{4C^2}\right) = -F + \frac{D^2}{4A} + \frac{E^2}{4C}$

$A\left(x + \frac{D}{2A}\right)^2 + C\left(y + \frac{E}{2C}\right)^2 = \frac{D^2}{4A} + \frac{E^2}{4C} - F$

$AC > 0, \left(\frac{D^2}{4A} + \frac{E^2}{4C} - F\right) = 0$ yields a point.

$AC < 0, \left(\frac{D^2}{4A} + \frac{E^2}{4C} - F\right) = 0$ yields two intersecting lines.

79. $P: (x_1, y_1) = (2p, p)$
$Q: (-x_1, y_1) = (-2p, p)$
$-\dfrac{4p^2}{x_1} = -\dfrac{4p^2}{2p} = -2p$
$\dfrac{p^2}{y_1} = \dfrac{p^2}{p} = p$
so $Q: \left(-\dfrac{4p^2}{x_1}, \dfrac{p^2}{y_1}\right)$

Problem Set 6.4

In problems 1–41, confirmation of valid solutions is left to the student.

1. $x + y = 2$ and $y = x^2 - 4$
   $y = 2 - x,\ 2 - x = x^2 - 4$
   $x^2 + x - 6 = 0$
   $(x + 3)(x - 2) = 0$
   $x = -3, 2$
   If $x = -3,\ y = 2 - (-3) = 5$
   If $x = 2,\ y = 2 - 2 = 0$
   $\{(-3, 5), (2, 0)\}$

3. $y = x^2 - 1,\ 4x + y + 5 = 0$
   $y = -4x - 5$
   $-4x - 5 = x^2 - 1$
   $x^2 + 4x + 4 = 0$
   $(x + 2)^2 = 0$
   $x = -2$
   For $x = -2,\ y = -4(-2) - 5 = 3$
   $\{(-2, 3)\}$

5. $x^2 + y^2 = 40,\ 3x - y + 20 = 0$
   $y = 3x + 20$
   $x^2 + (3x + 20)^2 = 40$
   $x^2 + 9x^2 + 120x + 400 = 40$
   $10x^2 + 120x + 360 = 0$
   $x^2 + 12x + 36 = 0$
   $(x + 6)(x + 6) = 0$
   $x = -6$

   For $x = -6,\ y = 3(-6) + 20 = 2$
   $\{(-6, 2)\}$

7. $xy = 6,\ 2x - y = 1$
   $y = \dfrac{6}{x}$
   $2x - \dfrac{6}{x} = 1$
   $2x^2 - 6 = x$
   $2x^2 - x - 6 = 0$
   $(2x + 3)(x - 2) = 0$
   $x = -\dfrac{3}{2}, 2$
   If $x = -\dfrac{3}{2},\ y = \dfrac{6}{-\frac{3}{2}} = -4$
   If $x = 2,\ y = \dfrac{6}{2} = 3$
   $\left\{\left(-\dfrac{3}{2}, -4\right), (2, 3)\right\}$

9. $x^2 + y^2 = 25,\ x - y = 1$
   $y = x - 1$
   $x^2 + (x - 1)^2 = 25$
   $x^2 + x^2 - 2x + 1 = 25$
   $2x^2 - 2x - 24 = 0$
   $x^2 - x - 12 = 0$
   $(x - 4)(x + 3) = 0$
   $x = 4, -3$
   If $x = 4,\ y = 3$
   If $x = -3,\ y = -4$
   $\{(4, 3), (-3, -4)\}$

11. $x^2 + 2y = 19,\ 2x - y = 1$
    $y = 2x - 1$
    $x^2 + 2(2x - 1) = 19$
    $x^2 + 4x - 2 - 19 = 0$
    $x^2 + 4x - 21 = 0$
    $(x - 3)(x + 7) = 0$
    $x = 3, -7$
    If $x = 3,\ y = 2(3) - 1 = 5$
    If $x = -7,\ y = 2(-7) - 1 = -15$
    $\{(3, 5), (-7, -15)\}$

13. $x - y = 2$, $x^2 - 3y^2 = 8$
    $y = x - 2$
    $x^2 - 3(x-2)^2 = 8$
    $x^2 - 3(x^2 - 4x + 4) = 8$
    $x^2 - 3x^2 + 12x - 12 = 8$
    $2x^2 - 12x + 20 = 0$
    $x^2 - 6x + 10 = 0$
    $x = \dfrac{6 \pm \sqrt{36 - 40}}{2}$
    $x = 3 \pm i$
    If $x = 3 + i$, $y = (3 + i) - 2 = 1 + i$
    If $x = 3 - i$, $y = (3 - i) - 2 = 1 - i$
    $\{(3 + i, 1 + i), (3 - i, 1 - i)\}$

15. $xy = 4$, $2x^2 + y^2 = 18$
    $y = \dfrac{4}{x}$
    $2x^2 + \left(\dfrac{4}{x}\right)^2 = 18$
    $2x^2 + \dfrac{16}{x^2} = 18$
    $2x^4 + 16 = 18x^2$
    $x^4 - 9x^2 + 8 = 0$
    $(x^2 - 8)(x^2 - 1) = 0$
    $x^2 = 8$, $x^2 = 1$
    $x = \pm\sqrt{8} = 2\sqrt{2}$, ± 1
    If $x = 2\sqrt{2}$, $y = \dfrac{4}{2\sqrt{2}} = \sqrt{2}$
    If $x = -2\sqrt{2}$, $y = \dfrac{4}{-2\sqrt{2}} = -\sqrt{2}$
    If $x = 1$, $y = 4$
    If $x = -1$, $y = -4$
    $\{(-2\sqrt{2}, -\sqrt{2}), (-1, -4), (1, 4),$
    $(2\sqrt{2}, \sqrt{2})\}$

17. $4x^2 - y^2 = 4$
    $\underline{4x^2 + y^2 = 4}$
    $8x^2 = 8$
    $x^2 = 1$
    $x = \pm 1$
    If $x = 1$, $4(1) + y^2 = 4$ and $y = 0$
    If $x = -1$, $4(-1)^2 + y^2 = 4$ and $y = 0$
    $\{(1, 0), (-1, 0)\}$

19. $3x^2 + 4y^2 = 16$
    $2x^2 - 3y^2 = 5$
    $3(3x^2 + 4y^2 = 16)$
    $4(2x^2 - 3y^2 = 5)$
    $9x^2 + 12y^2 = 48$
    $\underline{8x^2 - 12y^2 = 20}$
    $17x^2 = 68$
    $x^2 = 4$
    $x = \pm 2$
    If $x = 2$, $3(4) + 4y^2 = 16$
    $4y^2 = 4$
    $y^2 = 1$
    $y = \pm 1$
    If $x = -2$, $3(-2)^2 + 4y^2 = 16$
    $y = \pm 1$
    $\{(2, 1), (2, -1), (-2, 1), (-2, -1)\}$

21. $x^2 + y^2 - 13 = 0$
    $x^2 - y - 7 = 0$
    $-1(x^2 - y - 7 = 0)$
    $-x^2 + y + 7 = 0$
    $\underline{x^2 + y^2 - 13 = 0}$
    $y^2 + y - 6 = 0$
    $(y + 3)(y - 2) = 0$
    $y = -3, 2$
    If $y = -3$, $x^2 - (-3) - 7 = 0$
    $x^2 = 4$
    $x = \pm 2$

If $y = 2$, $x^2 - 2 - 7 = 0$
$x^2 = 9$
$x = \pm 3$
$\{(2, -3), (-2, -3), (3, 2), (-3, 2)\}$

23. $y = x^2 - 4$
$x^2 + y^2 = 10$
$\underline{-x^2 + y + 4 = 0}$
$x^2 + y^2 - 10 = 0$
$\overline{ y^2 + y - 6 = 0}$
$(y + 3)(y - 2) = 0$
$y = -3, 2$
If $y = -3$, $x^2 = -3 + 4 = 1$
$x = \pm 1$
If $y = 2$, $x^2 = 2 + 4 = 6$
$x = \pm\sqrt{6}$
$\{(-\sqrt{6}, 2), (\sqrt{6}, 2), (-1, -3), (1, -3)\}$

25. $x^2 + 4y^2 = 20$, $xy = 4$
$y = \frac{4}{x}$, $x^2 + 4\left(\frac{4}{x}\right)^2 = 20$
$x^2 + \frac{64}{x^2} = 20$
$x^4 + 64 = 20x^2$
$x^4 - 20x^2 + 64 = 0$
$(x^2 - 4)(x^2 - 16) = 0$
$x^2 = 4$, $x = \pm 2$
$x^2 = 16$, $x = \pm 4$
$y = \frac{4}{x}$, so $y = \frac{4}{2} = 2$,
$y = \frac{4}{-2} = -2$, $y = \frac{4}{4} = 1$,
$y = \frac{4}{-4} = -1$
$\{(-2, -2), (2, 2), (4, 1), (-4, -1)\}$

27. $y = x^2 + 4$, $x^2 + y^2 = 16$
$\underline{-x^2 + y - 4 = 0}$
$x^2 + y^2 - 16 = 0$
$\overline{ y^2 + y - 20 = 0}$

$(y + 5)(y - 4) = 0$
$y = -5, 4$
If $y = -5$, $x^2 = -5 - 4 = -9$
$x = \pm 3i$
If $y = 4$, $x^2 = 4 - 4 = 0$
$x = 0$
$\{(-3i, -5), (3i, -5), (0, 4)\}$

29. $4x^2 - y = 3$, $8x^2 - y^2 = -9$
$-2(4x^2 - y - 3 = 0)$
$-8x^2 + 2y + 6 = 0$
$\underline{8x^2 - y^2 + 9 = 0}$
$ -y^2 + 2y + 15 = 0$
$y^2 - 2y - 15 = 0$
$(y - 5)(y + 3) = 0$
$y = 5, -3$
If $y = 5$, $4x^2 = 5 + 3 = 8$
$x^2 = 2$, $x = \pm\sqrt{2}$
If $y = -3$, $4x^2 = -3 + 3 = 0$
$x = 0$
$\{(-\sqrt{2}, 5), (\sqrt{2}, 5), (0, -3)\}$

31. $y = (x + 3)^2$, $x + 2y = -2$
$x = -2y - 2$
$y = (-2y - 2 + 3)^2 = (-2y + 1)^2$
$y = 4y^2 - 4y + 1$
$4y^2 - 5y + 1 = 0$
$(4y - 1)(y - 1) = 0$
$y = \frac{1}{4}, 1$
If $y = \frac{1}{4}$, $x = -2\left(\frac{1}{4}\right) - 2 = -\frac{5}{2}$
If $y = 1$, $x = -2(1) - 2 = -4$
$\left\{(-4, 1), \left(-\frac{5}{2}, \frac{1}{4}\right)\right\}$

33. $x^2 + y^2 = 25$, $\frac{x^2}{18} + \frac{y^2}{32} = 1$

$288\left(\frac{x^2}{18} + \frac{y^2}{32} = 1\right)$

$16x^2 + 9y^2 = 288$

$-9(x^2 + y^2 = 25)$

$-9x^2 - 9y^2 = -225$

$\underline{16x^2 + 9y^2 = 288}$

$7x^2 = 63$

$x^2 = 9$

$x = \pm 3$

If $x = -3$, $y^2 = 25 - (-3)^2 = 16$

$y = \pm 4$

If $x = 3$, $y^2 = 25 - (3)^2 = 16$

$y = \pm 4$

$\{(-3, -4), (-3, 4), (3, -4), (3, 4)\}$

35. $x^2 + y^2 - 16x + 39 = 0$

$\underline{x^2 - y^2 - 9 = 0}$

$2x^2 - 16x + 30 = 0$

$x^2 - 8x + 15 = 0$

$(x-5)(x-3) = 0$

$x = 5, 3$

If $x = 5$, $y^2 = x^2 - 9 = 25 - 9 = 16$

$y = \pm 4$

If $x = 3$, $y^2 = 9 - 9 = 0$, $y = 0$

$\{(5, -4), (5, 4), (3, 0)\}$

37. $x^2 + 2xy - y^2 = 14$

$\underline{-(x^2 - y^2 = -16)}$

$2xy = 30$

$y = \frac{15}{x}$

$x^2 - \left(\frac{15}{x}\right)^2 = -16$

$x^2 - \frac{225}{x^2} = -16$

$x^4 - 225 = -16x^2$

$x^4 + 16x^2 - 225 = 0$

$(x^2 + 25)(x^2 - 9) = 0$

$x^2 = -25$, $x = \pm 5i$

$x^2 = 9$, $x = \pm 3$

If $x = 5i$, $(5i)^2 - y^2 = -16$

$y^2 = -25 + 16 = -9$, $y = \pm 3i$

but $+3i$ doesn't work.

If $x = -5i$, $(-5i)^2 - y^2 = -16$

$y^2 = -9$, $y = \pm 3i$, but $-3i$ doesn't work.

If $x = 3$, $9 - y^2 = -16$

$y^2 = 25$, $y = \pm 5$, but -5 doesn't work.

If $x = -3$, $9 - y^2 = -16$

$y^2 = 25$, $y = \pm 5$, but 5 doesn't work.

$\{(5i, -3i), (-5i, 3i), (3, 5), (-3, -5)\}$

39. $x^2 - xy + y^2 = 7$

$\underline{-(x^2 + y^2 = 5)}$

$-xy = 2$

$y = -\frac{2}{x}$

$x^2 + \left(-\frac{2}{x}\right)^2 = 5$

$x^2 + \frac{4}{x^2} = 5$

$x^4 + 4 = 5x^2$

$x^4 - 5x^2 + 4 = 0$

$(x^2 - 4)(x^2 - 1) = 0$

$x^2 = 4$, $x = \pm 2$

$x^2 = 1$, $x = \pm 1$

If $x = 2$, $4 + y^2 = 5$

$y^2 = 1$, $y = \pm 1$, but $+1$ doesn't work.

If $x = -2$, $4 + y^2 = 5$

$y^2 = 1$, $y = \pm 1$, but -1 doesn't work.

If $x = -1$, $1 + y^2 = 5$

$y^2 = 4$, $y = \pm 2$, but -2 doesn't work.

If $x = 1$, $1 + y^2 = 5$

$y^2 = 4$, $y = \pm 2$, but $+2$ doesn't work.

$\{(2, -1), (-2, 1), (1, -2), (-1, 2)\}$

SSM: College Algebra **Chapter 6:** *Conic Sections and Nonlinear Systems*

41. $x^2 + y^2 + 6y + 5 = 0$
$-(x^2 + y^2 - 2x - 8 = 0)$
$6y + 2x + 13 = 0$
$x = -3y - \frac{13}{2}$
$\left(-3y - \frac{13}{2}\right)^2 + y^2 + 6y + 5 = 0$
$9y^2 + 39y + \frac{169}{4} + y^2 + 6y + 5 = 0$
$10y^2 + 45y + \frac{189}{4} = 0$
Using the quadratic formula
$y \approx -1.6691, -2.8309$
For $y = -1.6691, x = -1.4927$
For $y = -2.8309, x = 1.9927$
$\{(-1.4927, -1.6691), (1.9927, -2.8309)\}$

43.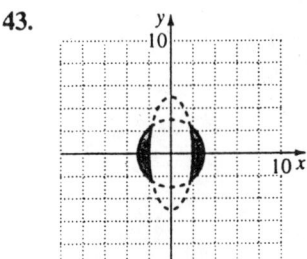

45.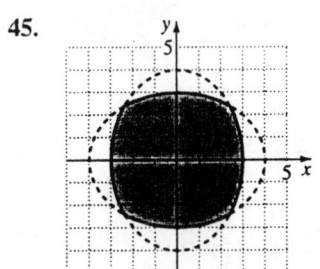

47.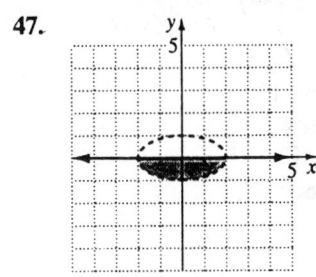

49.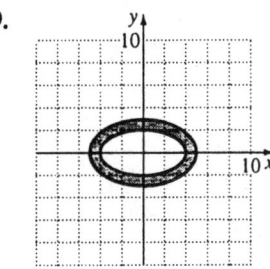

51.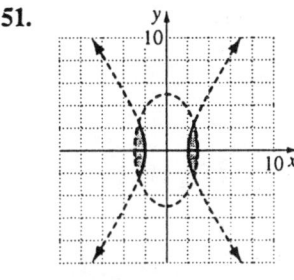

53.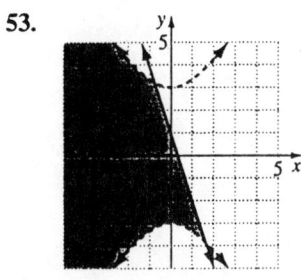

55.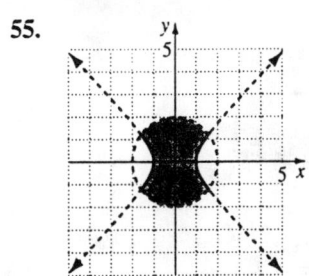

57.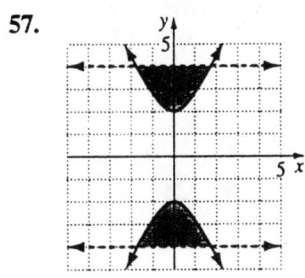

59.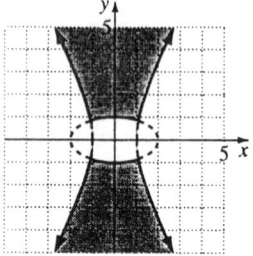

61.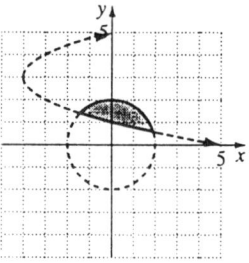

63.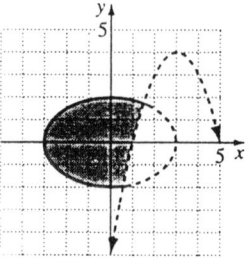

65.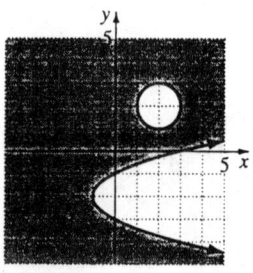

67. $16y^2 - x^2 = 16$

$4(-4y^2 + 9x^2 = 36)$

$\begin{array}{r} -16y^2 + 36x^2 = 144 \\ \underline{16y^2 - x^2 = 16} \\ 35x^2 = 160 \end{array}$

$x^2 = \frac{32}{7}, x = \pm\frac{4\sqrt{2}}{\sqrt{7}} = \pm\frac{4\sqrt{14}}{7}$

If $x = +\frac{4}{7}\sqrt{14}$, $16y^2 - \left(\frac{4}{7}\sqrt{14}\right)^2 = 16$

$y^2 = 1 + \frac{2}{7} = \frac{9}{7}, y = \pm\frac{3}{7}\sqrt{7}$

Location: $\left(\frac{4}{7}\sqrt{14}, \frac{3}{7}\sqrt{7}\right)$

69. $xy = 54$
$2x + 3y = 36$
$x = \frac{54}{y}$
$2\left(\frac{54}{y}\right) + 3y = 36$
$108 + 3y^2 = 36y$
$3y^2 - 36y + 108 = 0$
$y^2 - 12y + 36 = 0$
$(y - 6)^2 = 0$
$y = 6$
$x = \frac{54}{6} = 9$
$x = 9$ m, $y = 6$ m

71. $LW = 108$
$L^2 + W^2 = 15^2 = 225$
$L = \frac{108}{W}$
$\left(\frac{108}{W}\right)^2 + W^2 = 225$
$108^2 + W^4 = 225W^2$
$W^4 - 225W^2 + 11,664 = 0$
$(W^2 - 81)(W^2 - 144) = 0$
$W^2 = 81, W = \pm 9$
$W^2 = 144, W = \pm 12$
If $W = 9$, $L = \frac{108}{9} = 12$
$L = 12$ ft, $W = 9$ ft

73. $x + y = 8$
$y^2 = x^2 + 4^2 = x^2 + 16$
$x = -y + 8$
$y^2 = (-y+8)^2 + 16$
$y^2 = y^2 - 16y + 64 + 16$
$16y = 80$
$y = 5$ inches, $x = 3$ inches

75. $x^2 - y^2 = 21$
$4x + 2y = 24$
$2x + y = 12$
$y = 12 - 2x$
$x^2 - (12 - 2x)^2 = 21$
$x^2 - (144 - 48x + 4x^2) = 21$
$3x^2 - 48x + 165 = 0$
$x^2 - 16x + 55 = 0$
$(x - 5)(x - 11) = 0$
$x = 5, 11$
If $x = 11, y = -10$
If $x = 5, y = 2$
$x = 5$ m, $y = 2$ m

77. $R + r = 4$
$\pi R^2 + \pi r^2 = 12.5\pi$
$R^2 + r^2 = 12.5$
$r = 4 - R$
$R^2 + (4 - R)^2 = 12.5$
$R^2 + 16 - 8R + R^2 = 12.5$
$2R^2 - 8R + 3.5 = 0$
$(2R - 1)(R - 3.5) = 0$
$R = \frac{1}{2}, 3.5$
$R = 3.5$ inches, $r = 0.5$ inches

79. a. False; the addition method can be used to eliminate the y variable.

b. True; the circle is centered at the origin and has a diameter of 20 and the ellipse is centered at the origin and its major axis has length 6 so the two graphs will never intersect.

c. False; it is easiest to solve the linear equation for one of the variables and substitute the resulting expression into the nonlinear equation.

d. False; the equations intersect at $(0, -1)$ and $(3, 2)$.

81.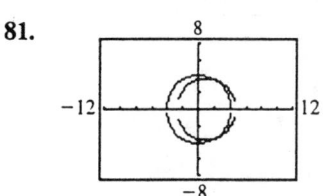

$\{(2, \pm 3.61)\}$

83.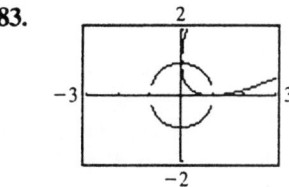

There are two crossing points. One is approximately at $(0, 0.9849)$ and the other is at approximately $(1.0149, 0)$

85. Answers may vary.

87. Answers may vary.

89. $xy = 20$
$x^2 + y^2 = 41$
$x = \frac{20}{y}$
$\left(\frac{20}{y}\right)^2 + y^2 = 41$

$\dfrac{400}{y^2} + y^2 - 41 = 0$

$y^4 - 41y^2 + 400 = 0$

$(y^2 - 25)(y^2 - 16) = 0$

$y^2 = 25, y = \pm 5$

$y^2 = 16, y = \pm 4$

If $y = 5$, $x = 4$

If $y = -5$, $x = -4$

If $y = 4$, $x = 5$

If $y = -4$, $x = -5$

The rectangle formed by joining the points of intersection has sides a and b. The length of a is $\sqrt{(5-4)^2 + (4-5)^2} = \sqrt{2}$. The length of b is $\sqrt{(4-(-5))^2 + (5-(-4))^2} = 9\sqrt{2}$. The area of the rectangle is $a \cdot b = (\sqrt{2})(9\sqrt{2}) = 18$ square units.

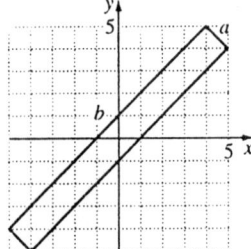

91. $y = mx$

$\dfrac{x^2}{a^2} - \dfrac{y^2}{b^2} = 1$

$\dfrac{x^2}{a^2} - \dfrac{(mx)^2}{b^2} = 1$

$\dfrac{x^2}{a^2} - \dfrac{m^2 x^2}{b^2} = 1$

$x^2 \left(\dfrac{1}{a^2} - \dfrac{m^2}{b^2} \right) = 1$

$\dfrac{1}{a^2} - \dfrac{m^2}{b^2} = \dfrac{1}{x^2} > 0$ since $x^2 \geq 0$

$\dfrac{1}{a^2} > \dfrac{m^2}{b^2}$

or $m^2 < \dfrac{b^2}{a^2}$

$|m| < \left| \dfrac{b}{a} \right|$

93. Let P be the position of the ship. Let A and B be foci of a hyperbola with $2a = AP - BP = 4$.

$\dfrac{x^2}{4} - \dfrac{y^2}{12} = 1$

Let C and D be foci of a hyperbola with $2a = DP - CP = 2$.

$\dfrac{y^2}{1} - \dfrac{x^2}{15} = 1$

$3x^2 - y^2 = 12$

$-\dfrac{x^2}{15} + y^2 = 1$

$\dfrac{44}{15} x^2 = 13$

$x^2 = \dfrac{195}{44}$

$x \approx \pm 2.1052$

$y \approx \sqrt{1 + \dfrac{2.1052^2}{15}}$

$y \approx 1.1382$

The ship's location is approximately (2.1052, 1.1382).

Chapter 6 Review Problems

1. $y^2 + 8x = 0$
   $y^2 = -8x$
   $4p = -8$
   $p = -2$
   parabola
   vertex: $(0, 0)$
   focus: $(-2, 0)$
   directrix: $x = 2$

   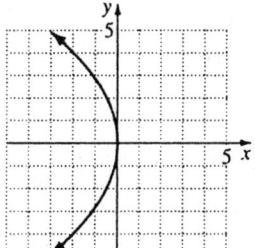

2. $4x^2 + y^2 = 16$
   $\dfrac{x^2}{4} + \dfrac{y^2}{16} = 1$
   $b^2 = 4, b = 2$
   $a^2 = 16, a = 4$
   $c^2 = a^2 - b^2 = 12$
   $c = \sqrt{12} = 2\sqrt{3}$
   ellipse
   foci: $(0, \pm 2\sqrt{3})$

   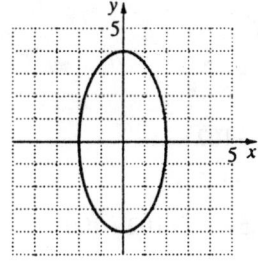

3. $9x^2 - 16y^2 - 144 = 0$
   $9x^2 - 16y^2 = 144$
   $\dfrac{x^2}{16} - \dfrac{y^2}{9} = 1$
   $c^2 = a^2 + b^2 = 25, c = 5$
   hyperbola
   foci: $(\pm 5, 0)$

   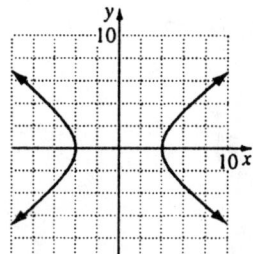

4. $x^2 + 16y = 0$
   $x^2 = -16y$
   $4p = -16$
   $p = -4$
   parabola
   vertex: $(0, 0)$
   focus: $(0, -4)$
   directrix: $y = 4$

   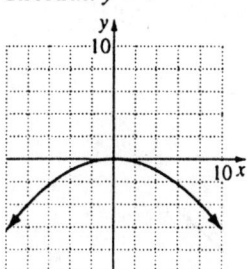

5. $(y-2)^2 = -16x$
   $4p = -16$
   $p = -4$
   parabola
   vertex: $(0, 2)$
   focus: $(-4, 2)$
   directrix: $x = 4$

   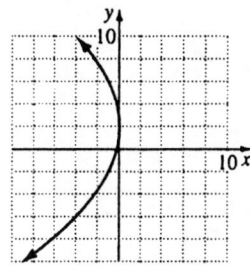

6. $\dfrac{(x-1)^2}{16}+\dfrac{(y+2)^2}{9}=1$
   $c^2=16-9=7, c=\sqrt{7}$
   center: $(1,-2)$
   ellipse
   foci: $\left(1\pm\sqrt{7},-2\right)$

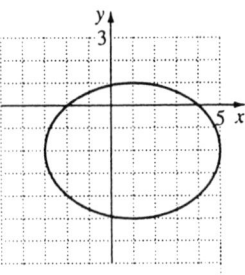

7. $\dfrac{(x-2)^2}{25}-\dfrac{(y+3)^2}{16}=1$
   $c^2=a^2+b^2=41, c=\pm\sqrt{41}$
   hyperbola
   foci: $\left(2\pm\sqrt{41},-3\right)$

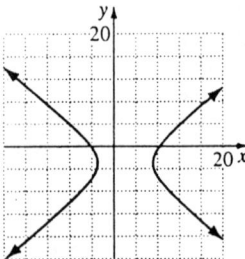

8. $(x-4)^2=4(y+1)$
   $4p=4, p=1$
   parabola

   vertex: $(4,-1)$
   focus: $(4,0)$
   directrix: $y=-1$

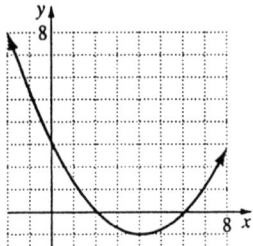

9. $4x^2-y^2-8x-4y-16=0$
   $4x^2-8x-\left(y^2+4y\right)=16$
   $4\left(x^2-2x+1\right)-\left(y^2+4y+4\right)=16+4-4$
   $4(x-1)^2-(y+2)^2=16$
   $\dfrac{(x-1)^2}{4}-\dfrac{(y+2)^2}{16}=1$
   center: $(1,-2)$
   $c^2=a^2+b^2=20, c=\sqrt{20}=2\sqrt{5}$
   hyperbola
   foci: $\left(1\pm 2\sqrt{5},-2\right)$

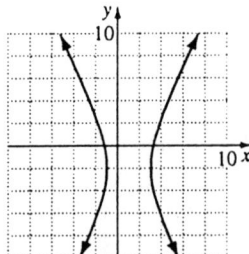

10. $4x^2-40x-y+102=0$
    $4x^2-40x=y-102$
    $4\left(x^2-10x+25\right)=y-102+100$
    $4(x-5)^2=y-2$
    $(x-5)^2=\dfrac{1}{4}(y-2)$
    $4p=\dfrac{1}{4}, p=\dfrac{1}{16}$
    parabola

vertex: (5, 2)
focus: $\left(5, \frac{33}{16}\right)$
directrix: $y = \frac{31}{16}$

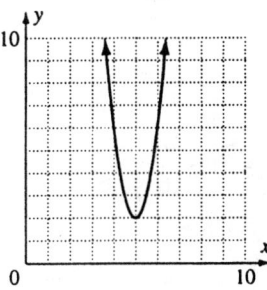

vertex: (−1, 5)
focus: (0, 5)
directrix: $x = -2$

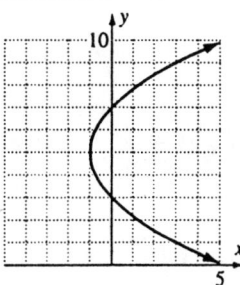

13. $4x^2 - y^2 + 8x + 4y + 4 = 0$
$4x^2 + 8x - \left(y^2 - 4y\right) = -4$
$4\left(x^2 + 2x + 1\right) - \left(y^2 - 4y + 4\right)$
$= -4 + 4 - 4$
$4(x+1)^2 - (y-2)^2 = -4$
$-(x+1)^2 + \frac{(y-2)^2}{4} = 1$
center (−1, 2)
$c^2 = a^2 + b^2 = 5, c = \sqrt{5}$
hyperbola
foci: $\left(-1, 2 \pm \sqrt{5}\right)$

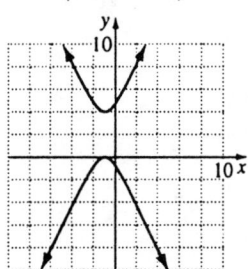

11. $4x^2 + 9y^2 + 24x - 36y + 36 = 0$
$4x^2 + 24x + 9y^2 - 36y = -36$
$4\left(x^2 + 6x + 9\right) + 9\left(y^2 - 4y + 4\right)$
$= -36 + 36 + 36$
$4(x+3)^2 + 9(y-2)^2 = 36$
$\frac{(x+3)^2}{9} + \frac{(y-2)^2}{4} = 1$
$c^2 = a^2 - b^2 = 5, c = \sqrt{5}$
center: (−3, 2)
ellipse
foci: $\left(-3 \pm \sqrt{5}, 2\right)$

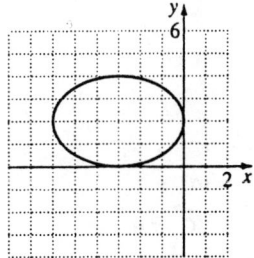

12. $y^2 - 4x - 10y + 21 = 0$
$y^2 - 10y = 4x - 21$
$y^2 - 10y + 25 = 4x - 21 + 25$
$(y-5)^2 = 4(x+1)$
$4p = 4, p = 1$
parabola

14. $a = 7, b = 5$
center (−2, 3)
$\frac{(x+2)^2}{49} + \frac{(y-3)^2}{25} = 1$

15. center: (−5, −2)
$a = 3, b = 5$
$\frac{(x+5)^2}{9} - \frac{(y+2)^2}{25} = 1$

16. vertex: $(-2, -1)$
$(y+1)^2 = 4p(x+2)$
when $y = 0, x = -5$
$1 = 4p(-3)$
$4p = -\frac{1}{3}$
$(y+1)^2 = -\frac{1}{3}(x+2)$

17. vertex: $(-4, -2)$
$(x+4)^2 = 4p(y+2)$
when $x = 0, y = 6$
$4^2 = 4p(8)$
$4p = 2$
$(x+4)^2 = 2(y+2)$

18. $a = 5, c = 4$
$b^2 = a^2 - c^2 = 25 - 16 = 9, b = 3$
$\frac{x^2}{9} + \frac{y^2}{25} = 1$

19. $\frac{x^2}{25} + \frac{y^2}{b^2} = 1$
$\frac{3^2}{25} + \frac{(-4)^2}{b^2} = 1$
$\frac{9}{25} + \frac{16}{b^2} = 1$
$9b^2 + 400 = 25b^2$
$16b^2 = 400$
$b^2 = 25, b = 5$
$\frac{x^2}{25} + \frac{y^2}{25} = 1$

20. $c = 6$
$a = \frac{c}{e} = \frac{6}{\frac{3}{5}} = 10$
$b^2 = a^2 - c^2 = 100 - 36 = 64, b = 8$
$\frac{x^2}{100} + \frac{y^2}{64} = 1$

21. $a = 3, c = 5, b^2 = c^2 - a^2 = 25 - 9 = 16$
$b = 4$
$\frac{y^2}{9} - \frac{x^2}{16} = 1$

22. $c = 9, \frac{a}{b} = \frac{3}{4}$
$a = \frac{3b}{4}$
$b^2 = c^2 - a^2 = 81 - \frac{9}{16}b^2$
$\frac{25}{16}b^2 = 81$
$b^2 = \frac{(16)(81)}{25}$
$b = \frac{(4)(9)}{5} = \frac{36}{5}$
$a = \frac{3}{4}(b) = \frac{3}{4}\left(\frac{36}{5}\right) = \frac{27}{5}$
$\frac{y^2}{\left(\frac{27}{5}\right)^2} - \frac{x^2}{\left(\frac{36}{5}\right)^2} = 1$
$\frac{y^2}{(5.4)^2} - \frac{x^2}{(7.2)^2} = 1$

23. $c = 3$
$b^2 = c^2 - a^2 = 9 - a^2$
$\frac{x^2}{a^2} - \frac{y^2}{9-a^2} = 1$
$\frac{4^2}{a^2} - \frac{1^2}{9-a^2} = 1$
$\frac{16}{a^2} - \frac{1}{9-a^2} = 1$
$16(9-a^2) - a^2 = 9a^2 - a^4$
$144 - 16a^2 - a^2 = 9a^2 - a^4$
$a^4 - 26a^2 + 144 = 0$
$(a^2 - 18)(a^2 - 8) = 0$
$a^2 = 18, a^2 = 8$
Since b^2 must be positive and
$b^2 = c^2 - a^2$, a^2 cannot be 18.
$b^2 = 9 - 8 = 1$
$\frac{x^2}{8} - \frac{y^2}{1} = 1$

SSM: College Algebra   **Chapter 6:** Conic Sections and Nonlinear Systems

24. $p = -2, 4p = -8$
$y^2 = -8x$

25. $y^2 = 4px$
$(1)^2 = 4p(2)$
$4p = \frac{1}{2}$
$y^2 = \frac{1}{2}x$

26. $p = -2, 4p = -8$
$(x-4)^2 = -8(y-2)$

27. $2a = 50, a = 25$
$b = 15$
$\frac{x^2}{625} + \frac{y^2}{225} = 1$
Let $x = 14$
$\frac{(14)^2}{625} + \frac{y^2}{225} = 1$
$y^2 = 225\left(1 - \frac{196}{625}\right)$
$y \approx 150(0.8285) \approx 12.4 > 12$
Yes

28. $e = \frac{c}{a}, c = ea = 0.017a$
$a - c = 91.44$
$a - 0.017a = 91.44$
$0.983a = 91.44$
$a \approx 93.02$
$c + a = 0.017a + a = 1.017a$
$\approx 1.017(93.02) \approx 94.60$
The maximum distance between Earth and the sun is approximately 94.60 million miles.

29. a. foci: $(\pm 100, 0), c = 100$
$|d_1 - d_2| = \left(0.186 \frac{\text{mi}}{\mu s}\right)(500\mu s)$
$= 93 \text{mi} = 2a$
$a = \frac{93}{2}$
$b^2 = c^2 - a^2 = (100)^2 - \left(\frac{93}{2}\right)^2$
$= 7837.75$
$\frac{x^2}{\left(\frac{93}{2}\right)^2} - \frac{y^2}{7837.75} = 1$

$\frac{x^2}{2162.25} - \frac{y^2}{7837.75} = 1$

b. Let $y = 60$
$\frac{x^2}{2162.25} - \frac{(60)^2}{7837.75} = 1$
$x = \pm\sqrt{2162.25\left(1 + \frac{3600}{7837.75}\right)}$
$\approx \pm 56.2$
Approximately $(-56.2, 60)$

30. $x^2 = 4py$
$(6)^2 = 4p(3)$
$p = 3$
$x^2 = 12y$
Place the light 3 in. from the vertex at $(0, 3)$.

31. a. $p = 10$
$x^2 = 40y$

b. Let $x = 15$,
$y = \frac{x^2}{40} = \frac{15^2}{40} = 5.625$
Thickness $= 2$ in. $+ 5.625$ in. $= 7.625$ in.

32. $x^2 = 4py$
 $(1750)^2 = 4p(316)$
 $4p \approx 9691$
 $x^2 = 9691y$
 Let $x = 1000$
 $y = \dfrac{x^2}{9691} = \dfrac{(1000)^2}{9691} \approx 103$
 The height is approximately 103 feet.

33. $x - y = -3$
 $y = x^2 + 2x + 1$
 $y = x + 3$
 $x + 3 = x^2 + 2x + 1$
 $x^2 + x - 2 = 0$
 $(x + 2)(x - 1) = 0$
 $x = -2, 1$
 If $x = -2$, $y = 1$
 If $x = 1$, $y = 4$
 $\{(-2, 1), (1, 4)\}$

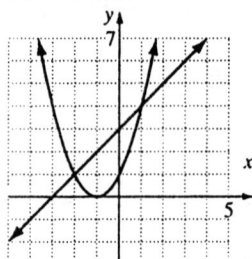

34. $x + y = 4$
 $x^2 - y^2 = 4$
 $y = 4 - x$
 $x^2 - (4 - x)^2 = 4$
 $x^2 - (16 - 8x + x^2) = 4$
 $x^2 - 16 + 8x - x^2 = 4$
 $8x = 20$
 $x = \dfrac{5}{2}$
 $y = 4 - \dfrac{5}{2} = \dfrac{3}{2}$

$\left\{\left(\dfrac{5}{2}, \dfrac{3}{2}\right)\right\}$

35. $2x^2 + 3y^2 = 21$
 $3x^2 - 4y^2 = 23$
 $4(2x^2 + 3y^2 = 21) \Rightarrow 8x^2 + 12y^2 = 84$
 $3(3x^2 - 4y^2 = 23) \Rightarrow \dfrac{9x^2 - 12y^2 = 69}{17x^2 \qquad = 153}$
 $x^2 = \dfrac{153}{17} = 9, x = \pm 3$
 If $x = 3$, $2(9) + 3y^2 = 21$
 $y^2 = 1, y = \pm 1$
 If $x = -3$, $2(9) + 3y^2 = 21$
 $y^2 = 1, y = \pm 1$
 $\{(3, 1), (3, -1), (-3, 1), (-3, -1)\}$

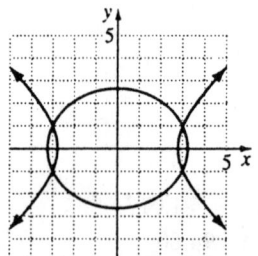

36. $x + y = 1$
 $xy = -12$
 $x = \dfrac{-12}{y}$
 $\dfrac{-12}{y} + y = 1$
 $-12 + y^2 = y$
 $y^2 - y - 12 = 0$
 $(y - 4)(y + 3) = 0$
 $y = 4, -3$

If $y = 4, x = -3$
If $y = -3, x = 4$
$\{(-3, 4), (4, -3)\}$

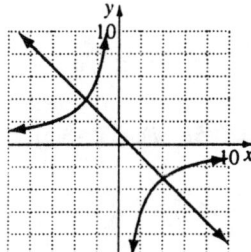

37. $x^2 + 2x - y + 1 = 0$
$x + y - 1 = 0$
$x = -y + 1$
$x^2 + 3x = 0$
$x(x + 3) = 0$
$x = 0, -3$
If $x = 0, y = 1$
If $x = -3, y = 4$
$\{(0, 1), (-3, 4)\}$

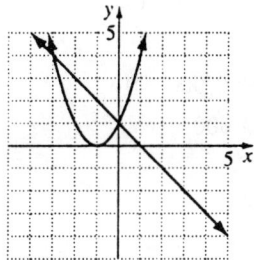

38. $xy = 4$
$x^2 + y^2 = 8$
$x = \dfrac{4}{y}$
$\left(\dfrac{4}{y}\right)^2 + y^2 = 8$
$\dfrac{16}{y^2} + y^2 = 8$
$16 + y^4 = 8y^2$
$y^4 - 8y^2 + 16 = 0$
$\left(y^2 - 4\right)^2 = 0$
$y^2 = 4, y = \pm 2$

If $y = 2, x = 2$
If $y = -2, x = -2$
$\{(2, 2), (-2, -2)\}$

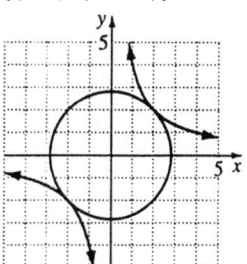

39. $y = 12 - x^2$
$x^2 + (y + 2)^2 = 14$
$x^2 = 12 - y$
$12 - y + (y + 2)^2 = 14$
$12 - y + y^2 + 4y + 4 = 14$
$y^2 + 3y + 2 = 0$
$(y + 2)(y + 1) = 0$
$y = -2$ or $y = -1$
If $y = -2$,
$x^2 = 12 - (-2) = 14$
$x = \pm\sqrt{14}$
If $y = -1$,
$x^2 = 12 - (-1) = 13$
$x = \pm\sqrt{13}$
$\left\{\left(-\sqrt{13}, -1\right), \left(\sqrt{13}, -1\right), \left(-\sqrt{14}, -2\right),\right.$
$\left.\left(\sqrt{14}, -2\right)\right\}$

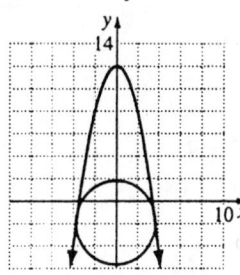

40. $x^2 + x - y - 4 = 0$
$x^2 - 2xy + y^2 - 9 = 0$
$y = x^2 + x - 4$
$x^2 - 2x(x^2 + x - 4) + (x^2 + x - 4)^2 - 9 = 0$
$x^2 - 2x^3 - 2x^2 + 8x$
$+ x^4 + x^3 - 4x^2 + x^3 + x^2 - 4x - 4x^2 - 4x$
$+ 16 - 9 = 0$
$x^4 - 8x^2 + 7 = 0$
$(x^2 - 7)(x^2 - 1) = 0$
$x^2 = 7, 1; x = \pm\sqrt{7}, \pm 1$
$y = 7 \pm \sqrt{7} - 4 = 3 \pm \sqrt{7}$
$y = 1 \pm 1 - 4 = -4, -2$
$\{(\sqrt{7}, 3+\sqrt{7}), (-\sqrt{7}, 3-\sqrt{7}), (-1, -4), (1, -2)\}$

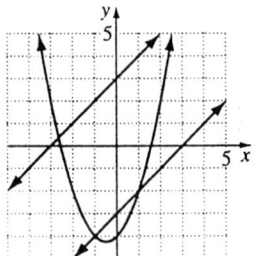

41. $x^2 + 2xy - y^2 = 14$
$\underline{-(x^2\ \ \ \ \ \ - y^2 = -16)}$
$2xy = 30$
$x = \dfrac{15}{y}$
$\left(\dfrac{15}{y}\right)^2 - y^2 = -16$
$225 - y^4 = -16y^2$
$y^4 - 16y^2 - 225 = 0$
$(y^2 - 25)(y^2 + 9) = 0$
$y^2 = 25, y = \pm 5$
$y^2 = -9, y = \pm 3i$
If $y = 5, x^2 = 9, x = \pm 3$, but -3 doesn't work.

If $y = -5, x^2 = 9, x = \pm 3$, but 3 doesn't work.
If $y = 3i, x^2 = -25, x = \pm 5i$, but $5i$ doesn't work.
If $y = -3i, x^2 = -25, x = \pm 5i$, but $-5i$ doesn't work.
$\{(3, 5), (-3, -5), (-5i, 3i), (5i, -3i)\}$

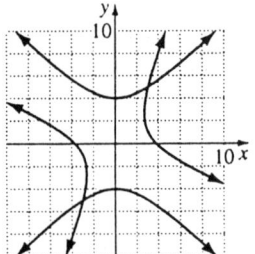

42. $x^2 + y^2 = 12,500$
$4x + 2y = 500$
$2x + y = 250$
$y = 250 - 2x$
$x^2 + (250 - 2x)^2 = 12,500$
$x^2 + 62,500 - 1000x + 4x^2 = 12,500$
$5x^2 - 1000x + 50,000 = 0$
$x^2 - 200x + 10,000 = 0$
$(x - 100)^2 = 0$
$x = 100, y = 50$
Advertisement is not accurate.

43. $x^2 + y^2 = (26)^2$
$xy = 240$
$x = \dfrac{240}{y}$
$\left(\dfrac{240}{y}\right)^2 + y^2 = 676$
$57,600 + y^4 = 676y^2$
$y^4 - 676y^2 + 57,600 = 0$
$(y^2 - 100)(y^2 - 576) = 0$
$y^2 = 100, y = \pm 10$
$y^2 = 576, y = \pm 24$
If $y = 10, x = 24$

Screen: 24 inches wide
10 inches high
Total height = 10 in. + 4 in. = 14 in.
Television will not fit.

44. $a^2 + b^2 = 13^2 = 169$
$a^2 + (b+11)^2 = 20^2 = 400$
$a^2 + b^2 + 22b + 121 = 400$
$\underline{-a^2 - b^2 = -169}$
$22b + 121 = 231$
$22b = 110$
$b = 5$
$a^2 = 169 - 25 = 144$
$a = 12$

45. $xy = 6$
$y = \dfrac{6}{x}$
$2x + y = 8$
$2x + \dfrac{6}{x} = 8$
$2x^2 + 6 = 8x$
$2x^2 - 8x + 6 = 0$
$x^2 - 4x + 3 = 0$
$(x-1)(x-3) = 0$
$x = 1, 3$
If $x = 1, y = 6$.
If $x = 3, y = 2$.
$(1, 6), (3, 2)$

46. $\dfrac{x^2}{\left(\frac{8996}{2}\right)^2} + \dfrac{y^2}{b^2} = 1$
$(ea)^2 = a^2 - b^2, b^2 = a^2 - (ea)^2$
$b^2 = a^2(1 - e^2) = a^2(1 - 0.008^2)$
$= a^2(0.999936)$
For Neptune:
$\dfrac{x^2}{(4498)^2} + \dfrac{y^2}{0.999936(4498)^2} = 1$
$\dfrac{x^2}{\left(\frac{11,800}{2}\right)^2} + \dfrac{y^2}{b^2} = 1$

$b^2 = a^2(1 - e^2) = a^2(1 - 0.249^2)$
$= a^2(0.937999)$
For Pluto:
$\dfrac{x^2}{(5900)^2} + \dfrac{y^2}{0.937999(5900)^2} = 1$
Since the major axis of Neptune's orbit is smaller than the major axis of Pluto's orbit, a collision is only possible if the minor axis of Neptune's orbit is larger than the minor axis of Pluto's orbit.
For Neptune: $2b = 2\sqrt{0.999936}(4498)$
≈ 8996
For Pluto: $2b = 2\sqrt{0.937999}(5900)$
$\approx 11,428$
No collision is possible.

47.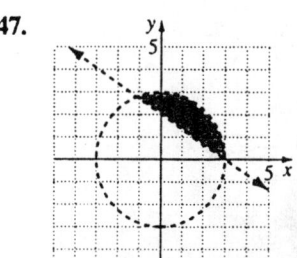

48.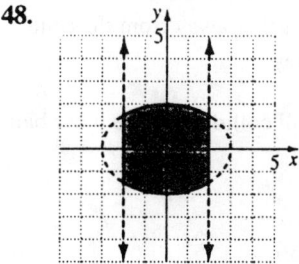

49.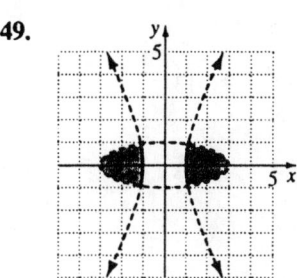

383

Chapter 6: Conic Sections and Nonlinear Systems

SSM: College Algebra

50.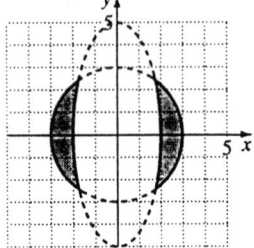

51.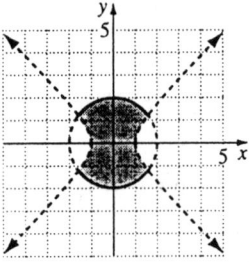

52.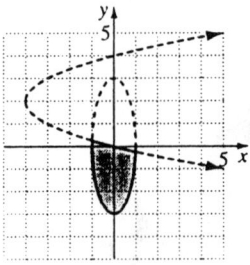

53. Foci must be farther away from the center than the vertices.

54. The hit ball will collide with the other ball.

Chapter 6 Test

1. $9x^2 - 4y^2 = 36$
$\frac{x^2}{4} - \frac{y^2}{9} = 1$
$c^2 = a^2 + b^2 = 4 + 9 = 13$
$c = \sqrt{13}$
hyperbola
foci: $\left(\pm\sqrt{13}, 0\right)$

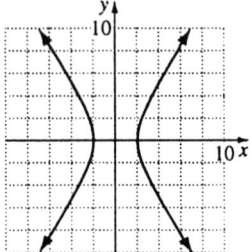

2. $x^2 = -8y$
$4p = -8, p = -2$
parabola
vertex: (0, 0)
focus: (0, −2)
directrix: $y = 2$

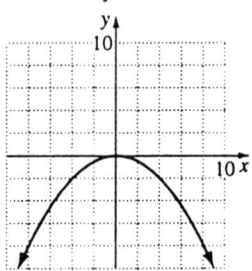

3. $\frac{(x+2)^2}{25} + \frac{(y-5)^2}{9} = 1$
center: (−2, 5)
$c^2 = a^2 - b^2 = 25 - 9 = 16$
$c = 4$
ellipse
foci: (−6, 5), (2, 5)

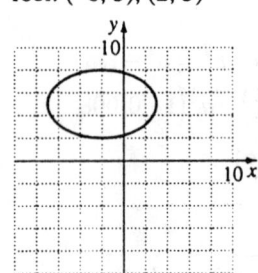

4. $4x^2 - y^2 + 8x + 2y + 7 = 0$
   $(4x^2 + 8x) - (y^2 - 2y) = -7$
   $4(x^2 + 2x + 1) - (y^2 - 2y + 1) = -7 + 4 - 1$
   $4(x+1)^2 - (y-1)^2 = -4$
   $(y-1)^2 - 4(x+1)^2 = 4$
   $\dfrac{(y-1)^2}{4} - (x+1)^2 = 1$
   $c^2 = a^2 + b^2 = 4 + 1 = 5$
   $c = \sqrt{5}$
   center: $(-1, 1)$
   hyperbola
   foci: $\left(-1, 1 \pm \sqrt{5}\right)$

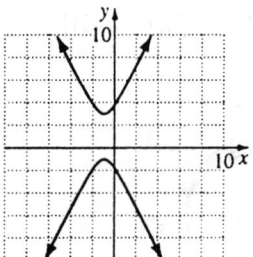

5. $(x+5)^2 = 8(y-1)$
   $4p = 8, p = 2$
   parabola
   vertex: $(-5, 1)$
   focus: $(-5, 3)$
   directrix: $y = -1$

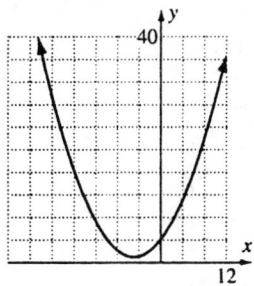

6. $a = 3, c = \sqrt{5}$
   $b^2 = a^2 - c^2 = 9 - 5 = 4$
   $b = 2$
   $\dfrac{x^2}{4} + \dfrac{y^2}{9} = 1$

7. $a = 2, \dfrac{b}{a} = \dfrac{5}{2}, b = 5$
   $\dfrac{x^2}{4} - \dfrac{y^2}{25} = 1$

8. $p = \dfrac{3}{2}$
   $y^2 = 4px = 4\left(\dfrac{3}{2}\right)x$
   $y^2 = 6x$

9. $b = 20, a = 30$
   $\dfrac{x^2}{900} + \dfrac{y^2}{400} = 1$
   Let $x = 10$
   $\dfrac{100}{900} + \dfrac{y^2}{400} = 1$
   $y^2 = 400\left(1 - \dfrac{1}{9}\right) = 400\left(\dfrac{8}{9}\right)$
   $y = 20\left(\dfrac{2\sqrt{2}}{3}\right) \approx 18.9$
   Yes

10. a. $x^2 = 4py$
    when $x = \pm 3, y = 3$
    $9 = 4p3$
    $4p = 3, p = \dfrac{3}{4}$
    $x^2 = 3y$

    b. focus: $\left(0, \dfrac{3}{4}\right)$
    Light is placed $\dfrac{3}{4}$ of an inch above the vertex.

11. $y = x^2 - 4$
    $x - 2y + 2 = 0$
    $x = 2y - 2$
    $y = (2y-2)^2 - 4$
    $y = 4y^2 - 8y + 4 - 4$
    $4y^2 - 9y = 0$
    $y(4y - 9) = 0$
    $y = 0, \frac{9}{4}$
    If $y = 0, x = -2$
    If $y = \frac{9}{4}, x = \frac{5}{2}$
    $\left\{(-2, 0), \left(\frac{5}{2}, \frac{9}{4}\right)\right\}$

12. $x^2 + 2y^2 = 8$
    $2x^2 - y^2 = 6$
    $4x^2 - 2y^2 = 12$
    $\underline{x^2 + 2y^2 = 8}$
    $5x^2 = 20$
    $x^2 = 4$
    $x = \pm 2$
    If $x = 2$, $4 + 2y^2 = 8$
    $2y^2 = 4$
    $y^2 = 2$
    $y = \pm\sqrt{2}$
    If $x = -2$, $4 + 2y^2 = 8$
    $y = \pm\sqrt{2}$
    $\left\{\left(2, -\sqrt{2}\right), \left(2, \sqrt{2}\right), \left(-2, -\sqrt{2}\right), \left(-2, \sqrt{2}\right)\right\}$

13. $x^2 + y^2 = 25$
    $x^2 - xy + y^2 = 13$
    $\underline{-x^2 - y^2 = -25}$
    $-xy = -12$
    $xy = 12$
    $x = \frac{12}{y}$
    $\left(\frac{12}{y}\right)^2 + y^2 = 25$

$144 + y^4 = 25y^2$
$y^4 - 25y^2 + 144 = 0$
$(y^2 - 16)(y^2 - 9) = 0$
$y^2 = 16, y = \pm 4$
$y^2 = 9, y = \pm 3$
If $y = 4$, $x^2 = 9$, $x = \pm 3$, but -3 doesn't work.
If $y = -4$, $x^2 = 9$, $x = \pm 3$, but 3 doesn't work.
If $y = 3$, $x^2 = 16$, $x = \pm 4$, but -4 doesn't work.
If $y = -3$, $x^2 = 16$, $x = \pm 4$, but 4 doesn't work.
$\{(3, 4), (-3, -4), (4, 3), (-4, -3)\}$

14.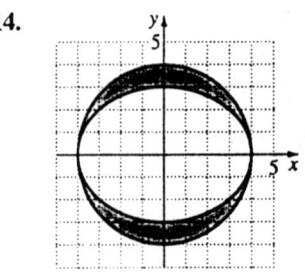

15. $xy = 65$
    $2x + 2y = 33$
    $x = \frac{65}{y}$
    $2\left(\frac{65}{y}\right) + 2y = 33$
    $130 + 2y^2 = 33y$
    $2y^2 - 33y + 130 = 0$
    $(2y - 13)(y - 10) = 0$
    $y = \frac{13}{2}, 10$
    If $y = \frac{13}{2}$, $x = \frac{65(2)}{13} = 10$
    The rectangle is 6.5 feet by 10 feet.

16. $2x + 2y = 42$
    $x^2 + y^2 = 15^2 = 225$
    $x = 21 - y$
    $(21-y)^2 + y^2 = 225$
    $(441 - 42y + y^2) + y^2 = 225$
    $2y^2 - 42y + 216 = 0$
    $y^2 - 21y + 108 = 0$
    $(y-9)(y-12) = 0$
    $y = 9, 12$
    The rectangle is 9 feet by 12 feet.

17. $x^2 + y^2 = 9$
    $\dfrac{y^2}{6} - \dfrac{x^2}{3} = 1$
    $y^2 - 2x^2 = 6$
    $\underline{2x^2 + 2y^2 = 18}$
    $3y^2 = 24$
    $y^2 = 8, y = \pm 2\sqrt{2}$
    $x^2 = 9 - y^2 = 9 - 8 = 1$
    $x = \pm 1$
    $\{(-1, -2.83), (-1, 2.83), (1, -2.83), (1, 2.83)\}$

Chapters P–6 Cumulative Review Problems

1. $\dfrac{\frac{x}{x+3} + \frac{x}{x^2-9}}{\frac{1}{x-3} + 1} = \dfrac{\left(\frac{x}{x+3} + \frac{x}{x^2-9}\right)(x^2-9)}{\left(\frac{1}{x-3} + 1\right)(x^2-9)}$
   $= \dfrac{x(x-3) + x}{x+3+x^2-9}$
   $= \dfrac{x^2 - 2x}{x^2 + x - 6}$
   $= \dfrac{x(x-2)}{(x+3)(x-2)}$
   $= \dfrac{x}{x+3} \ (x \ne 2)$

2. $\dfrac{1}{x} + \dfrac{1}{x+3} = 2$
   $x(x+3)\left(\dfrac{1}{x} + \dfrac{1}{x+3}\right) = 2x(x+3)$
   $x + 3 + x = 2x^2 + 6x$
   $2x + 3 = 2x^2 + 6x$
   $2x^2 + 4x - 3 = 0$
   $x = \dfrac{-4 \pm \sqrt{(4)^2 + 4(2)(3)}}{2(2)}$
   $= \dfrac{-4 \pm \sqrt{40}}{4} = \dfrac{-2 \pm \sqrt{10}}{2}$
   $\left\{\dfrac{-2 - \sqrt{10}}{2}, \dfrac{-2 + \sqrt{10}}{2}\right\}$

3. $4x^2 - 4x + 2 < (2x+3)(2x-2)$
   $4x^2 - 4x + 2 < 4x^2 + 2x - 6$
   $-6x < -8$
   $x > \dfrac{4}{3}$
   $\left(\dfrac{4}{3}, \infty\right)$

4. $\sqrt{2x+4} - \sqrt{x+3} - 1 = 0$
   $\sqrt{2x+4} = \sqrt{x+3} + 1$
   $\left(\sqrt{2x+4}\right)^2 = \left(\sqrt{x+3} + 1\right)^2$
   $2x + 4 = x + 3 + 2\sqrt{x+3} + 1$
   $x = 2\sqrt{x+3}$
   $x^2 = 4(x+3)$
   $x^2 - 4x - 12 = 0$
   $(x+2)(x-6) = 0$
   $x = -2$ or $x = 6$
   Substituting back into the original equation shows that $x = -2$ is not a solution.
   $\{6\}$

5. $3x^3 + 8x^2 - 15x + 4 = 0$
Possible solutions:
$\pm 1, \pm 2, \pm 4, \pm \frac{1}{3}, \pm \frac{2}{3}, \pm \frac{4}{3}$

$\underline{1 \,|\!\!\underline{}\quad 3 \quad 8 \quad -15 \quad 4}$
$3 \quad 11 \quad -4$
$\overline{3 \quad 11 \quad -4 \quad 0}$

$(x-1)(3x^2 + 11x - 4) = 0$
$(x-1)(3x-1)(x+4) = 0$
$x = 1$ or $x = \frac{1}{3}$ or $x = -4$
$\left\{-4, \frac{1}{3}, 1\right\}$

6. $e^{2x} - 14e^x + 45 = 0$
Let $t = e^x$.
$t^2 - 14t + 45 = 0$
$(t-5)(t-9) = 0$
$t = 5$ or $t = 9$
$e^x = 5$ or $e^x = 9$
$x = \ln 5$ or $x = \ln 9$
$\{\ln 5, \ln 9\}$

7. $\log(x-2) + \log x - \log(x+4) = 0$
$\log\left[\frac{(x+2)x}{x+4}\right] = 0$
$10^0 = \frac{x^2 - 2x}{x+4}$
$1 = \frac{x^2 - 2x}{x+4}$
$x + 4 = x^2 - 2x$
$0 = x^2 - 3x - 4$
$0 = (x-4)(x+1)$
$x = 4, -1$
Substituting back into the original equation shows $x = -1$ is not a solution.
$\{4\}$

8. $\begin{bmatrix} 1 & -1 & 1 & | & 17 \\ 2 & 3 & 1 & | & 8 \\ -4 & 1 & 5 & | & -2 \end{bmatrix}$

$\xrightarrow[R_3 + 4R_1]{R_2 - 2R_1} \begin{bmatrix} 1 & -1 & 1 & | & 17 \\ 0 & 5 & -1 & | & -26 \\ 0 & -3 & 9 & | & 66 \end{bmatrix}$

$\xrightarrow{R_2 \leftrightarrow R_3} \begin{bmatrix} 1 & -1 & 1 & | & 17 \\ 0 & -3 & 9 & | & 66 \\ 0 & 5 & -1 & | & -26 \end{bmatrix}$

$\xrightarrow{-\frac{1}{3}R_2} \begin{bmatrix} 1 & -1 & 1 & | & 17 \\ 0 & 1 & -3 & | & -22 \\ 0 & 5 & -1 & | & -26 \end{bmatrix}$

$\xrightarrow{R_3 - 5R_2} \begin{bmatrix} 1 & -1 & 1 & | & 17 \\ 0 & 1 & -3 & | & -22 \\ 0 & 0 & 14 & | & 84 \end{bmatrix}$

$\xrightarrow{\frac{1}{14}R_3} \begin{bmatrix} 1 & -1 & 1 & | & 17 \\ 0 & 1 & -3 & | & -22 \\ 0 & 0 & 1 & | & 6 \end{bmatrix}$

$x - y + z = 17$
$y - 3z = -22$
$z = 6$
Using back-substitution, we get $x = 7$, $y = -4$, $z = 6$.
$\{(7, -4, 6)\}$

9. $D = \begin{vmatrix} 1 & -2 & 1 \\ 2 & 1 & -1 \\ 3 & 2 & -2 \end{vmatrix} = \begin{vmatrix} 1 & -2 & 1 \\ 0 & 5 & -3 \\ 0 & 8 & -5 \end{vmatrix}$

$= \begin{vmatrix} 5 & -3 \\ 8 & -5 \end{vmatrix} = (5)(-5) - (-3)(8) = -1$

$D_y = \begin{vmatrix} 1 & 7 & 1 \\ 2 & 0 & -1 \\ 3 & -2 & -2 \end{vmatrix} = \begin{vmatrix} 1 & 7 & 1 \\ 0 & -14 & -3 \\ 0 & -23 & -5 \end{vmatrix}$

$= \begin{vmatrix} -14 & -3 \\ -23 & -5 \end{vmatrix} = (-14)(-5) - (-3)(-23) = 1$

$y = \frac{D_y}{D} = \frac{1}{-1} = -1$

10. $4x+6y+5=0$
$6y=-4x-5$
$y=-\frac{2}{3}x-\frac{5}{6}$
The line has slope $-\frac{2}{3}$ so the slope of the perpendicular line is $\frac{3}{2}$.
$(y-0)=\frac{3}{2}(x-0)$
$y=\frac{3}{2}x$
$2y=3x$
$3x-2y=0$

11. Reflect the graph of $f(x)=\sqrt{x}$ in the x-axis $\left(y=-\sqrt{x}\right)$
Shift the graph of $y=-\sqrt{x}$ upward one unit. $\left(y=-\sqrt{x}+1\right)$
$g(x)=-\sqrt{x}+1$

12. $f(x)=\sqrt{4x-7}$
$y=\sqrt{4x-7}$
$x=\sqrt{4y-7}$
$x^2=4y-7$
$4y=x^2+7$
$y=\frac{x^2+7}{4}$
$f^{-1}(x)=\frac{x^2+7}{4}, \ x\geq 0$

13. $f(x)=\frac{x}{x^2-16}$
Symmetry: $f(-x)=\frac{-x}{x^2-16}=-f(x)$
x-intercept: $x=0$
y-intercept: $f(0)=0$; $y=0$
vertical asymptotes:
$x^2-16=0$
$x=\pm 4$

horizontal asymptote: $y=0$

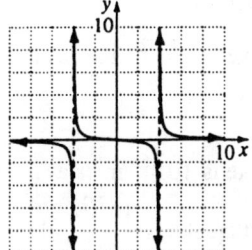

14. Integral factors appear to be -2 and 3.

$$\begin{array}{r|rrrrr} -2 & 4 & -4 & -25 & 1 & 6 \\ & & -8 & 24 & 2 & -6 \\ \hline & 4 & -12 & -1 & 3 & 0 \end{array}$$

$$\begin{array}{r|rrrr} 3 & 4 & -12 & -1 & 3 \\ & & 12 & 0 & -3 \\ \hline & 4 & 0 & -1 & 0 \end{array}$$

$4x^4-4x^3-25x^2+x+6$
$=(x+2)(4x^3-12x^2-x+3)$
$=(x+2)(x-3)(4x^2-1)$
$=(x+2)(x-3)(2x+1)(2x-1)$

15.

Chapter 6: Conic Sections and Nonlinear Systems

16. $7.2 = \log \dfrac{I}{I_0}$

    A 7.2 earthquake is $10^{7.2}$ times as intense as a zero-level earthquake.

    $3.6 = \log \dfrac{I}{I_0}$

    A 3.6 earthquake is $10^{3.6}$ times as intense as a zero-level earthquake.

    Thus, a 7.2 earthquake is $\dfrac{10^{7.2}}{10^{3.6}} = 10^{3.6}$ times as intense as a 3.6 earthquake.

17. a. $A = A_0 e^{kt}$

    $\dfrac{1}{2} A_0 = A_0 e^{40k}$

    $\dfrac{1}{2} = e^{40k}$

    $\ln \dfrac{1}{2} = 40k$

    $k = \dfrac{\ln \frac{1}{2}}{40}$

    $A = 900 e^{\frac{\ln(1/2)}{40} t}$

    b. $A = 900 e^{\frac{\ln(1/2)}{40} \cdot 10} \approx 757$

    Approximately 757 grams will remain.

18. $\begin{bmatrix} 1 & -1 & 0 \\ 2 & 1 & 3 \end{bmatrix} \begin{bmatrix} 4 & -1 \\ 2 & 0 \\ 1 & 1 \end{bmatrix} = \begin{bmatrix} 2 & -1 \\ 13 & 1 \end{bmatrix}$

19. $\dfrac{2x^3 - 3x + 4}{x(x^2 + 1)^2} = \dfrac{A}{x} + \dfrac{Bx + C}{x^2 + 1} + \dfrac{Dx + E}{(x^2 + 1)^2}$

    Multiply both sides by $x(x^2 + 1)^2$

    $2x^3 - 3x + 4 = A(x^2 + 1)^2 + (Bx + C)(x)(x^2 + 1) + (Dx + E)x$

    $2x^3 - 3x + 4 = A(x^4 + 2x^2 + 1) + (Bx + C)(x^3 + x) + (Dx + E)x$

    $2x^3 - 3x + 4 = Ax^4 + 2Ax^2 + A + Bx^4 + Bx^2 + Cx^3 + Cx + Dx^2 + Ex$

    $2x^3 - 3x + 4 = (A + B)x^4 + Cx^3 + (2A + B + D)x^2 + (C + E)x + A$

    Equate coefficients.
    $A + B = 0$
    $C = 2$
    $2A + B + D = 0$
    $C + E = -3$
    $A = 4$

Since $A = 4$, $B = -4$. Since $C = 2$, $E = -5$. Since $A = 4$ and $B = -4$, $D = -4$.

$$\frac{2x^3 - 3x - 4}{x(x^2+1)^2} = \frac{4}{x} + \frac{-4x+2}{x^2+1} + \frac{-4x-5}{(x^2+1)^2}$$
$$= \frac{4}{x} - \frac{4x-2}{x^2+1} - \frac{4x+5}{(x^2+1)^2}$$

20. $2x^2 - 3y^2 - 4x + 12y - 28 = 0$

    $A = 2$, $C = -3$

    Since $AC = (2)(-3) = -6 < 0$, the conic section is a hyperbola.

    $2(x^2 - 2x + 1) - 3(y^2 - 4y + 4) = 2 - 12 + 28$

    $2(x-1)^2 - 3(y-2)^2 = 18$

    $$\frac{(x-1)^2}{9} - \frac{(y-2)^2}{6} = 1$$

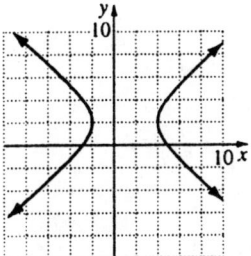

Chapter 7

Problem Set 7.1

1. $a_n = 3n + 2$
$a_1 = 3(1) + 2 = 5$
$a_2 = 3(2) + 2 = 8$
$a_3 = 3(3) + 2 = 11$
$a_4 = 3(4) + 2 = 14$
$a_5 = 3(5) + 2 = 17$
5, 8, 11, 14, 17

3. $a_n = 3^n$
$a_1 = 3^1 = 3$
$a_2 = 3^2 = 9$
$a_3 = 3^3 = 27$
$a_4 = 3^4 = 81$
$a_5 = 3^5 = 243$
3, 9, 27, 81, 243

5. $a_n = (-3)^n$
$a_1 = (-3)^1 = -3$
$a_2 = (-3)^2 = 9$
$a_3 = (-3)^3 = -27$
$a_4 = (-3)^4 = 81$
$a_5 = (-3)^5 = -243$
−3, 9, −27, 81, −243

7. $a_n = (-1)^n(n+3)$
$a_1 = (-1)^1(1+3) = -4$
$a_2 = (-1)^2(2+3) = 5$
$a_3 = (-1)^3(3+3) = -6$
$a_4 = (-1)^4(4+3) = 7$
$a_5 = (-1)^5(5+3) = -8$
−4, 5, −6, 7, −8

9. $a_n = \dfrac{2n}{n+4}$
$a_1 = \dfrac{2(1)}{1+4} = \dfrac{2}{5}$
$a_2 = \dfrac{2(2)}{2+4} = \dfrac{4}{6} = \dfrac{2}{3}$
$a_3 = \dfrac{2(3)}{3+4} = \dfrac{6}{7}$
$a_4 = \dfrac{2(4)}{4+4} = \dfrac{8}{8} = 1$
$a_5 = \dfrac{2(5)}{5+4} = \dfrac{10}{9}$
$\dfrac{2}{5}, \dfrac{2}{3}, \dfrac{6}{7}, 1, \dfrac{10}{9}$

11. $a_n = \dfrac{(-1)^{n+1}}{2^n - 1}$
$a_1 = \dfrac{(-1)^{1+1}}{2^1 - 1} = \dfrac{1}{1}$
$a_2 = \dfrac{(-1)^{2+1}}{2^2 - 1} = -\dfrac{1}{3}$
$a_3 = \dfrac{(-1)^{3+1}}{2^3 - 1} = \dfrac{1}{7}$
$a_4 = \dfrac{(-1)^{4+1}}{2^4 - 1} = -\dfrac{1}{15}$
$a_5 = \dfrac{(-1)^{5+1}}{2^5 - 1} = \dfrac{1}{31}$
$1, -\dfrac{1}{3}, \dfrac{1}{7}, -\dfrac{1}{15}, \dfrac{1}{31}$

13. $a_n = \dfrac{n^2}{n!}$
$a_1 = \dfrac{1^2}{1!} = 1$
$a_2 = \dfrac{2^2}{2!} = 2$
$a_3 = \dfrac{3^2}{3!} = \dfrac{9}{6} = \dfrac{3}{2}$
$a_4 = \dfrac{4^2}{4!} = \dfrac{16}{24} = \dfrac{2}{3}$

$$a_5 = \frac{5^2}{5!} = \frac{5}{24}$$
$$1, 2, \frac{3}{2}, \frac{2}{3}, \frac{5}{24}$$

15. $a_n = 2(n+1)!$
    $a_1 = 2(1+1)! = 2(2) = 4$
    $a_2 = 2(2+1)! = 2(6) = 12$
    $a_3 = 2(3+1)! = 2(24) = 48$
    $a_4 = 2(4+1)! = 2(120) = 240$
    $a_5 = 2(5+1)! = 2(720) = 1440$
    4, 12, 48, 240, 1440

17. $a_n = \frac{(n+1)!}{n!}$
    $a_1 = \frac{(1+1)!}{1!} = 2$
    $a_2 = \frac{(2+1)!}{2!} = \frac{3!}{2!} = 3$
    $a_3 = \frac{(3+1)!}{3!} = \frac{4!}{3!} = 4$
    $a_4 = \frac{(4+1)!}{4!} = \frac{5!}{4!} = 5$
    $a_5 = \frac{(5+1)!}{5!} = \frac{6!}{5!} = 6$
    2, 3, 4, 5, 6

19. $a_1 = 4$ and $a_n = 2a_{n-1} + 3$
    $a_2 = 2(4) + 3 = 11$
    $a_3 = 2(11) + 3 = 25$
    $a_4 = 2(25) + 3 = 53$
    $a_5 = 2(53) + 3 = 109$
    4, 11, 25, 53, 109

21. $a_1 = 2$ and $a_n = (a_{n-1})^2 - 4$
    $a_2 = 2^2 - 4 = 0$
    $a_3 = 0^2 - 4 = -4$
    $a_4 = (-4)^2 - 4 = 12$
    $a_5 = (12)^2 - 4 = 140$
    2, 0, −4, 12, 140

23. $a_1 = 1$, $a_2 = 1$, and $a_n = a_{n-2} + a_{n-1}$
    $a_3 = a_1 + a_2 = 1 + 1 = 2$
    $a_4 = a_2 + a_3 = 1 + 2 = 3$
    $a_5 = a_3 + a_4 = 2 + 3 = 5$
    1, 1, 2, 3, 5

25. 1, 3, 5, 7, 9, ...
    $a_n = 2n - 1$

27. $\frac{2}{1}, \frac{3}{2}, \frac{4}{3}, \frac{5}{4}, \frac{6}{5}, \ldots$
    $a_n = \frac{n+1}{n}$

29. −1, 1, −1, 1, −1, ...
    $a_n = (-1)^n$

31. $1, -\frac{1}{4}, \frac{1}{9}, -\frac{1}{16}, \frac{1}{25}, \ldots$
    $a_n = \frac{(-1)^{n+1}}{n^2}$

33. $1 + 2 + 6 + 24 + 120 + \ldots$
    $a_n = n!$

35. $5 + 10 + 15 + 20 + \ldots$
    $S_6 = 5 + 10 + 15 + 20 + 25 + 30 = 105$

37. $1 + \frac{1}{2} + \frac{1}{4} + \frac{1}{8} + \ldots$
    $S_5 = 1 + \frac{1}{2} + \frac{1}{4} + \frac{1}{8} + \frac{1}{16} = \frac{31}{16}$

39. $a_n = \frac{n+1}{n}$
    $a_1 = \frac{1+1}{1} = 2$
    $a_2 = \frac{2+1}{2} = \frac{3}{2}$
    $a_3 = \frac{3+1}{3} = \frac{4}{3}$
    $S_3 = 2 + \frac{3}{2} + \frac{4}{3} = \frac{29}{6}$

41. $a_n = (-1)^{n+1}(2n+1)$
$a_1 = (-1)^{1+1}(2\cdot 1+1) = 3$
$a_2 = (-1)^{2+1}(2\cdot 2+1) = -5$
$a_3 = (-1)^{3+1}(2\cdot 3+1) = 7$
$a_4 = (-1)^{4+1}(2\cdot 4+1) = -9$
$a_5 = (-1)^{5+1}(2\cdot 5+1) = 11$
$a_6 = (-1)^{6+1}(2\cdot 6+1) = -13$
$a_7 = (-1)^{7+1}(2\cdot 7+1) = 15$
$S_7 = 3 - 5 + 7 - 9 + 11 - 13 + 15 = 9$

43. $a_n = (-1)^n n!$
$a_1 = (-1)^1 1! = -1$
$a_2 = (-1)^2 2! = 2$
$a_3 = (-1)^3 3! = -6$
$a_4 = (-1)^4 4! = 24$
$S_4 = -1 + 2 - 6 + 24 = 19$

45. $a_n = \dfrac{(n+1)!}{n!} = \dfrac{(n+1)n!}{n!} = n+1$
$a_1 = 2$
$a_2 = 3$
$a_3 = 4$
$a_4 = 5$
$a_5 = 6$
$a_6 = 7$
$S_6 = 2 + 3 + 4 + 5 + 6 = 20$

47. $\sum\limits_{i=1}^{6} 5i = 5\cdot 1 + 5\cdot 2 + 5\cdot 3 + 5\cdot 4 + 5\cdot 5 + 5\cdot 6$
$= 5 + 10 + 15 + 20 + 25 + 30$
$= 105$

49. $\sum\limits_{i=1}^{4} 2i^2 = 2\cdot 1^2 + 2\cdot 2^2 + 2\cdot 3^2 + 2\cdot 4^2$
$= 2 + 8 + 18 + 32$
$= 60$

51. $\displaystyle\sum_{k=1}^{5} k(k+4) = 1(5)+2(6)+3(7)+4(8)+5(9)$
$= 5 + 12 + 21 + 32 + 45$
$= 115$

53. $\displaystyle\sum_{i=1}^{4}\left(-\frac{1}{2}\right)^i = \left(-\frac{1}{2}\right)^1 + \left(-\frac{1}{2}\right)^2 + \left(-\frac{1}{2}\right)^3 + \left(-\frac{1}{2}\right)^4$
$= -\frac{1}{2} + \frac{1}{4} - \frac{1}{8} + \frac{1}{16}$
$= -\frac{5}{16}$

55. $\displaystyle\sum_{i=5}^{9} 11 = 11+11+11+11+11 = 55$

57. $\displaystyle\sum_{i=0}^{4} \frac{(-1)^i}{i!} = \frac{(-1)^0}{0!} + \frac{(-1)^1}{1!} + \frac{(-1)^2}{2!} + \frac{(-1)^3}{3!} + \frac{(-1)^4}{4!}$
$= 1 - 1 + \frac{1}{2} - \frac{1}{6} + \frac{1}{24}$
$= \frac{9}{24} = \frac{3}{8}$

59. $\displaystyle\sum_{i=1}^{5} \frac{i!}{(i+1)!} = \sum_{i=1}^{5} \frac{i}{(i+1)i!} = \sum_{i=1}^{5} \frac{1}{i+1}$
$= \frac{1}{2} + \frac{1}{3} + \frac{1}{4} + \frac{1}{5} + \frac{1}{6}$
$= \frac{174}{120} = \frac{29}{20}$

61. $S_1 = \frac{1}{1+1} - \frac{1}{1+2} = \frac{1}{2} - \frac{1}{3}$
$S_2 = \left(\frac{1}{2} - \frac{1}{3}\right) + \left(\frac{1}{3} - \frac{1}{4}\right) = \frac{1}{2} - \frac{1}{4}$
$S_3 = \left(\frac{1}{2} - \frac{1}{3}\right) + \left(\frac{1}{3} - \frac{1}{4}\right) + \left(\frac{1}{4} - \frac{1}{5}\right) = \frac{1}{2} - \frac{1}{5}$
$S_n = \frac{1}{2} - \frac{1}{n+2}$
$\displaystyle\sum_{i=1}^{1000}\left(\frac{1}{i+1} - \frac{1}{i+2}\right) = \frac{1}{2} - \frac{1}{1000+2} = \frac{500}{1002} = \frac{250}{501}$

63. $S_1 = \dfrac{1}{2\cdot 1-1} - \dfrac{1}{2\cdot 1+1} = 1 - \dfrac{1}{3}$

$S_2 = \left(1 - \dfrac{1}{3}\right) + \left(\dfrac{1}{3} - \dfrac{1}{5}\right) = 1 - \dfrac{1}{5}$

$S_3 = \left(1 - \dfrac{1}{3}\right) + \left(\dfrac{1}{3} - \dfrac{1}{5}\right) + \left(\dfrac{1}{5} - \dfrac{1}{7}\right) = 1 - \dfrac{1}{7}$

$S_n = 1 - \dfrac{1}{2n+1}$

$\displaystyle\sum_{i=1}^{50}\left(\dfrac{1}{2i-1} - \dfrac{1}{2i+1}\right) = 1 - \dfrac{1}{2(50)+1} = \dfrac{100}{101}$

65. $S_1 = a_1 - a_2$

$S_2 = (a_1 - a_2) + (a_2 - a_3) = a_1 - a_3$

$S_3 = (a_1 - a_2) + (a_2 - a_3) + (a_3 - a_4) = a_1 - a_4$

$S_n = a_1 - a_{n+1}$

$\displaystyle\sum_{i=1}^{1000}(a_i - a_{i+1}) = a_1 - a_{1000+1} = a_1 - a_{1001}$

67. $\displaystyle\sum_{i=1}^{\infty}\dfrac{3}{10^i} = \dfrac{3}{10} + \dfrac{3}{10^2} + \dfrac{3}{10^3} + \dfrac{3}{10^4} + \dfrac{3}{10^5} + \ldots$

$= 0.3 + 0.03 + 0.003 + 0.0003 + 0.00003 + \ldots$

$= 0.33333\ldots$

$= \dfrac{1}{3}$

69. $1 + 2 + 3 + 4 + 5 = \displaystyle\sum_{i=1}^{5} i$

71. $\dfrac{1}{2} + \dfrac{1}{2^2} + \dfrac{1}{2^3} + \dfrac{1}{2^4} + \dfrac{1}{2^5} + \dfrac{1}{2^6} = \displaystyle\sum_{i=1}^{6}\dfrac{1}{2^i}$

73. $1 + 4 + 9 + 16 + 25 + 36 = \displaystyle\sum_{i=1}^{6} i^2$

75. $1 - \dfrac{1}{2} + \dfrac{1}{4} - \dfrac{1}{8} + \ldots - \dfrac{1}{128} = \displaystyle\sum_{i=1}^{8}\dfrac{(-1)^{n+1}}{2^{n-1}}$

77. $\dfrac{x}{x+1} + \dfrac{x}{x+2} + \dfrac{x}{x+3} + \dfrac{x}{x+4} = \displaystyle\sum_{i=1}^{4}\dfrac{x}{x+i}$

79. $8 + 16 + 24 + 32 + 40 + \ldots = \sum_{i=1}^{\infty} 8i$

81. $a_n = 0.16n^2 - 1.04n + 7.39$
$a_1 = 0.16(1)^2 - 1.04(1) + 7.39 = 6.51$
$a_2 = 0.16(2)^2 - 1.04(2) + 7.39 = 5.95$
$a_3 = 0.16(3)^2 - 1.04(3) + 7.39 = 5.71$
$a_4 = 0.16(4)^2 - 1.04(4) + 7.39 = 5.79$
$a_5 = 0.16(5)^2 - 1.04(5) + 7.39 = 6.19$
$S_5 = 6.51 + 5.95 + 5.71 + 5.79 + 6.19 = 30.15$
Americans spent $30.15 billion on recreational boating from 1991 through 1995.

83. $a_n = 0.255n^3 - 4.096n^2 + 1570.417$
$a_{15} = 0.255(15)^3 - 4.096(15)^2 + 1570.417 = 1510.792$
$a_1 = 0.255(1)^3 - 4.09(1)^2 + 1570.417 = 1566.582$
$a_{15} - a_1 = 1510.792 - 1566.582 = -55.79$
The per capita federal debt decreased by $55.79 between 1981 and 1995.

85. a. False; $\dfrac{n!}{(n-1)!} = \dfrac{n \cdot (n-1)!}{(n-1)!} = n$

b. True

c. False; for example, $\sum_{n=1}^{5} 1 = \sum_{n=0}^{4} 1 = 5$

d. False; $\sum_{n=0}^{N} \dfrac{1}{n!}$ gets closer to e as N gets large.

87. a. False; a series is the indicated sum of the terms of a sequence.

b. False; there can be more than one way.

c. True

d. False; $\sum_{i=1}^{2} (-1)^i 2^i = -2 + 4 = 2$

89. Verification is left to the student.

91. Verification is left to the student.

93. $a_n = \dfrac{2n}{n+1}$

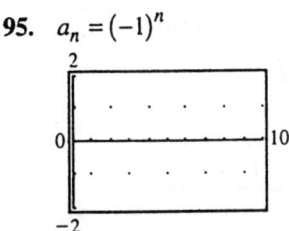

limit = 2

95. $a_n = (-1)^n$

no limit, alternates between −1 and 1

97. $a_n = \dfrac{2n+1}{2n^2 + 4n}$

limit = 0

99. $f(1) = \sum_{i=0}^{6} \dfrac{(1)^i}{i!} = \dfrac{1957}{720} \approx 2.71806$

$f(2) = \sum_{i=0}^{6} \dfrac{(2)^i}{i!} = \dfrac{331}{45} \approx 7.35556$

$f(3) = \sum_{i=0}^{6} \dfrac{(3)^i}{i!} = \dfrac{1553}{80} \approx 19.4125$

$e \approx 2.71828$
$e^2 \approx 7.38906$

Chapter 7: Sequences, Series, and Probability **SSM:** College Algebra

$e^3 \approx 20.0855$

$\sum_{i=0}^{6} \frac{x^i}{i!}$ appears to approximate e^x.

101. $a_n = \dfrac{3 \cdot 5 \cdot \ldots \cdot (2n+1)}{2 \cdot 4 \cdot \ldots \cdot (2n)}$

$a_1 = \dfrac{3}{2}$

$a_2 = \dfrac{3 \cdot 5}{2 \cdot 4} = \dfrac{15}{8}$

$a_3 = \dfrac{3 \cdot 5 \cdot 7}{2 \cdot 4 \cdot 6} = \dfrac{105}{48} = \dfrac{35}{16}$

$a_4 = \dfrac{3 \cdot 5 \cdot 7 \cdot 9}{2 \cdot 4 \cdot 6 \cdot 8} = \dfrac{9+5}{384} = \dfrac{315}{128}$

$a_5 = \dfrac{3 \cdot 5 \cdot 7 \cdot 9 \cdot 11}{2 \cdot 4 \cdot 6 \cdot 8 \cdot 10} = \dfrac{10,395}{3840} = \dfrac{693}{256}$

103. $a_n = \dfrac{1+(-1)^{n+1}}{2i^{n-1}}$

$a_1 = \dfrac{1+(-1)^2}{2i^0} = \dfrac{1+1}{2 \cdot 1} = 1$

$a_2 = \dfrac{1+(-1)^3}{2i^1} = \dfrac{1+(-1)}{2i} = 0$

$a_3 = \dfrac{1+(-1)^4}{2i^2} = \dfrac{1+1}{2(-1)} = -1$

$a_4 = \dfrac{1+(-1)^5}{2i^3} = \dfrac{1+(-1)}{2(-i)} = 0$

$a_5 = \dfrac{1+(-1)^6}{2i^4} = \dfrac{1+1}{2 \cdot 1} = 1$

$a_6 = \dfrac{1+(-1)^7}{2i^5} = \dfrac{1+(-1)}{2i} = 0$

$a_7 = \dfrac{1+(-1)^8}{2i^6} = \dfrac{1+1}{2(-1)} = -1$

$a_8 = \dfrac{1+(-1)^9}{2i^7} = \dfrac{1+(-1)}{2(-i)} = 0$

105. Answers may vary.

Problem Set 7.2

1. 11, 6, 1, −4, −9, −14

3. $a_{n+1} = a_n + 6, a_1 = -9$
−9, −3, 3, 9, 15, 21

5. $a_{n+1} = a_n - 0.4, a_1 = -1.6$
−1.6, −2, −2.4, −2.8, −3.2, −3.6

7. 1, 5, 9, 13, …
$d = 5 - 1 = 4$
$a_n = 1 + (n-1)4 = 1 + 4n - 4$
$a_n = 4n - 3$
$a_{20} = 4(20) - 3 = 77$

9. 7, 3, −1, −5, …
$d = 3 - 7 = -4$
$a_n = 7 + (n-1)(-4) = 7 - 4n + 4$
$a_n = 11 - 4n$
$a_{20} = 11 - 4(20) = -69$

11. 3.15, 3.10, 3.05, 3.00, …
$d = 3.10 - 3.15 = -0.05$
$a_n = 3.15 + (n-1)(-0.05)$
$a_n = 3.20 - 0.05n$
$a_{20} = 3.20 - 0.05(20) = 2.20$

13. $\dfrac{e}{6}, \dfrac{e}{3}, \dfrac{e}{2}, \dfrac{2e}{3}, \ldots$
$d = \dfrac{e}{3} - \dfrac{e}{6} = \dfrac{e}{6}$
$a_n = \dfrac{e}{6} + (n-1)\left(\dfrac{e}{6}\right)$
$a_n = \dfrac{e}{6}n$
$a_{20} = \dfrac{e}{6}(20) = \dfrac{10e}{3}$

15. $a_1 = 9, d = 2$
$a_n = 9 + (n-1)(2)$
$a_n = 7 + 2n$
$a_{20} = 7 + 2(20) = 47$

17. $a_1 = 4, a_{n+1} = a_n + 3$
$d = 3$
$a_n = 4 + (n-1)(3)$
$a_n = 1 + 3n$
$a_{20} = 1 + 3(20) = 61$

SSM: College Algebra   **Chapter 7: Sequences, Series, and Probability**

19. $a_1 = -\frac{1}{3}, a_{n+1} = a_1 + \frac{1}{3}$
    $d = \frac{1}{3}$
    $a_n = -\frac{1}{3} + (n-1)\left(\frac{1}{3}\right)$
    $a_n = -\frac{2}{3} + \frac{n}{3}$
    $a_{20} = -\frac{2}{3} + \frac{20}{3} = \frac{18}{3} = 6$

21. $d = 8 - 5 = 3$
    $a_n = a_1 + (n-1)d$
    $32 = 5 + (n-1)(3)$
    $27 = 3n - 3$
    $30 = 3n$
    $10 = n$
    The 10th term

23. $d = 1 - 4 = -3$
    $a_n = a_1 + (n-1)d$
    $-281 = 4 + (n-1)(-3)$
    $-285 = -3n + 3$
    $-288 = -3n$
    $96 = n$
    The 96th term

25. $d = -2 - \left(-\frac{5}{3}\right) = -\frac{6}{3} + \frac{5}{3} = -\frac{1}{3}$
    $a_n = a_1 + (n-1)d$
    $-9 = -\frac{5}{3} + (n-1)\left(-\frac{1}{3}\right)$
    $-\frac{27}{3} = -\frac{5}{3} - \frac{1}{3}n + \frac{1}{3}$
    $-\frac{22}{3} = -\frac{1}{3}n + \frac{1}{3}$
    $-\frac{23}{3} = -\frac{1}{3}n$
    $23 = n$
    The 23rd term

27. $7, 19, 31, 43, \ldots$
    $d = 12$
    $a_n = 7 + (n-1)(12)$
    $a_{30} = 7 + (29)(12) = 355$
    $S_{30} = \frac{30}{2}(a_1 + a_{30}) = \frac{30}{2}(7 + 355) = 5430$

29. $-12, -3, 6, 15, \ldots$
$d = -3 - (-12) = 9$
$a_n = -12 + (n-1)(9)$
$a_{46} = -12 + (45)(9) = 393$
$S_{46} = \frac{46}{2}(-12 + 393) = 8763$

31. $\sum_{i=1}^{60}(6i - 4) = (6 - 4) + (12 - 4) + (18 - 4) + \cdots + (360 - 4)$
$= 2 + 8 + 14 + \cdots + 356$
$S_{60} = \frac{60}{2}(2 + 356) = 10,740$

33. $\sum_{i=1}^{40}(-2i + 7) = (-2 + 7) + (-4 + 7) + (-6 + 7) + \cdots + (-80 + 7)$
$= 5 + 3 + 1 + \cdots + (-73)$
$S_{40} = \frac{40}{2}(5 - 73) = -1360$

35. $\sum_{i=1}^{100} 5i = 5 + 10 + 15 + \cdots + 500$
$S_{100} = \frac{100}{2}(5 + 500) + 25,250$

37. $\sum_{i=1}^{50} -2i = -2 - 4 - 6 \cdots - 100$
$S_{50} = \frac{50}{2}(-2 - 100) = -2550$

39. $\sum_{i=3}^{12}(-0.1i + 1) = 0.7 + 0.6 + 0.5 + \cdots + (-0.2)$
$S_{10} = \frac{10}{2}(0.7 - 0.2) = 2.5$

41. $2 + 4 + 6 + \cdots + 120$
$S_{60} = \frac{60}{2}(2 + 120) = 3660$

43. $1 + 3 + 5 + \cdots + 95$
$S_{48} = \frac{48}{2}(1 + 95) = 2304$

45. $22 + 24 + 26 + \cdots + 478$
$S_{229} = \frac{229}{2}(22 + 478) = 57,250$

SSM: College Algebra   **Chapter 7:** Sequences, Series, and Probability

47. a. $a_n = 22{,}208 + (n-1)(2350)$
    $a_n = 19{,}858 + 2350n$

    b. $n = 2000 - 1983 = 17$
    $a_{16} = 19{,}858 + 2350(17) = 59{,}808$
    $59{,}808$ million

    c. $97{,}408 = 19{,}858 + 2350n$
    $n = 33$
    $1983 + 33 = 2016$
    In the year 2016

49. a. $a_n = 12{,}000 + (n-1)(1150)$
    $a_n = 10{,}850 + 1150n$

    b. $28{,}100 = 10{,}850 + 1150n$
    $n = 15$
    14 years (to the start of the 15th)

51. a. $a_1 = 3.78$, $d = 0.576$
    $a_n = 3.78 + (n-1)(0.576)$
    $a_n = 3.204 + 0.576n$

    b. $n = 1, 2, 3, \ldots, 39$
    $a_1 = 3.78$
    $a_{39} = 3.204 + 0.576(39) = 25.668$
    $S_{39} = \frac{39}{2}(3.78 + 25.668) = 574.236$
    The total amount is 574.236 million tons.

53. $a_n = 15{,}000 + (n-1)500$
    $a_{10} = 15{,}000 + 9(500) = 19{,}500$
    $S_{10} = \frac{10}{2}(15{,}000 + 19{,}500) = 172{,}500$
    $172{,}500$

55. Degree days: 23, 25, 27, …
    $a_1 = 23$, $d = 2$
    $S_{10} = \frac{10}{2}(a_1 + a_{10})$
    $a_{10} = 23 + 9(2) = 41$
    $S_{10} = \frac{10}{2}(23 + 41) = 320$
    320 degree days

57. a. True; $a_n = \log 2 + (n-1)\log 2$
    $= n\log 2 = \log 2^n$

    b. False; for example, $a_n = 1 + (n-1)4$
    and $a_n = 5 + (n-1)3$ have the same fifth term.

    c. False; for example, let
    $a_n = -1 + (n-1)(-1)$.

    d. False; you can find the 51st term if you know any term and the common difference.

59. a. False; an arithmetic sum is the indicated sum of an arithmetic series.

    b. False; not all series must be an arithmetic series. For example, $\sum_{i=1}^{2} i^2$ is not an arithmetic series.

    c. False; the sum is $\frac{11}{2}(10 + 30)$ since there are 11 terms.

    d. True; $S_n = \frac{n}{2}(1+n) = \frac{n(n+1)}{2}$

61. Students should verify results.

63. Answers will vary.

65. $a_1 = 4$, $a_{10} = 31$
    $d = \frac{31-4}{9} = 3$
    $a_n = 4 + (n-1)3$
    $a_{20} = 4 + (19)(3) = 61$
    $S_{20} = \frac{20}{2}(4 + 61) = 650$

67. $S_n = n^2 + 3n = \frac{n}{2}(2n+6) = \frac{n}{2}(a_1 + a_n)$
    $a_1 = S_1 = (1)^2 + 3(1) = 4$
    $a_n = 2n + 6 - 4 = 2n + 2$
    $a_{50} = 2(50) + 2 = 102$

69. $\left(\sum_{i=1}^{n} i\right) + n^2 = \frac{n}{2}(1+n) + n^2$

$= \frac{n}{2} + \frac{n^2}{2} + n^2$

$= \frac{n}{2}[(n+1) + 2n]$

$= \sum_{i=n+1}^{2n} i$

Problem Set 7.3

1. $a_1 = 20, r = \frac{1}{2}$

$20, 10, 5, \frac{5}{2}, \frac{5}{4}$

3. $a_1 = -\frac{1}{3}, r = -3$

$-\frac{1}{3}, 1, -3, 9, -27$

5. $a_1 = \frac{x^2}{y}, r = \frac{2y}{x}$

$a_2 = \frac{x^2}{y} \cdot \frac{2y}{x} = \frac{2x^2 y}{xy} = 2x$

$a_3 = 2x \cdot \frac{2y}{x} = \frac{4xy}{x} = 4y$

$a_4 = 4y \cdot \frac{2y}{x} = \frac{8y^2}{x}$

$a_5 = \frac{8y^2}{x} \cdot \frac{2y}{x} = \frac{16y^3}{x^2}$

$\frac{x^2}{y}, 2x, 4y, \frac{8y^2}{x}, \frac{16y^3}{x^2}$

7. $-3, -12, -48, -192, \ldots$

$r = \frac{-12}{-3} = 4$

$a_n = -3(4)^{n-1}$

$a_7 = -3(4)^6 = -12,288$

9. $1.5, -3, 6, -12, \ldots$

$r = \frac{6}{-3} = -2$

$a_n = 1.5(-2)^{n-1}$

$a_7 = 1.5(-2)^6 = 96$

11. $-2, 2\sqrt{3}, -6, 6\sqrt{3}, \ldots$

$r = \frac{2\sqrt{3}}{-2} = -\sqrt{3}$

$a_n = -2(-\sqrt{3})^{n-1}$

$a_7 = -2(-\sqrt{3})^6 = -54$

13. $0.0004, -0.004, 0.04, -0.4, \ldots$

$r = \frac{-0.004}{0.0004} = -10$

$a_n = 0.0004(-10)^{n-1}$

$a_7 = 0.0004(-10)^6 = 400$

15. $a^6, a^5 b, a^4 b^2, \ldots$

$r = \frac{a^5 b}{a^6} = \frac{b}{a}$

$a_n = a^6 \left(\frac{b}{a}\right)^{n-1}$

$a_7 = a^6 \left(\frac{b}{a}\right)^6 = \frac{a^6 b^6}{a^6} = b^6$

17. $3, 3^{d+1}, 3^{2d+1}, 3^{3d+1}, \ldots$

$r = \frac{3^{d+1}}{3} = \frac{3^d \cdot 3}{3} = 3^d$

$a_n = 3(3^d)^{n-1}$

$a_7 = 3(3^d)^6 = 3 \cdot 3^{6d} = 3^{6d+1}$

19. $a_1 = -3, r = -2$

$a_n = -3(-2)^{n-1}$

$a_7 = -3(-2)^6 = -192$

SSM: College Algebra   **Chapter 7: Sequences, Series, and Probability**

21. $a_3 = 28$, $a_5 = 112$

$a_n = a_1 r^{n-1}$

$28 = a_1 r^2$

$112 = a_1 r^4$

$\dfrac{a_1 r^4}{a_1 r^2} = \dfrac{112}{28}$

$r^2 = 4$

$r = \pm 2$

$112 = a_1(\pm 2)^4$

$a_1 = 7$

23. $a_3 = 4$, $a_6 = \dfrac{1}{2}$

$a_n = a_1 r^{n-1}$

$4 = a_1 r^2$

$\dfrac{1}{2} = a_1 r^5$

$\dfrac{a_1 r^5}{a_1 r^2} = \dfrac{\frac{1}{2}}{4}$

$r^3 = \dfrac{1}{8}$

$r = \dfrac{1}{2}$

$4 = a_1 \left(\dfrac{1}{2}\right)^2$

$a_1 = 16$

25. 2, 6, 18, 54, …

$r = \dfrac{6}{2} = 3$

$S_{12} = \dfrac{2\left(1 - 3^{12}\right)}{1 - 3} = \dfrac{2(-531{,}440)}{-2} = 531{,}440$

27. 3, −6, 12, −24, …

$r = \dfrac{-6}{3} = -2$

$S_{11} = \dfrac{3\left[1 - (-2)^{11}\right]}{1 - (-2)} = \dfrac{3(2049)}{3} = 2049$

29. $-\dfrac{3}{2}$, 3, −6, 12, …

$r = \dfrac{3}{-\frac{3}{2}} = -2$

$S_{14} = \dfrac{-\frac{3}{2}\left[1 - (-2)^{14}\right]}{1 - (-2)} = \dfrac{-\frac{3}{2}(-16{,}383)}{3}$

$= \dfrac{16{,}383}{2}$

31. $\displaystyle\sum_{i=1}^{8} 3^{i-1} = 1 + 3 + \ldots$

$r = \dfrac{3}{1} = 3$

$S_8 = \dfrac{1\left(1 - 3^8\right)}{1 - 3} = \dfrac{1(-6560)}{-2} = 3280$

33. $\displaystyle\sum_{n=0}^{6} 64\left(\dfrac{1}{4}\right)^{n-1} = 64\left(\dfrac{1}{4}\right)^{-1} + 64\left(\dfrac{1}{4}\right)^{0} + \ldots$

$= 256 + 64 + \ldots$

$a_1 = 256$

$r = \dfrac{64}{256} = \dfrac{1}{4}$

$S_7 = \dfrac{256\left[1 - \left(\frac{1}{4}\right)^7\right]}{1 - \frac{1}{4}} = 341.3125$

35. $\displaystyle\sum_{i=3}^{9} 8\left(-\dfrac{1}{4}\right)^{i-1} = 8\left(-\dfrac{1}{4}\right)^{2} + 8\left(-\dfrac{1}{4}\right)^{3} + \ldots$

$= \dfrac{1}{2} + \left(-\dfrac{1}{8}\right) + \ldots$

$a_1 = \dfrac{1}{2}$

$r = \dfrac{-\frac{1}{8}}{\frac{1}{2}} = -\dfrac{1}{4}$

$S_7 = \dfrac{\frac{1}{2}\left[1 - \left(-\frac{1}{4}\right)^7\right]}{1 - \left(-\frac{1}{4}\right)} \approx 0.400024$

37. $\sum_{n=5}^{16} 3\left(\frac{3}{2}\right)^n = 3\left(\frac{3}{2}\right)^5 + 3\left(\frac{3}{2}\right)^6 + \ldots$

$a_1 = 3\left(\frac{3}{2}\right)^5$

$r = \dfrac{3\left(\frac{3}{2}\right)^6}{3\left(\frac{3}{2}\right)^5} = \dfrac{3}{2}$

$S_{12} = \dfrac{3\left(\frac{3}{2}\right)^5 \left[1 - \left(\frac{3}{2}\right)^{12}\right]}{1 - \frac{3}{2}} \approx 5866.01$

39. $\sum_{n=0}^{6} 200(1.08)^n = 200 + 216 + \ldots$

$a_1 = 200$

$r = \dfrac{216}{200} = 1.08$

$S_7 = \dfrac{200\left[1 - (1.08)^7\right]}{1 - 1.08} \approx 1784.56$

41. $\sum_{n=0}^{\infty} \left(\frac{1}{3}\right)^n = 1 + \frac{1}{3} + \frac{1}{9} + \frac{1}{27} + \ldots$

$a_1 = 1$

$r = \frac{1}{3}$

$S_\infty = \dfrac{1}{1 - \frac{1}{3}} = \dfrac{1}{\frac{2}{3}} = \dfrac{3}{2}$

43. $\sum_{n=0}^{\infty} \left(-\frac{1}{2}\right)^n = 1 - \frac{1}{2} + \frac{1}{4} - \frac{1}{8} + \ldots$

$a_1 = 1$

$r = -\frac{1}{2}$

$S_\infty = \dfrac{1}{1 - \left(-\frac{1}{2}\right)} = \dfrac{1}{\frac{3}{2}} = \dfrac{2}{3}$

45. $\sum_{n=1}^{\infty} 3\left(\frac{1}{4}\right)^{n-1} = 3 + \frac{3}{4} + \frac{3}{4^2} + \frac{3}{4^3} + \ldots$

$a_1 = 3$

$r = \frac{1}{4}$

$S_\infty = \dfrac{3}{1 - \frac{1}{4}} = \dfrac{3}{\frac{3}{4}} = 4$

47. $\sum_{i=0}^{\infty} 8(-0.3)^i = 8 - 2.4 + \ldots$

$r = -0.3$

$S_\infty = \dfrac{8}{1 - (-0.3)} = \dfrac{8}{1.3} \approx 6.15385$

49. $3 - 1 + \frac{1}{3} - \frac{1}{9} = \ldots$

$r = -\frac{1}{3}$

$S_\infty = \dfrac{3}{1 - \left(-\frac{1}{3}\right)} = \dfrac{3}{\frac{4}{3}} = 2\frac{1}{4}$

51. $0.\overline{2} = 0.2 + 0.02 + 0.002 + 0.0002 + \ldots$

$= \dfrac{2}{10} + \dfrac{2}{100} + \dfrac{2}{1000} + \dfrac{2}{10{,}000} + \ldots$

$r = \frac{1}{10}$

$S_\infty = \dfrac{\frac{2}{10}}{1 - \frac{1}{10}}$

$= \dfrac{\frac{2}{10}}{\frac{9}{10}}$

$= \dfrac{2}{9}$

SSM: College Algebra **Chapter 7:** Sequences, Series, and Probability

53. $0.\overline{47} = 0.47 + 0.0047 + 0.000047 + \ldots$
$= \frac{47}{100} + \frac{47}{10,000} + \frac{47}{1,000,000} + \ldots$
$r = \frac{1}{100}$
$S_\infty = \frac{\frac{47}{100}}{1 - \frac{1}{100}}$
$= \frac{\frac{47}{100}}{\frac{99}{100}}$
$= \frac{47}{99}$

55. $0.\overline{347} = 0.347 + 0.000347 + \ldots$
$= \frac{347}{1000} + \frac{347}{1,000,000} + \ldots$
$r = \frac{1}{1000}$
$S_\infty = \frac{\frac{347}{1000}}{1 - \frac{1}{1000}}$
$= \frac{\frac{347}{1000}}{\frac{999}{1000}}$
$= \frac{347}{999}$

57. $3.\overline{72} = 3 + 0.72 + 0.0072 + \ldots$
$= 3 + \frac{72}{100} + \frac{72}{10,000} + \ldots$
$a_1 = \frac{72}{100},\ r = \frac{1}{100}$
$3 + S_\infty = 3 + \frac{\frac{72}{100}}{1 - \frac{1}{100}}$
$= 3 + \frac{72}{99}$
$= \frac{369}{99} = \frac{41}{11}$

59. $3.2\overline{53} = 3.2 + 0.053 + 0.00053 + \ldots$
$= 3.2 + \frac{53}{1000} + \frac{53}{100,000} + \ldots$
$a_1 = \frac{53}{1000},\ r = \frac{1}{100}$

$3.2 + S_\infty = 3.2 + \frac{\frac{53}{1000}}{1 - \frac{1}{100}}$
$= \frac{32}{10} + \frac{53}{990}$
$= \frac{3221}{990}$

61. $1.3\overline{517} = 1.3 + 0.0517 + 0.0000517 + \ldots$
$= 1.3 + \frac{517}{10,000} + \frac{517}{10,000,000} + \ldots$
$a_1 = \frac{517}{10,000},\ r = \frac{1}{1000}$
$1.3 + S_\infty = 1.3 + \frac{\frac{517}{10,000}}{1 - \frac{1}{1000}}$
$= \frac{13}{10} + \frac{517}{9990}$
$= \frac{13,504}{9990} = \frac{6752}{4995}$

63. a. $r \approx 1.15$ for each 5 year period

 b. $a_n = 7.00(1.15)^{n-1}$

 c. $n = 41$
 $a_{41} = 7.00(1.15)^{41-1}$
 $a_{41} \approx 1875$
 1875 million, or 1.875 billion.
 The model's prediction is too high.

65. a. $a_1 = 200,\ r = \frac{400}{200} = 2$
 $a_n = 200(2)^{n-1}$

 b. $a_{24} = 200(2)^{24-1}$
 $a_{24} = 1,677,721,600$

67. $a_1 = 24,000,\ r = 1.05$
$S_{20} = \frac{24,000\left[1 - (1.05)^{20}\right]}{1 - 1.05} = 793,582.90$
$\$793,582.90$

69. $A = 200\left(1+\dfrac{0.09}{12}\right) + 200\left(1+\dfrac{0.09}{12}\right)^2 + \ldots + 200\left(1+\dfrac{0.09}{12}\right)^{72}$

$r = 1 + \dfrac{0.09}{12} = 1.0075$

$S_{72} = \dfrac{200\left(1+\frac{0.09}{12}\right)\left[1-(1.0075)^{72}\right]}{1-1.0075} \approx 19{,}143.92$

$19{,}143.92

71. $A = 2000(1.05) + 2000(1.05)^2 + \ldots + 2000(1.05)^6$

$r = \dfrac{2000(1.05)^2}{2000(1.05)} = 1.05$

$S_6 = \dfrac{2000(1.05)\left[1-(1.05)^6\right]}{1-1.05} = 14{,}284.02$

$14{,}284.02

73. a. $a_1 = R$,

$r = \dfrac{R(1+i)}{R} = 1+i$

$S_n = \dfrac{a_1(1-r^n)}{1-r}$

$S_n = \dfrac{R\left[1-(1+i)^n\right]}{1-(1+i)} = R\dfrac{(1+i)^n - 1}{i}$

b. $S_n = (2000)\dfrac{(1+0.06)^n - 1}{0.06}$

75. $16 + 0.96(16) + (0.96)^2(16) + \cdots$

$r = 0.96$

$S_{10} = \dfrac{16\left(1-0.96^{10}\right)}{1-0.96} \approx 134.07$

134.07 inches

77. $\dfrac{1}{4} + \dfrac{1}{16} + \dfrac{1}{64} + \cdots$

$r = \dfrac{1}{4}$

$S_\infty = \dfrac{\frac{1}{4}}{1-\frac{1}{4}} = \dfrac{1}{4} \cdot \dfrac{4}{3} = \dfrac{1}{3}$

79. $6(0.6) + 6(0.6)^2 + 6(0.6)^3 + \cdots$

$r = 0.6$

$S_\infty = \dfrac{6(0.6)}{1-0.6} = 9$

$9 million

81. $10 + 1 + \dfrac{1}{10} + \dfrac{1}{100} + \cdots$

$a_1 = 10$, $r = \dfrac{1}{10}$

$S = \dfrac{a_1}{1-r} = \dfrac{10}{1-\frac{1}{10}} = \dfrac{10}{\frac{9}{10}} = \dfrac{100}{9}$

Achilles must run $\dfrac{100}{9} = 11\dfrac{1}{9}$ meters.

It will take him $\dfrac{100}{9}\left(\dfrac{1}{10}\right) = 1\dfrac{1}{9}$ seconds.

83. $8 + 16\left(\dfrac{1}{2}\right) + 16\left(\dfrac{1}{2}\right)^2 + 16\left(\dfrac{1}{3}\right)^3 + \cdots$

$a_1 = 16\left(\dfrac{1}{2}\right)$, $r = \dfrac{1}{2}$

$8 + S_\infty = 8 + \dfrac{16\left(\frac{1}{2}\right)}{1-\frac{1}{2}} = 24$

24 feet

85. Let a_1: Number of flies released each day
On any day, the total number of flies is the number released that day, plus 90% of those released the day before, plus 90% of 90% of those released two days before, etc.:
$S = a_1 + a_1(0.9) + a_1(0.9)^2 + \cdots$
If $S_\infty = 20,000$, then
$$20,000 = \frac{a_1}{1-0.9}$$
$$20,000 = \frac{a_1}{0.1}$$
$$2,000 = a_1$$
Release 2,000 flies each day.

87. a. False; for each n there is a unique term.

  b. False; use the formula for the sum of an infinite geometric series.

  c. True; $r = \sqrt{2}$ and $a_1 = \sqrt{3}$, so
  $$S_7 = \frac{\sqrt{3}\left(1-\left(\sqrt{2}\right)^7\right)}{1-\sqrt{2}}$$
  $$= \frac{\sqrt{3}\left(1-8\sqrt{2}\right)}{1-\sqrt{2}}$$
  $$= \frac{\sqrt{3}\left(1-8\sqrt{2}\right)}{\left(1-\sqrt{2}\right)} \cdot \frac{\left(1+\sqrt{2}\right)}{\left(1+\sqrt{2}\right)}$$
  $$= \frac{\sqrt{3}\left(-15-7\sqrt{2}\right)}{-1}$$
  $$= 15\sqrt{3} + 7\sqrt{6}$$

  d. False;
  $$\sum_{i=0}^{\infty} 3(0.6)^{i+1} = 1.8 \sum_{i=0}^{\infty} (0.6)^i = \frac{1.8}{1-0.6}$$

89. $f(x) = \dfrac{2\left[1-\left(\frac{1}{3}\right)^x\right]}{1-\frac{1}{3}}$

Horizontal asymptote at $y = 3$

$$\sum_{n=0}^{\infty} 2\left(\frac{1}{3}\right)^n = \frac{2}{1-\frac{1}{3}} = 3$$

91. $f(x) = \dfrac{4(1-3^x)}{1-3}$

No horizontal asymptote; there is no sum of the infinite series.

93. Answers may vary.

95. Possible answer: 1, 2, 4 and 1 –3, 9.

97. $\displaystyle\sum_{n=3}^{\infty}\left[\left(\frac{1}{4}\right)^n + \left(\frac{3}{4}\right)^n\right]$

$$= \sum_{n=3}^{\infty}\left(\frac{1}{4}\right)^n + \sum_{n=3}^{\infty}\left(\frac{3}{4}\right)^n$$

$$= \frac{\left(\frac{1}{4}\right)^3}{1-\frac{1}{4}} + \frac{\left(\frac{3}{4}\right)^3}{1-\frac{3}{4}}$$

$$= \frac{1}{48} + \frac{27}{16} = \frac{41}{24}$$

99. $\dfrac{1}{3} + \dfrac{1}{3}\left(\dfrac{2}{3}\right) + \dfrac{1}{3}\left(\dfrac{2}{3}\right)^2 + \cdots$

$a_1 = \dfrac{1}{3},\ r = \dfrac{2}{3}$

$S_\infty = \dfrac{\frac{1}{3}}{1-\frac{2}{3}} = 1$

Problem Set 7.4

1. Prove:
   S_n: $2+4+6+\cdots+2n = n(n+1)$
   Step 1:
   S_1: $2 = 1(1+1)$
   $2 = 2$
   Step 2:
   Assume S_k is true.
   S_k: $2+4+6+\cdots+2k = k(k+1)$
   This implies the truth of S_{k+1}.
   S_{k+1}: $2+4+6+\cdots+2(k+1) = (k+1)(k+2)$
   Proof:
   $2+4+6+\cdots+2k+2(k+1) = k(k+1)+2(k+1)$
   $2+4+6+\cdots+2(k+1) = (k+1)(k+2)$
   This is the statement for $n = k+1$.
   Therefore, S_n is true.

3. Prove:
   S_n: $6+10+14+\cdots+(4n+2) = 2n(n+2)$
   Step 1:
   S_1: $6 = 2(1)(1+2)$
   $6 = 6$
   Step 2:
   Assume S_k is true.
   S_k: $6+10+14+\cdots+(4k+2) = 2k(k+2)$
   This implies the truth of S_{k+1}.
   S_{k+1}: $6+10+14+\cdots+(4k+6) = 2(k+1)(k+3)$
   Proof:
   $6+10+14+\cdots+(4k+2)+(4k+6) = 2k(k+2)+(4k+6)$
   $6+10+14+\cdots+(4k+6) = 2k^2+4k+4k+6$
   $6+10+14+\cdots+(4k+6) = 2(k^2+4k+3)$
   $6+10+14+\cdots+(4k+6) = 2(k+1)(k+3)$
   This is the statement for $n = k+1$.
   Therefore, S_n is true.

5. Prove:
   S_n: $2+4+8+\cdots+2^n = 2^{n+1}-2$
   Step 1:
   S_1: $2 = 2^{1+1}-2$
   $2 = 2$

Step 2:
Assume S_k is true.
S_k: $2 + 4 + 8 + \cdots + 2^k = 2^{k+1} - 2$
This implies the truth of S_{k+1}.
S_{k+1}: $2 + 4 + 8 + \cdots + 2^{k+1} = 2^{k+2} - 2$
Proof:
$2 + 4 + 8 + \cdots + 2^k + 2^{k+1} = 2^{k+1} - 2 + 2^{k+1}$
$2 + 4 + 8 + \cdots + 2^{k+1} = 2 \cdot 2^{k+1} - 2$
$2 + 4 + 8 + \cdots + 2^{k+1} = 2^{k+2} - 2$
This is the statement for $n = k + 1$.
Therefore, S_n is true.

7. Prove:
S_n: $1^3 + 2^3 + 3^3 + \cdots + n^3 = \dfrac{n^2(n+1)^2}{4}$

Step 1:
S_1: $1^3 = \dfrac{1^2(1+1)^2}{4}$
$1 = 1$

Step 2:
Assume S_k is true.
S_k: $1^3 + 2^3 + 3^3 + \cdots + k^3 = \dfrac{k^2(k+1)^2}{4}$
This implies the truth of S_{k+1}.
S_{k+1}: $1^3 + 2^3 + 3^3 + \cdots + (k+1)^3 = \dfrac{(k+1)^2(k+2)^2}{4}$
Proof:
$1^3 + 2^3 + 3^3 + \cdots + k^3 + (k+1)^3 = \dfrac{k^2(k+1)^2}{4} + (k+1)^3$
$1^3 + 2^3 + 3^3 + \cdots + (k+1)^3 = \dfrac{k^2(k+1)^2 + 4(k+1)^3}{4}$
$1^3 + 2^3 + 3^3 + \cdots + (k+1)^3 = \dfrac{[k^2 + 4(k+1)](k+1)^2}{4}$
$1^3 + 2^3 + 3^3 + \cdots + (k+1)^3 = \dfrac{(k+2)^2(k+1)^2}{4}$
This is the statement for $n = k + 1$.
Therefore, S_n is true.

9. Prove:

S_n: $1 \cdot 2 + 2 \cdot 3 + 3 \cdot 4 + \cdots + n(n+1) = \dfrac{n(n+1)(n+2)}{3}$

Step 1:

S_1: $1 \cdot 2 = \dfrac{1(1+1)(1+2)}{3}$

$2 = 2$

Step 2:

Assume S_k is true.

S_k: $1 \cdot 2 + 2 \cdot 3 + 3 \cdot 4 + \cdots + k(k+1) = \dfrac{k(k+1)(k+2)}{3}$

This implies the truth of S_{k+1}.

S_{k+1}: $1 \cdot 2 + 2 \cdot 3 + 3 \cdot 4 + \cdots + (k+1)(k+2) = \dfrac{(k+1)(k+2)(k+3)}{3}$

Proof:

$1 \cdot 2 + 2 \cdot 3 + 3 \cdot 4 + \cdots + k(k+1) + (k+1)(k+2) = \dfrac{k(k+1)(k+2)}{3} + (k+1)(k+2)$

$1 \cdot 2 + 2 \cdot 3 + 3 \cdot 4 + \cdots + (k+1)(k+2) = \dfrac{k(k+1)(k+2) + 3(k+1)(k+2)}{3}$

$1 \cdot 2 + 2 \cdot 3 + 3 \cdot 4 + \cdots + (k+1)(k+2) = \dfrac{(k+1)(k+2)(k+3)}{3}$

This is the statement for $n = k + 1$.
Therefore, S_n is true.

11. Prove:

S_n: $\dfrac{1}{1 \cdot 2 \cdot 3} + \dfrac{1}{2 \cdot 3 \cdot 4} + \dfrac{1}{3 \cdot 4 \cdot 5} + \cdots + \dfrac{1}{n(n+1)(n+2)} = \dfrac{n(n+3)}{4(n+1)(n+2)}$

Step 1:

S_1: $\dfrac{1}{1 \cdot 2 \cdot 3} = \dfrac{1(1+3)}{4(1+1)(1+2)}$

$\dfrac{1}{6} = \dfrac{1}{6}$

Step 2:

Assume S_k is true.

S_k: $\dfrac{1}{1 \cdot 2 \cdot 3} + \dfrac{1}{2 \cdot 3 \cdot 4} + \dfrac{1}{3 \cdot 4 \cdot 5} + \cdots + \dfrac{1}{k(k+1)(k+2)} = \dfrac{k(k+3)}{4(k+1)(k+2)}$

This implies the truth of S_{k+1}.

S_{k+1}: $\dfrac{1}{1 \cdot 2 \cdot 3} + \dfrac{1}{2 \cdot 3 \cdot 4} + \dfrac{1}{3 \cdot 4 \cdot 5} + \cdots + \dfrac{1}{(k+1)(k+2)(k+3)} = \dfrac{(k+1)(k+4)}{4(k+2)(k+3)}$

Proof:

$\dfrac{1}{1 \cdot 2 \cdot 3} + \dfrac{1}{2 \cdot 3 \cdot 4} + \dfrac{1}{3 \cdot 4 \cdot 5} + \cdots + \dfrac{1}{k(k+1)(k+2)} + \dfrac{1}{(k+1)(k+2)(k+3)}$

$= \dfrac{k(k+3)}{4(k+1)(k+2)} + \dfrac{1}{(k+1)(k+2)(k+3)}$

$\dfrac{1}{1 \cdot 2 \cdot 3} + \dfrac{1}{2 \cdot 3 \cdot 4} + \dfrac{1}{3 \cdot 4 \cdot 5} + \cdots + \dfrac{1}{(k+1)(k+2)(k+3)} = \dfrac{k(k+3)^2 + 4}{4(k+1)(k+2)(k+3)}$

$$\frac{1}{1\cdot 2\cdot 3}+\frac{1}{2\cdot 3\cdot 4}+\frac{1}{3\cdot 4\cdot 5}+\cdots+\frac{1}{(k+1)(k+2)(k+3)}=\frac{k^3+6k^2+9k+4}{4(k+1)(k+2)(k+3)}$$

$$\frac{1}{1\cdot 2\cdot 3}+\frac{1}{2\cdot 3\cdot 4}+\frac{1}{3\cdot 4\cdot 5}+\cdots+\frac{1}{(k+1)(k+2)(k+3)}=\frac{(k+1)^2(k+4)}{4(k+1)(k+2)(k+3)}$$

$$\frac{1}{1\cdot 2\cdot 3}+\frac{1}{2\cdot 3\cdot 4}+\frac{1}{3\cdot 4\cdot 5}+\cdots+\frac{1}{(k+1)(k+2)(k+3)}=\frac{(k+1)(k+4)}{4(k+2)(k+3)}$$

This is the statement for $n = k + 1$.
Therefore, S_n is true.

13. $\sum_{i=1}^{n} i^4 = \frac{n(n+1)(2n+1)(3n^2+3n-1)}{30}$

Prove:

$S_n: 1^4 + 2^4 + 3^4 + \cdots + n^4 = \frac{n(n+1)(2n+1)(3n^2+3n-1)}{30}$

Step 1:

$S_1: 1^4 = \frac{1(2)(3)(5)}{30}$

$1 = 1$

Step 2:

Assume S_k is true.

$S_k: 1^4 + 2^4 + 3^4 + \cdots + k^4 = \frac{k(k+1)(2k+1)(3k^2+3k-1)}{30}$

This implies the truth of S_{k+1}.

$S_{k+1}: 1^4 + 2^4 + 3^4 + \cdots + (k+1)^4 = \frac{(k+1)(k+2)(2k+3)[3(k+1)^2+3(k+1)-1]}{30}$

$S_{k+1}: 1^4 + 2^4 + 3^4 + \cdots + (k+1)^4 = \frac{(k+1)(k+2)(2k+3)(3k^2+9k+5)}{30}$

Proof:

$1^4 + 2^4 + 3^4 + \cdots + k^4 + (k+1)^4 = \frac{k(k+1)(2k+1)(3k^2+3k-1)}{30} + (k+1)^4$

$1^4 + 2^4 + 3^4 + \cdots + (k+1)^4 = \frac{k(k+1)(2k+1)(3k^2+3k-1)+30(k+1)^4}{30}$

$1^4 + 2^4 + 3^4 + \cdots + (k+1)^4 = \frac{(k+1)(6k^4+39k^3+91k^2+89k+30)}{30}$

$1^4 + 2^4 + 3^4 + \cdots + (k+1)^4 = \frac{(k+1)(k+2)(2k+3)\left[3(k+1)^2+3(k+1)-1\right]}{30}$

This is the statement for $n = k + 1$.
Therefore S_n is true.

15. S_1: $\dfrac{1}{2\cdot 3}=\dfrac{1}{6}$

S_2: $\dfrac{1}{2\cdot 3}+\dfrac{1}{3\cdot 4}=\dfrac{1}{6}+\dfrac{1}{12}=\dfrac{3}{12}=\dfrac{1}{4}=\dfrac{2}{8}$

S_3: $\dfrac{1}{2\cdot 3}+\dfrac{1}{3\cdot 4}+\dfrac{1}{4\cdot 5}=\dfrac{1}{6}+\dfrac{1}{12}+\dfrac{1}{20}=\dfrac{3}{10}$

S_4: $\dfrac{1}{2\cdot 3}+\dfrac{1}{3\cdot 4}+\dfrac{1}{4\cdot 5}+\dfrac{1}{5\cdot 6}=\dfrac{1}{6}+\dfrac{1}{12}+\dfrac{1}{20}+\dfrac{1}{30}=\dfrac{1}{3}=\dfrac{4}{12}$

S_5: $\dfrac{1}{2\cdot 3}+\dfrac{1}{3\cdot 4}+\dfrac{1}{4\cdot 5}+\dfrac{1}{5\cdot 6}+\dfrac{1}{6\cdot 7}=\dfrac{1}{3}+\dfrac{1}{42}=\dfrac{5}{14}$

S_n: $\dfrac{1}{2\cdot 3}+\dfrac{1}{3\cdot 4}+\dfrac{1}{4\cdot 5}+\cdots+\dfrac{1}{(n+1)(n+2)}=\dfrac{n}{2n+4}$

Prove by mathematical induction.

17. S_2: $\dfrac{1}{4}=\dfrac{1}{4}$

S_3: $\dfrac{1}{4}+\dfrac{1}{12}=\dfrac{1}{3}$

S_4: $\dfrac{1}{4}+\dfrac{1}{12}+\dfrac{1}{24}=\dfrac{3}{8}$

S_5: $\dfrac{1}{4}+\dfrac{1}{12}+\dfrac{1}{24}+\dfrac{1}{40}=\dfrac{2}{5}$

S_6: $\dfrac{1}{4}+\dfrac{1}{12}+\dfrac{1}{24}+\dfrac{1}{40}+\dfrac{1}{60}=\dfrac{5}{12}$

S_n: $\dfrac{1}{4}+\dfrac{1}{12}+\dfrac{1}{24}+\cdots+\dfrac{1}{2n(n-1)}=\dfrac{n-1}{2n}$

Prove by mathematical induction.

19. S_1: $\left(1-\dfrac{1}{2}\right)=\dfrac{1}{2}$

S_2: $\left(1-\dfrac{1}{2}\right)\left(1-\dfrac{1}{3}\right)=\dfrac{1}{2}\left(\dfrac{2}{3}\right)=\dfrac{1}{3}$

S_3: $\left(1-\dfrac{1}{2}\right)\left(1-\dfrac{1}{3}\right)\left(1-\dfrac{1}{4}\right)=\dfrac{1}{3}\left(\dfrac{3}{4}\right)=\dfrac{1}{4}$

S_4: $\left(1-\dfrac{1}{2}\right)\left(1-\dfrac{1}{3}\right)\left(1-\dfrac{1}{4}\right)\left(1-\dfrac{1}{5}\right)=\dfrac{1}{4}\left(\dfrac{4}{5}\right)=\dfrac{1}{5}$

S_5: $\left(1-\dfrac{1}{2}\right)\left(1-\dfrac{1}{3}\right)\left(1-\dfrac{1}{4}\right)\left(1-\dfrac{1}{5}\right)\left(1-\dfrac{1}{6}\right)=\dfrac{1}{5}\left(\dfrac{5}{6}\right)=\dfrac{1}{6}$

S_n: $\left(1-\dfrac{1}{2}\right)\left(1-\dfrac{1}{3}\right)\left(1-\dfrac{1}{4}\right)\cdots\left(1-\dfrac{1}{n+1}\right)=\dfrac{1}{n+1}$

Prove by mathematical induction.

21. Prove:
$n < n+1$
Step 1:
$1 < 1+1$
$1 < 2$, true
Step 2:
Assume it is true for k.
$k < k+1$
This implies the truth of
$k+1 < (k+1)+1$
$k+1 < k+2$
Proof:
$k < k+1$
$k+1 < k+1+1$
$k+1 < k+2$
This is the statement for $n = k+1$.
Therefore, $n < n+1$ is true.

23. Prove:
$2^n > n$
Step 1:
$2^1 > 1$
$2 > 1$, true
Step 2:
Assume it is true for k.
$2^k > k$
This implies the truth of $2^{k+1} > k+1$
Proof:
$2^k > k$
$2^k \cdot 2 > k \cdot 2$
$2^{k+1} > 2k$
If $2^{k+1} > 2k$, then $2^{k+1} > k+1$, and that is the statement for $n = k+1$. Therefore,
$2^n > n$

25. Prove:
$2^{n-1} \leq n!$
Step 1:
$2^{1-1} \leq 1!$
$2^0 \leq 1$
$1 \leq 1$, true
Step 2:
Assume it is true for k.
$2^{k-1} \leq k!$
This implies the truth of $2^{k+1-1} \leq (k+1)!$
$2^k \leq (k+1)!$
Proof:
$2^{k-1} \leq k!$
$2^{k-1} \cdot 2 \leq 2 \cdot k!$
$2^{k-1+1} \leq 2(k!)$
$2^k \leq 2(k!)$
If $2^k \leq 2(k!)$, then $2^k \leq (k+1)k! = (k+1)!$, and this is the statement for $n = k+1$.
Therefore, $2^{n-1} \leq n!$

27. Prove:
$(ab)^n = a^n b^n$
Step 1:
$(ab)^1 = a^1 b^1$
$ab = ab$, true
Step 2:
Assume it is true for k.
$(ab)^k = a^k b^k$
This implies the truth of
$(ab)^{k+1} = a^{k+1} b^{k+1}$
Proof:
$(ab)^k = a^k b^k$
$(ab)^k \cdot (ab) = a^k b^k \cdot (ab)$
$(ab)^{k+1} = a^{k+1} b^{k+1}$
This is the statement for $n = k+1$.
Therefore, $(ab)^n = a^n b^n$

29. Prove:
$n^2 + n$ is divisible by 2.
Step 1:
$1^2 + 1$ is divisible by 2.
2 is divisible by 2, true.
Step 2:
Assume it is true for k.
$k^2 + k$ is divisible by 2.
This implies the truth of $k + 1$.
$(k+1)^2 + (k+1)$ is divisible by 2.
Proof:
$k^2 + k$ is divisible by 2.
$k^2 + k + 2(k+1)$ is divisible by 2.
$k^2 + k + 2k + 2$ is divisible by 2.
$(k^2 + 2k + 1) + (k+1)$ is divisible by 2.
$(k+1)^2 + (k+1)$ is divisible by 2.
This is the statement for $n = k + 1$.
Therefore, $n^2 + n$ is divisble by 2.

31. a. 2 disks: 3
3 disks: 7
4 disks: 15
1 disk: 1
Moving n disks takes $2^n - 1$ moves.

b. *Step 1*:
Moving 1 disk takes 1 move, true.
Step 2:
Assume it is true for k.
Moving k disks takes $2^k - 1$ moves.

This implies the truth of moving $k + 1$ disks takes $2^{k+1} - 1$ moves.
Proof:
Moving $k + 1$ disks requires moving the first k disks onto another peg (that's $2^k - 1$ moves), then moving the $(k + 1)$st disk onto the remaining open peg (that's 1 move) and then moving the first k disks onto the $(k + 1)$st disk (that's $2^k - 1$ moves). So the total is $2(2^k - 1) + 1$ or $2^{k+1} - 1$. This is the statement for $n = k + 1$. Therefore the conjecture is true.

33. a. False

b. False; it is not possible to show that $(a+b)^{n+1} = a^{n+1} + b^{n+1}$ given that $(a+b)^n = a^n + b^n$.

c. False; S_{k+1} is the statement
$1^3 + 2^3 + 3^3 + \cdots + (k+1)^3$
$= \dfrac{(k+1)^2(k+2)^2}{5}$

d. True

35. Answers may vary.

37. Answers may vary.

39. Prove:
S_n: $a_1^2 + a_2^2 + a_3^2 + \cdots + a_n^2 = a_n a_{n+1}$
Step 1:
S_1: $a_1^2 = a_1 a_{1+1}$
$1^2 = 1 \cdot 1$
$1 = 1$, true
Step 2:
Assume S_k is true.
S_k: $a_1^2 + a_2^2 + a_3^2 + \cdots + a_k^2 = a_k a_{k+1}$
This implies the truth of
S_{k+1}: $a_1^2 + a_2^2 + a_3^2 + \cdots + a_{k+1}^2 = a_{k+1} a_{k+2}$
Proof:
$a_1^2 + a_2^2 + a_3^2 + \cdots + a_k^2 = a_k a_{k+1}$
$a_1^2 + a_2^2 + a_3^2 + \cdots + a_k^2 + a_{k+1}^2 = a_k a_{k+1} + a_{k+1}^2$
$a_1^2 + a_2^2 + a_3^2 + \cdots + a_{k+1}^2 = a_{k+1}(a_k + a_{k+1})$
$a_1^2 + a_2^2 + a_3^2 + \cdots + a_{k+1}^2 = a_{k+1} a_{k+2}$
This is the statement for $n = k + 1$.
Therefore,
$a_1^2 + a_2^2 + a_3^2 + \cdots + a_n^2 = a_n a_{n+1}$.

SSM: College Algebra   *Chapter 7:* Sequences, Series, and Probability

41. Prove:
$$S_n : \left(1-\frac{1}{2^2}\right)\left(1-\frac{1}{3^2}\right)\left(1-\frac{1}{4^2}\right)\cdots\left(1-\frac{1}{n^2}\right) = \frac{n+1}{2n}, \ n \geq 2$$

Step 1:
$$S_2 : \left(1-\frac{1}{2^2}\right) = \frac{2+1}{2(2)}$$
$$1-\frac{1}{4} = \frac{3}{4}$$
$$\frac{3}{4} = \frac{3}{4}, \text{ true}$$

Step 2:
Assume S_k is true.
$$S_k : \left(1-\frac{1}{2^2}\right)\left(1-\frac{1}{3^2}\right)\left(1-\frac{1}{4^2}\right)\cdots\left(1-\frac{1}{k^2}\right) = \frac{k+1}{2k}$$

This implies the truth of
$$S_{k+1} : \left(1-\frac{1}{2^2}\right)\left(1-\frac{1}{3^2}\right)\left(1-\frac{1}{4^2}\right)\cdots\left(1-\frac{1}{(k+1)^2}\right) = \frac{k+2}{2(k+1)}$$

Proof:
$$\left(1-\frac{1}{2^2}\right)\left(1-\frac{1}{3^2}\right)\left(1-\frac{1}{4^2}\right)\cdots\left(1-\frac{1}{k^2}\right) = \frac{k+1}{2k}$$

$$\left(1-\frac{1}{2^2}\right)\left(1-\frac{1}{3^2}\right)\left(1-\frac{1}{4^2}\right)\cdots\left(1-\frac{1}{k^2}\right)\left(1-\frac{1}{(k+1)^2}\right) = \frac{k+1}{2k}\left(1-\frac{1}{(k+1)^2}\right)$$

$$\left(1-\frac{1}{2^2}\right)\left(1-\frac{1}{3^2}\right)\left(1-\frac{1}{4^2}\right)\cdots\left(1-\frac{1}{(k+1)^2}\right) = \frac{(k+1)^3 - (k+1)}{2k(k+1)^2}$$

$$\left(1-\frac{1}{2^2}\right)\left(1-\frac{1}{3^2}\right)\left(1-\frac{1}{4^2}\right)\cdots\left(1-\frac{1}{(k+1)^2}\right) = \frac{k+2}{2(k+1)}$$

This is the statement for $n = k + 1$.

Therefore, $\left(1-\frac{1}{2^2}\right)\left(1-\frac{1}{3^2}\right)\left(1-\frac{1}{4^2}\right)\cdots\left(1-\frac{1}{n^2}\right) = \frac{n+1}{2n}$, for $n \geq 2$.

43. Prove:
$n + 12 \leq n^2$ for $n \geq 5$

Step 1:
$5 + 12 \leq 5^2$
$17 \leq 27$, true

Step 2:
Assume it is true for k.
$k + 12 \leq k^2$
This implies the truth of
$k + 13 \leq (k+1)^2$

Proof:
$k+12 \le k^2$
$k+12+1 \le k^2+1$
$k+13 \le k^2+1$
$k+13 \le k^2+2k+1$
$k+13 \le (k+1)^2$
This is the statement for $n = k+1$.
Therefore, $n+12 \le n^2$, for $n \ge 5$ is true.

Problem Set 7.5

1. $\binom{6}{3} = \frac{6!}{3!3!} = \frac{6 \cdot 5 \cdot 4}{3 \cdot 2} = 20$

3. $\binom{12}{1} = \frac{12!}{1!11!} = 12$

5. $\binom{6}{6} = \frac{6!}{0!6!} = 1$

7. $\binom{100}{2} = \frac{100!}{2!98!} = \frac{100 \cdot 99}{2} = 4950$

9. $(x+2)^3 = \binom{3}{0}x^3 + \binom{3}{1}x^2 \cdot 2 + \binom{3}{2}x \cdot 2^2 + \binom{3}{3}2^3$
$= x^3 + 3x^2 \cdot 2 + 3x \cdot 4 + 8$
$= x^3 + 6x^2 + 12x + 8$

11. $(3x+2y)^3 = \binom{3}{0}(3x)^3 + \binom{3}{1}(3x)^2(2y) + \binom{3}{2}(3x)(2y)^2 + \binom{3}{3}(2y)^3$
$= 27x^3 + 3(9x^2)(2y) + 3(3x)(4y^2) + 8y^3$
$= 27x^3 + 54x^2y + 36xy^2 + 8y^3$

13. $(2a-1)^3 = \binom{3}{0}(2a)^3 + \binom{3}{1}(2a)^2(-1) + \binom{3}{2}(2a)^1(-1)^2 + \binom{3}{3}(-1)^3$
$= 8a^3 - 3(4a^2) + 3(2a) - 1$
$= 8a^3 - 12a^2 + 6a - 1$

15. $(x^2+2y)^4 = \binom{4}{0}(x^2)^4 + \binom{4}{1}(x^2)^3(2y) + \binom{4}{2}(x^2)^2(2y)^2 + \binom{4}{3}(x^2)^1(2y)^3 + \binom{4}{4}(2y)^4$
$= 1(x^8) + 4(x^6)(2y) + 6(x^4)(4y^2) + 4x^2(8y^3) + 1(16y^4)$
$= x^8 + 8x^6y + 24x^4y^2 + 32x^2y^3 + 16y^4$

SSM: College Algebra   *Chapter 7: Sequences, Series, and Probability*

17. $(y-3)^4 = \binom{4}{0}y^4 + \binom{4}{1}y^3(-3) + \binom{4}{2}y^2(-3)^2 + \binom{4}{3}y(-3)^3 + \binom{4}{4}(-3)^4$
    $= y^4 + 4(y^3)(-3) + 6(y^2)(9) + 4(y)(-27) + 81$
    $= y^4 - 12y^3 + 54y^2 - 108y + 81$

19. $(2x^3-1)^4 = \binom{4}{0}(2x^3)^4 + \binom{4}{1}(2x^3)^3(-1) + \binom{4}{2}(2x^3)^2(-1)^2 + \binom{4}{3}(2x^3)(-1)^3 + \binom{4}{4}(-1)^4$
    $= 16x^{12} - 4(8x^9) + 6(4x^6) - 4(2x^3) + 1$
    $= 16x^{12} - 32x^9 + 24x^6 - 8x^3 + 1$

21. $(c+2)^5 = \binom{5}{0}c^5 + \binom{5}{1}c^4(2) + \binom{5}{2}c^3(2^2) + \binom{5}{3}c^2(2^3) + \binom{5}{4}c(2^4) + \binom{5}{5}(2^5)$
    $= c^5 + 5c^4(2) + \dfrac{5 \cdot 4}{2 \cdot 1}c^3(4) + \dfrac{5 \cdot 4 \cdot 3}{3 \cdot 2 \cdot 1}c^2(8) + \dfrac{5 \cdot 4 \cdot 3 \cdot 2}{4 \cdot 3 \cdot 2 \cdot 1}c(16) + 32$
    $= c^5 + 10c^4 + 10c^3(4) + 10c^2(8) + 5c(16) + 32$
    $= c^5 + 10c^4 + 40c^3 + 80c^2 + 80c + 32$

23. $(a-2)^5 = \binom{5}{0}a^5 + \binom{5}{1}a^4(-2) + \binom{5}{2}a^3(-2)^2 + \binom{5}{3}a^2(-2)^3 + \binom{5}{4}a(-2)^4 + \binom{5}{5}(-2)^5$
    $= a^5 + 5a^4(-2) + 10a^3(4) + 10a^2(-8) + 5a(16) + (-32)$
    $= a^5 - 10a^4 + 40a^3 - 80a^2 + 80a - 32$

25. $(4x-5y)^5$
    $= \binom{5}{0}(4x)^5 + \binom{5}{1}(4x)^4(-5y) + \binom{5}{2}(4x)^3(-5y)^2 + \binom{5}{3}(4x)^2(-5y)^3 + \binom{5}{4}(4x)(-5y)^4 + \binom{5}{5}(-5y)^5$
    $= 1024x^5 + 5(256x^4)(-5y) + 10(64x^3)(25y^2) + 10(16x^2)(-125y^3) + 5(4x)(625y^4) - 3125y^5$
    $= 1024x^5 - 6400x^4y + 16{,}000x^3y^2 - 20{,}000x^2y^3 + 12{,}500xy^4 - 3125y^5$

27. $\left(\dfrac{1}{a}+b\right)^5 = \binom{5}{0}\left(\dfrac{1}{a}\right)^5 + \binom{5}{1}\left(\dfrac{1}{a}\right)^4 b + \binom{5}{2}\left(\dfrac{1}{a}\right)^3 b^2 + \binom{5}{3}\left(\dfrac{1}{a}\right)^2 b^3 + \binom{5}{4}\left(\dfrac{1}{a}\right)b^4 + \binom{5}{5}b^5$
    $= \dfrac{1}{a^5} + \dfrac{5b}{a^4} + \dfrac{10b^2}{a^3} + \dfrac{10b^3}{a^2} + \dfrac{5b^4}{a} + b^5$

29. $(2a+b)^6 = \binom{6}{0}(2a)^6 + \binom{6}{1}(2a)^5 b + \binom{6}{2}(2a)^4 b^2 + \binom{6}{3}(2a)^3 b^3 + \binom{6}{4}(2a)^2 b^4 + \binom{6}{5}(2a)b^5 + \binom{6}{6}b^6$

$= 64a^6 + 6(32a^5)b + 15(16a^4)b^2 + 20(8a^3)b^3 + 15(4a^2)b^4 + 6(2a)b^5 + b^6$

$= 64a^6 + 192a^5 b + 240a^4 b^2 + 160a^3 b^3 + 60a^2 b^4 + 12ab^5 + b^6$

31. $(x^2 - y^2)^6$

$= \binom{6}{0}(x^2)^6 + \binom{6}{1}(x^2)^5(-y^2) + \binom{6}{2}(x^2)^4(-y^2)^2 + \binom{6}{3}(x^2)^3(-y^2)^3 + \binom{6}{4}(x^2)^2(-y^2)^4$

$+ \binom{6}{5}(x^2)(-y^2)^5 + \binom{6}{6}(-y^2)^6$

$= x^{12} - 6x^{10}y^2 + 15x^8 y^4 - 20x^6 y^6 + 15x^4 y^8 - 6x^2 y^{10} + y^{12}$

33. $(a^{1/2} + 2)^4 = \binom{4}{0}(a^{1/2})^4 + \binom{4}{1}(a^{1/2})^3(2) + \binom{4}{2}(a^{1/2})^2(2)^2 + \binom{4}{3}(a^{1/2})(2)^3 + \binom{4}{4}(2)^4$

$= 1(a^2) + 4(a^{3/2})(2) + 6a(4) + 4a^{1/2}(8) + 1(16)$

$= a^2 + 8a^{3/2} + 24a + 32a^{1/2} + 16$

35. $(a^{-1} + b^{-1})^3 = \binom{3}{0}(a^{-1})^3 + \binom{3}{1}(a^{-1})^2(b^{-1}) + \binom{3}{2}(a^{-1})(b^{-1})^2 + \binom{3}{3}(b^{-1})^3$

$= 1a^{-3} + 3a^{-2}b^{-1} + 3a^{-1}b^{-2} + 1b^{-3}$

$= \dfrac{1}{a^3} + \dfrac{3}{a^2 b} + \dfrac{3}{ab^2} + \dfrac{1}{b^3}$

37. $4(x-2)^4 + 5(x-1)^3$

$= 4\left[\binom{4}{0}x^4 + \binom{4}{1}x^3(-2) + \binom{4}{2}x^2(-2)^2 + \binom{4}{3}x(-2)^3 + \binom{4}{4}(-2)^4\right] + 5\left[\binom{3}{0}x^3 + \binom{3}{1}x^2(-1) + \binom{3}{2}x(-1)^2 + \binom{3}{3}(-1)^3\right]$

$= 4(x^4 - 8x^3 + 24x^2 - 32x + 16) + 5(x^3 - 3x^2 + 3x - 1)$

$= 4x^4 - 32x^3 + 96x^2 - 128x + 64 + 5x^3 - 15x^2 + 15x - 5$

$= 4x^4 - 27x^3 + 81x^2 - 113x + 59$

39. $(x^2 + x)^8 = \binom{8}{0}(x^2)^8 + \binom{8}{1}(x^2)^7 x + \binom{8}{2}(x^2)^6 x^2 + \cdots$

$= 1x^{16} + 8x^{14}(x) + \dfrac{8 \cdot 7}{2 \cdot 1} x^{12} x^2 + \cdots$

$= x^{16} + 8(x^{14})x + 28(x^{12})x^2 + \cdots$

$= x^{16} + 8x^{15} + 28x^{14} + \cdots$

41. $(a^2 - b^2)^{16} = \binom{16}{0}(a^2)^{16} + \binom{16}{1}(a^2)^{15}(-b^2) + \binom{16}{2}(a^2)^{14}(-b^2)^2 + \cdots$
$= a^{32} - 16a^{30}b^2 + 120a^{28}b^4 + \cdots$

43. $(a + 3b)^9 = \binom{9}{0}a^9 + \binom{9}{1}a^8(3b) + \binom{9}{2}a^7(3b)^2 + \cdots$
$= 1a^9 + 9a^8(3b) + 36a^7(9b^2) + \cdots$
$= a^9 + 27a^8 b + 324a^7 b^2 + \cdots$

45. $(a + b)^{42} = \binom{42}{0}a^{42} + \binom{42}{1}a^{41}b + \binom{42}{2}a^{40}b^2 + \cdots$
$= a^{42} + 42a^{41}b + \frac{42 \cdot 41}{2 \cdot 1}a^{40}b^2 + \cdots$
$= a^{42} + 42a^{41}b + 861a^{40}b^2 + \cdots$

47. $\left(y + \frac{1}{y}\right)^7 = \binom{7}{0}y^7 + \binom{7}{1}y^6\left(\frac{1}{y}\right) + \binom{7}{2}y^5\left(\frac{1}{y}\right)^2 + \cdots$
$= 1y^7 + 7y^6\left(\frac{1}{y}\right) + \frac{7 \cdot 6}{2 \cdot 1}y^5\left(\frac{1}{y}\right)^2 + \cdots$
$= y^7 + 7y^6\left(\frac{1}{y}\right) + 21y^5\left(\frac{1}{y^2}\right) + \cdots$
$= y^7 + 7y^5 + 21y^3 + \cdots$

49. $(2a + b)^6$
third term $= \binom{6}{2}(2a)^{6-3+1}(b)^{3-1}$
$= \frac{6 \cdot 5}{2}(2a)^4 b^2$
$= 15(16a^4)b^2$
$= 240a^4 b^2$

51. $\left(1 - \frac{a^2}{2}\right)^{14}$
eighth term $= \binom{14}{7}1^{14-8+1}\left(-\frac{a^2}{2}\right)^{8-1}$
$= \frac{14!}{7!7!}\left(-\frac{a^2}{2}\right)^7$
$= 3432\left(-\frac{a^{14}}{128}\right) = -\frac{429a^{14}}{16}$

53. $(4a-b)^{10}$

ninth term $=\binom{10}{8}(4a)^{10-9+1}(-b)^{9-1}$

(because $a^{10-9+1}=a^2$)

$=\frac{10\cdot 9}{2}(4a)^2(-b)^8$

$=45(16a^2)b^8$

$=720a^2b^8$

55. $(x^2+3)^{12}$

ninth term $=\binom{12}{8}(x^2)^{12-9+1}(3)^{9-1}$

(because $(x^2)^{12-9+1}=x^8$)

$=\left(\frac{12!}{8!4!}\right)(x^2)^4(3)^8$

$=495x^8(6561)$

$=3,247,695x^8$

57. $\binom{n}{n-1}=\frac{n!}{(n-1)![n-(n-1)]}=\frac{n!}{(n-1)!1!}=\frac{n!}{(n-1)!}=n$

59. $\binom{n}{0}=\frac{n!}{0!(n-0)!}=\frac{n!}{n!}=\frac{n!}{n!(n-n)!}=\binom{n}{n}$

61. a. False; it contains $n+1$ terms.

b. True

c. False; let $a=1$ and $b=1$. Thus

$\sum_{r=0}^{n}\binom{n}{r}a^{n-r}b^r=\sum_{r=0}^{n}\binom{n}{r}=(1+1)^n=2^n$.

d. False; for example, let $a=1$ and $b=1$.

63. $f_1(x)=(x+2)^3$

$f_2(x)=x^3$

$f_3(x)=x^3+6x^2$

$f_4(x)=x^3+6x^2+12x$

$f_5(x)=x^3+6x^2+12x+8$

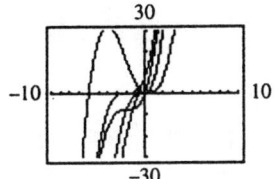

f_2, f_3, and f_4 are approaching $f_1 = f_5$.

65. $f_1(x) = (x-1)^3$

$= \binom{3}{0}x^3 + \binom{3}{1}x^2(-1) + \binom{3}{2}x(-1)^2 + \binom{3}{3}(-1)^3$

$= x^3 + 3x^2(-1) + 3x(1) + (-1)$

$= x^3 - 3x^2 + 3x - 1$

Students should verify expansion with a graphing utility.

67. $f_1(x) = (x+2)^6 = \binom{6}{0}x^6 + \binom{6}{1}x^5(2) + \binom{6}{2}x^4(2)^2 + \binom{6}{3}x^3(2)^3 + \binom{6}{4}x^2(2)^4 + \binom{6}{5}x(2)^5 + \binom{6}{6}2^6$

$= x^6 + 6x^5(2) + 15x^4(4) + 20x^3(8) + 15x^2(16) + 6x(32) + 64$

$= x^6 + 12x^5 + 60x^4 + 160x^3 + 240x^2 + 192x + 64$

Students should verify expansion with a graphing utility.

69. Answers may vary.

71. $S_1: (a+b)^1 = \binom{1}{0}a^1 + \binom{1}{1}a^{1-1}b$

$S_k: (a+b)^k = \binom{k}{0}a^k + \binom{k}{1}a^{k-1}b + \binom{k}{2}a^{k-2}b^2 + \cdots + \binom{k}{k-1}ab^{k-1} + \binom{k}{k}b^k$

$S_{k+1}: (a+b)^{k+1} = \binom{k+1}{0}a^{k+1} + \binom{k+1}{1}a^k b + \binom{k+1}{2}a^{k-1}b^2 + \cdots + \binom{k+1}{k}ab^k + \binom{k+1}{k+1}b^{k+1}$

73. $(101!)^{100} = (101 \cdot 100!)^{100} = 101^{100}(100!)^{100}$

$(100!)^{101} = (100!)(100!)^{100}$

$101^{100} = (101)(101)(101) \ldots$, 100 factors

$100! = (100)(98)(97) \ldots$ 100 factors

Since 101^{100} is larger than $100!$, $(101!)^{100} > (100!)^{101}$.

75. $\dfrac{\dfrac{(x+5)^{n+1}}{(n+1)!}}{\dfrac{(n+5)^n}{n!}} = \dfrac{(x+5)^{n+1}}{(n+1)!} \cdot \dfrac{n!}{(x+5)^n}$

$= \dfrac{(x+5)^n (x+5)}{(n+1)n!} \cdot \dfrac{n!}{(x+5)^n}$

$= \dfrac{x+5}{n+1}$

77. $\left(x^2 + x + 1\right)^4 = \left[x^2 + (x+1)\right]^4$

$= \binom{4}{0}(x^2)^4 + \binom{4}{1}(x^2)^3(x+1) + \binom{4}{2}(x^2)^2(x+1)^2 + \binom{4}{3}(x^2)(x+1)^3 + \binom{4}{4}(x+1)^4$

$= x^8 + 4x^6(x+1) + 6x^4(x+1)^2 + 4x^2(x+1)^3 + (x+1)^4$

$= x^8 + 4x^7 + 4x^6 + 6x^4\left(x^2 + 2x + 1\right) + 4x^2\left(x^3 + 3x^2 + 3x + 1\right) + \left(x^4 + 4x^3 + 6x^2 + 4x + 1\right)$

$= x^8 + 4x^7 + 4x^6 + 6x^6 + 12x^5 + 6x^4 + 4x^5 + 12x^4 + 12x^3 + 4x^2 + x^4 + 4x^3 + 6x^2 + 4x + 1$

$= x^8 + 4x^7 + 10x^6 + 16x^5 + 19x^4 + 16x^3 + 10x^2 + 4x + 1$

79. $\displaystyle\sum_{i=0}^{5} \binom{5}{i}(-1)^i y^{5-i} 3^i = \sum_{i=0}^{5} \binom{5}{i} y^{5-i}(-3)^i$

$= (y-3)^5$, and if $(y-3)^5 = 32$, then $y = 32^{1/5} + 3 = 2 + 3 = 5$

81. Students should follow steps of proof.

Problem Set 7.6

1. $10 \cdot 9 \cdot 8 = 720$

3. Four digits are open:
   $10 \cdot 10 \cdot 10 \cdot 10 = 10{,}000$

5. $2 \cdot 26 \cdot 26 \cdot 26 = 35{,}152$

7. 3, 4, 5, 6, 7, 8, or 9 in the 1000s place and 1, 3, 5, 7 or 9 in the 1's place:
   $7 \cdot 10 \cdot 10 \cdot 5 = 3500$

9. 5##0 or 5##2 or 5##4
   $3(4)(3) = 36$

11. $(2)^{10} = 1024$

13. W M W M W M W
    $4 \cdot 3 \cdot 3 \cdot 2 \cdot 2 \cdot 1 \cdot 1 = 144$

15. $_6P_6 = \dfrac{6!}{0!} = 720$

17. $_9P_4 = \dfrac{9!}{5!} = 3024$

19. $_{10}P_2 = \dfrac{10!}{8!} = 90$

21. $_7P_6 = \dfrac{7!}{1!} = 5040$

23. $_{20}P_4 = \dfrac{20!}{16!} = 116{,}280$

25. $_6P_6 = \dfrac{6!}{0!} = 720$

SSM: College Algebra   **Chapter 7:** Sequences, Series, and Probability

27. $_7P_3 = \dfrac{7!}{4!} = 210$

29. $\binom{8}{1} = \dfrac{8!}{1!7!} = 8$

31. $\binom{6}{6} = \dfrac{6!}{6!0!} = 1$

33. $\binom{10}{6} = \dfrac{10!}{6!4!} = 210$

35. $\binom{30}{3} = \dfrac{30!}{3!27!} = 4060$

37. $\binom{6}{3} = \dfrac{6!}{3!3!} = 20$

39. $\binom{49}{6} = \dfrac{49!}{6!43!} = 13,983,816$

41. $10 \cdot 10 \cdot 10 = 1000$

43. $\binom{25}{5} = \dfrac{25!}{5!20!} = 53,130$

45. $\binom{25}{5} = \dfrac{25!}{5!20!} = 53,130$

47. $2 \cdot 2 \cdot 2 \cdot 3 \cdot 3 = 72$

49. $_8P_3 = \dfrac{8!}{5!} = 336$

51. $\binom{8}{3} = \dfrac{8!}{3!5!} = 56$

53. $\binom{3}{1}\binom{6}{2}\binom{5}{2} = \dfrac{3!}{1!2!} \cdot \dfrac{6!}{2!4!} \cdot \dfrac{5!}{2!3!} = 450$

55. $6 \cdot \binom{10}{4} = 6 \cdot \dfrac{10!}{4!6!} = 1260$

57. $\binom{12}{0}\binom{9}{5}+\binom{12}{1}\binom{9}{4}+\binom{12}{2}\binom{9}{3}+\binom{12}{3}\binom{9}{2}$

    $= 1 \cdot \dfrac{9!}{5!4!} + 12 \cdot \dfrac{9!}{4!5!} + \dfrac{12!}{2!10!} \cdot \dfrac{9!}{3!6!} + \dfrac{12!}{3!9!} \cdot \dfrac{9!}{2!7!}$

    $= 126 + 1512 + 5544 + 7920 = 15,102$

59. $\binom{39}{4} = \dfrac{39!}{4!35!} = 82,251$

61. (2 of one value) and (3 of another)

    $\binom{4}{2} \cdot 13 \quad \times \quad \binom{4}{3} \cdot 12$

    $= 3744$

63. $13(1) \cdot 48 = 624$

65. a. False; there are $5! = 120$ different routes.

    b. False; there are $10 \cdot 8 \cdot 13$ menus possible.

    c. True; $\binom{n}{r} = \dfrac{n!}{(n-r)!r!} = \dfrac{_nP_r}{r!}$ since

    $_nP_r = \dfrac{n!}{(n-r)!}$

    d. False

67. Answers may vary.

69. Answers may vary.

71. Answers may vary.

73. Change of winning = 1 in 13,983,816
    To have a 50/50 chance, one would have to have tickets for half the possible outcomes, or 6,991,908.

75. Seven free digits means at most $10^7 = 10$ million numbers, which is not enough for a city of over 16 million.

Chapter 7: Sequences, Series, and Probability   **SSM:** College Algebra

77. $_4P_4(\,_5P_5 \cdot \,_3P_3 \cdot \,_2P_2 \cdot \,_1P_1)$

$$= \frac{4!}{0!}\left(\frac{5!}{0!} \cdot \frac{3!}{0!} \cdot \frac{2!}{0!} \cdot \frac{1!}{0!}\right)$$

$= 4!(5! \cdot 3! \cdot 2! \cdot 1!) = 34{,}560$

79. Any combination of 5 heads and 5 tails.
$$\frac{10!}{5!5!} = 252$$

Problem Set 7.7

1. $\dfrac{n(E)}{n(S)} = \dfrac{3}{8}$

3. $\dfrac{n(E)}{n(S)} = \dfrac{7}{8}$

5. $\dfrac{n(E)}{n(S)} = \dfrac{4}{36} = \dfrac{1}{9}$

7. $\dfrac{n(E)}{n(S)} = \dfrac{5}{36}$

9. $\dfrac{n(E)}{n(S)} = \dfrac{21}{36} = \dfrac{7}{12}$

11. a. $\dfrac{n(E)}{n(S)} = \dfrac{731}{731+810+607+864} = \dfrac{731}{3012}$

    b. $\dfrac{n(E)}{n(S)} = \dfrac{864+607}{3012} = \dfrac{1471}{3012}$

13. Cannot begin with 0 or 1.
$$P(E) = \frac{n(E)}{n(S)} = \frac{1 \cdot 10^5 \cdot 1}{8 \cdot 10^6} = \frac{1}{80}$$

15. $P(E) = \dfrac{n(E)}{n(S)} = \dfrac{1 \cdot 3! \cdot 1}{5!} = \dfrac{6}{120} = \dfrac{1}{20}$

17. $P(E) = \dfrac{n(E)}{n(S)} = \dfrac{1}{\binom{51}{6}} = \dfrac{1}{18{,}009{,}460}$

$P(E) = \dfrac{100}{18{,}009{,}460} = \dfrac{5}{900{,}473}$

$$\frac{x}{18,009,460} = \frac{1}{2}$$
$$x = 9,004,730$$
$$\$2(9,004,730) = \$18,009,460$$

19. $P(E) = \dfrac{30 + 40 - 20}{100} = \dfrac{1}{2}$

21. $\dfrac{n(E)}{n(S)} = \dfrac{75,791}{75,791 + 81,004 + 62,383 + 28,805 + 11,145 + 3,628}$
    $= \dfrac{75,791}{262,756}$

23. $\dfrac{n(E)}{n(S)} = \dfrac{28,805 + 11,145 + 3,628}{262,756} = \dfrac{43,578}{262,756} = \dfrac{21,789}{131,378}$

25. $\dfrac{n(E)}{n(S)} = \dfrac{81,004 + 28,805}{262,756} = \dfrac{109,809}{262,756}$

27. $\dfrac{n(E)}{n(S)} = \dfrac{81,004 - 44,117}{262,756} = \dfrac{36,887}{262,756}$

29. $P(E) = 8\% + 24\% = 32\%$

31. $P(E) = (24\%)(24\%) = 5.76\%$

33. $P(E) = (100\% - 24\%)(100\% - 24\%) = 57.76\%$

35. $P(E) \approx \dfrac{70,500}{203,000} \approx 0.35$

37. $P(E) \approx \dfrac{70,500 + 40,000}{203,000} \approx 0.54$

39. $\dfrac{n(E)}{n(S)} = \dfrac{13}{52} = \dfrac{1}{4}$

41. $\dfrac{n(E)}{n(S)} = \dfrac{8}{52} = \dfrac{2}{13}$

43. $\dfrac{n(E)}{n(S)} = \dfrac{16}{52} = \dfrac{4}{13}$

45. $\dfrac{n(E)}{n(S)} = \dfrac{22}{52} = \dfrac{11}{26}$

47. $\dfrac{n(E)}{n(S)} = \dfrac{\binom{39}{5}}{\binom{52}{5}} = \dfrac{575,757}{2,598,960} = \dfrac{2109}{9520}$

49. $\dfrac{n(E)}{n(S)} = \dfrac{\binom{13}{5}}{\binom{52}{5}} = \dfrac{1287}{2,598,960} = \dfrac{33}{66,640}$

51. a. False; $P(E) = \dfrac{n(E)}{n(S)}$

b. False; there are $6^2 = 36$ equally likely outcomes

c. True

d. False; the probability is
$\left(\dfrac{1}{2}\right)\left(\dfrac{1}{2}\right)\left(\dfrac{1}{2}\right)\left(\dfrac{1}{2}\right) = \dfrac{1}{16}$

53. $P(\le 0.5) = 0.5$. Experiment should approach theory for larger numbers of trials.

55. $n(S)$
$= 0.10(0.99 \times 10,000) + 0.90(0.01 \times 10,000)$
$= 1080$
$n(E) = 0.90(0.01 \times 10,000) = 90$
$\dfrac{n(E)}{n(S)} = \dfrac{90}{1080} = \dfrac{1}{12}$

57. $P(E) = \left(\dfrac{1}{48}\right)^{18} = \dfrac{1}{1.8295 \times 10^{30}}$
or 5.4659×10^{-31}

Chapter 7 Review Problems

1. $a_n = \dfrac{(-1)^{n+1}}{2^n + 1}$
$a_1 = \dfrac{(-1)^{1+1}}{2^1 + 1} = \dfrac{(-1)^2}{2+1} = \dfrac{1}{3}$
$a_2 = \dfrac{(-1)^{2+1}}{2^2 + 1} = \dfrac{(-1)^3}{4+1} = -\dfrac{1}{5}$
$a_3 = \dfrac{(-1)^{3+1}}{2^3 + 1} = \dfrac{(-1)^4}{8+1} = \dfrac{1}{9}$
$a_4 = \dfrac{(-1)^{4+1}}{2^4 + 1} = \dfrac{(-1)^5}{16+1} = -\dfrac{1}{17}$
$a_5 = \dfrac{(-1)^{5+1}}{2^5 + 1} = \dfrac{(-1)^6}{32+1} = \dfrac{1}{33}$
$\dfrac{1}{3}, -\dfrac{1}{5}, \dfrac{1}{9}, -\dfrac{1}{17}, \dfrac{1}{33}$

2. $a_n = \dfrac{(-2)^n}{(n+1)!}$
$a_1 = \dfrac{(-2)^1}{(1+1)!} = \dfrac{-2}{2!} = -1$
$a_2 = \dfrac{(-2)^2}{(2+1)!} = \dfrac{4}{3!} = \dfrac{2}{3}$
$a_3 = \dfrac{(-2)^3}{(3+1)!} = \dfrac{-8}{4!} = -\dfrac{1}{3}$
$a_4 = \dfrac{(-2)^4}{(4+1)!} = \dfrac{16}{5!} = \dfrac{2}{15}$
$a_5 = \dfrac{(-2)^5}{(5+1)!} = \dfrac{-32}{6!} = -\dfrac{2}{45}$
$-1, \dfrac{2}{3}, -\dfrac{1}{3}, \dfrac{2}{15}, -\dfrac{2}{45}$

3. $a_1 = 4$, $a_n = -2a_{n-1} + 5$ for $n \ge 2$
$a_2 = -2(4) + 5 = -3$
$a_3 = -2(-3) + 5 = 11$
$a_4 = -2(11) + 5 = -17$
$a_5 = -2(-17) + 5 = 39$
$4, -3, 11, -17, 39$

4. $1, -4, 9, -16, 25, \ldots$
$a_n = (-1)^{n+1} n^2$

5. $-\dfrac{1}{3}, \dfrac{1}{4}, -\dfrac{1}{5}, \dfrac{1}{6}, -\dfrac{1}{7}, \ldots$
$a_n = \dfrac{(-1)^n}{n+2}$

6. $a_n = (-1)^n n!$
$a_1 = (-1)^1 1! = -1$
$a_2 = (-1)^2 2! = 2$
$a_3 = (-1)^3 3! = -6$
$a_4 = (-1)^4 4! = 24$
$a_5 = (-1)^5 5! = -120$
$S_5 = -1 + 2 - 6 + 24 - 120 = -101$

SSM: College Algebra   **Chapter 7:** Sequences, Series, and Probability

7. $a_n = \dfrac{(n+3)!}{n!} = (n+3)(n+2)(n+1)$
$a_1 = 4 \cdot 3 \cdot 2 = 24$
$a_2 = 5 \cdot 4 \cdot 3 = 60$
$a_3 = 6 \cdot 5 \cdot 4 = 120$
$a_4 = 7 \cdot 6 \cdot 5 = 210$
$a_5 = 8 \cdot 7 \cdot 6 = 336$
$a_6 = 9 \cdot 8 \cdot 7 = 504$
$S_6 = 24 + 60 + 120 + 210 + 336 + 504 = 1254$

8. $\displaystyle\sum_{i=1}^{5}\left(2i^2 - 3\right) = (2-3) + \left(2 \cdot 2^2 - 3\right) + \left(2 \cdot 3^2 - 3\right) + \left(2 \cdot 4^2 - 3\right) + \left(2 \cdot 5^2 - 3\right)$
$= -1 + 5 + 15 + 29 + 47$
$= 95$

9. $\displaystyle\sum_{i=0}^{4}\dfrac{(-1)^{i+1}}{i!} = \dfrac{(-1)^1}{0!} + \dfrac{(-1)^2}{1!} + \dfrac{(-1)^3}{2!} + \dfrac{(-1)^4}{3!} + \dfrac{(-1)^5}{4!}$
$= \dfrac{-1}{1} + \dfrac{1}{1} - \dfrac{1}{2} + \dfrac{1}{6} - \dfrac{1}{24}$
$= -1 + 1 - \dfrac{12}{24} + \dfrac{4}{24} - \dfrac{1}{24}$
$= \dfrac{-12 + 4 - 1}{24}$
$= -\dfrac{9}{24}$
$= -\dfrac{3}{8}$

10. $\displaystyle\sum_{i=1}^{100}\left[i^2 - (i+1)^2\right] = \left(1^2 - 2^2\right) + \left(2^2 - 3^2\right) + \left(3^2 - 4^2\right) + \cdots$
$= -3 - 5 - 7 - \ldots$
$d = -5 - (-3) = -5 + 3 = -2$
$a_n = a_1 + (n-1)d$
$a_{100} = -3 + (100 - 1)(-2) = -201$
$S_{100} = \dfrac{100}{2}(-3 - 201) = -10{,}200$

Chapter 7: Sequences, Series, and Probability   SSM: College Algebra

11. $\sum_{i=1}^{5} i^3 = 1 + 8 + 27 + 64 + 125$

12. $\sum_{i=1}^{\infty} \left(-\frac{1}{2}\right)^i$
$= -\frac{1}{2} + \frac{1}{4} - \frac{1}{8} + \frac{1}{16} - \frac{1}{32} + \frac{1}{64} + \cdots$

13. $a_n = 0.0012n^2 - 0.027n + 1.09$

   a. $a_3 = 0.0012(3)^2 - 0.027(3) + 1.09$
   $a_3 = 1.0198$
   $a_4 = 0.0012(4)^2 - 0.027(4) + 1.09$
   $a_4 = 1.0012$
   $a_9 = 0.0012(9)^2 - 0.027(9) + 1.09$
   $a_9 = 0.9442$
   $a_{10} = 0.0012(10)^2 - 0.027(10) + 1.09$
   $a_{10} = 0.94$
   The ratio of men to women in the U.S. is 1.0198, 1.0012, 0.9442, and 0.94 in years 1930, 1940, 1990, and 2000, respectively.

   b. Let x = number of women, then $275 - x$ = number of men.
   $\frac{275 - x}{x} = 0.94$
   $275 - x = 0.94x$
   $\frac{275}{1.94} = x$
   $141.75 \approx x$
   $133.25 \approx 275 - x$
   There will be approximately 141.75 million women and 133.25 million men.

14. $-7, -3, 1, 5, \ldots$
   $d = -3 - (-7) = 4$
   $a_n = -7 + (n - 1)(4)$
   $a_n = 4n - 11$
   $a_{20} = 4(20) - 11$
   $a_{20} = 69$

15. $a_1 = 200, d = -20$
   $a_n = 200 + (n - 1)(-20)$
   $a_n = 220 - 20n$
   $a_{20} = 220 - 20(20)$
   $a_{20} = -180$

16. $a_1 = 8\frac{1}{2}, a_{n+1} = a_n - \frac{1}{4}$
   $d = \left(8\frac{1}{2} - \frac{1}{4}\right) - 8\frac{1}{2} = -\frac{1}{4}$
   $a_n = 8\frac{1}{2} + (n - 1)\left(-\frac{1}{4}\right)$
   $a_n = 8\frac{3}{4} - \frac{1}{4}n$
   $a_{20} = 8\frac{3}{4} - \frac{1}{4}(20)$
   $a_{20} = 3\frac{3}{4}$

17. a. $d = -0.4118$
   $a_n = 1043.04 + (n - 1)(-0.4118)$
   $a_n = 1043.4518 - 0.4118n$

   b. $n = 2000 - 1910 = 90$
   $a_{90} = 1043.4518 - 0.4118(90)$
   $a_{90} = 1006.3898$
   1006.3898 seconds

18. $5, 12, 19, 26, \ldots$
   $d = 7$
   $a_n = 5 + (n - 1)(7)$
   $a_{28} = 5 + 27(7) = 194$
   $S_{28} = \frac{28}{2}(5 + 194) = 2786$

19. $a_1 = 15, d = 3$
   $a_n = 15 + (n - 1)(3)$
   $a_{56} = 15 + (55)(3) = 180$
   $S_{56} = \frac{56}{2}(15 + 180) = 5460$

20. $a_1 = 5, d = 5$
   $a_{200} = 5 + (200 - 1)(5) = 1000$
   $S_{200} = \frac{200}{2}(5 + 1000) = 100{,}500$

21. $\sum_{i=1}^{40}(4i-7) = (4-7)+(8-7)+(12-7)+\ldots+(160-7)$
$= -3 + 1 + 5 + \cdots + 153$
$S_{40} = \frac{40}{2}(-3+153) = 3000$

22. $\sum_{i=1}^{80}(5-3i) = (5-3)+(5-6)+(5-9)+\ldots+(5-240)$
$= 2 - 1 - 4 - \cdots - 235$
$S_{80} = \frac{80}{2}(2-235) = -9320$

23. $a_n = 7.7n + 55$
$a_0 = 7.7(0) + 55 = 55$
$a_{20} = 7.7(20) + 55 = 209$
$S_{21} = \frac{21}{2}(55+209) = 2772$

The total annual advertising expenditures in billions of dollars by U.S. companies from 1980 to 2000 is $2772 billion.

24. 40, 45, 50, ...
$a_1 = 40, d = 5$
$a_{25} = 40 + (25-1)(5) = 160$
$S_{25} = \frac{25}{2}(40+160) = 2500$
2500 seats

25. 100, 105, 110.25, 115.7625, ...
$r = \frac{105}{100} = 1.05$
$a_n = 100(1.05)^{n-1}$
$a_8 = 100(1.05)^{8-1}$
$a_8 \approx 140.71$

26. $2, \frac{2}{3}, \frac{2}{9}, \frac{2}{27}, \ldots$
$r = \frac{\frac{2}{3}}{2} = \frac{1}{3}$
$a_n = 2\left(\frac{1}{3}\right)^{n-1}$
$a_8 = 2\left(\frac{1}{3}\right)^{8-1}$
$a_8 = \frac{2}{2187}$

27. $5, -15, 45, -135, \ldots$
$r = \frac{-15}{5} = -3$
$S_{15} = \frac{5\left[1-(-3)^{15}\right]}{1-(-3)}$
$= 17,936,135$

28. $\sum_{i=1}^{20} 12\left(-\frac{1}{3}\right)^i = -4 + \frac{4}{3} + \ldots$
$r = -\frac{1}{3}$
$S_{20} = k\dfrac{-4\left[1-\left(-\frac{1}{3}\right)^{20}\right]}{1-\left(-\frac{1}{3}\right)} \approx -3$

Chapter 7: Sequences, Series, and Probability **SSM:** College Algebra

29. $\sum_{i=7}^{15} 12\left(\frac{3}{2}\right)^i = 12\left(\frac{3}{2}\right)^7 + 12\left(\frac{3}{2}\right)^8 + \ldots$

$r = \frac{3}{2}$

$S_9 = \dfrac{12\left(\frac{3}{2}\right)^7\left[1-\left(\frac{3}{2}\right)^9\right]}{1-\frac{3}{2}} \approx 15,354.12$

30. $18{,}000,\ 18{,}000(1.05),\ 18{,}000(1.05)^2, \ldots$

$r = 1.05$

$a_{20} = 18{,}000(1.05)^{20-1} \approx 45{,}485.104$

$\$45{,}485.10$ at the end of year 20

$S_{20} = \dfrac{18{,}000\left[1-(1.05)^{20}\right]}{1-1.05} \approx 595{,}187.17$

$\$595{,}187.17$ total for the 20-year period

31. $A = 400\left(1+\frac{0.05}{12}\right) + 400\left(1+\frac{0.05}{12}\right)^2 + \ldots + 400\left(1+\frac{0.05}{12}\right)^{60}$

$r = 1 + \frac{0.05}{12}$

$S_{60} = \dfrac{400\left(1+\frac{0.05}{12}\right)\left[1-\left(1+\frac{0.05}{12}\right)^{60}\right]}{1-\left(1+\frac{0.05}{12}\right)} \approx 27{,}315.78$

$\$27{,}315.78$

32. $6 + \frac{1}{3}(6)(2) + \left(\frac{1}{3}\right)^2(6)(2) + \left(\frac{1}{3}\right)^3(6)(2) + \left(\frac{1}{3}\right)^4(6)(2)$

$= 6 + \dfrac{\frac{1}{3}(6)(2)\left[1-\left(\frac{1}{3}\right)^4\right]}{1-\frac{1}{3}}$

$\approx 6 + 5.925926$

≈ 11.9

about 11.9 feet

33. $\sum_{i=1}^{\infty}\left(\frac{1}{3}\right)^n = \frac{1}{3} + \frac{1}{9} + \ldots$

$r = \frac{1}{3}$

$S_\infty = \dfrac{\frac{1}{3}}{1-\frac{1}{3}} = \frac{1}{2}$

34. $\sum_{i=0}^{\infty} 8\left(\frac{1}{2}\right)^i = 8 + 4 + \ldots$

$r = \frac{1}{2}$

$S_\infty = \dfrac{8}{1-\frac{1}{2}} = 16$

SSM: College Algebra *Chapter 7: Sequences, Series, and Probability*

35. $\sum_{j=1}^{\infty} 5(-0.8)^j = -4 + 3.2 + \cdots$

    $r = -0.8$

    $S_\infty = \dfrac{-4}{1+0.8} = -2.\overline{2}$

36. $\sum_{i=1}^{\infty} \dfrac{2^i}{3^{i+1}} = \dfrac{2}{3^2} + \dfrac{4}{3^3} + \cdots$

    $r = \dfrac{2}{3}$

    $S_\infty = \dfrac{\frac{2}{9}}{1-\frac{2}{3}} = \dfrac{2}{9} \cdot \dfrac{3}{1} = \dfrac{2}{3}$

37. $0.\overline{36} = 0.36 + 0.0036 + 0.000036 + \ldots$

    $= \dfrac{36}{100} + \dfrac{36}{10,000} + \dfrac{36}{1,000,000} + \cdots$

    $a_1 = \dfrac{36}{100}, \ r = \dfrac{1}{100}$

    $S_\infty = \dfrac{\frac{36}{100}}{1-\frac{1}{100}} = \dfrac{36}{100} \cdot \dfrac{100}{99} = \dfrac{36}{99} = \dfrac{4}{11}$

38. $4(0.7) + 4(0.7)^2 + \cdots$

    $r = 0.7$

    $S_\infty = \dfrac{4(0.7)}{1-0.7} = 9.\overline{3}$

    $\$9\frac{1}{3}$ million

39. $20 + 20(0.9) + 20(0.9)^2 + \cdots$

    $r = 0.9$

    $S_\infty = \dfrac{20}{1-0.9} = 200$

    200 inches

40. Prove:

    $1 + 3 + 5 + \cdots + (2n-1) = n^2$

    Step 1:

    $1 = 1^2$, true

    Step 2:

    Assume it is true for k.

    $1 + 3 + 5 + \cdots + (2k-1) = k^2$

This implies the truth of
$1+3+5+\cdots+[2(k+1)-1]=(k+1)^2$
Proof:
$1+3+5+\cdots+(2k-1)=k^2$
$1+3+5+\cdots+(2k-1)+[2(k+1)-1]=k^2+[2(k+1)-1]$
$1+3+5+\cdots+[2(k+1)-1]=k^2+2k+1$
$1+3+5+\cdots+[2(k+1)-1]=(k+1)^2$
This is the statement for $n=k+1$
Therefore, $1+3+5+\cdots+(2n-1)=n^2$.

41. Prove:
$$\frac{1}{1\cdot 3}+\frac{1}{3\cdot 5}+\frac{1}{5\cdot 7}+\cdots+\frac{1}{(2n-1)(2n+1)}=\frac{n}{2n+1}$$
Step 1:
$$\frac{1}{1\cdot 3}=\frac{1}{2(1)+1}$$
$$\frac{1}{3}=\frac{1}{3}, \text{true}$$
Step 2:
Assume it is true for k.
$$\frac{1}{1\cdot 3}+\frac{1}{3\cdot 5}+\frac{1}{5\cdot 9}+\cdots+\frac{1}{(2k-1)(2k+1)}=\frac{k}{2k+1}$$
This implies the truth of
$$\frac{1}{1\cdot 3}+\frac{1}{3\cdot 5}+\frac{1}{5\cdot 7}+\cdots+\frac{1}{[2(k+1)-1][2(k+1)+1]}=\frac{k+1}{2(k+1)+1}.$$
Proof:
$$\frac{1}{1\cdot 3}+\frac{1}{3\cdot 5}+\frac{1}{5\cdot 7}+\cdots+\frac{1}{(2k-1)(2k+1)}=\frac{k}{2k+1}$$
$$\frac{1}{1\cdot 3}+\frac{1}{3\cdot 5}+\frac{1}{5\cdot 7}+\cdots+\frac{1}{(2k-1)(2k+1)}+\frac{1}{[2(k+1)-1][2(k+1)+1]}=\frac{k}{2k+1}+\frac{1}{[2(k+1)-1][2(k+1)+1]}$$
$$\frac{1}{1\cdot 3}+\frac{1}{3\cdot 5}+\frac{1}{5\cdot 7}+\cdots+\frac{1}{[2(k+1)-1][2(k+1)+1]}=\frac{k}{2k+1}+\frac{1}{(2k+1)(2k+3)}$$
$$\frac{1}{1\cdot 3}+\frac{1}{3\cdot 5}+\frac{1}{5\cdot 7}+\cdots+\frac{1}{(2k+1)(2k+3)}=\frac{k(2k+3)+1}{(2k+1)(2k+3)}$$
$$\frac{1}{1\cdot 3}+\frac{1}{3\cdot 5}+\frac{1}{5\cdot 7}+\cdots+\frac{1}{(2k+1)(2k+3)}=\frac{2k^2+3k+1}{(2k+1)(2k+3)}$$

$$\frac{1}{1\cdot 3}+\frac{1}{3\cdot 5}+\frac{1}{5\cdot 7}+\cdots+\frac{1}{(2k+1)(2k+3)}=\frac{(2k+1)(k+1)}{(2k+1)(2k+3)}$$

$$\frac{1}{1\cdot 3}+\frac{1}{3\cdot 5}+\frac{1}{5\cdot 7}+\cdots+\frac{1}{[2(k+1)-1][2(k+1)+1]}=\frac{k+1}{2(k+1)+1}$$

This is the statement for $n = k + 1$.

Therefore, $\dfrac{1}{1\cdot 3}+\dfrac{1}{3\cdot 5}+\dfrac{1}{5\cdot 7}+\cdots+\dfrac{1}{(2n-1)(2n+1)}=\dfrac{n}{2n+1}$.

42. Prove:

$$1^2+3^2+5^2+\cdots+(2n-1)^2=\frac{n(2n-1)(2n+1)}{3}$$

Step 1:
$$1^2=\frac{1(1)(3)}{3}$$
$1 = 1$, true

Step 2:
Assume it is true for k.
$$1^2+3^2+5^2+\cdots+(2k-1)^2=\frac{k(2k-1)(2k+1)}{3}$$

This implies the truth of
$$1^2+3^2+5^2+\cdots+[2(k+1)-1]^2=\frac{(k+1)[2(k+1)-1][2(k+1)+1]}{3}.$$

Proof:
$$1^2+3^2+5^2+\cdots+(2k-1)^2=\frac{k(2k-1)(2k+1)}{3}$$

$$1^2+3^2+5^2+\cdots+(2k-1)^2+[2(k+1)-1]^2=\frac{k(2k-1)(2k+1)}{3}+[2(k+1)-1]^2$$

$$1^2+3^2+5^2+\cdots+[2(k+1)-1]^2=\frac{4k^3-k}{3}+(4k^2+4k+1)$$

$$1^2+3^2+5^2+\cdots+(2k+1)^2=\frac{(4k^3-k)+3(4k^2+4k+1)}{3}$$

$$1^2+3^2+5^2+\cdots+(2k+1)^2=\frac{4k^3+11k+12k^2+3}{3}$$

$$1^2+3^2+5^2+\cdots+(2k+1)^2=\frac{(k+1)(2k+1)(2k+3)}{3}$$

$$1^2+3^2+5^2+\cdots+[2(k+1)-1]^2=\frac{(k+1)[2(k+1)-1][2(k+1)+1]}{3}$$

This is the statement for $n = k + 1$.

Therefore, $1^2+3^2+5^2+\cdots+(2n-1)^2=\dfrac{n(2n-1)(2n+1)}{3}$.

43. Prove:
$2^n < (n+2)!$
Step 1:
$2^1 < (1+2)!$
$2 < 3!$
$2 < 6$, true
Step 2:
Assume it is true for $n = k$.
$2^k < (k+2)!$
This implies the truth of $2^{k+1} < (k+1+2)!$
$2^{k+1} < (k+3)!$
Proof:
$2^k < (k+2)!$
$2 \cdot 2^k < 2(k+2)!$
$2^{k+1} < 2(k+2)!$
If 2^{k+1} is $< 2(k+2)!$, then
$2^{k+1} < (k+3)!$
This is the statement for $n = k+1$.
Therefore $2^n < (n+2)!$ is true.

44. $S_1: \frac{2}{1} = 2$
$S_2: \frac{2}{1} \cdot \frac{3}{2} = 3$
$S_3: \frac{2}{1} \cdot \frac{3}{2} \cdot \frac{4}{3} = 4$
$S_4: \frac{2}{1} \cdot \frac{3}{2} \cdot \frac{4}{3} \cdot \frac{5}{4} = 5$
$S_5: \frac{2}{1} \cdot \frac{3}{2} \cdot \frac{4}{3} \cdot \frac{5}{4} \cdot \frac{6}{5} = 6$
$S_n: \frac{2}{1} \cdot \frac{3}{2} \cdot \frac{4}{3} \cdot \ldots \cdot \frac{n+1}{n} = n+1$
Prove S_n:
Step 1:
$S_1: \frac{2}{1} = 1+1$
$2 = 2$, true
Step 2:
Assume S_k is true.
$S_k: \frac{2}{1} \cdot \frac{3}{2} \cdot \frac{4}{3} \cdot \ldots \cdot \frac{k+1}{k} = k+1$
This implies the truth of S_{k+1}.

S_{k+1}: $\dfrac{2}{1} \cdot \dfrac{3}{2} \cdot \dfrac{4}{3} \cdot \ldots \cdot \dfrac{k+2}{k+1} = k+2$

Proof:

$\dfrac{2}{1} \cdot \dfrac{3}{2} \cdot \dfrac{4}{3} \cdot \ldots \cdot \dfrac{k+1}{k} = k+1$

$\dfrac{2}{1} \cdot \dfrac{3}{2} \cdot \dfrac{4}{3} \cdot \ldots \cdot \dfrac{k+1}{k} \cdot \dfrac{k+2}{k+1} = (k+1)\left(\dfrac{k+2}{k+1}\right)$

$\dfrac{2}{1} \cdot \dfrac{3}{2} \cdot \dfrac{4}{3} \cdot \ldots \cdot \dfrac{k+2}{k+1} = k+2$

This is the statement for $n = k+1$.

Therefore, S_n is true.

45. $\binom{6}{4} + \binom{25}{2}$

$= \dfrac{6!}{4!2!} + \dfrac{25!}{2!23!}$

$= \dfrac{6 \cdot 5}{2} + \dfrac{25 \cdot 24}{2}$

$= 15 + 300$

$= 315$

46. $(3x+y)^4 = \binom{4}{0}(3x)^4 + \binom{4}{1}(3x)^3 y + \binom{4}{2}(3x)^2 y^2 + \binom{4}{3}(3x)y^3 + \binom{4}{4}y^4$

$= 81x^4 + 4(27)x^3 y + 6(9)x^2 y^2 + 4(3)xy^3 + y^4$

$= 81x^4 + 108x^3 y + 54x^2 y^2 + 12xy^3 + y^4$

47. $(x-2y)^5 = \binom{5}{0}x^5 + \binom{5}{1}x^4(-2y) + \binom{5}{2}x^3(-2y)^2 + \binom{5}{3}x^2(-2y)^3 + \binom{5}{4}x(-2y)^4 + \binom{5}{5}(-2y)^5$

$= x^5 + 5(-2)x^4 y + 10(4)x^3 y^2 + 10(-8)x^2 y^3 + 5(16)xy^4 - 32y^5$

$= x^5 - 10x^4 y + 40x^3 y^2 - 80x^2 y^3 + 80xy^4 - 32y^5$

48. $(x^2 + 2y^3)^6 = \binom{6}{0}(x^2)^6 + \binom{6}{1}(x^2)^5(2y^3) + \binom{6}{2}(x^2)^4(2y^3)^2 + \binom{6}{3}(x^2)^3(2y^3)^3$

$\qquad + \binom{6}{4}(x^2)^2(2y^3)^4 + \binom{6}{5}(x^2)(2y^3)^5 + \binom{6}{6}(2y^3)^6$

$= x^{12} + 6(2)x^{10}y^3 + 15(4)x^8 y^6 + 20(8)x^6 y^9 + 15(16)x^4 y^{12} + 6(32)x^2 y^{15} + 64y^{18}$

$= x^{12} + 12x^{10}y^3 + 60x^8 y^6 + 160x^6 y^9 + 240x^4 y^{12} + 192x^2 y^{15} + 64y^{18}$

49. $(2x-y^4)^7 = \binom{7}{0}(2x)^7 + \binom{7}{1}(2x)^6(-y^4) + \binom{7}{2}(2x)^5(-y^4)^2 + \binom{7}{3}(2x)^4(-y^4)^3 + \binom{7}{4}(2x)^3(-y^4)^4$
$\qquad + \binom{7}{5}(2x)^2(-y^4)^5 + \binom{7}{6}(2x)(-y^4)^6 + \binom{7}{7}(-y^4)^7$
$= 128x^7 + 7(64)(-1)x^6 y^4 + 21(32)x^5 y^8 + 35(16)(-1)x^4 y^{12} + 35(8)x^3 y^{16}$
$\qquad + 21(4)(-1)x^2 y^{20} + 7(2)xy^{24} + (-1)y^{28}$
$= 128x^7 - 448x^6 y^4 + 672x^5 y^8 - 560x^4 y^{12} + 280x^3 y^{16} - 84x^2 y^{20} + 14xy^{24} - y^{28}$

50. $\left(\dfrac{x}{2} + 3y\right)^8 = \binom{8}{0}\left(\dfrac{x}{2}\right)^8 + \binom{8}{1}\left(\dfrac{x}{2}\right)^7(3y) + \binom{8}{2}\left(\dfrac{x}{2}\right)^6(3y)^2 + \cdots$
$= \dfrac{x^8}{2^8} + 8\left(\dfrac{x^7}{2^7}\right)(3y) + 28\left(\dfrac{x^6}{2^6}\right)(9y^2) + \cdots$
$= \dfrac{x^8}{256} + \dfrac{3x^7 y}{16} + \dfrac{63x^6 y^2}{16} + \cdots$

51. $(2x-3y)^9 = \binom{9}{0}(2x)^9 + \binom{9}{1}(2x)^8(-3y) + \binom{9}{2}(2x)^7(-3y)^2 + \cdots$
$= 2^9 x^9 + 9(2^8 x^8)(-3y) + 36(2^7 x^7)(9y^2) + \cdots$
$= 512x^9 - 6912x^8 y + 41,472x^7 y^2 + \cdots$

52. $(3c+d)^9$
seventh term $= \binom{9}{6}(3c)^{9-7+1}(d)^{7-1}$
$= \dfrac{9!}{3!6!}(3c)^3 d^6$
$= 84(27c^3)d^6$
$= 2268c^3 d^6$

53. $(x^2+5)^{10}$
eighth term $= \binom{10}{7}(x^2)^{10-8+1}(5)^{8-1}$
$\left(\text{because } (x^2)^{10-8+1} = x^6\right)$
$= \dfrac{10!}{7!3!}(x^2)^3 (5)^7$
$= 120x^6 (78,125) = 9,375,000x^6$
The coefficient is 9,375,000.

54. $(1)(1)(10)(10)(10)(10)(10) = 100,000$

55. $6! = 6 \cdot 5 \cdot 4 \cdot 3 \cdot 2 \cdot 1 = 720$

56. $_{15}P_4 = \frac{15!}{11!} = 15 \cdot 14 \cdot 13 \cdot 12 = 32,760$

57. $_7P_5 = \frac{7!}{2!} = 2520$

58. 1 or 2 in the 1000s place and 1, 3, 5, 7 or 9 in the 1s place:
$(2)(10)(10)(5) = 1000$

59. a. $\binom{15}{4} = \frac{15!}{4!11!} = 1365$

b. $\binom{14}{3} = \frac{14!}{3!11!} = 364$

c. $\binom{15}{1} + \binom{15}{2} + \binom{15}{3} + \binom{15}{4} = \frac{15!}{1!14!} + \frac{15!}{2!13!} + \frac{15!}{3!12!} + \frac{15!}{4!11!}$
$= 15 + 105 + 455 + 1365 = 1940$

60. $\binom{12}{5}\binom{8}{4} = \frac{12!}{5!7!} \cdot \frac{8!}{4!4!} = 792(70) = 55,440$

61. $(4)^{10} = 1,048,576$

62. a. $P(E) = \frac{n(E)}{n(S)} = \frac{4}{6} = \frac{2}{3}$

b. $P(E) = \frac{n(E)}{n(S)} = \frac{3}{6} = \frac{1}{2}$

63. $P(E) = \frac{n(E)}{n(S)} = \frac{26}{36} = \frac{13}{18}$

64. $P(E) = \frac{n(E)}{n(S)} = \frac{8258}{15,022} = \frac{4129}{7511}$

Chapter 7: Sequences, Series, and Probability   **SSM:** College Algebra

65. $P(E) = \dfrac{n(E)}{n(S)} = \dfrac{1,766 + 958}{15,022} = \dfrac{1362}{7511}$

66. $P(E) = \dfrac{n(E)}{n(S)} = \dfrac{4,152 + 1,766}{15,022} = \dfrac{2959}{7511}$

67. $P(E) = 1$

68. $P(E) = \dfrac{n(E)}{n(S)} = \dfrac{1(5)(4)(5)(4)(5)(4)}{8(10)^6}$
    $= \dfrac{8000}{8,000,000} = \dfrac{1}{1000}$

69. a. $P(E) = \dfrac{n(E)}{n(S)} = \dfrac{1}{\binom{20}{5}} = \dfrac{1}{15,504}$

    b. $P(E) = \dfrac{100}{15,504} = \dfrac{25}{3876}$

70. a. $A \cap B$ = outcome is 5
    $P(A \cap B) = \dfrac{1}{6}$

    b. $A \cup B$ = outcome is 1, 3, 5, or 6
    $P(A \cup B) = \dfrac{4}{6} = \dfrac{2}{3}$

    c. A' = outcome is even
    $P(A') = \dfrac{3}{6} = \dfrac{1}{2}$

    d. B' = outcome is 4 or less
    $P(B') = \dfrac{4}{6} = \dfrac{2}{3}$

71. a. $P = \dfrac{15}{40} + \dfrac{11}{40} - \dfrac{5}{40} = \dfrac{21}{40}$

    b. $P = \dfrac{5}{40} = \dfrac{1}{8}$

    c. $P = 1 - \dfrac{15}{40} = \dfrac{25}{40} = \dfrac{5}{8}$

    d. $P = 1 - \dfrac{11}{40} = \dfrac{29}{40}$

    e. Use the result from part (a).
    $P = 1 - \dfrac{21}{40} = \dfrac{19}{40}$

72. $P = \dfrac{13}{52} + \dfrac{16}{52} - \dfrac{4}{52} = \dfrac{25}{52}$

73. $P = \left(\dfrac{1}{2}\right)\left(\dfrac{1}{3}\right)\left(\dfrac{1}{6}\right) = \dfrac{1}{36}$

74. $P(E) = \dfrac{n(E)}{n(S)} = \dfrac{1}{2^{10}} = \dfrac{1}{1024}$

75. $P = \dfrac{1}{6!} = \dfrac{1}{720}$

76. $P(E) = 0.14(0.17) = 0.0238$
    2.38%

77. Populations are not equal in each state. Therefore, the probability of a person being born in a state is not equal for each state.

Chapter 7 Test

1. $a_n = \dfrac{(-1)^{n+1}}{n^3 - 2}$

   $a_1 = \dfrac{(-1)^{1+1}}{1^3 - 2} = \dfrac{1}{1-2} = -1$

   $a_2 = \dfrac{(-1)^{2+1}}{2^3 - 2} = \dfrac{-1}{8-2} = -\dfrac{1}{6}$

   $a_3 = \dfrac{(-1)^{3+1}}{3^3 - 2} = \dfrac{1}{27-2} = \dfrac{1}{25}$

   $a_4 = \dfrac{(-1)^{4+1}}{4^3 - 2} = \dfrac{-1}{64-2} = -\dfrac{1}{62}$

   $a_5 = \dfrac{(-1)^{5+1}}{5^3 - 2} = \dfrac{1}{125-2} = \dfrac{1}{123}$

   $-1, -\dfrac{1}{6}, \dfrac{1}{25}, -\dfrac{1}{62}, \dfrac{1}{123}$

2. $\dfrac{1}{4}, -\dfrac{4}{9}, \dfrac{9}{16}, -\dfrac{16}{25}, \ldots$

   $a_n = \dfrac{(-1)^{n+1} n^2}{(n+1)^2}$

438

3. $a_n = (-1)^{n+1}(n-1)!$
$a_1 = (-1)^{1+1}(1-1)! = 1$
$a_2 = (-1)^{2+1}(2-1)! = -1$
$a_3 = (-1)^{3+1}(3-1)! = 2$
$a_4 = (-1)^{4+1}(4-1)! = -6$
$a_5 = (-1)^{5+1}(5-1)! = 24$
$a_6 = (-1)^{6+1}(6-1)! = -120$
$1 - 1 + 2 - 6 + 24 - 120 = -100$

4. $\sum_{i=1}^{5}(-2i^2 + 30) = (-2 \cdot 1^2 + 30) + (-2 \cdot 2^2 + 30) + (-2 \cdot 3^2 + 30) + (-2 \cdot 4^2 + 30) + (-2 \cdot 5^2 + 30)$
$= 28 + 22 + 12 + (-2) + (-20)$
$= 40$

5. $\sum_{i=1}^{5} \frac{2i}{2i+1} = \frac{2}{3} + \frac{4}{5} + \frac{6}{7} + \frac{8}{9} + \frac{10}{11}$

6. $-11, -9.5, -8, -6.5, \ldots$
$d = -9.5 - (-11) = 1.5$
$a_n = -11 + (n-1)(1.5)$
$a_n = -12.5 + 1.5n$
$a_{27} = -12.5 + 1.5(27)$
$a_{27} = 28$

7. $5, 9, 13, 17, \ldots$
$d = 9 - 5 = 4$
$a_n = 5 + (n-1)(4)$
$a_{26} = 5 + 25(4) = 105$
$S_{26} = \frac{26}{2}(5 + 105) = 1430$

8. $\sum_{i=1}^{60}(3i - 5) = -2 + 1 + 4 + \ldots$
$d = 3$
$a_{60} = -2 + (59)(3) = 175$
$S_{60} = \frac{60}{2}(-2 + 175) = 5190$

9. Company A:
$a_1 = 24,000, d = 1500,$
$a_{10} = 24,000 + 9(1500) = 37,500$
$S_{10} = \frac{10}{2}(24,000 + 37,500) = 307,500$
Company B:
$a_1 = 27,000, d = 1000,$
$a_{10} = 27,000 + 9(1000) = 36,000$
$S_{10} = \frac{10}{2}(27,000 + 36,000) = 315,000$
Company B will pay $315,000 - $307,500 = $7500 more.

10. $2, 10, 50, 250, \ldots$
$r = \frac{10}{2} = 5$
$a_n = 2(5)^{n-1}$
$a_8 = 2(5)^7 = 156,250$

11. $5, 15, 45, 135, \ldots$
$r = \frac{15}{5} = 3$
$S_{10} = \frac{5(1 - 3^{10})}{1 - 3} = 147,620$

Chapter 7: Sequences, Series, and Probability   *SSM:* College Algebra

12. $\sum_{i=1}^{10} 104\left(\frac{5}{6}\right)^{i-1} = 104 + \frac{260}{3} + \ldots$

    $r = \frac{\frac{260}{3}}{104} = \frac{5}{6}$

    $S_{10} = \dfrac{104\left[1-\left(\frac{5}{6}\right)^{10}\right]}{1-\frac{5}{6}} \approx 523.22$

13. $a_1 = 30,000$, $r = 1.04$

    $S_8 = \dfrac{30,000\left[1-(1.04)^8\right]}{1-1.04} \approx 276,426.79$

    $\$276,426.79$

14. $\sum_{i=1}^{\infty} 6(-0.8)^{i-1} = 6 + (-4.8) + \ldots$

    $r = -0.8$

    $S_\infty = \dfrac{6}{1-(-0.8)} = 3\frac{1}{3}$

15. $0.\overline{823} = 0.823 + 0.000823 + 0.000000823 + \ldots$

    $= \dfrac{823}{1000} + \dfrac{823}{1,000,000} + \dfrac{823}{1,000,000,000} + \ldots$

    $a_1 = \dfrac{823}{1000},\ r = \dfrac{1}{1000}$

    $= \dfrac{\frac{823}{1000}}{1-\frac{1}{1000}}$

    $= \dfrac{823}{1000} \cdot \dfrac{1000}{999}$

    $= \dfrac{823}{999}$

16. $40 + 40(0.75) + 40(0.75)^2$

    $S_\infty = \dfrac{40}{1-0.75} = 160$

    160 inches

17. Prove:

    $S_n: 1 + 4 + 7 + \cdots + (3n-2) = \dfrac{n(3n-1)}{2}$

    Step 1:

    $1 = \dfrac{1(3\cdot 1 - 1)}{2}$

$1 = \dfrac{1(2)}{2}$

$1 = 1$, true

Step 2:

Assume it is true for $n = k$.

S_k: $1+4+7+\cdots+(3k-2) = \dfrac{k(3k-1)}{2}$

This implies the truth of

S_{k+1}: $1+4+7+\cdots+(3k+1) = \dfrac{(k+1)(3k+2)}{2}$

Proof:

$1+4+7+\cdots+(3k-2) = \dfrac{k(3k-1)}{2}$

$1+4+7+\cdots+(3k-2)+(3k+1) = \dfrac{k(3k-1)}{2}+(3k+1)$

$1+4+7+\cdots+(3k+1) = \dfrac{3k^2-k}{2}+\dfrac{6k+2}{2}$

$1+4+7+\cdots+(3k+1) = \dfrac{3k^2+5k+2}{2}$

$1+4+7+\cdots+(3k+1) = \dfrac{(k+1)(3k+2)}{2}$

This is the statement for S_{k+1}.

Therefore, S_n is true.

18. $(x^2+2y)^6$

$= \binom{6}{0}(x^2)^6 + \binom{6}{1}(x^2)^5(2y) + \binom{6}{2}(x^2)^4(2y)^2 + \binom{6}{3}(x^2)^3(2y)^3 + \binom{6}{4}(x^2)^2(2y)^4 + \binom{6}{5}(x^2)(2y)^5$

$\quad + \binom{6}{6}(2y)^6$

$= x^{12} + 6x^{10}(2y) + 15x^8(4y^2) + 20x^6(8y^3) + 15x^4(16y^4) + 6x^2(32y^5) + 64y^6$

$= x^{12} + 12x^{10}y + 60x^8y^2 + 160x^6y^3 + 240x^4y^4 + 192x^2y^5 + 64y^6$

19. Four digits are open:

$10^4 = 10{,}000$

20. $11 \cdot 10 \cdot 9 \cdot 8 = 7920$

21. The first digit must be 5 or 6, and the rest can be arranged in 3! ways.

$P(E) = \dfrac{n(E)}{n(S)} = \dfrac{1}{2 \cdot 3!} = \dfrac{1}{12}$

22. $P(E) = \dfrac{n(E)}{n(S)} = \dfrac{\binom{4}{3}}{\binom{10}{3}} = \dfrac{4}{120} = \dfrac{1}{30}$

23. $P(E) = \dfrac{n(E)}{n(S)} = \dfrac{\binom{8}{1}}{10} = \dfrac{8}{10} = \dfrac{4}{5}$

24. $P(E) = \dfrac{2}{8} \cdot \dfrac{2}{8} = \dfrac{1}{16}$

Appendix

1. $\dfrac{2}{x+1} + \dfrac{3}{2x-3} = \dfrac{6x+1}{2x^2-x-3}$

   $\dfrac{2}{x+1} + \dfrac{3}{2x-3} = \dfrac{6x+1}{(x+1)(2x-3)}$

   $(x+1)(2x-3)\left[\dfrac{2}{x+1} + \dfrac{3}{2x-3}\right]$

   $= (x+1)(2x-3)\left[\dfrac{6x+1}{(x+1)(2x-3)}\right]$

   $2(2x-3) + 3(x+1) = 6x+1$
   $4x - 6 + 3x + 3 = 6x + 1$
   $7x - 3 = 6x + 1$
   $x = 4$
   $\{4\}$

2. $x(4x - 11) = 3$
   $4x^2 - 11x = 3$
   $4x^2 - 11x - 3 = 0$
   $(4x + 1)(x - 3) = 0$
   $4x + 1 = 0$ or $x - 3 = 0$
   $x = -\dfrac{1}{4}$ $x = 3$
   $\left\{-\dfrac{1}{4}, 3\right\}$

3. $(x^2 - 5)^2 - 3(x^2 - 5) - 4 = 0$
   Let $t = x^2 - 5$.
   $t^2 - 3t - 4 = 0$
   $(t + 1)(t - 4) = 0$
   $t = -1$ or $t = 4$
   $x^2 - 5 = -1$ $x^2 - 5 = 4$
   $x^2 = 4$ $x^2 = 9$
   $x = \pm 2$ $x = \pm 3$
   $\{-3, -2, 2, 3\}$

4. $\sqrt{2x+3} - \sqrt{4x-1} = 1$
   $\sqrt{2x+3} = 1 + \sqrt{4x-1}$
   $\left(\sqrt{2x+3}\right)^2 = \left(1 + \sqrt{4x-1}\right)^2$
   $2x + 3 = 1 + 2\sqrt{4x-1} + 4x - 1$
   $-2x + 3 = 2\sqrt{4x-1}$
   $(-2x+3)^2 = \left(2\sqrt{4x-1}\right)^2$
   $4x^2 - 12x + 9 = 4(4x - 1)$
   $4x^2 - 12x + 9 = 16x - 4$
   $4x^2 - 28x + 13 = 0$
   $(2x - 1)(2x - 13) = 0$
   $2x - 1 = 0$ or $2x - 13 = 0$
   $x = \dfrac{1}{2}$ $x = \dfrac{13}{2}$

   $x = \dfrac{13}{2}$ is not a solution of the original equation.

   $\left\{\dfrac{1}{2}\right\}$

5. $x^{1/2} - 6x^{1/4} + 8 = 0$
   Let $t = x^{1/4}$.
   $t^2 - 6t + 8 = 0$
   $(t - 2)(t - 4) = 0$
   $t - 2 = 0$ or $t - 4 = 0$
   $t = 2$ $t = 4$
   $x^{1/4} = 2$ $x^{1/4} = 4$
   $x = 16$ $x = 256$
   $\{16, 256\}$

6. $\dfrac{x-3}{4} + \dfrac{x+2}{3} \le 2$

   $12\left(\dfrac{x-3}{4} + \dfrac{x+2}{3}\right) \le 2(12)$

   $3(x - 3) + 4(x + 2) \le 24$
   $3x - 9 + 4x + 8 \le 24$
   $7x - 1 \le 24$
   $7x \le 25$
   $x \le \dfrac{25}{7}$

   $\left(-\infty, \dfrac{25}{7}\right]$

7. $-2 < 8 - 5x < 7$
$-10 < -5x < -1$
$2 > x > \dfrac{1}{5}$
$\left(\dfrac{1}{5}, 2\right)$

8. $|2x+1| \leq 1$
$-1 \leq 2x+1 \leq 1$
$-2 \leq 2x \leq 0$
$-1 \leq x \leq 0$
$[-1, 0]$

9. $6x^2 - 6 < 5x$
$6x^2 - 5x - 6 < 0$
$6x^2 - 5x - 6 = 0$
$(3x+2)(2x-3) = 0$
$3x+2 = 0$ or $2x-3 = 0$
$x = -\dfrac{2}{3}$ $x = \dfrac{3}{2}$

The test intervals are $\left(-\infty, -\dfrac{2}{3}\right)$, $\left(-\dfrac{2}{3}, \dfrac{3}{2}\right)$,
and $\left(\dfrac{3}{2}, \infty\right)$. Testing a point in each interval
shows that the solution is $\left(-\dfrac{2}{3}, \dfrac{3}{2}\right)$.

10. $\dfrac{1-x}{3+x} < 4$
$\dfrac{1-x}{3+x} - 4 < 0$
$\dfrac{1-x}{3+x} + \dfrac{-12-4x}{3+x} < 0$
$\dfrac{-11-5x}{3+x} < 0$
$-11 - 5x = 0$ or $3 + x = 0$
$x = -\dfrac{11}{5}$ $x = -3$

The test intervals are $(-\infty, -3)$, $\left(-3, -\dfrac{11}{5}\right)$,
and $\left(-\dfrac{11}{5}, \infty\right)$. Testing a point in each
interval shows that the solution is
$(-\infty, -3) \cup \left(-\dfrac{11}{5}, \infty\right)$.

11. $x^3 - x^2 - 4x + 4 = 0$
$x^2(x-1) - 4(x-1) = 0$
$(x-1)(x^2-4) = 0$
$(x-1)(x+2)(x-2) = 0$
$x - 1 = 0$ or $x + 2 = 0$ or $x - 2 = 0$
$x = 1$ $x = -2$ $x = 2$
$\{-2, 1, 2\}$

12. $3x^3 + 4x^2 - 7x + 2 = 0$
$p: \pm 1, \pm 2$
$q: \pm 1, \pm 3$
$\dfrac{p}{q}: \pm 1, \pm 2, \pm \dfrac{1}{3}, \pm \dfrac{2}{3}$
Let $f(x) = 3x^3 + 4x^2 - 7x + 2$.
Evaluate f at the possible rational zeros to
find $f\left(\dfrac{2}{3}\right) = 0$.

$$\begin{array}{c|cccc} \frac{2}{3} & 3 & 4 & -7 & 2 \\ & & 2 & 4 & -2 \\ \hline & 3 & 6 & -3 & \end{array}$$

$\left(x - \dfrac{2}{3}\right)(3x^2 + 6x - 3) = 0$
$(3x-2)(x^2+2x-1) = 0$

SSM: College Algebra

$x = \dfrac{2}{3}$ or $x = \dfrac{-2 \pm \sqrt{(2)^2 - 4(1)(-1)}}{2}$

$x = \dfrac{-2 \pm \sqrt{8}}{2}$

$x = -1 \pm \sqrt{2}$

$\left\{\dfrac{2}{3}, -1 \pm \sqrt{2}\right\}$

13. $e^{14-7x} - 53 = 24$
$e^{14-7x} = 77$
$14 - 7x = \ln 77$
$-7x = -14 + \ln 77$
$x = \dfrac{14 - \ln 77}{7}$
$\left\{\dfrac{14 - \ln 77}{7}\right\}$

14. $e^{2x} - 10e^x + 9 = 0$
$(e^x - 1)(e^x - 9) = 0$
$e^x - 1 = 0$ or $e^x - 9 = 0$
$e^x = 1 \qquad e^x = 9$
$x = 0 \qquad x = \ln 9$
$\{0, \ln 9\}$

15. $\log_2(x+1) + \log_2(x-1) = 3$
$\log_2(x^2 - 1) = 3$
$x^2 - 1 = 2^3$
$x^2 = 9$
$x = \pm 3$
$x = -3$ is not a solution of the original equation.
$\{3\}$

16. $\ln(3x) + \ln(x + 2) = \ln 9$
$\ln(3x^2 + 6x) = \ln 9$
$3x^2 + 6x = 9$
$3x^2 + 6x - 9 = 0$
$3(x^2 + 2x - 3) = 0$
$3(x + 3)(x - 1) = 0$
$x + 3 = 0$ or $x - 1 = 0$
$x = -3 \qquad x = 1$
$x = -3$ is not a solution of the original equation.
$\{1\}$

17. Set up the augmented matrix and use Gauss-Jordan reduction.

$\begin{bmatrix} 1 & -1 & 1 & | & 17 \\ -4 & 1 & 5 & | & -2 \\ 2 & 3 & 1 & | & 8 \end{bmatrix}$

$\xrightarrow[-2R_1 + R_3]{4R_1 + R_2} \begin{bmatrix} 1 & -1 & 1 & | & 17 \\ 0 & -3 & 9 & | & 66 \\ 0 & 5 & -1 & | & -26 \end{bmatrix}$

$\xrightarrow{-\tfrac{1}{3}R_2} \begin{bmatrix} 1 & -1 & 1 & | & 17 \\ 0 & 1 & -3 & | & -22 \\ 0 & 5 & -1 & | & -26 \end{bmatrix}$

$\xrightarrow[-5R_2 + R_3]{1R_2 + R_1} \begin{bmatrix} 1 & 0 & -2 & | & -5 \\ 0 & 1 & -3 & | & -22 \\ 0 & 0 & 14 & | & 84 \end{bmatrix}$

$\xrightarrow{\tfrac{1}{14}R_3} \begin{bmatrix} 1 & 0 & -2 & | & -5 \\ 0 & 1 & -3 & | & -22 \\ 0 & 0 & 1 & | & 6 \end{bmatrix}$

$\xrightarrow[3R_3 + R_2]{2R_3 + R_1} \begin{bmatrix} 1 & 0 & 0 & | & 7 \\ 0 & 1 & 0 & | & -4 \\ 0 & 0 & 1 & | & 6 \end{bmatrix}$

$x = 7, y = -4, z = 6$
$\{(7, -4, 6)\}$

Appendix: Review Problems Covering the Entire Book

SSM: College Algebra

18. $D_x = \begin{vmatrix} 1 & 2 & -1 \\ -1 & 3 & -2 \\ 6 & -1 & 1 \end{vmatrix}$

$= (1)\begin{vmatrix} 3 & -2 \\ -1 & 1 \end{vmatrix} - (-1)\begin{vmatrix} 2 & -1 \\ -1 & 1 \end{vmatrix} + 6\begin{vmatrix} 2 & -1 \\ 3 & -2 \end{vmatrix}$

$= (3-2) + (2-1) + 6(-4+3)$
$= 1 + 1 - 6 = -4$

$D = \begin{vmatrix} 1 & 2 & -1 \\ 1 & 3 & -2 \\ 2 & -1 & 1 \end{vmatrix}$

$= (1)\begin{vmatrix} 3 & -2 \\ -1 & 1 \end{vmatrix} - (1)\begin{vmatrix} 2 & -1 \\ -1 & 1 \end{vmatrix} + (2)\begin{vmatrix} 2 & -1 \\ 3 & -2 \end{vmatrix}$

$= (3-2) - (2-1) + 2(-4+3)$
$= 1 - 1 - 2 = -2$

$x = \dfrac{D_x}{D} = \dfrac{-4}{-2} = 2$

19. Solve for y in the second equation
$x - y = 2$
$y = x - 2$

Substitute into the first equation and solve for x.

$\dfrac{x^2}{4} + \dfrac{y^2}{16} = 1$

$\dfrac{x^2}{4} + \dfrac{(x-2)^2}{16} = 1$

$\dfrac{x^2}{4} + \dfrac{x^2 - 4x + 4}{16} = 1$

$16\left(\dfrac{x^2}{4} + \dfrac{x^2 - 4x + 4}{16}\right) = 16(1)$

$4x^2 + x^2 - 4x + 4 = 16$
$5x^2 - 4x - 12 = 0$
$(5x + 6)(x - 2) = 0$
$5x + 6 = 0$ or $x - 2 = 0$
$x = -\dfrac{6}{5}$ $x = 2$

If $x = -\dfrac{6}{5}$, then $y = -\dfrac{6}{5} - 2 = -\dfrac{16}{5}$.

If $x = 2$, then $y = 2 - 2 = 0$.

$\left\{\left(-\dfrac{6}{5}, -\dfrac{16}{5}\right), (2, 0)\right\}$

20. $4x^2 + 3y^2 = 48$
$3x^2 + 2y^2 = 35$

Multiply equation 1 by -2.
Multiply equation 2 by 3.

$-8x^2 - 6y^2 = -96$
$9x^2 + 6y^2 = 105$

Add: $x^2 = 9$

$x = \pm 3$

Let $x = -3$:
$4(-3)^2 + 3y^2 = 48$
$36 + 3y^2 = 48$
$3y^2 = 12$
$y^2 = 4$
$y = \pm 2$

Let $x = 3$:
$4(3)^2 + 3y^2 = 48$
$36 + 3y^2 = 48$
$3y^2 = 12$
$y^2 = 4$
$y = \pm 2$

$\{(3, 2), (3, -2), (-3, 2), (-3, -2)\}$

21. $3x^2 - 2xy + 3y^2 = 34$
$x^2 + y^2 = 17$

Do not change equation 1.
Multiply equation 2 by -3.

$3x^2 - 2xy + 3y^2 = 34$
$-3x - 3y^2 = -51$

Add: $-2xy = -17$

$y = \dfrac{17}{2x}$

Substitute into the second equation.

446

SSM: College Algebra — Appendix: Review Problems Covering the Entire Book

$$x^2 + \left(\frac{17}{2x}\right)^2 = 17$$

$$x^2 - 17 + \left(\frac{17}{2x}\right)^2 = 0$$

$$\left(x - \frac{17}{2x}\right)^2 = 0$$

$$x - \frac{17}{2x} = 0$$

$$x = \frac{17}{2x}$$

$$x^2 = \frac{17}{2}$$

$$x = \pm\sqrt{\frac{17}{2}} = \pm\frac{\sqrt{34}}{2}$$

Let $x = \frac{\sqrt{34}}{2}$:

$$y = \frac{17}{2x} = \frac{17}{\sqrt{34}} = \frac{\sqrt{34}}{2}.$$

Let $x = -\frac{\sqrt{34}}{2}$:

$$y = \frac{17}{2x} = -\frac{17}{\sqrt{34}} = -\frac{\sqrt{34}}{2}$$

$$\left\{\left(\frac{\sqrt{34}}{2}, \frac{\sqrt{34}}{2}\right), \left(-\frac{\sqrt{34}}{2}, -\frac{\sqrt{34}}{2}\right)\right\}$$

22. The graph of f is shifted 1 unit up to get the graph of g. Then the graph of g is shifted 2 units to the right to get the graph of h.

23. a. The car is not moving.

b. 1 mile

24. a. 1980–1991

b. 1991–2025

c. 1950–1980

d. $f(x) = 98$

e. The scale is not uniformly spaced.

25.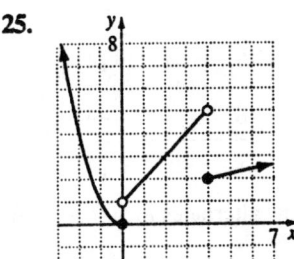

26. a. $p: \pm 1, \pm 3$

$q: \pm 1, \pm 2, \pm 4, \pm 8, \pm 16, \pm 32$

$\frac{p}{q}: \pm 1, \pm 3, \pm\frac{1}{2}, \pm\frac{3}{2}, \pm\frac{1}{4}, \pm\frac{3}{4}, \pm\frac{1}{8},$

$\pm\frac{3}{8}, \pm\frac{1}{16}, \pm\frac{3}{16}, \pm\frac{1}{32}, \pm\frac{3}{32}$

b. $x = 1$ appears to be a root.

```
1 │ 32  −52   17    3
   │      32  −20   −3
   └────────────────────
       32  −20   −3    0
```

$32x^3 - 52x^2 + 17x + 3 = 0$

$(x-1)(32x^2 - 20x - 3) = 0$

$(x-1)(4x-3)(8x+1) = 0$

$x = 1$ or $x = \frac{3}{4}$ or $x = -\frac{1}{8}$

$\left\{-\frac{1}{8}, \frac{3}{4}, 1\right\}$

27. Upper bound: 2; lower bound: −4

```
2 │ 2   7   −4   −14
  │     4   22    36
  └──────────────────
    2  11   18    22
```

Since the last row has no negative numbers, 2 is an upper bound.

447

```
-4 | 2   7   -4   -14
   |    -8   5    -4
   ---------------------
     2   -1   1   -18
```
Since the last row alternates in sign, −4 is a lower bound.

28. $f(x) = \dfrac{x^2 + 3x - 40}{x^2 - x - 20} = \dfrac{(x+8)(x-5)}{(x+4)(x-5)}$

    $= \dfrac{x+8}{x+4}$ $(x \neq 5)$

    x-intercept:
    $x + 8 = 0$
    $x = -8$
    y-intercept:
    $f(0) = 2$
    $y = 2$
    Vertical asymptote:
    $x + 4 = 0$
    $x = -4$
    Horizontal asymptote:
    $y = 1$

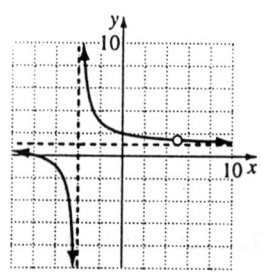

29. Symmetry:

    $f(-x) = \dfrac{x^2 - 1}{-x - 2}$

    No symmetry since $f(-x) \neq f(x)$ and $f(-x) \neq -f(-x)$.
    x-intercepts:
    $x^2 - 1 = 0$
    $x = \pm 1$

y-intercept:
$f(0) = \dfrac{1}{2}$
$y = \dfrac{1}{2}$
Vertical asymptote:
$x - 2 = 0$
$x = 2$
Horizontal asymptote:
$n > m$, so no horizontal asymptote.
Slant asymptote:
$n = m + 1$
$f(x) = x + 2 + \dfrac{3}{x - 2}$
$y = x + 2$

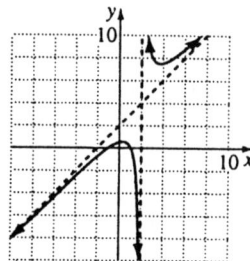

30.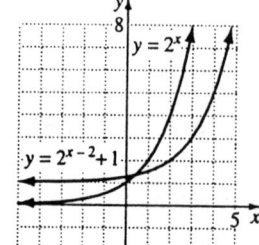

31.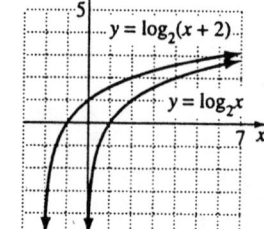

SSM: College Algebra **Appendix:** *Review Problems Covering the Entire Book*

32. Graph solid $5x + y = 10$ and $y = \dfrac{1}{4}x + 2$.

    Shade the appropriate region. Then dash the solid lines that do not contain the solution set.

    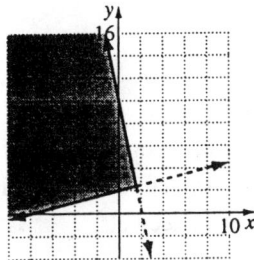

33. $100x^2 + y^2 = 25$

    $4x^2 + \dfrac{y^2}{25} = 1$

    $\dfrac{x^2}{\left(\frac{1}{4}\right)} + \dfrac{y^2}{25} = 1$

    Ellipse
    Foci on the y-axis
    $a^2 = 25$ and $b^2 = \dfrac{1}{4}$, so $\dfrac{1}{4} = 25 - c^2$.

    $c^2 = \dfrac{99}{4}$

    $c = \dfrac{3\sqrt{11}}{2}$

    Foci: $\left(0, -\dfrac{3\sqrt{11}}{2}\right), \left(0, \dfrac{3\sqrt{11}}{2}\right)$

    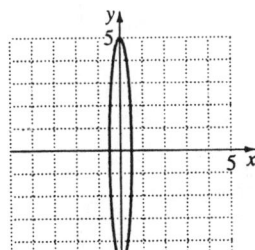

34. $4x^2 - 9y^2 - 16x + 54y - 29 = 0$

    $4(x^2 - 4x) - 9(y^2 - 6y) = 29$

    $4(x^2 - 4x + 4) - 9(y^2 - 6y + 9)$
    $= 16 - 81 + 29$

    $4(x - 2)^2 - 9(y - 3)^2 = -36$

    $\dfrac{(y-3)^2}{4} - \dfrac{(x-2)^2}{9} = 1$

    Hyperbola with center at $(2, 3)$
    Transverse axis vertical
    $a^2 = 4$ and $b^2 = 9$, so $9 = c^2 - 4$.
    $c^2 = 13$
    $c = \sqrt{13}$
    Foci: $\left(2, 3 - \sqrt{13}\right), \left(2, 3 + \sqrt{13}\right)$

    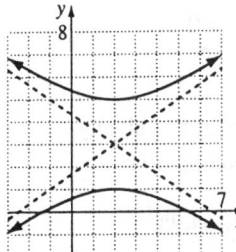

35. $x + 2 = 4(y - 3)^2$

    $(y - 3)^2 = \dfrac{1}{4}(x + 2)$

    $(y - 3)^2 = 4\left(\dfrac{1}{16}\right)(x + 2)$

    Parabola
    Vertex: $(-2, 3)$
    Focus: $\left(-\dfrac{31}{16}, 3\right)$
    Directrix: $x = -\dfrac{33}{16}$

    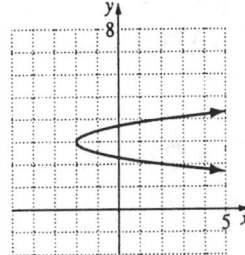

449

36. Graph the ellipse $\dfrac{x^2}{9}+y^2=1$ and the hyperbola $x^2-y^2=1$. Shade in the appropriate region.

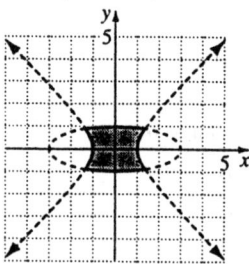

37. $45.6=0.01v^2+0.16v$
$4560=v^2+16v$
$v^2+16v-4560=0$
$(v+76)(v-60)=0$
$v=-76$ or $v=60$
Disregard the negative velocity.
The car was traveling 60 km/h.

38. $159.18=3.14x+64.98$
$94.2=3.14x$
$30=x$
The length of her humerus is 30 cm.

39. a. $m=\dfrac{8.03-5.13}{8-3}=0.58$
Point-slope form:
$y-5.13=0.58(x-3)$ or
$y-8.03=0.58(x-8)$
Slope-intercept form:
$y-5.13=0.58x-1.74$
$y=0.58x+3.39$

b. $x=2010-1985=25$
$y=0.58(25)+3.39=17.89$
$17.89 million

40. a. $C=\dfrac{350(60)}{100-60}=525$
$525 million

b. No; the cost increases without bound as p gets close to 100.

41. $14{,}000=7000e^{10r}$
$2=e^{10r}$
$\ln 2=10r$
$r=\dfrac{\ln 2}{10}\approx 0.069$
6.9%

42. Let I_1 be the intensity at 80 decibels and I_2 be the intensity at 40 decibels.
$80=10\log\dfrac{I_1}{I_0}$ and $40=10\log\dfrac{I_2}{I_0}$
Subtract the two equations.
$80-40=10\log\dfrac{I_1}{I_0}-10\log\dfrac{I_2}{I_0}$
$40=10\left(\log\dfrac{I_1}{I_0}-\log\dfrac{I_2}{I_0}\right)$
$4=\log\dfrac{I_1}{I_2}$
$\dfrac{I_1}{I_2}=10^4$
$\dfrac{I_1}{I_2}=10{,}000$
10,000 times as intense

43. a. $3=2e^{30k}$
$\dfrac{3}{2}=e^{30k}$
$\ln\dfrac{3}{2}=30k$
$k=\dfrac{1}{30}\ln\dfrac{3}{2}$
$A=2e^{[(1/30)\ln(3/2)]t}$

b. $20 = 2e^{[(1/30)\ln(3/2)]t}$

$\dfrac{20}{2} = e^{[(1/30)\ln(3/2)]t}$

$\ln\dfrac{20}{2} = \left(\dfrac{1}{30}\ln\dfrac{3}{2}\right)t$

$t = \dfrac{30\ln 10}{\ln\frac{3}{2}} \approx 170.4$

In the year 2100

44. a. $\dfrac{1}{2}a(1)^2 + v_0(1) + s_0 = 108$

$\dfrac{1}{2}a + v_0 + s_0 = 108$

$a + 2v_0 + 2s_0 = 216$

$\dfrac{1}{2}a(2)^2 + v_0(2) + s_0 = 140$

$2a + 2v_0 + s_0 = 140$

$\dfrac{1}{2}a(3)^2 + v_0(3) + s_0 = 140$

$\dfrac{9}{2}a + 3v_0 + s_0 = 140$

$9a + 6v_0 + 2s_0 = 280$

We have a system of 3 equations with 3 unknowns.

$\begin{bmatrix} 1 & 2 & 2 & | & 216 \\ 2 & 2 & 1 & | & 140 \\ 9 & 6 & 2 & | & 280 \end{bmatrix} \begin{matrix} \\ -2R_1 + R_2 \\ -9R_1 + R_3 \end{matrix}$

$\begin{bmatrix} 1 & 2 & 2 & | & 216 \\ 0 & -2 & -3 & | & -292 \\ 0 & -12 & -16 & | & -1664 \end{bmatrix} -\tfrac{1}{2}R_2$

$\begin{bmatrix} 1 & 2 & 2 & | & 216 \\ 0 & 1 & \tfrac{3}{2} & | & 146 \\ 0 & -12 & -16 & | & -1664 \end{bmatrix} \begin{matrix} -2R_2 + R_1 \\ \\ 12R_2 + R_3 \end{matrix}$

$\begin{bmatrix} 1 & 0 & -1 & | & -76 \\ 0 & 1 & \tfrac{3}{2} & | & 146 \\ 0 & 0 & 2 & | & 88 \end{bmatrix} \tfrac{1}{2}R_3$

$\begin{bmatrix} 1 & 0 & -1 & | & -76 \\ 0 & 1 & \tfrac{3}{2} & | & 146 \\ 0 & 0 & 1 & | & 44 \end{bmatrix} \begin{matrix} R_3 + R_1 \\ -\tfrac{3}{2}R_3 + R_2 \\ \end{matrix}$

$\begin{bmatrix} 1 & 0 & 0 & | & -32 \\ 0 & 1 & 0 & | & 80 \\ 0 & 0 & 1 & | & 44 \end{bmatrix}$

$a = -32$, $v_0 = 80$, $s_0 = 44$

$s(t) = -16t^2 + 80t + 44$

b. Find the vertex.

$t = \dfrac{-80}{2(-16)} = 2.5$

$S(2.5) = -16(2.5)^2 + 80(2.5) + 44$
$= 144$

Maximum height is 144 feet; it occurs after 2.5 seconds.

c. $-16t^2 + 80t + 44 = 0$

$4t^2 - 20t - 11 = 0$

$(2t + 1)(2t - 11) = 0$

$t = -\dfrac{1}{2}$ or $t = \dfrac{11}{2}$

Disregard the negative value.
It takes the ball 5.5 seconds to strike the ground.

d.

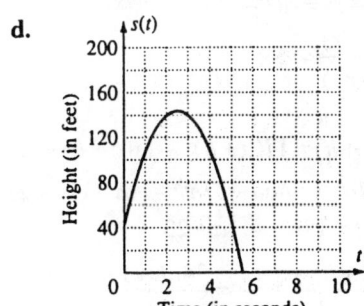

45. $x^4 + 3x^3 - 8x - 24 = x^3(x+3) - 8(x+3)$
$= (x+3)(x^3 - 8)$
$= (x+3)(x-2)(x^2 + 2x + 4)$

Appendix: Review Problems Covering the Entire Book   SSM: College Algebra

46. $\dfrac{x^2-9}{x^2-x-20} \div \dfrac{4x^2-12x}{4x^2-20x}$
$= \dfrac{(x+3)(x-3)}{(x+4)(x-5)} \cdot \dfrac{4x(x-5)}{4x(x-3)}$
$= \dfrac{x+3}{x+4}$
$(x \ne 0, x \ne 3, x \ne 5)$

47. $\dfrac{\frac{x+2}{x-2} - \frac{x}{x+2}}{3 - \frac{4}{x+2}} \cdot \dfrac{(x+2)(x-2)}{(x+2)(x-2)}$
$= \dfrac{(x+2)^2 - x(x-2)}{3(x+2)(x-2) - 4(x-2)}$
$= \dfrac{(x^2+4x+4)-(x^2-2x)}{3(x^2-4)-(4x-8)}$
$= \dfrac{6x+4}{3x^2-4x-4}$
$= \dfrac{2(3x+2)}{(3x+2)(x-2)}$
$= \dfrac{2}{x-2}$
$\left(x \ne -2, x \ne -\dfrac{2}{3}\right)$

48. $S = \dfrac{a-ar^n}{1-r}$
$S(1-r) = a(1-r^n)$
$\dfrac{S(1-r)}{(1-r^n)} = a$

49. $f(a+h) = 17(a+h)^2 - 11(a+h) + 23$
$= 17a^2 + 34ah + 17h^2 - 11a - 11h + 23$
$f(a) = 17a^2 - 11a + 23$
$\dfrac{f(a+h)-f(a)}{h} = \dfrac{34ah+17h^2-11h}{h}$
$= 34a + 17h - 11$
$(h \ne 0)$

50. $x - 6y - 4 = 0$
$-6y = -x + 4$
$y = \dfrac{1}{6}x - \dfrac{2}{3}$

The slope of the perpendicular line is $\dfrac{1}{6}$.
$m = -6$
Point-slope form:
$y - 7 = -6(x+1)$
$y - 7 = -6x - 6$
Slope-intercept form:
$y = -6x + 1$
General form:
$6x + y - 1 = 0$

51. $f(x) = \sqrt[3]{x+4}$
$y = \sqrt[3]{x+4}$
$x = \sqrt[3]{y+4}$
$x^3 = y + 4$
$y = x^3 - 4$
$f^{-1}(x) = x^3 - 4$

52. a. $(f \circ g)(x) = f(g(x)) = f(5x-7)$
$= (5x-7)^2 - 3(5x-7) + 9$
$= (25x^2 - 70x + 49) - (15x - 21) + 9$
$= 25x^2 - 85x + 79$

b. $(g \circ f)(x) = g(f(x)) = g(x^2 - 3x + 9)$
$= 5(x^2 - 3x + 9) - 7$
$= 5x^2 - 15x + 45 - 7$
$= 5x^2 - 15x + 38$

53. $\log_8 \dfrac{\sqrt[3]{x^5}}{64y^2} = \log_8 \sqrt[3]{x^5} - \log_8(64y^2)$
$= \log_8 x^{5/3} - \log_8 64 - \log_8 y^2$
$= \dfrac{5}{3}\log_8 x - 2 - 2\log_8 y$

54. $3\ln x + \dfrac{1}{2}\ln y - 6\ln z = \ln x^3 + \ln \sqrt{y} - \ln z^6$
$= \ln \dfrac{x^3 \sqrt{y}}{z^6}$

55. $AB - 4A = \begin{bmatrix} 4 & 2 \\ 1 & -1 \\ 0 & 5 \end{bmatrix} \begin{bmatrix} 2 & 4 \\ 3 & 1 \end{bmatrix} - 4 \begin{bmatrix} 4 & 2 \\ 1 & 1 \\ 0 & 5 \end{bmatrix}$

$= \begin{bmatrix} 14 & 18 \\ -1 & 3 \\ 15 & 5 \end{bmatrix} - \begin{bmatrix} 16 & 8 \\ 4 & -4 \\ 0 & 20 \end{bmatrix} = \begin{bmatrix} -2 & 10 \\ -5 & 7 \\ 15 & -15 \end{bmatrix}$

56. $\dfrac{2x^2 - 10x + 2}{(x-2)(x^2 + 2x + 2)} = \dfrac{A}{x-2} + \dfrac{Bx + C}{x^2 + 2x + 2}$

$2x^2 - 10x + 2$
$= A(x^2 + 2x + 2) + (Bx + C)(x - 2)$
$= Ax^2 + 2Ax + 2A + Bx^2 - 2Bx + Cx - 2C$
$= (A + B)x^2 + (2A - 2B + C)x + 2A - 2C$

Thus we have the following system of equations.
$A + B = 2$
$2A - 2B + C = -10$
$2A - 2C = 2$

Add twice the first equation to the second equation.
$2A + 2B = 4$
$\underline{2A - 2B + C = -10}$
$4A + C = -6$

Add twice the resulting equation to the third equation.
$8A + 2C = -12$
$\underline{2A - 2C = 2}$
$10A = -10$
$A = -1$

Back-substitute to find B and C.
$2(-1) - 2C = 2$
$-2 - 2C = 2$
$-2C = 4$
$C = -2 -1 + B = 2$
$B = 3$

We have the following partial fraction decomposition.
$\dfrac{-1}{x-2} + \dfrac{3x - 2}{x^2 + 2x + 2}$

57. Center: (0, 0)
$b^2 = a^2 - c^2 = 169 - 144 = 25$
$\dfrac{x^2}{169} + \dfrac{y^2}{25} = 1$

58. $\dfrac{x^2}{a^2} - \dfrac{y^2}{b^2} = 1$
$a = 7$
$\dfrac{b}{a} = \dfrac{2}{7}$ so $b = 2$
$\dfrac{x^2}{49} - \dfrac{y^2}{4} = 1$

59. Vertex: (0, 0)
$p = -6$
$x^2 = -24y$

60. Arithmetic sequence
$d = -5$
$a_n = 2 + (n-1)(-5)$
$a_n = -5n + 7$
$a_{19} = -5(19) + 7 = -88$

61. $a_1 = 4(1) - 25 = -21$
$a_{50} = 4(50) - 25 = 175$
$S_{50} = \dfrac{50}{2}(-21 + 175) = 3850$

62. $a_1 = 20;\ r = \dfrac{3}{2}$
$S_{10} = \dfrac{20\left[1 - \left(\frac{3}{2}\right)^{10}\right]}{1 - \frac{3}{2}} = \dfrac{290,125}{128}$

63. $a_1 = 10;\ r = -0.4$
$S_\infty = \dfrac{10}{1 - (-0.4)} = \dfrac{50}{7}$

Appendix: Review Problems Covering the Entire Book

64. *Step 1:*
If $n = 1$, the statement S_1 is $3 = 1(2 + 1)$, a true statement.
Step 2:
Suppose S_k is true.
$3 + 7 + 11 + \cdots + (4k - 1) = k(2k + 1)$
Add $[4(k + 1) - 1] = 4k + 3$ to both sides.
$3 + 7 + 11 + \cdots + (4k - 1) + (4k + 3)$
$\quad = k(2k + 1) + (4k + 3)$
$3 + 7 + 11 + \cdots + (4k + 3)$
$\quad = (2k^2 + k) + (4k + 3)$
$3 + 7 + 11 + \cdots + (4k + 3) = 2k^2 + 5k + 3$
$3 + 7 + 11 + \cdots + (4k + 3) = (k + 1)(2k + 3)$
$3 + 7 + 11 + \cdots + [4(k + 1) - 1]$
$\quad = (k + 1)[2(k + 1) + 1]$
This final statement is S_{k+1}.

65. $(x^3 + 2y)^5$
$= \binom{5}{0}(x^3)^5 + \binom{5}{1}(x^3)^4(2y) + \binom{5}{2}(x^3)^3(2y)^2 + \binom{5}{3}(x^3)^2(2y)^3 + \binom{5}{4}(x^3)(2y)^4 + \binom{5}{5}(2y)^5$
$= x^{15} + 5x^{12}(2y) + 10x^9(4y^2) + 10x^6(8y^3) + 5x^3(16y^4) + 32y^5$
$= x^{15} + 10x^{12}y + 40x^9y^2 + 80x^6y^3 + 80x^3y^4 + 32y^5$

66. Let x be each year of education.
Yearly income for men = $1600x + 6300$
Yearly income for women = $1200x + 1200$
When $x = 14$, the yearly income for men is
$1600(14) + 6300 = 28,700$ (in dollars).

$1200x + 2100 = 28,700$
$1200x = 26,600$
$x \approx 22.2$
22.2 years

67. Let x be the width of the strip in feet.
$(15 - 2x)(20 - 2x) = 126$
$300 - 70x + 4x^2 = 126$
$4x^2 - 70x + 174 = 0$
$2x^2 - 35x + 87 = 0$
$(2x - 29)(x - 3) = 0$
$x = \dfrac{29}{2}$ or $x = 3$
Since $0 \le x \le \dfrac{15}{2}$, $x = 3$.
3 feet

68. Let x be the number of tons sold.
If $x > 12$, then the charge per ton is $800 - (0.02)(800)x = 800 - 16x$.
Income $= (800 - 16x)x = 800x - 16x^2$
$800x - 16x^2 = 10,000$
$16x^2 - 800x + 10,000 = 0$
$x^2 - 50x + 625 = 0$
$(x - 25)^2 = 0$
$x = 25$
25 tons

69. Let x be the original price.
Price after first reduction $= x - 0.2x = 0.8x$
Price after second reduction
$= 0.8x - 0.2(0.8x) = 0.8x - 0.16x = 0.64x$
$0.64x = 224$
$x = 350$
$350

70. x = width
$x + 5$ = length
$2x(x + 5) = 352$
$2x^2 + 10x = 352$
$2x^2 + 10x - 352 = 0$
$x^2 + 5x - 176 = 0$
$(x - 11)(x + 16) = 0$
$x = 11$ or $x = -16$
Thus the dimensions of the aluminum piece are $x + 2(2) = 15$ inches by $x + 5 + 2(2) = 20$ inches.

71. $A = x(800 - 2x) = 800x - 2x^2$
The area is maximized when
$x = \dfrac{-800}{2(-2)} = 200$.
The dimensions are 200 ft by 400 ft.
The maximum area is $200(400) = 80,000$ ft^2.

72. $200A + 50B + 10C = 600$
$0.2A + 3B + C = 20$
$10B + 30C = 200$
or
$20A + 5B + C = 60$ Equation 1
$2A + 30B + 10C = 200$ Equation 2
$B + 3C = 20$ Equation 3
Multiply Equation 2 by -10 and add to Equation 1.
$\quad 20A + 5B + C = 60$
$\underline{-20A - 300B - 100C = -2000}$
$\qquad -295B - 99C = -1940$ Equation 4
Multiply Equation 3 by 295 and add to Equation 4.
$\quad 295B + 885C = 5900$
$\underline{-295B - 99C = -1940}$
$\qquad 786C = 3960$
$\qquad C = \dfrac{660}{131} \approx 5.04$

Back-substitute to find the values for A and B.

$B + 3\left(\dfrac{660}{131}\right) = 20$

$B + \dfrac{1980}{131} = 20$

$B = \dfrac{640}{131} \approx 4.89$

$20A + 5\left(\dfrac{640}{131}\right) + \dfrac{660}{131} = 60$

$20A + \dfrac{3860}{131} = 60$

$20A = \dfrac{4000}{131}$

$A = \dfrac{200}{131} \approx 1.53$

Food A: 1.53 oz
Food B: 4.89 oz
Food C: 5.04 oz

73. x = number of computation problems you solve
y = number of word problems you solve
Objective function: $z = 6x + 10y$
$2x + 4y \leq 40$ or $x + 2y \leq 20$
$x + y \leq 12$
$x \geq 0, y \geq 0$
Graph the system.

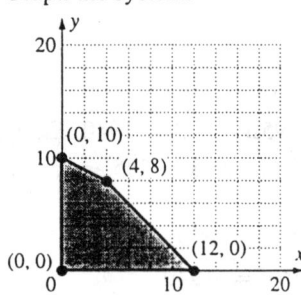

$(0, 0): z = 6(0) + 10(0) = 0$
$(0, 10): z = 6(0) + 10(10) = 100$
$(4, 8): z = 6(4) + 10(8) = 104$
$(12, 0): z = 6(12) + 10(0) = 72$
Thus solve 4 computation problems, 8 word problems. The maximum score is 104 points.

74. Let the center be $(0, 0)$.
$a = 15, b = 10$
$$\frac{x^2}{15^2} + \frac{y^2}{10^2} = 1$$
$$\frac{x^2}{225} + \frac{y^2}{100} = 1$$
Substitute 8 for x.
$$\frac{64}{225} + \frac{y^2}{100} = 1$$
$$\frac{y^2}{100} = \frac{161}{225}$$
$$y^2 = \frac{644}{9}$$
$$y = \pm \frac{2\sqrt{161}}{3} \approx \pm 8.46$$
Approximately 8.46 ft high

75. x = length in inches
y = width in inches
$x^2 + y^2 = 100$
$xy = 48$
Solve the second equation for y.
$$y = \frac{48}{x}$$
Substitute this into the first equation and solve for x.
$$x^2 + \left(\frac{48}{x}\right)^2 = 100$$
$$x^2 + \frac{2304}{x^2} = 100$$
$$x^4 - 100x^2 + 2304 = 0$$
$$(x^2 - 36)(x^2 - 64) = 0$$
$$x^2 = 36 \text{ or } x^2 = 64$$
$x = \pm 6 \qquad x = \pm 8$
Since length is positive and longer than the width, $x = 8$ so $y = 6$.
Length: 8 inches; width: 6 inches

76. x^2 = area of the smaller room in square yards
y^2 = area of the larger room in square yards
$x^2 + y^2 = 65$
$16x^2 + 20y^2 = 1236$
Multiply the first equation by -16 and add to the second equation.
$$-16x^2 - 16y^2 = -1040$$
$$16x^2 + 20y^2 = 1236$$
$$4y^2 = 196$$
$$y^2 = 49$$

$x^2 + 49 = 65$
$x^2 = 16$
Thus the dimensions of the smaller and larger rooms are 4 yd by 4 yd and 7 yd by 7 yd.

77. The graduate's salary in the $(n+1)$th year is $28{,}000(1.06)^n$.
The total salary over a 10-year period is
$$\sum_{n=0}^{9} 28{,}000(1.06)^n = \frac{28{,}000(1-1.06^{10})}{1-1.06}$$
$\approx 369{,}062.26$. Yes, he will have saved $\$184{,}531.13$.

78. $\left(\dfrac{1}{10}\right)\left(\dfrac{1}{10}\right) = \dfrac{1}{100}$

79. $\dfrac{\binom{3}{3}}{\binom{10}{3}} = \dfrac{1}{120}$

80. a. Time $= \dfrac{\text{distance}}{\text{rate}}$

Time downstream $= \dfrac{9}{x+4}$

Time upstream $= \dfrac{9}{x-4}$

Total time $= \dfrac{9}{x+4} + \dfrac{9}{x-4}$

b. Graph $y = \dfrac{9}{x+4} + \dfrac{9}{x-4}$.
Then trace until $y = 10$.
$x = 5$
5 mph

c. $\dfrac{9}{x+4} + \dfrac{9}{x-4} = 10$

$9(x-4) + 9(x+4) = 10(x+4)(x-4)$

$9x - 36 + 9x + 36 = 10x^2 - 160$

$10x^2 - 18x - 160 = 0$

$5x^2 - 9x - 80 = 0$

$(5x + 16)(x - 5) = 0$

$x = -\dfrac{16}{5}$ or $x = 5$

Since the rowing rate is positive, $x = 5$ and the rate is 5 mph.

81. a.

x	y	$\ln y$
0	27.1	3.2995
5	41.6	3.7281
10	74.3	4.3081
15	132.9	4.8896
20	251.1	5.5259
25	434.5	6.0742
30	696.6	6.5462
33	884.2	6.7847

b.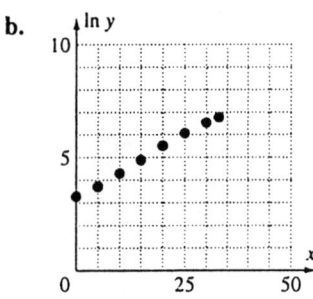

c. $\ln y = 0.1096x + 3.2543$

d. $y = e^{0.1096x + 3.2543}$
$y = 25.9 e^{0.1096x}$

e. When $x = 40$, $y \approx 2076$.
$\$2076$ billion